최신 개정판

공간정보융합 산업기사

필기+실기 한권쏙

박영사

PREFACE
| 머리말

이 책은 공간정보융합산업기사 시험을 준비하거나, GIS(공간정보시스템, Geographic Information System)를 공부하고자 하는 분들을 위해 집필되었습니다. 기존의 자격증이 측량이나 자료 수집과 관련한 분야에 초점을 맞춰진 것에 비해, 공간정보융합은 공간정보 기반의 의사결정과 콘텐츠 융합에 필요한 정보 서비스를 제공하기 위하여 공간정보를 처리·가공·분석하고, 이를 활용하여 융합 콘텐츠 및 서비스를 개발·구현하는 직무에 기반을 두고 있습니다.

공간정보융합산업기사 시험은 첫째, 공간정보의 처리, 가공, 공간 영상 처리를 통해 공간정보 분석, 공간 영상 분석, 공간빅데이터 분석을 위한 공간정보분석
둘째, 공간정보 UI 및 DB 프로그래밍, 웹기반 및 모바일 기반 공간정보서비스 프로그래밍으로 구성된 공간정보 서비스 프로그래밍
셋째, 공간정보 융합 콘텐츠 제작 및 시각화, 공간데이터 3차원 모델링으로 이루어진 공간정보융합 콘텐츠개발 분야로 구성되어 있습니다.

이 과정을 통해 여러분이 습득해야 할 기술을 구체적으로 제시하면 다음과 같습니다.
1. 공간정보 분석과 콘텐츠 서비스에 사용되는 정제된 데이터를 제공하기 위하여 공간 데이터의 변환 및 위치보정, 위상편집을 통해 데이터의 무결성을 확보할 수 있다.
2. 인공위성, 항공기 및 UAV(드론) 등을 이용하여 취득된 자료를 공간분석에 적합한 형태로 제작하기 위하여 영상 전처리, 기하보정, 영상강조 및 변환을 처리할 수 있다.
3. 융합서비스에 필요한 공간정보 콘텐츠를 제공하기 위하여 공간정보 분류, 중첩분석, 버퍼분석, 지형분석을 수행할 수 있다.
4. 전처리된 원격탐사 자료를 사용하여 융합, 모자이크 및 분류를 수행할 수 있다.
5. 대용량의 데이터로부터 유용한 정보를 탐색하고 공간현상을 분석하기 위해 정형 및 비정형 공간 빅데이터를 수집, 결합하여 이를 시각화할 수 있다.
6. 공간정보 UI프로그래밍을 통해 데이터구조와 연산자를 정의하고, 객체지향기반 프로그래밍과 화면을 구성할 수 있다.
7. 웹 기반의 공간정보 서비스를 제공하기 위하여 웹페이지를 디자인하고, 웹 프로그래밍 언어를 활용하여 지도 시스템 기능을 구현, 테스트할 수 있다.
8. 비공간 자료를 시각화하기 위해 적합한 지도를 디자인하고 지오코딩을 통해 주제도를 작성할 수 있다.
9. 공간정보 기반으로 융합되는 데이터의 해석력과 직관성을 높이기 위해 결합된 비공간 자료를 바탕으로 2차원 또는 3차원 형태의 새로운 지도 콘텐츠를 표현할 수 있다.

공간정보융합산업기사 필기+실기

공간정보융합산업기사 자격증 시험은 2023년에 처음 시행이 되었으며, 이에 아직까지 기출문제가 많지 않고 시험과 관련한 준비서 또한 부족한 실정입니다. 물론 자격증 취득을 위한 구체적 학습 내용이나 학습 방향이 확실하게 설정되지 않아 수험서 집필에도 상당한 애로가 있었던 것도 사실입니다. 특히 실기 부분의 경우 정확한 학습 지침이 부족한 것이 사실입니다.

다만 공간정보 관련 과목을 오랜 기간 강의한 경험과 현장에서 실제 관련 업무를 수행하는 산업체에서 일하는 분의 요구사항을 기반으로 관련 내용의 핵심적 이론을 정리하고 문제를 제작하였습니다. 특히 NCS기반 공간정보융합서비스 분야의 이론과 문제를 최대한 반영하여 집필 하였으며, 관련 분야를 처음 접하는 수험생일지라도 쉽게 접근이 가능하도록 하는 것에 초점을 맞추어 제작하였습니다.

본 수험서는 공간정보융합산업기사 자격증 취득을 위해 필기와 실기를 한꺼번에 공부할 수 있도록 구성되었으며, 스스로 학습이 가능하도록 제작되었습니다. 앞으로 기출문제가 누적이 되면 문제와 내용을 지속적으로 수정 및 보강이 이루어질 것이며, 각종 자료도 제공될 예정입니다. 이 수험서를 통해 다양한 문제를 풀어 봄으로써 자격증 취득에 많은 도움이 되기를 바랍니다.

저자 김대영, 구자용, 이태형

INFORMATION
| 시험 안내

1 시험 개요

- 관련부처: 국토교통부
- 시행기관: 한국산업인력공단
- 접수(인터넷 접수): www.q-net.or.kr
- 시험절차 안내

필기 시험 ⇨ 실기 시험 ⇨ 최종 합격

2 시험 과목

분류		공간정보융합기능사	공간정보융합산업기사
직무		공간정보 기반의 의사결정과 콘텐츠 융합에 필요한 정보 서비스를 제공하기 위하여 공간정보 데이터를 수집·가공·분석하는 직무 수행	공간정보 기반의 의사결정과 콘텐츠 융합에 필요한 정보 서비스를 제공하기 위하여 공간정보를 처리·가공·분석하고, 이를 활용하여 융합 콘텐츠 및 서비스를 개발·구현하는 직무 수행
시험 과목	필기	공간정보 자료수집 및 가공, 분석	1. 공간정보분석, 2. 공간정보서비스프로그래밍, 3. 공간정보 융합콘텐츠 개발
	실기	공간정보융합 실무	공간정보융합서비스 및 콘텐츠 개발 실무
시험 방법	필기	객관식 4지 택일형 60문항(1시간)	객관식 4지 택일형 과목당 20문항(총 60문항, 1시간 30분)
	실기	필답형(2시간, 100점)	필답형(3시간, 100점)
합격 기준	필기	100점을 만점으로 하여 60점 이상	100점을 만점으로 하여 과목당 40점 이상, 전과목 평균 60점 이상
	실기	100점을 만점으로 하여 60점 이상	100점을 만점으로 하여 60점 이상

3 응시자격

공간정보융합기능사	제한 없음
공간정보융합산업기사	다음 각 호의 어느 하나에 해당하는 사람 • 기능사 등급 이상의 자격을 취득한 후 응시하려는 종목이 속하는 동일 및 유사 직무분야에 1년 이상 실무에 종사한 사람 • 응시하려는 종목이 속하는 동일 및 유사 직무분야의 다른 종목의 산업기사 등급 이상의 자격을 취득한 사람 • 관련학과의 2년제 또는 3년제 전문대학졸업자 등 또는 그 졸업예정자 • 관련학과의 대학졸업자 등 또는 그 졸업예정자 • 동일 및 유사 직무분야의 산업기사 수준 기술훈련과정 이수자 또는 그 이수예정자 • 응시하려는 종목이 속하는 동일 및 유사 직무분야에서 2년 이상 실무에 종사한 사람 • 고용노동부령으로 정하는 기능경기대회 입상자 • 외국에서 동일한 종목에 해당하는 자격을 취득한 사람

※ 위 내용은 변동될 수 있으므로 반드시 시행처(www.q-net.or.kr)의 최종 공고를 확인하시기 바랍니다.

STRUCTURE & FEATURES
| 구성과 특징

01　필기 + 실기 한권합격

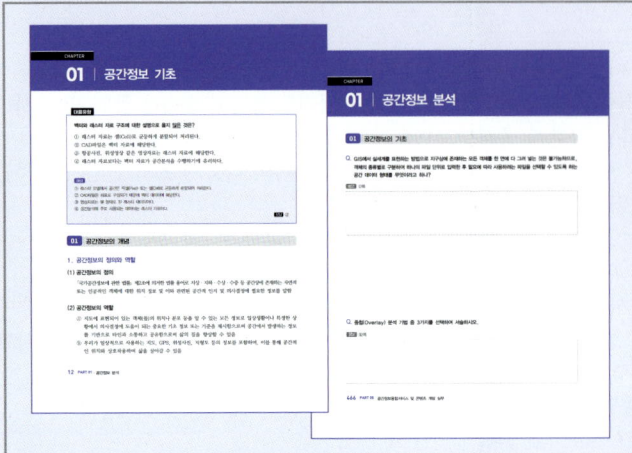

- 최신 출제기준을 완벽 반영하였습니다.
- 실제 현장에서 교육하는 각 분야의 전문가 저자진이 집필하였습니다.
- 한권합격 커리큘럼으로 필기+실기 동시 대비가 가능합니다.

02　실전에 강한 이론

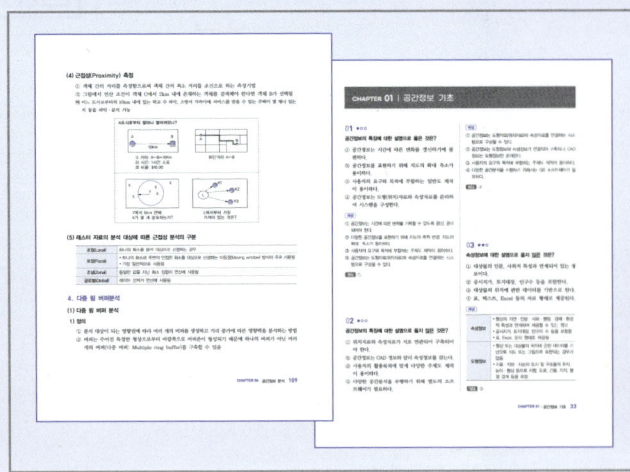

- 대표유형 문제를 통해 학습할 내용을 먼저 파악할 수 있습니다.
- 풍부한 그림과 상세한 설명으로 쉽게 학습할 수 있습니다.
- 챕터별 예상문제로 복습하면서 학습 이해도를 높일 수 있습니다.

공간정보융합산업기사 필기+실기

03 기출 잡는 모의고사

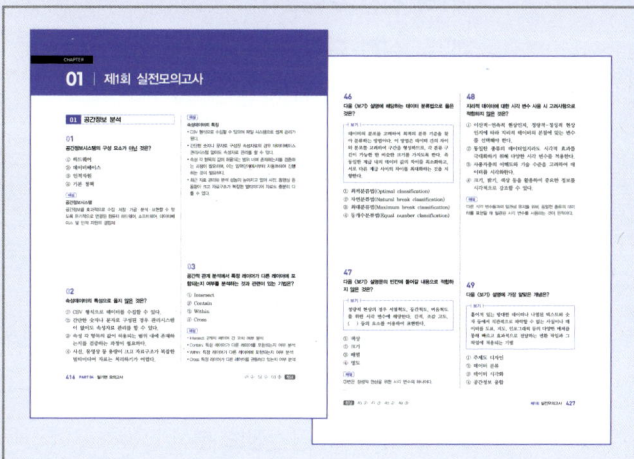

- 출제 경향을 분석하여 모의고사 3회분으로 구성하였습니다.
- 시험에 꼭 필요한 전문가 PICK 문제만을 엄선하였습니다.
- 간결한 해설을 통해 혼자서도 꼼꼼하게 학습할 수 있습니다.

04 최종합격용 실기

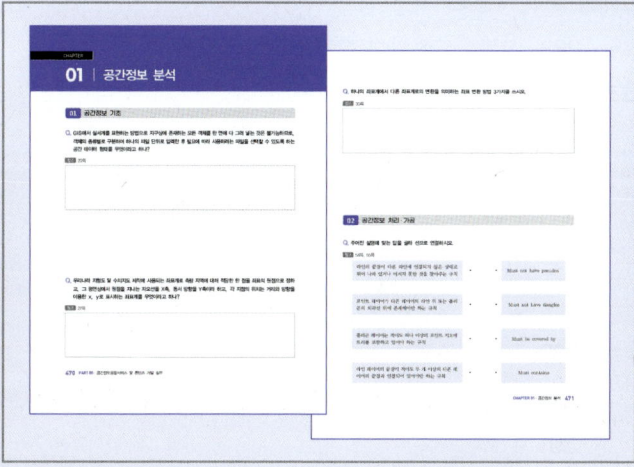

- 출제 가능성이 높은 단답형 유형과 서술형 유형을 담았습니다.
- 다양한 유형의 문제를 풀어보면서 실기 유형에 완벽 적응할 수 있습니다.
- 이론과 연계되는 문제로 실전 대비가 가능합니다.

CONTENTS
| 차례

필기편

PART 01 공간정보 분석

- CHAPTER 01 공간정보 기초 ⋯ 12
- CHAPTER 02 공간정보 처리·가공 ⋯ 40
- CHAPTER 03 공간 영상 처리 ⋯ 67
- CHAPTER 04 공간정보 분석 ⋯ 92
- CHAPTER 05 공간 영상 분석 ⋯ 138
- CHAPTER 06 공간정보 자료수집 ⋯ 161
- CHAPTER 07 공간 빅데이터 분석 ⋯ 183

PART 02 공간정보서비스 프로그래밍

- CHAPTER 01 공간정보 UI 프로그래밍 ⋯ 210
- CHAPTER 02 공간정보 DB 프로그래밍 ⋯ 251
- CHAPTER 03 웹기반 공간정보서비스 프로그래밍 ⋯ 283
- CHAPTER 04 모바일 공간정보서비스 프로그래밍 ⋯ 308

PART 03 공간정보 융합콘텐츠 개발

- CHAPTER 01 공간정보 융합콘텐츠 제작 ⋯ 332
- CHAPTER 02 공간정보 융합콘텐츠 시각화 ⋯ 355
- CHAPTER 03 공간데이터 3차원 모델링 ⋯ 391

PART 04 필기편 모의고사

- 제1회 실전 모의고사 ⋯ 420
- 제2회 실전 모의고사 ⋯ 435
- 제3회 실전 모의고사 ⋯ 451

실기편

PART 05 공간정보융합서비스 및 콘텐츠 개발 실무

- CHAPTER 01 공간정보 분석 ⋯ 470
- CHAPTER 02 공간정보서비스 프로그래밍 ⋯ 482
- CHAPTER 03 공간정보 융합콘텐츠 개발 ⋯ 489

Industrial Engineer Spatial Information Fusion

PART 01
공간정보 분석

CHAPTER 01 공간정보 기초

CHAPTER 02 공간정보 처리·가공

CHAPTET 03 공간 영상 처리

CHAPTET 04 공간정보 분석

CHAPTET 05 공간 영상 분석

CHAPTET 06 공간정보 자료수집

CHAPTET 07 공간 빅데이터 분석

필기편

PART 01	공간정보 분석
PART 02	공간정보서비스 프로그래밍
PART 03	공간정보 융합콘텐츠 개발
PART 04	필기편 모의고사

CHAPTER

01 공간정보 기초

> **대표유형**
>
> 벡터와 래스터 자료 구조에 대한 설명으로 옳지 않은 것은?
>
> ① 래스터 자료는 셀(Cell)로 균등하게 분할되어 처리된다.
> ② CAD파일은 벡터 자료에 해당한다.
> ③ 항공사진, 위성영상 같은 영상자료는 래스터 자료에 해당한다.
> ④ 래스터 자료보다는 벡터 자료가 공간분석을 수행하기에 유리하다.
>
> **해설**
> ① 래스터 모델에서 공간은 픽셀(Pixel) 또는 셀(Cell)로 균등하게 분할되어 처리된다.
> ② CAD파일은 좌표로 구성되기 때문에 벡터 데이터에 해당한다.
> ③ 영상자료는 셀 형태로 된 래스터 데이터이다.
> ④ 공간분석에 주로 사용되는 데이터는 래스터 자료이다.
>
> **정답** ④

01 공간정보의 개념

1. 공간정보의 정의와 역할

(1) 공간정보의 정의

「국가공간정보에 관한 법률」 제2조에 의거한 법률 용어로 지상·지하·수상·수중 등 공간상에 존재하는 자연적 또는 인공적인 객체에 대한 위치 정보 및 이와 관련된 공간적 인지 및 의사결정에 필요한 정보를 말함

(2) 공간정보의 역할

① 지도에 표현되어 있는 객체(들)의 위치나 분포 등을 알 수 있는 모든 정보로 일상생활이나 특정한 상황에서 의사결정에 도움이 되는 중요한 기초 정보 또는 기준을 제시함으로써 공간에서 발생하는 정보를 기반으로 타인과 소통하고 공유함으로써 삶의 질을 향상할 수 있음
② 우리가 일상적으로 사용하는 지도, GPS, 위성사진, 지형도 등의 정보를 포함하며, 이를 통해 공간적인 위치와 상호작용하며 삶을 살아갈 수 있음

(3) 공간정보의 특징

① 공간적인 위치와 관련된 정보로, 지리적 위치, 지형도, 건물 위치, 교통량, 자연재해 등 다양한 정보를 포함함
② 공간정보는 도형자료(위치자료)와 속성자료를 연결하는 시스템으로 구성될 수 있음
③ 공간정보시스템(GIS)에서 수집, 저장, 분석, 편집, 검색, 출력 등의 과정을 통해 활용됨
④ 공간정보는 시간에 따른 변화를 기록할 수 있도록 갱신, 관리되어야 함
⑤ 공간정보는 자료의 중첩을 통해 공간분석이 용이하게 이루어짐
⑥ 사용자의 요구와 목적에 부합하는 주제도 제작이 용이함
⑦ 다양한 공간정보를 효과적으로 표현하기 위해 지도의 축척 변경, 지도의 확대·축소가 용이함

2. 공간정보의 종류와 형태

(1) 공간정보의 종류

지형도(Topographic map)	지형의 높낮이, 지형지물 등의 정보를 담은 지도
위성사진(Satellite imagery)	위성을 통해 촬영한 지구상의 이미지
GPS(Global Positioning System)	위성을 통해 현재 위치를 파악하는 기술
건물 위치(Building location)	건물의 위치 정보
교통량(Traffic volume)	도로별 차량의 통행량 정보
자연재해(Natural disaster)	지진, 홍수, 산사태 등의 자연재해 정보

(2) 데이터 형태에 따른 분류

① 공간정보는 데이터의 형태에 따라 도형 데이터와 속성 데이터로 구성
② 데이터는 현실세계에서 측정하고 수집한 사실이나 값이고, 정보는 어떠한 목적이나 의도에 맞게 데이터를 가공 처리한 것으로서, 해당 데이터를 기반으로 도형정보와 속성정보로 분류할 수 있음
③ 도형정보, 속성정보

구분	특징
도형정보	• 형상 또는 대상물의 위치에 관한 데이터를 기반으로 지도 또는 그림으로 표현되는 경우가 많음 • 지표·지하·지상의 토지 및 구조물의 위치·높이·형상 등으로 지형, 도로, 건물, 지적, 행정 경계 등을 포함함
속성정보	• 형상의 자연·인문·사회·행정·경제·환경적 특성과 연계하여 제공할 수 있는 정보 • 공시지가, 토지대장, 인구의 수 등을 포함함

(3) 정보의 단위에 따른 분류

① 정보의 단위를 기준으로 국토공간정보와 도시공간정보로 구분할 수 있음
② 국토공간정보, 도시공간정보

구분	특징
국토공간정보	• 공간정보를 국가 단위로 구분한 것 • 지형, 지질, 토지 이용, 자연환경, 통계 데이터 등이 해당함
도시공간정보	• 공간정보를 도시 규모로 구분한 것 • 도로, 토지, 가옥, 상하수도, 가스, 전기공급시설 등이 해당함

(4) 속성정보의 분류

1) 정성적 자료: 사물과 현상의 특성을 범주형 값으로 표현한 것

구분	특징	예
명목 척도 (Nominal Data)	• 데이터가 이름의 역할만 하는 것 • 숫자로 표현할 수 있으나 숫자가 이름의 역할만 하기 때문에 크기를 비교하거나 계산을 할 수 없음	1=남자, 2=여자
서열 척도 (Ordinal Data)	• 데이터의 값이 순위, 순서를 의미함 • 숫자가 순위를 나타내는 것으로 상대적인 비교는 할 수 없음	1=아주 불만족, 2=불만족, 3=보통, 4=만족, 5=아주 만족

2) 정량적 자료: 자료의 값이 계량화되어 나타낸 것

구분	특징	예
등간 척도 (Interval data)	• 연속적인 수로 계량화할 수 있으며, 절대 원점 0이 존재하지 않음 • 숫자 간에 크기를 비교하거나 +, −를 수행할 수는 있음	온도, 고도
비율 척도 (Ratio data)	• 연속적인 수로 계량화할 수 있으며, 절대 원점 0이 존재함 • 숫자 간 크기 비교, +, −, ×, ÷를 수행할 수 있음	인구수, 지가

3. 공간정보시스템

(1) 공간정보서비스의 정의

① 공간정보서비스(Geographic Information Service): 공간에 관한 정보를 생산·관리·유통하거나, 기타 산업 등과 융복합하여 시스템을 구축하거나 제공하는 서비스를 의미
② 초기에 종이 지도나 건축·토목 관련 청사진을 복사하여 제공하던 서비스를 시작으로 현재는 범위와 경계가 확장되어 IT 전반에 적용되어 서비스되고 있음
③ 최근에는 지리정보시스템(GIS)을 포함하는 확장된 의미로 사용되고 있으며 특히 통신 기술과 LBS, SNS, AR, GeoWeb 등과 결합하여 위치 기반 SNS 등으로 서비스의 개념도 확장되었음

> **TIP** 공간정보시스템
>
> 공간정보를 효과적으로 수집·저장·가공·분석·표현할 수 있도록 유기적으로 연결된 컴퓨터 하드웨어, 소프트웨어, 데이터베이스 및 인적 자원의 결합체

(2) 공간정보서비스의 범위와 한계

① 공간정보 산업의 법정 정의: 「국가공간정보 기본법」 제2조(정의)에 따른 "공간정보 산업"이란 공간정보를 생산·관리·가공·유통하거나 다른 산업과 융복합하여 시스템을 구축하거나 서비스 등을 제공하는 산업
② 공간정보서비스의 범위: 공간정보의 구축, 응용시스템 개발, 관련 소프트웨어·하드웨어 개발 및 판매, 컨설팅, 교육, 기타 부문 등
③ 공간정보서비스의 한계: 디지털 지도와 함께 지구상 공간이라는 제약사항이 있으며, 대부분의 서비스가 지구상에 있는 자연·인공 물체를 대상으로 함

(3) 공간정보서비스의 종류

구분	특징
디지털 지도 제작 서비스	• 항공사진, 위성사진 등을 이용하여 디지털 지도[벡터(Vector), 레스터(Raster)]를 제공하는 서비스 • 다양한 유형의 주제도를 제작하여 판매하고 있으며, 주기적으로 보완하여 제공 예 항공·위성사진 제공, 유형별 주제도 제공
공간정보시스템 통합 서비스	디지털 지도를 활용하여 이용자가 원하는 공간정보서비스를 개발하거나 기존 서비스 정보시스템의 기능을 보완하거나 통합하여 제공 예 타 분야와 공간정보 결합, 최종 공간에 공간정보 제공
공간정보 융합서비스	사용자가 요구에 맞추어 다른 정보기술과 공간정보서비스 기술을 융합·반영하여 효율적이고 선진적인 공간정보시스템을 제공 예 이용자 요구 기능 개발, 기존 시스템 유지 보수
기타 서비스	• 기타 간접적인 분야에 제공하는 공간정보서비스 • 공간정보 관련 전문 지식을 바탕으로 교육, 출판, 컨설팅 등에 제공되는 서비스를 제공 예 교육·출판·컨설팅 서비스, 관련 협회 및 단체

(4) 공간정보서비스의 발전

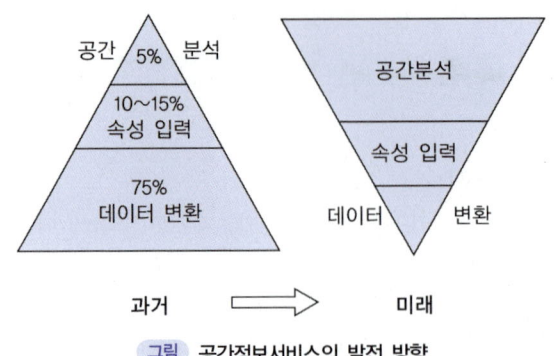

그림 공간정보서비스의 발전 방향

① 공간정보서비스는 초기에는 주로 지리정보의 품질을 높이고, 제공된 정보를 분석하고, 정보를 변환하는 서비스 등에 집중하여 왔음
② 현재 시스템의 개발·응용으로 다른 IT 분야에서도 새로운 공간정보 이용이 가능해졌기 때문에 다양하고 새로운 서비스로 발전하고 있으며, 특히 공공 및 공간정보 데이터의 개방으로 빅데이터 분석이 가능해지고 고용량·고속의 통신 및 모바일의 성능으로 이전과 다른 서비스도 가능하게 되었음
③ 이러한 뉴미디어 기술의 융합은 모든 이용자가 공간정보(u-IT 기술)를 통해 좀 더 나은 삶을 살아갈 수 있는 기반을 얻고, u-IT 기술의 접목으로 인류는 앞으로 공간에 대한 새로운 의미를 획득하고 적극적으로 이용하는 융합서비스가 가능한 방향으로 발전하고 있음
④ 과거와 다르게 발전된 공간정보서비스는 사실적인 정보와 디지털화된 공간을 인식하고 빠르고 정확한 의사결정을 위해 더욱 의미 있는 정보로 발전되어 왔음
⑤ 다양한 GIS 콘텐츠와 u-IT 기술과 연결된 공간정보가 생산되고 있으며, 정보의 유기적 연결로 시간, 장소에 따라 그 의미가 새롭게 해석되고 정보의 결합·분석을 활용한 인류의 미래 예측도 가능한 서비스가 생산될 것으로 예측됨

(5) GIS 주요기능

① GIS는 모든 정보를 수치의 형태로 표현함

데이터 수집 (Capture)	• GIS는 지리데이터(좌표정보)와 테이블 데이터를 입력하기 위한 방법을 제공해야 함 • 입력방법이 다양할수록 그 시스템은 융통성이 뛰어난 시스템이 됨
데이터 저장(Store)	• 지리데이터를 저장하는 데 있어 벡터(vector)와 래스터(raster) 2가지 기본 데이터 모델이 있음 • GIS는 2가지의 지리데이터 형태를 모두 저장할 수 있어야 함
데이터 쿼리(Query)	GIS는 도형의 위치, 속성 값에 기초하여 특정 도형을 검색할 수 있는 유틸리티를 제공해야 함
데이터 분석 (Analyze)	GIS는 다중 데이터 셋 간의 공간적 관계의 상호작용에 대한 질문에 대한 답을 제시할 수 있어야 함
데이터 디스플레이(Display)	GIS는 다양한 심볼을 사용하여 지리적 피쳐를 시각화 할 수 있는 도구를 가지고 있어야 함
출력(Output)	디스플레이 결과는 지도, 보고서, 그래프 등의 다양한 형태의 산출물을 출력하는 기능을 가져야 함

② 모든 지리정보가 수치데이터의 형태로 저장되어 사용자가 원하는 정보를 선택하여 필요한 형식에 맞추어 출력할 수 있으며, 이것은 기존의 종이지도의 한계를 넘어 이차원 개념의 정적인 상태를 삼차원 이상의 동적인 지리정보로 제공 가능함
③ GIS는 다량의 자료를 컴퓨터 기반으로 구축하여 정보를 빠르게 검색할 수 있으며 도형자료와 속성자료를 쉽게 결합시키고 통합 분석 환경을 제공함
④ GIS에서 제공하는 공간분석의 수행 과정을 통하여 다양한 계획·정책수립을 위한 시나리오의 분석, 의사결정 모형의 운영, 변화의 탐지·분석기능에 활용함
⑤ 다양한 도형자료와 속성자료를 가지고 있는 수많은 데이터 파일에서 필요한 도형이나 속성정보를 추출하고 결합하여 종합적인 정보를 분석·처리할 수 있는 환경을 제공하는 것이 GIS의 핵심 기능
⑥ 컴퓨터가 발전하기 이전의 지도는 종이에 간단한 지형의 형태, 지물에 대한 정보만을 기록할 수 있었으나 최근에는 기술의 발달로 인해 전자지도로 제작되면서 지형의 형태, 지물과 같은 도형정보 이외에 자연적·사회적·경제적 특성을 나타내는 속성정보를 기록할 수 있게 되었음

> **TIP 전자지도**
> - 인터넷이나 다양한 저장 매체를 통해 과거의 종이지도에 비해 복사·배포가 용이함
> - 파일 형태로 제작되어 신축, 왜곡, 변형 등이 발생하지 않아 보관이 용이함
> - 다양한 주제도를 이용한 중첩분석을 통하여 의사결정에 필요한 자료를 제공할 수도 있음

4. 공간정보 융합기술

(1) 공간정보 융합기술의 의미

① 공간정보와 다른 분야의 기술을 융합하여 새로운 가치를 창출하는 기술로, 다양한 분야에서 활용될 수 있으며 광범위한 산업 분야에 적용되어 혁신적인 결과를 가져올 수 있음
② 기존 분야에서는 생각하지 못했던 문제를 해결하거나 새로운 제품, 서비스를 만들어내는 등의 결과를 가져올 수 있음

(2) 공간정보 융합기술의 종류

인공지능(AI)과의 융합	인공지능 기술을 활용하여 공간정보를 분석·처리하는 기술을 개발함으로써 보다 빠르고 정확한 분석과 예측을 가능하게 함
빅데이터 분석과의 융합	공간정보와 빅데이터를 융합함으로써 보다 정확한 데이터 분석과 예측을 가능하게 함
사물인터넷(IoT)과의 융합	IoT 기술을 활용하여 다양한 센서를 통해 수집된 정보를 공간정보와 결합함으로써 보다 정확한 분석과 예측을 가능하게 함
가상현실(VR)과의 융합	가상현실 기술을 활용하여 공간정보를 시각화하고 체험할 수 있는 가상공간을 제공함
블록체인(Blockchain)과의 융합	블록체인 기술을 활용하여 공간정보의 보안성과 무결성을 보장하며, 데이터의 공유와 교류를 원활하게 함

> **TIP** 공간정보융합기술의 활용
> - 공간정보융합기술은 다양한 산업 분야에서 활용됨
> - 예를 들어 도시계획 분야에서는 공간정보와 IoT 기술을 결합하여 스마트시티를 구현하고, 산업 분야에서는 공간정보와 AI 기술을 활용하여 새로운 제품을 생산함

02 공간데이터

1. 공간데이터의 종류와 형태

(1) 도형 데이터
① 공간데이터: 점, 선, 면 등의 다차원 데이터들이 특정 좌표 시스템에 의해 숫자의 나열로 표현된 것을 의미함
② 실세계의 모양을 좌표계로 표시한 전자지도의 데이터 등을 공간데이터라고 할 수 있음
③ 공간데이터 부분이 GIS 분야에서 중요시되는 이유는 속성 데이터 부분의 경우 이미 정보 분야에서 기존에 많이 구축되었으며, 구축에 있어 상대적으로 고도의 기술을 요구하지 않기 때문임
④ 공간데이터 부분은 상대적으로 다양한 데이터 유형에 따라 세분되며, 데이터 특성에 따라 분석·처리 과정이 달라지고 이에 따른 결과도 달라질 수 있어서 더 중요하게 다루어지고 있음

(2) 메타 데이터(Meta data)
① 일반적으로 데이터를 위한 데이터로 정의함
② 데이터를 설명하는 데이터로 데이터의 연혁, 품질, 공간참조(좌표체계) 등 데이터의 세부적인 정보를 담고 있음

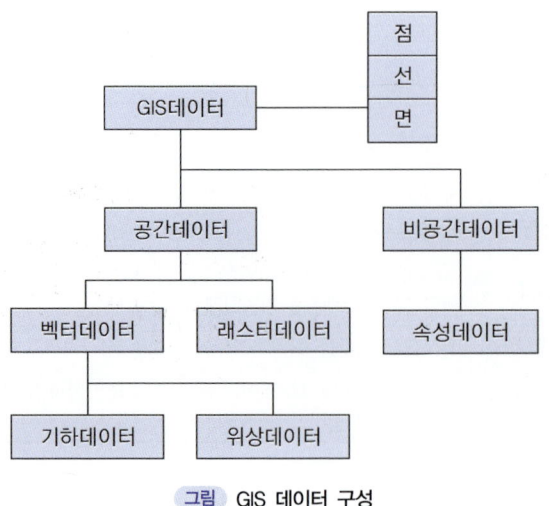

그림 GIS 데이터 구성

(3) 도형 데이터의 종류

공간데이터를 표현하는 데이터 구조로서 기본적으로 벡터와 래스터로 구분 가능

1) 벡터(Vector)
① 벡터 모델에서 현실 세계의 사상 또는 좌표는 이들의 경계를 정의하는 점, 선으로 구성됨
② 각 사상의 위치는 지도에서 좌표체계에 의해 정의되며, 지도 내에서 각 위치는 동일한 좌표체계를 유지함
③ 점, 선, 다각형은 실세계에서 불규칙하게 분포하는 지리상이나 좌표를 표현하기 위해 사용됨
④ 선은 도로, 다각형은 숲 등을 나타내는 데 사용됨

2) 래스터(Raster)
① 래스터 모델에서 공간은 픽셀(Pixel) 또는 셀(Cell)로 균등하게 분할되어 처리됨
② 지리 사상, 좌표의 위치는 그 사상이나 좌표가 존재하는 픽셀, 셀의 행렬로 정의되며, 셀 크기에 따라 해상도가 달라짐
③ 셀 안에 있는 지역은 하위 지역으로 분할되지 않으며, 셀 속성은 셀 안의 모든 위치에 적용됨
④ 모든 셀의 크기는 같음
⑤ 일반적으로 래스터 모델은 수백만 개의 셀로 분할됨

3) 벡터와 래스터의 장단점

구분	장점	단점
벡터	• 실세계 데이터 표현이 쉬움 • 데이터 저장 시 효율적 압축 가능 • 위상관계 구축이 용이함 • 정확한 그래픽 표현 가능 • 위치, 속성의 일반화 가능	• 자료 구조가 복잡함 • 지도의 중첩이 어려움 • 단위별로 위상 형태가 다름 • 고가의 장비가 필요함 • 공간연산이 복잡함
래스터	• 자료의 구조가 단순 명료함 • 공간분석에 용이함 • 단위별로 위상 형태가 동일함 • 지도 중첩이 용이함 • 저가의 기술과 빠른 발달 속도를 자랑함 • 원격탐사 자료와 연결이 수월함	• 위상관계 구축이 어려움 • 투영 변환에 많은 시간이 소모됨 • 그래픽 자료의 양이 방대해짐 • 자료 압축 시 정보손실이 큼 • 출력의 질이 떨어짐

(4) 속성 데이터의 특성
① CSV 형식으로 수집할 수 있으며 파일 시스템으로 쉽게 관리가 됨
② 비교적 간단한 숫자나 문자로 구성된 속성자료의 경우 데이터베이스관리시스템 없이도 속성자료 관리를 할 수 있음
③ 속성이 각 항목의 값이 허용되는 범위 내에 존재하는지를 검증하는 과정이 필요하며, 이것을 입력 단계에서부터 자동화하여 진행하는 것이 필요함

④ 최근 공간 빅데이터 분석 플랫폼, 게임엔진과 결합하여 자료 관리와 분석 성능이 높아지고 있어 사진, 동영상 등 용량이 크고 자료 구조가 복잡한 멀티미디어 자료도 충분히 다룰 수 있음
⑤ 도형과 속성자료의 통합 관리
- 자료가 서로 연계되어 있어 도형자료를 선택하면 속성자료도 쉽게 조회 가능
- 도형과 속성자료를 통한 자료 분석·가공·갱신이 용이하게 이루어짐
- 공간적 상관관계가 있는 도형과 속성자료를 쉽게 파악할 수 있음

(5) 공간데이터의 특징

공간데이터는 일반적으로 비정형성, 대용량성 2가지 특징이 있음

비정형성	• 각 공간 객체의 내용 및 구조가 객체 타입에 따라 다르게 표현됨 • 같은 타입 간에도 점의 개수, 서브 객체의 개수 등에 의해 다른 형태와 길이를 가짐
대용량성	일부 공간 데이터의 경우 DBMS 데이터 저장공간의 한 페이지 이상의 크기를 가질 수 있음

> **TIP**
> 공간 DBMS는 비정형성, 대용량성의 특징을 갖는 공간 데이터를 효율적으로 저장·연산하기 위해서 기존의 비공간 데이터를 고려하지 않은 여러 가지 측면을 추가적으로 고려하여 구현되어야 함

2. 공간데이터 구축

(1) 레이어(Layer)

① GIS에서 실세계를 표현하는 기법 중 하나
② 지구상에 존재하는 모든 객체를 한 면에 다 그려 넣는 것은 불가능하므로, 객체의 종류별로 구분하여 레이어라는 이름으로 하나의 파일 단위로 입력한 후 필요에 따라 사용하려는 레이어만 선택하여 관리하는 것
③ 실세계에 있는 여러 종류의 객체(예 도로, 토지 이용도, 행정 경계, 하천, 고도, 위성사진 등)의 도형정보를 각각 레이어로 구분한 후 필요하면 보이게 하고, 필요하지 않은 레이어는 숨겨둠으로써 사용자의 필요에 따라 다양한 용도로 사용하는 것

(2) 레이어의 활용

① 지도 제작
② 항공사진 촬영
③ 위성영상 촬영
④ 정사영상 제작
⑤ 수치포고모형(DEM) 구축
⑥ 3차원 공간정보 구축
⑦ 실내공간정보 구축
⑧ 무인항공기 활용

3. 공간데이터 분석 기법

(1) 공간분석 기법

점 분포 패턴 분석	밀도기반 분석, 거리 기반 분석
중첩(Overlay) 분석	Union, Intersect, Clip, Erase
근린 분석	Proximity Analysis, Buffering, 보간법(Interpolation)
네트워크 분석	최단거리 경로탐색, 입지배분(Location-allocation), 서비스 권역 분석
지형분석	경사도, 경사방향, 음영기복, 가시권 분석, 수계망 분석, 유역 분석

(2) 공간적 관계(Spatial relationship) 분석

Intersect	2개의 레이어 간 교차 여부 분석
Contain	특정 레이어가 다른 레이어를 포함하는지 여부 분석
Within	특정 레이어가 다른 레이어에 포함되는지 여부 분석
Touch	2개의 레이어가 서로 접하고 있는지 여부 분석
Cross	특정 레이어가 다른 레이어를 관통하고 있는지 여부 분석
Distance	특정 레이어가 다른 레이어로부터 지정한 거리 내에 있는지 여부 분석

(3) 래스터 기반 공간분석

영상 분류	무감독 분류, 감독 분류
보간법	최근린 보간법, 역거리 가중치법, 크리깅
중첩	Map Algebra(지도 대수), 필터링, 커널, 이동창
밴드 비율	주성분 분석, 정규식생지수

(4) 공간정보 기반 분석 유형 및 기법

① GIS 기반 공간분석방법론: 공간현상 속에 숨겨진 공간패턴 및 공간관계를 찾거나 공간의사결정에 필요한 해법을 도출하기 위해 GIS의 각종 공간분석기법을 적용해가는 GIS모델링 방법을 통칭함
② 기법

공간정보 기반 분석 기법	• 공간 통계분석: 시계열 분석, 교차분석, 패턴 분석, 지리가중 회귀분석(GWR; Geographically Weighted Regression), 로지스틱회귀분석, 군집분석, 핫스팟분석 • 네트워크 분석 • 인공지능 기법: 머신러닝, 딥러닝
공간정보 시각화 기법	• 대용량 데이터 및 여러 유형의 데이터 처리 • 다양한 도표, 그래프, 지도 등을 출력 • 오픈소스 기반 시각화 도구들: FineReport, Looker Studio, OpenHeatMap, Leaflet 등

03 공간정보 활용

1. 공간정보 활용을 위한 주요 기능

(1) 공간정보 분석 기술의 종류

① **지리정보시스템(GIS)**: 공간정보를 수집·저장·관리·분석하는 시스템으로, 지도 등의 정보를 수집하여 공간정보 데이터베이스를 구축하고 분석할 수 있게 함
② **빅데이터 분석**: 공간정보 데이터와 다양한 빅데이터를 결합하여 분석함으로써 데이터의 상관관계와 인사이트를 도출할 수 있음
③ **인공지능 기술**: 공간정보 데이터를 기계학습, 딥러닝 등의 기술을 이용하여 분석함으로써 정확한 예측과 분석을 가능하게 함
④ **시각화 기술**: 공간정보 데이터를 시각화하여 그래프, 차트 등으로 데이터를 보다 쉽게 이해하고 분석할 수 있게 함

(2) 공간정보 활용 내용

① 기술의 발전에 따라 지도의 사용방법, 형태가 변화한 것처럼 지도를 근간으로 하는 공간정보 또한 시대의 흐름에 따라 형태 및 생산·활용 방법이 변화함: 과거 종이지도 기반 공간정보는 '위치정보' 중심으로 활용되었으나, 디지털 기술의 발전은 공간에서 발생하는 다양한 정보를 디지털화하고 데이터베이스로 구축하며, 이를 소프트웨어를 통해 효과적으로 분류·활용함으로써 디지털 공간정보 패러다임을 촉진시켰음
② 공간정보는 21세기 IT 기술을 만나면서 새로운 미래를 열어가고 있음: 2000년대에 들어 IT 산업 환경은 유·무선 통신기술 중심으로 발전되어 왔으며, 모바일 서비스의 발전과 함께 공간정보가 핵심 서비스로 급부상하였음
③ 최근에는 공간정보산업이 서비스 산업으로 급부상하고 있음: 공간정보 서비스는 공간에 관한 정보를 생산·관리·유통하거나 다른 산업과 융·복합하여 시스템을 구축하고 제공하는 서비스를 의미
④ 현실세계의 모든 가변적 요소들이 언제든지 공간정보에 반영될 수 있는 여건이 조성될 수 있으며, 상황정보는 미래사회의 속성을 논의할 때 근간이 되는 개념이 됨: 정보기술의 발달, 특히 인공지능과 로봇기술의 발달로 사물들도 상황을 인지하고 스스로 서비스를 창출할 수 있게 됨으로써 유비쿼터스 사회 혹은 미래 지능사회의 탄생을 예고하고 있음

(3) 공간정보 분석 기술의 활용

구분	특징
교통 분석	교통량, 교통사고, 교통수단 이용률 등의 공간정보를 분석함으로써 교통정책의 개선을 도모함
도시계획 분석	도시 내 건물, 도로, 공원 등의 공간정보를 분석함으로써 도시 계획에 반영하여 지속적인 도시 개발을 진행함
재난 대응 분석	지리적 위치 정보, 인구 분포, 경제활동 등의 데이터를 분석함으로써 재난 발생 시 빠른 대응을 할 수 있음
경제 분석	지역별 경제활동, 소비 패턴, 물류 분포 등의 공간정보를 분석함으로써 지역별 경제 활동에 대한 인사이트를 얻을 수 있음

(4) 공간정보 활용의 변화 추세

① 오픈소스 및 컴퓨팅 기술의 활용이 증가되면서 데이터 처리 및 분석이 발전함
② 사물인터넷(IoT) 기술의 발전에 따라 실시간 발생하는 센서 자료의 수집 및 표출, 자료 분석, 예측이 가능한 공간 빅데이터 기술이 대두됨
③ 공간정보 관련 분야의 기술이 발달하고 융·복합되고 있어 새로운 활용 분야가 지속적으로 나타나고 있음
④ 공간정보 활용은 1910년 이전에는 Imagination Maual Map, 1910~1990년에는 Visualization Paper Map(ST, 측량산업) 1990~2010년까지는 Contents Digital Gi(GT GIS산업, CT + ICT Geomatics산업), 2010년 이후에는 Ubiquitous FI Context(CT + CT + UT g-서비스산업)으로 계속 발전하고 있음

(5) 공간정보 활용 분야

① 지도를 포함한 공간정보는 세상에 존재하는 '모든 사물'과 '인터넷 가상공간'을 연결하는 플랫폼으로 발전함에 따라 더 많은 부가가치를 창출하고 있음
② 기존의 공간정보는 위치확인, 국토관리 등 기존 산업의 보조적인 역할을 수행했지만 최근의 공간정보는 개인 내비게이션, 로봇 활용, UHealth 등 차세대 산업을 창출하고 있음
③ 공간정보산업이 발전하면 보다 정밀한 공간정보 기반이 조기 구축되어 다른 산업의 고도화를 앞당길 수 있음

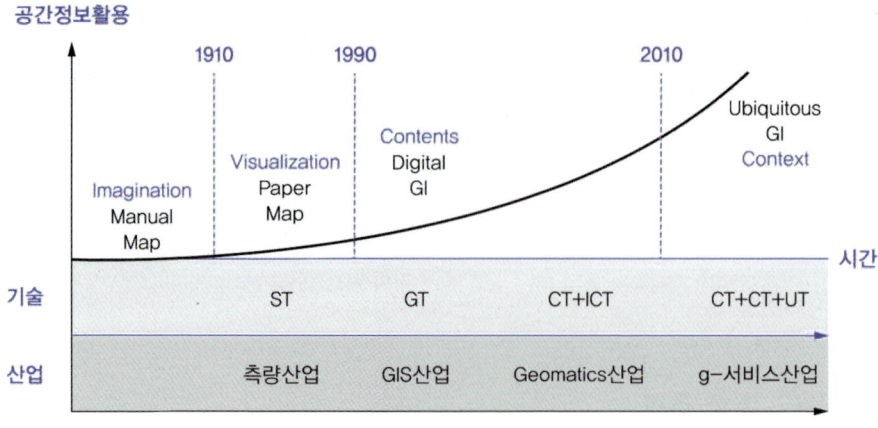

그림 공간정보산업 패러다임 변화

④ 현재는 특히 소셜 혹은 메시지, 네트워크 기능과 결합하여 1차적인 서비스 외에 사용자들의 가치가 포함된 부가적 정보를 더함으로써 효용가치가 증대되고 있음

환경정보시스템 (EIS; Environment Information System)	환경정보를 체계적으로 관리하고 국민, 기업 등의 사용자에게 서비스하기 위한 정보시스템
도시정보시스템 (UIS; Urban Information System)	도시의 현황 파악 및 도시계획, 도시정비, 도시기반시설 관리 등을 위하여 인구, 교통, 시설 등의 다양한 정보를 체계화하여 관리하는 정보시스템
토지정보시스템 (LIS; Land Information System)	토지와 관련된 속성정보 및 공간정보를 체계화하여 통합 관리하는 정보시스템

04 지도와 좌표계

1. 지도의 분류

(1) 지도의 정의

① "지도"란 측량 결과에 따라 공간상의 위치와 지형 및 지명 등 여러 공간정보를 일정한 축척에 따라 기호나 문자 등으로 표시한 것을 말하며, 정보처리시스템을 이용하여 분석, 편집 및 입력·출력할 수 있도록 제작된 수치지형도[항공기나 인공위성 등을 통하여 얻은 영상정보를 이용하여 제작하는 정사영상지도(正射映像地圖)를 포함한다]와 이를 이용하여 특정한 주제에 관하여 제작된 지하시설물도·토지이용현황도 등 대통령령으로 정하는 수치주제도(數値主題圖)를 포함함(「공간정보의 구축 및 관리 등에 관한 법률」 제2조 10호)
② 우리가 살고 있는 지리적 공간을 축소하여 표현하므로 넓은 지역을 한눈에 알 수 있으며, 여기에 시간의 변화를 표시할 경우 시계열적 변화 파악이 가능함
③ 지도에 표현되는 내용은 그 지도의 목적·용도에 따라 달라지며 측량 또는 조사에 의해서 취사 선택됨

TIP	지도

시공간에 존재하고 있는 여러 가지 상황을 일정한 약속(축척, 도식 등)에 따라 2차원(평면) 혹은 3차원(구, 공간)에 나타낸 것

(2) 제작 방법에 따른 분류

1) 실측도

① 평판측량·항공사진측량으로 직접 지형측량을 시행하여 얻은 측량 원도에서 작성하는 지도
② 지표면의 형태·수계·토지의 이용·취락 및 도로·철도, 그 밖의 각종 공작물 등의 배치상황을 자세하고도 정확하게 나타낸 지형도, 지적공부(地籍公簿)의 하나인 지적도, 바다에 관한 모든 상황을 정확하고 일목요연하게 표현한 항해용 안내 지도인 해도 등 중축적 이상의 지도에서 흔히 사용됨

2) 편찬도

① 실체의 측량에 근거하여 제작되는 실측도에 대하여 기존 지도와 기타 통계자료, 지지 등에 근거하여 편찬·제작되는 지도
② 중축적 이하의 축척인 경우에는 대부분이 편찬도이며 국토지리정보원 발행의 지도 중 5만분의 1 지형도, 25만분의 1 지세도, 50만분의 1 지방도가 편찬도임

(3) 축척에 따른 분류

1) 대축척지도

① 1/100,000보다 축척이 큰 지도
② 실측도로서 평판(平板)·항공사진 측량 등에 의하여 만들어지며, 도시계획용, 공사용 등 구체적 설계에 이용됨
③ 투영은 거의 횡축메르카토르 도법을 사용하며 지도의 수평위치·해발고도 등의 정밀도가 높고 지물의 전위가 없는 진짜 위치가 표시됨
④ 우리나라에서는 국토지리정보원이 발행한 1:50,000, 1:25,000, 1:5,000의 지형도가 대표적인 대축척지도임

2) 소축척지도

① 비교적 넓은 지역을 간략하게 표현한 것으로, 실제 거리의 축소율이 커서 넓은 지역을 관찰하거나 지역 개관에 이용됨
② 축척은 1:1,000,000, 1:6,000,000으로 대한민국 전도와 세계전도 등이 해당되며 전 국토를 효율적으로 개발할 때 많이 이용됨

(4) 목적에 따른 분류

1) 일반도
① 주제도가 특정 목적만을 위해 사용되는 것과 달리 일반도는 각종 목적에 이용되는 다목적 지도
② 지형·토지이용·수계·도로·철도·취락과 각종 공작물 등 지표면의 형태와 그 위에 분포하는 자연과 인문의 일반적인 사항 등을 공통으로 표현함

2) 주제도
① 특정한 주제를 표현할 것을 목적으로 작성된 지도로, 특수도라고도 함
② 주제도로는 통계 결과를 수록한 편집도와 해도, 지적도, 호소도, 하천도와 같이 실지측량에 의하여 작성된 것, 조사결과·관측결과 또는 예상이나 계획을 종합하여 작성한 것 등이 있음

(5) 표현 방법에 따른 분류

구분	특징
점묘도 (Dot map)	• 일정한 크기를 가진 점의 밀도로서 어떤 사상의 수치나 양을 나타내는 통계지도 • 도트맵(dot map)이라고도 함 • 점을 어떤 사상의 소재지에 그리는 것이 보다 바람직한 표현법이지만 그 사상에 관한 자료가 정밀하지 못할 경우에는 일정한 구역에 균등하게 점을 그림
도형표현도 (Proportional Symbol map)	특정 지점이나 행정구역 전체에 걸쳐 나타나는 현상의 양적 크기를 도형의 크기를 달리하여 나타내는 지도
등치선도 (Isometric map)	• 표면고도를 등고선으로 나타내는 방식에 기초하여 통계적 표면을 지도로 나타낸 것 • 등치선도로 표현되는 것으로 인구밀도·평균소득·경작지면적·평균지가와 전체 강수량 중에서 차지하는 강우량의 비율 등이 있음 • 등고선의 표현 방식에 기초하므로, 등고선의 수치로 지형의 높낮이를 알 수 있음 • 등치선도의 기본적인 개념은 '기복이 있는 표면을 선이라는 기호로 나타낸다'는 점
유선도 (Flow line map)	• 사람이나 물건·교통 기관 등의 이동 경로·방향·거리 등을 도표화한 통계지도 • 유선은 이동 경로를 충실하게 표시한 경우와 지도에서 시발점과 종착점을 기계적으로 연결하는 경우가 있음
단계구분도 (Choropleth map)	• 지역 간의 분포 차이를 패턴 또는 색상으로 구별하여 표현한 지도 • 밀도나 비율로 척도된 자료를 토대로 지역 간의 강도(Intensity) 변이에 관한 정보를 보여주는 것 • 3차원의 도수분포도나 계단식 통계표면을 표현한 것으로 다양한 범주의 센서스 자료를 단계구분도로 제작함 • 제작을 위한 기본 요소로는 행정구역별로 집계된 자료를 수치로 표현한 기본도의 작성과 그 자료를 분류해서 각 등급별로 기호화하는 것이 필요함
왜상통계지도 (Cartogram)	• 지도상에 나타난 행정구역의 면적이 그 지역의 지도화될 현상의 양적 크기에 비례하여 표현되는 지도 • 담고 있는 내용에 따라 땅의 모양을 변형하여 만든 지도를 왜상통계지도(Cartogram)라고 함

2. 좌표계의 정의

(1) 좌표의 개념

1) 지도의 좌표
지도상의 위치와 방향은 공간상의 한 물체 또는 한 점의 위치는 일반적으로 좌표로써 표시함

2) 위치
① 어느 좌표계에 있어서 다른 점들과 어떤 기하학적인 상관관계를 갖는가를 의미함
② 일반적으로 그 좌표계의 특정점 또는 특정선부터의 길이와 방향을 기초로 하여 표현함

3) 좌표
'좌표계(Coordinate System)'의 기준이 되는 고유한 한 점을 원점(Origin)이라 하며, 이것을 기준으로 길이, 방향을 표시한 것이 바로 '좌표(Coordinate)'임

(2) 좌표계의 종류

1) 경위도 좌표계
① 기본측량과 공공측량에 있어서 지구상 절대적 위치 표시에 일반적으로 가장 널리 이용되는 방법
② 기준타원체 또는 준거타원체에 대한 지점 위치를 경도, 위도 및 평균해수면에서부터의 높이로 표시한 것으로 측지좌표라고도 부르며, 일반적으로는 지리좌표라고도 함

2) TM(Transverse Mercator) 좌표계
① 평면 직각 좌표계의 하나로 측량 범위가 넓지 않은 지역의 측량을 위해 주로 사용됨
② 평면 직각 좌표계와 같이 좌표원점을 정하고 원점을 지나는 경선을 X축, 위선을 Y축으로 각 지점 위치를 직각좌표 값으로 표시함
③ 측량 지역에 대해 적당한 한 점을 좌표의 원점으로 정하고, 그 평면상에서 원점을 지나는 자오선을 'X축N: 북을 +', 동서방향을 'Y축E: 동을 +'이라 하고, 각 지점의 위치는 거리와 방향을 이용한 x, y로 표시함

3) UTM(Universal Transverse Mercator) 좌표계
① 전 지구상 점들의 위치를 통일된 체계로 나타내기 위한 격자 좌표 체계의 하나로 1947년에 개발됨
② 지구를 경도 6° 간격의 세로띠로 나누어 횡축 메르카토르 도법으로 그린 뒤, 위도 8° 간격으로 총 60×20개의 격자로 나누어 각 세로 구역마다 설정된 원점에 대한 종·횡 좌표로 위치를 표시함

(3) 지리좌표 체계와 투영 좌표 체계

구분	특징
지리좌표 체계 (Geographic coordinate system)	지구상에서 위치를 표시하는 방법으로 경도와 위도로 표시한 것
투영 좌표 체계 (Projected coordinate system)	3차원 지구에서의 경위도 좌표를 특정한 투영법을 사용해 2차원 평면상에서 나타냈을 때

1) 지리좌표 체계

① 경도: 본초 자오선(지구의 경도를 결정하는 데 기준이 되는 자오선)에서 특정 지점을 지나는 경선까지의 각도
② 위도: 적도에서 특정 지점을 지나는 위선까지의 각도
③ 지구를 구로 가정하면 경선과 위선이 모두 원이므로, 경도 간의 간격은 동일한 위도에서 일정하고 고위도로 갈수록 좁아지며, 위도 간의 간격은 같음
④ 지구를 동서 방향이 긴 타원체로 가정하면, 경도의 간격은 지구를 구로 가정한 것과 같이 동일한 위도에서는 일정하고 고위도로 갈수록 좁아지지만, 위도의 간격은 고위도로 갈수록 길어짐
⑤ 임의의 점에서 지구 중심을 이은 선과 적도면이 만나는 각을 '지심 위도'라 하고, 임의의 점에서의 접선과 90°로 교차하는 법선이 적도면과 이루는 각을 '지리(측지) 위도'라고 함
⑥ 일상생활에서 사용하는 위도는 지리 위도를 뜻하며, GNSS(Global Navigation Satellite System)에서 표시되는 위도 역시 지리 위도임

2) 투영 좌표 체계

① 3차원 지구에서의 모든 점이 2차원 평면상인 지도에 접할 수는 없기 때문에 투영법을 사용한 지도는 투영면의 종류에 따라 원통, 원추, 평면도법 등으로 구분하며, 지도가 갖추어야 할 지도학적 성질에 따라 특정 방향으로 거리가 정확한 정거투영법, 면적이 정확한 정적투영법, 형태가 정확한 정형투영법 등으로 구분함
② 어떤 투영법을 사용하든 지구본과 투영법에 따라 지도의 모습이 다르기 때문에 한 점의 경위도에 해당하는 투영 좌표 체계는 투영법마다 다름
③ 투영법에 의해 지구상의 한 점이 지도에 표현될 때 가상의 원점을 기준으로 해당 지점까지의 동서 방향과 남북 방향으로의 거리를 좌표로 표현할 수 있는데, 이것을 투영 좌표 체계라고 함
④ 우리나라에서 주로 사용하는 지도의 좌표계는 지리좌표 체계와 횡축 메르카토르(Transverse Mercator) 투영법에 의한 투영 좌표 체계
⑤ 지리좌표 체계는 GNSS를 이용하여 공간 데이터가 수집된 경우 공간 데이터의 위치를 지도상에 표시하기 위해 이용할 수 있는데, 최근 GNSS를 이용한 데이터 취득 빈도가 높아지고 있음
⑥ 우리나라에서 생산된 공간정보 중 대부분은 투영 좌표 체계에 의해 위치가 표시되는데, 우리나라에서 주로 사용하는 투영법은 횡축 메르카토르 투영법이므로 횡축 메르카토르 투영법에 의한 투영 좌표 체계를 주로 사용함

(4) 기준타원체와 우리나라에서 사용하는 경위도 좌표계

① 실제 부정형인 지구를 정형의 3차원 타원체로 정의한 것을 기준타원체라고 하며, 지리좌표 체계의 경도와 위도는 준거타원체(Reference Ellipsoid)에 따라 다름
② 우리나라에서는 1841년 베셀(Bessel)이 고안한 타원체를 사용해왔으나 2003년부터 2009년까지는 국제적으로 공인된 GRS 1980 타원체(Geodetic Reference System 1980)를 기준으로 한 경위도 좌표를 병행하여 사용하였음
③ 2010년 이후로는 GRS 1980 타원체를 기준으로 한 경위도 좌표를 사용하고 있음
④ GNSS에서 기준으로 사용하는 타원체인 WGS 1984 타원체는 몇 번의 수정을 거쳐 현재는 GRS 1980 타원체와 거의 같은 값을 유지하고 있어 실용적으로는 같다고 할 수 있음
⑤ 우리나라의 TM 직각좌표의 시기별 변화

명칭	타원체명 (측지계)	투영 원점(°)		원점 가산 수치(m)		축척계수	비고
		경도	위도	동서 방향	남북 방향		
KATEC	Bessel 1841 (동경 측지계)	128	38	400,000	600,000	0.9999	2000년대 초반까지의 내비게이션 지도
KATEC	GRS 1980 (세계 측지계)	128	38	400,000	600,000	0.9999	2000년대 중반 이후 내비게이션 지도
UTM-K	Bessel 1841 (동경 측지계)	127.50289	38	1,000,000	2,000,000	0.9996	'새주소사업' (행정안전부)
UTM-K	GRS 1980 (세계 측지계)	127.5	38	1,000,000	2,000,000	0.9996	대부분의 전국 연속 수치 지도

> **TIP** 4개의 원점을 가진 TM 투영 좌표 체계
>
> 전국 단위로 지도를 병합하여 사용할 때는 별도의 경위도 원점과 가상 직각좌표를 사용하여야 한다. 우리나라는 4개의 서로 다른 원점을 사용하기 때문에 직각좌표가 같은 지점이 최대 4점이고, 서로 다른 원점을 사용하는 지도끼리는 지도를 병합할 수 없다. 따라서 이 경우 전국 단위의 단일 직각좌표를 사용해야 하는데, 이때의 경위도 원점은 동경 127° 30′, 북위 38°이고 원점의 가상 직각좌표는 동서 방향 1,000,000m, 남북 방향 2,000,000m를 사용하고 있다. 이 경우에도 TM 투영법을 사용하고 있다. 다만, 경도의 동서 방향 범위가 최소 4도 이상이므로 축척계수를 0.9996으로 하여 제작되고 있다. 이를 UTM-K(Universal Transverse Mercator-Korea)라 일컫는데, UTM과 TM은 투영 계산식으로는 동일한 투영법이다.

3. 좌표계의 변환

(1) 좌표계 변환의 이해

1) 좌표계 변환의 유형

① **좌표계 변환**: 하나의 좌표계에서 다른 좌표계로의 변환을 의미
② 경위도 좌표를 투영좌표로 가져가는 지도 투영 변환 및 반대의 경우 또한 좌표계 변환의 가장 기본적인 변환이 됨
③ 하나의 투영 좌표계에서 다른 투영 좌표계로 투영법을 변경하는 투영 좌표계 변환 역시 좌표계 변환 중 하나

④ 좌표계 변환을 위해서는 먼저 변환하려는 데이터의 좌표계가 명확하게 설정되어 있어야 함
⑤ 좌표계 변환은 기준타원체가 변경되지 않는 것을 전제로 하지만, 만약 기준타원체가 변경될 경우 타원체 간 변환 요소로 고려하여야 함

2) 좌표변환 요령

① 좌표체계를 정의한 파일은 자료 파일과 동일한 파일이거나 별도의 파일로 저장될 수 있음
② 제작기관이 동일한 공간정보이더라도 제작 시기에 따라 적용한 좌표체계가 달라질 수 있음
③ 좌표체계 설정 및 변환을 위해서는 사전에 목표에 맞는 적절한 좌표체계를 설정해야 함
④ 서로 다른 좌표체계의 공간자료를 하나의 화면에서 출력할 경우 좌표변환이 자동으로 이루어지지 않을 수 있기 때문에 좌표변환을 시행한 후 작업을 해야 함

3) 좌표변환 방법의 종류

등각사상 변환	• 기하학적인 각도를 그대로 유지하면서 좌표를 변환하는 방법 • 좌표변환 전후의 모양이 변하지 않음
부등각사상 변환	• 등각사상 변환의 축척인자에서 x, y 방향에 대해 각각의 축척인자가 다르다고 가정한 변환 • 변환 전후의 형태는 변하지만 변환 전 평행선은 변환 후에도 평행을 유지한다고 가정함
투영변환	• 도식적 또는 분석적 방법으로 한 지도 투영면에서 다른 지도 투영면의 상응하는 위치로 옮기는 절차로서, 수치 지도를 하나의 지도 투영 방식에서 다른 투영 방식으로 변환하는 것 • 3차원 공간을 2차원 평면으로 변환하는 것

4) 좌표변환 결과의 정확도 평가

지도좌표와 실제측량 좌표 간의 차이로부터 평균제곱근오차(RMSE; Root Mean Square Error)를 구하여 정확도 평가

> **TIP** 평균제곱근오차
> • 잔차(관측에서 나타나는 오차)의 제곱합을 산술평균한 값의 제곱근으로서 관측값들 간의 상호간 편차를 의미함
> • 표준편차를 일반화시킨 척도로서 실제값과 추정값과의 차이가 얼마인가를 알려주는 데 많이 사용되는 척도
> • RMSE와 표준편차는 개별 관측값이 중심으로부터 얼마나 멀리 떨어져 있는지 정도를 나타냄

(2) 우리나라의 기준타원체 변경과 투영 좌표 체계

① 경위도 좌표계를 투영 좌표계로 변환하려면 투영법이 정의되어야 하는데 우리나라의 국가기본도는 TM 투영법을 사용하고 있으며, 국가기본도를 기초로 하여 제작된 대부분의 공간정보도 TM 투영법으로 제작된 것
② 우리나라는 경위도 좌표계를 베셀 1841에서 GRS 1980으로 변경함에 따라 같은 투영법을 사용해도 투영 좌표계가 달라지게 되어 2002년까지 제작된 지도는 베셀 1841을 기준으로 한 TM 투영법을 사용하고 있고, 2003년부터 제작된 지도는 GRS 1980 타원체를 기준으로 한 TM 투영법을 사용하고 있음

③ TM 투영법으로 제작된 지도도 제작된 시점에 따라 지도 제작에 사용된 기준타원체를 적합하게 선택하여야 함
④ TM 투영법을 사용해 지도를 제작할 때 투영 원점을 어디에 두느냐에 따라 평면직각좌표가 달라질 수 있으므로, 투영 원점을 설정하고 투영 원점에 가상의 평면좌표를 부여해야 함

> **TIP**
> TM 투영법에 사용된 기준타원체뿐만 아니라 투영 원점도 변경되어 과거에는 베셀 1841 타원체와 도쿄 원점을 기준으로 한 도쿄 측지계를 사용하였지만, 현재는 GRS 1980 타원체와 지구 질량 중심을 원점으로 한 세계 측지계(ITRF 2000: International Terrestrial Reference Frame 2000)를 사용하고 있다.

⑤ 1/1,000, 1:5,000, 1:25,000 축척의 국가기본도에서는 투영 원점은 4개(서부·중부·동부·동해 원점)
⑥ TM 투영법은 중앙 경선에서 축척계수가 1.0이기 때문에 좌우로 상대적으로 좁은 지역인 경도 1° 범위만을 사용하므로, 투영 원점의 경도는 동경 125°, 127°, 129°, 131°이고, 위도는 모두 38°
⑦ 서부 원점 지역에는 서해안 도서 지역이 포함되고, 중부 원점 지역에는 수도권과 충청남도·전라도·제주도 등의 지역이 포함되며, 동부 원점 지역은 강원도와 경상도 지역, 동해 원점은 울릉도와 독도가 포함됨
⑧ TM 투영법으로 제작된 지도에서 경위선은 곡선으로 표시되고, 직각좌표축은 투영 원점에서 평행하게 직선으로 표시됨
⑨ 지도에서 두 지점 간의 거리를 계산할 때 경위도 좌표를 이용하면 복잡한 계산 과정을 거쳐야 하지만 투영 좌표인 직각좌표를 알면 쉽게 계산할 수 있기 때문에 대축척 지도에서는 주로 직각좌표를 이용함
⑩ 투영 원점에는 원점의 가상 직각좌표를 부여해야 함
  • 2009년 12월 10일 이후 제작된 1/1,000, 1:5,000, 1:25,000 축척의 국가기본도는 4개의 투영 원점 모두 동서 방향으로는 200,000m, 남북 방향으로는 600,000m의 값을 가짐
  • 2009년 12월 10일 이전에는 남북 방향으로 500,000m(제주도는 550,000m)의 값을 가지고 있었으나, 이를 일원화하기 위해 남북 방향 값을 600,000m로 수정하였음

(3) 세계 측지계 변환의 이해

1) 세계 측지계 변환의 필요성

① 측량법 개정(2001년 12월 19일)에 의해 2003년 1월 1일부터 세계 측지계를 이용하게 되었음
② 유예 기간을 두어 일시적으로 동경 측지계와 세계 측지계를 사용하되 2009년부터는 전면적으로 세계 측지계를 사용하게 되었으며, 현재 법령은 「공간정보의 구축 및 관리 등에 관한 법률」
③ 동경 측지계의 세계 측지계로의 변환은 2003년 이전 동경 측지계를 기준으로 제작된 수치 지도 등의 공간정보에 한하여 적용되며, 국토지리정보원에서는 세계 측지계 변환을 위한 작업 지침을 제정(2005.10.)하고 이에 필요한 소프트웨어(GDKtrans)를 개발·배포함
④ 세계 측지계에 관한 정의는 「공간정보의 구축 및 관리 등에 관한 법률 시행령」에서 정하고 있음

2) 3차원 직각좌표 체계

① 동경 측지계를 세계 측지계로 변환할 때는 투영 좌표계, 경위도 좌표계와는 달리 지구 중심 3차원 직각좌표계의 개념이 필요함
② 지구상 한 점의 위치를 경위도 좌표와 투영 좌표 체계인 직각좌표로만 표현하는 방법 외에도 지구 중심을 원점으로 하는 3차원 직각좌표로도 나타낼 수 있음
③ 따라서 한 점의 경도와 위도는 3차원 직각좌표로 나타낼 수 있고, 3차원 직각좌표를 알면 그 지점의 경도와 위도를 알 수 있음

CHAPTER 01 | 공간정보 기초

01 ★☆☆

공간정보의 특징에 대한 설명으로 옳은 것은?

① 공간정보는 시간에 따른 변화를 갱신하기에 불편하다.
② 공간정보를 표현하기 위해 지도의 확대 축소가 용이하다.
③ 사용자의 요구와 목적에 부합하는 일반도 제작이 용이하다.
④ 공간정보는 도형(위치)자료와 속성자료를 분리하여 시스템을 구성한다.

해설
① 공간정보는 시간에 따른 변화를 기록할 수 있도록 갱신, 관리되어야 한다.
② 다양한 공간정보를 표현하기 위해 지도의 축척 변경, 지도의 확대·축소가 용이하다.
③ 사용자의 요구와 목적에 부합하는 주제도 제작이 용이하다.
④ 공간정보는 도형자료(위치자료)와 속성자료를 연결하는 시스템으로 구성될 수 있다.

정답 ②

02 ★☆☆

공간정보의 특징에 대한 설명으로 옳지 않은 것은?

① 위치자료와 속성자료가 서로 연관되어 구축되어야 한다.
② 공간정보는 CAD 정보와 달리 속성정보를 갖는다.
③ 사용자의 활용목적에 맞게 다양한 주제도 제작이 용이하다.
④ 다양한 공간분석을 수행하기 위해 별도의 소프트웨어가 필요하다.

해설
① 공간정보는 도형자료(위치자료)와 속성자료를 연결하는 시스템으로 구성될 수 있다.
② 공간정보는 도형정보와 속성정보가 연결되어 구축되나, CAD 정보는 도형정보만 존재한다.
③ 사용자의 요구와 목적에 부합하는 주제도 제작이 용이하다.
④ 다양한 공간분석을 수행하기 위해서는 GIS 소프트웨어가 필요하다.

정답 ④

03 ★★☆

속성정보에 대한 설명으로 옳지 않은 것은?

① 대상물의 인문, 사회적 특성과 연계되어 있는 정보이다.
② 공시지가, 토지대장, 인구수 등을 포함한다.
③ 대상물의 위치에 관한 데이터를 기반으로 한다.
④ 표, 텍스트, Excel 등의 자료 형태로 제공된다.

해설

속성정보	• 형상의 자연·인문·사회·행정·경제·환경적 특성과 연계하여 제공할 수 있는 정보 • 공시지가, 토지대장, 인구의 수 등을 포함함 • 표, Excel, 문자 형태로 제공됨
도형정보	• 형상 또는 대상물의 위치에 관한 데이터를 기반으로 지도 또는 그림으로 표현되는 경우가 많음 • 지표·지하·지상의 토지 및 구조물의 위치·높이·형상 등으로 지형, 도로, 건물, 지적, 행정 경계 등을 포함

정답 ③

04 ★★☆

〈보기〉 중 사물의 현상과 특성을 범주형 값으로 표현한 정성적 자료에 해당하는 것은?

┌ 보기 ┐
ㄱ. 명목척도
ㄴ. 서열척도
ㄷ. 등간척도
ㄹ. 비율척도

① ㄱ, ㄴ
② ㄱ, ㄷ
③ ㄴ, ㄷ
④ ㄷ, ㄹ

해설

- 정성적 자료: 사물과 현상의 특성을 범주형 값으로 표현한 것 예 명목척도, 서열척도
- 정량적 자료: 자료의 값이 계량화되어 나타낸 것 예 등간척도, 비율척도

정답 ①

05 ★☆☆

다음 중 온도, 고도값에 해당하는 속성자료는?

① 명목척도
② 서열척도
③ 등간척도
④ 비율척도

해설

등간척도(Interval data)

- 연속적인 수로 계량화할 수 있으며, 절대 원점 0이 존재하지 않음
- 숫자 간에 크기를 비교하거나 +, −를 수행할 수는 있음 예 온도, 고도 등

정답 ③

06 ★★☆

GIS의 주요 기능에 해당하지 않는 것은?

① 2차원의 정적인 정보를 3차원의 동적인 정보로 제공하는 것이 가능하다.
② 도형자료와 속성자료를 쉽게 결합시키고 통합 분석 환경을 제공한다.
③ 정책수립을 위한 의사결정 모형의 운영, 변화의 탐지 및 분석 기능에 활용한다.
④ 종이지도에 비해 파일 형태로 제작되어 신축, 왜곡, 변형 등이 발생할 가능성이 많아 보관이 불편하다.

해설

GIS의 주요 기능

- GIS는 모든 정보를 수치의 형태로 표현한다.
- 기존의 종이지도의 한계를 넘어 2차원 개념의 정적인 상태를 3차원 이상의 동적인 지리 정보의 제공이 가능하다.
- GIS에서 제공하는 공간 분석의 수행 과정을 통하여 다양한 계획이나 정책수립을 위한 시나리오의 분석, 의사결정 모형의 운영, 변화의 탐지·분석기능에 활용한다.
- 다양한 도형자료와 속성자료를 가지고 있는 수많은 데이터 파일에서 필요한 도형이나 속성정보를 추출·결합하여 종합적인 정보를 분석·처리할 수 있는 환경을 제공하는 것이 GIS의 핵심 기능이다.

정답 ④

07 ★★★

다음 중 공간정보 융합 기술과 관련이 없는 것은?

① 인공지능 기술을 활용하여 공간정보를 분석
② 공간정보와 빅데이터를 융합하여 정확한 데이터를 분석
③ 가상현실 기술을 활용하여 공간정보를 시각화
④ 블록체인 기술을 활용하여 다양한 센서를 통해 수집된 정보를 공간정보와 결합

해설

공간정보 융합 기술의 종류

인공지능(AI)과의 융합	인공지능 기술을 활용하여 공간정보를 분석·처리하는 기술을 개발하여, 보다 빠르고 정확한 분석과 예측을 가능하게 함
빅데이터 분석과의 융합	공간정보와 빅데이터를 융합하여 보다 정확한 데이터 분석과 예측을 가능하게 함
사물인터넷(IoT)과의 융합	IoT 기술을 활용하여 다양한 센서를 통해 수집된 정보를 공간정보와 결합하여, 보다 정확한 분석과 예측을 가능하게 함
가상현실(VR)과의 융합	가상현실 기술을 활용하여 공간정보를 시각화하고 체험할 수 있는 가상 공간을 제공함
블록체인(Blockchain)과의 융합	블록체인 기술을 활용하여 공간정보의 보안성과 무결성을 보장하며, 데이터의 공유와 교류를 원활하게 함

정답 ④

08 ★☆☆

현실세계에 존재하는 사물, 시스템, 환경 등을 가상공간에 동일하게 묘사하고, 실제와 동일한 3차원 모델을 만들어 현실 세계와 가상의 디지털 세계를 데이터를 기반으로 연결하는 기술은?

① 디지털 트윈 ② 사물 인터넷
③ 가상현실   ④ 빅데이터

해설

디지털 트윈(Digital twin)
가상공간에 실물과 똑같은 물체(쌍둥이)를 만들어 다양한 모의시험(시뮬레이션)을 통해 검증해 보는 기술을 말한다. 디지털 트윈 기술을 활용하면 가상세계에서 장비, 시스템 등의 상태를 모니터링하고 유지·보수 시점을 파악해 개선할 수 있다. 가동 중 발생할 수 있는 다양한 상황을 예측해 안전을 검증하거나 돌발 사고를 예방해 사고 위험을 줄일 수도 있다.

정답 ①

09 ★★☆

다음 중 메타 데이터의 항목이 아닌 것은?

① 데이터의 연혁
② 좌표체계
③ 자료의 품질 정보
④ 속성정보의 필드

해설

메타 데이터
- 일반적으로 데이터를 위한 데이터로 정의한다.
- 데이터를 설명하는 데이터로 데이터의 연혁, 품질, 공간참조(좌표체계) 등 데이터의 세부적인 정보를 담고 있다.

정답 ④

10 ★★☆

도형정보에 대한 설명으로 옳지 않은 것은?

① 점, 선, 면 등의 다차원 데이터들이 특정 좌표 시스템에 의해 표현된 것이다.
② 면(Polygon)의 경우 면을 형성하는 선분은 반드시 같은 속성을 갖는다.
③ 점, 선, 면 중 가장 복잡한 형태와 구조를 갖는 것은 면이다.
④ 도형정보는 기본적으로 벡터와 래스터 구조로 구분할 수 있다.

해설

도형 데이터
① 점, 선, 면 등의 다차원 데이터들이 특정 좌표 시스템에 의해 숫자의 나열로 표현된 것을 의미한다.
② 면을 형성하는 선분이 반드시 같은 속성을 가질 필요는 없다.
③ 점, 선, 면 중 가장 복잡한 형태와 구조를 갖는 것은 면이다.
④ 도형정보는 벡터와 래스터로 구별할 수 있다.

정답 ②

11 ★★☆

도형과 속성정보의 통합 관리에 대한 설명으로 옳지 않은 것은?

① 자료가 서로 연계되어 있어 도형 자료를 선택할 경우 속성 자료도 쉽게 조회가 된다.
② 도형 자료를 선택할 경우 해당하는 속성 자료도 동시에 선택이 된다.
③ 공간적 상관관계가 있는 도형과 속성 자료를 쉽게 파악할 수 있다.
④ 속성 자료가 갱신될 경우 도형 또한 자동으로 갱신이 된다.

해설

도형과 속성 자료의 통합 관리
① 자료가 서로 연계되어 있어 도형 자료를 선택하면 속성 자료도 쉽게 조회가 가능하다.
② 도형과 속성 자료는 서로 연결되어 있어 어느 한쪽을 선택하면 동시에 선택된다.
③ 공간적 상관관계가 있는 도형과 속성 자료를 쉽게 파악할 수 있다.
④ 속성 자료가 갱신되더라도 도형 자료가 자동으로 갱신되지는 않는다.

정답 ④

12 ★☆☆

다음 중 중첩(Overlay) 분석에 해당하는 것은?

① 버퍼링(Buffering)
② 보간법(Interpolation)
③ 유니온(Union)
④ 입지배분(Location-allocation)

해설

대표적인 중첩분석으로는 Union, Intersect, Clip, Erase 등이 있다.

정답 ③

13 ★☆☆

공간적 관계 분석에서 특정 레이어가 다른 레이어로부터 지정한 거리 내에 있는지 여부를 분석하는 것과 관련되는 기법은?

① Touch
② Distance
③ Contain
④ Cross

해설

Contain	특정 레이어가 다른 레이어를 포함하는지 여부 분석
Touch	2개의 레이어가 서로 접하고 있는지 여부 분석
Cross	특정 레이어가 다른 레이어를 관통하고 있는지 여부 분석
Distance	특정 레이어가 다른 레이어로부터 지정한 거리 내에 있는지 여부 분석

정답 ②

14 ★★☆

공간 통계분석 방법 중 교통사고 발생 지점, 응급전화 발생 지점 등 특정 공간정보 발생 지점들에 대한 정보를 기반으로 사건이 자주 발생하는 곳을 시각적으로 표현하기에 적합한 분석 방법은?

① 핫스팟분석
② 근린분석
③ 네트워크분석
④ 보간법

해설

공간 통계분석 기법으로 시계열 분석, 교차분석, 패턴 분석, 지리가중 회귀분석(GWR; Geographically Weighted Regression), 로지스틱회귀분석, 군집분석, 핫스팟분석 등이 있으며, 사건이 자주 발생하는 곳을 시각적으로 표현하는 대표적인 기법으로 핫스팟분석이 있다.

정답 ①

15 ★★★

특정 공간적 현상이 발생하는 지점의 정보를 기반으로 발생 밀도를 분석하여, 어느 지점에서 공간적 현상이 발생할 가능성이 어느 정도인지 파악하기 위한 분석기법은?

① 패턴분석
② 네트워크분석
③ 로지스틱회귀분석
④ 지리가중회귀분석

해설
점 분포 패턴 분석으로는 밀도 기반 분석, 거리 기반 분석 등이 있다.

정답 ①

16 ★☆☆

공간정보 활용과 관련한 변화 내용과 관련이 없는 것은?

① 디지털 공간정보 패러다임의 촉진
② 모바일 기술 기반 공간정보 서비스의 급부상
③ 다른 산업과의 융복합 시스템의 구축 확대
④ 오픈소스 및 컴퓨팅 기술의 활용 증대로 데이터 처리·분석 비용의 증대

해설
오픈소스 및 컴퓨팅 기술의 활용 증대로 데이터 처리·분석 비용이 감소되고 있다.

정답 ④

17 ★★☆

지도에 대한 설명으로 옳지 않은 것은?

① 여러 공간정보를 일정한 축척에 따라 기호나 문자 등으로 표시한 것이다.
② 정사영상지도를 포함한다.
③ 시스템을 이용하여 제작 된 수치지형도를 포함한다.
④ 특정 주제에 관하여 제작된 수치주제도는 포함되지 않는다.

해설
지도
여러 공간정보를 일정한 축척에 따라 기호, 문자 등으로 표시한 것을 말하며, 정보처리시스템을 이용하여 분석, 편집 및 입력·출력할 수 있도록 제작된 수치지형도[항공기나 인공위성 등을 통하여 얻은 영상정보를 이용하여 제작하는 정사영상지도(正射映像地圖)를 포함한다]와 이를 이용하여 특정한 주제에 관하여 제작된 지하시설물도·토지이용현황도 등 대통령령으로 정하는 수치주제도(數値主題圖)를 포함한다.

정답 ④

18 ★★☆

지역 간의 분포 차이를 패턴 또는 색상으로 구별하여 표현한 지도는?

① 도형표현도
② 단계구분도
③ 유선도
④ 등치선도

해설
단계구분도(Choropleth map)
지역 간의 분포 차이를 패턴 또는 색상으로 구별하여 표현한 지도이다.

정답 ②

19 ★☆☆

지도상에 나타난 행정구역의 면적이 그 지역의 지도화 될 현상의 양적 크기에 비례하여 표현되는 지도로, 이렇게 담고 있는 내용에 따라 땅의 모양을 변형하여 만든 지도를 무엇이라고 하는가?

① 도형표현도
② 단계구분도
③ 유선도
④ 왜상통계지도

해설
지도상에 나타난 행정구역의 면적이 그 지역의 지도화될 현상의 양적 크기에 비례하여 표현되는 지도로, 이렇게 담고 있는 내용에 따라 땅의 모양을 변형하여 만든 지도를 왜상통계지도(Cartogram)라고 한다.

정답 ④

20 ★★★

다음 중 투영좌표 체계에 대한 설명과 관련이 없는 것은?

① 경위도 좌표 체계를 가진다.
② 가상의 원점을 기준으로 한다.
③ 거리를 좌표로 표현한다.
④ 횡축 메르카토르 투영법에 기초한 좌표체계이다.

해설

지구상에서 한 지점의 수평 위치는 경도와 위도로 나타낸다. 이처럼 경도와 위도로 지구상에서 한 지점의 좌표를 나타내는 좌표 체계를 지리좌표 체계라고 한다.

정답 ①

21 ★★☆

우리나라 국가기본도에 적용되는 좌표계에 대한 설명으로 옳지 않은 것은?

① TM 좌표계를 사용한다.
② 거리 단위로 미터(m)를 사용한다.
③ 2010년 이후 GRS80타원체를 기준으로 한다.
④ GNSS를 기준으로 사용하는 경우 베셀 타원체를 사용한다.

해설

우리나라에서 주로 사용하는 투영법은 횡축 메르카토르 투영법이므로 횡축 메르카토르 투영법에 의한 투영 좌표 체계를 주로 사용한다. 1841년 베셀(Bessel)이 고안한 타원체를 사용하였지만, 2010년 이후로는 GRS 1980 타원체를 기준으로 한 경위도 좌표를 사용하고 있다. GNSS에서 기준으로 사용하는 타원체인 WGS 1984 타원체는 몇 번의 수정을 거쳐 현재는 GRS 1980 타원체와 거의 같은 값을 유지하고 있어 실용적으로는 같다고 할 수 있다.

정답 ④

22 ★☆☆

다음 중 GPS에서 기준으로 사용하는 타원체는?

① WGS84
② UTM
③ 베셀타원체
④ TM

해설

GPS는 미 국방성이 채택한 WGS84타원체를 적용하고 있다.

정답 ①

23 ★★★

좌표계 변환의 유형에 해당하지 않는 것은?

① 경위도 좌표를 투영 좌표로 가져가는 투영 변환
② 하나의 투영 좌표에서 다른 투영 좌표로 투영법 변경
③ 좌표계 변환은 기준 타원체의 변경을 전제로 함
④ 기하학적 왜곡을 가진 위성영상을 기하보정으로 기준이 되는 좌표체계로 변환

해설

좌표계 변환의 유형

- 경위도 좌표를 투영좌표로 가져가는 지도 투영 변환 및 반대 경우의 투영 변환은 좌표계 변환의 가장 기본적인 변환이다. 하나의 투영 좌표계에서 다른 투영 좌표계로 투영법을 변경하는 투영 좌표계 변환 역시 좌표계 변환 중 하나이다.
- 좌표계 변환은 기준타원체가 변경되지 않는 것을 전제로 하는 것이다. 하지만 만약 기준타원체가 변경될 경우 타원체 간 변환 요소로 고려하여야 한다.

정답 ③

24 ★☆☆

좌표변환 결과의 정확도 평가에 사용되는 평가 지표는?

① 평균제곱근오차
② 평균절대오차
③ 표준편차
④ 확률오차

해설

지도좌표와 실제측량 좌표 간의 차이로부터 평균제곱근오차(RMSE; Root Mean Square Error)를 구하여 정확도를 평가한다.

정답 ①

25 ★☆☆

좌표변환 방법 중 변환 전후의 형태는 변하지만 변환 전 평행선은 변환 후에도 평행을 유지한다고 가정하는 변환으로, 변환 후에도 변환 전의 평행성과 비율이 보존되는 것은?

① 등각사상 변환
② 부등각사상 변환
③ 투영변환
④ 3차원변환

해설

좌표변환 방법의 종류

등각사상 변환	• 기하학적인 각도를 그대로 유지하면서 좌표를 변환하는 방법 • 좌표변환 전후의 모양이 변하지 않음
부등각사상 변환	• 등각사상 변환의 축척인자에서 x, y방향에 대해 각각의 축척인자가 다르다고 가정한 변환 • 변환 전후의 형태는 변하지만 변환 전 평행선은 변환 후에도 평행을 유지한다고 가정함
투영변환	• 도식적 또는 분석적 방법으로 한 지도 투영면에서 다른 지도 투영면의 상응하는 위치로 옮기는 절차로서, 수치 지도를 하나의 지도 투영 방식에서 다른 투영 방식으로 변환하는 것을 말함 • 3차원 공간을 2차원 평면으로 변환하는 것

정답 ②

CHAPTER 02 공간정보 처리·가공

> **대표유형**
>
> 공간위치 보정 방법 중 엣지 스냅에 대한 설명으로 옳지 <u>않은</u> 것은?
>
> ① 인접한 레이어의 경계가 일치하지 않을 때 사용한다.
> ② 덜 정확한 데이터를 조정함으로써 양쪽 레이어를 동시에 조금씩 이동시킨다.
> ③ 조정 후에는 속성 일치와 데이터를 통합할 필요가 있다.
> ④ 데이터의 정확성 우위를 판단할 수 없는 경우 중간위치로 조정한다.
>
> **해설**
> ① 인접한 레이어의 경계가 일치하지 않을 때 경계를 일치시킨다.
> ② 덜 정확한 데이터를 조정함으로써 하나의 레이어만 이동한다.
> ③ 조정 후에는 속성 일치와 데이터를 통합할 필요가 있다.
> ④ 데이터의 정확성 우위를 판단할 수 없는 경우 중간 위치로 조정한다.
>
> **정답** ②

01 공간 데이터의 변환

1. 데이터 스키마

(1) 스키마(Schema)

1) 스키마

① 스키마는 원래 개요, 대요, 윤관, 도표 등의 사전적 의미가 있으며, 데이터베이스에서는 데이터베이스를 논리적으로 정의한 것을 나타내는 하나의 전문 용어
② 개체의 특성을 나타내는 속성과 속성들의 집합으로 이루어진 개체, 개체 사이에 존재하는 관계에 대한 정의와 이들이 유지해야 할 제약조건을 기술한 것
③ 데이터베이스에 어떤 구조로 데이터가 저장되는가를 나타낸 것으로, 데이터베이스 구조를 스키마라고 함

2) 스키마의 3가지 분류

외부 스키마 (External schema)	• 데이터베이스 전체 중에서 개개 사용자나 응용 프로그램에서 필요한 개체와 관계에 관해서 정의한 것을 의미 • 전체 데이터베이스의 논리적 일부분이 된다는 의미에서 서브스키마(Subschema) 또는 데이터베이스를 들여다보는 창이라는 의미에서 뷰(View)라고도 함 • 사용자의 수나 응용 프로그램의 수만큼 많은 외부 스키마가 존재할 수 있으며, 이를 통해 데이터베이스에 접근할 수 있게 되므로 결국 외부 스키마는 데이터베이스에 대한 외부로부터의 접근 통로 구실을 함
개념 스키마 (Conceptual schema)	• 조직체 전체를 관장하는 입장에서 데이터베이스를 정의한 것으로, 조직체의 모든 응용 시스템에서 필요한 모든 개체, 관계, 제약조건을 포함함 • 데이터베이스를 효율적으로 관리하는 데 필요한 접근 권한, 보안정책, 무결성 규칙 등에 관한 사항도 추가로 포함되기도 함 • 경우에 따라서는 개념 스키마를 일반적인 스키마라고 통칭하기도 함
내부 스키마 (Internal schema)	• 물리적 저장장치의 입장에서 데이터베이스가 저장되는 방법을 기술한 것 • 구체적으로는 개념 스키마를 디스크 기억장치에 물리적으로 구현하기 위한 방법을 기술한 것으로서, 그 주된 내용은 실제로 저장될 내부 레코드의 형식, 내부 레코드의 물리적 순서, 인덱스의 유무 등에 관한 것 • 실제의 데이터베이스는 내부 스키마에 의해 곧바로 구현되는 것이 아니라, 내부 스키마에서 기술한 내용에 따라 운영체제의 파일 시스템에 의해 물리적 저장장치에 기록됨 • 실무적으로는 내부 스키마에 의해 데이터베이스의 실행 속도가 결정적으로 영향을 받기 때문에 데이터베이스의 구축 목적에 따라 내부 스키마를 결정해야 할 필요가 있음

(2) 공간자료 모델

필드 기반 모델	• 공간을 연속적인 속성값으로 표현 • 각 점은 화소, 격자, 그리드, 셀 등으로 이루어짐 • 래스터 자료 모델
객체 기반 모델	• 점의 집합인 객체로서 표현 • 점, 선, 면 등으로 구성됨 • 벡터 자료 모델

(3) 공간자료 스키마

① 기하객체모델의 구성: 가장 상위의 기하 클래스는 공간객체의 부모 클래스이고 점, 곡선, 표면 및 기하 모듬 등의 하위 클래스로 구성
② 상위의 기하 클래스는 정의된 좌표체계에 대한 공간참조체계와 연결됨

> **TIP** 기하객체모델의 정의
> 우리나라 표준으로 'ISO 19125의 공통 구조(아키텍처)'의 정의와 함께 '지리정보-단순 피처(특징)접근-제1부: 공통 구조(아키텍처)'에서 공간자료의 기하객체모델을 정의하고 있다.

2. 벡터타입 변환

(1) 디지털 데이터 변환

① 디지털 형태의 공간 데이터는 각 기관 또는 조직에 따라 다양한 모습을 나타냄
② 데이터는 작업을 위해 서로 다른 공간 데이터로 변환할 수 있으며, 변환할 때는 반드시 변환 가능 여부와 변환 시에 데이터의 손실이 없는지를 확인해야 함
③ 변환 단계에서 새로운 필드를 추가하거나 삭제할 수 있으며, SQL식을 통해 속성값을 기준으로 피처를 제한할 수도 있음

(2) 스캐닝을 통한 벡터화의 순서

① 변환 방법(대상 자료, 변환 과정 확인 등)의 결정
② 변환 데이터(종이 도면 등) 수집
③ 스캐닝 환경설정 및 스캐닝
④ 벡터 타입 변환
⑤ 좌표변환
⑥ 데이터 저장

(3) 벡터타입 변환의 세부 단계

전처리 단계	• 필터링 단계(Filtering) • 스캐닝된 래스터자료에 존재하는 여러 종류의 잡음(Noise)을 제거 • 이어지지 않은 선을 연속적으로 이어주는 처리 과정
세선화 단계(Thining)	• 필터링 단계를 거친 두꺼운 선을 가늘게 만들어 처리할 정보의 양을 감소시키고, 벡터 자료의 정확도를 높게 만드는 단계 • 벡터의 자동화 처리에 따른 품질에 많은 영향을 끼침
벡터화 단계	전처리를 거친 래스터 자료를 벡터화 단계를 거쳐 벡터 구조로 전환
후처리 단계	• 벡터화 단계로 얻은 결과의 처리단계 • 경계를 매끄럽게 하고 라인상의 과도한 점(Vertex)을 제거·정리 • 벡터자료의 객체 단위로 위상 부여·편집

(4) 벡터 변환에 따른 벡터 데이터의 유의사항

① 래스터 자료의 공간해상도와 스캐닝 조건, 벡터화 소프트웨어에 따라 결과의 품질이 달라질 수 있음
② 공간 객체들이 연결되지 못하거나 연결되지 말아야 할 것들이 연결될 수 있음
③ 계단식의 선이 지그재그로 나타날 수 있음
④ 문자, 숫자, 심볼 등의 불필요한 요소가 벡터 데이터로 변환될 수 있음
⑤ 변환 과정에서 정보의 손실이 발생하여 원자료보다 정확도가 낮아질 수 있음

3. 래스터-벡터데이터 변환

(1) 벡터 데이터와 래스터 데이터 모델 변환

① 벡터 데이터(Vector Data)와 래스터 데이터(Raster Data)는 흔히 공간정보 프로젝트에서 함께 사용됨
② 래스터 수치 고도 모델의 음영 기복도나 디지털 항공사진 위에 도로, 필지와 같은 벡터 정보를 중첩하는 것은 흔한 일이며, 벡터 데이터를 래스터 데이터로, 또는 래스터 데이터를 벡터 데이터로 변환하는 일도 종종 발생함
③ 래스터 데이터를 벡터 데이터로 변환할 때는 정확도에 따라 적절한 래스터 데이터의 해상도를 고려해야 함

(2) 래스터-벡터자료 변환 필요성

1) 벡터 자료와 래스터 자료의 결합

최근 공간정보의 활용은 3차원 수치표고모델(DEM), 디지털 항공사진, 위성영상 등 래스터 자료와 행정구역, 도로망, 수계망 등 다양한 벡터 자료를 결합하여 사용하는 추세

2) 중첩분석 수행 시 데이터 모델의 변환

① 중첩분석 시 불규칙삼각망(TIN), 토지이용도, 임상도 등의 벡터 자료를 래스터 자료로 변환하여 수행
② 스캐닝된 지도, 영상 등의 래스터 자료로부터 벡터 자료를 변환·추출하여 분석에 활용

(3) 변환 시 반드시 확인해야 할 사항

① 변환 가능성
② 변환 시에 발생하게 되는 자료의 손실 유무
③ 변환 단계에서 새로운 필드를 추가하거나 삭제 등의 편집 가능성

(4) 벡터화(Vectorizing)

1) 래스터 자료를 벡터 자료로 처리하는 작업

2) 벡터 자료로의 변환이 불필요한 자료 수집(입력 시 자동화된 벡터 자료 수집)

① 기존 수치지도의 사용
② 디지타이징(Digitizing) : 기존 종이지도로부터 디지타이저를 사용하여 벡터 데이터를 직접 입력
③ 라이다 센서로부터의 자료 입력
④ 측량 또는 센서 등으로부터의 위치 좌표값의 입력

3) 래스터 자료에서 벡터 자료로 변환이 필요한 경우

① 스캐너(Scanner)를 통한 스캐닝 : 스캐닝된 래스터 자료를 벡터라이징 소프트웨어를 사용하여 자동·반자동 방법으로 벡터 자료로 변환
② 카메라 또는 이미지 센서를 사용하여 수집된 영상으로부터 선형정보 추출·변환

(5) 래스터 자료와 벡터 자료의 변환

1) 벡터 자료의 각 요소별 격자화 방법

점	• 가장 단순하고 용이함 • 벡터 자료의 점을 그 위치의 래스터 자료의 화소 값으로 부여
선	• 수평선, 수직선을 제외하고는 선과 래스터 자료의 화소 중심이 정확하게 일치하지 않음 • 벡터 자료와 래스터 자료의 중첩 상태를 판단하여 화소 값을 결정
면	폴리곤의 경계선과 내부의 화소를 찾아서 변환

> **TIP** 격자화(Rasterization)의 정의
> • 벡터 자료를 래스터 자료로 변환하는 것
> • 벡터 구조인 점, 선, 면 자료를 동일한 위치의 래스터 자료로 변환하는 것

(6) 래스터 자료로 변환 시 화소 값의 결정 방식

존재/부재 (Presence/Absence) 방법	• 벡터 자료와 래스터 자료가 중첩되어 있을 때 해당 위치에 벡터 자료값이 있는지 없는지에 따라 값을 부여하는 방식 • 화소 값의 결정이 용이하고, 벡터 자료가 점 또는 선분일 경우 유용하게 적용되는 장점이 있음
화소 중심점 (Centroid of cell) 방법	• 선형 벡터 자료의 경계선이 어디를 지나는지에 따라 화소 값이 결정되는 것으로, 대상 화소의 중심점이 벡터 자료의 어느 영역에 해당하느냐에 따라 화소의 값이 결정됨 • 점과 선형의 벡터 자료에는 부적합 • 폴리곤 유형에만 적용
지배적 유형 (Dominant type) 방법	• 두 개 클래스 이상의 폴리곤 자료가 하나의 화소에 동시에 걸쳐 있을 때, 50% 이상 차지하고 있는 폴리곤의 클래스값으로 화소 값을 결정 • 폴리곤 유형에만 적용
발생 비율 (Percent occurrence) 방법	• 두 개 클래스 이상의 폴리곤 자료가 하나의 화소에 동시에 걸쳐 있을 때, 각 폴리곤의 점유 면적 비율에 따라 각 화소 값을 결정 • 각 속성별로 상세하게 구분하여 부여할 수 있으나 3가지 이상의 다양한 속성값을 가진 폴리곤 자료의 경우 화소 값을 부여하는 데 제약이 따름 • 폴리곤 유형에만 적용

02 공간위치 보정

1. 공간위치 보정의 종류와 특징

(1) 공간 데이터의 정렬 문제
① 여러 가지 이유로 인하여 정확하게 일치해야 하는 공간 데이터가 서로 정렬되지 않아 서로 다른 위치에 표현되는 경우가 종종 발생함
② 각 레이어상의 공간 객체들은 제대로 된 위치에 전제해야 함

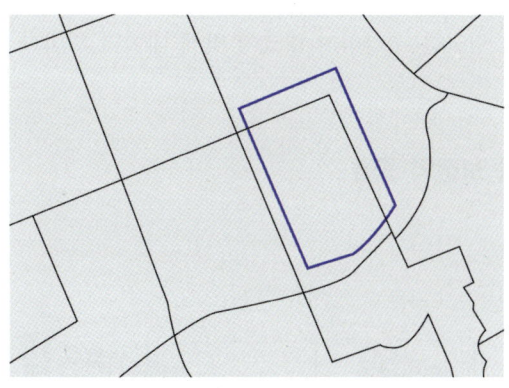

그림 공간 데이터의 위치적 불일치

(2) 일반적인 공간 데이터 정렬 문제 및 원인
① 지리좌표 체계가 서로 다른 데이터
② 좌표 체계가 누락되어 있는 데이터
③ 실세계의 지리적 위치 참조가 되지 않은 데이터
④ 좌표 체계 정보가 동일하지만, 데이터가 정렬되지 않음

2. 지리적 참조가 필요한 데이터

(1) 공간위치 보정
① 이미 알고 있는 좌표로 공간 데이터를 정렬시킴
② 캐드 데이터와 좌표 체계가 없는 이미지 또는 래스터 데이터
③ 유효한 공간 참조가 없어지므로, 지리적으로 투영할 수 없음
④ 해결 방법: 변위 링크를 추가하여 보정하거나, 좌표 체계 파일 업데이트를 통해 공간위치를 보정함

(2) 공간 데이터의 공간위치 보정

① 데이터의 공간위치를 보정하는 목적은 데이터를 정확하게 위치시키기 위함
② 일반적으로 디지타이징이나 스캐닝을 통해 입력된 데이터는 센티미터 같은 입력장치 단위를 사용하는데, 이를 실세계 좌표 단위를 사용하는 기존 데이터와 일치하게 하려는 작업
③ 데이터가 모두 동일한 기준 체계를 가지고 있지만 동일한 위치로 정렬되지 않는 경우
  - 데이터가 서로 다른 축척에서 생성되거나 원본의 정밀도가 다를 경우에 발생함
  - 이 경우 투영을 통한 좌표 체계 변환으로만 수정될 수가 없기 때문에 변위 링크를 사용하고, 그 링크에 맞추어 변환이 이루어짐으로써 문제를 해결함
④ 공간위치 보정은 위치 조정과 관련하여 변환, 러버 시트, 에지 스냅 등 3가지 방법이 있음
⑤ 3가지 방법 모두 변위 링크를 추가하여 링크에 맞게 데이터 위치가 조정되는 부분에 있어서 공통점이 있음

(3) 공간 데이터의 공간위치 보정의 종류

1) 변환(Transformation)

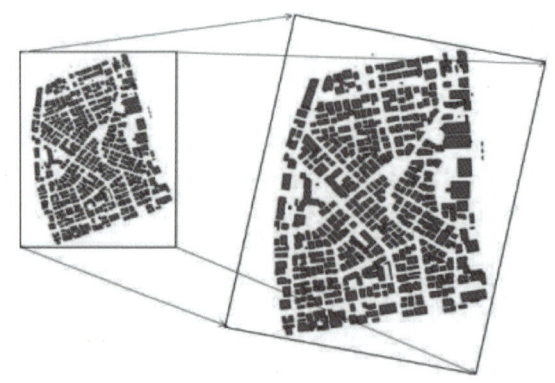

그림 공간위치 변환 전과 변환 후

① 변환: 입력 레이어의 전체 피처에 동일하게 영향을 미치는 방법
② 평균제곱근 오차(Root mean square error) 값이 계산되어 산출된 변환의 정확도를 판단할 수 있음
③ 변환을 위해서는 사용 방법에 따라 좌표 공간 안에서 데이터를 이동, 확대·축소, 회전, 비틀기 등으로 수정하게 되는데, 대표적으로 시밀러리티, 아핀, 프로젝티브가 있음

시밀러리티 (Similarity)	• '정사 변환' 또는 '2차원 선형 변환'이라고 불리는 방법 • 주로 유사한 두 좌표 체계 간의 데이터를 조정하는 데 사용됨 • 예를 들어 동일한 좌표 체계에서 데이터의 좌표 단위를 변경할 때 사용 가능 • 피처들을 이동, 회전, 확대·축소할 수 있는 방법 • 적어도 2개 이상의 변위 링크가 생성되어야 함
아핀 (Affine)	• 시밀러리티와 유사하지만, 축척 요소를 선정함으로써 회전될 때 피처의 형태가 비틀어지는 것을 허용함 • 적어도 3개 이상의 변위 링크가 필요함 • 확대·축소, 비틀기 등과 같은 왜곡을 허용하기 때문에 디지타이징 데이터를 실세계 좌표로 변경할 때 주로 사용되는 방법
프로젝티브 (Projective)	• 고위도 지역이나 상대적으로 평평한 지역의 항공사진을 직접 디지타이징하여 데이터를 생성할 때 사용하는 변환 방법 • 최소 4개의 변위 링크가 필요함 • 항공사진으로부터 직접 얻은 데이터를 변환하는 경우 주로 사용되는 방법

2) 러버 시트(Rubber sheet)

① 러버 시트: 레이어 전체를 대상으로 하거나 레이어 내 선택된 일부 피처에 적용되는 변환으로, 오차를 계산하지 않음
② 정확한 레이어를 기준으로 고정점은 유지하며 피처를 직선 형태가 유지되게 당기는 방법
③ 특정 부분을 정확하게 표현할 때 사용함
④ 좌표의 기하학적 보정이 가능함
⑤ 공간위치 보정 후에 데이터 세부 조정으로 사용함
⑥ 좌표 사이에 좀 더 정확한 일치 가능
⑦ 조정이 필요한 데이터 전체 또는 특정 지역만 사용 가능
⑧ 조정하지 않을 위치에 고정점 링크 지정

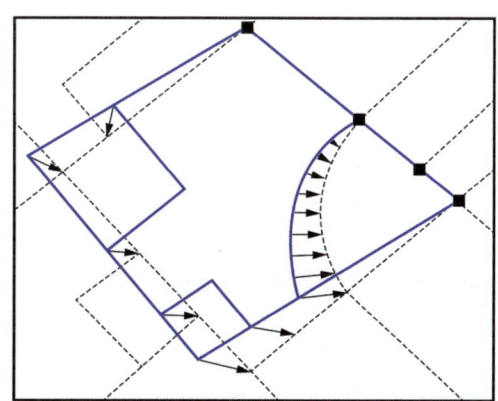 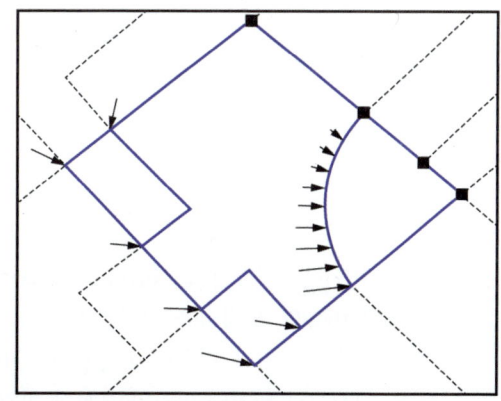

그림 러버 시트 전과 러버 시트 후

3) 에지 스냅(Edge snap)

① 에지 스냅: '에지 일치'라고도 하며 러버 시트를 레이어의 가장자리만 적용한 것으로, 오차를 계산하지 않음
② 부정확한 레이어를 정확한 레이어로 이동하게 하거나, 둘 사이의 중간 지점으로 각각의 피처를 이동시켜 연결하는 방법
③ 주로 지도와 지도의 경계선(예 등고선, 도로 등)이 일치하지 않는 경우에 사용
④ 인접한 레이어의 경계가 일치하지 않을 때 경계를 일치시킴
⑤ 덜 정확한 데이터를 조정함으로써 하나의 레이어만 이동함
⑥ 데이터의 정확성 우위를 판단할 수 없는 경우 중간 위치로 조정함
⑦ 조정 후에는 속성 일치와 데이터를 통합할 필요가 있음

3. 변위 링크 생성, 수정 및 제거

(1) 링크 테이블

① 공간 데이터의 공간위치 보정을 위해 생성한 변위 링크를 좌표로 보여주는 테이블
② 보정 전 기준점 X, Y 좌표와 보정 후 X, Y 좌표가 표현되며, 잔차 및 평균제곱근 오차가 나타나게 됨
③ 링크 테이블은 변위 링크와 1:1로 대응함

(2) 변위 링크의 수정·삭제

① 링크 테이블에서 평균제곱근 오차를 확인한 후, 높은 평균제곱근 오차를 만드는 링크(일반적으로 잔차 오류가 크게 나타남)를 삭제할 수 있음
② 링크 테이블에서의 삭제는 화면에서도 동시에 삭제됨을 의미함
③ 링크의 X, Y 좌표에 오류가 있을 경우 링크를 수정함으로써 평균제곱근 오차를 줄여줄 수 있음

4. 보정결과 검토(잔차, 평균제곱근오차)

(1) 잔차

① 변환 매개변수는 이동할 보정점과 기준 보정점 사이의 최적의 맞춤을 나타냄
② 예를 들어 이동할 보정점을 변환하기 위해 변환 매개변수를 사용하면 변환된 보정점의 위치와 실제 기준 보정점의 위치가 일치하지 않는데, 이것을 '잔차 오류'라고 함
③ 잔차 오류는 실제 위치와 변환된 보정점 위치의 거리적 오차를 의미하며, 각각의 변위 링크에서 생성됨

(2) 평균제곱근 오차(RMES)
① 실행된 각각의 변환에 의해 계산되며 변환이 얼마나 잘 이루어졌는지를 나타냄
② 기준 보정점과 변환된 보정점의 위치 사이에서 측정함
③ 그 변환은 최소 사각형들을 사용하여 계산하며, 이에 따라 여러 개의 링크가 필요함

5. 공간위치 보정 수행 순서

1) 데이터의 공간위치를 보정하는 목적을 확인하고, 보정하려는 데이터와 기준이 되는 공간 데이터의 좌표 체계와 정확도를 살펴본다.
   ① 공간 데이터는 일반적으로 다양한 자료에서 데이터를 얻는데, 이러한 데이터가 서로 불일치하는 경우 데이터를 통합하고 일치시키기 위한 작업이 수행되어야 함
   ② 일부 데이터는 기준이 되는 데이터를 기준으로 기하학적 왜곡이나 회전, 이동 등이 발생하게 됨
   ③ 우선 보정하려는 데이터가 좌표 체계가 없는 입력장치 단위를 가진 데이터인지, 좌표 체계가 있지만 정확도가 낮은 데이터인지를 확인함
   ④ 공간위치를 보정한 결과 데이터는 실세계를 표현하는 좌표 단위의 데이터로 통합함
   ⑤ 새롭게 분할된 지역의 필지에 대해 공간위치 보정 방법을 이용하여 하나의 데이터로 통합하는 작업을 진행함

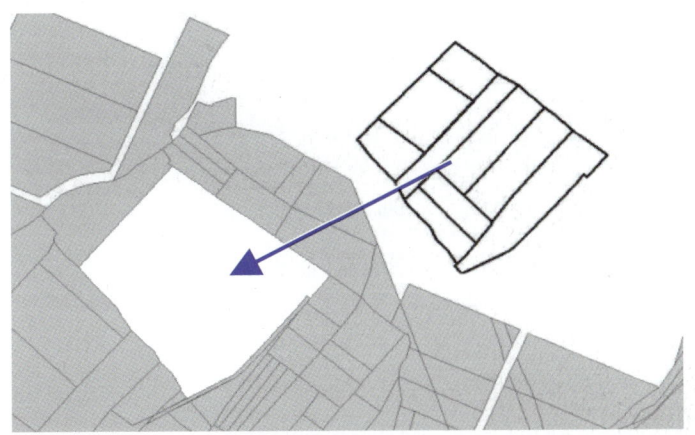

그림 새롭게 분할된 지역의 필지에 대한 공간위치 보정

2) 공간위치 보정을 위한 적정한 변환 방법을 선택한다.
   ① 변환 중에 아핀(Affine) 모드를 선택하며, 아핀 변환에서 사용하는 알고리즘은 최소한 3개의 변위 링크를 필요로 함
   ② 변위 링크는 변환을 위해 원본 좌표와 대상 좌표를 정의함
   ③ 변위 링크는 수동으로 추가하거나 링크 파일을 통하여 가져올 수 있음
   ④ 링크 파일은 탭으로 구분된 텍스트 파일로, 변위 링크별로 원본 좌표와 대상 좌표를 가지고 있음

3) 공간위치 보정을 위해 변위 링크를 생성한다.

① 정확한 지점 선택을 위해 스내핑을 설정함
② 보정하려는 데이터를 먼저 선택하고 나서 기준이 되는 데이터를 선택함
  - 공간 데이터 보정을 위해서는 기준이 되는 데이터로의 변위 링크를 생성해야만 함
  - 보정 전 데이터에서 기준 데이터로 화살표 모양의 그래픽 링크를 만들게 되는데, 이 링크의 위치와 개수는 사용할 변환 방법과도 관련이 높음
  - 적절한 스내핑 설정이 되어 있는지 확인하며 선택에서의 오류가 발생하지 않도록 최대한 확대한 상태로 변위 링크를 만들어나감
③ 화살표로 연결된 변위 링크를 확인하며, 필요한 만큼 추가로 링크를 연결함
④ 이미 만들어진 변위 링크를 확대해서 확인한 결과 잘못 연결된 부분이 있다면 링크 수정을 할 수 있고, 필요한 만큼 추가적으로 링크를 연결해나감

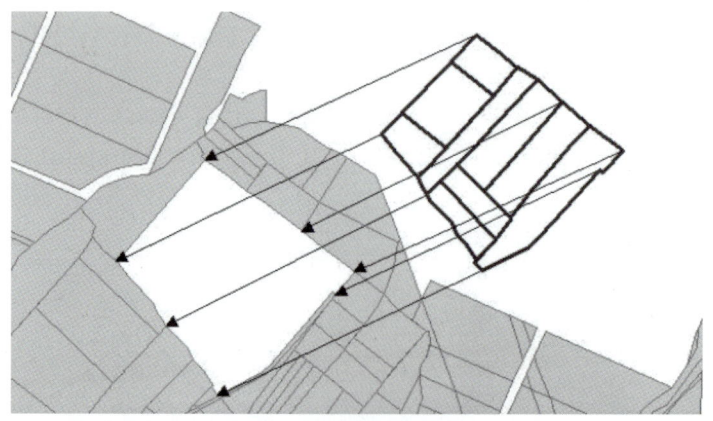

그림 변위 링크 추가 생성

⑤ 모두 7개의 변위 링크가 연결된 것을 확인할 수 있음
  - 연결된 변위 링크는 링크 테이블에서 좌표로 확인할 수 있고 추가·수정이 가능함
  - 생성된 변위 링크가 링크 테이블에 모두 표현되었는지 확인함
  - 링크 테이블에 표현된 변위 링크 개수가 맞는지 확인하고, 각각의 변위 링크 좌표가 제대로 설정되어 있는지 확인함

4) 각각의 변위 링크마다 표시된 잔차 오류를 확인하고, 다른 변위 링크에 비해 다소 높은 것이 있다면 연결이 잘못되었는지 살펴본 후 필요시에는 링크를 삭제한다.

① 잔차 오류 값의 높고 낮음은 절대적이지 않으므로, 데이터의 정확도에 따라 상황에 맞게 판단할 필요가 있음

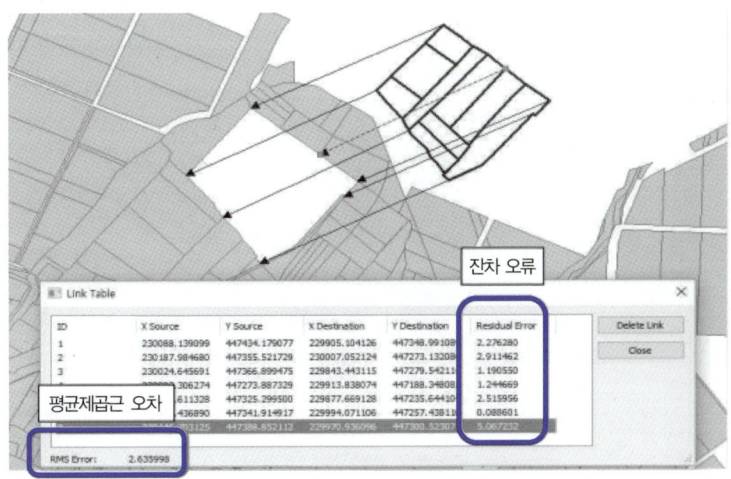

그림 링크 테이블에서의 잔차 오류와 평균제곱근 오차

② 잔차 오류가 가장 큰 링크 하나를 제거하자, 평균제곱근 오차가 기존 약 2.6에서 약 1.4로 크게 줄어든 것을 볼 수 있음

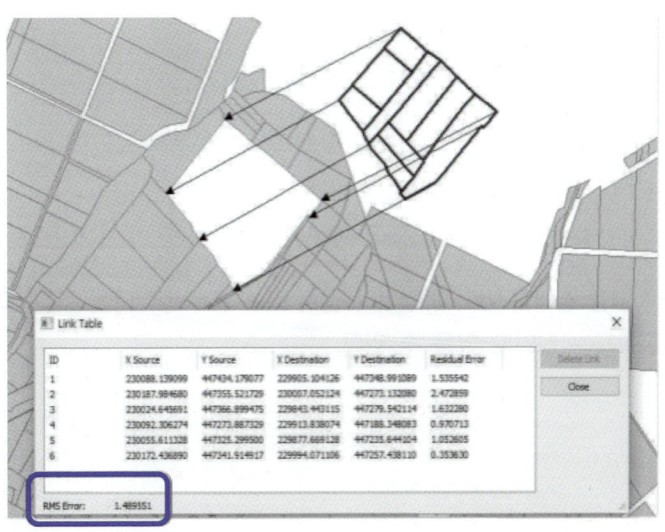

그림 링크 테이블에서의 잔차 오류와 평균제곱근 오차

5) 변위 링크의 위치를 살펴보며 잘못 지정된 위치가 있는지 확인하고 수정한다.
    ① 변위 링크 그래픽 화면을 확대하여 잘못 지정된 링크가 있는지 확인함
    ② 잘못 지정된 변위 링크가 있다면 링크를 수정함
    ③ 잘못 지정된 변위 링크가 수정된 후, 평균제곱근 오차가 줄어들었는지 확인함
    ④ 위치가 잘못 지정된 변위 링크 하나를 수정하자, 평균제곱근 오차가 기존 약 1.4에서 약 1.2로 줄어든 것을 볼 수 있음

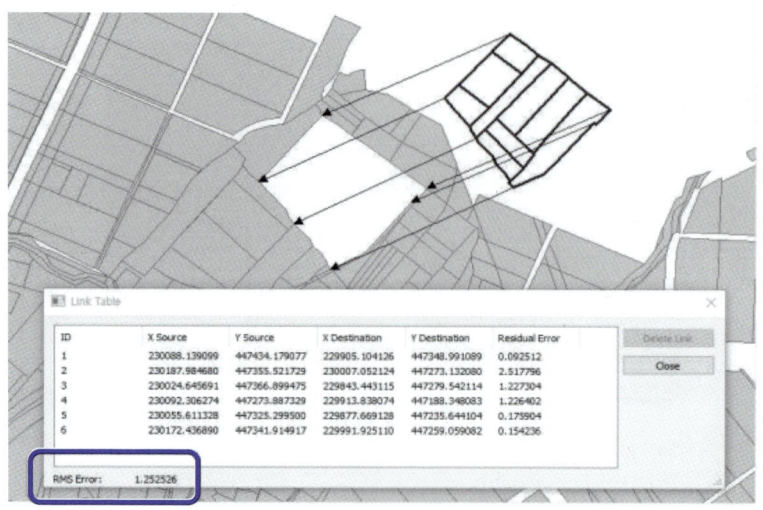

그림 평균제곱근 오차 확인

6) 잔차 오류가 낮게 정리되었다면 변환을 실행한다.
    데이터의 크기에 따라 변환에 시간이 오래 걸릴 수 있음

7) 변환된 레이어가 기준이 되는 레이어의 위치에 맞게 이동되었는지 확인한다.
    ① 변환된 레이어의 위치와 기준 레이어의 위치를 중첩하여 확인함
    ② 공간 데이터는 정확성을 중시하기 때문에 확대를 통해 오류사항이 있는지 자세히 확인해야 함

8) 두 레이어의 공간적 연결 상태가 벌어져 있거나 겹쳐 있는 경우 데이터를 수정해야 하며, 수정이 완료되면 데이터를 하나로 통합하는 작업도 있을 수 있다.

03 위상 편집

1. 위상(Topology)

(1) 위상의 정의
① 위상(Topology)은 연속된 변형 작업에도 왜곡되지 않는 객체의 속성에 대한 수학적인 연구로, GIS에서 포인트, 라인, 폴리곤과 같은 벡터 데이터의 인접이나 연결과 같은 공간적 관계를 표현한 것
② 공간 객체의 관계를 상대적 위치에 따라 인접성, 연결성, 포함성 등으로 관계를 정의한 것

(2) 위상의 활용
① 위상을 기반으로 하는 데이터는 위치 관계적 오류를 찾아내고, 수정하기에 매우 유용함
　예 GIS를 사용할 때 선들이 제대로 연결되게 하기 위해 위상관계를 사용하며, 모든 면이 닫혀 있어야 하고, 면 사이에 어떠한 공간도 없어야 함을 명확히 하기 위해 위상관계를 사용하기도 함
② 위상은 피처 사이의 관계를 명시하며, 공간 데이터가 좌표를 공유하는 형태도 설명할 수 있기 때문에 인접한 피처를 찾거나 피처 사이에 공유된 외곽선 편집 작업, 연결된 피처를 통한 선형 탐색 등이 가능함
③ 위상은 특히 네트워크 분석과 같은 공간 분석에서는 반드시 필요함

2. 공간적 관계

(1) 위상의 필요성
① 위상의 중요한 목적은 하나 또는 그 이상의 레이어 간의 공간 관계를 정의하기 위함이며, 이러한 위상관계의 결합을 통해 실세계를 좀 더 정확하게 모델링할 수 있게 됨
② 이렇게 만든 데이터를 관리하고, 데이터의 공간적 품질을 확보하기 위한 필수 요소가 바로 위상임

> **TIP　공간적 관계**
> • 인접성(Adjacency): 서로 다른 객체의 이웃에 대한 정보
> • 포함성(Enclosure): 다른 공간 피처를 포함하는 공간 피처에 대한 정보
> • 연결성(Connectivity): 공간 객체들 사이의 연결 정보

(2) 위상 데이터 관리 방법
① 위상을 통한 데이터의 공간 무결성을 관리하는 방법
② 위상관계 규칙을 정의하고, 규칙에 기반한 유효성 검사를 통해 위상관계 규칙에 어긋나는 오류를 찾아 정정하는 방법
③ 여러 레이어가 일치하는 지오메트리를 포함한 경우 공통의 경계를 한 번의 편집으로 동시에 모든 레이어를 갱신하는 위상을 이용한 편집 방법

3. 위상관계 규칙

(1) 위상관계 규칙

① 위상은 공간적 피처를 표현하는 포인트와 라인, 폴리곤에서의 관계를 표현함
② 위상관계 규칙을 적용하는 것은 벡터 데이터에 대해 이루어지며, 몇 가지 규칙으로 위상을 확인하는 과정
③ 피처에 적용하는 위상관계는 'equal(동일한)', 'contain(포함하는)', 'cover(둘러싸는)', 'coveredBy(둘러싸인)', 'intersect(연결된)', 'overlap(오버랩)', 'touch(닿아 있는)' 등과 같은 것들이며, 벡터 데이터에 맞게 적절한 위상관계 규칙을 적용하게 됨
④ 위상관계 규칙은 소프트웨어마다 조금씩 차이는 있지만 공통으로 존재함
⑤ 일반적으로 현업에서 많이 사용하는 규칙으로는 포인트 레이어 규칙, 라인 레이어 규칙, 폴리곤 레이어 규칙이 있으며 이외에도 추가적인 규칙이 있을 수 있음
⑥ 실세계에서 위상의 예

한 개의 데이터	• 우편번호 지역은 겹치지 않음 • 상하수도는 끊어지지 않음 • 지적은 틈새를 가지지 않음
두 개의 데이터	• 지적은 바다와 겹치지 않음 • 지적 안에는 반드시 지번이 있어야 함 • 건물은 도로와 겹치지 않음

(2) 위상관계 규칙의 종류

1) 포인트 레이어 규칙

Must be covered by	• 포인트 레이어가 다른 레이어의 라인 위 또는 폴리곤의 외곽선 위에 존재해야만 하는 규칙 • 다른 레이어에 커버되지 않은 포인트를 찾아줌
Must be covered by endpoints of	포인트 레이어가 라인의 끝점에 존재해야만 하는 규칙
Must not have invalid geometries	포인트 레이어가 유효한 지오메트리를 가지고 있는지 확인하는 규칙

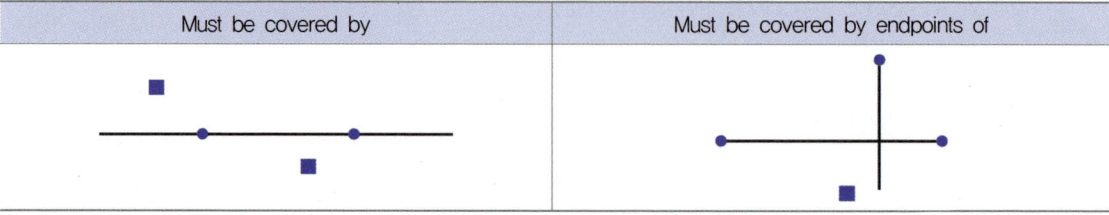

그림 포인트 레이어 규칙의 예

2) 라인 레이어 규칙

End points must be covered by	라인 레이어의 끝점에 항상 포인트 레이어가 존재해야만 하는 규칙
Must not have dangles	라인의 끝점이 다른 라인에 연결되어 있지 않은 상태로 튀어나와 있거나 미치지 못하는 것(Dangle 오류)을 찾아 주는 규칙
Must not have invalid geometries	라인 레이어가 유효한 지오메트리를 가지고 있는지 확인하는 규칙
Must not have psuedos	• 라인 레이어의 끝점이 적어도 두 개 이상의 다른 라인 레이어의 끝점과 연결되어 있어야만 하는 규칙 • 하나의 다른 레이어와 연결되어 있는 라인 레이어의 끝점을 '수도 노드(Psuedo node)'라고 부름

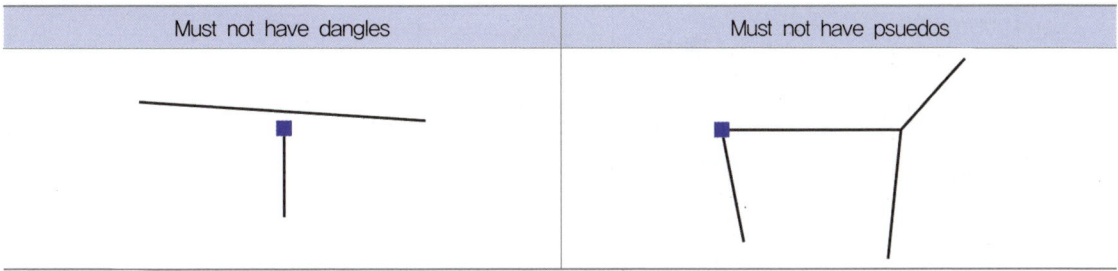

그림 라인 레이어 규칙의 예

3) 폴리곤 레이어 규칙

Must contains	폴리곤 레이어는 적어도 하나 이상의 포인트 지오메트리를 포함하고 있어야 하는 규칙
Must not have gaps	• 인접한 폴리곤과의 사이에 갭이 발생하지 않게 하는 규칙 • 지적과 같이 반드시 연속적이고 갭이 없어야만 하는 레이어에 적용됨

Must not have invalid geometries	• 폴리곤 레이어가 유효한 지오메트리를 가지고 있는지 확인하는 규칙
	• 여기에서 확인하는 유효한 지오메트리의 규칙
	  – 폴리곤 링은 반드시 닫혀 있어야 한다.
	  – 폴리곤 링 안에 다른 링이 존재한다면 그것은 구멍으로 정의되어 있어야 한다.
	  – 폴리곤 링은 스스로 꼬여 있지 않아야 한다.
	  – 폴리곤 링은 포인트 없이 다른 링과 닿아 있지 않아야 한다.

Must not overlap	하나의 폴리곤 레이어에서 인접한 다른 피처와 공유된 지역이 있어서는 안 되는 규칙
Must not overlap with	폴리곤 레이어와 지정한 다른 폴리곤 레이어의 피처가 공유된 지역이 있어서는 안 되는 규칙

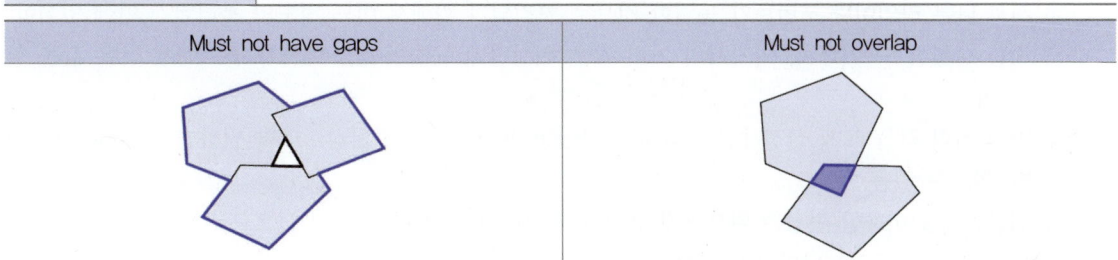

그림 폴리곤 레이어 규칙의 예

4. 위상관계를 이용한 편집

(1) 톨러런스(Tolerance)

① 위상에서의 톨러런스는 그 안에 들어가는 포인트, 라인 등의 모든 지오메트리가 동일하다고 간주하는 거리 범위
② 데이터에서 가장 정밀도가 높은 값의 1/10 정도 거리로 설정하는 것이 적절함
③ 톨러런스 값이 크게 되면 실제로 떨어져 있는 지역을 하나로 인식하는 오류가 발생할 수도 있으므로, 데이터 편집을 위한 의도로 사용하는 것은 옳지 않음

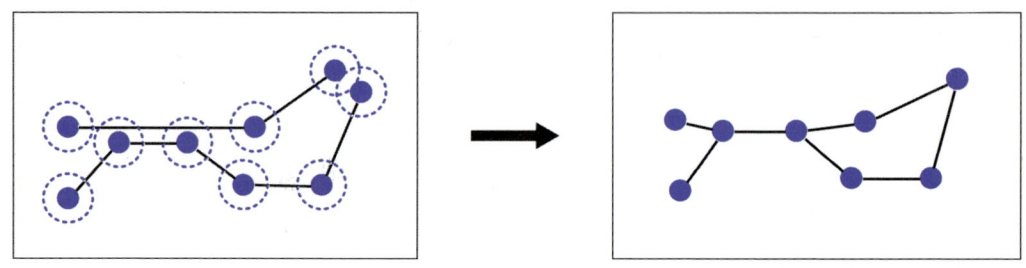

그림 톨러런스 설정의 예

(2) 일치하는 지오메트리

① 위상은 공간 데이터 편집과 공간 모델링에 자주 사용됨: 여러 공간 데이터에 대해 일치하는 지오메트리를 결정한 뒤, 한 번의 작업으로 여러 개의 레이어에 대한 편집을 수행할 수 있음
② 위상에 참여하는 피처들이 서로 교차하거나 중첩되는 경우 해당 부분에서 라인과 포인트가 공유되는 경우가 자주 발생함
  - 예를 들어 지적 경계, 행정구역 경계, 하천이 행정구역 경계를 구분하는 경우 등
  - 이러한 경우 공유 부분을 선택하고 피처에 대한 편집을 하면, 해당 부분을 공유하는 여러 레이어에 대한 동시 편집이 이루어지게 됨

(3) 위상관계를 이용한 편집 의의

① 위상관계를 이용한 편집은 일치하는 피처 간의 위상관계를 생성함
② 서로 다른 라인이나 포인트가 동일한 것으로 처리되기 위해서 어느 정도의 톨러런스 안에 있어야 하는지를 설정할 수 있으며, 여기서의 거리 값은 위상관계 규칙에서와 마찬가지로 매우 작은 값을 설정해야 함
③ 만일 거리 값을 크게 설정하면 생각하지 않았던 포인트들이 합쳐짐으로써 원하지 않는 피처의 왜곡이 발생할 수 있음
④ 위상관계를 이용한 편집은 위상관계 규칙을 지정하지 않으며, 규칙이 없으므로 유효성 검사를 할 필요도 없고 오류 또한 나타나지 않음

(4) 위상관계를 이용한 편집 과정

① 위상관계를 이용한 편집 선택
② 위상관계를 이용한 편집에 참여할 데이터 선택
③ 위상 편집 도구 선택
④ 편집할 공유 피처 선택
⑤ 공유 피처 표시 확인
⑥ 공유 피처 편집

5. 데이터 유효성 검사

(1) 목적

위상관계 규칙을 벗어나는 객체 및 오류를 확인하고, 이를 수정하거나 예외로 지정하는 등의 과정을 거치도록 하는 작업

(2) 수행순서

① 위상관계 규칙을 적용할 데이터의 속성 테이블을 확인하고 공간적 위치 관계를 살펴봄
  - 폴리곤 레이어의 경우 겹치거나 빈 공간이 생겨서는 안 되며, 만약에 편집이나 공간위치 보정 작업에서 이러한 오류가 발생하게 되면 찾아서 수정해야 함
  - 눈으로 모든 것을 확인할 수 없을 만큼 큰 데이터이거나 오류를 방지하기 위한 데이터 무결성에 대한 설정이 필요한 경우에는 위상관계 규칙을 적용하게 됨
② 새로운 위상관계 규칙의 이름을 지정하고, 규칙을 적용할 데이터에 대해 톨러런스 값을 설정함
  - 톨러런스 값은 지오메트리가 같다고 인식하는 최소한의 값을 지정하는 것으로, 일반적으로 기본값으로 설정하거나 데이터의 가장 높은 정밀도의 1/10 정도의 값을 지정하게 됨
  - 이 값이 커지게 되면 임의로 데이터가 편집되는 상황이 발생할 수 있음
③ 위상관계 규칙을 적용함
  - 위상관계 규칙은 레이어별로 설정할 수 있고, 상황에 맞는 적절한 규칙을 지정하면 됨
  - 여기서는 필지가 겹치거나 빈 공간이 발생한 지역을 찾기 위해 'Must not overlap'과 'Must not have gaps'를 설정함
④ 유효성 검사(Validate)를 실행함: 데이터의 크기에 따라 변환에 오랜 시간이 걸릴 수 있음
⑤ 유효성 검사 실시 결과는 오류로서 화면상에 나타나게 됨
  - 붉은색으로 표시되는 부분이 앞에서 설정한 위상관계 규칙에서의 오류를 나타냄
  - 오류 중에는 데이터 편집이나 공간위치 보정 중에 발생한 실제 오류도 있고, 오류가 아닌 지역도 함께 존재하게 되므로, 이를 판단하고 수정 또는 예외로 지정할 필요가 있음

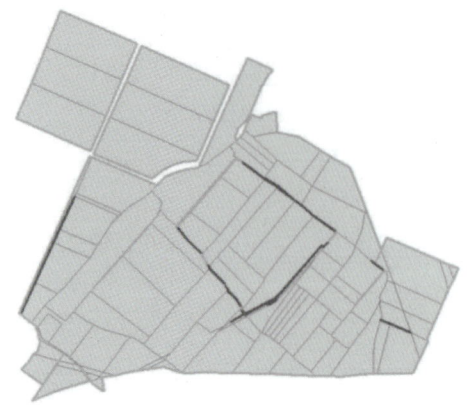

그림 유효성 검사 오류

⑥ 오류에 관한 요약 자료를 열고 어떤 종류의 오류인지 확인함
⑦ 오류를 하나하나 살펴보며 각 오류에 대한 수정 편집 작업을 진행함: 겹침 오류는 상황에 따라 인접 필지로 병합시키거나, 새로운 필지로 등록하거나 또는 예외로 처리할 수 있으나 여기에서는 인접 필지로 병합하도록 함
⑧ 오류가 아니라고 판단되는 것은 예외로 설정하여 다음 유효성 검사에서는 오류로 판단되지 않도록 함
  - 오류를 예외로 설정하면 모든 오류는 화면에서 없어지며, 오류에 대한 요약에서도 사라지게 됨
  - 이렇게 오류를 수정하면 수정한 오류가 잘 처리되었는지 확인하기 위해 다시 한번 유효성 검사를 할 필요가 있음
⑨ 오류에 대한 수정 편집 작업이 완료되었으면, 다시 유효성 검사를 실시하고 데이터의 무결성을 확인함: 전체 데이터에 대한 유효성 검사를 다시 실시하면 처음에 검사를 실시했을 때보다 적은 시간이 소요되는 이유는 편집이 이루어지거나 오류에 대한 수정 작업이 있었던 부분만을 검사하기 때문
⑩ 일치하는 지오메트리를 공유하는 서로 다른 데이터의 공간적 위치 관계를 살펴봄: 공간적 범위가 일치하는 여러 개의 데이터를 공간적인 위치 일치성을 유지하면서 한꺼번에 편집하는 방법을 살펴봄

CHAPTER 02 | 공간정보 처리 · 가공

01 ★☆☆
공간자료모델에서 벡터 자료의 구성요소인 것은?

① 화소
② 그리드
③ 선
④ 격자

해설
화소, 그리드, 격자는 래스터 데이터의 구성요소이며, 벡터 데이터는 점, 선, 면으로 구성된다.

정답 ③

02 ★☆☆
개체의 특성을 나타내는 속성과 개체, 개체 사이에 존재하는 관계에 대한 정의 및 이들이 유지해야 할 제약 조건을 기술한 것은?

① 메타데이터(Metadata)
② 공간참조 파일(Spatial reference)
③ 좌표체계(Coordinate system)
④ 스키마(Schema)

해설
스키마
개체의 특성을 나타내는 속성과 속성들의 집합으로 이루어진 개체, 개체 사이에 존재하는 관계에 대한 정의와 이들이 유지해야 할 제약조건을 기술한 것이다. 즉 데이터베이스에 어떤 구조로 데이터가 저장되는가를 나타낸 것. 즉 데이터베이스 구조를 스키마라고 한다.

정답 ④

03 ★★☆
스키마 중 조직체 전체를 관장하는 입장에서 데이터베이스를 정의한 것으로, 조직체의 모든 응용시스템에서 필요한 모든 개체, 관계, 제약조건을 포함하는 것은?

① 개념 스키마
② 외부 스키마
③ 내부 스키마
④ 참조 스키마

해설
개념 스키마(Conceptual schema)
조직체 전체를 관장하는 입장에서 데이터베이스를 정의한 것이다. 조직체의 모든 응용 시스템에서 필요한 모든 개체, 관계 그리고 제약조건을 포함해야 한다.

정답 ①

04 ★★☆
'ISO 19125의 공통 구조(아키텍처)'의 정의와 함께 '지리정보-단순 피처(특징)접근-제1부: 공통 구조(아키텍처)'에서 정의하는 객체모델의 구성요소 중에서 공간참조체계와 연결되어 있는 것은?

① 기하
② 점
③ 곡선
④ 표면

해설
우리나라 표준으로 'ISO 19125의 공통 구조(아키텍처)'의 정의와 함께 '지리정보-단순 피처(특징)접근-제1부: 공통 구조(아키텍처)'에서 공간자료의 기하객체모델을 정의하고 있다. 상위의 기하 클래스는 정의된 좌표체계에 대한 공간참조체계와 연결된다.

정답 ①

05 ★☆☆

벡터 타입 변환 단계 중 스캐닝된 래스터 자료에 존재하는 여러 종류의 잡음(Noise)을 제거하고, 이어지지 않은 선을 연속적으로 이어주는 처리 과정은?

① 필터링 단계
② 세선화 단계
③ 벡터화 단계
④ 후처리 단계

해설

전처리 단계: 필터링 단계(Filtering)
- 스캐닝된 래스터자료에 존재하는 여러 종류의 잡음(Noise)을 제거
- 이어지지 않은 선을 연속적으로 이어주는 처리 과정

정답 ①

06 ★★★

벡터 타입 변환 중 세선화 단계에 대한 설명에 해당하는 것은?

① 스캐닝된 래스터 자료에 존재하는 여러 종류의 노이즈를 제거한다.
② 이어지지 않은 선을 연속적으로 이어주는 처리 과정이다.
③ 두꺼운 선을 가늘게 만들어 처리할 정보의 양을 감소시키는 과정이다.
④ 경계를 매끄럽게 하고 선에 있는 과도한 점(Vertex)을 정리하는 과정이다.

해설

- 노이즈를 제거하고 이어지지 않은 선을 연속적으로 이어주는 처리 과정은 필터링 단계이다.
- 세선화 단계(Thining): 필터링 단계를 거친 두꺼운 선을 가늘게 만들어 처리할 정보의 양을 감소시키고 벡터 자료의 정확도를 높게 만드는 단계
- 후처리 단계: 벡터화 단계로 얻은 결과의 처리단계로, 경계를 매끄럽게 하고 라인상의 과도한 점(Vertex)을 제거 또는 정리하는 단계

정답 ③

07 ★★☆

벡터 데이터에서 점 또는 선분을 래스터 데이터로 변환하는 방법으로, 두 개 이상의 데이터가 하나의 화소에 동시에 걸쳐 있을 때 50% 이상 차지하고 있는 데이터 값으로 화소 값을 결정하는 방법은?

① 존재/부존재 방법
② 화소 중심점 방법
③ 지배적 유형 방법
④ 발생 비율 방법

해설

지배적 유형(Dominant type) 방법
- 두 개 클래스 이상의 폴리곤 자료가 하나의 화소에 동시에 걸쳐 있을 때, 50% 이상 차지하고 있는 폴리곤의 클래스값으로 화소 값을 결정
- 폴리곤 유형에만 적용

정답 ③

08 ★★★

벡터화(Vectorizing)에 대한 설명으로 옳지 않은 것은?

① 변환 과정에서 자료의 손실이 발생할 수 있다.
② 기존 종이지도로부터 벡터 데이터를 직접 입력할 수 있다.
③ 카메라 또는 이미지 센서를 사용하여 수집된 영상으로부터 도형정보를 추출 및 변환하는 작업이다.
④ 변환 단계에서 새로운 속성 필드를 추가하거나 삭제 등의 편집과정은 불필요하다.

해설

벡터화(Vectorizing)
① 변환 과정에서 자료 손실이 발생할 수 있다.
② 디지타이징(Digitizing): 기존 종이지도로부터 디지타이저를 사용하여 벡터 데이터를 직접 입력할 수 있다.
③ 카메라 또는 이미지 센서를 사용하여 수집된 영상으로부터 선형정보를 추출·변환하는 작업이다.
④ 변환 단계에서 새로운 속성 필드를 추가하거나 수정, 삭제 등의 편집과정이 필요하다.

정답 ④

09 ★★★

벡터 자료를 래스터 자료로 변환하는 방법에 대한 설명으로 옳지 않은 것은?

① 벡터 자료의 점을 그 위치의 래스터 자료의 화소값으로 부여한다.
② 수평선이나 수직선을 제외하고는 선과 화소 중심이 정확하게 일치하지 않는다.
③ 면 자료의 경우 면의 경계선과 내부의 화소를 찾아서 변환한다.
④ 벡터 구조의 점, 선, 면 자료를 동일한 위치의 화소 중심과 정확하게 일치하도록 변환한다.

[해설]
① 점: 벡터 자료의 점을 그 위치의 래스터 자료의 화소 값으로 부여한다.
② 선: 수평선이나 수직선을 제외하고는 선과 래스터 자료의 화소 중심이 정확하게 일치하지 않는다.
③ 면: 폴리곤의 경계선과 내부의 화소를 찾아서 변환한다.
④ 점, 선, 면 자료를 동일한 위치의 화소 중심과 정확하게 일치하도록 변환할 수는 없다.

[정답] ④

10 ★★☆

벡터 자료를 래스터 자료로 변환하는 방법 중 화소 중심점 방법에 대한 설명으로 옳은 것은?

① 면 유형에는 적합하지 않다.
② 점과 선형이 벡터 자료에만 적합하다.
③ 경계선이 어디를 지나가는지에 따라 화소값이 결정된다.
④ 면 자료가 하나의 화소에 동시에 걸쳐 있을 때 각 면의 점유 비율에 따라 화소값을 결정한다.

[해설]
• 화소 중심점(Centroid of cell) 방법
  - 선형 벡터 자료의 경계선이 어디를 지나는지에 따라 화소값이 결정되는 것으로, 대상 화소의 중심점이 벡터 자료의 어느 영역에 해당하느냐에 따라 화소의 값이 결정
  - 점과 선형의 벡터 자료에는 부적합
  - 폴리곤 유형에만 적용
• 면 자료가 하나의 화소에 동시에 걸쳐 있을 때 각 면의 점유 비율에 따라 화소값을 결정하는 것은 발생비율 방법이다.

[정답] ③

11 ★★☆

래스터 변환 방법 중 발생 비율(Percent occurrence) 방법에 대한 설명으로 옳은 것은?

① 면 유형에만 적용한다.
② 대상 화소의 중심점이 벡터 자료의 어느 영역에 해당하느냐에 따라 화소의 값이 결정된다.
③ 3가지 이상의 다양한 속성값을 가진 면 자료의 경우에 유용한 방법이다.
④ 벡터 자료와 래스터 자료가 중첩되어 있을 때 해당 위치에 벡터 자료값이 있는지 없는지에 따라 값을 부여하는 방식이다.

[해설]
• 발생 비율(Percent occurrence) 방법
  - 두 개 클래스 이상의 폴리곤 자료가 하나의 화소에 동시에 걸쳐 있을 때, 각 폴리곤의 점유 면적 비율에 따라 각 화소값을 결정함
  - 각 속성별로 상세하게 구분하여 부여할 수 있으나 3가지 이상의 다양한 속성값을 가진 폴리곤 자료의 경우 화소 값을 부여하는 데 제약이 따름
  - 폴리곤 유형에만 적용
• 벡터 자료와 래스터 자료가 중첩되어 있을 때 해당 위치에 벡터 자료값이 있는지 없는지에 따라 값을 부여하는 방식은 존재/부존재 방법이다.
• 대상 화소의 중심점이 벡터 자료의 어느 영역에 해당하느냐에 따라 화소의 값이 결정되는 것은 화소 중심점 방법이다.

[정답] ①

12 ★☆☆

공간위치 보정 방법에 해당하지 <u>않는</u> 것은?

① 변환(Transformation)
② 러버시트(Rubber sheet)
③ 에지 스냅(Edge snap)
④ 지오레퍼런싱(Georeferencing)

[해설]
공간 데이터의 공간위치 보정의 종류에는 변환, 러버시트, 에지 스냅이 있다. 지오레퍼런싱은 좌표체계가 부여되지 않은 자료에 좌표값을 부여하는 것이다.

[정답] ④

13 ★☆☆

공간위치 보정 방법 중 지도와 지도의 경계선을 일치시키는 방법에 해당하는 것은?

① 변환(Transformation)
② 러버시트(Rubber sheet)
③ 에지 스냅(Edge snap)
④ 시밀러리티(Similarity)

[해설]
주로 지도와 지도의 경계선(예 등고선, 도로 등)이 일치하지 않는 경우에 사용하는 것은 에지 스냅이다.

[정답] ③

14 ★☆☆

공간위치 보정 방법 중 평균제곱오차 값이 계산되어 산출된 변환의 정확도를 판단할 수 있는 방법에 해당하는 것은?

① 변환(Transformation)
② 러버시트(Rubber sheet)
③ 엣지 스냅(Edge snap)
④ 경계 일치(Edge matching)

[해설]
변환(Transformation)
입력 레이어의 전체 피처에 동일하게 영향을 미치는 방법이다. 평균제곱근 오차(Root Mean Square Error) 값이 계산되어 산출된 변환의 정확도를 판단할 수 있다.

[정답] ①

15 ★★☆

공간위치 보정 방법 중 레이어 내 선택된 일부 피처에 적용되는 방법에 해당하는 것은?

① 변환(Transformation)
② 러버시트(Rubber sheet)
③ 에지 스냅(Edge snap)
④ 시밀러리티(Similarity)

[해설]
러버 시트(Rubber sheet)
레이어 전체를 대상으로 하거나 레이어 내 선택된 일부 피처에 적용되는 변환으로, 오차를 계산하지 않는다. 즉 정확한 레이어를 기준으로 고정점은 유지하며 피처를 직선 형태가 유지되게 당기는 방법이다. 특정 부분을 정확하게 표현할 때 사용한다.

[정답] ②

16 ★★★

공간데이터의 공간위치 보정을 위해서 생성된 링크 테이블에 대한 설명으로 옳지 <u>않은</u> 것은?

① 보정 전 기준점 좌표와 보정 후 좌표가 표현되어 있다.
② 잔차와 평균제곱근오차가 나타나 있다.
③ 변위 링크와 1:1로 대응한다.
④ 링크의 x, y 좌표의 오류가 있더라도 링크를 삭제할 수는 없다.

해설

링크 테이블

공간 데이터의 공간위치 보정을 위해 생성한 변위 링크를 좌표로 보여주는 테이블을 말한다. 링크 테이블에는 잔차 및 평균제곱근 오차가 나타나게 되며, 링크 테이블은 변위 링크와 1:1로 대응한다. 링크 테이블에서 평균제곱근 오차를 확인한 후, 높은 평균제곱근 오차를 만드는 링크(일반적으로 잔차 오류가 크게 나타남)를 삭제할 수 있다.

정답 ④

17 ★★★

공간위치 보정 시 변환된 보정점의 위치와 실제 기준 보정점의 위치가 일치하지 않는 것을 무엇이라고 하는가?

① 평균제곱근오차
② 잔차 오류
③ 톨러런스(Tolerance)
④ 스내핑(Snapping)

해설

잔차 오류는 실제 위치와 변환된 보정점 위치의 거리적 오차를 의미하며, 각각의 변위 링크에서 생성된다.

정답 ②

18 ★★☆

공간위치 보정 과정에 대한 설명으로 옳지 않은 것은?

① 보정한 결과 데이터는 기준이 되는 데이터의 좌표체계로 통합이 된다.
② 변위 링크를 생성하기 위해 보정하려는 데이터를 먼저 선택하고 나서 기준이 되는 데이터를 선택한다.
③ 스내핑이 설정되어 있는지 확인하고, 선택에서 오류가 발생하지 않도록 최대한 확대한 상태에서 변위 링크를 생성한다.
④ 변위 링크를 확인한 결과 잘못된 부분이 있으면 링크를 수정할 수 있으며, 오류가 적은 링크부터 삭제할 수 있다.

해설

변위 링크를 확인한 결과 잘못된 부분이 있으면 링크를 수정할 수 있으며, 오류가 많은 링크부터 삭제해야 한다.

정답 ④

19 ★★☆

공간위치 보정 과정에 대한 설명으로 옳지 않은 것은?

① 보정하려는 데이터와 기준이 되는 데이터의 축척이 다를 경우 보정할 수 있다.
② 변위 링크마다 표시된 잔차 오류를 확인하고 오류 값이 큰 링크는 삭제한다.
③ 변위 링크의 개수가 많을수록 평균제곱근오차는 작아진다.
④ 공간위치 보정이 완료된 후에는 데이터를 하나로 통합하는 작업이 필요하다.

해설

변위 링크의 개수가 많다고 해서 평균제곱근오차가 작아지지는 않는다. 잔차 오류가 큰 링크를 삭제·수정하는 것이 필요하다.

정답 ③

20 ★☆☆

공간객체의 관계를 상대적 위치에 따라 인접성, 연결성, 포함성 등의 공간적 관계로 표현하는 것은?

① 위상(Topology)
② 위치(Location)
③ 속성(Attribute)
④ 레이어(Layer)

해설

위상(Topology)

연속된 변형 작업에도 왜곡되지 않는 객체의 속성에 대한 수학적인 연구로, GIS에서 포인트, 라인, 폴리곤과 같은 벡터 데이터의 인접이나 연결과 같은 공간적 관계를 표현한다. 공간 객체의 관계를 상대적 위치에 따라 인접성, 연결성, 포함성 등으로 관계를 정의한 것이다.

정답 ①

21 ★★☆

공간자료에 위상을 활용하는 경우에 해당하지 않는 것은?

① 데이터의 위치 관계적 오류를 찾아내고 수정한다.
② 인접한 객체 사이에 공유된 외곽선을 편집할 수 있도록 한다.
③ 네트워크 분석 같은 공간 분석에 반드시 필요하다.
④ 공간자료의 파일 크기를 줄여줘서 저장 용량을 감소시킨다.

[해설]
① 위상을 기반으로 하는 데이터는 위치 관계적 오류를 찾아내고 이를 수정하기에 매우 유용하다.
② 인접한 피처를 찾거나 피처 사이에 공유된 외곽선 편집 작업, 연결된 피처를 통한 선형 탐색 등이 가능하다.
③ 위상은 특히 네트워크 분석과 같은 공간 분석에서는 반드시 필요하다.

[정답] ④

22 ★★★

위상을 통한 데이터 관리 방법으로 옳지 않은 것은?

① 여러 레이어가 일치하는 지오메트리를 포함한 경우 공통의 경계를 한 번의 편집으로 모든 레이어를 수정할 수는 없다.
② 위상을 통한 데이터의 무결성을 관리하기 위해 위상관계 규칙의 정의가 필요하다.
③ 규칙에 기반한 유효성 검사를 통해 규칙에 어긋나는 오류를 찾아 수정하는 것이 필요하다.
④ 위상관계 규칙은 레이어의 특성에 따라 다양하게 적용될 수 있다.

[해설]
- 여러 레이어가 일치하는 지오메트리를 포함한 경우 공통의 경계를 한 번의 편집으로 모든 레이어를 수정할 수 있다.
- 위상 데이터 관리 방법
  - 위상을 통한 데이터의 공간 무결성을 관리하는 방법
  - 위상관계 규칙을 정의하고, 규칙에 기반한 유효성 검사를 통해 위상관계 규칙에 어긋나는 오류를 찾아 정정하는 방법
  - 여러 레이어가 일치하는 지오메트리를 포함한 경우 공통의 경계를 한 번의 편집으로 동시에 모든 레이어를 갱신하는 위상을 이용한 편집 방법

[정답] ①

23 ★★★

위상관계 규칙에 대한 설명으로 옳지 않은 것은?

① 위상관계 규칙은 벡터 데이터를 대상으로 한다.
② 점, 선, 면에 적용되는 위상관계 규칙은 서로 상이하다.
③ 두 개의 레이어에 함께 적용되는 위상관계 규칙도 존재한다.
④ Dangle 오류에 관한 위상관계 규칙은 점 레이어에 대한 규칙이다.

[해설]
- Dangle 오류에 관한 위상관계 규칙은 선 레이어에 대한 규칙이다.
- Dangle 오류: 라인의 끝점이 다른 라인에 연결되어 있지 않은 상태로 튀어나와 있거나 미치지 못한 경우

[정답] ④

24 ★★☆

위상관계 편집 시 설정해야 하는 톨러런스(Tolerance)에 대한 설명으로 옳지 않은 것은?

① 정밀도가 가장 높은 값의 1/10 정도의 간격으로 설정하는 것이 적절하다.
② 톨러런스 안에 들어가는 점, 선 등의 모든 지오메트리는 동일한 것으로 간주한다.
③ 톨러런스 값이 크게 되면 실제로 동일하지 않은 피처를 하나로 인식하는 오류가 발생한다.
④ 톨러런스 값은 레이어의 축척에 따라 달라질 수 있지만 되도록 작게 설정하는 것이 적절하다.

해설

톨러런스(Tolerance)
- 위상에서의 톨러런스는 그 안에 들어가는 포인트와 라인 등의 모든 지오메트리는 동일하다고 간주하는 거리 범위를 말한다.
- 데이터에서 가장 정밀도가 높은 값의 1/10 정도 거리로 설정하는 것이 좋다.
- 톨러런스 값이 크게 되면 실제로 떨어져 있는 지역을 하나로 인식하는 오류가 발생할 수도 있으므로, 데이터 편집을 위한 의도로 사용하는 것은 옳지 않다.
- 톨러런스 값은 레이어의 축척에 따라 달라질 수 있지만 너무 커도, 너무 작아도 적절하지 않다.

정답 ④

25 ★☆☆

점 레이어 위상관계 규칙으로, 점이 다른 레이어의 선 위 또는 면의 외곽선에 존재해야만 한다는 것을 의미하는 것은?

① Must be covered by
② Must be covered by endpoints of
③ Must not have invalid geometries
④ Must not have dangles

해설

Must be covered by
포인트 레이어가 다른 레이어의 라인 위 또는 폴리곤의 외곽선 위에 존재해야만 하는 규칙이다. 다른 레이어에 커버되지 않은 포인트를 찾아준다.

정답 ①

26 ★☆☆

선 레이어 위상관계 규칙으로, 선의 끝점이 다른 선에 연결되어 있지 않은 상태로 튀어나와 있거나 미치지 못하는 것을 찾아주는 규칙은?

① End points must be covered
② Must not have dangles
③ Must not have invalid geometries
④ Must not have pseudos

해설

Must not have dangles
라인의 끝점이 다른 라인에 연결되어 있지 않은 상태로 튀어나와 있거나 미치지 못하는 것을 찾아주는 규칙이다.

정답 ②

27 ★☆☆

면 레이어 위상관계 규칙으로, 인접한 면 사이에 빈 공간이 발생하지 않아야 함을 의미하는 규칙은?

① Must contains
② Must not have gaps
③ Must not overlap
④ Must not overlap with

해설

Must not have gaps
인접한 폴리곤과의 사이에 갭(빈 공간)이 발생하지 않게 하는 규칙이다. 예를 들어, 지적과 같이 반드시 연속적이고 갭이 없어야만 하는 레이어에 적용된다.

정답 ②

28 ★★☆

위상 관계를 이용하여 공간 데이터를 편집할 때 과정에 대한 설명으로 옳지 <u>않은</u> 것은?

① 서로 다른 선이나 점을 동일한 것으로 처리하기 위해서 톨러런스가 설정되어야 한다.
② 위상관계 규칙을 지정할 필요가 없다.
③ 서로 중첩되거나 교차되어 있는 객체 간의 편집에 주로 이용된다.
④ 오류 검색을 위해 유효성 검사를 해야 한다.

[해설]
- 위상관계를 이용한 편집은 일치하는 피처 간의 위상관계를 생성한다.
- 서로 다른 라인이나 포인트가 동일한 것으로 처리되기 위해서 어느 정도의 톨러런스 안에 있어야 하는지를 설정할 수 있다.
- 위상관계를 이용한 편집은 위상관계 규칙을 지정하지 않으며, 규칙이 없으므로 유효성 검사를 할 필요도 없고 오류 또한 나타나지 않는다.

[정답] ④

29 ★★☆

공유 객체 간 위상관계 편집에 대한 설명으로 옳은 것은?

① 다양한 위상관계 규칙을 적용하여 유효성 검사가 필요하다.
② 여러 레이어에서 서로 중첩되거나 교차되어 있는 객체 간의 편집을 한꺼번에 할 수 있다.
③ 공유 객체를 편집하기 위해 톨러런스가 반드시 설정될 필요는 없다.
④ 공유 객체를 선택하여 편집을 진행할 경우 이들 객체에 대해 동시에 편집을 할 수는 없다.

[해설]
위상은 공간 데이터 편집과 공간 모델링에 자주 사용된다. 여러 공간 데이터에 대해 일치하는 지오메트리를 결정한 뒤, 한 번의 작업으로 여러 개의 레이어에 대한 편집을 수행할 수 있다. 위상에 참여하는 피처들이 서로 교차하거나 중첩되는 경우 해당 부분에서 라인과 포인트가 공유되는 경우가 자주 발생한다. 이러한 경우 공유 부분을 선택하고 피처에 대한 편집을 하면, 해당 부분을 공유하는 여러 레이어에 대한 동시 편집이 이루어지게 된다.

[정답] ②

30 ★★★

위상관계 규칙에서 벗어나는 객체 및 오류를 확인하는 데이터 유효성 검사에 대한 설명으로 옳지 <u>않은</u> 것은?

① 위상관계 규칙에서 벗어나는 오류를 확인하는 과정이다.
② 확인된 오류는 수정하거나 예외로 지정하는 과정이 필요하다.
③ 톨러런스 값은 지오메트리가 같다고 인식하는 최소한의 값을 지정하는 것이 일반적이다.
④ 유효성 검사 결과 화면상에 나타난 오류는 모두 데이터 편집이나 공간위치 보정 중에 발생한 실제 오류에 해당한다.

[해설]
데이터 유효성 검사
위상관계 규칙을 벗어나는 객체 및 오류를 확인하고, 이를 수정하거나 예외로 지정하는 등의 과정을 거치도록 하는 작업이다. 유효성 검사 실시 결과는 오류로서 화면상에 나타나게 된다. 붉은색으로 표시되는 부분이 앞에서 설정한 위상관계 규칙에서의 오류를 나타낸다. 오류 중에는 데이터 편집이나 공간위치 보정 중에 발생한 실제 오류도 있고, 오류가 아닌 지역도 함께 존재하게 되므로, 이를 판단하고 수정 또는 예외로 지정할 필요가 있다.

[정답] ④

CHAPTER 03 | 공간 영상 처리

대표유형

다음 중 잡음에 의해 나타나는 현상으로 바르지 않은 것은?

① 드롭 라인 ② 줄무늬 현상
③ 산탄 잡음 ④ 지구 곡률

해설
잡음의 종류에는 드롭 라인, 줄무늬 현상, 산탄 잡음, 열시점 오류, 부분적 열손실 등이 있으며, 지구 곡률은 기하 오차의 발생 원인이다.

정답 ④

01 영상 전처리

1. 잡음의 종류와 특징

(1) 영상의 잡음이란
① 지표면이나 대기에 의해 반사·복사·흡수되는 전자기파를 감지하여 기록하는 과정에서 원하는 수신 신호에 간섭을 일으켜 손상을 주는 현상
② 센서에 감지된 특성으로 인하여 특정 지역이 어둡거나 밝게 나타날 수 있으며, 센서의 오작동이나 지표면의 기하학적 관계로 인해 영상 해석에 나쁜 영향을 미침

(2) 잡음의 종류

광역적 잡음	영상 전체에 임의로 발생하는 잡음
국소적 잡음	• 영상 일부 영역에 발생하는 잡음 • 영상 전송과정에서 자료 손실로 주로 발생
주기적 잡음	• 영상 전체에 일정한 간격을 두고 반복적으로 발생하는 잡음 • 자료 취득이나 CCD 배열의 일부 화소가 손상되어 영상 전송 장치의 결함으로 발생 • 일반적 필터를 사용하거나 노이즈 선택을 선택하여 제거

(3) 잡음의 특징

① 잡음에 의해 손상된 원격탐사 영상은 처리와 분석에 오류가 발생하므로 잡음의 원인과 분포 상태를 파악하여 제거하여야 함
② 영상의 잡음 제거를 위해 합성곱이나 선형·비선형 필터 등의 필터링 기법이 적용
③ 체계적인 잡음의 경우 필터링 등을 통해 쉽게 제거 가능하지만, 임의적인 잡음의 경우 제거가 어려움

2. 잡음의 발생원인: 센서에 의한 오류

드롭라인 (열손실/행손실)	• 자료의 입력이 누락된 빈 스캔(Scan) 라인 형태의 오류 • 일부 감지기가 작동하지 않거나, 자료의 전송 과정에서 손실되는 경우
줄무늬 현상 (n라인 줄무늬 잡음)	• 영상에서 일정한 줄마다 더 밝거나 어두운 값을 가지는 현상 • 원격탐사 감지기의 오프셋과 게인 특성이 조금씩 달라 주기적 왜곡 발생
산탄잡음	• 산탄총에 의해 총탄이 박힌 것처럼 오류 화소가 집중적으로 발생 • 분광 정보가 기록되지 못한 개별 화소가 집중적으로 발생하는 경우
열시점 오류	• 영상 시작이 잘못된 곳에서 시작되어 화소가 이동되어 나타나는 현상 • 감지기가 스캔 중 갑자기 자료 수집을 멈추는 경우, 화소의 기록 위치를 잘못 지정하여 발생
부분적 행손실·열손실	• 일부 행이나 열에서 화소의 값이 누락되는 현상 • 완벽히 작동되던 감지기가 특정 행이나 열에서 작동하지 않았다가 다시 제대로 작동하는 경우

3. 잡음 필터링

(1) 필터링과 커널

① 필터링: 원본 영상에서 특정 위치의 화소와 그 주변 화소에 함수를 적용하여 밝기값을 조정함으로써 잡음을 제거하는 기법
② 합성곱(Convolution): 필터링을 수행하기 위해 원본 영상에 특정 필터의 값을 가중치로 곱한 후 이를 합하여 새로운 영상을 만드는 작업
③ 커널(Kernal) 또는 회선 마스크
  • 특정 화소와 이웃 화소와의 가중치를 구성한 배열
  • 원본 영상을 커널과 중첩한 후 커널에 포함된 원본 영상의 화소를 대상으로 합성곱을 수행

(2) 선형 필터

① 필터링 과정에서 결과 영상을 계산하기 위한 함수가 마스크 내의 모든 값의 선형 함수
② 일반적으로 평균을 기반으로 하기 때문에 평균 필터라고 하며, 주로 잡음 제거에 사용되지만 객체의 경계선을 흐릿하게 만들기도 함

저역 통과 필터	• 인접 화소 간의 화소값 차이를 줄이는 필터 • 저역 주파수는 통과하고 고주파 성분은 저지하여 영상이 흐릿하게 변화함
가우시안 필터	• 대상 화소와 거리가 가까울수록 가중치 영향을 고려한 필터 • 미세한 잡음을 효과적으로 제거할 수는 있으나 경계선이 흐릿하게 변화함
적응형 필터	영상의 경계 부분의 고주파 성분을 고려하여 경계선을 추출하는 필터 예 고주파 통과 필터, 소벨 연산자, 라플라시안 연산자

(3) 비선형 필터

① 잡음의 주파수 분포가 다양하여 선형 필터로 해결하기 어려울 경우의 필터링
② 순서–통계 필터: 커널의 가중치를 곱하는 과정 없이 커널 내에 포함되는 원본 영역의 화소들을 순위에 의해 결정된 값으로 교체

중간값 필터	• 커널에 포함된 화소의 중앙값(Median)으로 결과 화소를 결정하는 필터 • 다양한 형태의 잡음에 매우 둔감하고 경계선의 형태를 잘 유지
비등방성 확산 필터	• 영상의 정보를 분석하여 방향마다 필터링 정도를 다르게 결정 • 경계선 정보는 유지하면서 영상의 잡음을 효과적으로 제거

4. 방사 오차 보정

(1) 방사 오차의 원인

1) 대기 효과로 인한 오류

태양과 지구 사이 위치한 대기에 의해 태양광선의 세기가 약화되어 취득된 영상의 밝기에 영향을 주어 왜곡이 발생함

> **TIP 대기 효과의 종류**
>
> | 반사 | 지표면의 특성 등으로 태양에서 발사된 전자기파가 그대로 반사되어 센서에 도달하지 못함 |
> |---|---|
> | 투과 | 지표면에 도달한 전자기파는 지표면의 물질에 의해 흡수 또는 투과 |
> | 흡수 | • 대기의 물질에 흡수되어 다른 형태의 에너지로 전환
• 특정 파장대의 전자기가 에너지가 흡수되면 그 파장대의 에너지는 지표에 도달할 수 없음
  예 자외선을 흡수하는 오존층
• 대기의 창: 대기에서 흡수되지 않고 통과된 파장대의 전자기파 에너지 |
> | 산란 | • 대기 성분에 의해 예측 불가능한 형태로 확산되는 현상
• 레일리 산란: 산소, 질소 등 작은 공기 입자에 의한 산란 예 푸른 하늘
• 미 산란: 분진, 오염물질 등 비교적 큰 입자에 의한 산란 예 붉은 저녁놀
• 비선택적 산란: 파장보다 10배 이상 큰 입자에 의한 산란 예 구름, 안개 |

2) 태양 및 지형 기복에 의한 오류

① 태양 입사각이 변화함에 따라 지상 물체에 반사되는 태양광선의 양이 변화하여 나타나는 왜곡
② 일반적으로 지표면의 고도 변화의 영향으로 태양광선의 입사각이 변화함에 따라 나타남

(2) 방사오차 보정 방법

1) 대기 보정

절대 방사보정	• 자료를 수집할 때 대기 조건이 동일한 위치에서 수집하여 이를 대기 모델과 연계하여 활용 • 데이터 취득 시 기록된 밝기값을 비율 표면 반사도로 변환
상대 방사보정	• 동일한 물체를 다른 각도로 보는 다중 시야를 이용하거나 다중 밴드로 대기 감쇄 현상을 최소화하는 방법 • 히스토그램 기반 정규화: 영상 내 밴드 사이의 강도를 히스토그램 기반으로 조정 • 회귀분석을 이용한 표준 영상 정규화: 다중 시기에 취득한 자료의 강도를 선택된 표준 영상을 기반으로 회귀분석을 적용하여 정규화

2) 경사-향 효과 보정

① 지형에 의한 변화를 제거하여 동일한 반사도 속성을 가진 물체들이 영상 내에서 동일한 밝기값을 갖도록 보정
② 코사인 보정법, 준경험적 방법(미네트르 방법과 C 보정), 통계 보정 방법 등의 모델 적용
③ 수치고도모델을 이용하여 위 모델을 기반으로 조도의 양을 각 화소의 밝기값으로 표현

02 기하 보정

1. 기하 오차와 발생 원인

(1) 기하 오차의 정의

① 위성, 항공기 등에서 영상 자료를 취득할 때 나타나는 공간적인 왜곡
② 탐지 대상물과 탑재체, 센서의 상대적인 운동, 센서 특성, 탑재된 기기 제어의 한계 등으로 발생

(2) 기하 오차의 발생원인

위성의 자세에 의한 기하 오차	인공위성에서 받는 섭동에 의해 센서 지향점과 촬영 물체의 위치가 변화
	TIP 섭동 지구 중력장, 태양과 달의 인력, 태양풍 등으로 평형상태가 교란되는 현상
지구 곡률에 의한 기하 오차	지구 표면은 평면이 아니라 타원체의 곡면을 이루고 있으므로, 이러한 차이에 의해 영상 자료의 위치가 변화

지구 자전에 의한 기하 오차	인공위성이 지구를 공전하며 일정 지역을 촬영하는 동안 지구가 자전하고 있기 때문에 센서에 의해 촬영되는 지역이 직사각형이 아닌 찌그러진 사각형 형태가 나타남
관측기기 오차에 의한 기하 오차	인공위성에서 좌우 또는 상하로 지면을 스캐닝하는 영상획득과정에서 센서의 회전속도에 차이가 발생하면 스캐닝 시간에 불일치가 일어나게 되어 영상 자료의 위치에 변화가 나타남

2. 기준점의 종류와 선점

(1) 지상 기준점의 정의

① 영상 좌표계와 지도 좌표계 사이에 상호 매칭되는 지점
② 영상 좌표와 지도 좌표 사이의 변환에서 기준이 되는 지점이므로 영상의 공간 해상도를 고려하여 영상에서 잘 나타나면서 위치가 시간, 계절의 영향이 적은 지점을 선정

(2) 지상 기준점 개수의 결정

① 지상 기준점의 수는 영상과 지상 위치 간에 정확도만 보정된다면 많을수록 좋지만, 어느 수준 이상으로 많으면 정확도 향상에 크게 도움을 주지 못하므로 불필요할 수도 있음
② 필요한 지상 기준점 개수 = (다항식 차수 + 1) × (다항식 차수 + 2) / 2
③ 변환식이 1차식이면 3점, 2차식이면 6점, 3차식이면 10점이 필요
④ 지상기준점 선점 시 기하보정에 사용할 지상기준점 외에 별도의 검사점(Check point)을 선정하여 보정 정확도의 확인용으로 활용함

(3) 지상 기준점의 위치

① 가능한 한 영상 전체가 고르게 분포하도록 선점
② 모양과 크기 변화가 없는 지형지물(예 교차로, 인공구조물, 교량 등), 영상의 공간해상도 고려

> **TIP** 공간해상도별 지상기준점의 위치
>
> | 고해상도(1m 이하) | 중·저해상도(2m 이상) |
> |---|---|
> | • 도로 교차점
• 소운동장의 중앙 또는 코너
• 소도로의 정지선
• 운동장의 중앙 또는 코너
• 테니스장의 중앙 또는 코너
• 교량의 끝점
• 논, 밭 등의 농사용 도로 등 | • 다차선 도로의 교차점
• 댐의 좌우 코너
• 학교 운동장 중앙
• 교량 중앙
• 산복도로 등 |

(4) 지상 기준점 선택 방식

직접 측량 방식	• 영상에서 명확한 지점을 선택한 후, 대상 지역을 현실 세계에서 확인하여 대상지점에 대하여 GNSS 등 측량 장비를 이용하여 직접 측량하는 방식 • 기존의 지상 기준점이 없거나 좀 더 정밀한 보정에 사용 • 측량 등이 작업수행 과정을 거치므로 다른 방식에 비하여 시간적·경제적 소요 필요
영상 대 영상 (Image to Image) 방식	• 기하보정하려는 지역에 대하여 이미 기하보정된 영상이 준비된 경우에 많이 사용 • 동일한 지역에 대하여 다시 영상 보정하거나 시계열 영상 보정에 많이 사용 • 두 영상이 동일한 공간해상도일 경우에 가장 적합하게 사용되며, 촬영 시기 등이 달라도 기하보정을 쉽게 할 수 있음 • 이미 보정된 영상의 정확도가 확보되어야 함
영상 대 벡터 (Image to Vector) 방식	• 영상에서 지상기준점을 설정한 후, 수치 지형도 등 벡터 데이터를 이용하여 해당 좌표를 취득 • 기하 보정에 가장 많이 활용되며, 별도의 현장 측량이나 기하 보정된 영상이 필요 없음 • 영상, 수치 지형도 등의 자료는 가능한 한 동일 시기에 제작된 자료가 좋으며, 그렇지 않을 경우 지형지물이 변화하지 않는 지점을 선택하여 보정에 활용

3. 좌표변환

(1) 좌표변환의 필요성

① 영상의 기하 오차를 보정하기 위하여 두 영상에서 나타나는 지상기준점의 좌표값 사이의 관계식을 설정
② 지도상의 좌표(x, y)와 영상에서의 좌표(u, v)를 f와 g의 함수로 관계 지을 수 있다고 가정

$$u = f(x, y), \; v = g(x, y)$$

③ 좌표변환식은 보통 1·2·3차 다항식이 사용되며, 왜곡이 심한 영상일수록 고차 다항식을 사용

(2) 좌표변환식의 종류

1) 등각사상변환(Conformal transform)

① 기하학적인 각도를 그대로 유지하면서 좌표를 변환하는 방법으로, 도형의 모양이 변하지 않음
② 위치 이동(평행 변위), 크기(Scale) 변환, 회전 변환, 강체 변환(원본의 크기와 각도 변화 없이 임의의 회전 및 위치 이동), 유사 변환(강체 변환에 크기 변환 추가) 등

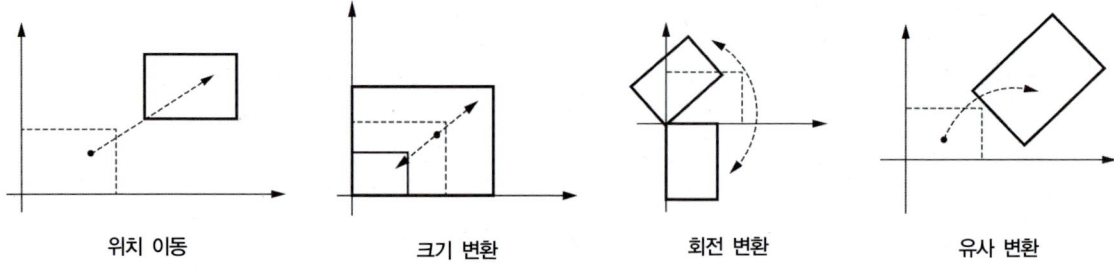

위치 이동　　　크기 변환　　　회전 변환　　　유사 변환

2) 부등각사상변환(Affine transform)

① 선형 변환과 이동 변환을 동시에 지원하는 변환으로, 변환 후에도 변환 전의 평행성과 비율을 보존
② 서로 평행한 선은 변환 후에도 평행하여, 평행사변형은 변형 후에도 평행사변형이 됨
③ 위치 이동, 원점 기반의 크기 변형과 회전, 축 방향으로의 전단(Shear) 변환, 원점 또는 축 방향 기준의 반사(Reflection) 변환 등

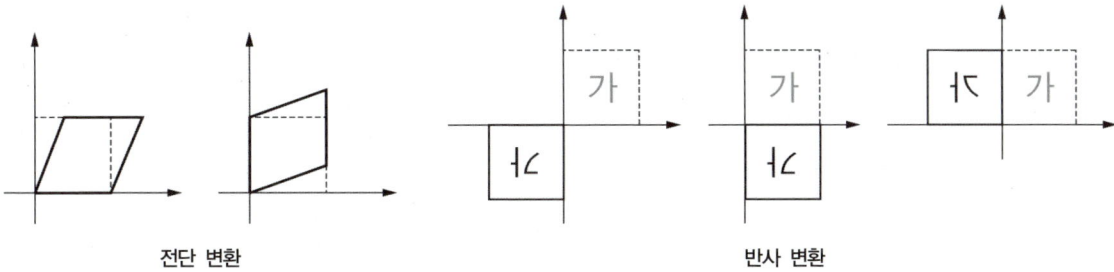

전단 변환　　　　　　　　　　　반사 변환

3) 투영 변환(Projection transformation)

① 큰 차원 공간의 점들을 작은 차원의 공간으로 매칭하는 변환으로, 3차원 공간을 2차원 평면으로 변환
② 원근투영 변환: 가까운 물체는 크게, 먼 물체는 작게 보이게 하는 원근법을 적용한 변환
③ 직교투영 변환: 투영 평면에 수직한 평행선을 따라 Z축 값을 모두 같은 평면에 투영

4) 호모그래피(Homography)

① 한 평면을 다른 평면에 투영시켰을 때 투영된 대응점 사이에 성립하는 일정한 변환 관계
② 영상 좌표와 지면 좌표의 변환식으로 영상 내의 모든 좌표와 지면의 좌표를 매핑
③ 변환 결과가 대칭인 경우는 아핀 변환과 호모그래피에서 모두 발생하며, 뒤틀림이나 오목은 호모그래피에서만 발생

4. 기하보정 방법 및 기하오차 수정

(1) 기하 보정 절차

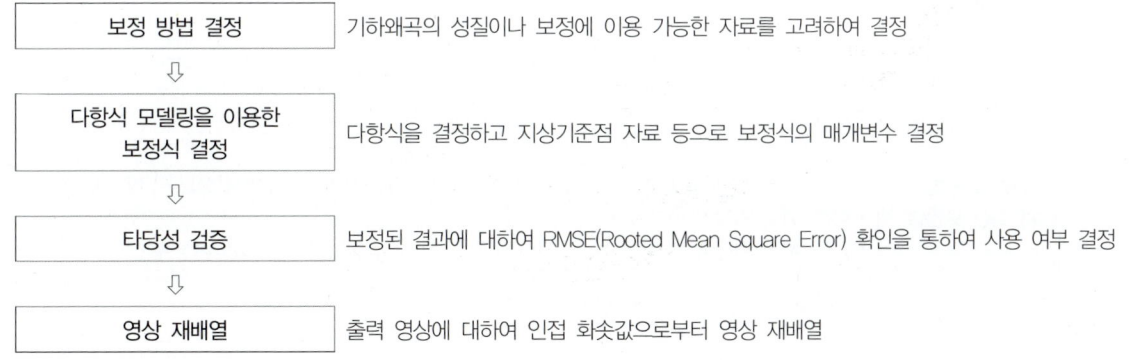

(2) 기하 보정 방법

수학적 모델링	• 영상의 기하왜곡들을 원인에 따라 모델링하여 영상좌표와 지도좌표 간 변환식을 이용 • 지구의 자전에 의한 왜곡처럼 왜곡의 종류가 명확한 경우에 효과적 • 영상 취득 센서의 특성, 궤도, 자세 정보 및 지구 곡률 등의 정보가 필요
다항식 모델링	• 왜곡의 원인을 고려하지 않고 단지 왜곡 정도만을 분석한 후 취득된 영상과 참조 지도 간을 연결할 수 있는 보정식을 구하여 영상의 왜곡을 보정 • 지상 기준점의 지도상 좌표와 영상 좌표를 연결하여 그들 사이의 관계식을 구하는 것이 목적이며 일반적으로 3차 이하의 다항식을 사용

(3) 영상 재배열

1) 영상 변환의 수행 방식

순방향 매핑	• 입력 대 출력 매핑 • 보정 전 입력 영상의 값을 이용하여 보정된 출력 영상의 값을 위치함 • 출력 영상의 위치가 정확히 떨어지지 않을 경우 주어진 위치에 출력값을 가지지 못할 수 있음
역방향 매핑	• 출력 대 입력 매핑 • 보정된 출력 영상의 화소 값을 결정하기 위해 보정 전 입력 영상으로부터 해당 위치를 찾고, 주변의 값으로부터 출력 영상의 화소값을 결정 • 출력 영상의 모든 위치에서 비어 있는 화소값이 없기 때문에 재배열 방식으로 주로 사용

2) 영상 재배열의 정의

① 지상 기준점에 의한 좌표 변환식이 결정되면, 보정 후 영상의 크기를 계산하여 보정 전후의 영상 사이의 관계식을 재계산
② 영상에 위치해 있는 화소값들을 이용하여 변환 후 새로운 위치의 화소값들을 보간

3) 영상 재배열의 보간 방법

최근린 내삽법 (이웃 화소 보건법)	• 가장 가까운 위치에 있는 화소의 값을 참조하는 방법 • 장점: 구현이 쉽고 빠르며, 원본 영상의 특성이 보존됨 • 단점: 계단 현상(블록 현상)이 나타나 윤곽선이 급격하게 변화하여 부드럽지 못한 영상이 나타남
공일차 내삽법 (양선형 보간법)	• 좌표로 계산된 주변의 네 개의 화소값을 이용하여 보간하는 방법 • 주변 화소값에 가중치를 곱한 값들의 선형 합으로 결과 영상의 화소값을 계산 • 장점: 계산이 빠르며, 최근린 내삽법에 비해 계단 현상이 없어짐 • 단점: 보정 전 자료와 통계치가 달라질 수 있음
입방 회선법 (3차 회선 보간법)	• 좌표로 계산된 주변의 16개의 화소값을 이용하여 보간하는 방법 • 공일차 내삽법과 동일한 방법으로 16개의 화소값을 참조하여 결과 영상의 화소값을 계산 • 장점: 결과 영상이 매끄럽고 우수함 • 단점: 처리 시간이 길고, 보정 전 자료의 통계치가 손상되며, Smoothing 현상 발생

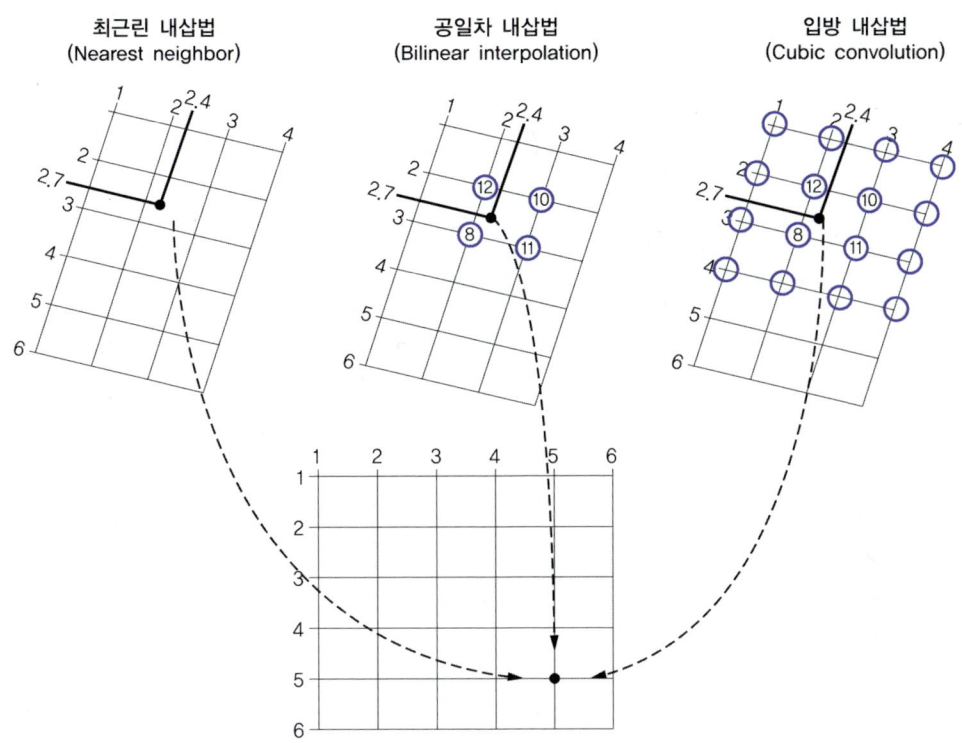

(4) 기하보정의 정확도 및 기하오차 수정

① 위성영상의 정확도는 「정사영상 제작 작업 및 성과에 관한 규정(국토지리정보원 고시 제2022-3487호)」을 참고하여 기준 정확도에 만족하여야 함
② 전체 기준점을 대상으로 각 기준점에 대한 평균 제곱근 오차(RMSE)를 분석하여 오차가 3σ 이상이 되는 기준점을 제외한 후 다시 기하보정을 실시하여 기하오차 수정

> **TIP** 위성영상의 공간해상도에 따른 오차 허용범위
>
> | 공간해상도 | 허용범위 |
> |---|---|
> | 10m급 미만 | 2화소 이내 |
> | 20m급 미만 | 1.5화소 이내 |
> | 20m급 이상 | 1화소 이내 |

5. 지도 투영법

(1) 지도 투영법의 정의와 특성

1) 지도 투영법의 필요성

① 둥근 지표면의 위치는 경도와 위도를 이용한 지리좌표체계를 사용
② 지리좌표체계는 60도 진법의 각도 단위로 구성되어 있으며, 평면 좌표가 아니므로 기하학적인 연산이 불가능하여 2차원의 평면 직각 좌표계로 변환할 필요가 발생
③ 지도 투영법을 이용하여 경도와 위도로 구성된 지리좌표체계를 x좌표와 y좌표로 구성된 평면 직각 좌표계로 변환

2) 지도 투영법의 정의

① 3차원의 지구를 2차원의 평면 지도로 변환하는 기법
② 가상의 지구본 안에 광원을 두고 그 광원에서 빛을 쏘았을 때 투영면에 비치는 그림자를 지도로 그리는 원리를 이용하여 변환

3) 지도 투영법의 특성

① 3차원의 지구를 2차원으로 변환하는 과정에서 왜곡이 발생
② 투영면이 지구에 가까울수록 왜곡은 작게 발생하며, 멀어질수록 왜곡의 정도는 커짐
③ 왜곡을 최소화하기 위해 여러 종류의 투영면을 이용한 다양한 투영변환식이 개발됨

(2) 지도 투영법의 분류

1) 투영면의 종류에 따른 분류

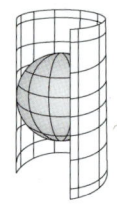 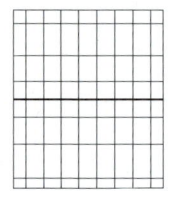  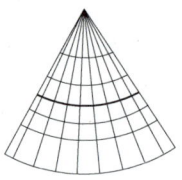 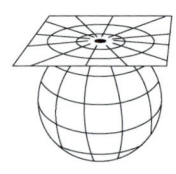 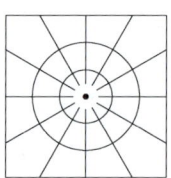

원통도법   원뿔도법   평면도법

2) 성질 보전에 따른 분류

정형 투영법 (정각 투영법)	지구에서의 각도와 지도에서의 각도가 같아 지표상에 있는 형상들의 형태가 지도에서 그대로 유지되는 투영법
정적 투영법	지표에서 측정된 면적과 지도상에서의 면적의 비례 관계가 항상 일정하게 유지되는 투영법
정거 투영법	지표면에서 측정된 거리와 지도상의 거리의 비례 관계가 항상 일정하게 유지되는 투영법
방위 투영법	지도상에서의 각 지점들 간의 방위가 지표면 위에서의 방위와 같도록 하는 투영법

(3) TM(Transverse Mercator) 투영법

① 우리나라 국가기본도 제작에 적용하고 있는 투영법으로 '가우스-크루거(Gauss-Kruger) 투영법'이라 부르기도 함
② 메르카토르 투영법에서 원통을 90° 회전하여 선택한 경선(중앙 자오선)과 접하도록 투영
③ 우리나라를 경도 2° 간격으로 나누어 125°E(서부), 127°E(중부), 129°E(동부), 131°E(동해) 등 4개의 중앙 자오선과 위도 38°N와의 교점을 각각 원점으로 사용
④ 중앙 자오선의 축척 계수는 1.0000으로 하며, 동서 방향과 남북 방향의 음수(-) 표기를 피하기 위하여 동서 200,000m, 남북 600,000m를 가산함

(4) UTM 투영법

① 기본적으로 TM 투영법과 동일한 방법으로 중앙 자오선, 원점의 위치 및 중앙 자오선의 축척계수를 국제적으로 통일
② 전 세계를 경도 6° 간격으로 나누어 각 구간의 중앙 자오선과 적도의 교점을 원점으로 사용
③ 중앙 자오선의 축척 계수는 0.9996이며, 위도 80°S에서 84°N 범위에 대하여 60개의 구역(Zone)으로 구분, 북극과 남극 지방의 경우 UPS(Universal Polar System) 사용
④ 동서 방향과 남북 방향의 음수(-) 표기를 피하기 위하여 동서 500,000m, 남북은 남반구에만 10,000,000m를 가산함
⑤ 우리나라의 경우 51S, 51T, 52S, 52T에 해당됨

(5) UTM-K 투영법

① UTM 투영법을 변형하여 우리나라만 하나의 구역에 포함되도록 단일 좌표체계를 수립
② 중앙자오선을 경도 127.5°E로 설정하고 위도 38°N와의 교점을 단일 원점으로 사용
③ 중앙 자오선의 축척 계수는 0.9996이며, 동서 방향과 남북 방향의 음수(-) 표기를 피하기 위하여 동서 1,000,000m, 남북 2,000,000m를 가산함

03 영상 강조

1. 영상 강조기법

(1) 정의

① 사람의 육안에 의한 분석이나 컴퓨터를 사용한 분석을 쉽게 하기 위해 원영상을 강조하는 기법
② 강조된 영상은 올바른 시각적 해석이 가능하도록 수행되어야 함
③ 영상 강조의 목적은 판독성 제고, 특징 추출 자동화 지원, 센서 영향의 감소·제거에 있음

(2) 영상 강조기법의 필요성

① 취득된 영상과 모니터상에 표현된 영상이 시각적으로 일치하지 않음
② 대부분의 원격탐사 응용 분야에서 영상에서 나타나는 화소값 전체를 사용하는 경우보다는 목적에 맞는 대상물에 대한 강조처리가 필요

(3) 영상 강조기법의 종류

① 선형 대비 강조: 최소-최대 대비 확장, 비율선형 대비 확장, 표준편차 대비 확장, 단계별 강조
② 비선형 대비 강조: 히스토그램 균등화, 히스토그램 매칭

2. 영상 품질

(1) 원격탐사 영상의 품질 평가

1) 원격탐사 영상에 발생하는 오차나 잡음을 평가

① 환경(대기 산란 등)에 의한 오차
② 원격탐사 시스템의 임의 혹은 체계적 오차
③ 실제 자료 분석에 앞선 원격탐사 자료의 부적절한 처리에 의한 오차 등

2) 영상 품질평가 과정

① 히스토그램에 표현된 영상의 개개 밝기값의 빈도수 조사
② 특정 지역이나 지리적 영역 내의 개개 화소의 밝기값 조사
③ 영상에 예외적인 변이를 파악하기 위한 기본적 단변량 통계 조사
④ 밴드 간 상관관계를 결정하기 위한 다변량 통계 조사

히스토그램 분석	• 영상의 밝기값에 따른 화소 수(빈도) 분포를 그래프로 표현 • x축에는 화소의 밝기값, y축에는 화소 수(빈도)를 표현 • 원시 자료의 품질에 대한 정보를 제공
개별 화소의 밝기값 조사	• 커어서를 이용하여 영상 내의 특정 위치의 밝기값 평가 • 지리적 영역에 포함된 화소들의 밝기값을 행렬로 표현
단변량 통계 조사 (1개 밴드)	• 원격탐사 자료의 중심경향 측정 예 평균, 최빈값, 중앙값 등 • 원격탐사 자료의 산포도 측정 예 범위, 분산, 표준편차 등
다변량 통계 조사 (n개 밴드)	• 원격탐사 자료의 밴드 사이의 공분산(Covariance) 측정 • 원격탐사 자료의 밴드 사이의 상관관계(Correlation) 측정

TIP	영상 품질 평가요소
MTF (Modulation Transfer Function)	탑재체 카메라 성능, 탑재체 초점 제어 시스템과 관련하여 영상 선명도를 결정하는 주요 인자
SNR (Sinal-to-Noise Ratio)	배경 노이즈에 대한 실제 신호 값의 비율로, 영상에 존재하는 각종 보이즈의 보정 정도를 판단하는 기준 인자
Location Accuracy	자세제어 센서, 위치 센서, 자세-탑재체 정렬각 등 위치에 대한 정보를 영상에서 확인할 수 있는 인자

(2) 선형대조법

① 대조(Contrast): 영상에 포함된 화소값의 범위
② 대조 강조
- 인간의 시각으로 구분할 수 있는 최적화된 색상을 사용하여 영상에 포함된 요소가 더욱 확연히 두드러지도록 만드는 과정
- 화소값의 범위를 확장하여 화소들 간의 대조를 늘리는 과정

③ 선형 강조
- 영상에서 화소값의 범위와 화면에 표현되는 밝기 간의 관계를 선형식으로 변환하여 강조
- 선형 강조를 통해서 미묘한 변화가 더욱 확연히 드러나고, 이러한 강조는 정규분포, 가우시안, 근사 가우시안 히스토그램에 잘 적용됨

(3) 선형 대조법의 종류

1) 최소-최대 선형 강조

① 입력 영상의 밝기 단계에 선형 방정식을 적용하여 새로운 밝기 단계를 추출하는 방법
② 영상에서 표현할 임계치의 최소값과 최대값을 구하고, 선형식을 이용하여 이를 확장
③ 확장식: DN = (DN − MIN) / (MAX − MIN) × 출력 최대값(255) + 출력 최소값(0) (DN: 화소값, MIN: 영상 최소값, MAX: 영상 최대값)
④ 선형 강조의 결과 영상의 최소값에서 최대값 범위의 히스토그램이 출력 최소값(0), 최대값(255) 범위의 히스토그램으로 확장됨

2) 백분율 선형 강조

① 최소-최대 선형 강조의 일종으로, 최소-최대값이 화소값 평균의 상하 일정 비율로 결정
② 일반적으로 평균으로부터 표준편차의 n배를 더하고 뺀 값을 최대값과 최소값으로 가정
③ 위 선형 확장식에서 MIN = 평균−표준편차 × n, MAX = 평균 + 표준편차 × n
④ 선형 강조의 결과 영상에서 평균과 표준편차를 계산한 확장 임계치 범위의 히스토그램이 출력 최소값(0), 최대값(255) 범위의 히스토그램으로 확장됨

3) 단계별(Piecewise) 선형 강조
① 영상을 히스토그램 구간별로 나누고 구간마다 기울기가 다른 선형식을 부여하는 방법
② 첨두(Peak) 부분의 화소값을 강조할 수 있도록 몇 개의 부분으로 나누어 각 단계별로 선형 강조를 실시
③ 각 구간마다 최소-최대 선형 강조 결과가 연결되어 하나의 히스토그램을 이룸

4) Density slicing
① 영상의 히스토그램 x축을 따라 분포하는 화소값을 분석자가 지정한 간격 또는 Slice의 열로 나누는 기법
② 간격 내에 포함되는 개별 화소들은 모두 지정된 하나의 단일 화소값으로 바뀌어서 표현

3. 히스토그램

(1) 히스토그램의 정의
① 영상 내에서 화소 값에 대응하는 화소들의 개수(빈도)를 막대그래프로 표현
② 특정 막대의 상대적인 높이는 각기 다른 화소 값과 이에 대한 화소의 수로 영상 화소값의 통계적 분포를 나타냄
③ 히스토그램은 연속적으로 변하는 화소값을 가지는 연속 함수를 따른다고 가정하여 가우시안(Gaussian) 형태나 다양한 분포 형태를 나타냄

(2) 히스토그램의 활용
① 영상의 화소값 분포 특성 파악 및 품질 평가
② 영상의 밝기 조정 및 화질 개선
③ 영상의 압축, 분할, 검색 등을 위한 기본 정보 제공
④ 선형 강조기법 전후의 히스토그램 변화 파악

(3) 히스토그램을 사용한 영상 조정

영상의 명암 대비 증가	영상 대비 강조(Contrast enhancement) 또는 대비 확장(Contrast stretching)
영상의 명암 대비 감소	영상 대비 수축(Histogram shrinking)
영상의 명암 대비 유지 (히스토그램 분포 유지)	히스토그램 슬라이딩(Histogram sliding)
영상 일부 영역의 명암비 개선 (히스토그램 변환)	히스토그램 매칭(Histogram matching), 히스토그램 명세화(Histogram specification)
영상의 단순화 (영상의 밝기 단계를 간략화)	히스토그램 양자화(Histogram quantization)

(4) 비선형 강조 기법

1) 히스토그램 균등화(Histogram equlization)
① 영상의 모든 화소값을 사용자가 정의한 화소값 단계 각각에 대략적으로 균등하게 재분배하는 방법
② 히스토그램 균등화의 결과 모든 화소값에 빈도수가 균등하게 분포되는 히스토그램 생성
③ 원 영상의 화소에 대한 누적분포함수가 변환함수로 이용되고 변환된 화소값에 상응하도록 세로축을 적절한 크기로 결정
④ 밀집된 지역의 대비는 강조되는 반면 화소가 많지 않은 곳은 대비가 감소됨

2) 히스토그램 매칭(Histogram matching)
① 하나의 영상 히스토그램과 또 다른 영상 히스토그램을 맞추어야 할 때 두 영상의 화소값 분포를 맞추는 기법
② 인접하는 두 영상을 하나의 모자이크 영상으로 합쳐야 할 경우 또는 히스토그램의 분포가 가우스 분포를 따라 가운데에 몰려있고, 최소값/최대값 영역에서는 희소한 히스토그램을 가지는 영상의 사진해석에 적합

04 영상 변환

1. 영상 공간변환

(1) 영상 공간 필터링의 정의
① 영상에서 주위의 화소들을 이용하여 원래의 화소를 변환하는 기법
② 대조 강조는 밝기값의 빈도를 처리하는 반면 공간 필터링은 공간적인 빈도, 즉 공간 주파수를 처리

(2) 공간 주파수
① 영상의 특정 부분에서 단위 길이당 밝기값이 변하는 횟수
② 저주파수 영상
- 영상의 주어진 영역에서 밝기값의 변화가 적어, 화소값이 점진적으로 변화하는 영상
- 공간적으로 부드러운 영상
③ 고주파수 영상
- 영상의 주어진 영역에서 밝기값의 변화가 커서, 화소값이 갑자기 증가하거나 감소하는 영상
- 공간적으로 거친 영상

(3) 공간회선 필터링

① 영상처리 과정에서 회선 윈도우를 적용하여 중앙의 화소와 주변의 화소의 밝기값을 이용하여 중앙의 화소를 변경하는 기법
② 원래의 영상에 회선 윈도우가 이동하면서 윈도우 내에 포함된 화소들을 대상으로 밝기값을 계산
③ 회선 윈도우
- 가중치를 갖는 홀수 차수의 행렬로 중앙에 위치한 출력 화소와 대응
- 가중치의 합이 1이 되도록 구성
- 회선 윈도우의 각 가중치와 각 화소의 밝기값을 곱한 후, 그 결과를 더하여 중앙 화소의 밝기값으로 부여

(4) 공간회선 필터링의 종류

저주파수(Low-frequency) 또는 저대역(Low-pass) 필터	• 영상의 낮은 주파수 특징을 강조하고 높은 주파수 특징을 최소화하여 부드러운 영상 생성 • 회선 윈도우의 가중치 값들이 일정함
고주파수(High-frequency) 또는 고대역(High-pass) 필터	• 영상의 높은 주파수 특징을 강조하고 낮은 주파수 특징을 최소화하여 거친 영상을 생성 • 회선 윈도우의 가중치 값들이 중앙 화소와 주변 화소의 차이가 크게 남
경계 강조 기법 (Edge enhancement)	• 영상 객체의 경계 부분을 강조하는 필터링 • 선형 경계 강조: 방일차미분, 양각처리(Embossing), 나침 기울기 마스크(Compass gradient Mask), Laplacian 필터 등 • 비선형 경계 강조: Sobel 경계탐지 연산자, Robert 경계탐지 연산자, Kirsch 비선형 경계 강조 등

(5) 푸리에 변환(Fourier transform)

① 영상을 다양한 주파수 요소들로 분리하는 수학적 기법
② 푸리에 변환을 통해 중앙에는 저주파 영역이, 주변에는 고주파 영역이 분포됨
③ 푸리에 변환의 결과 중앙 부분을 강조하여 역변환 하면 저주파 필터의 효과가, 주변 부분을 강조하여 역변환하면 고주파 필터의 효과가 나타남
④ 푸리에 변환 및 역변환을 통해 영상에 나타나는 주기적인 잡음을 파악하고 제거할 수 있음

2. 영상 밴드별 특성 및 성분 조정

(1) 영상 변환과 분광 변환

영상 변환	영상의 분석을 위해 사용자가 목적에 맞도록 영상의 성분을 가감하거나 변환하는 기법
분광 변환	다중 분광(밴드) 영상에서 밴드 간의 특성을 고려하여 변환하는 기법

(2) 영상의 분광 영역별 특성

① 원격탐사 센서에서 수집하는 전자기파는 파장의 길이에 따라 그 성격이 달라지며, 파장별 반사도에 의해 물체의 특성을 파악할 수 있음

② 전자기파의 파장은 $10^{-6}\mu m$부터 $10^5 \mu m$까지 연속적인 전자기파 스펙트럼을 구성하고 있으며, 이때 특정한 두 파장 사이를 밴드(Band) 또는 채널(Channel)이라 함

③ 전자기파 파장이 $0.4\mu m$부터 $0.7\mu m$ 사이는 가시광선 영역이며 다음과 같은 밴드로 구성됨

청색	• 파장의 길이: 0.45~0.49μm • 물이 반사되어 육지와 수역에 구분에 활용 • 대기의 가스 분자에 의해 푸른색의 산란(Rayleigh)이 나타남
녹색	• 파장의 길이: 0.49~0.58μm • 유기체의 엽록소를 반사하여 식물 성장, 식생 종류, 토양 분석에 활용
적색	• 파장의 길이: 0.62~0.78μm • 엽록소에서 흡수되어 식물의 생장과 건강 관찰에 사용 • 철분을 함유하는 토양의 구분에도 활용

④ 전자기파 파장이 $0.7\mu m$ 이상은 적외선 영역이며, 다음과 같은 밴드로 구성됨

근적외선	• 파장의 길이: 0.7~1.1μm • 물에서 흡수되어 육지와 수역의 구분에 활용 • 엽록소를 강하게 반사하여 식물의 종류, 건강 상태 분석에 활용
단파 적외선	• 파장의 길이: 1.1~3.0μm • 물에서 흡수되어 토양의 수분 함량 분석에 활용 • 물 구름과 얼음 구름의 구분 및 지구표면 구성물, 식생 종류 관측에 활용
중파 적외선	• 파장의 길이: 3.0~5.0μm • 어둠 속의 열 복사 및 해수면 온도 측정에 활용
적외선	• 파장의 길이: 6.0~7.0μm • 대기 중의 수증기 관찰에 활용
원(열) 적외선	• 파장의 길이: 8.0~15.0μm • 지표면에서 방출하는 열을 관찰할 수 있으며 야간에도 촬영이 가능 • 지열 매핑, 화재, 가스 폭발 등 열과 관련한 분석에 활용

(3) 물체의 분광특성

① 물체의 특성에 따라서 특정 파장은 반사되거나 흡수되어 물체마다 고유한 반사 특성을 나타냄
② 물체마다 반사 또는 방사하는 고유의 파장대가 다르며, 물체에서 반사되는 전자기파 에너지의 특징을 '물체의 분광특성'이라 함
③ 원격탐사에서 물체를 여러 파장대로 나누어 관측하면 고유의 분광특성에 따라 물체를 파악할 수 있음

> **TIP** 토양, 식생, 물의 전형적인 분광 반사율 곡선
> - 물: 가시광선만 반사하고 나머지 파장에서는 모두 흡수
> - 식생: 녹색 파장에서 반사도가 높았다가 적외선 파장에서는 반사가 강하게 나타남
> - 토양: 파장이 길어질수록 반사도가 서서히 높아지다가 단파 중적외선 이후 일정하게 유지

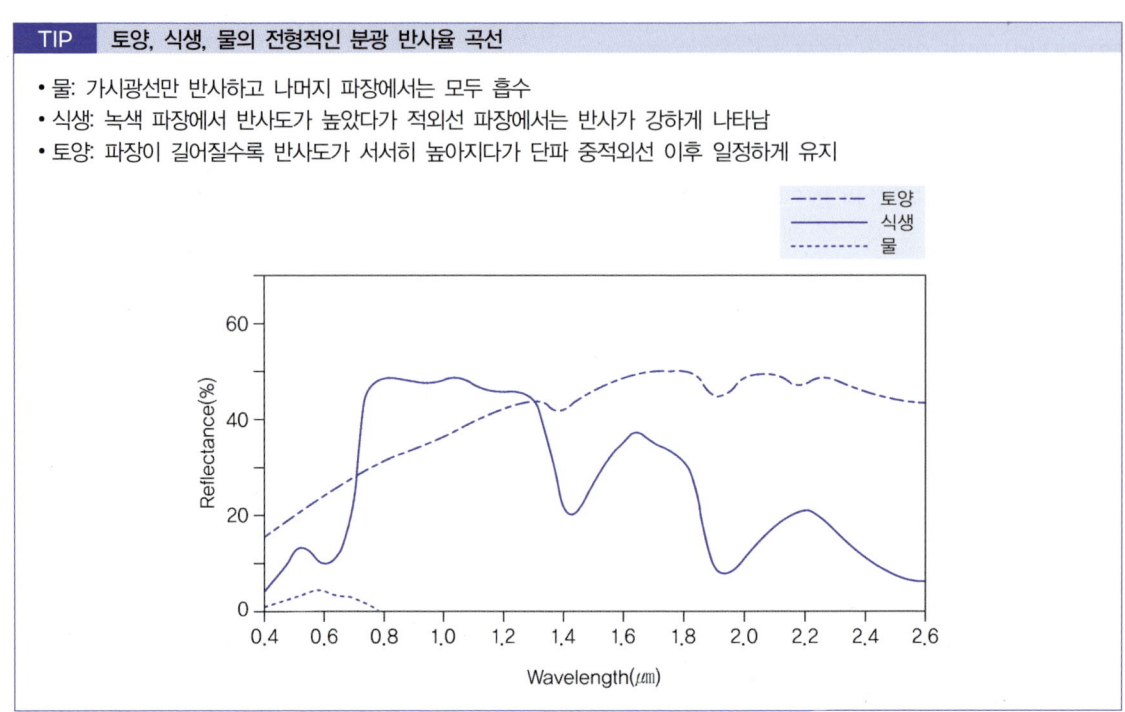

(4) 다중밴드 처리법

① 동일한 물체의 분광특성을 이용하기 위해 파장대별로 구분된 화소들을 결합하거나 변환함
② 동일한 위치에 있는 화소들을 대상으로 다른 밴드에서의 화소값을 이용하여 연산하거나 성분을 조정함

밴드 비율 연산 (Band ratioing)	하나의 밴드에서 화소값을 다른 밴드의 화소값으로 나누어 새로운 화소값으로 표현
식생 지수 (Vegetation index)	적색 밴드에서 반사도가 떨어지다가 적외선 밴드에서 반사도가 강하게 올라가는 식생의 분광특성을 이용한 밴드 간 연산 기법
주성분 분석(PCA)	높은 상관관계를 가진 밴드들을 새로운 주성분의 축으로 만들고, 주성분 점수를 추출하는 기법

3. 분광 해상도

(1) 원격탐사 자료의 해상도

공간 해상도 (Spatial resolution)	• 센서로 구분할 수 있는 두 물체 사이의 최소 크기 • 보통 화소 하나의 지상 크기로 표현
분광 해상도 (Spectral resolution)	• 센서가 감지할 수 있는 전자기 스펙트럼의 특정 파장 간격과 수 • 밴드(채널)의 수와 크기로 표현
시간 해상도 (Temportal resolution, 주기 해상도)	• 센서가 특정 지역을 자주 기록하는 정도 • 동일한 지역을 반복적으로 방문하는 시간적 간격으로 표현
방사 해상도 (Radiometric resolution, 복사 해상도)	• 센서에 기록되는 신호 강도의 차이 • 하나의 화소를 표현하는 비트(bit) 단위로 표현

(2) 분광 해상도

① 반사 혹은 방사 에너지의 스펙트럼 속에서 센서가 감지하고자 하는 파장 범위의 해상도
② 센서는 연속적인 전자기파 스펙트럼 속에서 일정 부분만을 밴드(채널)로 분리하고 해상 밴드에서의 반사도의 세기를 수치로 표현
③ 센서의 특징에 따라 하나의 밴드가 차지하는 파장의 범위와 밴드의 수가 상이하며, 이것이 많을수록 분광 해상도가 높다고 할 수 있음

(3) 분광 해상도별 영상

전정색 영상 (Panchromatic imagery)	• 하나의 파장대로만 영상을 수집 • 흑백 영상
다중분광 영상 (Multispectral imagery)	• 여러 파장대 구간을 여러 밴드로 구분하여 수집 • 2개 이상의 밴드로 구성
초분광 영상 (Hyperspectral imagery)	• 파장 구간을 세분하여 수십에서 수백 개의 밴드로 구분하여 수집 • 수백 장의 사진을 쌓아 높은 형태인 하이퍼큐브(hypercube)로 표현
울트라분광 영상 (Ultraspctral imagery)	• 수백 개 이상의 밴드로 구성 • 이론상의 모델

4. 정규 식생 지수(NDVI)

(1) 식생 지수

① 식생의 분광특성은 녹색 밴드에서 반사도가 증가하다가 적색 밴드에서는 반사도가 감소하며, 다시 적외선 밴드에서는 반사도가 강하게 증가하는 특징이 있음
② 적색과 적외선 밴드를 포함한 밴드들 간의 연산으로 식생의 밀도와 활력도 조사 가능
③ 식생 지수
- 각 파장대에 따른 반사특성을 조합하여 식생의 활력도를 나타내는 지수로서 나뭇잎 면적, 식생 분포 면적, 나무 높이, 수종 등을 양적으로 표현 가능
- 밴드 비율, 정규 식생 지수 등으로 표현

밴드 비율	한 밴드의 화소값을 다른 밴드의 화소값으로 나누는 것 예 적외선 밴드 값을 적색 밴드의 값으로 나눔
정규 식생 지수 (Normalized Difference Vegetation Index)	적색 밴드와 근적외선 밴드의 화소값 차이를 구하여 식생의 반사특성을 강조하고, 이를 두 영상의 합으로 나누어 정규화한 지수

(2) 정규 식생 지수(NDVI)

① 식생의 분광특성을 이용하여 적외선 밴드와 적색 밴드의 반사도 차이를 구하고, 이를 두 밴드의 합으로 정규화한 지수
② 식생 지수는 적외선 밴드와 적색 밴드의 화소값의 차이로 표현하지만, 영상마다 값의 차이가 다르게 나타나기 때문에 두 밴드에서의 화소의 합을 나누어 표준화함

$$NDVI = (NIR - RED) / (NIR + RED)$$
* NDVI 값은 −1.0부터 +1.0의 범위를 가지며, 값이 클수록 녹색 식물의 생체량과 활력도가 높음을 의미

(3) Kauth-Thomas tesseled cap 변환

① 밴드로 구성된 분광 차원에 새로운 축을 형성하고, 이 축에 의하여 영상을 설명하는 기법
② 각 밴드에 일정 상수를 곱하고, 다항식을 통한 새로운 축에서의 값을 생성
③ 1차 축은 토양명도(Brightness), 2차 축은 녹색식생(Greenness), 3차 축은 토양습도(Wetness)로 구성됨
④ 새로운 축으로 영상을 표현하면 스머프 모자와 같은 모양으로 화소들이 분포하여 'tesseled cap 변환'이라고 함

5. 주성분 분석(PCA)

(1) 주성분 분석(Principal Component Analysis)의 정의

① 밴드들 간의 상관관계를 줄이고 몇 가지 요소들만으로 압축하기 위하여 영상의 분광밴드 차원을 재조정하여 새로운 축의 요소를 작성하고, 이를 기준으로 화소의 값을 재배치하는 기법
② 밴드들 간의 상관관계를 계산하여 가장 상관이 높은 축을 1차 축(주성분)으로, 1차 축에 직교하는 축을 2차 축(주성분)으로, 이에 직교하는 축을 3차 등으로 다차원 공간에서 주성분의 축을 정리
③ 새롭게 구성된 축에 따라 기존의 화소값들이 재정의되며, 주성분 점수로 환산됨
④ 주성분 분석의 결과 여러 개의 밴드로 구성된 영상을 2~3개의 밴드로 압축하는 효과가 있음

(2) 주성분 분석의 해석

① 원래의 영상에 대해 분산이 가장 커지는 축을 1차 주성분이라 하며 이 축으로 영상의 주된 특성을 표현
② 2차 주성분은 1차 주성분의 수직인 축으로 두 번째로 많은 특성을 표현할 수 있으나, 설명도는 1차 주성분에 비하여 떨어짐
③ 주성분이 증가할수록 설명도는 점차 감소하면서 누적되어 전체 영상의 설명도를 표현함

(3) 주성분 분석의 활용

① 시각적으로 영상을 뚜렷하게 표현하거나 자동분류기법의 전처리과정에 사용
② 영상의 분석을 위한 자료 압축
③ 변화 감지를 위한 시계열 자료 분석 또는 다중 시기 영상의 합성에 활용

CHAPTER 03 | 공간 영상 처리

01 ★★☆
다음 중 영상에서 일정한 줄마다 더 밝거나 어두운 값을 가지는 현상을 나타내는 잡음을 가리키는 용어는?

① 드롭 라인
② 줄무늬 현상
③ 산탄 잡음
④ 열시점 오류

[해설]
잡음의 종류에는 드롭 라인, 줄무늬 현상, 산탄 잡음, 열시점 오류, 부분적 열손실 등이 있다. 이 중 영상에서 일정한 줄마다 더 밝거나 어두운 값을 가지는 현상에 해당하는 잡음은 줄무늬 현상이다.

[정답] ②

02 ★★☆
방사 오차의 원인 중 대기성분에 의해 예측 불가능한 형태로 확산되는 현상은?

① 반사   ② 흡수
③ 투과   ④ 산란

[해설]
대기성분에 의해 예측 불가능한 형태로 확산되는 현상을 산란이라 하며, 대기성분 입자의 크기에 따라 레일리 산란, 미 산란, 비선택 산란으로 구분된다.

[정답] ④

03 ★☆☆
다음 중 기하 오차의 발생 원인으로 바르지 않은 것은?

① 위성의 자세에 의한 오차
② 지구 곡률에 의한 오차
③ 지구 자전에 의한 오차
④ 태양 및 지형 기복에 의한 오차

[해설]
기하 오차의 발생 원인은 위성의 자세에 의한 오차, 지구 곡률에 의한 오차, 지구 자전에 의한 오차, 관측기기 오차에 의한 오차 등이 있다. 태양 및 지형 기복에 의한 오차는 방사 오차에 해당한다.

[정답] ④

04 ★★★
다음 중 지상기준점에 대한 설명으로 바르지 않은 것은?

① 지상 기준점의 수는 변환식이 1차식일 경우 최소 6점이 필요하다.
② 지상 기준점의 위치는 가능한 한 영상 전체가 고르게 분포하도록 한다.
③ 지상 기준점은 모양과 크기 변화가 없는 지형지물을 선점한다.
④ 지상 기준점은 영상의 공간해상도를 고려하여 선점한다.

[해설]
필요한 지상기준점의 수는 (다항식 차수 + 1) × (다항식 차수 + 2) / 2 공식에 따라 1차식이면 최소 3점이 필요하다.

[정답] ①

05 ★☆☆

기하 보정의 과정에서 좌표로 계산된 주변의 네 개의 화소값을 이용하여 보간하는 영상 재배열 방법은?

① 최근린 내삽법
② 공일차 내삽법
③ 입방 회선법
④ 등각 사상 변환

해설

영상 재배열의 보간 방법에는 최근린 내삽법, 공일차 내삽법, 입방 회선법 등이 있다. 이 중 좌표로 계산된 주변의 네 개의 화소값을 이용하여 보간하는 영상 재배열 방법을 공일차 내삽법이라고 한다.

정답 ②

06 ★☆☆

다음 영상 강조 기법 중에서 선형 대비 강조에 해당하지 않는 것은?

① 최소-최대 대비 확장
② 백분율 대비 확장
③ 히스토그램 매칭
④ Density slicing

해설

선형 대비 강조에는 최소-최대 대비확장, 비율선형 대비확장, 표준편차 대비확장, 단계별 강조 등이 있으며, 히스토그램 매칭은 비선형 대비 강조에 해당한다.

정답 ③

07 ★★☆

다음 중 영상 품질평가 과정의 단변량 통계 조사에서 측정되는 통계량에 해당하지 않는 것은?

① 평균
② 표준편차
③ 공분산
④ 범위

해설

단변량 통계조사란 하나의 밴드만을 대상으로 통계량을 측정하는 것으로 평균, 최빈값, 중앙값 등의 중심경향과 범위, 분산, 표준편차 등의 산포도를 측정한다. 공분산은 단변량 통계조사가 아니라 다변량 통계 조사에 해당된다.

정답 ③

08 ★★☆

영상의 주어진 영역에서 밝기값의 변화를 줄여 공간적으로 부드러운 영상을 만들어내는 영상 공간회선 필터는?

① 저대역 필터
② 고대역 필터
③ 경계 강조 필터
④ Laplacian 필터

해설

영상의 낮은 주파수 특징을 강조하고 높은 주파수 특징을 최소화하여 부드러운 영상을 생성하는 필터를 저대역 필터 또는 저주파수 필터라고 한다.

정답 ①

09 ★★★

전자기파 파장이 0.7㎛ 이상인 적외선 영역에서 세 가지 물체인 토양, 식생, 물의 반사도를 크기 순서대로 바르게 나열한 것은?

① 토양 > 식생 > 물
② 토양 > 물 > 식생
③ 식생 > 물 > 토양
④ 식생 > 토양 > 물

해설

물체마다 반사 또는 방사하는 고유의 파장대가 다르며, 물체에서 반사되는 전자기파 에너지의 특징을 물체의 분광특성이라고 한다. 적외선 파장대에서는 식생의 반사도가 가장 크고, 다음으로는 토양이 크다. 물은 적외선을 흡수하기 때문에 반사도가 가장 작다.

정답 ④

10 ★★★

다음 중 적외선 밴드(NIR)와 적색 밴드(RED)를 이용하여 정규 식생 지수(NDVI)를 산출하는 식으로 올바른 것은?

① NDVI = (NIR − RED) / NIR
② NDVI = (NIR − RED) / (NIR + RED)
③ NDVI = (NIR + RED) / (NIR − RED)
④ NDVI = (NIR + RED) / RED

[해설]
정규 식생 지수는 적외선 밴드와 적색 밴드의 화소값의 차이로, 영상마다 값의 차이가 다르게 나타나기 때문에 두 밴드에서의 화소의 합을 나누어 표준화하며 수식은 다음과 같다.
NDVI = (NIR − RED) / (NIR + RED)

[정답] ②

11 ★★☆

다음 기하 오차의 발생 원인 중 인공위성에서 받는 섭동에 의해 센서 지향점과 촬영 물체의 위치가 변화하여 나타나는 오차는?

① 위성의 자세에 의한 오차
② 지구 곡률에 의한 오차
③ 지구 자전에 의한 오차
④ 관측기기 오차에 의한 오차

[해설]
위성의 자세에 의한 기하 오차는 인공위성에서 받는 섭동(지구 중력장, 태양과 달의 인력, 태양풍 등으로 평형상태가 교란되는 현상)에 의해 센서 지향점과 촬영 물체의 위치가 변화하는 오차이다.

[정답] ①

12 ★★★

다음 기하오차 보정에 필요한 좌표변환식 중 등각사상변환에 해당하지 않는 것은?

① 위치 이동
② 회전 변환
③ 전단 변환
④ 크기 변환

[해설]
등각사상변환(Conformal transform)이란 기하학적인 각도를 그대로 유지하면서 좌표를 변환하는 방법이다. 도형의 모양이 변하지 않는 변환으로 위치 이동, 크기 변환, 회전 변환, 강체 변환, 유사 변환 등이 있다. 전단 변환은 부등각 사상변환에 해당한다.

[정답] ③

13 ★★☆

다음 〈보기〉는 기하오차 보정의 절차를 표현한 것이다. ㉠, ㉡에 해당하는 내용이 올바르게 짝지어진 것은?

| 보기 |
(㉠) → 좌표 보정식 결정 → 타당성 검증 → (㉡)

① ㉠ 기준점 선점, ㉡ 방사 보정
② ㉠ 기준점 선점, ㉡ 영상 재배열
③ ㉠ 정확도 평가, ㉡ 방사 보정
④ ㉠ 정확도 평가, ㉡ 영상 재배열

[해설]
영상의 기하오차 보정 절차는 먼저 기준점을 선점한 후, 기준점의 좌표를 이용하여 다항식을 결정하고 보정식의 매개변수를 결정한 후, 보정된 결과에 대하여 타당성을 검증한 후, 영상을 재배열하는 과정으로 수행된다.

[정답] ②

14 ★★☆

다음 중 영상 강조 과정에서 화소값 평균의 상하 일정 비율로 선형 대조의 임계값을 구하여 영상의 출력 범위를 확장하는 기법은?

① 최소-최대 선형 강조
② 백분율 선형 강조
③ DENSITY SLICING
④ 단계별 선형 강조

해설
백분율 선형 강조란 최소-최대 선형 강조의 일종으로, 최소-최대값이 화소값 평균의 상하 일정 비율로 결정한다.

정답 ②

15 ★☆☆

다음은 〈보기〉는 영상의 분광 영역별 특성에 관한 글이다. ㉠, ㉡에 해당하는 용어가 올바르게 짝지어진 것은?

| 보기 |
가시광선의 청색 분광 영역은 (㉠)이 반사되어 육지와 수역의 구분에 활용된다. 또한 근적외선 영역은 엽록소를 강하게 반사하여 (㉡)의 분석에 활용된다.

① ㉠ 물, ㉡ 토양
② ㉠ 토양, ㉡ 식생
③ ㉠ 물, ㉡ 식생
④ ㉠ 토양, ㉡ 물

해설
가시광선의 청색 분광 영역은 물이 반사되어 육지와 수역의 구분에 활용되며, 근적외선 영역은 엽록소를 강하게 반사하여 식물의 종류 및 건강 상태 분석에 활용된다.

정답 ③

CHAPTER 04 | 공간정보 분석

> **대표유형**
>
> 맵조인(Map join)에 대한 설명으로 옳지 <u>않은</u> 것은?
>
> ① 분리되거나 인접한 지도를 하나의 레이어로 결합하는 과정이다.
> ② 도형정보와 속성정보가 합쳐지면서 위상정보가 재정리되어야 한다.
> ③ 슬리버와 같이 불필요한 폴리곤이 생성될 가능성이 있다.
> ④ 두 개의 레이어가 서로 동일한 속성을 가지고 있어야 맵조인이 가능하다.
>
> **해설** 맵조인
> 스프리트와 반대되는 개념으로, 여러 개의 레이어를 하나의 레이어로 합치는 과정이다. 여러 개의 레이어가 하나의 레이어로 합쳐지면서 도형정보와 속성정보가 합쳐지면서 위상정보도 재정리되는 것이 특징이다. 서로 다른 레이어 간에 중첩이 발생하는 것과 동일하므로 슬리버와 같이 불필요한 폴리곤이 생성이 수반되기 때문에 이를 제거하기 위한 별도의 작업과정이 필요하다. 두 개의 레이어의 속성이 다르더라도 맵조인이 가능하다.
>
> **정답** ④

01 공간정보 분류

1. 레이어 재분류

(1) 재분류(Reclassification)

① 속성 데이터 범주의 수를 줄임으로써 데이터베이스를 간략화하는 기능으로, 흔히 재부호화 과정을 포함함
② 재분류 단계
  - 속성의 범주를 새로운 기준에 따라 구분
  - 구분된 속성의 분류내용에 따라 재분류 실행
  - 동일한 속성값을 가진 객체들을 병합
  - 병합에 따라 삭제된 경계선들에 대한 위상 갱신

(2) 재부호화(Recoding)

① 속성의 명칭이나 값을 변경하는 것을 의미하는 것으로, 속성을 간편화시켜 속성 간의 관계 파악을 용이하게 함
② 자료의 일반화를 적용하기 위한 선행 작업으로 이루어짐

> **TIP 토양도**
>
> 9개의 속성을 가진 토양도의 토양 유형을 살펴보면 크게 A, B, C 3가지로 구분되는 것을 알 수 있다. 속성 테이블에 새로운 필드를 만들고 속성값을 세 개 유형으로 재부호화함으로써 공간 관계를 더 쉽게 이해할 수 있다.
>
> | 속성 코드 | 토양 유형 | 속성 재부호화 | 새로운 코드 |
> |---|---|---|---|
> | 1 | A1Z | 1 | A |
> | 2 | A3Z | 1 | A |
> | 3 | A3Z | 1 | A |
> | 4 | A3Y | 1 | A |
> | 5 | B1T | 2 | B |
> | 6 | B2Y | 2 | B |
> | 7 | C6H | 3 | C |
> | 8 | C6J | 3 | C |
> | 9 | C7J | 3 | C |
>
>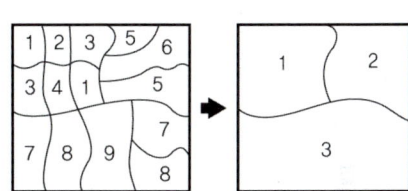
>
> [그림] 벡터 데이터의 재분류

2. 레이어 피처 병합, 분할

(1) 병합(Dissolve)

① 벡터 자료의 경우 재분류한 후 속성값이 같은 공간 객체에 대해서 병합하는 과정이 필요함
② 벡터 자료의 재분류 이후 특히 폴리곤 데이터의 경우 병합(디졸브) 과정이 흔히 뒤따름
③ 병합 과정을 거쳐 공간 객체와 데이터베이스도 단순해지고, 공간 객체 간의 관계도 이해하기 쉽게 단순화됨
④ 벡터 자료에서 재분류 과정은 흔히 두 단계를 거쳐 이루어짐
  • 첫 번째 단계: 속성값을 검색하여 새로운 속성값을 입력하는 단계
  • 두 번째 단계: 같은 속성값을 갖는 인접하는 폴리곤들을 병합하여 다시 위상 구조를 구축하는 과정으로, 즉 병합(Dissolve) 과정을 거치게 됨
⑤ Dissolve는 특정 속성변수에 대해 같은 값을 가지는 레이어상의 모든 도형을 단일 도형으로 변화시켜 새로운 자료로 만드는 것
  예) 시·군·구로 되어 있는 행정구역을 시·도로 통합하여 표현 가능

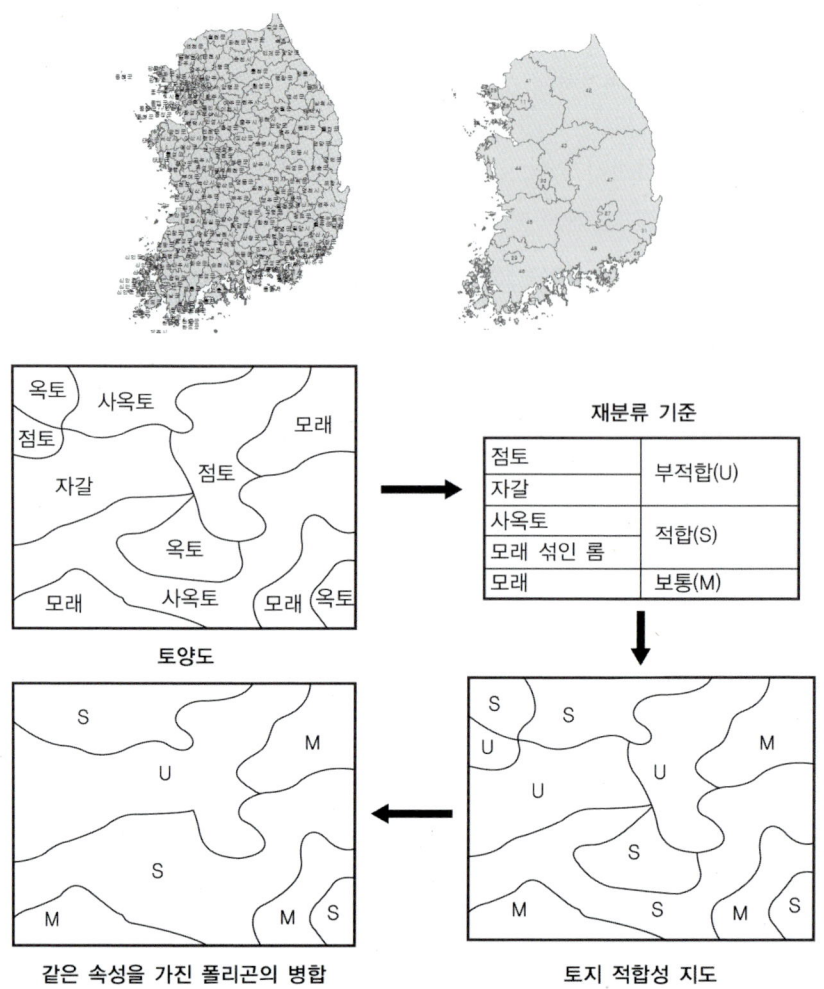

⑥ 공간 분석의 과정에서 Dissolve 연산은 새로운 공간 데이터 생성에 많이 사용하며, 이 경우 군집한 동일한 공간 개체를 하나의 개체로 표현하고 데이터베이스에 저장함
⑦ 각각의 개체는 공간 데이터를 표현하는 특정 계수, 심볼에 따라 코드(Code)로서 지정되며 세밀하게 구분된 데이터에서 다각형의 경계를 제거함으로써 일반화시켜주는 효과를 가져오기도 함

(2) Split 분할

① 스프리트는 하나의 레이어를 여러 개의 레이어로 분할하는 과정
- 도형과 속성정보로 이루어진 하나의 데이터베이스를 기준에 따라 여러 개의 파일이나 데이터베이스로 분리하는 데 사용 가능
- 예를 들어 전체 시가지에 대한 지하시설물 데이터베이스를 지역에 따라 여러 개의 레이어로 분리하여 관련 조직별로 나누어 관리할 경우 스프리트 기능이 유용하게 사용될 수 있음

- 현재 국내의 시설물 데이터베이스의 구축에 있어서 데이터베이스의 정확도를 높이기 위하여 1:1,000의 축척으로 구축된 레이어를 1:500으로 확대 출력하여 현장 조사와 탐사를 하게 되는데, 이 경우에도 1:1,000 하나의 레이어를 4개의 레이어로 스프리트하여 1:500으로 확대 출력하여 현장에서 사용하도록 하는 데 유용함
② Split은 공간상의 지도면적을 분리된 구역으로 나누는 기능으로 대용량의 공간 데이터베이스가 지리적으로 세부구역으로 나누어져야 할 때 사용함
③ 원자료로서 지도나 데이터베이스가 연구대상이 되는 영역보다 넓은 면적을 포함하는 경우 분석의 편의를 위해 나누는 작업이 필요함

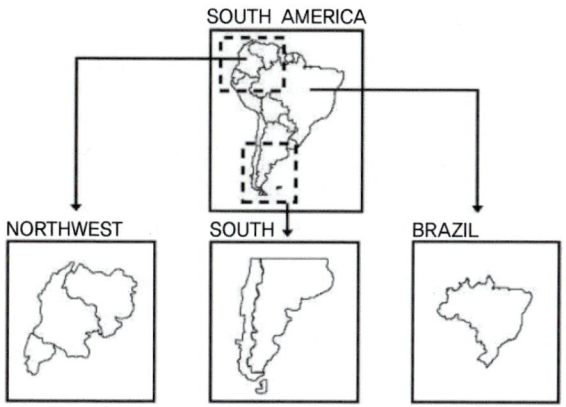

(3) Tile

① Split와 유사한 목적과 기능을 가지며, 하나의 큰 베이스 지역을 작은 지역으로 쪼갤 필요가 있을 때 사용하는 기능
② 원래의 영역을 '하위 베이스(Sub-base)' 영역 또는 타일로 나눌 수 있음
③ 이때 각각의 tile의 면적이나 범위는 사용자가 임의로 선택하거나 사전에 정해진 기본 값에 따라 자동으로 나뉘기도 함

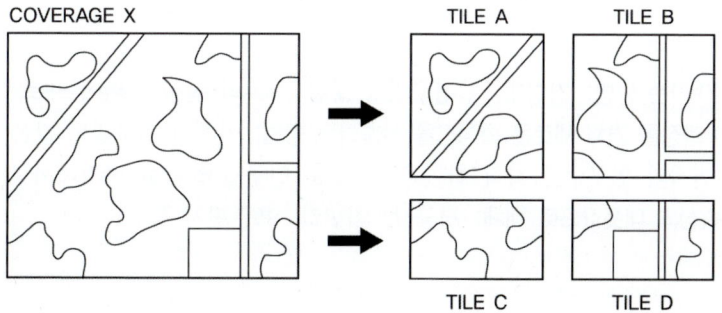

(4) Map join(Merge)

① 맵조인은 스프리트와 반대되는 개념으로 여러 개의 레이어를 하나의 레이어로 합치는 과정
② 'Map join'이란 각각 공간 데이터의 추가와 지도결합을 의미하며, 분리되거나 인접한 지도를 하나의 자료층으로 결합하는 과정을 의미함
③ 여러 개의 레이어가 하나의 레이어로 합쳐짐에 따라 도형정보와 속성정보가 합쳐지면서 위상정보도 재정리되는 것이 특징
④ 맵조인의 경우 두 개 이상의 레이어에 걸쳐 있는 제반 공간객체의 연결성과 인접성이 만들어지고, 선의 길이나 폴리곤의 면적 등이 정량적으로 재정립되는 위상구조를 새로 만들게 되므로 전반적으로 작업의 난이도가 높고 처리시간이 상대적으로 많이 소요됨
⑤ 서로 다른 레이어 간에 중첩이 발생하는 것과 동일하므로 슬리버와 같이 불필요한 폴리곤이 생성이 수반되기 때문에 이것을 제거하기 위한 별도의 작업과정이 필요함

3. 셀값 및 속성값 재분류

(1) 공간자료의 분류 방법

1) 공간 객체의 속성을 재분류하는 방법

자연분류(Natural break) 방법 (=최소 변이 분류)	속성이 작은 값에서 큰 값으로 빈도 그래프를 그린 후, 그룹 내의 분산이 가장 작도록 그룹 경계를 결정하는 방법
동일 개수 분류(Quantile) 방법	최솟값에서 최댓값까지의 범위 중 그룹별 빈도수가 동일하게 그룹의 경계를 결정하는 방법
동일 간격 분류 (Equal interval) 방법	그룹 간 간격이 동일하게 그룹 경계를 결정하는 방법
표준편차 분류 (Standard deviation) 방법	평균과 표준편차에 따라 1·2·3차 표준편차 범위를 구하여 분류하는 방법

(2) 공간 객체의 속성이 유사하거나 같은 것끼리 재분류 후 속성을 처리하는 방법

1) 경계가 병합된 폴리곤의 재분류(벡터 자료)

① 속성값을 모두 합하여 새로운 폴리곤에 부여하는 방법: 폴리곤의 경계가 하나로 병합된 폴리곤들의 속성값을 합하는 방법
② 대푯값을 부여하는 방법: 지역명, 행정구역명 등은 기존의 속성값 외에 새로운 속성값으로 결정
③ 일련의 처리 과정을 거쳐 새로운 속성값을 산출하는 방법: 기존의 인구밀도 값을 합하는 것이 아닌 폴리곤 전체의 면적과 인구수를 각각 합한 후 새로운 인구밀도 값을 산정해서 부여
④ 이외 기존 속성의 대푯값으로 대체: 평균값, 최빈값, 표준편차 등

2) 다른 측정 척도를 가진 자료의 재분류(래스터 자료)

① 서로 다른 속성 유형의 레이어를 연산하는 경우, 서로 비교할 수 있도록 속성 유형을 변경시켜야 함
② 0에서 1까지의 값의 범위를 갖도록 정규화(Normalization)하는 등의 재분류를 통해 서로 호환 가능한 상태로 변환한 후 연산 수행

3) 래스터 데이터의 재분류

벡터 데이터의 재분류 과정과 동일하며, 래스터 데이터에서도 각 셀의 값을 재분류함으로써 분석에 더 적합한 래스터 데이터를 생성할 수 있음

예) 토지 이용 현황에서 주거 지역과 상업 지역을 하나의 클래스로 재분류하여 분석하는 경우나 토양도에서 토질 특성이 비슷한 경우, 임상도에서 세부 산림 속성이 비슷한 지역을 묶어 재분류할 경우 등

Reclassification

OLD Values	NEW Values
1–3	5
3–7	3
7–8	1
8–12	5
12–15	2
15–16	4
16–19	5
19–20	4
ND =	1

Base Raster → Output Raster

Value = NoData

> **TIP** 래스터 자료의 재분류 과정
> • 벡터 데이터의 재분류 과정과 동일
> • 연산자를 이용하여 서로 다른 측정 척도를 가진 래스터 데이터를 함께 사용할 수도 있음

4) 래스터 데이터의 재분류 과정

서로 다른 측정 척도를 가진 래스터 데이터를 함께 연산하고자 할 때 사용할 수도 있음

예) 한 래스터 레이어는 A, B, C속성값을 가지고 있고, 다른 레이어는 2, 3, 4, 5 등의 값을 가지고 있다. 첫 번째 레이어에서는 'A'값을 가지는 셀은 1, 나머지는 0의 값을 재부여한다. 두 번째 레이어에서는 '2'라는 속성값을 가지는 셀은 1, 나머지는 0의 값을 재부여한다.

⇨ 재분류된 두 레이어는 서로 호환 가능한 연산을 수행할 수 있게 된다.

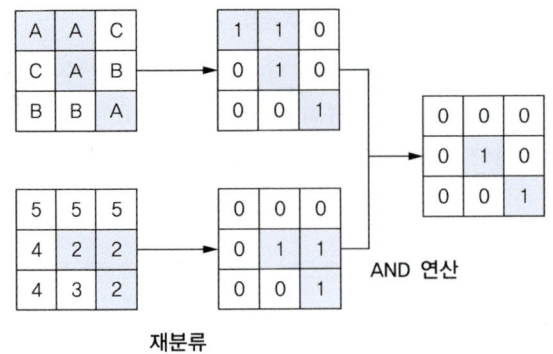

재분류 / AND 연산

02 공간정보 중첩분석

1. 벡터레이어 공간연산

(1) 중첩의 개념

① 중첩 분석
- GIS 분석 기능 중 가장 중요한 기능 중 하나
- 한 레이어와 다른 레이어를 이용하여 두 주제 간의 관계를 분석하고, 이것을 지도학적으로 표현하는 것

② 중첩
- 두 개의 입력 레이어를 이용하여 새로운 결과값을 갖는 레이어를 생성하는 과정
- 기본적으로 동일한 위치의 두 개 입력 데이터의 값을 비교하여 산출 레이어의 값을 지정하는 개념

③ 중첩 기능: 사용되는 자료의 구조에 따라 벡터 데이터를 이용한 분석과 래스터 데이터를 이용한 분석으로 구분 가능

> **TIP 지도 대수(Map algebra)**
> - 벡터 데이터: 위상을 이용하여 경계를 분할·결합·삭제하는 등의 중첩을 수행함
> - 래스터 데이터: 지도 대수 기법(Map algebra)이라 불리는 공간분석 기법에 의해 분석이 수행됨

(2) 벡터 레이어의 중첩 형태

점과 점	점
점과 선	점
선과 선	점, 선
점과 면	점
선과 면	점, 선
면과 면	점, 선, 면

(3) 벡터 레이어의 중첩으로부터 얻을 수 있는 정보

1) 점과 면 레이어의 중첩

① 어떤 폴리곤 내에 어떤 점들이 있는지를 파악
   예 학생의 거주지에 따라 학군 배정, 소비자가 어떤 상권에 포함되는지 파악
② 면에 포함되어 있는 점에 대한 정보
   예 행정구역별 학교 개수 및 속성 파악, 지역별 상점의 수 파악

2) 선과 면 레이어의 중첩

① 각 선이 어떤 면 내에 존재하는지에 대한 정보
   예 특정 도로를 포함하고 있는 면의 속성, 누수된 상수도의 행정구역 위치 파악
② 면에 포함되어 있는 선에 대한 정보
   예 행정구역별 도로의 길이 및 속성 파악, 지하시설물의 행정구역별 정보 관리

(4) 벡터 레이어 중첩 시 유의사항

① 슬리버의 발생: 경계가 유사한 면을 중첩할 때 경계면에 가늘고 폭이 좁은 형태의 무의미한 면이 생성될 가능성이 있음
② 슬리버의 제거
   • 톨로런스를 지정하여 톨로런스 범위 내의 정보는 하나로 병합되도록 함
   • 변위 링크를 생성하여 보정함
   • 속성 테이블에서 매우 작은 면적을 가진 폴리곤을 확인하여 제거함
   • 소프트웨어에 있는 슬리버 제거 기능을 활용하여 제거함

2. 다중레이어 중첩분석

(1) 벡터 자료의 중첩

① 벡터 자료의 중첩은 면과 면 간의 대상물을 위주로 수행되지만, 점과 면(Point-in-Polygon)이나 선과 면(Line-in-Polygon) 형태로 이루어지기도 함
② 벡터 형식에서 중첩은 두 개 이상의 레이어가 겹쳤을 때 경계선이 새롭게 생성되고 속성이 합쳐지며 분리되는 과정을 수행함

(2) 벡터 데이터에서 가능한 중첩 분석 기능

자르기(Clip)	두 번째 레이어의 외곽 경계를 이용하여 첫 번째 레이어를 자름
지우기(Erase)	두 번째 레이어를 이용하여 첫 번째 레이어의 일부분을 지움
교차(Intersect)	• 두 개의 레이어를 교차하여 서로 교차하는 범위의 모든 면을 분할하고, 각각에 해당하는 모든 속성을 포함함 • 공간 조인과 같은 기능이라고 할 수 있음
결합(Union)	두 개의 레이어를 교차하였을 때 중첩된 모든 지역을 포함하고, 모든 속성을 유지함
동일성(Identity)	첫 번째 레이어의 모든 형상은 그대로 유지되지만, 두 번째 레이어의 형상은 첫 번째 레이어의 범위에 있는 형상만 유지됨
형상학적 차이 (Symmetrical difference)	두 레이어 간 중첩되지 않는 부분만을 결과 레이어로 산출하며, 두 레이어의 속성은 모두 산출 레이어에 포함됨

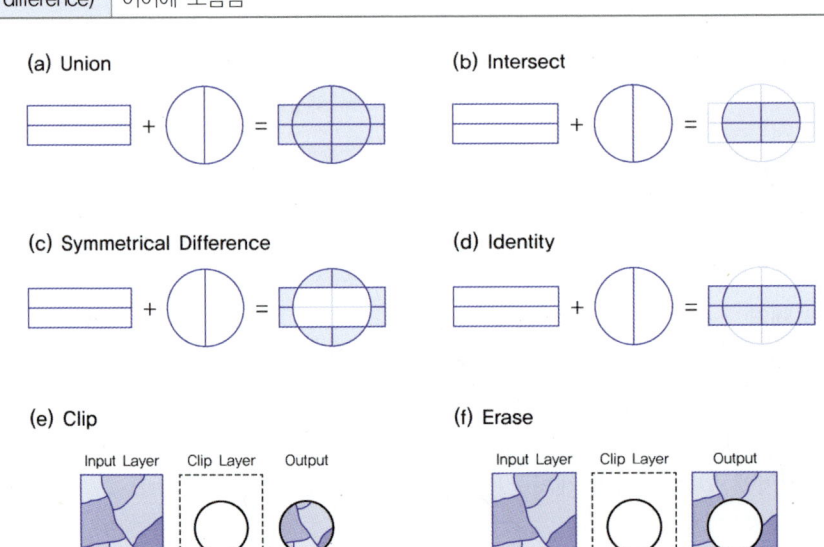

1) Clip

① 다른 레이어의 도형의 경계로 레이어를 잘라내는 것
② 'Clip'이란 정해진 모양으로 자료층상의 특정 영역의 데이터를 잘라내는 기능
③ 이때 중첩되는 자료층은 점, 선, 면에 상관없이 모든 유형의 공간 데이터가 가능하지만 잘라낼 범위는 반드시 면 개체로 표현되어야 함
④ 필요 없는 자료를 자르기 위해 가위질을 하는 것과 같음
　예 고속도로 레이어를 특정 지역을 경계로 잘라낼 수 있음
⑤ 점, 선, 면 개체별 Clip 수행 후 결과

점 개체로 구성된 자료층	범위 내에 존재하는 점 개체만 남게 됨
선 개체로 구성된 자료층	범위 내의 선 개체만 남지만 경계부에서 새로운 점, 즉 선 개체의 시작점과 끝점을 표시하는 점 개체들이 새롭게 생성됨
면 개체로 구성된 자료층	정해진 범위 밖에는 미리 정해진 속성값이 할당되거나 원래 주변의 값을 나타내는 값, 여기서는 1값을 가짐

2) Erase

① 클립 레이어의 반대되는 과정으로서 레이어가 나타내는 지역 중 임의 지역을 삭제하는 과정
② 전체 레이어에서 분석할 필요가 없는 지역이 지리적으로 정의가 된 경우 해당 지역을 사전에 삭제함으로써 여러 분석에의 효율성 향상 목적
③ 임의의 지역에서 중대한 오류 등이 발생한 경우 문제지역을 삭제함으로써 작업의 효율성 향상 목적
④ 점, 선, 면에 대해 Erase를 수행하면 (f) 그림 중 두 번째 그림의 원에 해당하는 부분의 외부에 해당하는 부분의 개체만이 남게 됨
⑤ 원지도의 일정 부분에 대해 분석을 하고자 할 때 또는 일정 부분을 제외시키고 분석을 하고자 할 때에 유용한 기능
⑥ 특정 지역에 중요한 오류가 있을 때 오류가 생긴 구역을 지우고, 나머지 구역을 유지할 때 사용되기도 함

3) Union

① Boolean 연산에서의 OR과 유사한 개념으로, 두 개 이상의 레이어를 중첩시켜서 새로운 구역을 생성시킴
② 이때 합집합처럼 중첩되어 생성되는 모든 종류의 개체를 모두 각각의 id를 할당하고 저장함
③ 원자료는 4개로 구분된 사각형의 면 사상이며, Union 연산을 수행할 커버리지는 두 개의 원으로 표현된 커버리지임
④ 입력 커버리지(원자료)와 연산 커버리지에 모두 아무 속성값이 없는 영역이 존재하므로 결과에서도 속성값이 없거나 1개밖에 없는 면 사상이 발생함

4) Intersect

① Boolean 연산의 AND연산과 유사한 것으로, 두 개의 구역이 연산이 될 때 교차되는 구역에 포함되는 입력 구역만이 남게 됨
② 두 커버리지에 공통적으로 중첩되는 요소만이 남게 됨
③ 이때 입력 커버리지는 점, 선, 면 구역의 모든 개체가 가능하지만 Intersect 구역은 면 개체이어야만 하며, 입력 자료가 점이라면 결과는 점 개체만으로, 선 자료가 입력된다면 선 개체만이 남게 됨
④ 점 개체에 Intersect 연산을 실시하게 되면 점 개체는 자체의 면적, 길이의 개념이 없으므로 원개체가 서로 다른 개체로 분리되는 경우 없이 단순히 Intersect되는 자료층의 속성값만이 추가됨

5) Identity

① 두 개의 커버리지를 차집합으로 중첩하는 기능 수행
② 이때 입력 구역의 경계 안에 위치한 모든 공간 데이터는 합쳐질 때 결과 구역으로 모아지며, 다시 말해서 결과 구역의 외곽 경계선은 입력 구역의 것과 일치하게 됨
③ 이 과정은 모든 개체의 구역을 다루지만, 입력 구역이 점이라면 일치 구역에 관계없이 결과 구역은 출력됨

3. 공간개체 간 관계분석

(1) 형상들 간의 공간 관계 분석

① 중첩 분석을 수행함에 있어 가장 많이 활용하는 예는 레이어 간의 공간관계를 분석하는 과정이라고 할 수 있음
  예 농작물이 자라는 3번 구역의 토양특성을 두 개 레이어의 중첩을 통해 알아낼 수 있음
② 즉 공간상 대응관계를 갖는 형상들 간의 관계를 중첩을 통해 파악할 수 있고, 중첩을 통해 나타난 결과를 토대로 공간패턴에 대한 지식을 습득할 수 있음

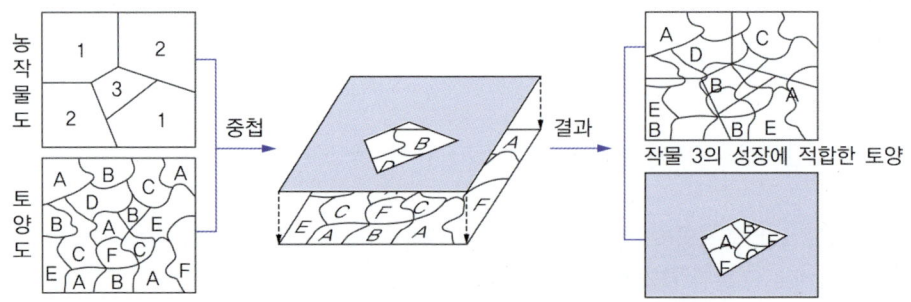

그림 공간관계 파악을 위해 사용되는 중첩의 예

(2) 분석 레이어 간 가중치 부여를 통해 분석적 정보 추출

① 중첩 기능을 통해 분석적 정보 추출 가능
② 중첩 기능을 수행하는 경우 단순하게 두 커버리지를 중첩하는 경우 외에 목적에 따라 각 커버리지의 속성값에 가중치를 부여하여 중첩 연산을 수행할 수 있음
  • 이때 변환 함수는 곱셈, 나눗셈, 뺄셈, 제곱, 제곱근, 최소화, 최대화, 평균 등 수학적 연산이 가능함
  • 예를 들어 새로운 농경지 개발을 위한 대상 지역을 분석함에 있어 고도, 토양, 경사 레이어를 구축한 후 농경지 개발에 적합한 구역을 선정할 수 있는데, 이 과정에서 토양은 고도나 경사보다 중요도가 높기 때문에 가중치를 부여하여 중첩 연산을 수행할 수 있고, 이 결과에 따라 가장 높은 값을 나타내는 지역이 농경지 개발에 더 적합하다고 할 수 있음

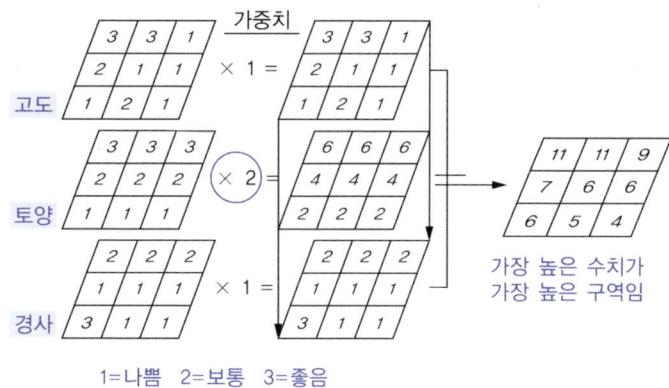

그림 가중치를 부여하여 정보를 분석하는 중첩의 예

(3) 래스터 데이터에서 중첩분석의 개념

1) 래스터 데이터 기반 **중첩분석**

① 래스터 데이터를 기반으로 하는 중첩분석은 크게 논리적 연산, 산술적 연산의 2가지 연산에 의해 이루어짐
② 흔히 래스터 데이터에서 산술적 연산을 통한 중첩과정을 지도대수 기법(Map Algebra)이라고 함

2) **지도대수 기법(Map algebra)**

① **지도대수 기법**: 동일한 셀 크기를 가지는 래스터 데이터를 이용하여 덧셈, 뺄셈, 곱셈, 나눗셈 등 다양한 수학 연산자를 사용해 새로운 셀값을 계산하는 방법
② 래스터 데이터의 지도대수 연산의 경우 새롭게 생성되는 레이어는 입력 레이어와 같은 위치의 셀에서 단지연산에 의해 산출된 값만 할당됨
③ 입력 레이어와 산출 레이어에서 각 셀의 위치는 동일하며, 산출 레이어의 각 셀에는 연산된 새로운 값이 부여됨

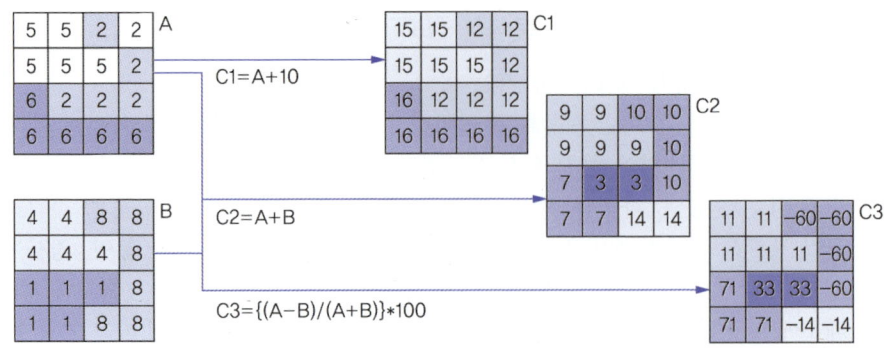

그림 래스터 데이터 도면대수 방법의 예

3) 논리적 연산에 의한 중첩

래스터 데이터에서 중첩은 두 개 레이어에 대한 산술적 연산이지만 조건식에 따른 결과 레이어의 산출도 가능함

예 토지이용 레이어와 지질 레이어를 이용하여 적합도를 나타내는 결과 레이어를 산출하고자 한다. 적합도는 토지이용이 산림이고, 토질이 충적토인 경우와 토지이용이 초지이고, 지질이 모래인 경우만 적합하고, 그 이외의 경우에는 부적합하다고 한다. 이 경우 래스터 데이터에서는 두 개 레이어에 대해 동일한 위치의 셀값을 논리적으로 연산하여 두 개의 조건이 맞으면 결괏값은 적합, 두 개의 조건이 모두 맞지 않으면 결괏값은 부적합이라는 판정을 내리게 된다. 이 경우 조건식에 대해 논리적 판단을 수행하여 결괏값을 반환한다.

03 공간정보 버퍼분석

1. 버퍼 및 버퍼존 생성

(1) 버퍼의 정의

1) 버퍼(Buffer)

① 공간 형상의 둘레에 특정한 폭을 가진 구역을 구축하는 것으로, 버퍼를 생성하는 과정을 버퍼링이라고 함
② 버퍼링은 점, 선, 면 모든 객체에 생성할 수 있으며, 버퍼링한 결과는 모두 폴리곤으로 표현됨
③ 버퍼는 래스터 데이터와 벡터 데이터 모두 적용 가능하며, 일정 구간을 여러 단계로 지정하여 영역을 생성할 수도 있음

2) 점·선·폴리곤 버퍼

점 버퍼	점 주변에 특정한 반경을 가진 원으로 버퍼가 형성됨
선 버퍼	선의 굴곡과 일치하면서 선의 양쪽으로 특정 거리만큼 밴드 모양으로 버퍼가 형성됨
폴리곤 버퍼	폴리곤 둘레에 형상을 따라 폴리곤의 변 주변으로 일정 거리만큼 영역이 형성됨

(2) 버퍼의 구축 과정

① 대부분의 공간정보 편집·분석 소프트웨어에서 사용자가 특정 형상을 선택한 후 버퍼링할 거리를 입력하면 자동적으로 버퍼가 형성됨
② 하나의 레이어에서 버퍼링할 객체가 하나일 경우 산출 레이어는 단순하게 표현되지만, 버퍼링할 객체가 여러 개일 경우 버퍼 결과도 중첩되어 나타남
③ 버퍼 결과의 중첩 시 디졸브 작업을 수행하여 버퍼링된 객체를 단순화시킬 수 있음

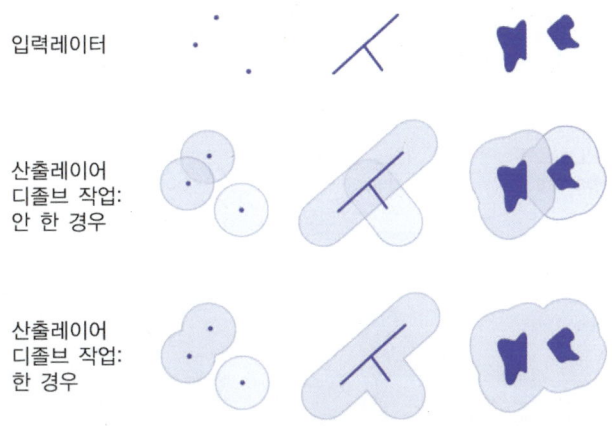

그림 버퍼링 후 디졸브 작업 여부에 따른 결과

(3) 버퍼링의 종류

대부분 새로운 폴리곤 형태의 자료를 만들어내지만, 그래픽 형태로 지도에 그려지는 경우도 있음

단일 거리 버퍼	• 버퍼 계산을 위해 사용하는 버퍼 거리를 하나로 정의한 버퍼(Constant distance) • 버퍼는 레이어의 모든 도형에 똑같은 거리로 그려짐
다중 거리 버퍼	• 버퍼 계산을 위해 사용되는 버퍼 거리를 도형별로 다양하게 정의한 버퍼(Variable distance) • 다양한 거리로 그려지게 할 경우 거리는 속성 테이블에 특정 필드에 입력된 것을 사용함
다중 링 버퍼	영향권의 거리 간격에 따라 동심원을 그리듯이 생성한 버퍼(Multiple rings)

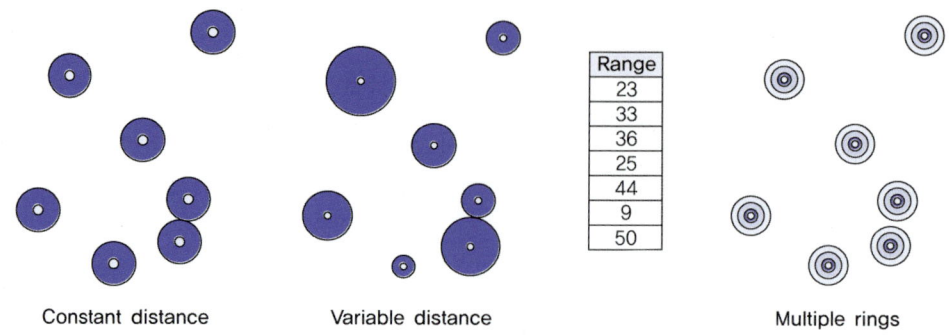

(4) 디졸브 여부에 따른 버퍼 종류

단순 버퍼	• 버퍼를 수행한 결과 중첩되는 영역에 대해 디졸브를 수행하여 버퍼 영역 내의 경계는 병합됨 • 버퍼 영역의 가장 바깥 경계만 남아 버퍼 결과 폴리곤이 한 개 구성됨
복합 버퍼	• 단순 버퍼와는 달리 디졸브를 수행하지 않아 버퍼 영역 내의 각 경계가 유지되면서 몇 개의 영역이 중첩되는지를 표현함 • 버퍼의 각 중첩된 영역 내에 미치는 영향권의 누적 상태를 비교할 수 있음

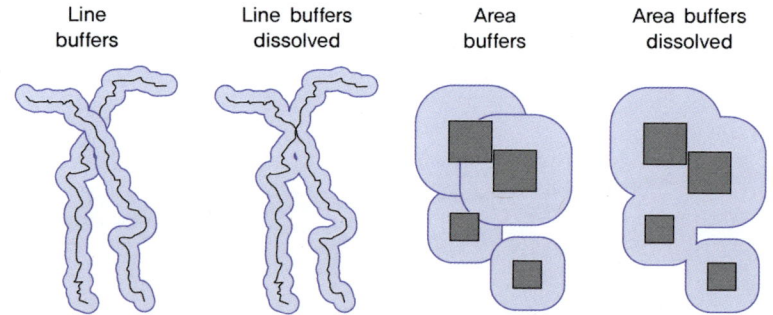

(5) 버퍼 결과의 활용

이용권역 분석	생성된 버퍼 구역 내의 접근성, 시설물의 분포 등 다양한 요인을 분석해 이용 가능성과 영역의 범위를 파악하는 분석
근접 분석	관심 대상 지역의 내부와 외부를 구분하여 내·외부의 공간적 특성과 상호관련성 분석
영향권 분석	여러 개의 다중 링 버퍼를 구축하여 거리 증가에 따른 영향력 분석

2. 이용권역 분석

(1) 이용권역 분석 내용

① 버퍼 기능은 중첩 기능과 함께 중요한 GIS 분석기능 가운데 하나
② 특히 벡터 기반의 버퍼링은 근접분석 수행이나 영향권 분석에 매우 중요하여 특정 지점 또는 선형으로 나타나는 공간 형상 주변 지역의 특징을 평가하는 데에도 활용됨
- 초등학교 200m 반경 내에는 청소년 유해시설은 입지하지 못하도록 법으로 규정되어 있으며, 초등학교에 200m 거리의 버퍼를 설정하고, 해당 구역에 유해시설이 존재하는 지 여부를 분석할 수 있음
- 홍수 범람 지역에서는 하천으로부터 버퍼를 설정하고 재해 취약지역에 대해 예방활동을 벌일 수 있음
- 용도지역으로 문화재 보호구역으로 설정된 지역에 대해서는 일정거리 이내에는 건축허가를 제한할 수 있음

(2) 접근성 측정 방법

컨테이너 모델	주어진 대상 지역 내에 포함된 시설물의 개수 측정에 적합
커버리지 모델	시작점으로부터 주어진 거리 내에 포함된 시설물의 개수 측정에 적합
최소거리 모델	시작점으로부터 가장 가까운 시설물을 찾는 데 적합
이동비용 모델	시작점으로부터 모든 시설물과의 평균 거리를 산정
중력 모델	모든 시설물의 합을 거리 관련 마찰계수로 나눈 지표

(3) 접근성 측정 인자

시작점	위치, 유형, 시작점의 속성 등
끝점	위치, 유형, 종점의 속성 등
이동수단	도보, 자전거, 대중교통, 승용차 등
이동경로의 특성	경로 조건, 속도, 안전 등
거리 산정	직선거리(Euclidean distance), 격자거리(Manhattan block), 네트워크 등

> **TIP** 격자거리
> 격자 형태의 도로망에서 시작점과 끝점까지의 거리는 어떠한 경로를 택하더라도 모두 동일하다는 특징에서 비롯됨

3. 근접지역 분석

(1) 근접지역 분석

① 근접 분석 시 관심 대상 지역 내부와 외부를 구분하고, 내·외부의 공간적 특성과 상호관련성 분석에 필수적인 기능
② 근접성 분석은 객체나 사상 간의 공간적인 위치관계를 알고자 하는 것으로 인접성, 연결성, 근접성 측정과 같은 기법이 사용되고 있음
③ 근접성 분석은 거리를 계산하여 얼마나 가깝고 먼가를 파악하는 분석이며 주로 Buffer와 Distance 명령어가 이용됨

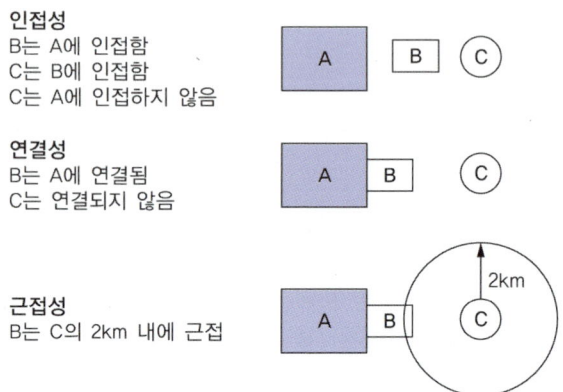

(2) 인접성(Adjacency) 측정

① 인접성 분석이란 분석 공간상에서 특정 객체나 어떤 객체들의 군집의 주변에 무엇이 어떻게 위치하는가에 대한 분석을 의미
② B는 A에 인접해 있고, C는 B에 인접해 있는 것과 같은 공간상의 관계를 분석하는 것을 의미
③ Buffer: 주어진 거리 내의 영역을 그리는 것으로 점, 선, 면 모든 위상에 적용 가능
④ Distance: 각 점 간의 거리를 계산해줌

(3) 연결성(Connectivity) 측정

① 연결성이란 공간상의 두 개체 간 접촉의 유무에 의해 결정되며, 두 점이 선분으로 연결되는가에 대한 분석 또는 면 간의 접합의 유무로 측정됨
② 두 면 개체 사이의 연결성을 측정하기 위해서는 두 개의 면 개체를 구성하는 링크 또는 절점(Node) 중에서 서로 공유하는 것이 있는가를 평가하면 쉽게 결정 가능
③ B는 A에 연결되어 있지만 C는 어느 것과도 연결되어 있지 않으므로, B와 A는 어떤 선분을 서로 공유하나 B와 C는 공유하는 부분이 없음
④ 만약 선으로 구성된 네트워크상에서 어떤 절점(Node) 간의 연결성을 측정하기 위해서는 두 절점 사이의 모든 링크, 즉 선 개체의 분석이 실시되어야 함

(4) 근접성(Proximity) 측정

① 객체 간의 거리를 측정함으로써 객체 간의 최소 거리를 조건으로 하는 측정기법
② 그림에서 연산 조건이 객체 C에서 2km 내에 존재하는 객체를 검색해야 한다면 객체 B가 선택됨
예 어느 도시로부터의 10km 내에 있는 학교 수 파악, 소방서 가까이에 서비스를 받을 수 있는 주택이 몇 채나 있는지 등을 파악·분석 가능

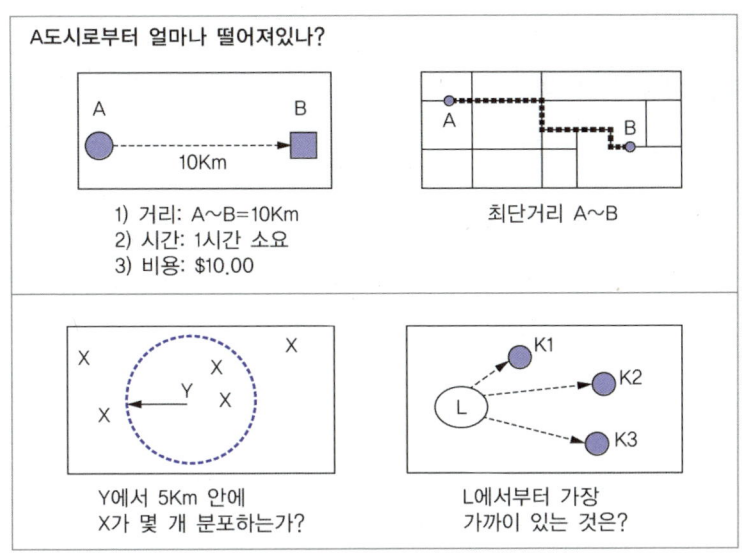

(5) 래스터 자료의 분석 대상에 따른 근접성 분석의 구분

로컬(Local)	하나의 화소를 분석 대상으로 산정하는 경우
포컬(Focal)	• 하나의 화소와 주변의 인접한 화소를 대상으로 산정하는 이동창(Moving window) 방식이 주로 사용됨 • 가장 일반적으로 사용됨
조널(Zonal)	동일한 값을 지닌 화소 집합이 연산에 사용됨
글로벌(Global)	레이어 전체가 연산에 사용됨

4. 다중 링 버퍼분석

(1) 다중 링 버퍼 분석

1) 정의

① 분석 대상이 되는 영향권에 따라 여러 개의 버퍼를 생성하고 거리 증가에 따른 영향력을 분석하는 방법
② 버퍼는 주어진 특정한 형상으로부터 바깥쪽으로 버퍼존이 형성되기 때문에 하나의 버퍼가 아닌 여러 개의 버퍼(다중 버퍼: Multiple ring buffer)를 구축할 수 있음

2) 활용 예

① 오염원으로부터 거리 증가에 따라 오염 물질이 얼마나 감소하는지를 분석
② 민간에서 특정 상점의 고객 영향권을 분석
③ 상점으로부터 일정 거리에 따라 구매고객이 얼마나 감소하는지를 분석하여 상점의 영향권을 파악
⇨ 버퍼는 일정 거리에 따른 단일 버퍼가 아니라 분석 대상이 되는 영향권에 따라 여러 개의 버퍼를 생성하고, 거리 증가에 따른 영향력을 분석함

(2) 공간자료에 따른 거리 산정 방법

래스터 자료	• 시작점과 직선상의 동서남북 방향에 위치한 하나의 화소 거리는 단위 거리(화소와 화소 간의 거리)의 1배로 부여 • 시작점과 대각선에 인접한 하나의 화소 거리는 단위거리의 1.4배로 부여
벡터 자료	시작점으로부터의 거리를 직선거리 또는 네트워크와 같은 경로상의 거리에 따른 산정 필요

04 지형분석

1. 수치지형도

(1) 정의

① "수치지형도"란 측량 결과에 따라 지표면 상의 위치와 지형 및 지명 등 여러 공간정보를 일정한 축척에 따라 기호나 문자, 속성 등으로 표시하여 정보시스템에서 분석, 편집 및 입력·출력할 수 있도록 제작된 것(정사영상지도는 제외한다)을 말한다.
② "수치지형도 작성"이란 각종 지형공간정보를 취득하여 전산시스템에서 처리할 수 있는 형태로 제작하거나 변환하는 일련의 과정을 말한다.
③ "정위치편집"이란 기 구축 공간정보 수집, 지리조사 및 현지측량에서 얻어진 자료를 이용하여 도화 데이터 또는 지도입력 데이터를 수정·보완하는 작업을 말한다.
④ "구조화편집"이란 데이터 간의 지리적 상관관계를 파악하기 위하여 지형·지물을 기하학적 형태로 구성하는 작업을 말한다.

(2) 수치지형도의 개념

① 컴퓨터 그래픽 기법을 이용하여 사전에 정한 규정에 따라 지도 요소를 항목별로 구분하여 데이터베이스화하고 이용 목적에 따라 지도를 자유로이 변경해서 사용할 수 있도록 전산화한 것
② 수치지형도는 중복된 두 장의 항공사진을 놓고 모델을 형성하여 도화를 거친 다음 제작되며, 이 과정에서 인위적 방법으로 도화 대상 자료를 수치화함으로써 취득한 수치 자료를 전산기에 입력시키고 영상면에 출력하여 사진 정보를 지도 정보로써 나타낼 수 있음

> **TIP** 수치지형도 제작
>
> 지도상에 표현되는 지형(지모, 지물)의 형태, 속성 등 각종 정보를 컴퓨터에서 처리될 수 있는 자료 형태로 제작 또는 변환하는 과정 및 기법이라고 정의됨

(3) 국토지리정보원 수치지도

1) 수치지형도 v1.0
① 도형정보만 포함되어 있으며 문자와 기호로 속성정보를 대체한 지도
② 주로 점과 선을 이용하여 지형지물을 묘사함
③ 폐합선, 선, 점, 문자 4가지 종류의 피쳐가 사용되어 등고선, 지형지물 및 지명 등에 대한 위치가 나타난 디지털 지도
④ 도엽별 DXF 파일로 제공되며 1:1,000, 1:2,500 1:5,000, 1:25,000, 1:250,000의 축척으로 제작됨

2) 수치지형도 v2.0
① 기존의 수치지형도가 가지고 있는 논리적인 모순 및 기하학적인 문제점이 제거된 도형 및 속성정보를 동시에 가지고 있는 지리정보데이터
② NGI 파일, Shape 파일로 제공되며 1:1,000, 1:2,500, 1:5,000 축척으로 제작됨

(4) 연속수치지형도
① 레이어별로 분리된 지도정보를 연속화하여 실세계의 단위 정보를 일치화한 지도
② 영역의 제약 없이 행정구역이나 사용자가 임의로 원하는 영역을 신청하여 제공되는 지도로, 도형 및 속성정보 모두를 포함함
③ 연속수치지도는 1:5,000과 1:25,000의 2가지 축척으로 제작되며 SHP 파일 또는 NGI 파일, Geodatabase 파일로 제공됨

> **TIP** 온맵(On-Map)
>
> 도엽별로 제공되는 지도이며, 도형정보만 포함되어 있고 문자와 기호로 속성정보를 대체한다. 배경영상도 포함하고 있다. 점, 선, 면을 모두 이용하여 지형지물을 묘사하며, 영상을 포함하여 하이브리드 지도방식으로 표현한다. PDF 파일로 제공되며, 1:5,000, 1:25,000, 1:50,000, 1:250,000 축척으로 제작된다.

2. 3차원 공간자료의 특징

(1) 3차원 공간정보 개념

① 3차원 국토 공간정보: 지형지물의 위치·기하 정보를 3차원 좌표로 나타내고 속성 정보, 가시화 정보 및 각종 부가정보 등을 추가한 디지털 형태의 정보
② 위치·기하 정보: 지형지물의 형태가 세밀도에 따라 구축되는 정보
③ 속성 정보: 3차원 국토 공간정보에 표현되는 각종 지형지물의 특성
④ 가시화 정보: 3차원 국토 공간정보의 현실감을 표현하기 위하여 세밀도에 따라 구축되는 텍스처
⑤ 세밀도(LOD: Level of Detail): 3차원 국토 공간정보의 위치·기하정보와 텍스처에 대한 표현의 한계
⑥ 기초자료: 3차원 국토 공간정보를 구축하기 위하여 취득된 2·3차원 위치·기하 정보, 속성 정보 및 가시화 정보
⑦ 3차원 국토 공간정보 표준 데이터 셋
   - 3차원 교통 데이터
   - 3차원 건물 데이터
   - 3차원 수자원 데이터
   - 3차원 지형 데이터
⑧ 3차원 국토 공간정보의 데이터 형식
   - 3차원 공간정보의 데이터 형식인 3DF-GML(3 Dimension Feature Geographic Markup Language)으로 제작하는 것을 원칙으로 함
   - CityGML 형식과 상호교환 가능
   - 데이터 활용계획에 따라 Shape, 3DS 및 JPEG 형식 등으로 제작할 수 있음

(2) 3차원 공간정보 구축을 위한 자료 취득 방법

① 기본지리정보와 수치지도 2.0을 이용한 2차원 공간정보 취득
② 항공레이저 측량을 이용한 3차원 공간정보 취득
③ 항공사진을 이용한 3차원 공간정보 및 정사영상 취득
④ 이동형 측량시스템(MMS)을 이용한 3차원 공간정보 및 가시화 정보 취득
⑤ 디지털카메라를 이용한 가시화 정보 취득
⑥ 건축물관리대장, 한국토지정보시스템, 토지종합정보망, 새주소데이터 등을 이용한 속성정보의 취득
⑦ 속성정보 취득 및 현지 보완측량을 위한 현지 조사
⑧ 기존에 제작된 DEM 및 정사영상 및 영상정보를 이용한 자료의 취득

(3) 3차원 공간정보 제작 순서

① 2차원 공간정보에 높이 정보를 입력하여 3차원 면형(블록)으로 제작
② 세밀도에 따라 3차원 면형을 3차원 심볼 또는 3차원 실사모델로 변환
③ 세밀도에 따라 가시화 정보 제작
④ 속성정보를 입력(기초자료 간에 불일치가 있을 경우 1:1,000 수치지도 2.0을 기준으로 함)

(4) 품질검사를 위한 품질요소

① 완전성
② 논리일관성
③ 위치정확성
④ 주제정확성

(5) 수치지형 데이터를 이용한 지형분석

1) 지형분석의 종류

① 래스터자료에서 인접한 셀들과의 관계를 중심으로 분석하는 대표적 사례가 지형분석 기능이라고 할 수 있음
② 지형을 표현하는 방식은 등고선, TIN, DEM 등 다양하지만, 지형 분석에서 많이 활용되는 경사도, 경사향, 음영 기복도, 가시권 분석 등은 각 셀의 높이 값과 인접한 셀의 높이 값을 기반으로 하는 래스터 분석방법임
  - 예를 들어 경사도 분석의 경우 인접한 셀까지 변하는 값에 대한 최대 비율을 계산하며, 계산된 값들 중 최고값을 다시 원래의 셀에 입력하는 구조로 되어 있음
  - 셀을 이동하면서 새로운 값이 입력되는데, 이러한 방식을 무빙 윈도(Moving window)라고 함
  - 경사면의 향, 음영기복도와 일조 분석의 경우에도 무빙 윈도 방식으로 해당 분석 알고리즘이나 연산식에 의해 각 셀에 해당하는 값을 입력하게 됨
③ 대표적인 지형 기반 분석의 종류: 경사도/향 분석(Slope/Aspect), 등고선 생성(Automated contours), 단면분석(Cross section), 3차원 분석(3d view), 가시권분석(Viewshed analysis), 일조분석(Solar radiation analysis) 등

> **TIP** 지형 기반 분석의 종류
>
> 경사도/향 분석(Slope/Aspect), 등고선 생성(Automated contours), 단면분석(Cross section), 3차원 분석(3d view), 가시권 분석(Viewshed analysis), 일조분석(Solar radiation analysis) 등

2) 지형분석의 활용

① 지형분석 기능은 일정 지리적 위치에서의 표고, 위치의 계산 또는 특정 지점을 바탕으로 주변지역의 경사도의 계산과 같은 특성을 나타내는 수치의 계산에 사용될 수 있음
② 대개의 지형분석 기능은 국지적인 지형을 특성화하는 데 있어서 주변의 지형을 고려함
③ 지형을 고려하기 위해 가장 보편화된 변수는 경사(Slope), 경사 방향(Aspect)이며 이것들은 주변의 표고값을 이용하여 계산됨

3) 경사도와 경사면 향 분석

① DEM, TIN 자료를 이용한 지형분석은 최근 매우 활성화되고 있으며, 특히 수치표고모델은 각종 지형 분석 알고리즘을 개발·처리하는 컴퓨터 기술의 발달로 인해 활용분야가 증대되고 있음
② DEM 데이터를 이용한 가장 보편적인 지형 분석 기능은 일정 지점에서의 경사도(Slope)와 경사면의 향(Aspect)을 분석하여 지형적 특성을 나타내는 것이며, 그 외에도 지형의 단면도(Cross-section)를 생성하거나 3차원으로 시각화하여 지형을 표현하는 다양한 분석 기법들이 사용되고 있음
③ 경사와 경사면의 향 분석은 강수량의 유출에 대한 시뮬레이션 모델을 구축하는 경우 및 유역면적의 추출에 매우 유용함
- 경사도는 경관상에서 지형 변화를 계산하는 것으로, 래스터 데이터 구조에서 경사는 한 셀과 그 주변 셀들과의 고도 변화를 통해 산출되며 두 지점 간의 고도의 차가 클수록 경사도 커지게 됨
- 일반적으로 경사도는 각 셀에서 인접 셀까지의 변하는 값에 대한 최대 비율을 나타내며 경사도는 백분율이나 도(Degree)로 계산
- 경사도(θ)는 rise/run으로 나타내며 경사도가 45°일 경우 백분율로 나타내면 100이 되며, 만일 경사각이 수직에 가까워질 때 백분율 경사도는 무한대에 가까워짐
- 경사면의 향(Aspect)의 분석 방법도 경사도를 산출하는 방법과 마찬가지로 3 x 3 이동 창에서 이웃하는 8개의 셀을 토대로 하여 주향을 결정함

④ 경사면 방향이 북쪽인지 남쪽인지에 따라 태양 일사량이 달라지며, 온습도도 달라지기 때문에 경사면의 향에 대한 분석은 식생 및 농작물의 성장과 관련된 분야를 비롯한 생태계, 환경계획 분야에서 유용하게 활용됨

3. DEM과 TIN의 생성

(1) 표면 모델링과 수치 지형 모델링

① 실세계의 공간상에 나타나는 현상 중 지형, 기온, 강수량 등과 같이 지표면상에 연속적으로 나타나는 현상들은 점, 선, 면적으로 나타내기 어렵기 때문에 일반적으로 표면으로 나타냄
② 표면: 일련의 x, y 좌표로 위치화된 관심 대상 지역에 Z값(높이)의 변이를 가지고 연속적으로 나타나는 현상
③ 표면 모델링(Surface modelling): 주어진 지역에서 연속적으로 분포되어 표면으로 나타나는 현상을 컴퓨터에 표현하기 위한 방법
④ 수치 지형 모델
- 표면 모델링 가운데 가장 널리 알려진 모델
- x, y, z의 좌표값을 갖는 수많은 점들에 의해 형성된 연속적 표면을 통계적으로 표현하여 지형을 나타내는 방법

(2) 수치 지형 데이터의 취득

① 수치 지형 데이터는 야외조사, 사진 측량, GPS, 기존 지도로부터 디지타이징 등의 방법을 통해 취득하고 구조화할 수 있음
② 야외조사, 사진측량, GPS 등의 방법을 통해서는 조사 지점 또는 표본 지점에 대해 연속적으로 또는 불규칙적으로 x, y, z의 값을 취득할 수 있음
③ 기존 지도의 등고선을 따라 수치화된 점 데이터를 이용하여 수치 지형 모델을 만드는 경우, 등고선을 따라 디지타이징된 점 데이터를 보간법에 의해 규칙적인 간격을 가진 수치표고모델(DEM)이나 부정형 삼각네트워크(TIN) 데이터 구조로 변환하여 지형을 나타낼 수 있음

(3) 수치 지형 모델의 유형

① 수치 지형 데이터의 획득은 연속적으로 분포되어 나타나고 있는 지표면상의 모든 지점에 대한 데이터를 수집할 수 없기 때문에 표본 추출에 의해서 이루어짐
② 일반적으로 수치지형 데이터 획득을 위한 표본 추출 방법은 크게 계통적 추출방법, 적응적 추출방법으로 분류 가능

계통적 표본 추출 방법	• 표본 지점이 규칙적인 간격으로 측정되는 경우 • 표본 지점을 규칙적인 간격으로 추출하는 것으로, 표고값들이 행렬을 이루게 되는데 대표적인 형태가 수치표고모델(DEM)
적응적 표본 추출 방법	• 지형을 보다 잘 표현하기 위해 표본지점을 선택적으로 채택하는 것 • 표본 지점과 고도 값이 불규칙하게 분포된 결과를 얻게 됨 • 불규칙하게 추출된 표본 지점들에 대한 수치 지형 데이터는 적절하게 구조화되어야 표면을 표현할 수 있음 • 적응적 표본 추출 방법에 의해 수집된 수치 지형 데이터는 삼각법에 의해 불규칙삼각네트워크 구조(TIN)로 변환되는 것이 일반적

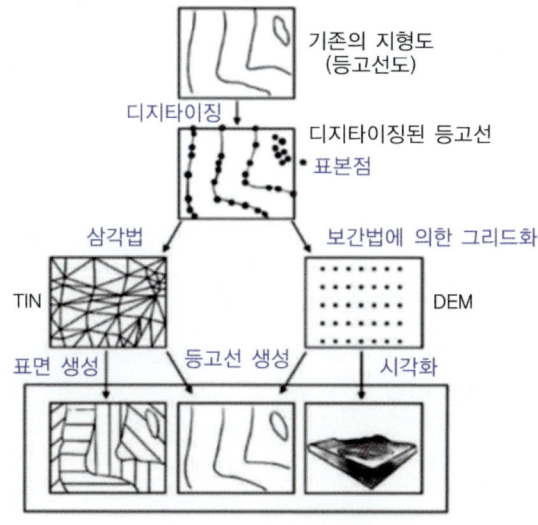

그림 수치 지형 모델링

4. DEM 생성

(1) DEM의 의미

① 수치 표고 모델(DEM)은 규칙적인 간격으로 표본 지점이 추출된 격자 형태의 데이터 모델
② DEM에서는 데이터의 구조가 그리드를 기반으로 하기 때문에 데이터를 처리하고 다양한 분석을 수행하는 것이 용이함
③ 규칙적인 간격의 표본지점 배열로 복잡한 지형을 표현하는 데에는 부적합함

> **TIP** DEM의 단점
> 표면을 표현하는 데 있어서 동일한 밀도의 동일한 크기의 격자를 사용하기 때문에 복잡한 지형의 특성을 반영하기에는 한계가 있다. 또한 단순한 지형을 표현하는 데에도 많은 데이터 용량을 갖는다는 한계가 있다.

(2) DEM의 구축

DEM의 구축은 자료수집 단계와 자료처리 단계로 이루어짐

자료수집 단계	• 지표면의 지형지물을 삼차원 위치좌표로 관측하는 과정 • 다양한 위치자료의 선정 방법과 자료추출방법이 존재함 • 위치자료의 선정 방법과 자료추출방법은 구축된 DEM의 품질과 밀접한 관련이 있음
자료처리 단계	• 수집된 위치자료로부터 지형을 가장 효율적으로 표현할 수 있는 모형의 표고를 보간에 의해 결정하는 과정 • DEM은 표고점의 배치형태, 추출방법, 장비, 보간법, 목표 정확도에 따라 구축방법이 달라짐

(3) DEM 표현

1) DEM

① 원래 지형의 기복을 모형화하기 위하여 개발되었으나 현재는 지형의 기복뿐만 아니라 연속적인 다양한 속성의 변화를 나타내는 데에도 사용되고 있음
② 일반적으로 DEM은 XY좌표로 표현이 가능한 격자로 이루어져 있어 2차원의 데이터 구조로 볼 수 있음
③ 각 격자는 높이 값과 연결이 가능하고 높이 값은 하나의 속성으로 표현되기 때문에 엄밀한 의미에서 2.5차원이라고 할 수 있음

2) TIN

불규칙하게 분포된 위치에서 표고를 추출하고 이들 위치를 삼각형의 형태로 연결하여 전체 지형을 불규칙한 삼각형의 망으로 표현하는 방식

(4) 수치지도 축척에 따른 DEM의 격자 간격

수치지도 축척	DEM 격자 간격
1:1,000	1m x 1m
1:2,500	2m x 2m
1:5,000	5m x 5m

5. TIN 생성

(1) TIN의 특성

① TIN(Triangulated Irregular Networks): 연속적인 표면을 표현하기 위한 또 다른 접근방법으로, Pewker 등이 1978년에 제시한 데이터구조
② 불규칙하게 분포된 위치에서 표고를 추출하여 이들 위치를 삼각형의 형태로 연결하여 전체 지형을 불규칙한 삼각형의 망으로 표현하는 방식
③ TIN 방식은 세 개의 위치좌표를 가지고 하나의 삼각형을 이루게 됨
- 세 지점의 알려진 속성 값을 이용하여 세 지점을 연결한 삼각형에 대하여 속성 값을 추정 가능
- 속성 값의 추정과 함께 삼각형의 경사의 크기, 방향 등이 결정될 수 있음
- 격자방식과 비교하여 비교적 적은 지점에서 추출된 표고데이터를 사용하여 개략적으로나마 전반적인 지형의 형태를 나타낼 수 있다는 장점이 있음

> **TIP** **TIN의 장점**
> TIN은 격자구조가 아닌 벡터구조로서 기존의 점 데이터나 DEM 구조의 자료분포에서 벡터 형태로 변환을 통한 위상구조를 가질 수 있다는 특징과 함께 공간분석에 활용할 수 있다는 장점이 있다.

(2) TIN의 표현

① TIN모델은 표본 추출된 표고점을 선택적으로 연결하여 부정형의 삼각형으로 이루어진 모자이크 식으로 지형을 나타냄
② TIN모델에서 변은 선형의 형상을 나타냄
③ TIN데이터 모델은 지형의 특성을 고려하여 불규칙적으로 표본 지점을 추출하였기 때문에 경사가 급한 곳은 조밀하게 삼각형으로 둘러싸여 나타남
④ 추출된 표본점들은 x, y, z값을 가지고 있다는 점과 벡터 데이터 모델이기 때문에 위상 구조를 가지고 있다는 특징이 있음
⑤ 페이스(Face), 노드(Nide), 엣지(Edge)로 구성됨
⑥ 표본점으로부터 삼각형의 네트워크를 생성하는 방법으로 가장 널리 사용되고 있는 방법은 델로니 삼각법이며, 티센 다각형 또는 보로노이 폴리곤이라 불리는 최근린지역의 개념을 토대로 하고 있음

⑦ 수치지형 데이터를 표본 추출하는 접근방법에 따라 구축되는 DEM과 TIN은 상호 배타적인 성격을 갖지 않고 서로 호환이 가능하며, 대부분의 수치지형모델링 시스템은 두 가지 포맷을 입력 데이터로 받아들이고 있음

(3) TIN 구축 원리

① 델로니 삼각법
- 표본점으로부터 삼각망을 생성하는 방법
- 삼각형의 외접원 내부에 다른 점이 포함되지 않도록 연결된 삼각망
- 삼각형을 정의하는 3개의 점을 제외한 어떤 다른 점도 삼각형을 감싸고 있는 원에 포함되지 않아야 함

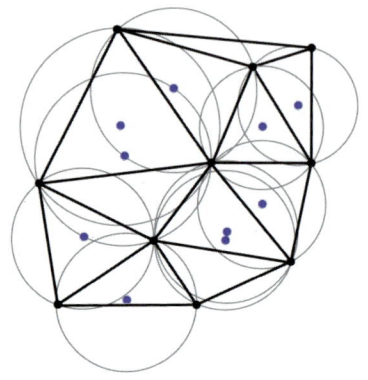

그림 외접원의 중심과 델로니 삼각망

② 등고선으로부터 구성되는 삼각형은 모양이 델로니 삼각망의 성질을 갖는다면 이상적인 삼각망이 구성됨
③ 등고선, 능선, 계곡, 인공구조물을 가로질러 TIN이 구성되면 실제 지형의 특성을 반영하지 못함
④ 동일한 고도값을 가지고 있는 표고점만을 이용하여 TIN이 생성되면 실제 지형과 달리 평지로 표현됨

(4) 문제점 해결 방안

① 표고 보완점을 수동으로 추가하는 방안
② 수치지도에 포함된 표고 정보를 이용하여 가상 표고 보완점을 추정하는 방안
③ 가상 표고보완점과 기존 등고선 및 표고점을 연결하여 수동방식의 표고보완점을 줄이는 방안
④ 대상 구역을 소규모로 나누어 각 구역에서 TIN을 구성하고 각 구역의 TIN을 합성하는 방안

(5) 보로노이 다이어그램을 이용한 TIN 구축

① 보로노이 다이어그램(Voronoi diagram)
- 평면을 특정 점까지의 거리가 가장 가까운 점의 집합으로 분할한 그림
- 델로니 삼각망의 원칙을 충족함
- 조지 보로노이(Georgy Feodosevich Voronoy)의 이름에서 유래함

② 보로노이 다이어그램을 그리는 방법: 먼저 평면에 있는 점들 중 가장 가까운 점 2개를 모두 연결한 다음, 선들의 수직이등분선을 그어서 분할되는 것들이 보로노이 다각형

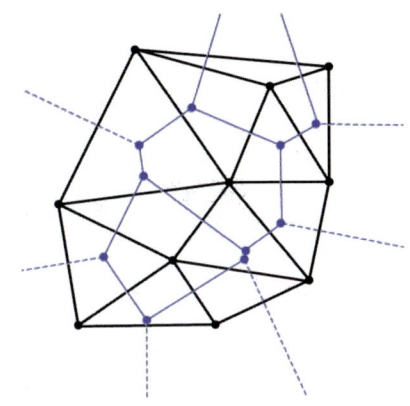

그림 외접원의 중심을 연결하여 보로노이 다이어그램을 만듦

(6) 티센 다각형

① 보로노이 다이어그램을 통해 생성된 티센 다각형 내부의 모든 점은 주변 다각형의 중심점보다 해당 티센 다각형 중심점에 더 가까운 특성을 지님
② 집합 내의 어떤 직접 위치에서도 다각형 내부에 위치한 점까지의 거리가 다른 다각형 내에 위치한 거리보다 가까운 다각형

6. DEM과 TIN의 활용 비교

활용 분야	DEM	TIN
지형의 특성	규칙적인 DEM 표본추출 방법은 보다 단순한 지형 표현에 적합함	불규칙한 적응적 TIN 표본추출 방법은 국지적 변이가 심한 복잡한 지형 표현에 보다 적합함
모델링의 목적	래스터 데이터 구조를 기반으로 하고 있는 DEM 데이터는 중첩과 같은 공간분석 기능을 보다 쉽게 수행 가능	벡터 데이터 구조를 기반으로 하고 있는 TIN 데이터는 공간분석 기능의 수행은 뒤떨어지지만, 보다 정교한 지형 결과물을 생성 가능
특정한 응용의 필요성	정사사진 생성과 같은 특정 목적을 위해서는 DEM 데이터가 훨씬 효과적	음영으로 기복을 표현하려는 목적을 위해서는 TIN 데이터가 훨씬 효과적
데이터 획득의 방법	사진영상을 해석도화하는 방법으로 수치지형데이터를 획득하는 경우 DEM 방법이 적합함	지도를 디지타이징하거나 야외 조사 방법을 통해 수치지형 데이터를 획득하는 경우 TIN 방법이 적합함

7. 3차원 조감도 제작

(1) 3차원 국토공간정보 제작을 위한 작업순서
① 작업계획 및 점검
② 기초자료 취득 및 편집
③ 3차원 국토공간정보 제작
④ 가시화정보 제작
⑤ 품질관리
⑥ 정리점검 및 성과품

(2) 가시화정보 편집
① 실사 영상으로 취득된 가시화정보는 자료의 특성(그림자 등)을 고려하여 색상을 조정하여야 함
② 실사 영상에서 지물을 가리는 수목, 전선 등은 주변영상을 이용하여 편집하여야 함
③ 실사 영상에서 폐색지역이나 영상이 선명하지 않은 지역은 지상에서 촬영한 영상을 이용하여 편집하여야 함. 다만, 편집이 어려운 경우, 가상 영상으로 대체할 수 있음
④ 3차원 지형데이터의 가시화정보는 정사영상을 이용하여 다음과 같이 편집하여야 함
  - 교량, 고가도로, 입체교차부 등 공중에 떠 있는 지물은 삭제함
  - 교량, 고가도로, 입체교차부 등으로 가려진 부분은 주변영상을 이용하여 편집하여야 함

(3) 가시화정보 제작방법
① 3차원 교통데이터, 3차원 건물데이터 및 3차원 수자원데이터는 세밀도에 따라 단색, 색깔, 가상 영상 또는 실사 영상으로 가시화정보를 제작하여야 함
② 단색 또는 색깔 텍스처는 3차원 면형(블록)을 단색 또는 색깔로 제작하여야 함
③ 가상 영상 텍스처는 지물의 용도 및 특징을 나타낼 수 있도록 실제모습과 유사하게 제작하여야 함
④ 실사 영상 텍스처는 제19조에 의해 편집된 실사 영상을 이용하여 제작하여야 함
⑤ 가상 영상 및 실사 영상 텍스처는 3차원 모델의 크기에 맞게 제작하여야 함
⑥ 별표 5 "3차원 건물데이터 세밀도 및 가시화정보 제작기준"과 달리 실사 영상으로 가시화 하여야 하는 대상
  - 10층 이상 고층 공동주택, 시·군·구청 및 우체국 등 공공기관
  - 3차 의료기관, 경기장, 전시장 및 대형쇼핑센터
  - 4차선(편도, 왕복 8차선) 이상의 도로가 교차하는 교차로에서 반경 50m 이내에 존재하는 10층 이상의 건물

(4) 가시화정보 지상표본거리

가상 영상 및 실사 영상의 지상표본거리는 12cm 이내로 함

(5) 품질검사를 위한 품질요소

① 완전성
② 논리일관성
③ 위치정확성
④ 주제정확성
⑤ 기타

(6) 검사방법

1) 3차원 국토공간정보의 품질검사 방법

① 화면검사
② 현장검사

2) 화면검사

① 3차원 모델의 누락, 인접 오류, 노드점 오류, 방향성 오류 등을 검사함
② 속성정보는 1:1,000 수치지도2.0, 각종 대장자료 간의 비교를 통하여 누락, 오류사항을 검사함
③ 가시화정보는 누락, 적절성, 영상정합 오류를 검사함

3) 현장검사

① 현장검사는 가시화정보의 영상정합 오류 및 표현 오류 등을 검사하여야 하며, 현장사진과의 비교로 현장검사를 대신할 수 있음
② 3차원 모델의 위치정확도에 대한 별도의 검증이 필요하다고 판단되는 경우에는 직접 또는 간접측량의 방법으로 현장검사를 실시할 수 있음

(7) 3차원 건물 데이터 세밀도 및 가시화 정보 제작 기준("3차원 국토 공간정보 구축 작업 규정"의 별표 5)

세밀도	제작기준	제작 예
Level 1	• 블록 형태 • 지붕면은 단색 텍스처 • 수직적 돌출부 및 함몰부 미제작 • 단색, 색깔 또는 가상 영상 텍스처	
Level 2	• 블록 또는 연합블록 형태 • 지붕면은 색깔 또는 정사영상 텍스처 • 수직적 돌출부 및 함몰부 미제작 • 가상 영상 또는 실사 영상 텍스처	
Level 3	• 연합블록 형태 • 지붕구조(경사면) 제작 • 수직적 돌출부 및 함몰부까지 제작 • 가상 영상 또는 실사 영상 텍스처	
Level 4	• 3차원 실사모델 • 지붕구조(경사면) 제작 • 수직적·수평적 돌출부 및 함몰부까지 제작 • 실사 영상 텍스처	

8. 등고선 생성

(1) 등고선의 개념
① 지도에서 해발고도가 같은 지점을 연결하여 각 지점의 높이와 지형의 기복을 나타내는 곡선
② 지형도에는 지형의 높이와 형상 등에 대한 정보를 표기할 목적으로 등치선(Isoline)의 일종인 등고선이 표기되어 있음

(2) 등고선의 특성
① 동일 등고선상에 있는 모든 점의 높이는 동일함
② 시작점과 끝점이 동일한 폐곡선임
③ 등고선은 절벽, 낭떠러지, 동굴을 제외하고 도중에 없어지거나 엇갈리거나 교차하거나 합쳐지거나 갈라지지 않음
④ 등고선의 간격이 좁으면 경사가 급하고, 등고선 간격이 넓으면 경사가 완만한 곳임

(3) 등고선의 종류

구분	1:5,000	1:25,000	1:50,000	1:250,000	비고	등고선의 기호	설명
계곡선	25m	50m	100m	500m	굵은 실선	———	• 지형의 상태와 판독을 쉽게 하기 위하여 주곡선 5개마다 하나씩 굵은 실선으로 표시함 • 주곡선의 수를 판독하는 데 도움이 됨
주곡선	5m	10m	20m	100m	가는 실선	———	• 등고선 중 가장 기본이 되는 곡선으로 가는 실선으로 표시함 • 간격은 1:25,000 지형도에서 10m 간격, 1:50,000 지형도에서 20m 간격(축척 분모의 약 1:2,000~1:2,500)
간곡선	2.5m	5m	10m	–	굵은 파선	-----	• 완경사지에서 주곡선만으로는 판독이 불충분하거나 등고선의 간격이 넓을 때 사용 • 할선(割線)으로 표시하고 주곡선의 1/2 간격
조곡선	1.25m	2.5m	5m	–	가는 점선	………	• 지형이 더욱 완만하여 간곡선을 표시해도 세부 지형 판독이 힘들 때 파선(波線)으로 표시 • 간격은 주곡선의 1/4
실제 거리 (1cm당)	50m	250m	500m	2,500m			(평지 기준임)

(4) 등고선 제작 방법

1) 현지측량

2) 사진측량

3) 기존 지도에서 디지타이징

방법	기술	대상 면적	활용
현지측량	토탈스테이션, GPS	대축척의 특정구역으로 한정	국가기준점, 도시기준점을 활용
사진측량	해석 및 수치도화기	기본이 심한 비교적 넓은 지역	국가기본도 제작 시 활용
기존 지도 이용	스캐닝, 디지타이징	소축척 또는 전국적	기존 제작된 수치지형도로부터 TIN과 DEM변환하여 등고선 생성

4) 기존 수치지형도로부터의 등고선 생성

① 수치지형도로부터 DEM까지의 제작 과정

표고점 추출	• TIN 생성을 위한 선행단계 • 수치지형도에서 표고점을 추출하는 단계 • 표고점의 파일 포맷: x, y, z 정보를 보유한 ASCII 파일
TIN 생성	• DEM을 제작하기 위한 선행단계 • 추출된 표고점을 이용하여 TIN을 생성하는 단계 • 보로노이 다각형, 델로니 삼각망 등의 알고리즘을 적용 • 생성된 TIN은 페이스(Face), 노드(Node), 엣지(Edge) 등의 정보 보유
DEM 생성	• TIN을 이용한 보간법을 적용하여 DEM을 제작하는 단계 • TIN에 근거한 지형자료의 보간은 최소한의 표고점을 이용해 능선이나 곡선과 같은 지형 구조의 특성을 반영할 수 있다는 점에서 효율적임

② DEM을 이용한 등고선 생성: 공간정보 소프트웨어를 통한 처리

③ DEM을 이용한 등고선 생성 과정
- 공간정보 소프트웨어에서 DEM을 선택해서 열기
- 공간정보 소프트웨어의 메뉴에서 명령어를 선택한 후 등고선 추출기능 선택
- 입력되는 래스터 레이어에서 DEM을 선택하고, 출력되는 벡터 파일명과 등고선 간격 지정
- 공간정보 소프트웨어에서 등고선 추출기능 실행 확인
- 등고선 벡터 데이터의 생성 결과 확인
- 쉽게 인식할 수 있도록 각 등고선에 계곡선, 주곡선, 간곡선, 조곡선 등의 속성과 높이 값을 부여하고 시각화

CHAPTER 04 | 공간정보 분석

01 ★☆☆
재분류(Reclassification)에 대한 설명으로 옳지 않은 것은?

① 속성의 범주를 새로운 기준에 따라 구분한다.
② 동일한 속성값을 가진 객체들을 병합한다.
③ 병합에 따라 삭제된 경계선들은 위상을 새롭게 갱신할 필요 없다.
④ 속성 테이블에 새로운 필드를 만들어 재부호화함으로써 공간 관계를 이해하는 것을 용이하게 한다.

해설
재분류 단계
- 속성의 범주를 새로운 기준에 따라 구분
- 구분된 속성의 분류내용에 따라 재분류 실행
- 동일한 속성값을 가진 객체들을 병합
- 병합에 따라 삭제된 경계선들에 대한 위상 갱신

정답 ③

02 ★☆☆
재부호화의 장점에 해당하지 않는 것은?

① 자료를 일반화하기 위한 선행 작업으로 이루어진다.
② 속성의 명칭이나 값이 변경된다.
③ 속성을 간편화시켜 속성 간의 관계를 파악하기 용이하게 한다.
④ 속성의 범주를 증가시킨다.

해설
재부호화(Recoding)
속성의 명칭이나 값을 변경하는 것을 의미하는 것으로, 속성을 간편화시켜 속성 간의 관계 파악을 용이하게 한다. 자료의 일반화를 적용하기 위한 선행 작업으로 이루어진다.

정답 ④

03 ★☆☆
디졸브(Dissolve)에 대한 설명으로 옳지 않은 것은?

① 속성값이 같은 공간 객체를 하나로 통합하는 것이다.
② 디졸브 후 위상구조의 변화를 고려해야 한다.
③ 서로 다른 속성을 지닌 벡터 자료를 일괄적으로 속성값을 통합하는 것이다.
④ 선택한 폴리곤을 합쳐 각 구역을 통합하는 것이다.

해설
Dissolve는 특정 속성변수에 대해 같은 값을 가지는 레이어상의 모든 도형을 단일 도형으로 변화시켜 새로운 자료로 만드는 것이다. 병합 과정을 거쳐 공간 객체와 데이터베이스도 단순해지고, 공간 객체 간의 관계도 이해하기 쉽게 단순화된다. 디졸브 결과는 새로운 정보가 생성되기 때문에 위상변화를 고려해야 한다.

정답 ③

04 ★☆☆
전체 대상 지역을 분리된 구역으로 나누는 기능으로, 대용량의 공간데이터베이스를 지리적으로 세부구역으로 나누어 기존 레이어로부터 원하는 영역만을 별도의 레이어로 추출하고자 할 때 주로 사용되는 기능은?

① Split
② Tile
③ Merge
④ Dissolve

해설
Split
공간상의 지도면적을 분리된 구역으로 나누는 기능이다. 대용량의 공간 데이터베이스가 지리적으로 세부구역으로 나누어져야 할 때 사용된다.

정답 ①

05 ★★☆

전체 대상 지역을 균일한 형태의 하위 영역으로 구분함으로써 편리하고 빠르게 사용할 수 있도록 작은 지역으로 지도를 분할할 때 주로 사용하는 기능은?

① Split
② Tile
③ Merge
④ Dissolve

해설

Tile
하나의 큰 베이스 지역을 작은 지역으로 쪼갤 필요가 있을 때 사용하는 기능이다. 원래의 영역을 '하위 베이스(Sub-base)' 영역 또는 타일로 나눌 수 있다. 이때 각각의 tile의 면적이나 범위는 사용자가 임의로 선택하거나 사전에 정해진 기본 값에 따라 자동으로 나뉘기도 한다.

정답 ②

06 ★★★

맵조인(Map join)에 대한 설명으로 옳지 않은 것은?

① 분리되거나 인접한 지도를 하나의 레이어로 결합하는 과정이다.
② 도형정보와 속성정보가 합쳐지면서 위상정보가 재정리되어야 한다.
③ 슬리버와 같이 불필요한 폴리곤이 생성될 가능성이 있다.
④ 두 개의 레이어가 서로 동일한 속성을 가지고 있어야 맵조인이 가능하다.

해설

맵조인
스프리트와 반대되는 개념으로, 여러 개의 레이어를 하나의 레이어로 합치는 과정이다. 여러 개의 레이어가 하나의 레이어로 합쳐지면서 도형정보와 속성정보가 합쳐져서 위상정보도 재정리되는 것이 특징이다. 서로 다른 레이어 간에 중첩이 발생하는 것과 동일하므로 슬리버와 같이 불필요한 폴리곤이 생성이 수반된다. 때문에 이것을 제거하기 위한 별도의 작업과정이 필요하다. 두 개의 레이어의 속성이 다르더라도 맵조인이 가능하다.

정답 ④

07 ★★☆

래스터 데이터의 재분류 과정에 대한 설명으로 옳지 않은 것은?

① 서로 다른 측정 척도를 가진 데이터의 경우 재분류할 수 없다.
② 서로 다른 속성 유형의 레이어를 연산할 경우 속성 유형을 변경시켜야 한다.
③ 서로 다른 속성 유형의 레이어를 연산할 경우 0에서 1까지의 값의 범위를 갖도록 정규화하여 변환한 후 연상 수행한다.
④ 재분류 과정을 통해 속성 값을 단순화시킬 수 있다.

해설

서로 다른 측정 척도를 가진 데이터의 경우 서로 비교할 수 있도록 속성 유형을 변경한 후 재분류할 수 있다.

정답 ①

08 ★☆☆

공간자료의 속성을 재분류할 때 그룹별 빈도수가 동일하게 그룹의 경계를 결정하는 방법은?

① Natural break 방법
② Quantile 방법
③ Equal interval 방법
④ Standard deviation 방법

해설

동일 개수 분류(Quantile) 방법
최솟값에서 최댓값까지의 범위 중 그룹별 빈도수가 동일하게 그룹의 경계를 결정하는 방법

정답 ②

09 ★★☆

공간자료 재분류 방법 중 Natral break 방법에 대한 설명으로 옳은 것은?

① 그룹 내의 분산이 가장 작도록 그룹의 경계를 결정하는 방법
② 그룹별 빈도수가 동일하게 그룹의 경계를 결정하는 방법
③ 그룹 간 간격이 동일하게 그룹 경계를 결정하는 방법
④ 표준편차 범위를 구하여 그룹을 분류하는 방법

[해설]

최소 변이 분류, 자연분류(Natural break) 방법
속성이 작은 값에서 큰 값으로 빈도 그래프를 그린 후, 그룹 내의 분산이 가장 작도록 그룹 경계를 결정하는 방법

[정답] ①

10 ★★★

서로 다른 측정 척도를 가진 래스터 자료의 재분류 방법에 대한 설명으로 가장 적절한 것은?

① 기존의 속성값을 모두 합산하여 누적된 값을 대상으로 분석한다.
② 기존의 속성값 외에 새로운 속성 값을 대푯값으로 부여하여 분석을 진행한다.
③ 기존 속성의 대푯값으로 평균값이나 최빈값으로 대체하여 분석을 진행한다.
④ 정규화하는 등의 재분류를 통해 서로 호환 가능한 상태로 변환한 후 연산을 수행한다.

[해설]

다른 측정 척도를 가진 자료의 재분류(래스터 자료)
• 서로 다른 속성 유형의 레이어를 연산하는 경우, 서로 비교할 수 있도록 속성 유형을 변경시켜야 한다.
• 0에서 1까지의 값의 범위를 갖도록 정규화(Normalization)하는 등의 재분류를 통해 서로 호환 가능한 상태로 변환한 후 연산을 수행한다.

[정답] ④

11 ★☆☆

경계가 서로 유사한 여러 폴리곤을 중첩할 때 경계면에서 생성되는 가늘고 폭이 좁은 형태의 불필요한 폴리곤을 무엇이라고 하는가?

① 언더 슛(Under shoot)
② 스파이크(Spike)
③ 슬리버(Sliver)
④ 댕글(Dangle)

[해설]

슬리버의 발생
경계가 유사한 면을 중첩할 때 경계면에 가늘고 폭이 좁은 형태의 무의미한 면이 생성될 가능성이 있다.

[정답] ③

12 ★★☆

점과 면 레이어의 중첩으로 얻을 수 있는 정보의 예로 가장 적절한 것은?

① 특정 도로를 포함하고 있는 행정구역에 대한 정보
② 누수된 상수도의 행정구역 위치 파악
③ 학생의 거주지에 따른 학군 배정
④ 지하시설물의 행정구역별 정보 파악

[해설]

• 점과 면 레이어의 중첩: 어떤 폴리곤 내에 어떤 점들이 있는지를 파악
  – 학생의 거주지에 따라 학군 배정
  – 소비자가 어떤 상권에 포함되는지 파악
• 선과 면 레이어의 중첩: 각 선이 어떤 면 내에 존재하는지에 대한 정보
  – 특정 도로를 포함하고 있는 면의 속성
  – 누수된 상수도의 행정구역 위치 파악
• 면에 포함되어 있는 선에 대한 정보
  – 행정구역별 도로의 길이 및 속성 파악
  – 지하시설물의 행정구역별 정보 관리

[정답] ③

13 ★☆☆

벡터 레이어에서 가능한 중첩 분석 기능에 대한 설명으로 옳지 않은 것은?

① 지우기(Erase): 두 번째 레이어를 이용하여 첫 번째 레이어의 일부분을 지운다.
② 교차(Intersect): 두 레이어의 공통 부분을 나타내고, 각각에 해당하는 모든 속성을 포함한다.
③ 결합(Union): 두 레이어의 모든 부분을 나타내며, 합집합처럼 모든 속성에 id를 할당하고 저장한다.
④ 동일성(Identity): 두 레이어 간 중첩되지 않은 부분만을 결과 레이어로 나타내며, 두 레이어의 속성은 모두 산출 레이어에 포함된다.

해설

지우기(Erase)	두 번째 레이어를 이용한 첫 번째 레이어의 일부분을 지움
교차(Intersect)	• 두 개의 레이어를 교차하여 서로 교차하는 범위의 모든 면을 분할하고, 각각에 해당하는 모든 속성을 포함함 • 공간 조인과 같은 기능이라고 할 수 있음
결합(Union)	두 개의 레이어를 교차하였을 때 중첩된 모든 지역을 포함하고, 모든 속성을 유지함
동일성(Identity)	첫 번째 레이어의 모든 형상은 그대로 유지되지만, 두 번째 레이어의 형상은 첫 번째 레이어의 범위에 있는 형상만 유지됨
형상학적 차이 (Symmetrical difference)	두 레이어 간 중첩되지 않는 부분만을 결과 레이어로 산출하며, 두 레이어의 속성은 모두 산출 레이어에 포함됨

정답 ④

14 ★★☆

중첩 분석 기능 중 Clip에 대한 설명으로 옳지 않은 것은?

① 다른 레이어의 도형 경계로 레이어를 잘라내는 것이다.
② 잘라내는 대상이 되는 레이어는 점, 선, 면에 상관없이 가능하다.
③ 잘라낼 범위를 나타내는 레이어는 반드시 면이어야 한다.
④ 선으로 구성된 레이어를 Clip하면 선 개체만 남게 된다.

해설

Clip
다른 레이어의 도형의 경계로 레이어를 잘라내는 것이다. 이때 중첩되는 자료층은 점, 선, 면에 상관없이 모든 유형의 공간 데이터가 가능하지만, 잘라낼 범위는 반드시 면 개체로 표현되어야 한다. 이것은 필요없는 자료를 자르기 위해 가위질을 하는 것과 같다. 예를 들면 고속도로 레이어를 특정 지역을 경계로 잘라낼 수 있다. 선 개체로 구성된 자료층의 경우 범위 내의 선 개체만 남지만 경계부에서 새로운 점, 즉 선 개체의 시작점과 끝점을 표시하는 점 개체들이 새롭게 생성된다.

정답 ④

15 ★★☆

동일한 셀의 크기를 가지는 여러 래스터 데이터를 활용하여 다양한 수학 연산자를 이용해 계산하여 새로운 셀 값을 부여하는 중첩 분석 기능은?

① 지도대수(Map algebra)
② 논리적 연산(Logical operation)
③ 회귀분석
④ 버퍼분석

해설

래스터 데이터에서 산술적 연산을 통한 중첩과정을 지도대수 기법(Map algebra)이라고 부른다. 지도대수 기법은 동일한 셀 크기를 가지는 래스터 데이터를 이용하여 덧셈, 뺄셈, 곱셈, 나눗셈 등 다양한 수학 연산자를 사용해 새로운 셀값을 계산하는 방법이다.

정답 ①

16 ★★★

래스터 데이터의 논리적 연산에 의한 중첩 분석 기능에 대한 설명으로 옳지 <u>않은</u> 것은?

① 조건식에 따라 결과 레이어를 산출한다.
② 두 레이어의 동일한 위치의 화소값에 대해 수행한다.
③ 다양한 수학 연산자를 이용하여 새로운 셀값을 계산한다.
④ 조건 충족 여부에 따라 만족, 불만족으로 판정하여 새로운 결과 값을 부여한다.

해설

- 논리적 연산에 의한 중첩: 래스터 데이터에서 중첩은 두 개 레이어에 대한 산술적 연산이지만 조건식에 따른 결과 레이어의 산출도 가능하다. 래스터 데이터에서는 두 개 레이어에 대해 동일한 위치의 셀값을 논리적으로 연산하여 두 개의 조건이 맞으면 결괏값은 적합, 두 개의 조건이 모두 맞지 않으면 결괏값은 부적합이라는 판정을 내리게 된다.
- 다양한 수학 연산자를 사용해 새로운 셀값을 계산하는 방법은 지도 대수기법이다.

정답 ③

17 ★★☆

버퍼 분석에 대한 설명으로 옳지 <u>않은</u> 것은?

① 버퍼분석은 점, 선, 면 모든 객체에 생성할 수 있다.
② 버퍼링한 결과는 모두 폴리곤으로 표현된다.
③ 버퍼는 벡터 데이터에만 적용 가능하다.
④ 점 버퍼의 경우 점 주변에 특정한 반경을 가진 원으로 버퍼가 형성된다.

해설

버퍼링은 점, 선, 면 모든 객체에 생성할 수 있으며, 버퍼링한 결과는 모두 폴리곤으로 표현된다. 버퍼는 래스터 데이터와 벡터 데이터 모두 적용 가능하며, 일정 구간을 여러 단계로 지정하여 영역을 생성할 수도 있다.

정답 ③

18 ★☆☆

버퍼 분석에서 버퍼 결과에 대해 중첩되는 구역을 유지하면서 중첩된 영역 내에 미치는 영향권의 누적 상태를 비교할 수 있는 버퍼는?

① 복합 버퍼
② 단순 버퍼
③ 단일 거리 버퍼
④ 다중 거리 버퍼

해설

복합 버퍼
단순 버퍼와는 달리 디졸브를 수행하지 않아 버퍼 영역 내의 각 경계가 유지되면서 몇 개의 영역이 중첩되는지를 표현한다. 버퍼의 각 중첩된 영역 내에 미치는 영향권의 누적 상태를 비교할 수 있다.

정답 ①

19 ★☆☆

버퍼 결과의 활용으로 적절하지 <u>않은</u> 것은?

① 이용권역 분석
② 근접성 분석
③ 영향권 분석
④ 네트워크 분석

해설

버퍼 결과의 활용

이용권역 분석	생성된 버퍼 구역 내의 접근성, 시설물의 분포 등 다양한 요인을 분석해 이용 가능성과 영역의 범위를 파악하는 분석
근접 분석	관심 대상 지역의 내부와 외부를 구분하여 내·외부의 공간적 특성과 상호관련성 분석
영향권 분석	여러 개의 다중 링 버퍼를 구축하여 거리 증가에 따른 영향력 분석

정답 ④

20 ★☆☆

접근성 측정 방법 중 시작점으로부터 주어진 거리 내에 포함된 시설물의 개수를 측정하기에 가장 적절한 모델은?

① 컨테이너 모델
② 커버리지 모델
③ 최소거리 모델
④ 이동비용 모델

해설
커버리지 모델
시작점으로부터 주어진 거리 내에 포함된 시설물의 개수 측정에 적합한 모델이다.

정답 ②

21 ★☆☆

접근성 측정 인자 중 거리 산정 시 시작점과 끝점까지의 거리는 어떠한 경로를 택하더라도 모두 동일하다는 특징에서 비롯된 거리는?

① 격자 거리
② 직선 거리
③ 최단 거리
④ 최소비용 거리

해설
격자 거리
격자 형태의 도로망에서 시작점과 끝점까지의 거리는 어떠한 경로를 택하더라도 모두 동일하다는 특징에서 비롯되었다.

정답 ①

22 ★★☆

어느 도시로부터 10km 내에 있는 학교 수를 파악한다거나 소방서 관할 구역 내에 주택이 몇 채나 있는지를 분석할 때 활용되는 분석 기법은?

① 인접성 분석
② 연결성 분석
③ 근접성 분석
④ 네트워크 분석

해설
근접성 분석은 거리를 계산하여 얼마나 가깝고 먼가를 파악하는 분석이다. 근접성 분석에서는 주로 Buffer와 Distance 명령어가 이용된다. 객체 간의 거리를 측정함으로써 객체 간의 최소 거리를 조건으로 하는 측정 기법이다.

정답 ③

23 ★★★

버퍼 분석에서 공간 자료에 따른 거리 산정 방법에 대한 설명으로 옳지 않은 것은?

① 래스터 자료의 경우 시작점과 직선상의 동서남북 방향에 위치한 하나의 화소 거리는 단위 거리의 1배로 부여한다.
② 래스터 자료의 경우 시작점과 대각선에 인접한 하나의 화소 거리는 단위 거리의 1.5배로 부여한다.
③ 벡터 자료의 경우 시작점에서 끝점까지의 거리는 직선거리로 산정한다.
④ 벡터 자료의 경우 버퍼 분석 시 네트워크상의 경로 거리를 산정할 필요가 있다.

해설
공간자료에 따른 거리 산정 방법

래스터 자료	• 시작점과 직선상의 동서남북 방향에 위치한 하나의 화소 거리는 단위 거리(화소와 화소 간의 거리)의 1배로 부여 • 시작점과 대각선에 인접한 하나의 화소 거리는 단위거리의 1.4배로 부여
벡터 자료	시작점으로부터의 거리를 직선거리 또는 네트워크와 같은 경로상의 거리에 따른 산정 필요

정답 ②

24 ★★☆

분석 대상이 되는 영향권에 따라 여러 개의 버퍼를 생성하고 거리 증가에 따른 영향력을 분석하는 방법은?

① 중첩 분석
② 다중 링 버퍼 분석
③ 복합 버퍼 분석
④ 인접성 분석

해설

다중 링 버퍼분석
분석 대상이 되는 영향권에 따라 여러 개의 버퍼를 생성하고, 거리 증가에 따른 영향력을 분석하는 방법이다.

정답 ②

25 ★☆☆

수치지형도에 대한 설명으로 옳지 않은 것은?

① 각종 공간정보를 취득하여 전산시스템에서 처리할 수 있는 형태로 제작하거나 변화하는 일련의 과정을 '수치지형도 작성'이라고 한다.
② 기 구축 공간정보에서 얻어진 자료를 이용하여 도화 데이터 또는 지도입력 데이터를 수정·보완하는 작업을 '정위치편집'이라고 한다.
③ 데이터 간의 지리적 상관 관계를 파악하기 위해 지형 지물을 기하학적 형태로 구성하는 작업을 '구조화 편집'이라고 한다.
④ '수치지형도'는 공간정보를 일정한 축척에 따라 기호나 문자, 속성 등으로 표시하여 정보시스템에서 분석, 입력, 편집, 출력할 수 있도록 제작된 것으로 정사영상지도를 포함한다.

해설

"수치지형도"란 측량 결과에 따라 지표면 상의 위치와 지형 및 지명 등 여러 공간정보를 일정한 축척에 따라 기호나 문자, 속성 등으로 표시하여 정보시스템에서 분석, 편집 및 입력·출력할 수 있도록 제작된 것(정사영상지도는 제외한다)을 말한다.

정답 ④

26 ★☆☆

우리나라 수치지형도 v2.0에 대한 설명으로 옳은 것은?

① 도형정보만 포함되어 있으며 문자와 기호로 속성정보를 대체한 지도이다.
② 도엽별로 DXF 파일이 제공된다.
③ 도형 및 속성정보를 동시에 가지고 있는 지리정보데이터이다.
④ 영상을 포함하여 하이브리드 지도 방식으로 표현한다.

해설

- 수치지형도 v2.0
  - 기존의 수치지형도가 가지고 있는 논리적인 모순 및 기하학적인 문제점이 제거된 도형 및 속성정보를 동시에 가지고 있는 지리정보데이터
  - NGI 파일, Shape 파일로 제공되며 1:1,000, 1:2,500, 1:5,000 축척으로 제작
- 수치지형도 v1.0: 수치지도란 도형정보만 포함되어 있으며 문자와 기호로 속성정보를 대체한 지도

정답 ③

27 ★☆☆

우리나라 3차원 국토 공간정보에서 사용하고 있는 데이터 형식은?

① DXF
② PDF
③ 3DF-GML
④ TXT

해설

3차원 공간정보의 데이터 형식인 3DF-GML(3 Dimension Feature Geographic Markup Language)으로 제작하는 것을 원칙으로 한다.

정답 ③

28 ★☆☆

우리나라 3차원 공간정보 구축을 위한 자료 취득 방법에 해당하지 않는 것은?

① 항공레이저 측량　② 수치지도 v2.0
③ 항공사진　　　　④ 지적도

해설

3차원 공간정보 구축을 위한 자료 취득 방법
- 기본지리정보와 수치지도 2.0을 이용한 2차원 공간정보 취득
- 항공레이저 측량을 이용한 3차원 공간정보 취득
- 항공사진을 이용한 3차원 공간정보 및 정사영상 취득
- 이동형 측량시스템(MMS)을 이용한 3차원 공간정보 및 가시화 정보 취득
- 디지털카메라를 이용한 가시화 정보 취득
- 건축물관리대장, 한국토지정보시스템, 토지종합정보망, 새주소 데이터 등을 이용한 속성정보의 취득
- 속성정보 취득 및 현지 보완측량을 위한 현지 조사
- 기존에 제작된 DEM 및 정사영상 및 영상정보를 이용한 자료의 취득

정답 ④

29 ★★☆

우리나라 3차원 공간정보 제작 순서에 대한 설명으로 옳지 않은 것은?

① 2차원 공간정보에 높이 정보를 입력하여 3차원 블록으로 제작
② 세밀도에 따라 3차원 실사모델로 변환
③ 세밀도에 따라 가시화 정보 제작
④ 1:5,000 수치지도 v2.0을 기준으로 속성정보를 입력

해설

3차원 공간정보 제작 순서
① 2차원 공간정보에 높이 정보를 입력하여 3차원 면형(블록)으로 제작
② 세밀도에 따라 3차원 면형을 3차원 심볼 또는 3차원 실사모델로 변환
③ 세밀도에 따라 가시화 정보 제작
④ 속성정보를 입력(기초자료 간에 불일치가 있을 경우 1:1,000 수치지도 2.0을 기준으로 함)

정답 ④

30 ★★☆

수치지형 데이터를 이용한 지형분석에 해당하지 않는 것은?

① 영향권 분석　　② 가시권 분석
③ 경사향 분석　　④ 경사도 분석

해설

지형 기반 분석의 종류에는 경사도/향 분석(Slope/Aspect), 등고선 생성(Automated contours), 단면분석(Cross section), 3차원 분석(3d view), 가시권분석(Viewshed analysis), 일조분석(Solar radiation analysis) 등이 있다.

정답 ①

31 ★☆☆

DEM 표현에 대한 설명으로 옳지 않은 것은?

① 표본 지점이 규칙적으로 추출된 격자 형태의 모델이다.
② 데이터 구조가 그리드를 기반으로 하기 때문에 다양한 분석을 수행하는 것이 용이하다.
③ 동일한 밀도의 동일한 크기의 격자를 사용하기 때문에 복잡한 지형을 표현하는 데 적합하다.
④ 데이터 용량이 상대적으로 크다는 한계가 있다.

해설

DEM의 의미
- 수치 표고 모델(DEM)은 규칙적인 간격으로 표본 지점이 추출된 격자 형태의 데이터 모델이다. DEM에서는 데이터의 구조가 그리드를 기반으로 하기 때문에 데이터를 처리하고 다양한 분석을 수행하는 것이 용이하다.
- 규칙적인 간격의 표본지점 배열로 복잡한 지형을 표현하는 데에는 부적합하다. DEM의 단점은 표면을 표현하는 데 있어서 동일한 밀도의 동일한 크기의 격자를 사용하기 때문에 복잡한 지형의 특성을 반영하기에는 한계가 있고, 단순한 지형을 표현하는 데에도 많은 데이터 용량을 갖는다는 한계가 있다.

정답 ③

32 ★☆☆

TIN 표현에 대한 설명으로 옳지 않은 것은?

① 불규칙하게 추출된 표본 지점을 삼각형으로 연결하여 나타낸 모델이다.
② 격자구조가 아닌 벡터 구조로 위상 구조를 가질 수 있다.
③ 연결한 삼각형에 경사도 및 경사향 같은 속성 값을 입력할 수 없다.
④ 상대적으로 적은 데이터 양으로 복잡한 지형을 표현할 수 있다.

해설

TIN 방식
- 격자방식과 비교하여 비교적 적은 지점에서 추출된 표고데이터를 사용하여 개략적으로나마 전반적인 지형의 형태를 나타낼 수 있다는 장점이 있다. 또한 격자 구조가 아닌 벡터 구조로서 기존의 점 데이터나 DEM 구조의 자료분포에서 벡터 형태로 변환을 통한 위상구조를 가질 수 있다는 특징과 함께 공간분석에 활용할 수 있다는 장점이 있다.
- TIN 방식은 세 개의 위치좌표를 가지고 하나의 삼각형을 이루게 된다. 세 지점의 알려진 속성값을 이용하여 세 지점을 연결한 삼각형에 대하여 속성값을 추정할 수 있다. TIN에서는 이러한 속성값의 추정과 함께 삼각형의 경사의 크기 및 방향 등이 결정될 수 있다.

정답 ③

33 ★★☆

'3차원 공간정보 구축 작업 규정'에 의한 축척 1:5,000 수치지도의 DEM격자 간격은?

① 1m × 1m
② 2m × 2m
③ 3m × 3m
④ 5m × 5m

해설

수치지도 축척에 따른 DEM의 격자 간격

수치지도 축척	DEM 격자 간격
1:1,000	1m × 1m
1:2,500	2m × 2m
1:5,000	5m × 5m

정답 ④

34 ★★★

DEM과 TIN의 비교에 대한 설명으로 적절하지 않은 것은?

① 불규칙한 적응적 표본추출 방식은 TIN, 규칙적인 계층적 표본추출 방식은 DEM 생성에 적합하다.
② DEM은 벡터 데이터 구조, TIN은 래스터 데이터 구조를 기반으로 한다.
③ DEM은 중첩 같은 공간분석 기능을 보다 쉽게 수행할 수 있다.
④ TIN은 DEM에 비해 사용되는 자료의 양이 상대적으로 적다.

[해설]

DEM과 TIN의 활용 비교
- 지형의 특성: 불규칙한 적응적 TIN 표본추출 방법은 국지적 변이가 심한 복잡한 지형을 표현하는 데 보다 적합하며, 규칙적인 DEM 표본추출 방법은 보다 단순한 지형을 표현하는 데 적합하다.
- 모델링의 목적: 래스터 데이터 구조를 기반으로 하고 있는 DEM 데이터는 중첩과 같은 공간분석 기능을 보다 쉽게 수행할 수 있는 반면에 벡터 데이터 구조를 기반으로 하고 있는 TIN 데이터는 공간분석 기능의 수행은 뒤떨어지지만, 보다 정교한 지형 결과물을 생성할 수 있다.
- 특정한 응용의 필요성: 정사사진 생성과 같은 특정 목적을 위해서는 DEM 데이터가 훨씬 효과적인 반면에 음영으로 기복을 표현하려는 목적을 위해서는 TIN 데이터가 훨씬 효과적이다.

[정답] ②

35 ★★★

3차원 국토공간정보 구축에서 가시화정보 편집에 대한 설명으로 옳지 않은 것은?

① 실사 영상으로 취득된 가시화정보는 자료의 특성(그림자 등)을 고려하여 색상을 조절하여야 한다.
② 실사 영상에서 지물을 가리는 수목, 전선 등은 주변 영상을 이용하여 편집해야 한다.
③ 교량, 고가도로, 입체교차부 등 공중에 떠 있는 지물은 삭제한다.
④ 실사 영상에서 폐색지역이나 영상이 선명하지 않은 지역은 가상 영상으로만 대체해야 한다.

[해설]

가시화정보 편집
- 실사 영상으로 취득된 가시화정보는 자료의 특성(그림자 등)을 고려하여 색상을 조정하여야 한다.
- 실사 영상에서 지물을 가리는 수목, 전선 등은 주변영상을 이용하여 편집하여야 한다.
- 실사 영상에서 폐색지역이나 영상이 선명하지 않은 지역은 지상에서 촬영한 영상을 이용하여 편집하여야 한다. 다만, 편집이 어려운 경우, 가상 영상으로 대체할 수 있다.
- 3차원 지형데이터의 가시화정보는 정사영상을 이용하여 다음 각 호와 같이 편집하여야 한다.
  1. 교량, 고가도로, 입체교차부 등 공중에 떠 있는 지물은 삭제한다.
  2. 교량, 고가도로, 입체교차부 등으로 가려진 부분은 주변영상을 이용하여 편집하여야 한다.

[정답] ④

36 ★☆☆

'3차원 건물 데이터 세밀도 및 가시화정보 제작기준'에서 정의하는 가시화정보와 지상표본거리는 몇 cm 이내여야 하는가?

① 5cm ② 10cm
③ 12cm ④ 15cm

해설
가상 영상 및 실사 영상의 지상표본거리는 12cm 이내로 한다.

정답 ③

37 ★★☆

3차원 국토공간정보의 품질검사 방법에 대한 설명으로 옳지 않은 것은?

① 화면검사와 현장검사로 이루어진다.
② 속성정보는 1:1,000 수치지도 v2.0과 각종 대장자료 간의 비교를 통해 검사한다.
③ 가시화 정보는 누락, 적절성, 영상접합 오류를 검사한다.
④ 현장검사는 가시화 정보의 오류를 검사하며 현장사진이 아닌 직접 현장조사를 통해 검사를 해야 한다.

해설
현장검사
- 현장검사는 가시화정보의 영상정합 오류 및 표현 오류 등을 검사하여야 하며, 현장사진과의 비교로 현장검사를 대신할 수 있다.
- 3차원 모델의 위치정확도에 대한 별도의 검증이 필요하다고 판단되는 경우에는 직접 또는 간접측량의 방법으로 현장검사를 실시할 수 있다.

정답 ④

38 ★★☆

'3차원 국토 공건정보 구축 작업 규정'의 3차원 건물 데이터 세밀도 및 가시화정보 제작 기준에서 정의하는 세밀도 Level 4에 해당하는 것은?

① 수직적 돌출구 및 함몰부 미제작
② 실사 영상 텍스처
③ 연합블록 형태
④ 단색, 색깔 또는 가상 영상 텍스처

해설
Level 4
- 3차원 실사모델
- 지붕구조(경사면) 제작
- 수직적·수평적 돌출부 및 함몰부까지 제작
- 실사 영상 텍스처

정답 ②

39 ★☆☆

축척 1:5,000 지형도에서 주곡선의 간격은?

① 5m ② 10m
③ 25m ④ 50m

해설
주곡선 간격
- 1:5,000: 5m
- 1:25,000: 10m
- 1:50,000: 20m

정답 ①

40 ★☆☆

지형도의 등고선 특성에 대한 설명으로 옳지 않은 것은?

① 시작점과 끝점이 동일한 폐곡선이어야 한다.
② 절벽, 동굴, 낭떠러지를 제외하고 도중에 교차하거나 합쳐지지 않는다.
③ 등고선 간격이 넓으면 경사가 급하고, 좁으면 경사가 급하다.
④ 동일 등고선상에 있는 모든 지점의 높이는 동일하다.

[해설]

등고선의 특성
- 동일 등고선상에 있는 모든 점의 높이는 동일하다.
- 시작점과 끝점이 동일한 폐곡선이다.
- 등고선은 절벽, 낭떠러지, 동굴을 제외하고 도중에 없어지거나 엇갈리거나 교차하거나 합쳐지거나 갈라지지 않는다.
- 등고선의 간격이 좁으면 경사가 급하고, 등고선 간격이 넓으면 경사가 완만한 곳이다.

[정답] ③

41 ★☆☆

축척 1:25,000 지형도에서 간곡선의 간격은?

① 1.25m ② 2.5m
③ 5m   ④ 10m

[해설]

간곡선 간격
- 1:5,000: 2.5m
- 1:25,000: 5m
- 1:50,000: 10m

[정답] ③

42 ★★☆

등고선 제작 방법에 대한 설명으로 옳지 않은 것은?

① 기존 제작된 수치지도로부터 TIN과 DEM으로 변환하여 등고선을 생성할 수 있다.
② 우리나라 국가기본도 제작 시 등고선 제작은 항공사진측량 방식을 적용한다.
③ 현지측량을 통해 등고선을 제작할 경우 국가기준점이나 도시기준점을 활용한다.
④ 기복이 심한 비교적 좁은 지역은 기존 수치지도를 이용하여 등고선을 생성하는 것이 적절하다.

[해설]

방법	기술	대상 면적	활용
현지측량	토탈스테이션, GPS	대축척의 특정 구역으로 한정	국가기준점, 도시기준점을 활용
사진측량	해석 및 수치도화기	기복이 심한 비교적 넓은 지역	국가기본도 제작 시 활용
기존 지도 이용	스캐닝, 디지타이징	소축척 또는 전국적	기존 제작된 수치지형도로부터 TIN과 DEM으로 변환하여 등고선 생성

[정답] ④

43 ★★★

기존 수치지도를 이용한 등고선 생성 과정에 대한 설명으로 옳지 않은 것은?

① x, y, z 정보를 보유한 ASCII 파일 형태로 먼저 표고점을 추출한다.
② 추출된 표고점으로 이용하여 TIN을 생성한다.
③ TIN을 이용한 보간법을 적용하여 DEM을 제작한다.
④ 입력된 벡터 레이어에서 DEM을 선택하고 공간정보 소프트웨어에서 등고선 추출 기능을 실행한다.

[해설]
- 표고점 생성: 표고점의 파일 포맷: X, Y, Z 정보를 보유한 ASCII 파일
- TIN 생성: 추출된 표고점을 이용하여 TIN을 생성하는 단계
- DEM 생성: TIN을 이용한 보간법을 적용하여 DEM을 제작하는 단계
  – 입력되는 래스터 레이어에서 DEM을 선택하고, 출력되는 벡터 파일명과 등고선 간격 지정
  – 공간정보 소프트웨어에서 등고선 추출기능 실행 확인

[정답] ④

CHAPTER 05 | 공간 영상 분석

> **대표유형**
>
> 다음 중 감독분류에 의한 영상 분류 알고리듬으로 적절하지 <u>않은</u> 것은?
>
> ① 평행육면체 분류
> ② 최소거리 분류
> ③ 최대우도 분류
> ④ K-평균 분류
>
> **해설**
> 감독 분류한 영상의 분류과정에서 연구자가 개입하여 분류계급과 전형적 사례지역을 선정한 후 분류하는 것이다. 분류 알고리듬으로는 평행육면체 분류, 최소거리 분류, 최대우도 분류 등이 있으며 K-평균 분류는 무감독 분류에 해당된다.
>
> **정답** ④

01 영상 융합

1. 영상 공간해상도

(1) 영상 융합이란

① 서로 다른 해상도를 가진 영상을 하나의 영상으로 제작하는 방법
② 공간 해상도는 높지만 분광 해상도가 낮은 영상과 공간 해상도는 낮지만 분광 해상도가 높은 영상을 병합하여 높은 공간 해상도와 높은 분광 해상도를 가지는 영상을 생성함
③ 일반적으로 고해상도의 흑백 영상과 저해상도의 컬러 영상을 병합하여 고해상도 컬러 영상을 제작함

> **TIP 영상 융합의 다른 표현**
>
> 데이터 퓨전(Data fusion), 영상 병합(Data merging), 팬 샤프닝(Pan sharpening) 등

(2) 공간 해상도

① 센서로 구분할 수 있는 두 물체 사이의 최소 크기
② 일반적으로 영상에서 화소 하나의 실제 면적(화소를 정사각형으로 간주할 때 변 하나의 길이)으로 표현
③ 다중 스펙트럼 영상(Multi spectrum imagery)의 경우 공간 해상도가 낮은 편이며, 흑백 영상(Panchromatic imagery)의 경우 공간 해상도가 높은 편임
④ 최근에는 1m 이하의 고해상도 영상이 등장하고 있으나, 다중 스펙트럼 영상은 흑백 영상에 비하여 공간 해상도가 낮은 편임

(3) 공간해상도와 영상 융합

① 공간 해상도가 높은 고해상도 영상과 낮은 저해상도 영상을 융합하여 고해상도 영상을 생성함
② 영상 융합을 위해서는 융합할 각 영상의 공간 해상도를 이해하여야 하며, 이들이 동일한 좌표체계에서 공간 정합을 확인하여야 함

2. 영상 분광 해상도

(1) 영상 융합과 분광 해상도

① 영상 융합을 통하여 공간 해상도뿐만 아니라 분광 해상도 역시 향상된 영상을 제작함
② 일반적으로 분광 해상도가 좋은 다중 스펙트럼 영상은 공간 해상도가 낮고, 분광 해상도가 낮은 흑백 영상은 공간 해상도가 높기 때문에 이들을 융합하여 분광 해상도가 높은 다중 스펙트럼의 고해상도 영상을 제작함
③ 영상 융합 대상의 분광 해상도를 파악하고 이를 영상 융합 과정에 적용하여야 함

(2) 분광 해상도

① 센서가 감지할 수 있는 전자기 스펙트럼의 특정 파장 간격과 수
② 색상과 같은 개념으로 육안으로 비슷하게 보이는 물체들을 구분
③ 6개 내외의 밴드를 가진 다중분광 영상(Multi-spectral imagery)에서 수백 개 밴드의 초다분광 영상(Hyper-spectral imagery)까지 활용 가능

> **TIP** 분광 해상도와 공간 해상도의 관계
> - 다중 스펙트럼 영상(Multi spectrum imagery)의 경우 공간 해상도가 낮은 편이며, 흑백 영상(Panchromatic imagery)의 경우 공간 해상도가 높은 편임
> - 분광 해상도가 높은 영상(공간 해상도는 저해상도)과 분광 해상도가 낮은 영상(공간 해상도는 고해상도)을 융합하여 분광 해상도가 높은 고해상도 영상을 생성함

3. 융합영상 생성 방법

(1) 해상도 매칭

① 융합할 영상들을 기하학적으로 보정하여 매칭시킴
② 고해상도 영상을 참조 영상으로 간주하여 저해상도 영상을 보정
③ 영상 매칭이나 좌표 등록 방법을 사용하여 매칭
④ 서로 정확하게 기하보정이 되어야 하고 동일한 화소 크기로 재배열되어야 함
⑤ 기하 보정을 통하여 저해상도의 영상도 고해상도의 화소 크기로 재배열함

(2) 영상 정합

① 동일한 장면에 대한 여러 종류의 영상을 하나의 통일된 좌표계상에 표현
② 영상을 정합할 때 좌표계상에서 기준이 되는 기준 영상을 정하고, 다른 영상은 적절한 변환과정으로 기분 영상과 동일한 좌표계로 표현
③ 특징 기반 정합 기법과 영역 기반 정합 기법으로 구분

> **TIP 특징 기반 방법**
> - 화소의 공간적 특성을 활용하여 식별이 용이한 서술 벡터(Description vector)를 생성하여 이들 간의 유사도를 측정하는 방법
>   예 SIFT(Scale-Invariant Feature Transform), SURF(Speeded Up Robust Features) 등
> - SIFT, SUFT는 영상의 분광 특성이 다르면 영상 정합의 정확도가 낮아져 최근에는 서술 벡터를 수정하거나 특징 기반 정합 기법과 영역 기반 정합 기법을 통합하는 추세

(3) 영상 융합 기법

단순 밴드 치환	다중 분광 밴드 중 어느 하나를 고해상도의 전정색 자료로 대체
IHS 기반 영상 융합	RGB 색채 모형의 저해상도 다중 분광 영상을 IHS 색채 모형으로 변환한 후 명도(Intensity) 요소를 고해상도 흑백 영상과 교체하여 컬러 영상을 생성
Brovey 변환	• 색도 변환을 기반으로 서로 다른 색공간 및 분광 특성을 지닌 영상을 융합 • RGB-IHS 변환과 Brovy 변환은 고해상도 흑백 밴드의 분광 범위와 치환되는 저해상도 밴드의 분광 범위가 다르면 심각한 색상 왜곡이 발생
주성분 분석(PCA) 기반 영상 융합	• 저해상도 다중분광 영상을 주성분 분석으로 세 개의 주성분으로 분해하고, 이 중에서 첫 번째 주성분을 고해상도 흑백 영상으로 대체 • 통계적 방법을 적용하여 자연스러운 영상이 생성되지만 분광 밴드가 혼합되어 선명도가 떨어지고, 원본 영상의 분광 특성이 손실되어 영상분류 작업에 적합하지 않음
독립성분 분석(ICA) 기반 영상 융합	• 다차원의 신호를 복수의 가산적인 성분으로 분리하는 것으로, 독립성이 최대가 되는 방향으로 축을 찾아 독립성분을 추출하고 고해상도 영상으로 치환 • 주성분을 이용하는 PCA와 유사하나 PCA는 데이터를 가장 잘 설명하는 축을 찾지만, ICA는 가장 독립적인 축을 찾아 독립성분을 추출하는 차이가 있음

필터 기반 강도 조절	평균값 필터를 이용하는 그람-슈미트(Gram-Schmidt) 방법, 고주파 필터를 이용하는 방법, 평활화 필터를 이용하는 방법 등
웨이블렛(Wavelet) 기반 영상 융합	• 다해상도 웨이블렛 변환을 적용하여 고해상도 영상을 근사 영상과 세부 영상으로 나누고, 근사 영상을 저해상도 영상의 각 분광 저해상도 영상의 각 분광 밴드로 대체한 후 역변환 • 영상의 선명도가 향상되고 원본 영상의 손실이 최소화되지만, 화소들의 블록화 현상 등 공간정보 표현에 적합하지 못함
Pan-Sharpened 기반 영상 융합	최소제곱법을 이용하여 실제 다중분광대 영상과 흑백 영상, 그리고 융합된 영상 간의 대략적인 관계를 파악하여 색의 왜곡이나 자료 의존적인 문제를 해결

4. 고해상도 컬러영상 생성 방법

(1) 고해상도 컬러영상 생성 과정

> 영상 해상도 매칭 → 영상 변환 → 영상 대체 → 영상 역변환

① **영상 해상도 매칭**: 영상 해상도 매칭 과정에서 낮은 공간해상도의 영상을 고해상도의 화소로 재배열함
② **영상 변환**: 영상 변환 단계에서 다중 분광 영상을 IHS, PCA, 웨이블렛 등의 영상 요소로 변환함
③ **영상 대체**: 영상 교체 단계에서 제일 주요한 영상 요소를 고해상도 영상의 요소로 대체함
④ **영상 역변환**: 교체된 영상 요소를 역변환하여 고해상도 컬러 영상을 생성함

(2) IHS 영상 변환

① 다중 분광 영상은 RGB 컬러 시스템으로 구성되어 있음
② RGB 컬러 시스템을 IHS 컬러 시스템으로 변환하여 명도(Intensity), 색상(Hue), 채도(Saturation) 요소로 분해함
③ 명도(Intensity) 요소를 고해상도의 흑백 영상으로 대체함
④ 역 IHS 변환을 통해 고해상도의 컬러 영상을 생성함

(3) PCA 영상 퓨전

① 다중 분광 영상을 PCA 변환하여 주성분으로 구성된 영상으로 변환함
② 다중 분광 영상이 3개의 밴드로 압축되며, 이 중 1차 주성분에 주요 영상 정보가 포함됨
③ 다중 분광 영상의 1차 주성분 밴드를 고해상도의 흑백 영상으로 대체함
④ 역 PCA 변환을 통해 고해상도의 컬러 영상을 생성함

(4) 다중 웨이블렛 영상 퓨전

① 컬러 영상의 히스토그램을 흑백 영상에 매칭시키고 각 영상에 독립적으로 웨이블렛 변환 적용
② 컬러 영상에서 흑백 영상과 일치되는 부분을 흑백 영상으로 대체함
③ 웨이블렛 역변환을 통해 퓨전 영상 생성

(5) High pass filter 융합

① 고해상도 영상의 공간구조 특성을 저해상도 영상에 반영하여 공간특성을 융합
② 고해상도 영상에 High pass filter를 적용하여 고해상도 영상의 공간구조를 나타낸 영상 제작
③ 필터링된 공간구조 영상값을 저해상도 다중분광 영상의 각 밴드에 덧셈연산으로 중첩
④ 다중분광 화소의 값에 필터링된 화소값이 더해져 퓨전 영상 생성

5. 지상 기준점 좌표변환 방법

(1) 지상 기준점

① 영상 융합을 위해서는 융합할 두 영상들이 기하학적으로 일치하여야 함
② 영상의 기하보정 과정과 같이 지상 기준점의 선정, 지상 기준점 간 좌표변환식 설정, 영상 재배열 과정이 필요함
③ 지상 기준점은 두 영상에서 동일한 위치를 나타내면서 영상에서 확연히 구별되고, 시간적으로 변화하지 않는 지점으로 선정함
④ 선정된 지상 기준점의 위치는 영상 좌표와 지상 좌표로 표현되며, 이를 이용하여 융합할 영상의 좌표계로 변환함

(2) 좌표변환식 설정

① 지상기준점의 위치를 융합 이전의 좌표와 융합 이후의 좌표로 구분하고, 이들 간의 좌표변환식을 설정함
② 지상기준점의 변환 전 좌표(x, y)와 변환 후 좌표(u, v)를 f와 g의 함수로 표현

$$u = f(x, y), \quad v = g(x, y)$$

③ 좌표변환식은 두 좌표 간의 1·2·3차 다항식으로 표현되며, 주로 1차 다항식인 Affine 변환식이 적용됨

$$u = ax + by + c, \quad v = dx + dy + f$$

(3) 영상 재배열

① 지상기준점에 의해 제작된 좌표변환식으로 나머지 화소들을 변환된 좌표로 재배열
② 일반적인 영상 재배열 과정에서는 영상의 공간해상도에 맞게 재배열하지만, 영상 융합 과정에서는 저해상도의 화소들을 고해상도의 공간해상도로 재배열함
③ 재배열된 영상은 실제 공간해상도가 향상된 것이 아니라 단순히 화소들의 크기만 변화된 영상임
④ 영상 융합 과정을 통해 재배열된 화소에 고해상도의 영상 요소들을 융합하여 고해상도의 융합영상이 생성됨

02 영상 모자이크

1. 단일 영상 생성

(1) 영상 모자이크 개요
① 분석 대상 지역이 취득할 수 있는 한 장의 영상보다 영역이 클 경우, 이를 분할해서 취득한 다중 영상들을 하나의 영상으로 통합
② 여러 장의 다중 영상들을 하나의 조합 영상으로 통합하는 과정
③ 표준 지도투영법과 기준점에 맞춰 이미 기하보정된 다중 영상들을 대상으로 영상을 제작

(2) 단일 영상 제작 시 발생하는 문제점
① 공간적 불일치: 영상의 가장자리 경계선 부분에서 지형지물 인접 영상과 연속적으로 이어지지 않는 현상 발생
② 방사(복사)적 불일치: 영상 촬영 각도, 대기 상태 등에 따라 통합할 영상 간에 색조와 대비가 다르게 표현될 수 있음

(3) 단일 영상 제작 과정
① 영상의 정확한 기하 보정 및 정사 보정
② 대상 영상들의 전체 화소값 조정
③ 경계선/접합선 선정: 모자이크 과정에서 중첩된 지역에 경계선을 설정하여 접합
④ 평활화: 중첩된 지역을 대상으로 불규칙한 면을 제거하기 위해 평활화 적용

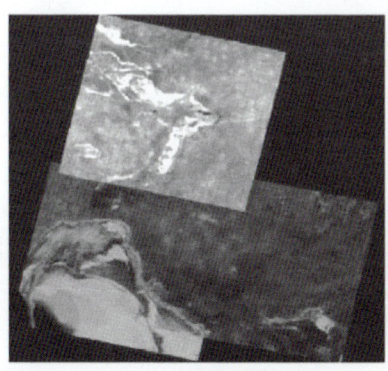

그림 영상 모자이크가 잘못된 예시

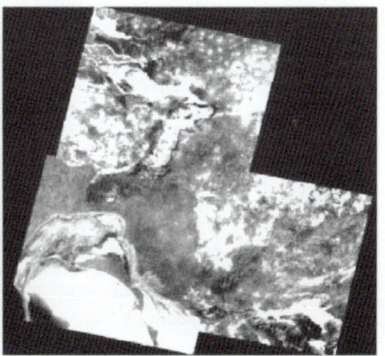

그림 영상 모자이크가 잘 된 예시

2. 인접 영상 경계선 일치

(1) 영상 기하 보정 및 정사 보정

① 영상 모자이크를 위해서는 통합 대상 영상의 각 화소가 정확한 위치를 나타내도록 기하 보정 또는 정사 보정이 필수적
② 영상 기하 보정 과정에서 통합 대상 영상들은 동일한 강도내삽 재배열 논리와 화소 크기로 재배열함
③ 영상의 가장자리 부분이 인접 영상과 연속해서 이어지지 않을 경우 정사 보정 과정, 즉 수치표고 자료를 이용하여 편위 수정된 정사 영상을 활용함

(2) 접합점/접합선 선정

일반적으로 모자이크로 통합할 인접 영상들은 일정량만큼 중첩되므로, 모자이킹의 기준이 되는 점이나 선을 선정하여 이를 기준으로 영상들을 접합함

자동 접합점 선정	• 두 영상에서 중복된 부분의 각 행별로 적절히 한 점씩 선택함 • 두 영상을 중첩하였을 때 화소값의 차이가 최소가 되는 점을 선점함
수동 접합선 선정	영상의 중복 부분에 수동으로 두 영상의 경계를 지정한 접합선을 설정함

> **TIP 페더링(Feathering)**
> - 접합점이나 접합선을 선정하면 최종 모자이크 영상에 눈에 띄는 경계선이 나타나므로, 이러한 경계선이 보이지 않도록 적용되는 기법
> - 선형 페더링: 사용자가 완충거리를 지정하고 그 거리 안에서는 경계선과의 거리에 따라 두 영상이 사용되는 비율을 조절하여 출력 영상을 제작
> - 경계 페더링: 인접한 영상의 경계를 완화시키기 위해 강, 도로와 같은 선형 구조물을 활용

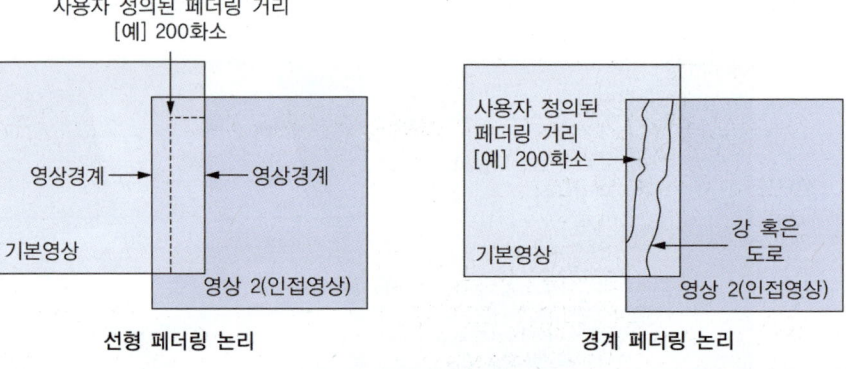

선형 페더링 논리 / 경계 페더링 논리

3. 인접 영상 화소값 조정

(1) 화소값 조정의 필요성

① 모자이크하려는 영상들이 시간, 계절, 연도 등 서로 다른 시기에 취득한 영상일 경우 색조와 대비가 다르게 표현
② 같은 시기에 취득한 영상도 촬영 각도, 대기 상태 등에 따라 방사(복사)적 불일치 발생
③ 서로 다른 두 개 이상의 영상을 자연스럽게 모자이킹하기 위해 인접한 영상의 밝기를 일치시키는 과정이 필요함

(2) 화소값 조정 방법

① 히스토그램 매칭(Histogram matching): 기준이 되는 영상을 선정하고, 기준 영상의 화소값 분포 범위에 맞추어 나머지 영상의 화소값을 조정
② 인접 영상의 지상 피복이나 촬영 일시가 매우 다른 경우 두 영상의 밝기 환경을 일치시키기 위해 두 영상의 지형지물 구성 비율을 일치시키기 위해 지형지물 분포가 유사한 부분을 선택하여 부분 영상의 히스토그램과 매칭함
③ 모자이크 영상의 분석·판독을 용이하게 하기 위해 히스토그램 매칭 전에 영상의 대비를 조절하기도 함

4. 인접 영상 색감 조정

(1) 영상 모자이크 시 다양한 색감 조정 방법

밝기 균등화 (Illumination equalizing)	인접한 영상의 밝기값에 차이가 많이 발생하는 경우에 적용
영상 다징 (Image dodging)	영상에서 발생하는 밝기값의 불균형을 보정하는 것으로 영상의 통계값을 계산하고 각 화소값에 휘도값에 대한 통계적인 보정을 적용
컬러 균등화 (Color balancing)	자동 컬러 균등으로 계산된 입력 영상의 중첩 영역에서 보정 매개변수를 산출
히스토그램 매칭 (histogram matching)	모자이크 처리 전의 영상 중 전체의 색상과 음영을 일치시키는 과정

(2) 평활화(Smoothing)

① 모자이킹한 두 영상의 중첩된 부분에 화소값 오차로 인해 접합점 부근에 불연속적인 면이 발생하며, 이를 제거하기 위해 중첩 지역에 평활화 과정이 필요함
② 중첩 지역 평활화는 로우 패스 필터를 사용하거나 두 영상의 중첩 화소값의 평균을 사용함

03 영상 분류

1. 지형·지물 코드 및 심벌

(1) 영상 분류란
① 취득된 데이터를 기본으로 카테고리나 한정된 몇 개의 클래스들에 화소들을 할당하는 과정
② 분류
- 주제도와 같은 결과물의 생성을 위해 각각의 주제별 클래스들로 모든 화소들을 자동적으로 할당하는 과정
- 사용자가 정의하는 기준에 따라 컴퓨터의 수학적 계산을 통해 영상 화소들의 클래스를 결정

③ 인식
- 찾고자 하는 목표물을 나타내는 공간적·분광적인 특성의 화소를 찾아내는 과정
- 전체적인 영상의 분류가 아닌 어떤 특정한 물체를 인식하는 것이 더 중요함

(2) 분류를 위한 기본 작업

클래스 선정	• 분류할 클래스의 수와 종류를 선정 • 지형·지물 코드나 토지피복 분류기준을 활용
분류에 사용할 밴드 조합 설정	노이즈를 포함하는 밴드를 제거하거나 특정 클래스에 적합한 밴드를 조합
분류 방법 설정	각 분류의 비용 효과를 감안하여 무감독 분류나 감독 분류 방법을 선택

(3) 미국 지질 조사국(USGS)의 토지이용·토지피복 분류체계
① 토지피복: 물, 모래, 농작물, 산림, 건물 등 지형에 존재하는 물질의 종류
② 토지이용: 농경지, 상업지, 주거지와 같이 토지 표면에 사람들이 무엇을 하느냐를 표현
③ 미 지질조사국(USGS)에서 다양한 축척과 해상도의 원격탐사 자료를 판독하여 추출하도록 설계한 토지이용·토지피복 분류 체계
④ 분류 체계는 원격탐사 영상의 공간 해상도에 따라 계층별로 4단계(대–중–소–세)로 구성

레벨 1	• 대분류 항목 • 20~100m 공간 해상도의 영상	Landsat MSS, TM, SPOT HRV, LISS 1-3 등
레벨 2	• 중분류 항목 • 5~20m 공간 해상도의 영상	SPOT HRV, SPIN-2, TK-350 등
레벨 3	• 소분류 항목 • 1~5m 공간 해상도의 영상	IRS-1C, IKONOS, Quickbird, Orbview 등
레벨 4	• 세분류 항목 • 0.25~1m 공간 해상도의 영상	IKONOS, 항공사진 등

⑤ 레벨 1은 9개 대분류, 레벨 2는 37개 중분류로 구성

TIP	미국 USGS의 토지이용·토지피복 분류체계 사례(레벨 1과 레벨 2)

레벨 1	레벨 2		
1 도시 및 시가지	11 주거지 13 공업지 15 공업 및 상업 복합단지 17 기타 도심지	12 상업지 14 수송, 통신 및 공공시설 16 혼합 도시 및 시가지	
2 농업지	21 농경지 및 목초지 23 사육장(목장)	22 과수원 및 원예원 24 기타 농업지	
3 방목지	31 초본성 방목지	32 관목성 방목지	33 혼합 방목지
4 산림지	41 낙엽수	42 상록수	43 혼합 산림
5 수계	51 강 및 운하 54 만 및 하구	52 호수	53 저수지
6 습지	61 산림 습지	62 비산림 습지	
7 나대지	71 건염전 74 노출된 암석 77 혼합나대지	72 해안 75 광산	73 해안외 모래 76 전이지역
8 툰드라	81 관목 툰드라 84 습지 툰드라	82 초본 툰드라 85 혼합 툰드라	83 나지 툰드라
9 만년설 및 만년빙	91 만년설원	92 빙하	

(4) 우리나라 국토지리정보원의 수치지도 지형지물 표준 코드

① 국토지리정보원에서 우리나라 수치지도(1/1000, 1/5000, 1/25000)의 제작을 위해 제작한 표준 지형지물 코드
② 레이어의 축척(1/1000, 1/5000, 1/25000)과 공간 형태(점, 선, 면), 그리고 지형지물 형태에 따라서 구분함
③ 지형지물은 8개의 분류와 107개 지형지물로 구성
④ **8개 분류**: 교통(A), 건물(B), 시설(C), 식생(D), 수계(E), 지형(F), 경계(G), 주기(H)

(5) 우리나라 환경부의 토지피복 코드

① 환경부의 환경공간정보 서비스(EGIS)에서 제공하고 있는 토지피복지도에서 사용하고 있는 토지피복 분류체계
② **토지피복 지도**: 주제도의 일종으로, 지구 표면 지형지물의 형태를 일정한 과학적 기준에 따라 분류하여 동질의 특성을 지닌 구역을 색상으로 표현하여 지도로 나타낸 DB
③ 공간 해상도에 따라 대분류(해상도 30m급), 중분류(해상도 5m급), 세분류(해상도 1m급)으로 구분
④ 대분류 7개 항목, 중분류 22개 항목, 세분류 41개 항목으로 세분화

| TIP | 환경부의 토지피복 코드 사례: 대분류와 중분류 |

대분류	중분류		
100 시가화·건조지역	110 주거지역	120 공업지역	130 상업지역
	140 문화·체육·휴양지역	150 교통지역	160 공공시설지역
200 농업지역	210 논	220 밭	230 시설재배지
	240 과수원	250 기타재배지	
300 산림지역	310 활엽수림	320 침엽수림	330 혼효림
400 초지	410 자연초지	420 인공초지	
500 습지(수변식생)	510 내륙습지(수변식생)	520 연안습지	
600 나지	610 자연나지	620 인공나지	
700 수역	710 내륙수	720 해양수	

2. 영상분류 기술 및 방법

(1) 무감독 분류

① 연구자의 개입 없이 컴퓨터에서 화소의 통계적 특성을 이용하여 군집을 찾아 분류
② 영상의 상태, 현장정보 등에 제약이 있어 감독 분류를 실시하기 어려운 상황이거나 감독 분류 실시 이전에 영상을 시험 분류할 때 이용
③ K-평균 알고리듬
 • 분광 차원에서 파장별 거리를 이용하여 각 화소에 대한 유한개의 집단을 구성
 • 초기에 임의로 각 집단의 중심이 선택된 후, 미지의 화소에서 이 중심까지의 거리를 계산하여 가장 짧은 거리를 갖는 집단을 찾음
 • 모든 화소에 대하여 집단이 결정되면 각 집단에 포함된 모든 화소로부터 거리의 제곱 합을 최소로 하는 새로운 집단 중심이 계산됨
④ ISODATA 알고리듬
 • 분광 차원에서 군집의 평균과 표준편차를 이용하여 화소를 분류하는 기법
 • 초기 군집의 중심과의 거리를 계산하여 가장 가까운 군집에 배치한 후, 새로운 군집의 중심을 계산하고 배치하는 과정에서 어느 한계치 이상이면 군집을 조정함

(2) 감독 분류

① 영상의 분류과정에서 연구자가 개입하여 분류계급과 전형적 사례지역을 선정하는 기법
② 영상에서 분류하려는 지표 형태에 대한 위치·정보를 항공사진, 지도, 경험 등으로 미리 알고 있으며, 알려진 지표 형태의 표본 지역을 원격탐사 자료에서 사용자가 특정 지역으로 지시하여 분류

③ 훈련 지역
- 각 지표 형태 클래스에 대한 표본 지역의 자료
- 분류 알고리즘에서 필요한 정보를 추출하는 훈련·학습을 수행

④ 훈련 지역으로 선정된 통계량(밴드별 평균, 표준편차, 최소, 최대, 밴드 간 공분산)을 이용하여 나머지 화소들이 어느 계급에 포함되는지를 할당하여 분류

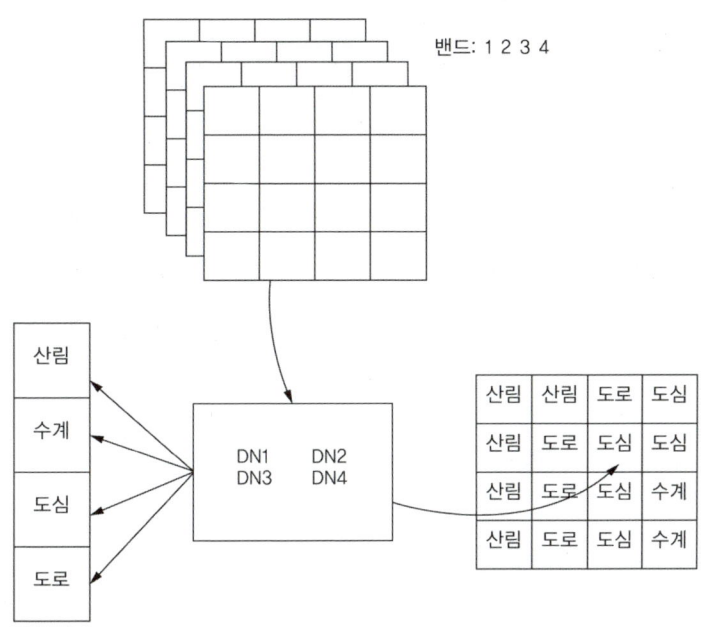

(1) 훈련 단계	(2) 분류 단계	(3) 산출 단계
클래스별 훈련 지역의 확인을 통하여 화소의 대표 분광 반사 값을 결정	미분류 화소들을 분광 패턴에 의해 가장 유사한 군집으로 각각 분류	화소별 분류 후 전체 영상 지도 획득

평행육면체 분류 (Parallelepiped classification)	• 훈련된 영역의 화소값 범위를 고려하여 각 밴드에서 화소의 최소값과 최대값에 의해 클래스를 결정하는 분류 알고리듬 • 분류 항목들이 중첩될 경우 미분류 지역이 많이 나타남
최소거리 분류 (Minimum-distance classification)	• 각 계급의 평균값을 기준으로 각 화소 값과의 거리를 계산한 후 가장 짧은 거리의 계급으로 분류 • 계산 과정이 간단하고 효율성 면에서 우수하나, 각 계급의 분산에 민감하지 못해 오분류 확률이 큼
최대우도 분류 (Maximum likelihood classification)	• 밴드별 클래스에 대한 화소가 기본적으로 정규분포의 형태를 따른다는 가정하에서 통계적인 확률분포에 따라 분류를 수행 • 각 class의 평균과 공분산행렬을 계산한 후, 확률밀도함수를 이용하여 각 화소를 확률이 가장 높은 class로 분류 • 많은 변수를 고려하기 때문에 감독 분류 중에서는 가장 정확도가 높은 방법 • 자료가 정규분포를 따르지 않으면 적용이 어렵고 정확도도 떨어질 수 있으며, 모든 화소를 분류하는 데 필요한 연산식이 많음

(3) 퍼지 분류

① 원격탐사 자료나 지리적인 정보는 이종성이 존재하기 때문에 정밀하지 못함
② 일반적인 분류는 오직 하나의 클래스에 할당되어야 하지만, 클래스들 주변의 애매하게 혼합된 화소(클래스 경계지역의 화소)를 할당하여야 할 경우 이종성이 발생
③ 이종성이 발생하는 부정확할 자료를 처리할 때 퍼지 분류를 적용
④ 혼합된 화소의 정보에 멤버십 등급(Membership grade)을 부여하고, 이것을 이용하여 영상 분류를 수행
⑤ 퍼지 집합론에서의 멤버십은 멤버십 함수(0과 1 사이의 실로)로 표현되어 혼합된 화소가 어느 클래스에 더 근접해 있는지를 알아낼 수 있음

(4) 객체 기반 분류

① 기존의 영상 분류 기법은 각 화소의 분광적 특성을 이용한 화소 기반 분류기법이 주로 수행됨
② 최근 고해상도 영상의 등장으로 같은 객체라도 다양한 분광 특성을 나타내며 공간적으로도 다양한 형태를 보이기 때문에 분광 특성만으로 분류하기에는 한계가 있음
③ 객체 기반 분류는 화소의 분광 정보만을 이용하기보다는 축척(Scale), 분광정보(Color), 형상(Shape), 평활도(Smoothness), 조밀도(Compactness) 등을 종합적으로 고려하여 단계적으로 분류하는 기법
④ 유사한 특성을 갖는 영상을 객체로 생성하고, 생성된 객체를 대상으로 매개변수에 따라 분류를 수행

객체 분할	위성영상 내에서 패턴이나 형태가 유사한 모양으로 벡터를 생성 • 다해상도 분할(Multi-Resolution segmentation): 해상도와 특정한 지식 없이도 위성영상에서 균일한 영상 객체를 추출 • 체스판(Chessboard) 객체분할: 영상에서 객체들을 일정한 화소나 정사각형 크기의 격자로 구분하여 분할 • 쿼드트리(Quard-tree) 객체분할: 영상이 하향식 방식으로 쿼드트리 격자로 분할
크기 (Scale)	• 어떤 현상이 묘사될 수 있는 추상적인 레벨이나 크기 • 추출하려는 객체에 맞는 크기 값을 지정
형상과 조밀도	객체 간의 이질성에 대한 기준

(5) 최신 분류 기술

① 머신 러닝: 영상 분류문제 해결을 위해 머신러닝의 영상 레이블링(Labelling) 기법을 도입하여 영상으로부터 객체와 객체의 위치 정보를 추출

지도 학습 분류 알고리듬	로지스틱 회귀, SVM, 나이브 베이즈 분류, 랜덤 포레스트, 신경망, K-최근접 이웃 알고리듬 등
비지도 학습 군집 알고리듬	가우시안 복합 모델, 국소 선형 임베딩 방법 등

② 드론 및 UAV에서 취득한 영상 분류: 원격탐사 위성영상 자료와 함께 드론과 UAV를 이용하여 특정 지역의 고해상도 영상을 취득하여 분석

영상처리	드론에 탑재되는 센서는 내부 표정요소를 활용하여 영상에서 발생하는 렌즈 왜곡을 제거하고, 영상의 화소값을 분광 반사율값으로 변환
영상 분할	영상처리 기반의 영상 분할 알고리듬을 적용하여 영상분할을 수행하고, 생성된 객체들을 대상으로 가장 빈도가 높은 분류 결과의 클래스를 개체에 할당

3. 분류정확도 평가방법

(1) 정확도와 오차

① 정확도 평가는 원격탐사 자료 분류의 최종 과정으로서 분류 결과의 정확도를 정량적으로 측정
② 영상 처리·분류 결과의 신뢰도를 확보하기 위해서는 정확도 평가가 필수적
③ 정확도
  - 측정값이 참값에 얼마나 일치하는가를 나타냄
  - 영상분류의 정확도는 참조 자료와 분류된 영상의 일치하는 정도로 표현
④ 오차
  - 측정값이 참값에 일치하지 않는 정도를 나타냄
  - 잘못된 인식, 과도한 정규화, 등록 시 오차 등에 따라서 분류 결과에 오차가 발생함

(2) 분류정확도 평가 종류

① 모델 기반 추론: 영상 분류과정(모델)의 오차를 추정
② 설계 기반 추론
  - 통계적 측정값을 추정 예 생산자 오차, 사용자 오차, 전체 정확도, 카파 계수 등
  - 표본 추출법으로 대상 지점을 선정한 후 각 지점의 자료를 취득하여 평가를 수행
③ 정확도를 평가하기 위한 과정은 표본 추출, 참조 자료 수집, 정확도 평가의 순서로 이루어지며 오차행렬을 많이 사용함

(3) 오차 행렬

① 분류 결과와 지상 참조 검증 정보 사이의 관계를 오차 행렬로 요약
② 오차 행렬은 지상 참조 검증 자료와 분류 결과를 양축으로 하는 테이블로 형성되며, 일반적으로 열에는 지상 참조 검증 데이터를, 행에는 분류된 결과로 표현

전체 정확도 (Overall accuracy)	전체 화소값에서 정확히 분류된 화소(오차 행렬에서 대각선의 값의 합)의 비율
생산자 정확도 (Producer's accuracy)	• 오차 행렬에서 지상 참조 검증 자료 수(각 열의 합)와 정확히 분류된 화소(대각선)의 비율 • 연구자가 주어진 기준 내에서 분류가 얼마나 정확히 이루어졌는가를 판단할 때 사용
사용자 정확도 (User's accuracy)	• 오차 행렬에서 분류된 자료 수(각 행의 합)와 정확히 분류된 화소(대각선)의 비율 • 영상에서 분류된 항목이 실제로 어떻게 표현되고 있는가를 판단할 때 사용

TIP	오차 행렬의 예					
분류결과 \ 참조자료		1	2	⋯	k	행의 총합 n_{i+}
1		n_{11}	n_{12}	⋯	n_{1k}	n_{1+}
2		n_{21}	n_{22}	⋯	n_{2k}	n_{2+}
⋮		⋮	⋮	⋱	⋮	⋮
k		n_{k1}	n_{k2}	⋯	n_{kk}	n_{k+}
열의 총합 n_{+j}		n_{+1}	n_{+2}	⋯	n_{+k}	n

(4) 카파 분석

① 오차행렬 내의 정보를 기반으로 정확도를 평가하기 위한 이산 다변량 기법
② 오차 행렬이 다를 때 관찰자 간의 측정 범주 값의 일치도를 측정
③ 조건부 일치도 계수를 산출하여 이 계수값으로 일치도를 범주화
㈎ 0.65면 상당한 일치, 0.85면 완벽한 일치 0.15면 약간 일치 등

04 능동형 센서 기반 영상처리

1. SAR(Synthetic Aperture Radar) 영상 처리

(1) 레이더 영상

① 안테나에서 지표면을 마이크로파를 방출하고 대상 물체로부터 반사·산란되어 오는 전자기 에너지를 센서에 의해 취득한 영상
② 영상의 합성 방법에 따라 RAR(Real Aperture Radar)와 SAR(Synthetic Aperture Radar)로 구분

RAR	비행 방향의 오른편에 거리 방향으로 좁은 빔을 송신하고 반사신호를 레이더 영상으로 변환
SAR	움직이는 레이더에서 수신된 신호들의 펄스 간 비교 방법을 이용해 실제 안테나 빔폭이 제공하는 것보다 높은 방위 방향 해상도를 취득

③ 레이더의 장점
- 구름, 눈, 연기, 안개 등을 투과하는 성질이 있어 기상 조건의 영향을 받지 않음
- 반송파를 발생하여 대상 물체로부터 반사·산란되어 오는 파를 수신하므로 낮과 밤 모두 관측 가능
- 물을 완전히 투과하지는 못하나 바다, 호수 등 수체의 표면 작용을 분석할 수 있어 해양 연구에 활용
- 위상 데이터와 진폭 데이터로 구성되어 있어 이를 이용한 대상 물체의 물리적 특성을 추출할 수 있음
- 지형의 구조, 표면 거칠기, 토지 함유 수분량 등의 정보 취득 가능

④ 레이더 영상의 기하학적 특성

중복	경사면 앞부분의 반사파가 뒷부분의 반사파와 겹쳐지는 현상
음영	급한 경사를 가진 지형의 후면에 어떤 정보도 나타나지 않고 검게 나타남
압축	경사면 앞부분의 정보가 압축되어 나타나는 현상

(2) SAR 영상 소개

1) SAR의 특성
안테나의 움직임에 따라 발생되는 지상물체의 도플러 주파수의 상대적 변화특성을 이용

2) SAR 영상
① 후방산란 계수를 이미지로 표현한 것
② 입사파 방향으로 반사되는 후방산란은 파가 조사된 표면 상태에 따라 후방산란 강도가 영향을 받음

지표면이 매끄러운 경우	• 상대적으로 반사되는 파가 많으므로 상대적으로 후방산란 파는 적기 때문에 후방산란 계수는 낮음 • 검은 영상으로 표현
지표면이 거친 경우	• 후방산란 계수가 높음 • 밝은 영상으로 표현

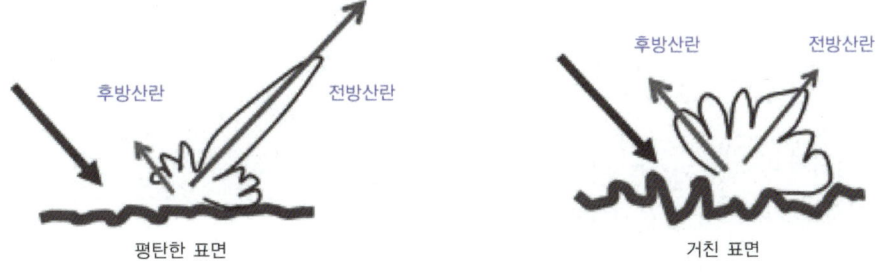

표면 거칠기에 따른 산란 특성

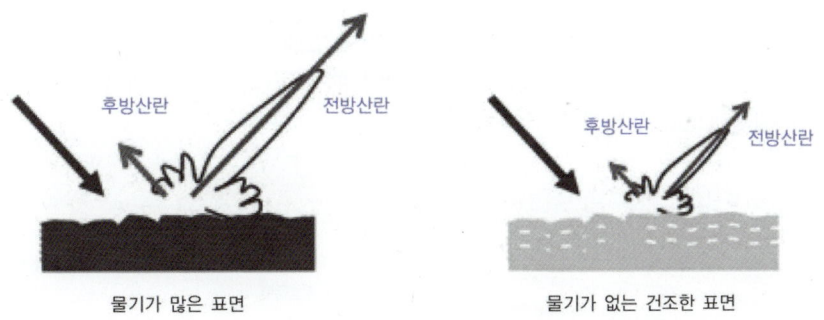

표면 수분에 따른 산란 특성

> **TIP** SAR의 관측 모드
> - 스트립 모드: 기본적인 영상모드로 영상 형성 범위는 비행 방향과 직각인 지역에 대해 띠 모양으로 형성
> - 스폿라이트 모드: 특정 목표물이나 물체를 식별하기 위해 좁은 지역에 빔을 집중 조사하여 정밀한 영상 형성
> - 스캔 모드: 안테나 빔폭 이상의 넓은 지역의 영상을 획득하기 위해 빔을 방출하면서 영상을 형성

3) SAR의 공간해상도

① 일반적으로 레이더의 거리 해상도는 송신펄스 또는 압축펄스의 폭에 의해 결정되고, 방위 해상도는 안테나 빔폭에 의해 결정됨
② SAR에서는 위성, 항공기 등의 비행체를 이용하여 일정 비행 이동거리 동안 빔을 합성하여 안테나의 방위방향 길이를 매우 길게 늘여주는 효과를 이용함으로써 방위각 해상도를 증가시킴
③ SAR는 방위각 방향을 따라 이동하며 거리 방향의 정보를 취득
④ 방위각 방향은 진행 방향과 평행한 방향을 나타내며 센서가 움직이면 '도플러 변이'라고 불리는 파장의 변이가 발생

(3) SAR 데이터 처리

1) 방사 보정

① Antenna correction: SAR 영상은 side-looking 시스템으로 대상 지역에 비균질한 형태의 신호를 송수신하며, 이로 인한 안테나 형태에 대한 거리 방향의 비대칭적 효과를 보완
② Speckle reduction: Speckle이라 불리는 영상 노이즈 또는 입상 모양을 제거

2) 기하 보정

① 경사 거리에서 지상 거리로 변환
② 위성영상의 기하보정 과정 적용

3) 레이더 간섭기법(Interferometry)

① 동일한 지표면에 대하여 두 SAR 영상이 지니고 있는 위상정보의 차이를 이용하여 지표면의 고도값과 DEM을 추출하는 기법
② 레이터 간섭: 공간적으로 떨어져 있는 두 개의 레이더 안테나들로부터 받은 신호를 상호 연관시켜 형성
③ Coherence: 주영상과 부영상의 상호관계성을 나타내는 척도로, 1에 가까울수록 좋은 상관성을 나타내고 최종 결과물 DEM의 정확도를 나타냄

(4) SAR 영상 응용

농업 분야	• 농작물의 활동이 활발한 봄과 여름에 비가 많이 내리더라도 기상 조건의 영향을 받지 않고 자료를 취득 • 센서에서 전송된 신호가 식물 줄기 및 잎을 통과하여 이들 사이에 상호작용이 이루어진 뒤 반사·산란되어 들어오는 신호를 수신
해양 분야	• 극 지역 해빙(Sea ice)의 분포도 작성·관리 • 해양에서 표층에 나타나는 해류(Ocean current)와 내부파(Internal wave) 표현 • 기름이 유출될 경우 해수 표면에 얇은 기름막을 형성하여 주변 해역에 비해 거칠기 정도가 작아져 SAR에 포착됨
수문 분야	• 습지 모니터링 및 빙하 조사 • 육지와 물의 경계 지도 작성 • 홍수 감시
지형 및 지질 분야	• 수치표고모형(DEM) 및 수치 영상지도 제작 • 지질특성 분포도 및 지형 분포도 작성 • 변화 탐지 및 광물 탐사

2. LiDAR(Light Detection And Ranging) 영상 처리

(1) LiDAR 영상 소개

① 상대적으로 짧은 파장의 레이저를 송신하여 반사되어 돌아오는 레이저의 크기를 측정하는 능동 원격 탐사
② 식물과 지표면에서 반사되어 오는 레이저를 함께 기록함으로써 식물의 높이와 지표면의 정확한 고도 측정
③ 레이더와 달리 짧은 주기를 가진 높은 에너지의 펄스를 만들 수 있으며, 작은 개구(Aperture)를 이용하여 고도로 밀집된 짧은 파장의 빛을 만들 수 있다는 장점이 있어서 정밀한 거리 관측에 많이 사용됨

> **TIP LiDAR의 3가지 유형**
> • Range finders: 가장 간단한 LiDAR이며 대상물과의 거리 계산에 사용
> • DIAL(Differential Absorption LiDAR): 측정대상 물질의 흡수 차이가 있는 두 개의 다른 파장의 레이저 빔을 발사하여 오염 물질에 의한 차등흡수와 물질의 농도분포를 측정
> • Dopper LiDAR: 도플러 효과를 이용하여 대상물의 속도 측정

(2) LiDAR 센서의 특징

① 송신기로부터 목표물을 거쳐 수신기에 도달하는 레이저 펄스의 이동시간을 측정하는 것이 LiDAR 기술의 핵심
② 레이저 펄스는 빛의 속도로 이동하기 때문에 정밀한 고도값을 얻기 위해서는 정확한 시간측정이 필요
③ 비행기가 앞으로 이동하면서 대상 지역을 스캐닝하고, 측정 밀도는 단위 시간당 송신할 수 있는 펄스의 수, 촬영 각도, 비행속도 등에 따라 결정

④ LiDAR 측정은 측점마다 위치정보를 개별적으로 얻을 수 있기 때문에 항공삼각측량이나 정사보정이 필요하지 않음
⑤ LiDAR는 고도값뿐만 아니라 Intensity와 Multi-echo라는 부가적인 정보를 제공하며, 지상물의 물질적 특징에 따라 상이한 값을 나타냄
⑥ LiDAR 측정에서 고려되어야 할 요인
- LiDAR 기기에서 지상 목표물을 거쳐 되돌아오는 레이저 펄스의 이동시간
- 레이저 펄스 발사 시점의 스캔 각도, 항공기 자세, 기기의 3차원 위치정보
- 대기 굴절 효과
- 레이저 측점의 산포도, 반사신호 강도의 변이, 자료처리 과정에서의 합성 오차

(3) 항공 레이저 측량

① 항공레이저 측량 장비는 레이저 스캐너, GPS, IMU(Inertial Measurement Unit)로 구성
② GPS는 센서의 위치를 측정하고, IMU는 센서의 자세를 측정하며, 스캐너는 센서와 지표면 사이의 거리 및 방향을 측정함
③ 거리측정 원리
- 레이저 펄스의 왕복시간을 측정하는 것으로 펄스의 송수신 사이 시간차를 이용함
- 거리의 정확도는 펄스의 생성시간, S/N 비율, 측정비율 등에 의해 결정됨
④ 위치 및 자세 결정의 원리
- 지표면의 표고점에 대한 3차원 X, Y, Z 좌표를 결정
- 레이저 스캐너는 레이저 개구(Aperture)로부터 지표면의 한 점까지의 가시선 벡터를 측정
- 레이저 장비의 위치와 자세를 알고 있다면 가시선 벡터를 알고 있는 점의 3차원 좌표를 계산할 수 있음
- GPS에서 위치 관계를, IMU에서 자세 관계를 제공하면 레이저 스캐너와 표고점 간의 벡터에 의해 대상지물의 좌표를 계산할 수 있음

(4) LiDAR 활용 분야

지형도 및 도시 계획	• 정확하고 정밀한 수치표고자료 제작이 가능하므로 3차원 모델링, 도시 계획, 조경 분야에 활용 • LiDAR 원자료 또는 LiDAR 자료와 항공사진을 융합하여 건물 추출
기반 시설의 유지 관리	• 무선통신 분야의 기지국 설치, 전파확산 모델 분석 등에 활용 • 송전탑 위치 분석, 전선위치 모델링, 철도·도로 관리, 군사전략사업, 환경 분석·계획 등 다양한 분야에 활용
생태환경	홍수 피해 예측, 해안선 관리, 산림 관리, 수목량 추출 등
기타	• 일반 대기환경 및 배출원에서의 에어로졸 분포 파악 등 대기 환경 분야 • 구름의 생성·이동, 황사 이동 관측 등 기상 분야 • 유해물질의 확산경로 파악 등 산업사고 피해 예측 • 화생물질의 조기 탐지 및 탐지체계 구축 등 국방 분야 • 도로, 항만, 공항에서의 시정장애 측정 등 교통통제 시스템

CHAPTER 05 | 공간 영상 분석

01 ★★☆
다음 중 영상 융합 기법에서 사용되는 변환 기법에 해당하지 <u>않는</u> 것은?

① IHS 변환
② Affine 변환
③ PCA 변환
④ 웨이블렛 변환

해설
영상 융합 기법에서 사용되는 변환 기법에는 IHS 변환, PCA 변환, Brovey 변환, 필터 기반 강도 조절, 웨이블렛 변환 등이 있다. Affine 변환은 지상기준점의 좌표를 변환하는 기법이다.

정답 ②

02 ★★★
IHS 영상 변환을 이용하여 고해상도 컬러 영상을 생성할 때 고해상도의 흑백 영상으로 대체되는 영상 요소는?

① 명도
② 색상
③ 대조
④ 채도

해설
IHS 영상 변환은 RGB 컬러 시스템을 IHS 컬러 시스템으로 변환하여 명도(Intensity), 색상(Hue), 채도(Saturation) 요소로 분해하는 것이다. 이 중 명도(Intensity) 요소를 고해상도의 흑백 영상으로 대체한다.

정답 ①

03 ★★★
영상 모자이크 과정에서 눈에 띄는 경계선을 보이지 않도록 적용하는 기법은?

① 영상 융합
② 히스토그램 매칭
③ 공간 필터링
④ 페더링

해설
영상 모자이크 과정에서 접합점이나 접합선을 선정하면 최종 모자이크 영상에 눈에 띄는 경계선이 나타난다. 이러한 경계선이 보이지 않도록 적용하는 기법을 페더링(Feathering)이라고 한다.

정답 ④

04 ★★★
다음 중 영상 모자이크 제작과정에서 사용되는 색감 조정 방법에 해당하지 <u>않는</u> 것은?

① 컬러 균등화(Color balancing)
② 밝기 균등화(Illumination equalizing)
③ 영상 다징(Image dodging)
④ 히스토그램 균등화(Histogram equalization)

해설
영상 모자이크 시 색감 조정 방법으로는 밝기 균등화(Illumination equalizing), 영상 다징(Image dodging), 컬러 균등화(Color balancing), 히스토그램 매칭(Histogram matching) 등이 있다. 히스토그램 균등화는 영상 강조 처리에 해당된다.

정답 ④

05 ★★☆

다음 중 미국 지질조사국(USGS)의 토지이용/토지피복 분류체계에서 대분류 항목에 해당하지 <u>않는</u> 것은?

① 농업지
② 산림지
③ 습지
④ 주거지

[해설]

미국 USGS의 토지이용/토지피복 분류체계에서 대분류는 도시 및 시가지, 농업지, 방목지, 산림지, 수계, 습지, 나대지, 툰드라, 만년설 및 만년빙 등 9가지이다. 주거지는 중분류에 해당한다.

[정답] ④

06 ★★☆

다음 〈보기〉 중 무감독 분류에 해당하는 기법을 <u>모두</u> 고른 것은?

| 보기 |

ㄱ. Maximum Likelihood 분류
ㄴ. K-means 분류
ㄷ. ISODATA 분류
ㄹ. Parallelpiped 분류

① ㄱ, ㄴ
② ㄱ, ㄹ
③ ㄴ, ㄷ
④ ㄷ, ㄹ

[해설]

무감독 분류란 연구자의 개입 없이 컴퓨터에서 화소의 통계적 특성을 이용하여 분류하는 것이다. 무감독 분류 기법에는 K-means 분류, ISODATA 분류 등이 있다.

[정답] ③

07 ★☆☆

영상의 분류기법 중에서 훈련된 영역의 화소값 범위를 고려하여 각 밴드에서 화소의 최소값과 최대값에 의해 클래스를 결정하는 분류 알고리듬은?

① 평행육면체 분류
② 최소거리 분류
③ 최대우도 분류
④ 객체기반 분류

[해설]

훈련된 영역의 화소값 범위를 고려하여 각 밴드에서 화소의 최소값과 최대값에 의해 클래스를 결정하는 분류 알고리듬을 평행육면체 분류(Parallelpiped classification)라고 한다.

[정답] ①

08 ★★☆

영상의 분류 결과를 평가하는 오차 행렬에서 지상참조 검증 자료 수(각 열의 합)와 정확히 분류된 화소(대각선)의 비율을 뜻하는 정확도는?

① 전체 정확도
② 생산자 정확도
③ 사용자 정확도
④ 카파 분석

[해설]

오차 행렬에서 지상참조 검증 자료 수(각 열의 합)와 정확히 분류된 화소(대각선)의 비율을 생산자 정확도(Producer's accuracy)라고 한다. 연구자가 주어진 기준 내에서 분류가 얼마나 정확히 이루어졌는가를 판단할 때 사용된다.

[정답] ②

09 ★★★

지표면이 매끄러운 지역을 SAR 영상으로 촬영하였을 때 영상에 나타나는 특성을 바르게 설명한 것은?

① 후방산란 계수가 낮아 밝은 영상으로 표현된다.
② 후방산란 계수가 낮아 어두운 영상으로 표현된다.
③ 후방산란 계수가 높아 밝은 영상으로 표현된다.
④ 후방산란 계수가 높아 어두운 영상으로 표현된다.

해설
SAR 영상이란 후방산란 계수를 이미지로 표현한 것이다. 지표면이 매끄러운 경우 상대적으로 반사되는 파가 많으므로 상대적으로 후방산란 파는 적기 때문에, 후방산란 계수는 낮아 어두운 영상으로 표현된다.

정답 ②

10 ★★★

다음 중 라이다(LiDAR) 측정에서 고려하여야 할 요인이 아닌 것은?

① 레이저 펄스의 이동시간
② 기기의 3차원 위치정보
③ 지표면의 고도
④ 대기 굴절 효과

해설
라이다 측정에서 고려되어야 할 요인은 LiDAR 기기에서 지상 목표물을 거쳐 되돌아오는 레이저 펄스의 이동시간, 레이저 펄스 발사 시점의 스캔 각도, 항공기 자세, 기기의 3차원 위치정보, 대기 굴절 효과 등이 있으며, 라이다 측정을 통하여 지표면의 고도를 측정한다.

정답 ③

11 ★★☆

여러 장의 영상을 모자이크 처리하여 단일 영상을 제작하는 과정을 〈보기〉에서 골라 순서대로 바르게 배열한 것은?

| 보기 |
ㄱ. 평활화
ㄴ. 경계선/접합선 선정
ㄷ. 영상 기하보정 및 정사보정
ㄹ. 대상 영상들의 전체 화소값 조정

① ㄱ → ㄴ → ㄷ → ㄹ
② ㄴ → ㄹ → ㄱ → ㄷ
③ ㄷ → ㄹ → ㄴ → ㄱ
④ ㄹ → ㄷ → ㄱ → ㄴ

해설
단일 영상 제작 과정은 "영상의 정확한 기하 보정 및 정사 보정" → "대상 영상들의 전체 화소값 조정" → "경계선/접합선 선정(모자이크 과정에서 중첩된 지역에 경계선을 설정하여 접합)" → "평활화(중첩된 지역을 대상으로 불규칙한 면을 제거하기 위해 평활화 적용)" 순으로 진행된다.

정답 ③

12 ★☆☆

저해상도의 컬러 영상과 고해상도의 흑백 영상을 융합하여 고해상도의 컬러 영상을 생성하는 과정을 〈보기〉에서 골라 순서대로 바르게 배열한 것은?

| 보기 |
ㄱ. 영상 변환   ㄴ. 영상 역변환
ㄷ. 영상 해상도 매칭   ㄹ. 영상 대체

① ㄱ → ㄷ → ㄴ → ㄹ
② ㄱ → ㄹ → ㄴ → ㄷ
③ ㄷ → ㄱ → ㄴ → ㄹ
④ ㄷ → ㄱ → ㄹ → ㄴ

[해설]

고해상도 컬러영상 생성 과정은 "영상 해상도 매칭 → 영상 변환 → 영상 대체 → 영상 역변환" 순으로 이루어지며, 영상 해상도 매칭 과정에서 낮은 공간해상도의 영상을 고해상도의 화소로 재배열한다.

[정답] ④

13 ★☆☆

다음 〈보기〉는 영상의 분류 과정을 설명한 글이다. ㉠, ㉡에 해당하는 용어가 올바르게 짝지어진 것은?

| 보기 |

영상의 분류과정에서 연구자가 개입하여 분류계급과 전형적 사례지역을 선정하는 기법을 (㉠)라 하며, 이때 각 분류 계급별로 수집되는 표본 지역의 자료를 (㉡)라 한다.

① ㉠ 감독 분류, ㉡ 훈련 지역
② ㉠ 감독 분류, ㉡ 지상 기준점
③ ㉠ 무감독 분류, ㉡ 훈련 지역
④ ㉠ 무감독 분류, ㉡ 지상 기준점

[해설]

감독 분류

영상의 분류과정에서 연구자가 개입하여 분류계급과 전형적 사례지역을 선정하는 기법이다. 이때 사용되는 훈련 지역은 각 지표 형태 클래스에 대한 표본 지역의 자료로, 분류 알고리즘에서 필요한 정보를 추출하는 훈련·학습을 수행한다.

[정답] ①

14 ★★☆

영상의 분류기법 중에서 밴드별 클래스에 대한 화소가 기본적으로 정규분포의 형태를 따른다는 가정하에서 통계적인 확률분포에 따라 분류를 수행하는 분류 알고리듬은?

① 평행육면체 분류
② 최소거리 분류
③ 최대우도 분류
④ 객체기반 분류

[해설]

최대우도 분류(Maximum likelihood classification)

밴드별 클래스에 대한 화소가 기본적으로 정규분포의 형태를 따른다는 가정하에서 통계적인 확률분포에 따라 분류를 수행하는 기법이다. 각 class의 평균과 공분산행렬을 계산한 후, 확률밀도함수를 이용하여 각 화소를 확률이 가장 높은 class로 분류한다.

[정답] ③

15 ★☆☆

다음 〈보기〉에서 능동형 센서에 의한 위성영상을 모두 고른 것은?

| 보기 |

ㄱ. 열적외선 영상　　ㄴ. 초분광 영상
ㄷ. SAR 영상　　　　ㄹ. LiDAR 영상

① ㄱ, ㄴ
② ㄱ, ㄷ
③ ㄴ, ㄹ
④ ㄷ, ㄹ

[해설]

능동형 센서

센서 자체에서 전자기 에너지를 방출하고 대상 물체로부터 반사·산란되어 오는 전자기 에너지를 센서에 의해 취득한 영상이다. 대표적으로 레이더에 의한 SAR 영상과 레이저에 의한 LiDAR 영상이 있다.

[정답] ④

CHAPTER 06 | 공간정보 자료수집

대표유형

데이터 검증과 확인에 대한 설명으로 옳지 않은 것은?

① 원천 시스템의 데이터를 목적 시스템의 데이터로 전환하는 과정이 정상적으로 수행되었는지를 확인하는 과정이다.
② 데이터의 정확성과 유효성을 확인하는 과정이다.
③ 데이터 검증은 개발자 입장에서 제품 명세서 완성 여부를 확인하는 과정이다.
④ 데이터 확인은 개발자 입장에서 고객 요구사항에 부합 여부를 확인하는 과정이다.

해설 데이터 확인
사용자 입장에서 고객 요구사항에 부합 여부를 확인하는 과정이다.

정답 ④

01 요구데이터 검토

1. 요구사항 확인

(1) 요구사항의 개념

① 소프트웨어가 어떤 문제를 해결하기 위해 제공하는 서비스에 대한 설명과 정상적인 운영에 필요한 제약조건 등을 의미
② 소프트웨어 개발이나 유지보수 과정에서 필요한 기준과 근거 제공

(2) 요구사항의 유형

1) 기능적 요구사항

① 시스템이 반드시 수행해야 하는 기능
② 시스템의 입력이나 출력에 무엇이 포함되어야 하는지, 시스템이 어떤 데이터를 저장하고 연산을 수행해야 하는지에 대한 사항

2) 비기능적 요구사항

요구사항	내용
시스템 장비 구성	하드웨어, 소프트웨어, 네트워크 등의 장비 구성에 대한 요구사항
성능	처리속도 및 시간, 처리량, 가용성 등 성능에 대한 요구사항
인터페이스	시스템 인터페이스, 사용자 인터페이스에 대한 요구사항
데이터	초기 자료 구축 및 데이터 변환을 위한 대상, 방법, 보안이 필요한 데이터 등 데이터 구축을 위해 필요한 요구사항
테스트	도입되는 장비와 구축된 시스템의 성능을 테스트하고 점검하기 위한 요구사항
보안	시스템의 데이터 및 기능, 운영 접근을 통제하기 위한 요구사항
품질	관리가 필요한 품질 항목, 품질 평가에 대한 요구사항
제약사항	시스템 설계, 구축, 운영과 관련하여 사전에 파악된 기술, 표준, 법, 제도 등의 제약 조건
프로젝트 관리	프로젝트의 원활한 수행을 위한 관리 방법에 대한 요구사항
프로젝트 지원	프로젝트의 원활한 수행을 위한 지원사항이나 방안에 대한 요구사항

(3) 시스템 개발 프로세스

개발 대상에 대한 요구사항을 체계적으로 도출하고 이를 분석한 후 요구사항을 명세화하여 이를 확인하고 검증하는 일련의 구조화된 활동

1) 요구사항 도출(Requirement elicitation)

① 시스템, 사용자, 시스템 개발에 관련된 사람들이 서로 의견을 교환하여 요구사항이 어디에 있는지, 어떻게 수집할 것인지를 식별하고 이해하는 과정
② 개발자와 고객 사이의 관계 생성 및 이해관계자 식별
③ 주요 기법: 청취, 인터뷰, 설문, 브레인스토밍, 워크숍, 프로토타이핑 등

2) 요구사항 분석(Requirement analysis)

① 개발 대상에 대한 사용자의 요구사항 중 명확하지 않거나 모호하여 이해되지 않는 부분을 발견하고 이를 걸러내기 위한 과정
② 사용자 요구사항의 타당성을 조사하고 비용과 일정에 대한 제약을 설정
③ 내용이 중복되거나 하나로 통합되어야 하는 등 서로 상충되는 요구사항이 있으면 이를 중재하는 과정
④ 도출된 요구사항들을 토대로 소프트웨어의 적용 범위를 파악
⑤ 도출된 요구사항들을 토대로 소프트웨어와 주변 환경이 상호 작용하는 방법을 이해
⑥ 요구사항 분석에는 자료 흐름도(DFD), 자료 사전(DD) 등의 도구 사용

3) 요구사항 명세(Requirement specification)
   ① 분석된 요구사항을 바탕으로 모델을 작성하고 문서화하는 것을 의미
   ② 요구사항을 문서화할 때는 기능 요구사항은 빠짐없이 완전하고 명확하게 기술해야 하며, 비기능 요구사항은 필요한 것만 명확하게 기술
   ③ 사용자가 이해하기 쉬우며, 개발자가 효과적으로 설계할 수 있도록 작성
   ④ 설계 과정에서 잘못된 부분이 확인될 경우 그 내용을 요구사항 정의서에서 추적 가능
   ⑤ 구체적인 명세를 위해 소단위 명세서(Mini—Spec)를 사용할 수 있음

4) 요구사항 확인 및 검증(Requirement validation)
   ① 개발 자원을 요구사항에 할당하기 전 요구사항 명세서가 정확하고 완전하게 작성되었는지를 검토하는 활동
   ② 분석가가 요구사항을 정확하게 이해한 후 요구사항 명세서를 작성했는지 확인 필요
   ③ 요구사항이 실제 요구를 반영하는지, 서로 상충되는 요구사항은 없는지 등을 점검
   ④ 개발이 완료된 후 문제가 발견되면 재작업 비용이 발생할 수 있으므로 요구사항 검증은 매우 중요
   ⑤ 요구사항 명세서 내용의 이해도, 일관성, 회사 기준 부합, 누락기능 여부 등을 검증하는 것이 중요
   ⑥ 요구사항 문서는 이해관계자들이 검토
   ⑦ 요구사항 검증 과정을 통해 모든 문제를 확인하는 것은 불가능
   ⑧ 일반적으로 요구사항 관리 도구를 이용하여 요구사항 정의 문서들에 대해 형상 관리를 수행

2. 데이터 확인

(1) 데이터 검증

① 원천 시스템의 데이터를 목적 시스템의 데이터로 전환하는 과정이 정상적으로 수행되었는지를 확인하는 과정
② 데이터 전환 검증은 검증 방법과 검증 단계에 따라 분류
③ 데이터 검증과 확인은 데이터의 정확성과 유효성을 확인하는 과정

데이터 검증	개발자 입장에서 제품 명세서 완성 여부를 확인하는 과정
데이터 확인	사용자 입장에서 고객 요구사항에 부합 여부를 확인하는 과정

(2) 데이터 검증 방법

검증 방법	내용
로그 검증	데이터 전환 과정에서 작성하는 추출·전환·적재 로그 검증
기본 항목 검증	로그 검증 외에 별도로 요청된 검증 항목에 대해 검증
응용 프로그램 검증	응용 프로그램을 통한 데이터 전환의 정합성 검증
응용 데이터 검증	사전에 정의된 업무 규칙을 기준으로 데이터 전환의 정합성 검증
값 검증	숫자 항목의 합계 검증, 코드 데이터의 범위 검증, 속성 변경에 따른 값 검증

(3) 데이터 검증 단계

원천 데이터를 추출하는 시점부터 전환 시점, DB 적재 시점, DB 적재 후 시점, 전환 완료 후 시점별로 목적과 검증 방법을 달리하여 데이터 전환의 정합성을 검증

검증 단계	검증 내용	검증 방법
추출	• 현행 시스템 데이터에 대한 정합성 확인 • 프로그램 작성 과정에서 발생할 수 있는 오류 방지	로그 검증
전환	• 매핑 정의서에 정의된 내용이 정확히 반영되었는지 확인 • 매핑 정의서 오류 여부 확인 • 매핑조건과 상이한 경우의 존재 여부 확인	로그 검증
DB 적재	목표 파일을 DB에 적재하는 과정에서 발생할 수 있는 오류, 데이터 누락 손실 등 여부 확인	로그 검증
DB 적재 후	데이터 전환의 최종단계 완료에 따른 정합성 확인	기본 항목 검증
전환 완료 후	데이터 전환 완료 후 추가 검증 과정을 통해 데이터 전환의 정합성 검증	응용 프로그램 및 응용 데이터 검증

02 자료수집 및 검증

1. 자료수집 기법

(1) 공간데이터 취득

① 공간 데이터의 분석 이전에 반드시 거쳐야 하는 필수 과정
② 공간 데이터를 취득하는 방법은 시대에 따라 활용 가능한 도구들이 다양해지면서 변모해 왔음
③ 과거 종이지도 형태의 지도집이나 각종 문서를 통하여 공간 데이터가 작성되고 만들어짐
④ 공간 데이터를 대표하는 실물 지도는 실제로 만질 수 있고, 종이 형태로 휴대할 수 있는 특징이 있음
⑤ 현대에는 컴퓨터의 발달로 실물 지도뿐만 아니라 디지털 형태로 다양한 공간 데이터가 생산·보급되어 제공됨

(2) 공간데이터 취득 방법

1) 현지 측량에 의한 방법

① 지상측량을 통해 현장에서 데이터를 획득하는 방법으로, 현장에서 주로 토탈스테이션(Totalstation)을 이용하여 직접 데이터를 취득
② 좁은 면적을 대상으로 하는 대축척의 지형모델링을 위해서 가장 적합한 방법
③ 정확도가 매우 높은 데이터를 획득할 수 있으나, 시간과 경비가 많이 소요됨
④ 지상측량에 의한 DEM 구축은 소규모 지역의 단지계획 등과 같은 특별한 사업이나 지상측량에 의한 표고자료 획득의 보완 또는 DEM의 정확도 평가를 위한 자료 획득 시 주로 이용
⑤ 최근에는 정확한 고도자료를 얻기 위해 현장에서 GPS장비를 이용한 측량 방법도 활용
- 측량의 신속함과 대규모 지역에서는 GPS 측량방법이 효과적
- 장점: 이동측량 방식에 의해 기상에 관계없이 24시간 자료수집이 가능하며, 정확도가 수 센티미터로 우수함
- 단점: 고층건물 등에 의한 전파장애를 받을 수 있음

2) 항공사진을 이용한 방법

① 항공사진을 이용하여 데이터를 획득하는 방법으로, 넓은 면적을 대상으로 하는 소축척의 지형모델링을 위해서 가장 적합한 방법
② 항공사진(航空寫眞)은 비행 중 비행체에서 카메라로 지표면을 촬영한 사진
③ 특히 넓은 지역의 지도 제작은 대부분 항공사진측량으로 이루어지고 있으며, 최근에는 필름카메라가 아닌 디지털카메라를 이용한 사진측량을 많이 사용하고 있음
④ 국토지리정보원은 항공사진측량을 이용하여 국가기본도 및 다양한 축척의 지도를 제작
⑤ 지도를 제작해야 하는 지역이 넓을 경우 매우 경제적이며, 넓은 지역에 대한 지도제작 시 요구되는 정확도를 균일하게 확보하며, 접근하기 어려운 지역에 대한 관측이 가능하다는 장점
⑥ 사진측량에 의한 수치지형데이터를 취득하는 방법: 도화장비를 이용하여 지형을 판독하여 등고선을 수치지형 데이터(x, y, z) 형식으로 측정하여 컴퓨터에 입력하는 방법, 항공사진기로 촬영된 입체 항공사진을 이용하여 해석도화기와 도화사의 작업을 통해 수치지형 데이터를 추출하는 방법, 항공사진을 스캐닝하여 수치도화기를 이용하여 자동으로 수치지형 데이터를 추출하는 방법 등
⑦ 항공사진 측량은 도화장비를 이용하여 수치지형데이터가 직접 입력되기 때문에 많은 비용 절감이 가능하고 시간이 단축되며 높은 정확도를 유지할 수 있다는 장점이 있어 많이 활용됨

3) 기존 지도를 디지타이징하는 방법

① 보다 전통적으로 사용되는 방법으로, 기존에 국가기관에서 제작된 지형도를 디지타이징함으로써 수치지형데이터를 취득하는 방법
② 사진측량, 지상측량에 비해 비용이 적게 들어 매우 경제적
③ 기존 제작된 지형도의 등고선을 따라서 표본지점을 디지타이징하여 구축된 수치지형 데이터의 정확도는 다른 측량방법들에 의해 획득된 데이터의 정확도와 비교했을 때 상당히 떨어짐

- 특히 소축척지도를 기본도로 사용하는 경우 수치화된 등고선들의 정확도는 매우 낮음
- 소축척 지도의 제작 과정에서 상당한 일반화가 이루어져 등고선 자체에 오차가 내재되어 있기 때문

4) 항공레이저측량을 이용한 방법

① 항공레이저측량(LiDAR; Light Detection And Ranging)에 의한 방법
② 라이다(LiDAR)
- 항공기(비행기 또는 헬리콥터)로부터 지상을 향해 많은 레이저펄스(70KHz)를 지표면과 지물에 발사하여 반사되는 레이저펄스로부터 지표면의 높이 정보를 취득하는 기술
- 고밀도의 3차원 수치데이터를 취득하는 새로운 자료취득기술
- 항공기에 탑재된 고정밀도 레이저 측량장비로 지표면을 스캔하고 대상의 공간 좌표를 찾아서 도면화하는 측량으로 경제성, 효율성이 매우 높은 최신 측량 장비

③ 기상의 좋고 나쁨, 산림 및 수풀에 따라 측량 실시에 지장을 받는 것이 측량의 특성이나, 항공레이저측량은 기상 및 지역여건에 크게 상관없이 항공기에 GPS수신기, 레이저 펄스 송수신기, 관성항법장치(INS)를 동시 탑재하여 악천후와 무관하게 지형을 관측하여 지형의 기복을 측량함
④ GNSS(GPS)는 라이다 장비의 위치를 관측하고, INS 장비는 라이다 장비의 자세를 관측함
⑤ 레이저 펄스를 이용하여 거리를 측량하며 지표면에 반사되는 수직거리를 측정하는 방법
⑥ 장점: 날씨에 상관없이 거의 모든 지상 대상물의 관측이 가능하고, 특히 산림지대의 투과율이 높고 항공사진측량에 비해 작업속도가 신속하며 경제적임
⑦ 단점: 능선, 계곡 및 지형의 경사가 심한 지역에서는 정밀도가 저하됨
⑧ 최근에 점차 각광을 받고 있는 기술로는 UAV 기반의 무인항공사진측량이 있음
- UAV에 GPS, INS가 결합된 자동비행장치(Auto Pilot)와 카메라를 탑재함
- 취득한 영상은 수치사진측량 소프트웨어에 의해 정사영상, DEM 및 도화작업이 자동 또는 반자동으로 즉시 수행되므로 최단시간 내의 지형도 제작이 가능

> **TIP** UAV 기반의 무인항공사진측량
> 수치지도의 수시 수정이나 재난·재해의 피해조사 및 복구를 위한 지형도 제작 등 신속성이 요구되는 지형측량에는 기존의 항공사진측량에 비해 이동성, 사용성, 접근성이 뛰어나고 기상조건에 영향을 덜 받는 UAV(Unmanned Aircraft Vehicle) 기반의 무인항공사진측량이 적합하다.

(3) 공간데이터 입력 과정

> 계획과 조직 → 공간 데이터 입력 → 편집과 수정 → 지리참조와 투영법 설정 → 데이터 변환 → 데이터베이스 구축 → 속성값 부여

1) 계획과 조직

　① 공간 데이터를 취득한 후 의미 있는 정보로 활용할 수 있도록 디지털 형태로 입력하는 절차를 거쳐야 함
　② 공간 데이터의 활용 목적을 확실히 하고 이에 따른 일련의 입력 계획을 세움
　③ 공간 데이터의 입력 계획이 세워지면 GPS, 원격탐사 등을 통하여 취득된 공간 데이터를 소프트웨어 등을 통하여 입력

2) 공간 데이터 입력

　① GPS나 원격탐사를 통하여 취득한 데이터를 입력하는 것뿐만 아니라 기존의 지도 등을 디지털화함으로써 공간 데이터를 입력하기도 함
　② 종이 형태의 아날로그 지도는 스캐닝, 디지타이징 등의 과정을 거쳐 디지털화되고 컴퓨터를 통하여 분석할 수 있는 공간 데이터로 활용됨
　③ 활용 도구: 테이블 디지타이저, 태블릿, 헤드업 온 스크린 디지타이제이션, 스캐너 등

3) 편집과 수정

　① 공간 데이터는 벡터 데이터나 래스터 데이터 형태로 구성됨
　　• 벡터 데이터의 경우 다각형은 폐합이 제대로 이루어졌는가, 연결 관계가 올바른가, 기하학적 관계가 잘 형성되어 있는가 등을 확인
　　• 래스터 데이터의 경우 각 셀의 크기는 알맞게 조정되었는가, 셀에 입력된 값은 올바른가 등에 대한 사항을 점검
　② 데이터에 오류가 있으면 적절한 수정 과정을 거침

4) 지리참조와 투영법 설정

　① 공간데이터는 실세계의 좌푯값을 포함하여 적절한 좌표계와 투영법을 선택하여 공간 데이터를 입력함
　② 좌푯값이 잘못 입력되었을 경우 공간 데이터의 왜곡이 발생하여 이후의 공간분석 과정이 불가능하거나 의미가 없어지므로 주의를 요함

5) 데이터 변환

　① 원격탐사를 통하여 취득된 데이터라면 래스터 데이터 형태이고, 디지타이징을 통하여 취득되었다면 벡터 데이터 형태의 구조
　② 각각은 다양한 포맷으로 변환할 수 있음

6) 데이터베이스 구축

　① 분석 대상이 되는 공간 데이터는 도형 데이터와 속성 데이터가 함께 존재함
　② 도형 데이터가 입력되면 이에 따른 속성 데이터를 구축
　③ 공간 데이터를 입력하는 과정만큼 인력과 시간이 많이 소요됨

7) 속성값 부여
   ① 디지털화된 도형 데이터와 데이터베이스를 연계하는 속성 부여 과정
   ② 도형 데이터에 속성이 입력되면 중첩 분석, 기하학적 공간 질의, 공간 통계 등 높은 수준의 공간 질의 가능
   ③ 공간 데이터의 입력 과정을 거친 후 용도

2. 위치자료와 속성자료

(1) 공간 데이터의 구성

GIS에서 사용하는 공간 데이터는 도형(Geometry)정보와 속성(Attribute)정보의 결합으로 구성되어 있다는 점에서 일반적인 캐드 데이터와 구별됨

1) 도형정보(위치자료)
   ① 공간정보는 위치정보, 도형정보라고도 표현하며 점(Point), 선(Line), 면(Polygon) 등 3가지 요소로 구분함
   ② 표현 방법은 벡터와 래스터로 구분 가능
   ③ 공간정보는 실세계의 위치와 결합된 지리 피처를 추상화하여 표현함

2) 속성정보
   ① 속성정보는 지리 피처의 특성을 표현하는 것
   ② 지도에서 확인할 수 없는 피처의 추가적이고 상세한 정보를 담고 있는 것으로, 스프레드시트 자료와 같은 테이블 구조로 표현됨
   ③ 공간 데이터에서 속성자료는 해당 피처의 분류나 순서, 비율, 값 등을 저장하기 때문에 공간 분석을 위한 기본 자료가 됨
   ④ 속성정보의 특성
      • 테이블은 열(Row)의 집합이다.
      • 열은 속성(Attribute)의 집합이다.
      • 테이블에서 행(Column)은 같은 종류의 모든 속성을 표현한다.
      • 필드(Field)는 행을 표현한다.
      • 피처(Feature)는 열과 일대일로 표현된다.

(2) 공간 데이터의 정의

① 실세계의 공간 객체들은 형태가 복잡함과 동시에 보이거나 보이지 않는 많은 속성값을 가지고 있음
② 공간 객체들은 사진 찍듯 그대로 지도화하거나 분석하는 것이 아니라, 필요한 핵심 정보만을 가지게 하는 일련의 과정을 거쳐 새로운 공간 데이터로 생성됨

③ 공간 데이터는 크게 벡터 데이터, 래스터 데이터 등 2가지 데이터 모델 형태로 구분할 수 있고, 몇 가지의 파일 포맷으로 표현할 수 있음

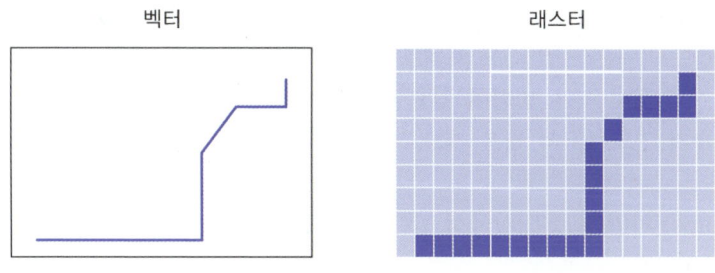

그림 벡터 데이터 모델(좌)과 래스터 데이터 모델(우)의 비교

(3) 벡터 데이터

1) 벡터 데이터

① 일반적으로 사용되는 지도의 보편적인 형태
② 공간 객체를 지도가 담고 있는 정보의 형태와 유사하게 점(Point), 선(Line), 면(Polygon) 등을 사용하여 표현함으로써 x, y 좌표 체계에 실세계의 위치를 나타냄
③ 점과 각 점 좌표의 연결인 노드(Node) 또는 버텍스(Vertex)로 구성된 선, 3개 이상의 점과 선이 닫힌 형태로 연결한 다각형으로 객체를 묘사
④ 벡터 데이터는 위상관계를 가질 수 있으며, 벡터 데이터 모델은 관계형 데이터 모델과 객체기반 데이터 모델로 구분됨
⑤ 벡터 데이터의 공간적 표현 형태

표현 형태	특징
점(Point)	• 가장 기본적인 벡터 객체 • x, y 좌푯값으로 표현 예 기준점, 전신주, 우체통 등
선(Line)	• 위치와 길이라는 속성을 가진 일차원 객체 • 노드(node)라 불리는 시작점과 끝점, 선의 추가점인 버텍스(vertex)로 표현의 연결로 표현 예 하천, 도로, 철도 등
면(Polygon)	• 연속된 선으로 둘러싸인 이차원 객체 • 시작점과 끝점을 하나의 노드로 공유 예 지적, 토지 이용, 행정구역 등

2) 벡터 데이터의 종류 및 특징

① 캐드 파일
- 캐드(CAD; Computer Aided Design) 파일은 .DWG, .DXF, .DGN 등의 파일 포맷으로 표현
- 대부분의 캐드 파일은 로컬 좌표 체계로 표현되어 있으므로, 실세계의 좌표 체계에 맞는 GIS 데이터로 활용하기 위해서 좌표 변환이 필요한 경우가 많음
- 우리나라 수치 지도 1.0의 경우 캐드 파일 형식으로 제작

② 셰이프 파일
- 셰이프(Shape) 파일은 ESRI사에서 만든 파일 포맷으로, .shp, .shx, .dbf, .prj 등 여러 개의 분리된 파일로 정의됨
- 점 좌표의 나열로 공간 객체를 입력하는 대신 점(Point), 폴리라인(Polyline), 다각형(Polygon) 등 각 객체의 좌푯값을 포함한 기하학적 속성을 저장하고, 이와 연결된 dBASE 포맷의 속성정보를 가짐
- 셰이프 파일 포맷은 자료의 빠른 묘사, 작은 데이터 저장 용량, 상대적으로 낮은 자료처리 부하량이라는 장점이 있으나 위상관계 정보가 없다는 단점이 있음
- 셰이프 파일의 3가지 필수 파일

파일명	파일 의미
*.shp	좌표의 shape를 저장하는 주 파일
*.shx	주 파일과 dBASE 테이블을 연결하는 인덱스 파일
*.dbf	객체의 속성을 저장하는 dBASE 테이블

③ 커버리지(Coverage)
- 커버리지는 인접성 등의 위상관계를 내장한 벡터 저장 체계
- 윈도우 탐색기 등의 파일 관리 도구에서 복사 및 붙여넣기를 할 수 있는 개별 파일 형태가 아님
- 벡터 레이어를 생성하기 위해 연결되는 파일과 경로의 집합체로 점, 선, 면은 모두 커버리지로 표현되며, 각각의 좌표와 관계를 설명하는 테이블 구조를 가짐
- 커버리지 파일은 커버리지 폴더와 INFO 폴더라고 하는 두 개의 폴더에 파일이 분산되어 저장되며, 이는 공간정보와 속성정보가 분산되어 저장됨을 의미

④ 지오데이터베이스(Geodatabase)
- 지오데이터베이스는 객체기반 벡터 모델로 위상관계를 포함하는 공간 데이터셋을 포함함
- 커버리지 모델을 확장하여 다양한 모델링, 복잡한 네트워크, 클래스 간의 관계, 데이터 관리, 객체지향 지리 사상, 분석 기능 등을 지원
- 좌표, 속성정보를 별도의 파일에 저장하는 셰이프 파일이나 커버리지와는 달리 지오데이터베이스는 동일한 데이터베이스에 좌표와 속성을 함께 저장

(4) 래스터 데이터

1) 래스터 데이터(Raster data)

① 규칙적으로 배열된 정사각형의 그리드(Grid), 셀(Cell) 또는 픽셀(Pixel)이라고 불리는 최소 지도화 단위의 격자에 기반을 두어 공간 객체를 표현
② 각 셀은 속성값을 담고 있으며 벡터 데이터보다 훨씬 간단한 자료 구조를 가짐
③ 셀 기반의 구조이기 때문에 고도, 강수량, 기온 등 연속적인 공간 객체를 표현하기에 적절하며, 지리 참조를 통하여 위치 정보를 가질 수 있음
④ 래스터 레이어의 왼쪽 상단 좌푯값과 래스터 데이터가 가지는 행과 열 정보, 셀의 크기 등을 활용하여 위치 정보를 확인 가능

2) 래스터 데이터의 종류 및 특징

① 래스터 데이터 포맷
  - GIS에서 사용하는 래스터 파일 포맷은 매우 다양하지만, 일반적으로 GeoTIFF, BMP, SID, JPEG, ERDAS 등과 같은 이미지와 그리드 등이 사용
  - 래스터 데이터는 단일 레이어일 수도 있고, 여러 개의 레이어로 구성되어 있으면서 하나로 처리되는 다중 레이어일 수도 있음
  - 이미지 포맷은 흑백의 단일 밴드(Monochrome) 또는 다양한 색상을 나타내는 다중 밴드(Multispectral)가 있음

② 래스터 셀값
  - 래스터 레이어의 모든 셀은 특정 지점에서 지도로 표현되는 현상을 나타내는 명목, 서열, 등간/비율 척도의 값 등을 가짐
  - 래스터 셀은 일반적으로 정수 또는 실수 형태의 숫자를 가지며, 정수 데이터는 범주형 데이터를 표현할 때 주로 사용되고, 실수 데이터는 정량적 데이터의 연속 값을 표현하기 위해 사용됨
  - 실수를 저장하는 래스터 데이터는 저장·검색·분석 등을 위해 좀 더 많은 공간과 계산력을 요구하게 됨

③ 래스터 셀 크기
  - 래스터 셀의 크기는 실세계 이미지를 얼마나 상세하게 묘사할 것인지에 따라 결정
  - 셀의 크기가 작을수록 이미지의 스케일이 커지며, 셀의 크기가 클수록 이미지의 스케일이 작아짐
  - 동일한 공간 범위를 나타낸다고 가정하면 셀 크기가 작을수록 실세계에 대한 묘사는 좀 더 상세해지지만, 파일 자체의 크기가 커짐

그림 래스터 데이터의 셀값

④ 래스터 지리 참조
- 래스터 데이터는 다른 공간 데이터와 연계하기 위해 지리 참조가 필요
- 래스터 레이어는 레이어 행과 열의 숫자를 이용하는 좌표 체계를 참조
- 좌상단 지점의 X값, Y값, 행과 열의 수, 셀 크기 등을 이용하여 레이어 전체의 공간 범위를 결정할 수 있으며, 지리 참조된 값들은 개별 셀 안에서도 보간(Interpolation)할 수 있음

3. 수집자료 검증

(1) 공간자료 검증

① 공간 데이터의 취득·입력·저장 과정을 거친 후에는 저장된 자료의 신뢰성을 보장하기 위한 수집자료의 편집과 검수 작업이 반드시 진행되어야 함
② 자료 검증 시 시간적 특성 고려사항
- 토지 피복 변화를 관찰할 때에는 동일한 시점에서의 대면적 공간 데이터가 주기적으로 확보되어야 함
- 원격탐사 데이터를 활용할 때에도 동일한 시점대의 영상이 확보된 것인지 확인

(2) 공간자료 검증 내용

1) 속성 데이터의 오류
① 조사 데이터에 명칭을 작성하는 속성 데이터에 오타가 있는 경우
② 데이터가 빈 레코드로 처리된 경우
③ 면적의 단위가 각 조사자의 파일에 따라 다르게 작성된 경우

2) 위치 오류
① 공간 데이터에서 위치 또는 좌표 정보는 가장 핵심임
② 위치정보가 정확해야 이후에 이루어지는 중첩, 근접성 분석 등의 공간분석 결과를 신뢰할 수 있음
③ 일반적으로 대축척 공간 데이터는 소축척 공간 데이터보다 위치 정확도가 높음

3) 위상 오류
① 위상(Topology): 인접성, 포합성, 연결성 등 공간 객체의 속성에 대한 수학적인 특성
② 위상 관계를 통하여 공간 데이터의 오류를 발견하고 편집·수정할 수 있음

③ 위상 오류의 종류

오류	내용
폐합되지 않은 다각형	폐합되지 않은 다각형은 폴리곤이 아닌 선으로 인식됨
연결되지 않은 노드	이어지지 않은 노드는 편집 도구를 사용하여 적당한 스냅 톨로런스(Snap tolerance) 범위를 설정함으로써 이어줄 수 있음
슬리버	슬리버로 인해 미세하게 형성된 다각형은 편집 도구를 사용하여 두 다각형이 인접하도록 수정함
스파이크	다각형 밖으로 뻗어 나간 선
언더슛	라인과 라인이 사이에 틈이 생겨 연결되지 않은 경우
오버슛	라인의 경계를 넘어 라인이 뻗어 라인이 접하지 못하는 경우

> **TIP** 언더슛, 오버슛, 슬리버 오류
>
> - 위상적 오류는 여러 유형이 있으며, 벡터 객체 유형이 폴리곤인지 또는 폴리라인인지에 따라 서로 다른 그룹으로 묶을 수 있다. 폴리곤 객체의 위상적 오류는 닫히지 않은 폴리곤, 폴리곤 경계선(Border) 사이의 틈(Gap), 또는 폴리곤 경계선의 중첩 등을 포함한다.
> - 폴리라인 객체의 공통적인 위상 오류 가운데 하나는 폴리라인 2개가 (또는 그 이상이) 어떤 포인트(노드)에서 완벽하게 접하지 않는 오류이다. 라인 사이에 틈이 존재하는 경우 이런 유형의 오류를 언더슛(Undershoot)이라고 하며, 라인이 접해야 할 다른 라인 너머에서 끝나는 경우 오버슛(Overshoot)이라고 한다. 두 폴리곤의 꼭짓점들이 폴리곤 경계선상에서 일치하지 않는 경우 조각(Sliver)이 생겨난다.

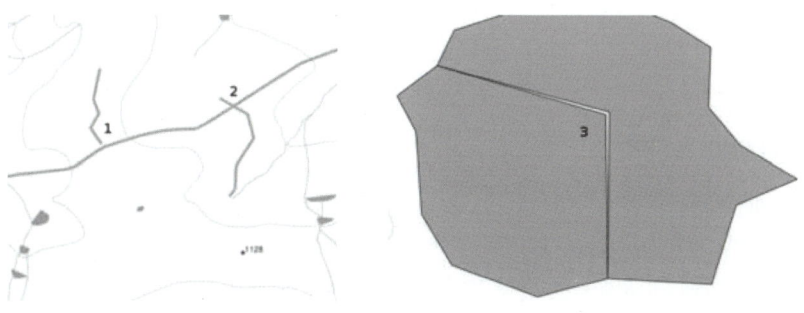

03 공간정보 자료 관리

1. 공간정보 자료 저장

(1) 공간 데이터 저장

① 공간정보의 데이터베이스 구축은 가장 중요하고 시간이 많이 소요되는 단계임
② 데이터베이스 구축의 완성도, 정확성에 따라 분석내용과 최종 결과물의 질이 결정됨
③ 데이터베이스 구축은 데이터베이스설계, 공간자료 입력, 편집 및 위상 관계 설정, 속성자료 입력, 자료관리 등의 과정을 수행

④ GIS를 이용하여 구축된 정보를 분석하면 수작업으로 어려운 공간분석이나 시간이 많이 소요되는 작업을 효과적으로 수행할 수 있음
⑤ 최종 결과물이 의사결정과정에 효과적으로 이용될 수 있도록 결과물에 대한 표현 방법의 선택도 중요함

(2) 공간정보 자료 저장 절차

> 데이터베이스 설계 → 도형자료 데이터베이스 구축 → 속성자료 데이터베이스 구축 → 도형자료와 속성자료의 연계

1) 데이터베이스 설계
① 도형자료 및 속성자료 도출: 도형자료 및 관련 속성자료를 규정하고, 도형자료를 여러 레이어로 구성
② 속성자료 항목 결정: 요구되는 속성자료에 대한 구체적 항목과 저장 유형(예 문자, 숫자, 날짜 등), 길이 등을 결정하고 코드화할 항목 분류

2) 도형자료 데이터베이스 구축
① 도형자료의 입력
② 위상 관계의 설정: 도형자료의 상호관계를 정의하는 절차로, 인접한 점·선·면 사이의 공간적 대응 관계 설정
③ 도형자료의 수정·편집
④ 인접 지도의 결합

3) 속성자료 데이터베이스 구축
① 공간정보 데이터베이스는 도형자료와 속성자료의 결합을 통해 구축될 수 있음
② 자료의 개념적 모델을 기초로 데이터베이스를 정의
③ 데이터베이스 설계 과정에서 결정된 항목과 유형에 적합하도록 정리
④ 데이터베이스 테이블을 작성하고 데이터베이스에 자료 입력

4) 도형자료와 속성자료의 연계
① 도형자료 레코드와 속성자료 레코드 사이에 상호 식별 가능한 공통항목이 존재함
② 공통항목을 이용해 도형자료와 속성자료를 조회하거나 통합하여 새로운 정보 산출

(3) 공간 데이터베이스 관리

1) 데이터베이스 관리

① 다수의 사용자나 원거리 사용자가 공동으로 사용하는 데이터베이스에 레코드 형태로 저장되는 정보를 체계적으로 삽입·삭제·갱신·검색하게 하는 방법
② 변경되는 데이터베이스 내용이나 데이터베이스에서 인출되는 정보가 정확하고 신뢰성을 갖게 할 목적으로 시행

2) 데이터베이스 관리시스템(DBMS; Data Base Management System)

① 파일 시스템의 문제점인 데이터의 중복성, 종속성 등의 문제를 최소화하기 위한 시스템
② 사용자-데이터베이스 간의 중계 역할을 수행하며, 데이터베이스의 내용을 정의·조작·제어할 수 있게 함으로써 관리 운영하는 소프트웨어 시스템
③ DBMS의 필수 기능

필수 기능	내용
정의 기능	저장될 데이터의 형태, 구조 등 데이터베이스의 저장에 관한 여러 가지 사항을 정의(생성)하는 기능
조작 기능	데이터베이스의 자료를 사용자가 이용할 수 있도록 요구에 따라 검색·갱신·삽입·삭제 등을 지원하는 기능
제어 기능	데이터의 정확성과 안정성 유지를 위한 관리 기능으로, 데이터의 무결성 유지·보안·병행 수행 제어 등을 제공

(4) 공간데이터의 오차 발생

① 공간데이터의 오차는 일반적으로 원시자료, 데이터 수치화 및 편집과정, 데이터 처리과정 및 분석 단계에서 발생
② 오차는 원래부터 잠재적으로 갖고 있는 내재적 오차와 구축과정에서 발생하는 작동적 오차로 구분
③ 다양한 수준의 수치 데이터들이 하나의 시스템 환경에 통합되어 작동되기 때문에 상당한 오차가 내재되어 있음에도 사용자들은 오차로 인한 문제점을 인식하지 못하는 경우가 많음
④ 데이터 수집 단계에서 발생하는 오차는 단계가 진행됨에 따라 계속해서 누적됨

2. 공간정보 자료 갱신

(1) 공간정보 갱신 필요성

① 공간정보 데이터 구축비용 증가, 데이터 구축시간 증가, 데이터 품질관리 미흡 등 이슈 발생
② 공간정보 정책 개선을 위해서 기 구축된 데이터의 갱신 및 지속적인 관리가 필요
③ 공간정보 데이터 표준화를 통한 품질관리, 기본공간 정보 데이터 선정·관리, 수시갱신을 통한 최신 변화의 즉각적인 반영 등이 이루어져야 함
④ 수시갱신체계 마련을 통한 공간정보 유지관리, 표준화를 통한 공간정보 데이터 품질관리 강화, 기본공간정보 선정·관리 등이 이루어져야 함

CHAPTER 06 | 공간정보 자료수집

01 ★☆☆

시스템 개발 프로세스 단계 중에서 개발 대상에 대한 사용자의 요구사항 중 명확하지 않거나 모호하여 이해되지 않는 부분을 발견하고, 이를 걸러내기 위한 과정에 해당하는 것은?

① 요구사항 도출
② 요구사항 분석
③ 요구사항 명세
④ 요구사항 확인

[해설]
요구사항 분석(Requirement analysis)
- 개발 대상에 대한 사용자의 요구사항 중 명확하지 않거나 모호하여 이해되지 않는 부분을 발견하고, 이를 걸러내기 위한 과정이다.
- 사용자 요구사항의 타당성을 조사하고 비용, 일정에 대한 제약을 설정한다.
- 내용이 중복되거나 하나로 통합되어야 하는 등 서로 상충되는 요구사항이 있으면 이를 중재하는 과정이다.

[정답] ②

02 ★★☆

요구사항 분석에서 비기능적 요구에 해당하지 않는 것은?

① 시스템이 어떤 데이터를 저장하고 연산을 수행해야 하는지에 대한 사항
② 처리속도, 처리량, 가용성 등 성능에 대한 요구사항
③ 장비 구성에 대한 요구사항
④ 시스템의 데이터 및 기능, 운영 접근을 통제하기 위한 요구사항

[해설]
① 기능적 요구사항(시스템이 반드시 수행해야 하는 기능)
② 성능 요구사항
③ 시스템 장비 구성 요구사항
④ 보안 요구사항

[정답] ①

03 ★☆☆

비기능적 요구사항에 대한 설명으로 옳지 않은 것은?

① 시스템 인터페이스, 사용자 인터페이스에 대한 요구사항
② 초기 자료 구축 및 데이터 변환을 위한 대상, 방법, 보안이 필요한 데이터 등 데이터 구축을 위해 필요한 요구사항
③ 도입되는 장비와 구축된 시스템의 성능을 테스트하고 점검하기 위한 요구사항
④ 시스템의 입력이나 출력에 무엇이 포함되어야 하는지에 대한 사항

[해설]
① 인터페이스 요구사항
② 데이터 요구사항
③ 테스트 요구사항
④ 기능적 요구사항

[정답] ④

04 ★★☆

요구사항 확인 및 검증과 관련한 설명으로 옳지 않은 것은?

① 개발 자원을 요구사항에 할당하기 전 요구사항 명세서가 정확하고 완전하게 작성되었는지를 검토하는 활동이다.
② 요구사항이 실제 요구를 반영하는지, 서로 상충되는 요구사항은 없는지 등을 점검한다.
③ 분석된 요구사항을 바탕으로 모델을 작성하고 문서화하는 것을 의미한다.
④ 개발이 완료된 후 문제가 발견되면 재작업 비용이 발생할 수 있으므로 요구사항 검증은 매우 중요하다.

해설

요구사항 명세(Requirement specification)
- 분석된 요구사항을 바탕으로 모델을 작성하고 문서화하는 것을 의미한다.
- 요구사항을 문서화할 때는 기능 요구사항은 빠짐없이 완전하고 명확하게 기술해야 하며, 비기능 요구사항은 필요한 것만 명확하게 기술한다.

정답 ③

05 ★★☆

요구사항 분석에 대한 설명으로 옳지 <u>않은</u> 것은?

① 사용자 요구사항의 타당성을 조사하고 비용과 일정에 대한 제약을 설정한다.
② 시스템, 사용자, 시스템 개발에 관련된 사람들이 서로 의견을 교환하여 요구사항이 어디에 있는지, 어떻게 수집할 것인지를 식별하고 이해하는 과정이다.
③ 내용이 중복되거나 하나로 통합되어야 하는 등 서로 상충되는 요구사항이 있으면 이를 중재하는 과정이다.
④ 도출된 요구사항들을 토대로 소프트웨어의 적용 범위를 파악한다.

해설

요구사항 도출(Requirement elicitation)
- 시스템, 사용자, 시스템 개발에 관련된 사람들이 서로 의견을 교환하여 요구사항이 어디에 있는지, 어떻게 수집할 것인지를 식별하고 이해하는 과정이다.
- 소프트웨어가 해결해야 할 문제를 이해하는 첫 번째 단계에 해당한다.
- 개발자와 고객 사이의 관계를 생성하고 이해관계자를 식별한다.

정답 ②

06 ★☆☆

데이터 검증 방법 중 사전에 정의된 업무 규칙을 기준으로 데이터 전환의 정합성 검증에 해당하는 것은?

① 로그 검증
② 기본항목 검증
③ 응용프로그램 검증
④ 응용데이터 검증

해설

데이터 검증 방법

로그 검증	데이터 전환 과정에서 작성하는 추출·전환·적재 로그 검증
기본 항목 검증	로그 검증 외에 별도로 요청된 검증 항목에 대해 검증
응용 프로그램 검증	응용 프로그램을 통한 데이터 전환의 정합성 검증
응용 데이터 검증	사전에 정의된 업무 규칙을 기준으로 데이터 전환의 정합성 검증
값 검증	숫자 항목의 합계 검증, 코드 데이터의 범위 검증, 속성 변경에 따른 값 검증

정답 ④

07 ★★☆

데이터 검증 방법으로 값 검증에 해당하지 <u>않는</u> 것은?

① 숫자항목의 합계 검증
② 데이터 전환의 정합성 검증
③ 코드 데이터의 범위 검증
④ 속성변경에 따른 값 검증

해설

값 검증
숫자 항목의 합계 검증, 코드 데이터의 범위 검증, 속성 변경에 따른 값 검증

정답 ②

08 ★☆☆

데이터 검증 단계에서 로그 검증으로 할 수 있는 단계가 아닌 것은?

① 추출
② 전환
③ DB 적재
④ DB 적재 후

해설
DB 적재 후에는 기본항목 검증이 이루어진다.

정답 ④

09 ★☆☆

공간데이터 취득 방법 중 현지 측량에 주로 사용하는 장비가 아닌 것은?

┤ 보기 ├
ㄱ. 토탈스테이션
ㄴ. GPS장비
ㄷ. 라이다(LiDAR)
ㄹ. 수치도화기

① ㄱ, ㄴ
② ㄴ, ㄷ
③ ㄴ, ㄹ
④ ㄷ, ㄹ

해설
라이다는 항공레이저 측량. 수치도화기는 항공사진 도화에 주로 사용한다.

정답 ④

10 ★★☆

다음 중 공간데이터 입력 과정에 해당하지 않는 것은?

① 지리참조와 투영법 설정
② 데이터베이스 구축
③ 속성 부여
④ 지형모델링 및 표고자료 취득

해설
공간데이터 입력 과정
계획과 조직 → 공간 데이터 입력 → 편집과 수정 → 지리참조와 투영법 설정 → 데이터 변환 → 데이터베이스 구축 → 속성 부여

정답 ④

11 ★★☆

다음 중 속성정보의 특성에 대한 설명으로 옳지 않은 것은?

① 공간 분석을 위한 기본 자료가 된다.
② 테이블에서 행(Column)은 같은 종류의 모든 속성을 표현한다.
③ 스프레드시트 자료와 같은 테이블 구조로 표현된다.
④ 필드(Field)는 열(Row)을 표현한다.

해설
속성정보의 특성
- 테이블은 열(Row)의 집합이다.
- 열은 속성(Attribute)의 집합이다.
- 테이블에서 행(Column)은 같은 종류의 모든 속성을 표현한다.
- 필드(Field)는 행을 표현한다.
- 피처(Feature)는 열과 일대일로 표현된다.

정답 ④

12 ★★★

공간데이터 중 벡터 데이터의 특징에 대한 설명으로 옳지 않은 것은?

① 점(Point), 선(Line), 면(Polygon) 등을 사용하여 표현함으로써 x, y 좌표 체계에 실세계의 위치를 나타낸다.
② 점과 각 점 좌표의 연결인 노드(Node) 또는 버텍스(Vertex)로 구성된 선, 세 개 이상의 점과 선이 닫힌 형태로 연결된 다각형으로 객체를 묘사한다.
③ 벡터 데이터는 위상관계를 가질 수 있으며, 벡터 데이터 모델은 관계형 데이터 모델과 객체기반 데이터 모델로 구분할 수 있다.
④ 흑백의 단일 밴드(Monochrome) 또는 다양한 색상을 나타내는 다중 밴드(Multispectral)가 있다.

[해설]
래스터 데이터 포맷의 이미지 포맷은 흑백의 단일 밴드(Monochrome) 또는 다양한 색상을 나타내는 다중 밴드(Multispectral)가 있다.

[정답] ④

13 ★☆☆

다음 중 벡터 데이터의 종류에 해당하지 않는 것은?

① Geodatabase
② Shapefile
③ CAD file
④ GeoTIFF

[해설]
래스터 데이터 포맷
GIS에서 사용하는 래스터 파일 포맷은 매우 다양하지만 일반적으로 GeoTIFF, BMP, SID, JPEG, ERDAS 등과 같은 이미지와 그리드 등이 사용된다.

[정답] ④

14 ★★☆

공간데이터 중 래스터 데이터에 대한 설명으로 옳지 않은 것은?

① 셀 기반의 구조이기 때문에 고도, 강수량, 기온 등 연속적인 공간 객체를 표현하기에 적절하다.
② 정사각형의 그리드(Grid), 셀(Cell) 또는 픽셀(Pixel)이라고 불리는 최소 지도화 단위의 격자에 기반을 두어 공간 객체를 표현한다.
③ 셀 기반의 구조이기 때문에 고도, 강수량, 기온 등 연속적인 공간 객체를 표현하기에 적절하며, 지리 참조를 통하여 위치 정보를 가질 수 없다.
④ 래스터 데이터는 단일 레이어일 수도 있고, 여러 개의 레이어로 구성되어 있으면서 하나로 처리되는 다중 레이어일 수도 있다.

[해설]
래스터 데이터(Raster data)
- 래스터 데이터는 규칙적으로 배열된 정사각형의 그리드(Grid), 셀(Cell) 또는 픽셀(Pixel)이라고 불리는 최소 지도화 단위의 격자에 기반을 두어 공간 객체를 표현하며, 각 셀은 속성값을 담고 있다. 그래서 벡터 데이터보다 훨씬 간단한 자료 구조를 가진다.
- 래스터 데이터는 셀 기반의 구조이기 때문에 고도, 강수량, 기온 등 연속적인 공간 객체를 표현하기에 적절하며, 지리 참조를 통하여 위치 정보를 가질 수 있다. 래스터 레이어의 왼쪽 상단 좌푯값과 래스터 데이터가 가지는 행과 열 정보, 그리고 셀의 크기 등을 활용하여 위치 정보를 확인할 수 있다.

[정답] ③

15 ★☆☆

래스터 데이터의 파일 포맷에 해당하지 않는 것은?

① JPEG
② IMG
③ GeoTIFF
④ Coverage

[해설]
커버리지는 인접성 등의 위상관계를 내장한 벡터 저장 체계이다.

[정답] ④

16 ★★★

래스터 데이터의 자료 구조에 대한 설명으로 옳지 <u>않은</u> 것은?

① 래스터 셀은 일반적으로 정수 또는 실수 형태의 숫자를 가진다.
② 셀의 정수 데이터는 정량적 데이터를 표현할 때 주로 사용되고, 실수 데이터는 범주형 데이터의 연속 값을 표현하기 위해 사용된다.
③ 래스터 셀의 크기는 실세계 이미지를 얼마나 상세하게 묘사할 것인지에 따라 결정된다.
④ 셀 크기가 작을수록 실세계에 대한 묘사는 좀 더 상세해지지만, 파일 자체의 크기가 커지게 된다.

[해설]
- 래스터 레이어의 모든 셀은 특정 지점에서 지도로 표현되는 현상을 나타내는 명목, 서열, 등간/비율 척도의 값 등을 가진다. 래스터 셀은 일반적으로 정수 또는 실수 형태의 숫자를 가진다. 정수 데이터는 범주형 데이터를 표현할 때 주로 사용되고, 실수 데이터는 정량적 데이터의 연속 값을 표현하기 위해 사용되는데, 실수를 저장하는 래스터 데이터는 저장, 검색, 분석 등을 위해 좀 더 많은 공간과 계산력을 요구하게 된다.
- 래스터 셀의 크기는 실세계 이미지를 얼마나 상세하게 묘사할 것인지에 따라 결정된다. 셀의 크기가 작을수록 이미지의 스케일이 커지며, 셀의 크기가 클수록 이미지의 스케일이 작아진다.

[정답] ②

17 ★☆☆

공간데이터의 위상 오류의 종류에 해당하지 <u>않는</u> 것은?

① 스파이크
② 언더슛
③ 슬리버
④ 연결되지 않은 선

[해설]
위상 오류의 종류

폐합되지 않은 다각형	폐합되지 않은 다각형은 폴리곤이 아닌 선으로 인식됨
연결되지 않은 노드	이어지지 않은 노드는 편집 도구를 사용하여 적당한 스냅 톨로런스(Snap tolerance) 범위를 설정함으로써 이어줄 수 있음
슬리버	슬리버로 인해 미세하게 형성된 다각형은 편집 도구를 사용하여 두 다각형이 인접하도록 수정함
스파이크	다각형 밖으로 뻗어나간 선
언더슛	라인과 라인이 사이에 틈이 생겨 연결되지 않은 경우
오버슛	라인의 경계를 넘어 라인이 뻗어 라인이 접하지 못하는 경우

[정답] ④

18 ★★☆

공간데이터 검증 내용 중 속성데이터의 오류에 해당하지 <u>않는</u> 것은?

① 좌표값이 다르게 입력된 경우
② 조사 데이터에 명칭을 작성하는 속성 데이터에 오타가 있는 경우
③ 데이터가 빈 레코드로 처리된 경우
④ 면적의 단위가 각 조사자의 파일에 따라 다르게 작성된 경우

[해설]
속성 데이터의 오류
- 조사 데이터에 명칭을 작성하는 속성 데이터에 오타가 있는 경우
- 데이터가 빈 레코드로 처리된 경우
- 면적의 단위가 각 조사자의 파일에 따라 다르게 작성된 경우

[정답] ①

19 ★☆☆

공간데이터의 위상 오류 해결 방법에 대한 설명으로 옳지 않은 것은?

① 연결되지 않은 노드: 이어지지 않은 노드는 편집 도구를 사용하여 적당한 스냅 톨로런스(Snap tolerance) 범위를 설정함으로써 이어줄 수 있다.
② 언더슛: 라인과 라인이 사이에 틈이 생겨 연결되지 않은 경우 Extend 기능을 이용하여 이어준다.
③ 스파이크: 밖으로 뻗어나간 선과 다각형을 같이 제거한다.
④ 폐합되지 않은 다각형: 폐합되지 않은 다각형은 폴리곤이 아닌 선으로 인식된다.

해설
③ 스파이크: 다각형 밖으로 뻗어나간 선은 선만 선택하여 삭제한다.

정답 ③

20 ★★☆

공간데이터의 자료 저장에 대한 설명으로 옳지 않은 것은?

① 데이터베이스 구축의 완성도와 정확성에 따라 분석내용과 최종 결과물의 질이 결정된다.
② 속성자료 데이터베이스 구축 시 중요한 것은 위상관계의 설정이다.
③ 공간정보의 데이터베이스 구축은 가장 중요하고 시간이 많이 소요되는 단계이다.
④ 데이터베이스 구축은 데이터베이스 설계, 공간자료 입력, 편집 및 위상 관계 설정, 속성자료 입력, 자료관리 등의 과정을 수행한다.

해설
위상관계의 설정은 도형자료 데이터베이스 구축에서 중요하다.

정답 ②

21 ★★★

공간데이터 자료 저장 절차에 대한 설명으로 옳지 않은 것은?

① 데이터베이스 설계: 도형자료 및 관련 속성자료를 규정하고, 도형자료를 여러 레이어로 구성
② 도형자료 데이터베이스 구축: 도형자료의 상호 관계를 정의하는 절차로, 인접한 점·선·면 사이의 공간적 대응 관계 설정
③ 속성자료 데이터베이스 구축: 데이터베이스 테이블을 작성하고 데이터베이스에 자료 입력
④ 공간자료와 속성자료의 연계: 도형자료 레코드와 속성자료 레코드 사이에 반드시 동일한 데이터로 구성된 상호 식별 가능한 공통항목 존재

해설
공간자료와 속성자료의 연계
- 공간자료 레코드와 속성자료 레코드 사이에 상호 식별 가능한 공통항목 존재(데이터가 동일할 필요는 없음)
- 공통항목을 이용해 공간자료와 속성자료를 조회하거나 통합하여 새로운 정보 산출

정답 ④

22 ★★☆

공간데이터베이스관리시스템(DBMS)의 주요 필수기능에 해당하지 않는 것은?

① 저장될 데이터의 형태, 구조 등 데이터베이스의 저장에 관한 여러 가지 사항을 정의(생성)하는 기능
② 데이터베이스 정보가 정확하고 신뢰성을 갖게 할 목적으로 허가받은 사용자 외에는 데이터를 변경하지 못하도록 하는 기능
③ 데이터베이스의 자료를 사용자가 이용할 수 있도록 요구에 따라 검색, 갱신, 삽입, 삭제 등을 지원하는 기능
④ 데이터의 정확성과 안정성 유지를 위한 관리 기능으로, 데이터의 무결성 유지, 보안, 병행 수행 제어 등을 제공하는 기능

> 해설

① 정의 기능: 저장될 데이터의 형태, 구조 등 데이터베이스의 저장에 관한 여러 가지 사항을 정의(생성)하는 기능
③ 조작 기능: 데이터베이스의 자료를 사용자가 이용할 수 있도록 요구에 따라 검색, 갱신, 삽입, 삭제 등을 지원하는 기능
④ 제어 기능: 데이터의 정확성과 안정성 유지를 위한 관리 기능으로, 데이터의 무결성 유지, 보안, 병행 수행 제어 등을 제공

> 정답 ②

23 ★★☆

공간정보 자료의 갱신의 필요성에 대한 설명으로 옳지 않은 것은?

① 수시갱신을 통한 최신 변화의 즉각적인 반영 등이 이루어져야 한다.
② 표준화를 통한 공간정보 데이터 품질관리 강화가 필요하다.
③ 기본공간 정보 데이터 선정 및 관리가 필요하다.
④ 공간정보 데이터 구축 비용과 구축 시간의 증가를 최소화하는 것과 자료 갱신 간에는 연관성이 없다.

> 해설

수시갱신체계 마련을 통한 공간정보 유지관리, 표준화를 통한 공간정보 데이터 품질관리 강화, 기본공간정보 선정 및 관리 등이 이루어져야 한다. 공간정보 데이터 구축비용 증가 및 데이터 구축시간 증가를 최소화하기 위해 적절한 공간정보 갱신이 필요하다.

> 정답 ④

24 ★★★

공간데이터의 오차 발생 및 유형에 대한 설명으로 옳지 않은 것은?

① 데이터 수집 단계에서 발생하는 오차는 단계가 진행됨에 따라 계속해서 누적된다.
② 다양한 수준의 데이터들이 하나의 시스템 환경에 통합되어 작동되기 때문에 오차가 내재되어 있을 경우 사용자들은 오차로 인한 문제점을 바로 인식할 수 있다.
③ 공간데이터의 오차는 일반적으로 원시자료, 데이터 수치화 및 편집과정, 데이터 처리과정 및 분석 단계에서 발생한다.
④ 오차는 원래부터 잠재적으로 갖고 있는 대재적 오차와 구축과정에서 발생하는 작동적 오차로 구분된다.

> 해설

공간데이터의 오차 발생
- 공간데이터의 오차는 일반적으로 원시자료, 데이터 수치화 및 편집과정, 데이터 처리과정 및 분석 단계에서 발생
- 오차는 원래부터 잠재적으로 갖고 있는 대재적 오차와 구축과정에서 발생하는 작동적 오차로 구분
- 다양한 수준의 수치 데이터들이 하나의 시스템 환경에 통합되어 작동되기 때문에 상당한 오차가 내재되어 있음에도 사용자들은 오차로 인한 문제점을 인식하지 못하는 경우가 많음
- 데이터 수집 단계에서 발생하는 오차는 단계가 진행됨에 따라 계속해서 누적됨

> 정답 ②

CHAPTER 07 | 공간 빅데이터 분석

> **대표유형**
>
> 다음 중 공간 빅데이터의 사례로 적절하지 <u>않은</u> 것은?
>
> ① CCTV 데이터
> ② 메타 데이터
> ③ SNS 위치 데이터
> ④ OpenStreetMap 데이터
>
> **해설**
> 공간 빅데이터의 사례로는 래스터 형태의 고해상도 위성영상, CCTV 영상, 라이다 영상 등과 벡터 형태의 OpenStreetMap 데이터, SNS 위치 데이터, 지오코딩 데이터 등이 있다. 메타 데이터는 데이터를 설명하는 데이터를 의미한다.
>
> **정답** ②

01 공간 빅데이터 분석 개요

1. 공간 빅데이터 분석 개요

(1) 4차 산업혁명과 데이터 과학

① **4차 산업혁명**: 인공지능, 사물인터넷(IoT) 등의 정보통신 기술이 경제사회 전반에 융합적인 시대

1차 산업혁명	증기기관을 기반으로 한 기계화 혁명
2차 산업혁명	전기 내연기관을 사용한 대량생산 혁명
3차 산업혁명	컴퓨터와 인터넷 기반의 지식정보 혁명

② **초연결 시대**: 인간과 프로그램의 상호연결이 확장되어 실시간 데이터 공유가 양적·질적으로 크게 확대
③ **초지능**: 인간의 지능을 뛰어넘는 기술로 발전하고 있으며, 인간의 학습·추론·지각·언어 이해 능력을 컴퓨터 프로그램으로 실현
④ **디지털 트랜스포메이션**: 디지털 기술을 활용해서 기존 사업의 운영·생산 효율과 경쟁력을 높이는 프로세스 변화

⑤ 데이터 과학
- 실제 현상을 이해·분석하기 위해 통계, 데이터 분석, 정보학 및 관련 방법을 통합하는 개념
- 정보통신 기술의 발전과 함께 데이터 분석이 필요한 분야는 비약적으로 증가

⑥ 데이터 사이언티스트
- 필요한 기초 데이터를 모으고 가공분석해서 경영에 필요한 전략적인 통찰력을 제공할 수 있는 전문가
- 컴퓨팅 기술을 활용해 데이터 수집·처리, 통계학이나 머신러닝으로 분석, 의사결정과 상품개발이 이루어지는 일련의 흐름을 효과적으로 처리하는 기능을 가진 사람

(2) 빅데이터의 개념

1) 빅데이터의 정의
① 디지털 환경에서 발생하는 대량의 모든 데이터를 의미
② 매일 2조 5천억 바이트의 빅데이터가 생성됨
③ 구글 검색, 온라인 쇼핑 습관과 같은 활동 데이터, 텍스트, 스마트폰, 커뮤니케이션 및 대화, 모든 사진과 비디오를 통해 수집된 센서 데이터 등이 빅데이터의 소스가 됨

2) 정형 데이터
① 일정 규칙으로 정리된 형태
② 그 자체로 해석할 수 있어 바로 활용 가능

3) 반정형 데이터
고정된 필드에 저장이 되어 있고, 메타데이터와 스키마를 포함한 파일 형태를 저장

4) 비정형 데이터
① 고정된 필드나 스키마 데이터의 구조가 없음
② 스마트폰 기기에서 페이스북, 트위터, 유튜브 등으로 생성되는 소셜 데이터

> **TIP 빅데이터의 특징**
>
> 5V(Volume, Velocity, Variety + Veracity, Value)
> - 크기(Volume): 개념적이고 물리적 범위까지 큰 규모인 데이터의 양
> - 속도(Velocity): 실시간으로 생산되고 유통속도 또한 매우 빠름
> - 다양성(Variety): 기존 구조화된 데이터와 비정형 데이터가 포함된 다양한 속성정보를 가짐
> - 정확성(Veracity): 데이터의 형태가 다양해도 정확성과 신뢰성이 보장되어야 함
> - 가치(Value): 새로운 가치를 창출할 수 있는 데이터

5) **빅데이터 분석법**: 통계 분석, 예측 분석, 데이터마이닝 분석, 최적화 분석

통계 분석	가장 대표적인 유형으로, 통계 기법에 의한 분석
예측 분석	과거의 데이터와 변수 간의 관계를 이용해서 새로운 변수를 추정하는 분석
데이터마이닝 분석	많은 데이터 속에 숨겨진 유용한 패턴을 추출해서 분류, 군집, 연관, 이상 탐지 분석 등을 수행
최적화 분석	주어진 제한조건을 만족하면서 목적 함수를 최대화 또는 최소화하는 방법을 찾음

(3) 공간 빅데이터의 개념

1) 공간 빅데이터의 정의
   ① GIS가 가진 위치 정보와 빅데이터의 특성이 조합됨
   ② 데이터의 관리와 분석에서 데이터 양, 생성 속도, 형태 다양성이 기존의 시스템으로 관리가 어려운 공간 데이터
   ③ 데이터 클라우드 컴퓨팅과 미들웨어, 데이터마이닝, 기계학습, 통계기법 등 빅데이터 분석 기술과 활용방안이 결합

2) 공간 빅데이터의 특징
   ① 래스터 형태의 공간 빅데이터
      • 항공촬영 영상, 보안용 카메라, 고해상도 위성영상, 라이다, 센서 네트워크 등
      • 생활변화 탐지, 패턴과 지형 구축 활용 등
   ② 벡터 형태의 공간 빅데이터
      • 트위터 위치서비스, 벡터 데이터, OpenStreetMap의 지도 등
      • 점, 선, 면 등으로 공간을 참조한 데이터
      • 질병, 재난, 재해, 범죄 등의 발생 분포, Hot Spot 분석, 공간 상관관계 분석 등에 활용
   ③ 그래프 공간 빅데이터
      • 도로망, 전력, 공급망 등과 같은 네트워크 형태의 공간 그래프
      • 시간에 따른 접근성 분석, 최적시간 산정, 시간대 변화에 따른 경로 분석 등에 활용
   ④ 공간 빅데이터는 기존 5V(Volume, Velocity, Variety + Veracity, Value)에 시각화(Visualization)를 추가하여 6V로 발전하였다는 특징이 있음

2. 공간 빅데이터 플랫폼 아키텍처

(1) 빅데이터 플랫폼과 아키텍처

① 플랫폼: 많은 사람들이 쉽게 이용할 수 있고, 다양한 목적의 비즈니스가 이루어지는 공간
② 빅데이터 플랫폼: "빅데이터 + 플랫폼"의 개념으로, 빅데이터 수집부터 저장·처리·분석 등 전 과정을 통합적으로 제공하여 해당 기술들을 잘 사용할 수 있도록 준비된 공간

③ 빅데이터 아키텍처
- 다음 그림과 같이 모든 업무를 빅데이터 측면에서 처음부터 끝까지 체계화한 설계도
- 빅데이터 플랫폼의 구축, 활용 및 관리를 위해서는 빅데이터 아키텍처의 설계가 중요

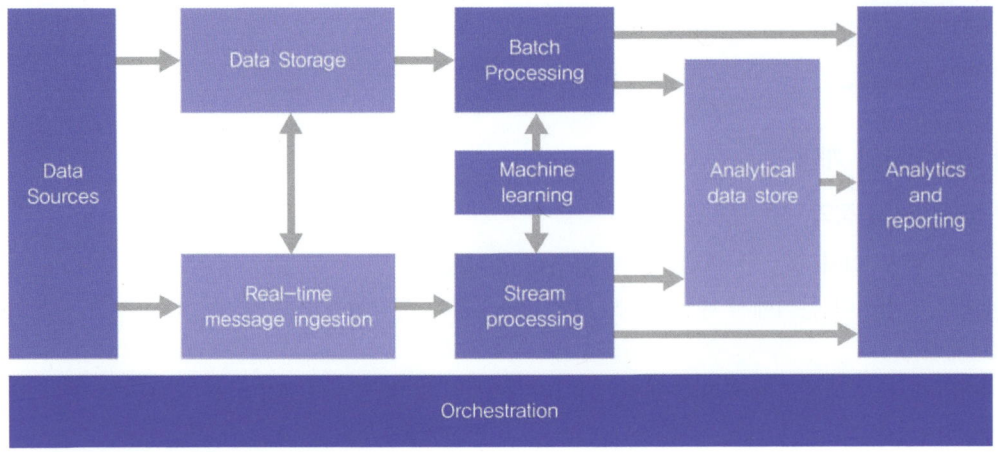

(2) 빅데이터 플랫폼 아키텍처 구조: 5가지 단계

Sources	• 데이터 생성 단계 • 정형·비정형·반정형 데이터로 구성
Ingestion and processing	• ETL(Extraction, Transform, Load) 단계 • 배치형, 스트리밍형 데이터 수집
Storage	쿼리 및 프로세싱이 가능한 형태로 데이터를 저장하는 단계
Analytics and prediction	• 데이터를 분석 및 탐색하는 단계 • Interactive query engine, Realtime analytics(실시간 분석 지원), Machine learning 등
Output	데이터 분석 결과를 시각화 및 애플리케이션에 적용하는 단계

(3) 공간 빅데이터 분석 플랫폼 아키텍처
① 국토교통부에서 운영하고 있는 분석 플랫폼으로 공간정보와 빅데이터를 융합한 분석 데이터 제공 (http://geobigdata.go.kr)
② 공간정보(지도)와 각종 데이터를 가공·분석하여 지도, 차트 등 다양한 형태로 결과를 확인할 수 있는 공간정보 기반의 빅데이터 활용 플랫폼
③ 공간 빅데이터 분석 플랫폼 제공 서비스
- 공간 빅데이터의 지도상 데이터로 시각화
- 뉴스, SNS 데이터 분석
- 분석 데이터 지오코딩(주소 데이터를 좌표값으로 변환)
- 공간분석 도구 제공: 밀도분석, 네트워크 분석, 공간통계분석, 표면분석 등

④ 공간 빅데이터 분석 플랫폼 시스템 구성: 수집 → 가공·융합·적재 → 분석 → 시각화

분석 플랫폼 & 저장소					시각화 서비스	
데이터 수집	→ 데이터 가공	→ 데이터 적재	→ 표준모델 분석	→ 분석결과 확인	실시간 DB	→ 시각화

02 공간 빅데이터 수집

1. 공간 빅데이터 유형

(1) 데이터 유형 분류체계

① 생성 주체에 따라: 프로세스, 기계, 사람 등으로 분류
② 자료 출처에 따라: 업무, 생체, 사물인터넷 지식, 웹 SNS 정도 등
③ 데이터 유형에 따라: GIS 데이터, 영상 데이터, 메타데이터, 센서데이터, 로그데이터, 거래(transaction) 데이터, 분석 데이터 등

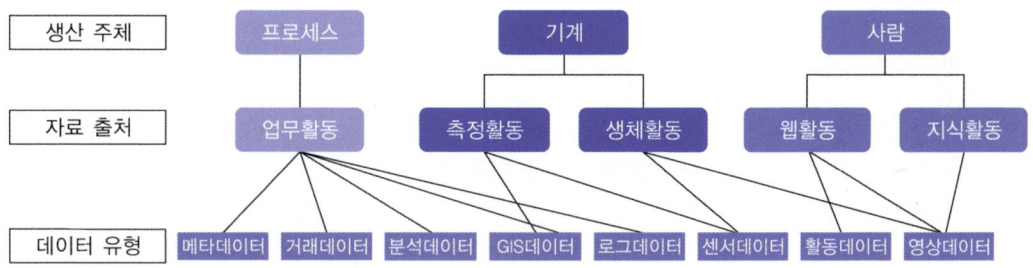

(2) 데이터 형태에 따른 구분

정형 데이터	• 관계형 데이터베이스의 정해진 규칙에 맞게 구조화된 데이터 • 일반적으로 데이터베이스의 열과 행으로 표시되는 테이블 형식의 데이터 • GIS 소프트웨어에서 사용되는 형식의 데이터(Shape file) • 위치(주소)가 포함된 컬럼을 가지고 있는 테이블 형태의 데이터
반정형 데이터	• 관계형 데이터베이스처럼 구조화되지는 않지만 어느 정도 구조를 가지고 있는 데이터 • 데이터의 구조 정보를 데이터와 함께 제공하는 파일 형식의 데이터로, 데이터의 형식과 구조가 변경될 수 있는 데이터 • 테이블의 행과 열로 구조화되어 있지는 않으나 스키마 및 메타데이터 특성을 가지고 있음 예 위치정보가 포함된 XML/JSON 파일(GML, KML, GeoJSON)
비정형 데이터	• 사전 정의된 방식으로 구성되지 않았거나 사전 정의된 데이터 모델이 없는 정보 • 정해진 규칙(rule)이 없어서 값의 의미를 쉽게 파악하기 어려운 데이터 • 행과 열의 테이블 형식의 스키마가 없는 데이터베이스로 'NoSQL 데이터 저장소'라 함 예 트위터, 포스퀘어, 인스타그램, 유튜브 등의 SNS 데이터

(3) 데이터 자료구조에 따른 구분

래스터 데이터	공간을 화소로 구분하여 디지털로 표현한 데이터로, 주로 영상 데이터가 여기에 해당됨 예 고해상도 위성 영상, 항공촬영 영상, CCTV 영상, 라이다 영상 등
벡터 데이터	공간상에서 나타나는 제반 현상들을 점, 선, 면과 같은 벡터 형태로 표현한 데이터 예 OpenStreetMap의 지도, 트위터 위치 서비스, 지오코딩 데이터 등

(4) 데이터 제공기관에 따른 구분

공공기관	• 「공공데이터의 제공 및 이용 활성화에 따른 법률」에 따라 국가기관 및 공공기관에서 공개·제공하는 데이터 • 공공 데이터 포털(http://data.go.kr)에서 통합검색할 수 있으며, 이 중 약 35%가 위치정보를 포함하고 있음
민간기관	• 공공기관과 같은 제도적 장치는 없으므로 자사의 이윤창출 전략 등에 따라 데이터 제공 유무를 결정 • 일부 기업은 공간정보 빅데이터를 가공하여 제공 예 이동통신사 통화량, 신용카드 활용정보, 가맹점 정보 등
SNS 서버	• 트위터, 포스퀘어와 같은 SNS에서는 사용자의 위치정보를 제공 • Open API를 이용하여 SNS 데이터를 위치정보와 함께 수집 가능

2. 공간 빅데이터 수집 원천

(1) 공간 빅데이터 수집 개념

1) 크롤링(Crawling)
① 검색 엔진이 하이퍼링크를 타고 웹페이지의 내용을 읽어가는 것
② 웹 크롤러: 웹페이지의 내부 링크를 따라 인터넷을 체계적으로 검색하여 콘텐츠를 검색
③ 구글과 같은 검색 엔진에서 URL의 콘텐츠를 추출하고, 이 페이지에서 다른 링크를 확인하고, 링크의 URL을 가져옴

2) 스크래핑(Scraping)
① 특정 웹사이트나 페이지에서 특정 정보를 검색하여 데이터를 추출하는 절차 및 도구
② 스크래핑 수행을 위해서는 크롤링 같은 작업이 필요
③ 로컬 시스템인 데이터베이스에서 정보를 추출

(2) 공간 빅데이터 수집 원천

공공기관	• 국내외 공공기관에서 공간 빅데이터를 제공 • 데이터 제공 형태는 파일 다운로드와 Open API 형태로 제공 • 공공 데이터 포털(data.go.kr), 국가 공간정보 포털(nsdi.go.kr)
민간기관	• 민간 기관에서 공간 빅데이터를 가공하여 타 데이터와 융합한 서비스나 플랫폼 제공 • 일부 기업에서 공간정보 분석에 활용 가능한 형태의 빅데이터를 가공하여 판매 • 서울시 빅데이터 캠퍼스(bigdata.seoul.go.kr)에서 오프라인으로 활용 가능
SNS 서버	• 포스퀘어, 트위터, 플리커 등 일부 SNS 서버에서 Open API 형태로 데이터 수집 가능 • Open API를 이용하여 위치기반 SNS 데이터를 데이터베이스나 GeoJSON 형태로 수집

TIP 공간 빅데이터 수집 방법

구분	주요 특징
오픈 데이터	• 누구나 널리 활용할 수 있도록 데이터를 만들어 공개 • 각국 정부가 제공하는 사회 전반에 관한 통계 데이터 • 위키피디아 등 공동 협력으로 모은 정보의 데이터베이스화 등
Web API	• 서비스 제공자가 소프트웨어 일부 또는 보유 중인 데이터를 다른 사용자도 효과적으로 활용할 수 있게 공개하는 서비스 • API를 이용하면 요청 수를 제한하는 등 서버에 걸리는 부하를 관리자가 제어 가능 • 프로그래밍을 통해 요청하고, 그 응답을 받아 와서 데이터를 취득 • 데이터 형식은 서비스에 따라 RSS, XML, JSON 등 다양함
웹 콘텐츠 스크레이핑	• 웹페이지 자체에서 정보를 추출 • robots.txt로 허가된 것만 수집하며 상대 서버에 지나친 부하가 걸리지 않게 조절

03 공간 빅데이터 변환 및 정제

1. 자연어 처리

(1) 빅데이터 데이터 정제

1) 데이터 정제(Data cleaning)

결측값을 채우거나 이상값을 제거하는 과정을 통해 데이터의 신뢰도를 높이는 과정

2) 데이터 오류 원인 분석

결측치	• 측정된 샘플에서 누락된 변수 • 이것을 제거하기 위해 해당 샘플이나 변수만 제거하거나 평균, 중앙값 등 통계량 또는 회귀분석을 사용하여 결측치를 추정
잡음	• 데이터 측정 시 개입된 임의적인 요인이 해당 변수값을 참값에서 벗어나게 만드는 오류 • 이것을 제거하기 위해 구간화(Binning), 군집화(Clustering), 회귀모형을 통한 변환방식 등이 사용됨
이상치	• 데이터의 집합에서 대부분의 다른 측정값과 현저한 차이를 보이는 샘플이나 변수값 • 단순 오류일 수도 있고, 정상적인 값인데 특이값일 경우도 있음

3) 데이터 정제 방법

① 다양한 매체로부터 데이터를 수집하여 원하는 형태로 변환하여 빅데이터화한 후 원하는 장소에 저장하고, 저장한 데이터를 활용할 수 있는지 품질을 확인·관리
② 모든 데이터를 대상으로 정제 활동을 하며, 품질 저하의 위험이 있는 데이터는 더 많은 정제 활동이 필요
③ 외부 데이터와 비정형·반정형 데이터에서 품질 저하가 많이 나타남
④ 삭제, 대체, 예측값을 적용하여 오류 데이터를 정제

4) 데이터 정제 기술

① 결측치, 잡음, 이상치를 제거하거나 교정하는 것
② 데이터 변환, 교정, 통합 등 3가지로 구분

(2) 자연어 처리

1) 자연어 처리(NLP; Natural Language Processing)

① 컴퓨터가 인간의 언어를 이해·생성·조작할 수 있도록 해 주는 인공지능(AI)의 한 분야
② 자연어 텍스트 또는 음성으로 데이터를 상호 연결하는 것으로 언어 입력(Language in)이라고도 함
③ 공간 빅데이터의 대부분을 차지하는 비정형 텍스트 데이터의 정제에 활용

2) 자연어 처리의 분석 단계

> 형태소 분석 → 구문 분석 → 의미 분석 → 담화 분석

① **형태소 분석**: 문장을 '형태소'라는 최소 의미 단위로 분리 예 명사, 조사, 동사, 어미 등
② **구문 분석**: 문장의 구성요소를 분해하고, 그들 사이의 위계 관계를 분석해 문장의 구조를 찾아내는 것
③ **의미 분석**: 문장의 뜻을 파악하는 작업
④ **담화 분석**: 문장을 전체 문맥과 연결하여 정확한 의미를 분석하는 작업

(3) 정규표현식(Regular expression)

① 자연어 처리 등 정제에 필요한 기술
② 특정한 조건의 문자를 검색하거나 치환하는 과정을 간편하게 처리할 수 있게 하는 문자열 처리 방법
③ 특정 패턴을 가진 문자열 집합을 표현할 때 사용
④ 메타 문자(Meta characters): 그 문자가 가진 뜻이 아닌 특별한 용도로 사용하는 문자

정규 표현식	설명	예시	의미
^	문자열 시작	^a	ab, ac, ad, ...
$	문자열 종료	x$	ax, bx, cx, ...
.	임의의 한 문자	a.c	aac, abc, acc, ...
|	둘 중 하나(or 연산)	a|c	a 또는 c
[]	• 대괄호 안의 하나 • [-] : 범위 지정 • [^] : 제외	a[bc]d a[b-e]f a[^0-9]	abd, acd abf, acf, adf, aef 숫자 제외
()	패턴을 한 그룹으로 묶음	(abc){2}	abcabc
\	• 문자 클래스 표현 • \d \D \s \S \w \W	a\sc	a c(공백)

⑤ 정규 표현식의 반복 패턴
- {m, n}은 반복 횟수를 지정
- 앞에 있는 문자가 m번에서 n번까지 반복

정규 표현식	설명	예시	의미
x{n}	앞문자가 n개 반복됨	ab{2}c ab{2,4}c	abbc abbc, abbbc, abbbbc
x{n,}	앞문자가 n개 이상 반복됨		
x{n,m}	앞문자가 n개 이상 m개 이하 반복됨		
b*	앞문자가 0개 이상 반복됨	ab*c	ac, abc, abbc, ...
b+	앞문자가 1개 이상 반복됨	a.b+c	abc, abbc, abbcc, ...
b+	앞문자가 0개 또는 1개 있음	ab?c	ac, abc

⑥ 정규 표현식의 축약 표현: 자주 쓰이는 문자 클래스를 별도로 표기

문자 클래스	정규 표현식	패턴
\d	[0-9]	숫자 검색
\D	[^0-9]	숫자를 제외한 모든 문자 검색
\s	[\t\n\r\f\v]	공백 문자(space)
\S	[^\t\n\r\f\v]	공백 이외 문자
\w	[a-zA-Z0-9_]	영문자+숫자 검색
\W	[^a-zA-Z0-9_]	영문자+숫자 이외의 문자(한글, 특수문자)

2. 분산·병렬처리 시스템

(1) 분산 처리와 병렬 처리

① 초기의 컴퓨터는 한 번에 하나의 작업만을 수행하여, 그 작업이 끝나야 다음 작업이 수행하는 방식이었음
② 병렬 처리, 분산 처리

병렬 처리	• 단일 컴퓨터의 운영에서 벗어나 여러 작업을 동시에 처리할 수 있는 시스템 • 컴퓨터를 병렬로 연결하거나 CPU 등을 병렬로 연결하여 다수의 프로세서들이 다수의 프로그램들을 분담하여 동시에 처리하는 방식 • 프로세서를 늘려서 여러 일을 동시에, 더 빨리 처리할 수 있게 해주는 시스템 방식
분산 처리	• 여러 개의 분산된 데이터 저장장소와 처리기들을 네트워크로 연결하여 서로 통신을 하면서 동시에 일을 처리하는 방식 • 서버 컴퓨터에서 그 하위에 있는 컴퓨터들에게 작업들을 할당·분산시켜서 수행 • 처리할 수 있는 컴퓨터를 네트워크로 상호 연결하여 전체적인 일의 부분 부분을 나누어 더 빨리 처리할 수 있게 하는 시스템 방식

(2) 빅데이터의 분산 처리

① 대용량의 빅데이터를 처리하기 위해서는 병렬 처리와 분산 처리가 필요
② 분산 처리를 통해 자원의 투명성(Transparancy)을 보장

TIP 투명성의 특징

위치(Location)	파일, 입출력 장치, 프로그램, 데이터베이스 시스템 등의 자원이 어느 컴퓨터에 있는지 알 필요 없이 이용
이동(Migration)	자원을 한 컴퓨터에서 다른 컴퓨터로 이동시켜도 사용자가 이를 의식하지 않고 자원을 이용
중복(Replication)	동일한 자원이 다수의 컴퓨터에 중복되어 있어도 사용자에게는 하나의 자원으로 보임
이기종(Heterogeneity)	분산 시스템이 다른 종류의 하드웨어와 소프트웨어로 구성되어 있더라도 사용자는 이를 의식하지 않고 이용
장애(Fault)	분산 시스템의 구성요소(하드웨어, 소프트웨어)가 장애를 일으켜도 서비스를 제공
규모(Scale)	분산 시스템의 구성요소를 추가하거나 제거하는 등 규모의 변화에 대해 사용자는 의식하지 않고 시스템을 이용

③ 클러스터
- 분산 처리를 위한 다수의 컴퓨터의 네트워크
- 저렴한 저성능 컴퓨터를 이용하여 슈퍼컴퓨터의 성능을 행사
- 빅데이터 분석이 일반화될 수 있도록 클러스터를 쉽게 활용할 수 있는 프레임워크 공개
  → 하둡, Map Reduce

(3) 하둡(Hadoop)과 Map Reduce

1) 하둡(Hadoop)

① 안정적이고 확장 가능한 분산 컴퓨팅을 위한 오픈소스 소프트웨어
② 클러스터상에 분산 저장되어 있는 대용량 데이터를 대상으로 분산 처리가 가능
③ HDFS에 데이터를 저장하고, YARN으로 리소스를 관리하고, MapReduce로 데이터를 처리

2) HDFS(Hadoop Distributed File System)

① 하둡의 데이터 저장소로, 데이터는 블록 단위로 분할되어 각 slave node에 저장
② 여러 개의 컴퓨터 노드에서 규모가 큰 하나의 파일 시스템을 제공
③ 투명성, 확장성, 신뢰성을 가짐

3) Map reduce

① 대규모 데이터 집합을 처리하기 위한 프로그래밍 모델
② Map: 빅데이터에서 쪼개진 데이터를 어떻게 처리할 것인지 작성하는 함수
③ Shuffle and Sort: Map에서 데이터를 처리할 결과물을 나누는 기능
④ Reduce: 최종 집계해서 결과를 내는 함수

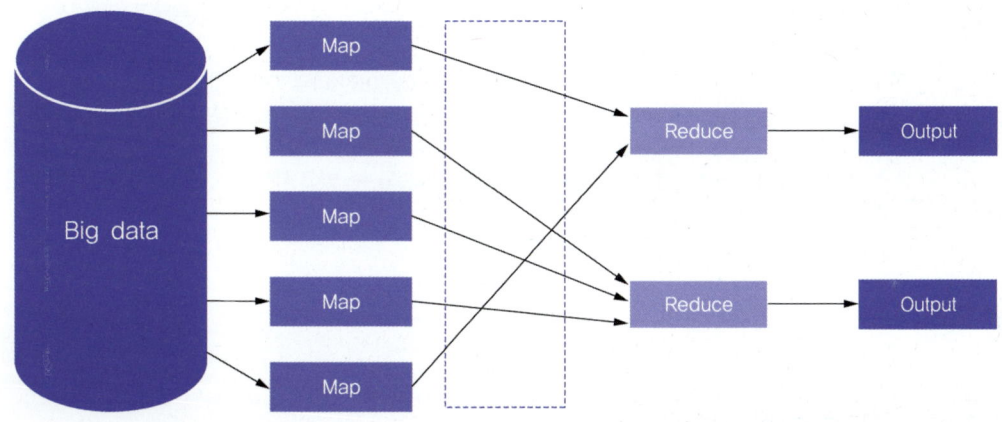

3. 데이터 분류 기법

(1) 데이터 마이닝

① 대용량의 데이터에서 의미있는 패턴을 파악하거나 예측하여 의사결정에 활용
② 가설이나 가정에 따른 분석과 검증을 하는 통계분석과 달리 다양한 수리 알고리듬을 이용하여 데이터로부터 의미있는 정보를 추출

지도 학습	• 정답을 알려주고 학습을 진행 • 집단을 알려주고 구분하거나 독립변수와 종속변수를 부여 예 의사결정트리, 인공신경망, 로지스틱 회귀분석, 최근접 이웃법, 앙상블 분석 등
비지도 학습	• 정답을 알려주지 않고 데이터들을 군집화 • 데이터의 숨겨진 특징이나 구조를 발견할 때 사용 예 군집 분석, SOM(Self-Organizing Map), 연관 규칙분석 등

(2) 분류 분석

① 데이터가 어떤 그룹에 속하는지 예측하는 분석
② 군집 분석과 유사하지만 각 그룹이 정의되어 있어 지도학습에 속함

나이브 베이즈 분류 (Naïve bayes classification)	각 집단으로 분류되는 사전 확률과 최대우도 확률을 이용하여, 베이지안 확률 이론을 적용한 사후 확률을 구하여 확률이 높은 집단으로 분류
로지스틱 회귀분석	• 종속변수가 범주형인 경우에 적용되는 회귀분석 모형 • 새로운 설명변수가 주어질 때 종속변수의 각 범주에 속할 확률이 얼마인지를 추정하여, 추정 확률을 기준치에 따라 분류
의사결정트리	• 분류함수를 의사결정 규칙으로 이루어진 나무 모양으로 표현하는 방법 • 연속적으로 발생하는 의사결정 문제를 시각화해 의사결정이 이루어지는 시점과 성과의 파악이 가능 • 대용량의 데이터에서도 빠르게 만들 수 있고 데이터의 분류 작업도 신속히 진행

04 공간 빅데이터 시각화

1. 빅데이터 시각화 기법

(1) 데이터 시각화 개념

① 데이터의 분석결과를 시각적으로 표현하고 전달하는 과정을 통해 데이터를 쉽게 이해
② 데이터 사이의 관계를 대표할 수 있는 특징을 이미지, 도표 등으로 표현
③ 시각화를 위해서는 정확한 데이터 의미를 표현하는 기능적 측면과 사람이 쉽게 인지하고 직관적으로 이해하도록 하는 심미적인 측면을 모두 고려

TIP	데이터 시각화 관련 개념
정보 시각화	사람이 인지하기 쉽도록 색채, 통계, 이미지 등을 활용하여 추상화된 데이터를 시각적으로 표현
시각적 분석	상호작용이 가능한 시각적 인터페이스를 사용하여 데이터의 분석적 추론을 진행
정보 디자인	정보를 구성하여 효율적으로 사용할 수 있게 하는 디자인 기술과 업무
인포그래픽	복잡한 수치나 글로 표현된 정보와 지식을 차트, 지도, 다이어그램, 일러스트레이션 등을 활용하여 시각적으로 표현

(2) 빅데이터와 시각화 방법

1) 시간 시각화: 시간에 따른 데이터의 변화를 표현

구분	주요 내용
막대그래프	• 데이터값을 길이로 표현한 막대를 배치함으로써 상대적인 차이를 표현하는 방법 • 시간축(가로축, x축)은 주로 시간 순서대로 정렬된 특정 시점을 나타내며, 값축(세로축, y축)은 그래프의 크기(범위)를 표시
누적 막대그래프	• 두 개 이상의 변수를 동시에 다룰 때 막대의 영역을 구분하여 나머지 변수의 값을 표현 • 하나의 막대를 구성하는 세부 항목 각각의 값과 전체의 합을 함께 표현할 때 유용
묶은 막대그래프	• 두 개 이상의 변수를 동시에 다룰 때 사용하며, 첫 번째 변수(x축)의 각 위치에 나머지 변수의 값을 각각의 막대로 표현 • 그래프를 구성하는 세부 항목 값의 변화를 표현할 수 있지만, 변수의 누적 합계나 추이를 파악하기는 어려움
점그래프	• 가로축에 대응하는 세로축의 값을 점으로 표시한 그래프 • 적은 공간에 표현할 수 있으며, 점의 집중 정도와 배치에 따라 흐름 파악이 용이 • 가로축을 시간으로, 세로축의 값을 점으로 표시하는 경우 시간의 흐름에 따른 값의 변화를 표현
꺾은선 그래프	• 점그래프에서 점과 점 사이를 선으로 연결한 그래프로 데이터의 연속된 특성을 표현 • 세로축의 길이를 늘이거나 가로축의 길이를 짧게 줄이면 변화가 급격하게 보이며, 가로축의 길이를 너무 길게 하면 변화의 패턴이 잘 나타나지 않음 • 세로축이 0부터 시작하지 않는 경우 데이터값들의 차이를 더 잘 나타낼 수 있지만, 값의 절대적인 크기를 표현하지 않기 때문에 해석의 부작용을 일으킬 수 있음
계단그래프	• 점과 점 사이를 직접 연결하는 것이 아니라, 변화가 생길 때까지 일정한 선을 유지하다가 다음 값으로 바뀌는 지점에서 급격하게 변화하는 것을 표현 • 특정 시점에서의 변화를 표현하는 데에 유리 • 연도별 법인세율 변화, 연도별 최저임금 변화 등에 이용
추세선	데이터값의 즉각적인 변화보다는 변화하는 경향성을 보여주는 직선 또는 곡선

2) **분포 시각화**: 데이터의 분포를 시각적으로 표현하는 것으로 특정 변수의 값들이 어떻게 분포되어 있는지 파악하기 위해 사용

구분	주요 내용
히스토그램	• 세로축은 데이터의 분포 정도를 표현하고, 가로축은 특정 변수의 구간 폭을 의미 • 데이터 세트 안에서 특정 변수의 값이 어떻게 분포되어 있는지를 파악할 때 사용
원그래프 (파이 차트)	• 하나의 원을 구성하는 데이터의 비율에 따라 조각으로 나누어서 데이터의 분포를 표현 • 원을 구성하는 각각의 요소의 비율을 한눈에 보여주지만, 막대그래프와 같이 데이터의 값을 정확하게 표현하기 어렵다는 단점이 있음 • 하나의 분류에 대한 값의 분포를 표현하기 때문에 여러 분류에 대한 값을 표현하려면 각각의 차트가 필요
도넛 차트	• 막대그래프를 누적하고 도넛 모양으로 만든 형태 • 원그래프가 면적으로 분포 비율을 표현하는 데 반해, 도넛 차트는 면적이 아닌 길이로 데이터값의 정도를 표현 • 같은 성격의 데이터인 경우 여러 개의 차트를 겹쳐서 보여줄 수 있음
트리맵	• 전체 데이터를 표현하는 하나의 사각형 영역에 세부 사각형들의 크기로 데이터의 분포를 시각화하여 표현 • 하나의 대분류에 속한 세부 분류 데이터들의 분포를 영역의 크기를 이용하여 표현
누적연속 그래프 (누적 영역 차트)	• 시간 변화에 따른 값의 변화를 선그래프의 영역으로 표현 • 가로축은 시간을 나타내고, 세로축은 데이터값을 표시

3) **관계 시각화**: 데이터 사이의 관계를 시각적으로 표현

구분	주요 내용

산점도	• 두 변수의 값을 2차원(또는 3차원) 좌표계를 활용하여 점으로 표시한 것으로, 점들의 집합이 모여서 두 변수 사이의 관계를 표현
	• 두 변수 사이의 다양한 관계를 표현
	  - 양의 상관관계(비례): 점이 오른쪽 위로 올라가는 추세
	  - 음의 상관관계(반비례): 점이 오른쪽 아래로 떨어지는 추세
	  - 직선관계, 지수관계, 로그관계 등 다양한 상관관계 함수로 유추될 수 있는 관계
	• 점들의 분포에 따라 집중도(강도, 영향력)를 확인할 수 있으며, 관계 추정을 위해 추세선이 추가됨
	• 점의 크기, 형태, 색상 등을 다르게 하여 하나의 산점도에 다양한 데이터의 특징을 표현

버블 차트	• 위치를 표시하는 산점도에 점의 위치에 해당하는 제3의 변숫값을 원의 크기로 표현 • 제3의 값을 표시하는 원(버블)은 면적으로 표현되어야 함 • 도시별 인구밀집도, 도시별 우유 판매량 등 국가나 지역에 따른 값의 분포를 표현
히트맵	• 데이터의 분포와 관계에 대한 정보를 색(Heat)으로 표현한 그래프 • 데이터를 식별하기 위해 각각의 칸마다 색으로 수치의 정도를 표현

4) 비교 시각화: 하나 이상의 변수에 대해서 변수 사이의 차이와 유사성 등을 표현

구분	주요 내용
히트맵	• 여러 변수와 다수의 대상에 대해 하나의 표 형태로 표현할 수 있는 도구 • 관계 시각화뿐만 아니라 비교 시각화 도구로도 유용하게 사용 • 먼저 표를 작성하고, 표의 숫자 대신에 색상으로 값의 높고 낮은 관계를 표현하면 효과적
체르노프 페이스	• 데이터 표현에 따라 달라지는 차이를 얼굴 모양으로 나타내는 방법 • 사람의 얼굴 모양에서 귀, 머리카락, 눈, 코 등을 각각의 변수에 대응하여 달리해서 표현하는 방법
스타 차트	• 하나의 공간에 각각의 변수를 표현하는 몇 개의 축을 그리고, 축에 표시된 해당 변수의 값들을 연결하여 별 모양(또는 거미줄 모양)으로 표현하는 그래프 • 하나의 변수마다 축이 시작되는 시작점(중점)은 최솟값, 가장 먼 끝점은 최댓값으로 표시 • 값이 적은 축에 해당하는 부분이 다른 부분에 비해 들어가 보이기 때문에, 여러 변숫값을 비교하여 부족하거나 넘치는 변수를 표현할 때 적합 • 연결된 선의 모양이나 색을 다르게 하는 경우 여러 속성을 한 번에 표현
평행좌표계	• 스타 차트의 여러 축을 평행으로 배치하고 축의 윗부분을 최댓값, 아랫부분을 최솟값으로 하여 값들을 선으로 연결해서 표현 • 하나의 대상이 변숫값에 따라 위아래로 이어지는 연결선으로 그려지는 것이 특징
다차원척도법	• 모든 변수를 비교해서 비슷한 대상을 그래프상에 가깝게 배치하는 방법 • 대상 간의 거리 또는 유사성을 이용하여 원래의 차원(변수의 수)보다 낮은 차원의 공간상에 위치하게 함으로써 대상들 사이의 상대적 위치를 통해 유사성을 쉽게 파악

5) 공간 시각화: 장소나 지역에 따른 데이터의 분포를 표현하며, 실제 지도나 지도 모양의 다이어그램을 배경으로 데이터의 위치를 시각화

구분	주요 내용
단계구분도	• 여러 지역에 걸친 정량 정보를 나타낼 때 데이터가 분포된 지역별로 색을 다르게 칠한 지도 • 색은 밀도를 표현할 때 가장 효과적이며, 보통 밀도가 높은 영역을 진하게 표현하고 밀도가 낮은 영역을 연하게 표현
카트로그램	• 데이터값의 변화에 따라 지도의 면적을 인위적으로 왜곡(확대 또는 축소)하여 데이터값에 대한 직관적인 이해가 가능하도록 한 그래프 • 단계구분도가 지도상의 데이터값을 정확하게 표현하는 것과 달리 면적이 넓은 지역의 값이 전체를 지배하는 것처럼 보이는 시각적 왜곡이 발생

2. 빅데이터 시각화 도구

(1) 빅데이터와 데이터 시각화

① 빠른 속도로 수집되는 대량의 데이터에 대한 정보를 사용자에게 제공
② 빅데이터 시각화 도구를 충분히 활용할 수 있도록 데이터 시각화 전문가가 필요
③ 빅데이터 시각화 도구는 데이터를 보는 방법을 바꿀 뿐만 아니라 빠르고 효과적인 의사결정에도 결정적인 역할을 함

(2) 빅데이터 시각화 도구의 공통적 기능

① 사용 편리성: 사용자가 직관적으로 느낄 수 있도록 설계
② 대량의 데이터 처리: 단일 시각화에서 여러 데이터 집합을 처리
③ 다양한 차트, 그래프 및 엑셀지도 유형을 출력

(3) 대표적인 오픈소스 기반의 시각화 도구

FineReport	• 간단한 드래그 앤 드롭만으로 주간·월간·연간 보고서를 생성 • 스프레드시트와 유사한 관경을 기반으로 각종 데이터베이스와 직접 연동 • 자체 개발한 html5 차트와 스타일을 기본으로 제공하고 3D차트와 동적 차트를 지원하며, 교체 플랫폼에서 웹디자인을 적용하고 실시간 업데이터에 활용 • 다양한 대시보드 템플릿과 자체 개발한 시각화 플러그인 라이브러리를 통해 효율적인 데이터 시각화 기능을 지원
Google data studio	• 구글 마케팅 플랫폼의 일부로, 사용자는 자신의 데이터와 대시보드에 대한 뷰를 작성 • 구글 Analytics와 연동되어 있고 페이링을 구현할 수 있음
Openheatmap	• 차트 빌더를 이용하여 다양한 유형의 차트를 생성 • 하나의 키만으로 지리적 데이터를 포함한 스프레드시트에서 지도 차트를 생성
파이썬(Python)	• 시각화 전용 도구는 아니지만 그래프 제작을 위한 다양한 라이브러리를 제공 • 프로그래밍 언어로 강력하고 유연한 기능을 가지고 있어, 데이터 사이언티스트에게 필수적인 도구 • 프로그래밍 배경지식이 필요
D3 자바스크립트 기반 라이브러리	• D3(Data Drivened Document) 데이터에 기반을 둔 문서를 다룰 수 있는 자바스크립트 기반 라이브러리 • 시각적인 데이터를 표현하기 위해 HTML, SVG(Scalable Vector Graphics), CSS를 사용 • SVG 속성에 데이터를 쉽게 매핑할 수 있어 데이터 처리, 레이아웃, 알고리즘 등과 같은 많은 도구와 통합이 가능
리플릿(Leaflet)	• 모바일 디바이스용 대화형 맵의 자바스크립트 라이브러리로 지도형 차트 기능을 제공 • 지도 애플리케이션에 맞춰 개발하고 모바일로 화면을 조회하는 데 우수한 호환성 제공
타블로(Tableau)	• 엑셀과 유사한 피벗 테이블(PivotTable), 피벗 차트(PivotChart) 제공 • 색상과 사용자 인터페이스가 간단하여 기본 소스 코드만으로도 뛰어난 시각화 화면을 제작 • 엑셀과 유사한 간단한 차트작업으로 디자인적으로 뛰어난 빅데이터 분석 효과가 있음

05 빅데이터 분석기법 적용

1. 감성 분석

(1) 감성 분석의 개념

① 비정형 데이터인 텍스트에 내재한 사람들의 주관적 태도나 감성을 분석하는 개념
② 사람들이 글에 담은 의견이나 감정을 자연어 처리와 컴퓨터 기술을 활용하여 추출

(2) 오피니언 마이닝

① 감성 분석을 위한 데이터마이닝 기법으로, 웹사이트와 소셜미디어에서 특정 주제에 대한 여론이나 정보 글을 수집·분석하여 결과를 도출
② 인물, 이슈 등에 대한 대중의 의견이나 평가, 감정 등을 분석
③ 소셜미디어에 개제된 텍스트가 긍정적인지 부정적인지 판별할 수 있기 때문에 신상품 시장규모의 예측이나 소비자 반응 파악에 유용함

(3) 감성 사전

① 텍스트에 담긴 주관적 태도를 파악하기 위해 미리 구축해 놓은 감성 사전을 이용
② 감성 사전에 포함된 단어와 분석할 텍스트 내의 단어를 연결지어 점수를 정량화하여 감성을 분석
③ **감성 점수**: 긍정 단어와 부정 단어를 분류하거나 단어별로 점수를 다르게 부여하여 감정의 정도를 표현
④ 단어 하나하나의 의미에만 집중하기 때문에 문장의 맥락을 반영하기는 어려움

(4) 지도 학습

① 머신러닝 모델을 이용하여 텍스트의 내용이 긍정적인지, 부정적인지 학습시키는 기법
② 긍정·부정 라벨링을 거친 데이터를 기계에 학습시켜, 새로운 텍스트를 입력하면 학습했던 내용을 바탕으로 감정을 예측
③ 나이브 베이즈 분류, 의사결정 트리, 로지스틱 회귀분석 등을 이용
④ 대체로 감성 사전보다 정확도는 높지만 라벨링 데이터가 준비되어야 하며, 학습 데이터도 어느 정도 확보되어야 함

2. 공간통계 분석

(1) 점 패턴 분석

① 가장 단순한 구조인 2차원 평면상에 하나의 좌표(x,y)로 구성되는 점 데이터의 패턴 분석
② 점 패턴 분석으로 군집이나 규칙적 분산이 확인되면 그 이유에 대한 조사는 추가 분석의 근거 제공
③ **점 패턴 요약**: 점 패턴을 요약하기 위해 기술통계에 사용되는 통계적 도구를 적용

공간 평균	각 좌표의 평균의 위치로 공간 분포의 중앙 경향을 표현
공간 중심	주어진 점들에서 거리의 합이 최소가 되는 점
표준 거리	• 평균 중심에서 점들이 얼마나 떨어져 있는지를 측정 • 값이 작으면 집중, 크면 분산
표준편차 타원	• 점 패턴의 방향성을 확인하는 지표 • 점의 x축상의 편차와 y축상의 편차로 구분하여 정의

④ 밀도 기반 분석: 점의 수를 면적으로 나누는 밀도를 이용한 분석으로, 밀도가 높다면 해당 사건이 많이 발생하는 것을 의미

쿼드랫 분석	대상 지역을 일정 크기의 격자(쿼드랫)로 구분하고, 각 쿼드랫의 점의 수를 파악하여 카이제곱 분포와 비교하는 분석
커널밀도 분석	커널(예 3×3 격자)을 조금씩 이동하면서 밀도를 계산하고 계산된 밀도를 커널 창의 중심값으로 입력하여 전체지역에 대해 밀도 면을 생성하는 방법

⑤ 거리기반 분석: 점 분포를 요약하기 위해 점 사이의 거리를 이용하는 방법

최근린 분석	• 각 점에서 가장 가까운 점과의 거리를 측정하고, 그 평균값과 이론적 최단거리와 비교하여 최근린 지수(NNR) 계산 • 0에 가까우면 군집형, 1에 가까우면 무작위형, 2에 가까우면 분산형으로 판정
거리 누적빈도 함수	최근린 거리를 누적하여 함수로 제공 예 G함수, F함수, K함수, L함수

(2) 공간적 자기상관 분석

① 서로 유사한 속성을 지니고 있는 개체들이 서로 가까이 존재하는 특징
② Tobler의 지리학 1법칙: 모든 것은 다른 것들과 관계되어 있고, 특히 가까운 것은 멀리 있는 것보다 더 관계되어 있음
③ 공간적 자기상관의 측정: 공간 사상의 속성값이 군집되었는지, 분산되었는지, 임의적인지 측정하는 지표
④ 전역적 Moran's I
   • 이웃한 값들 간의 상관관계의 정도를 측정하여, 어떤 위치의 값이 주변의 값에 영향을 받는 정도를 측정
   • Moran's I 값은 −1에서 +1의 범위를 가지며 +1은 완전한 양의 상관관계, 0은 관계 없음, −1은 완전한 음의 상관관계를 가짐
⑤ 국지적 Moran's I
   • 개별 지점을 대상으로 각각 공간적 자기상관 지수를 도출
   • I 값이 양수이면 공간 사상이 비슷한 값을 가진 사상으로 둘러싸여 있을 때
   • I 값이 음수이면 공간 사상이 서로 다른 값의 사상으로 둘러싸여 있거나 이상치(outlier)일 때
⑥ 핫스팟(hotspot) 분석
   • 공간 현상의 군집 패턴을 분석하는 기법으로, 서로 유사한 속성들이 가까운 거리에서 군집되어 있는지를 분석
   • 높은 값과 낮은 값이 공간적으로 집중되어 있는 집중도를 표현
   • 분석 대상의 값이 분석에 포함되기 때문에 핫스팟(높은 값의 군집)이나 콜드 스팟(낮은 값의 군집)이 나타남

(3) 공간 회귀분석

① 회귀분석: 변수들 간의 관계를 설명하는 통계기법으로, 독립변수가 종속변수에 어떠한 영향을 미치고 있는가를 분석
② 경향면 분석: 공간 좌표값을 독립변수로 부여하여 실시하는 회귀분석으로, 회귀분석의 결과는 직선이 아닌 평면으로 표현
③ 공간 회귀 모형
- 분석 데이터가 공간적 자기상관을 가지고 있을 경우의 회귀분석 모형
- 공간적 자기상관에 의해 나타나는 문제들을 해결하여 모델의 신뢰도를 높이기 위한 회귀 모형

> **TIP 자기회귀 모형**
> - 공간적 자기상관을 토대로 구성되는 회귀 분석
> - 공간 시차 모형(Spatial lag model): 종속변수에서 공간적 종속성이 존재할 경우, 이를 변수화하여 새로운 독립변수로 추가하는 모형
> - 공간 오차 모형(Spatial error model): 회귀분석의 오차에서 공간적 자기상관이 존재하는 경우 적용되는 모형

④ 국지적 회귀분석: 국지적 변화를 설명하기 위해 전역적 모델을 분해하여 지역마다 서로 다른 회귀모형을 적용

이동 윈도우 회귀모형(MWR)	국지적인 변화가 있다고 판단되는 지역의 크기로 윈도우를 설정하고, 윈도우별로 회귀분석을 적용
지리가중 회귀모형(GWR)	국지적인 변동을 고려하기 위해 윈도우의 중심으로부터 가까이 있는 데이터를 멀리 있는 데이터보다 더 높은 가중치로 부여한 후 윈도우별 회귀분석 적용

3. 입지배분 분석

(1) 입지배분 모형의 정의

① 주어진 서비스 권역에서 하나 이상의 새로운 시설물의 입지 적합지점을 선정하고, 가능한 시설물의 수, 비용, 거리 등을 고려하여 그 점을 시설물에 할당하는 분석
② 입지배분 문제의 사례
- 기존 경찰서들의 배치를 고려한 경찰서 신규입지 선택
- 최소 요구치를 만족하는 주유소의 입지 선택
- 접근거리를 최소화할 수 있는 신규 가구 물류센터 입지 선택
③ 입지-배분 모형의 종류
- 수요 최대화(Maximize attendance)
- 비용 최소화(Minimize impedance)
- 최대 시장점유율(Maximize market share)
- 최대 서비스 영역(Maximize coverage)
- 목표 시장점유율(Target market share)

(2) 수요 최대화(Maximize attendance)
① 접근 거리 또는 접근 시간 범위 안에서 최대 수요를 가져오는 시설물 입지를 선정
② 수요 지점으로부터 특정한 거리 이내에 시설물이 입지할 경우 수요의 배분 문제를 분석하여 전체 수요를 최대화하는 지점에 입지

(3) 최대 시장점유율(Maximize market share)
① 경쟁 시설이 있을 경우 시장 공유를 최대화하도록 새로운 시설물의 위치를 선정
② 후보 시설물의 시장 점유율 계산에 중력모형(Gravity model) 사용
③ 중력모형: 가게와의 거리와 매력도(Attractiveness)에 의해 특정 가게의 접근 확률을 결정

(4) 목표 시장점유율(Target market share)
① 경쟁 업체가 있을 때 사용자가 시장 점유율의 목표치를 특정 한도까지로 설정
② 신규 시설물의 숫자는 목표 시장점유율에 따라 달라짐

4. 데이터마이닝

(1) 데이터마이닝의 정의
① 마이닝(Mining)이란 광산에서 광물을 캐낸다는 의미로, 다량의 데이터에 숨겨진 패턴과 관계 등을 파악하여 미래를 예측하는 기법
② 기업 고객관리, 의사결정, 마케팅에 적용되며, 교육과 금융 분야 등 다양한 영역에 활용
③ 최근 영상, 문서, 그림과 같은 비정형 데이터의 증가로 다양한 분석 기법이 적용

(2) 텍스트 마이닝(Text mining)
① 정보 검색, 데이터마이닝, 기계학습(Machine learning), 통계학, 컴퓨터 언어학 등이 결합한 학제(Interdisciplinary) 분야
② 분석 대상 형태가 불규칙하고 다루기 어려운 비정형 데이터이므로, 인간의 언어를 컴퓨터가 인식하여 처리하는 자연어 처리(NLP) 방법과 관련 깊음
③ 대량의 문서 데이터에서 의미 있는 정보를 추출하고, 해당 정보와 연계한 정보를 파악

(3) 오피니언 마이닝(Opinion mining)
① 웹사이트와 소셜미디어에서 특정 주제에 대한 여론이나 정보 글을 수집·분석하여 결과를 도출
② 인물, 이슈 등에 대한 대중의 의견이나 평가, 감정 등을 분석하는 기법
③ 소셜미디어에 게재된 텍스트가 전달하려는 의도가 긍정적인지 부정적인지 판별
④ 분석 대상이 텍스트이므로, 텍스트 마이닝에서 활용하는 자연어 처리 방법, 컴퓨터 언어학 등을 활용

(4) 웹 마이닝(Web mining)

① 인터넷을 이용하는 과정에서 생성되는 웹 로그(Web log) 정보 또는 검색어로부터 유용한 정보를 추출하는 웹 대상의 데이터마이닝
② 웹 데이터의 속성이 반정형 혹은 비정형이고, 링크 구조를 형성하고 있기 때문에 별도의 분석 기법이 필요
③ 분석 대상에 따라 웹 구조 마이닝(Web structure mining), 웹 유시지 마이닝(Web usage mining), 웹 콘텐츠 마이닝(Web contents mining) 등으로 구분
④ 검색엔진에 많이 사용되며, 웹페이지에 저장된 콘텐츠로부터 웹 사용자가 원하는 정보를 빠르게 찾는 기법

CHAPTER 07 | 공간 빅데이터 분석

01 ★☆☆

다음 중 기존의 빅데이터 특성인 5V에 추가하여 공간 빅데이터의 특성을 표현한 것은?

① Value
② Volume
③ Visualization
④ Velocity

[해설]
빅데이터의 특성인 5V는 크기(Volume), 속도(Velocity), 다양성(Variety), 정확성(Veracity), 가치(Value)이다. 가시화(Visualization)는 공간 빅데이터에 6V로 추가된 특성이다.

[정답] ③

02 ★★☆

다음 〈보기〉는 공간 빅데이터 분석 플랫폼 시스템을 표현한 것이다. ㉠, ㉡에 해당하는 내용이 올바르게 짝지어진 것은?

| 보기 |
수집 → 가공·융합·적재 → (㉠) → (㉡)

① ㉠ 변환, ㉡ 분석
② ㉠ 분석, ㉡ 시각화
③ ㉠ 분석, ㉡ 변환
④ ㉠ 변환, ㉡ 시각화

[해설]
공간빅데이터 분석 플랫폼 시스템은 "수집 → 가공·융합·적재 → 분석 → 시각화"로 구성된다.

[정답] ②

03 ★☆☆

다음 〈보기〉에서 공간 빅데이터의 형태 중 반정형 데이터에 해당되는 것을 모두 고른 것은?

| 보기 |
ㄱ. SHP
ㄴ. GML
ㄷ. GeoTiff
ㄹ. GeoJSON

① ㄱ, ㄴ
② ㄱ, ㄷ
③ ㄴ, ㄷ
④ ㄴ, ㄹ

[해설]
공간 빅데이터 중 관계형 데이터베이스처럼 구조화되지는 않지만, 어느 정도 구조를 가지고 있는 데이터를 반정형 데이터라고 한다. 위치정보가 포함된 XML/JSON 파일(GML, KML, GeoJSON)이 여기에 해당된다.

[정답] ④

04 ★★☆

공간 빅데이터의 수집 과정에서 특정 웹사이트나 페이지에서 특정 정보를 검색하여 데이터를 추출하는 절차 및 도구를 뜻하는 것은?

① 크롤링
② 스크래핑
③ 마이닝
④ 스크립트

[해설]
특정 웹사이트나 페이지에서 특정 정보를 검색하여 데이터를 추출하는 절차 및 도구를 스크래핑(Scraping)이라고 한다.

[정답] ②

05 ★★★

다음 〈보기〉는 자연어 처리의 분석 단계를 표현한 것이다. ㉠, ㉡에 해당하는 내용이 올바르게 짝지어진 것은?

| 보기 |
| (㉠) 분석 → 구문 분석 → (㉡) 분석 → 담화 분석 |

① ㉠ 형태소, ㉡ 의미
② ㉠ 형태소, ㉡ 단어
③ ㉠ 의미, ㉡ 단어
④ ㉠ 의미, ㉡ 형태소

해설
자연어 처리의 분석 단계는 "형태소 분석 → 구문 분석 → 의미 분석 → 담화 분석"이다.

정답 ①

06 ★★☆

다음 〈보기〉는 공간 빅데이터의 분산처리 시스템에 관한 글이다. ㉠, ㉡에 해당하는 용어가 올바르게 짝지어진 것은?

| 보기 |
| 안정적이고 확장 가능한 분산 컴퓨팅을 위한 오픈 소스 소프트웨어를 (㉠)(이)라 하며, 대규모 데이터 집합을 처리하기 위한 프로그래밍 모델을 (㉡)(이)라 한다. |

① ㉠ Python, ㉡ Hadoop
② ㉠ Hadoop, ㉡ Python
③ ㉠ Python, ㉡ Map reduce
④ ㉠ Hadoop, ㉡ Map reduce

해설
공간 빅데이터의 분산처리를 위해 안정적이고 확장 가능한 분산 컴퓨팅을 위한 오픈소스 소프트웨어를 하둡(Hadoop)이라 하며, 대규모 데이터 집합을 처리하기 위한 프로그래밍 모델을 Map reduce라고 한다.

정답 ④

07 ★★☆

공간 빅데이터의 시각화 기법 중에서 데이터 사이의 관계를 표현하는 관계 시각화 기법에 해당하지 않는 것은?

① 산점도
② 버블 차트
③ 히스토그램
④ 히트맵

해설
데이터 사이의 관계를 시각적으로 표현하는 관계 시각화에는 산점도, 버블 차트, 히트맵 등이 있다. 히스토그램은 분포 시각화 기법에 해당한다.

정답 ③

08 ★☆☆

공간 빅데이터의 시각화 기법 중 데이터 값의 변화에 따라 지도의 면적을 인위적으로 왜곡하여 데이터값에 대한 직관적인 이해가 가능하도록 한 그래프는?

① 카르토그램
② 히스토그램
③ 단계구분도
④ 막대그래프

해설
데이터 값의 변화에 따라 지도의 면적을 인위적으로 왜곡하여 데이터값에 대한 직관적인 이해가 가능하도록 한 그래프를 카르토그램(Cartogram)이라고 한다.

정답 ①

09 ★★☆

다음 〈보기〉는 감성 분석에 대한 글이다. ㉠, ㉡에 해당하는 용어가 올바르게 짝지어진 것은?

> **보기**
> 텍스트에 담긴 주관적 태도를 파악하기 위해 미리 구축해 놓은 (㉠)을 이용하거나 머신 러닝을 이용하여 텍스트의 내용을 학습시키는 (㉡)을 이용하기도 한다.

① ㉠ 감성 사전, ㉡ 텍스트 마이닝
② ㉠ 감성 사전, ㉡ 지도 학습
③ ㉠ 지도 학습, ㉡ 텍스트 마이닝
④ ㉠ 지도 학습, ㉡ 감성 사전

해설
감성 분석을 위해 텍스트에 담긴 주관적 태도를 파악하기 위해 미리 구축해 놓은 감성 사전을 이용한다. 지도 학습이란 머신러닝 모델을 이용하여 텍스트의 내용이 긍정적인지, 부정적인지 학습을 시키는 기법이다.

정답 ②

10 ★☆☆

공간 현상의 군집 패턴을 분석하는 기법으로, 서로 유사한 속성들이 가까운 거리에서 군집되어 있는지를 분석하는 기법은?

① 쿼드랫 분석
② 최근린 분석
③ 핫스팟 분석
④ 공간회귀 분석

해설
핫스팟(Hotspot)
공간 현상의 군집 패턴을 분석하는 기법으로, 서로 유사한 속성들이 가까운 거리에서 군집되어 있는지를 분석하는 것이다. 높은 값과 낮은 값이 공간적으로 집중되어 있는 집중도를 표현한다.

정답 ③

11 ★★☆

다음 중 래스터 형태의 공간 빅데이터의 사례로 적절하지 않은 것은?

① CCTV 영상
② 지오코딩 데이터
③ 항공촬영 데이터
④ 고해상도 위성영상

해설
공간 빅데이터 중 래스터 데이터는 공간을 화소로 구분하여 디지털로 표현한 데이터이다. 주로 영상 데이터가 여기에 해당되며 고해상도 위성 영상, 항공촬영 영상, CCTV 영상, 라이다 영상 등도 해당된다. 지오코딩 데이터는 벡터 데이터에 해당한다.

정답 ②

12 ★★★

다음 중 공간 빅데이터의 비정형 데이터에 대한 설명으로 적절하지 않은 것은?

① 사전 정의된 방식으로 구성되지 않았거나 사전 정의된 데이터 모델이 없는 데이터
② 정해진 규칙(Rule)이 없어서 값의 의미를 쉽게 파악하기 어려운 데이터
③ 위치 정보를 가진 텍스트, 음성, 영상 등의 데이터
④ 테이블의 행과 열로 구조화되지 않았으나 스키마와 메타데이터 특성을 가진 데이터

해설
비정형 데이터는 사전 정의된 방식으로 구성되지 않았거나 사전 정의된 데이터 모델이 없는 데이터로, 정해진 규칙(rule)이 없어서 값의 의미를 쉽게 파악하기 어려운 데이터이다. 행과 열의 테이블 형식의 스키마가 없는 데이터베이스로 NoSQL 데이터 저장소라고 한다. 테이블의 행과 열로 구조화되어 있지는 않으나 스키마 및 메타데이터 특성을 가지고 있는 데이터는 반정형 데이터에 해당한다.

정답 ④

13 ★★★

다음 중 정규표현식에 대한 사례를 화살표로 연결한 결과가 바르지 <u>않은</u> 것은?

① ^a → abc
② c$ → abc
③ a.c → abc
④ a|c → abc

해설

정규 표현식에서 ^a는 a로 시작된 문자열을 표현한 것이므로 abc는 올바른 사례에 해당하며, c$는 c로 끝나는 문자열을 표현한 것이므로 abc는 올바른 사례에 해당한다. a.c는 a와 c 사이에 임의의 한 문자를 나타내므로 abc는 올바른 사례이다. a|c는 둘 중의 한 문자를 나타내므로 a 또는 c가 올바른 사례이다.

정답 ④

14 ★☆☆

다음 중 공간 빅데이터의 분산 처리를 위해 보장되는 투명성(Transparancy)의 특징이 <u>아닌</u> 것은?

① 중복
② 위치
③ 보안
④ 이동

해설

분산 처리를 통해 보장되는 투명성의 특징에는 위치(Location), 이동(Migration), 중복(Replication), 이기종(Heterogeneity), 장애(Fault), 규모(Scale) 등이 있다. 보안은 투명성의 특징에 해당하지 않는다.

정답 ③

15 ★☆☆

다음 중 복잡한 수치나 글로 표현된 정보와 지식을 시각적으로 표현하는 빅데이터 시각화 기법은?

① 히스토그램
② 인포그래픽
③ 카르토그램
④ 히트맵

해설

복잡한 수치나 글로 표현된 정보와 지식을 차트, 지도, 다이어그램, 일러스트레이션 등을 활용하여 시각적으로 표현하는 빅데이터 시각화 기법을 인포그래픽이라고 한다.

정답 ②

Industrial Engineer Spatial Information Fusion

PART 02
공간정보서비스 프로그래밍

CHAPTER 01 공간정보 UI 프로그래밍

CHAPTER 02 공간정보 DB 프로그래밍

CHAPTET 03 웹기반 공간정보서비스 프로그래밍

CHAPTET 04 모바일 공간정보서비스 프로그래밍

필기편

PART 01 공간정보 분석
PART 02 공간정보서비스 프로그래밍
PART 03 공간정보 융합콘텐츠 개발
PART 04 필기편 모의고사

CHAPTER 01 | 공간정보 UI 프로그래밍

> **대표유형**
>
> UI 인터페이스 종류 중 하나인 GUI(Graphic User Interface)에 대한 설명으로 옳지 않은 것은?
>
> ① 사용자가 그래픽 요소를 사용하여 시스템과 상호작용하는 방식
> ② 마우스, 키보드, 터치스크린 등을 통해 버튼, 창, 메뉴 등의 시각적인 구성요소를 조작하여 작업을 수행
> ③ 사용자의 몸이나 동작을 활용하여 시스템과 소통할 수 있게 함
> ④ 직관적이고 시각적인 그래픽 요소를 통해 사용자가 인식하기 쉽도록 지원함
>
> **해설**
> ③번은 NUI(Natural User Interface)에 대한 설명이다.
>
> **정답** ③

01 데이터 구조

1. 데이터 자료 구조의 종류 및 특징

(1) 데이터의 종류

① 프로그램의 구조는 일반적으로 몇 가지 요소로 구성되며 기본적인 구조는 다음과 같음

구분	기능부 설명
진입 지점	• 프로그램 실행 시 가장 처음으로 실행되는 부분 • 일반적으로 main 함수 또는 시작 함수로 출발함
입력	• 프로그램이 사용자로부터 데이터를 입력받는 부분 • 입력은 키보드, 마우스, 파일 등 다양한 방법으로 이루어질 수 있음
처리	• 입력받은 데이터를 처리하는 부분 • 처리는 프로그램의 목적과 요구사항에 따라 다양한 방식으로 이루어짐 • 데이터의 계산, 조작, 분석 등이 포함될 수 있음

출력	• 처리된 결과를 사용자에게 보여주는 부분 • 결과는 화면에 출력되거나 파일로 저장될 수 있음
제어	• 프로그램의 실행 흐름을 제어하는 부분 • 조건문(if-else, switch-case)이나 반복문(for, while) 등을 사용하여 프로그램의 로직을 제어할 수 있음

② 데이터의 종류는 프로그램에서 사용되는 정보의 특성에 따라 다양하며, 주로 변수(Variable)에 저장될 데이터의 형식에 따라 몇 가지 유형으로 구분 가능

Data Type	특징
정수 (Interger)	소수점이 없는 숫자 형태의 데이터 유형 예) 1, 10, 100, -1, -10, -100
부동 소수점 (Floating point)	소수점 값을 포함하는 데이터 유형 예) 0.356x55, -9.4x77
문자 (Character)	• 한 개의 문자 형태로 이루어진 데이터 유형 • 작은따옴표(' ') 안에 표시 예) '1', 'B', 'c'
문자열 (Character string)	• 문자의 시퀀스로 이루어진 데이터 유형 • 큰따옴표(" ") 안에 표시 예) "Name", "3x4=12"
불린 (Boolean)	• 조건의 참(True) 또는 거짓(False) 값을 나타내는 데이터 유형 • 기본값은 거짓(False) 예) True, False
배열 (Array)	• 동일한 유형의 여러 값으로 구성된 데이터 유형 • 중괄호({ }) 내에 콤마(,)로 구분하여 나열하는 형태로 데이터 표시 예) {a,b,c,d,e,f}, {1,2,3,4,5}
구조체 (Struct)	• 서로 다른 유형의 여러 데이터로 구성된 복합 데이터 유형 • 여러 변수를 하나의 논리적인 단위로 그룹화할 때 사용됨 • 일종의 템플릿으로 구조체의 멤버 변수들의 유형과 이름을 지정 예) struct Person { char name[20]; int age; float height; }

③ 프로그램의 구조와 데이터의 종류는 프로그램의 목적과 요구사항에 따라 다를 수 있으며, 사용되는 프로그래밍 언어에 따라 다를 수 있음
④ C/C++ 언어에서 일부 데이터 타입의 크기는 플랫폼 환경(주로 운영체제와 컴파일러)에 따라 달라질 수 있으며, int, long, short 타입의 경우가 그러함

(2) C/C++ 데이터의 타입 크기 및 기억 범위(32비트 플랫폼 환경 기준)

종류	데이터 타입	크기	기억 범위
문자	char	1Byte	−128 ~ 127
부호 없는 문자형	unsigned char	1Byte	0 ~ 255
정수	short	2Byte	−32,768 ~ 32,767
정수	int	4Byte	−2,147,483,648 ~ 2,147,483,647
정수	long	4Byte	−2,147,483,648 ~ 2,147,483,647
정수	long long	8Byte	−9,223,372,036,854,775,808 ~ 9,223,372,036,854,775,807
부호 없는 정수형	unsigned short	2Byte	0 ~ 65,535
부호 없는 정수형	unsigned int	4Byte	0 ~ 4,294,967,295
부호 없는 정수형	unsigned long	4Byte	0 ~ 4,294,967,295
실수	float	4Byte	1.2×10^{-38} ~ 3.4×10^{38}
실수	double	8Byte	2.2×10^{-308} ~ 1.8×10^{308}
실수	long double	8Byte	2.2×10^{-308} ~ 1.8×10^{308}

(3) Java 데이터의 타입 크기 및 기억 범위

종류	데이터 타입	크기	기억 범위
문자	char	2Byte	0 ~ 65,535
정수	byte	1Byte	−128 ~ 127
정수	short	2Byte	−32,768 ~ 32,767
정수	int	4Byte	−2,147,483,648 ~ 2,147,483,647
정수	long	8Byte	−9,223,372,036,854,775,808 ~ 9,223,372,036,854,775,807
실수	float	4Byte	1.4×10^{-45} ~ 1.8×10^{38}
실수	double	8Byte	4.9×10^{-308} ~ 1.8×10^{308}
논리	boolean	1Byte	True or False

(4) Python 데이터의 타입 크기 및 기억 범위

종류	데이터 타입	크기	기억 범위
문자	str	무제한	프로그램에 배정된 메모리 한계까지 저장 가능
정수	int	무제한	프로그램에 배정된 메모리 한계까지 저장 가능
실수	float	8Byte	$4.9 \times 10{-}308 \sim 1.8 \times 10308$
	double	8Byte	$4.9 \times 10{-}308 \sim 1.8 \times 10308$

2. 데이터 저장, 연산, 조건, 반복, 제어

(1) 데이터 저장

① 프로그램 실행 중에 데이터 값을 저장하기 위한 공간인 변수는 프로그램 수행 과정에서 변경될 수 있음
② 데이터 타입에서 정한 크기의 메모리를 할당하고 변수 선언과 값을 초기화한 후 사용하여야 함
③ 변수의 데이터 타입과 함께 이름을 정해 변수를 선언함
④ 상수의 경우 값 변경이 불가하며 'final' 키워드를 사용하여 선언 시 초기값을 지정함

> **TIP** 변수의 선언과 초기화
> - c++의 경우, 변수는 선언과 동시에 반드시 초기화해야 한다.
> - Java의 경우, 변수를 선언하고 가급적 초기화한 후 사용하여야 한다.
> - 일반적으로 초기화하지 않은 변수는 기본값으로 초기화된다.
>   예 int i; // 0, boolean b; // false
> - 이와 달리 클래스 변수 등은 기본적으로 초기화되지 않는다.
>   예 MyClass mc; // null

(2) 데이터 연산

1) 정의

① 산술 연산자: 숫자형 데이터(정수, 실수) 간의 수학적인 계산을 수행함
② 증감 연산자: 변수의 값을 1씩 증가 또는 감소시키는 계산을 수행함
③ 대입 연산자
  - 변수에 어떤 값을 할당하여 저장함
  - 연산자 기준으로 오른쪽의 값을 왼쪽에 대입하여 사용함
④ 비교(관계) 연산자: 데이터 값의 대소 비교나 객체 타입 비교 등에 사용됨
⑤ 논리 연산자: 참과 거짓 간의 논리적인 조건을 판단하는 데 사용됨
⑥ 삼항 연산자: 3개의 피연산자를 가지며, if-else문과 동일한 방식으로 조건에 따라 값을 선택하는 데 사용됨

⑦ 연산자 우선순위
- Java의 경우 괄호의 우선순위가 제일 높음
- 산술 > 비교 > 논리 > 대입 순이며 단항 > 이항 > 삼항의 순서로 연산함

구분	연산자	의미	예시	결과 또는 의미
산술 연산자	+	더하기	int a = 5 + 3;	a = 8
	−	빼기	int b = 10 − 4;	b = 6
	*	곱하기	int c = 2 * 6;	c = 12
	/	나누기	int d = 15 / 3;	d = 5
	%	나머지	int e = 17 % 5;	e = 2
증감 연산자	++	증가(전위)	int a = 5; int b = ++a	b = 6, a = 6
		증가(후위)	int c = 8; int d = c++	d = 8, c = 9
	−−	감소(전위)	int a = 5; int b = −−a	b = 4, a = 4
		감소(후위)	int c = 8; int d = c−−	d = 8, c = 7
대입 연산자	+=	덧셈 변수	x +=3	x=6 경우, x = 9
	−=	뺄셈 변수	x −=3	x=6 경우, x = 3
	*=	곱셈 변수	x *=3	x=6 경우, x = 18
	/=	나눗셈 변수	x /=3	x=6 경우, x = 2
	%=	나머지 변수	x %=3	x=6 경우, x = 0
비교 연산자	==	같음	x == 4	x는 4와 같음
	!=	다름	x != 4	x는 4와 다름
	<	~보다 작음	x < 4	x는 4보다 작음
	>	~보다 큼	x > 4	x는 4보다 큼
	<=	작거나 같음	x <= 4	x는 4보다 작거나 같음
	>=	크거나 같음	x >= 4	x는 4보다 크거나 같음
논리 연산자	&&	AND	a && b	a와 b가 모두 True일때만 True
	||	OR	a || b	a와 b중 하나만 True이면 True
	!	NOT	!c	c가 True면 False, c가 False면 True
삼항 연산자	? :	조건 ? 값1 : 값2;	int max = (x > y) ? x : y;	변수 x와 y를 비교하여 x가 y보다 크면 max에 x값을, 그렇지 않으면 y값을 할당

(3) 데이터 조건

1) 정의
① 프로그램의 실행 흐름을 제어하기 위해 조건을 기반으로 한 결정을 내리는 데 사용되는 구문
② 주로 데이터의 값 또는 조건을 평가하여 특정한 동작을 수행하거나 특정한 코드 블록을 실행하도록 함
③ 단순 if문, if-else문, 중첩 if-else문, switch문이 포함됨

2) 종류
① 단순 if문
- 주어진 조건이 참인 경우에만 특정한 코드 블록을 실행함
- 만약 조건이 거짓이라면 코드 블록은 실행되지 않음

```
if (조건) {
// 조건이 참일 때 실행되는 코드
}
```

② if-else문
- 주어진 조건에 따라 참인 경우와 거짓인 경우에 서로 다른 코드 블록을 실행함
- 조건이 참인 경우 if 블록이 실행되고, 조건이 거짓인 경우 else 블록이 실행됨

```
if (조건) {
// 조건이 참일 때 실행되는 코드
} else {
// 조건이 거짓일 때 실행되는 코드
}
```

③ 중첩 if-else문
- 여러 개의 if-else문을 중첩하여 복잡한 조건을 처리함
- 내부의 if-else문은 외부의 if 또는 else 블록에 의존적임

```
if (외부 조건) {
    // 외부 조건이 참일 때 실행되는 코드
    if (내부 조건1) {
        ...
    }
} else {
    // 외부 조건이 거짓일 때 실행되는 코드
    if (내부 조건2) {
        ...
    }
}
```

④ switch 다중 선택문
- 주어진 값에 따라 다양한 선택사항을 처리함
- 값과 일치하는 case 레이블을 찾아 해당하는 코드 블록을 실행함
- 일치하는 case가 없는 경우 default 블록이 실행될 수 있음
- default 구문을 준비해 두는 것은 실수 방지와 예외 처리를 위한 용도

```
switch (변수) {
case 값1:
// 값1과 일치하는 경우 실행되는 코드
break;
case 값2:
// 값2와 일치하는 경우 실행되는 코드
break;
default:
// 일치하는 값이 없는 경우 실행되는 코드
break;
}
```

(4) 데이터 반복

1) 정의

① 특정한 조건을 만족하는 동안 코드 블록을 반복해서 실행하는 데 사용되는 구문
② 주어진 조건을 평가하고, 조건이 참인 경우 코드 블록이 실행됨
③ for문, while문, do-while문이 포함됨
④ for문은 반복 횟수가 명확한 경우에 주로 사용되며, while문과 do-while문은 조건에 따라 반복을 계속할지 결정할 때 사용됨

2) 종류

① for 반복문
- for문: 초기화, 조건식, 증감식을 포함하는 3가지 부분으로 구성됨
- 초기화는 반복을 위한 변수를 설정하고, 조건식은 반복이 진행될 조건을 평가하며, 증감식은 변수 값을 변경함

```
for (초기화; 조건식; 증감식) {
// 반복 실행될 코드
}
```

② while 반복문
- 주어진 조건이 참인 경우에 코드 블록을 실행함
- 반복 실행되는 동안 조건이 계속 평가되고, 조건이 거짓이 되면 반복을 종료함

```
while (조건) {
// 반복 실행될 코드
}
```

③ do-while 반복문
- 코드 블록을 먼저 실행한 후, 주어진 조건이 참인 경우에 반복을 계속함
- 조건은 반복 실행 이후에 평가되며, 조건이 참인 경우 다시 코드 블록을 실행함

```
do {
// 반복 실행될 코드
} while (조건);
```

④ foreach 반복문: 배열이나 컬렉션의 각 요소를 순회하는 반복 작업을 수행함

```
foreach (변수의 형식 변수명 in 배열 또는 컬렉션) {
// 요소별로 실행될 코드
}
```

(5) 데이터 제어

1) 정의

① 프로그램의 흐름을 제어하고 반복문(for, while 등)이나 조건문(if, switch 등)에서 특정한 동작을 수행하는 데 사용됨
② 주로 반복문에 사용되는 "break"와 "continue"를 비롯하여 "return", "go to" 등의 제어문이 포함됨

2) 종류

① break 문
- 반복문 내에서 사용되며, 실행 중인 반복문을 즉시 종료함
- break 문이 실행되면 가장 가까운 반복문을 벗어나고, 다음 반복문이나 코드 블록으로 이동함

```
for (int i = 1; i <= 10; i++) {
if (i == 5) {
break;
}
System.out.println(i);
}
```

② continue 문
- 반복문 내에서 사용되며, 실행 중인 반복문의 현재 반복을 종료하고 다음 반복으로 넘어감
- continue 문이 실행되면 현재 반복의 나머지 코드는 실행되지 않고, 다음 반복으로 이동함

```
for (int i = 1; i <= 10; i++) {
if (i % 2 == 0) {
continue;
}
System.out.println(i);
}
```

③ return 문
- 메서드나 함수 내에서 사용되며, 실행 중인 메서드를 즉시 종료하고 값을 반환함
- return 문이 실행되면 현재 메서드의 실행은 중단되고, 호출 지점으로 돌아감

```
public int add(int a, int b) {
int sum = a + b;
return sum;
}
```

④ goto 문
- 프로그램의 흐름을 특정한 레이블로 이동시키는 데 사용됨
- 코드의 가독성과 유지보수성을 저하시킬 수 있으므로 사용을 권장하지 않음

> **TIP** 프로그램의 구조와 데이터의 종류
>
> 프로그램의 구조와 데이터의 종류는 프로그램의 목적과 요구사항에 따라 다를 수 있으며, 사용되는 프로그래밍 언어에 따라 다를 수 있으므로 언어별로 구분하여 습득해야 한다.

3. 정적 메모리와 동적 메모리

(1) 정적(Static)·동적(Dynamic) 메모리 구분

① 프로그램의 정보를 읽어 메모리에 로드하는 과정에서 OS(Operating System)가 메모리(RAM)에 공간을 할당하며, 할당 영역은 Code, Data, Stack, Heap 4가지로 구분됨
② 프로그램에서 메모리를 관리하는 2가지 주요 방법으로, 컴파일 단계에서 필요한 메모리 공간을 할당하는 '정적 메모리'와 실행 단계에서 할당하는 '동적 메모리'를 들 수 있음

③ 메모리 용도에 따른 영역 개념도

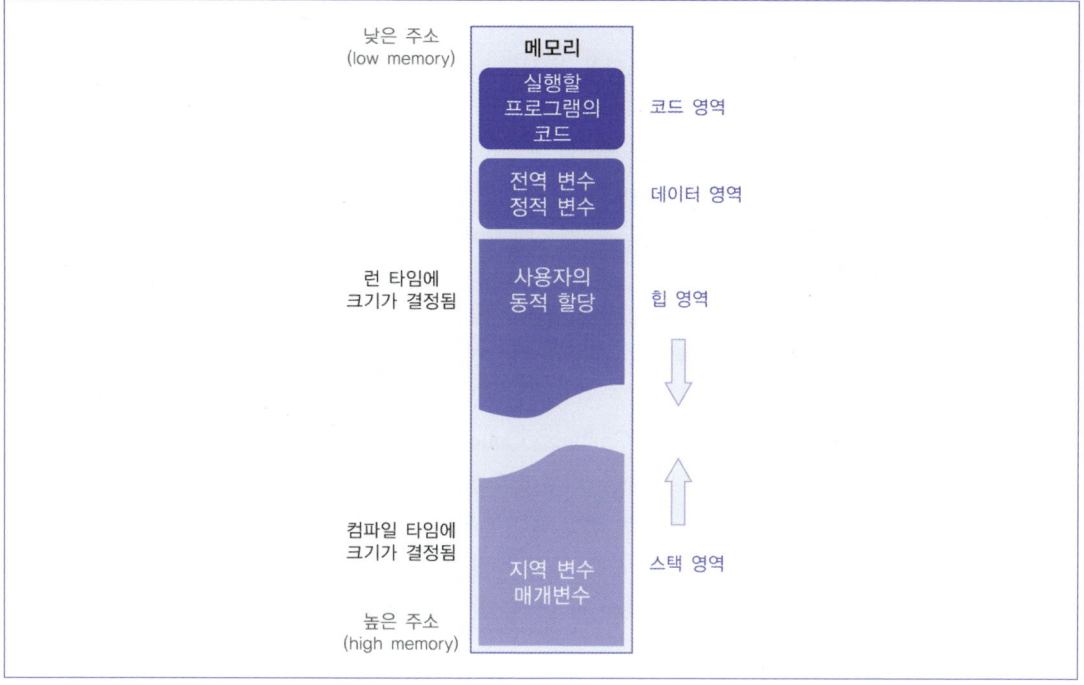

(2) 정적 메모리(Static memory)

① 정적 메모리: 프로그램의 실행 전에 할당되고 프로그램이 종료될 때까지 유지되는 메모리 영역으로, 주로 전역 변수와 정적 변수에 사용됨

정적 변수	• 프로그램 내에서 어느 곳에서나 접근할 수 있는 변수로, 함수나 메서드 내에 선언되지 않고 해당 파일 전체에서 사용됨 • 이러한 변수는 프로그램이 시작될 때 메모리에 할당되며, 프로그램 종료 전까지 메모리를 점유하고 유지함 • 정적 변수는 초기화되지 않으면 기본적으로 0 또는 null로 초기화됨
전역 변수	• 어떠한 함수나 메서드 내에서도 선언되지 않고, 프로그램의 어디서든 접근할 수 있는 변수 • 전역 변수는 프로그램이 실행될 때 메모리에 할당되며, 프로그램 종료 전까지 메모리를 점유하고 유지함 • 전역 변수는 초기화되지 않으면 기본적으로 0 또는 null로 초기화됨

② 정적 변수와 전역 변수는 프로그램의 수명 동안 메모리를 점유하므로 남발할 경우 메모리 낭비를 야기할 수 있음
③ 변수의 범위와 생명주기를 고려하여 적절히 사용되어야 하며, 다중 스레드 환경에서는 정적 변수와 전역 변수의 동기화를 고려해야 함

(3) 동적 메모리(Dynamic memory)

① 동적 메모리
- 프로그램 실행 중에 필요한 메모리를 동적으로 할당하고 해제하는 메모리 영역을 말함
- 프로그램이 실행될 때 런타임에 필요한 만큼의 메모리를 할당하고, 사용이 끝나면 메모리를 해제하여 다른 용도로 재사용할 수 있도록 함

② 동적 메모리 할당은 주로 힙(Heap) 영역에서 이루어짐
- 힙은 프로그램의 실행 중에 동적으로 메모리 블록을 할당하는 영역으로, 할당된 메모리는 필요에 따라 사용되고 해제됨
- 동적으로 할당된 메모리는 프로그램의 생명주기 중 어느 시점에서든 사용되고 해제될 수 있으며, 이를 통해 유연하고 동적인 메모리 관리가 가능함

③ 동적 메모리 할당은 "new" 연산자를 사용하여 메모리를 할당하고, "delete" 연산자를 사용하여 할당된 메모리를 해제함: Java의 경우 Garbage Collector와 같이 사용하지 않거나 사용 완료된 메모리를 해제하는 쓰레기 메모리 수집 기능을 지원하고 있음

④ 동적 메모리 할당은 프로그램 실행 중에 유연하게 메모리를 관리할 수 있는 장점이 있지만, 메모리 누수 및 잘못된 메모리 사용으로 인한 문제가 발생할 수 있음
- 동적 메모리 할당은 신중하게 사용해야 하며, 할당된 메모리를 적절히 해제하여 메모리 누수를 방지해야 함
- 또한 다중 스레드 환경에서는 동적 메모리 할당과 관련된 동기화를 고려해야 함

(4) 메모리 관리 방식 비교

구분	정적 메모리	동적 메모리
메모리 영역	Stack	Heap
메모리 할당	컴파일 단계	실행 단계
메모리 크기	• 고정됨 • 실행 중 조절 불가	• 가변적 • 실행 중 유동적 조절 가능
포인터 사용	사용 안함	사용함
할당 해제	함수가 사라질 때 할당된 메모리 자동 반납	사용자가 원하는 시점에 할당 메모리 직접 반납
장점	• 메모리 누수 문제 등을 신경 쓰지 않아도 됨 • 프로그램 종료 시 운영체제가 자동 회수함	• 상황에 따라 원하는 크기의 메모리 할당이 가능하여 경제적 • 이미 할당된 메모리 크기도 언제든 조절이 가능
단점	• 메모리 크기가 하드 코딩되어 조절 불가 • Stack에 할당된 메모리이므로 동적 할당에 비해 받을 수 있는 최대 메모리 크기에 제약이 있음	사용하지 않는 메모리에 대해 프로그래머가 명시적으로 해제하는 등 누수 문제를 신경 써야 함

(5) Java 메모리 구조

1) Java 정적 메모리 영역

구분	개념 설명
클래스 영역 (Class area)	• 클래스의 정보를 저장하는 영역으로 클래스의 이름, 멤버 변수의 정보, 메서드의 정보, 정적 변수, 상수 풀 등이 저장됨 • 클래스 영역은 프로그램이 로드되면 메모리에 할당되고, 프로그램의 수명 동안 유지됨
정적 변수 (Static variable)	• 클래스 수준에서 선언되는 변수로, 해당 클래스의 모든 객체가 공유하는 변수 • 클래스가 로드될 때 메모리에 할당되고, 프로그램이 종료될 때까지 유지되는 변수 • 정적 변수는 객체 생성 없이 클래스 이름을 통해 접근 가능
정적 메서드 (Static method)	• 클래스 수준에서 선언되고 호출되는 메서드 • 객체의 생성 없이 클래스 이름을 통해 호출할 수 있으며, 주로 유틸리티 기능이나 공통 로직을 구현하는 데 사용되는 메서드 • 정적 메서드는 객체의 상태에 접근할 수 없고, 오직 입력값과 반환값을 처리하는 데 사용됨
상수풀 (Constant pool)	• 클래스 파일에 포함된 상수들을 저장하는 영역으로 문자열, 정수, 실수, 클래스와 인터페이스의 상수 등이 저장됨 • 상수 풀은 클래스 영역에 할당되며, 상수 값들은 프로그램 실행 도중 변경되지 않음

2) Java 동적 메모리 영역

구분	개념 설명
힙 영역 (Heap area)	• 동적으로 할당된 객체들을 저장하는 메모리 영역 • "new" 키워드를 통해 힙에 동적으로 생성됨 • 힙 영역은 프로그램 실행 중에 필요한 만큼의 메모리를 동적으로 할당하고 해제하는 역할을 담당함
객체 저장·참조	• 힙 영역에 할당된 객체들은 개별적인 메모리 블록에 저장되고, 이들 객체는 참조 변수를 통해 접근됨 • 참조 변수는 힙에 할당된 객체의 주소를 저장하며, 객체를 사용하려면 해당 객체를 참조하는 변수를 사용하여 접근해야 함
동적 메모리 할당·해제	• "new" 키워드로 객체가 생성되면 해당 객체에 필요한 메모리가 힙 영역에 할당됨 • 객체가 더 이상 필요하지 않을 때, 가비지 컬렉션에 의해 해당 객체의 메모리가 자동으로 해제됨 • 개발자는 명시적으로 메모리를 해제할 필요가 없으며, 자동 메모리 관리로 인해 메모리 누수를 줄일 수 있음

3) 스택(Stack)

① 프로그램 실행 중에 임시 데이터를 저장하는 메모리 영역
② 자바에서의 스택은 메서드 호출과 관련된 정보를 저장·관리하는 데 사용됨
③ 스택은 후입선출(LIFO; Last-In-First-Out) 구조를 가지며, 스택 프레임(Stack frame)이라는 단위로 데이터를 저장함
④ 개발자는 스택 영역을 직접적으로 조작할 필요는 없으며, 자바 가상 머신(JVM)이 스택의 관리를 담당함

> **TIP** 메모리 구조와 주요 개념
>
> 동적 메모리, 정적 메모리, 변수, 메소드, 스택, 힙 등의 주요 구성 요소에 대한 기본 개념을 반드시 숙지할 필요가 있다.

4. 기반 컴포넌트(COM, NET, Java)

(1) 소프트웨어 개발 방법론(Methodology)

① 소프트웨어를 개발하고 제공하는 데 사용되는 절차와 접근 방식의 체계적인 구조
② 프로젝트팀의 조직, 업무 분담, 작업 흐름, 프로세스, 도구, 문서 등을 포함하여 프로젝트의 전반적인 개발 과정을 관리함
③ 소프트웨어 개발의 생산성과 품질 향상을 목적으로 정립됨
④ 종류: 구조적 방법론, 정보공학 방법론, 객체지향 방법론, 컴포넌트 기반 방법론, 폭포수 모형 방법론, 애자일 방법론 등

(2) 컴포넌트 기반(CBD; Component Based Design) 방법론

1) 정의

① 소프트웨어의 생명주기를 단순화하고 효율적인 개발을 위해 모듈화와 재사용을 강조함으로써, 대규모 소프트웨어 시스템 개발에 특히 유용함
② 재사용 가능한 컴포넌트의 개발·조합을 통해 개발 생산성을 향상시킬 수 있으며, 유지보수와 확장성을 용이하게 함
③ 모듈화와 재사용을 통해 오류의 가능성을 줄이고 소프트웨어 품질을 향상시킴
④ 문서, 소스코드, 파일, 라이브러리 등 모듈화 가능한 모든 자원을 컴포넌트(Component) 개념으로 봄

2) 특징

모듈화	• CBD 방법론은 소프트웨어를 재사용 가능한 컴포넌트로 분할하여 모듈화함 • 모듈화는 소프트웨어 시스템의 복잡성을 감소시키고, 개발 프로세스를 단순화하는 데 도움을 줌
재사용	• CBD 방법론은 재사용 가능한 컴포넌트를 개발하여 비슷한 기능을 가진 다른 소프트웨어 시스템에서 재사용할 수 있도록 함 • 개발 비용과 시간을 절약하고 소프트웨어 품질을 향상시키는 데 도움을 줌
독립성	• CBD에서 개발된 컴포넌트는 독립적인 기능 단위로 설계됨 • 컴포넌트를 다른 시스템과 결합하거나 교체하는 데 용이하게 만들어주기 때문에 시스템 유지보수의 용이성이 향상됨
인터페이스	• CBD 방법론은 컴포넌트 간의 표준화된 인터페이스 개념을 강조하여 컴포넌트 간의 상호작용을 용이하게 만들어줌 • 인터페이스를 통해 컴포넌트의 교체, 업그레이드도 간편하게 할 수 있음

3) 개발 절차

순서	단계	단계 설명
1	요구사항 분석	• 시스템의 요구사항을 정확히 이해하고 문서화하는 단계 • 시스템이 가져야 할 기능, 성능, 제약사항 등을 명확히 파악함
2	컴포넌트 식별	• 시스템을 구성할 개별 컴포넌트를 식별하는 단계 • 시스템을 재사용 가능하고 독립적인 기능 단위로 분할하는 과정을 의미 • 컴포넌트는 재사용 가능하며, 시스템의 특정 기능을 수행하는 역할을 가짐
3	컴포넌트 설계	• 각 컴포넌트의 설계를 수행하는 단계 • 컴포넌트의 내부 동작, 인터페이스, 데이터 구조 등을 정의 • 설계는 재사용성, 독립성, 확장성을 고려하여 이루어져야 함
4	컴포넌트 개발	• 설계된 컴포넌트를 실제로 개발하는 단계 • 각 컴포넌트는 독립적으로 개발되며, 이를 위해 필요한 언어, 도구, 프레임워크 등을 사용함 • 개발된 컴포넌트는 테스트를 거쳐 품질을 확인함
5	컴포넌트 통합	• 개별적으로 개발된 컴포넌트를 통합하여 시스템으로 구축하는 단계 • 컴포넌트 간의 상호작용과 통신을 위한 인터페이스를 구현하고, 컴포넌트를 조합하여 전체 시스템을 구성함
6	시스템 테스트	• 통합된 시스템을 테스트하여 요구사항을 충족시키는지 검증하는 단계 • 시스템의 기능, 성능, 안정성 등을 테스트하여 문제를 해결하고 품질을 확인함
7	배포 및 유지보수	• 테스트를 통과한 시스템을 실제 환경으로 배포하는 단계 • 이후 시스템의 유지보수와 업그레이드를 수행하여 필요한 변경사항을 적용함

(3) 객체지향(Object oriented) 방법론

① 현실 세계의 객체(Object)와 그들 사이의 상호작용을 모델링하는 것을 강조하는 방법론
② 객체를 기반으로 시스템을 구축하고 객체 간의 상속, 다형성, 캡슐화 등의 개념을 활용하여 소프트웨어를 설계·개발함
③ 구조적 기법의 문제점에 기인한 소프트웨어의 위기를 객체 간의 상호작용 모델링을 통해 개발하는 방안으로 해결하고자 채택됨
④ 구성요소: 객체(Object), 클래스(Class), 메시지(Message)
⑤ 특징: 클래스와 객체, 캡슐화, 상속, 추상화, 다형성, 정보은닉 등

(4) 구조적(Structural) 방법론

① 큰 시스템을 작은 모듈로 분해하고 이를 조합하여 전체 시스템을 구축하는 것을 강조하는 방법론
② 소프트웨어 개발을 일련의 단계로 분할하고 계획, 분석, 설계, 구현 등의 단계를 체계적으로 수행함
③ 정형화된 분석 절차에 따라 사용자 요구사항을 문서화하는 프로세스 중심의 방법론으로 1960년대까지 가장 많이 적용됨

④ 복잡한 문제를 분할과 정복(Divide & Conquer) 원리를 적용하여 이해하기 쉽고 검증이 가능한 프로그램 코드 생성이 목적
⑤ 특징: 모듈화, 계층적 구조화(상위 및 하위 구조), 데이터 중심 접근, 구조적 제어 흐름

(5) 기타 방법론

폭포수 모델 (Waterfall model)	• 개발 생명주기를 선형적으로 진행하는 전통적인 방법론 • 요구사항 정의, 설계, 개발, 테스트, 유지보수 등의 단계를 순차적으로 진행함
애자일 방법론 (Agile methodology)	• 반복적이고 적응적인 개발 프로세스를 강조하는 방법론 • 스크럼(Scrum), 익스트림 프로그래밍(XP), 칸반(Kanban) 등이 대표적임
스프린트 방법론 (Sprint methodology)	• 작은 단위의 개발 주기를 반복하여 소프트웨어를 개발하는 방법론 • 개발 주기는 일반적으로 1주일에서 1개월 사이로 매우 짧음
프로토타이핑 방법론 (Prototyping methodology)	• 초기에 프로토타입을 개발하여 요구사항을 명확히 하고 사용자의 피드백을 수집하는 방법론 • 실제 제품에 대한 이해를 높이고 개발 방향을 조정할 수 있음
스파이럴 모델 (Spiral model)	• 위험 관리를 강조하는 반복적 개발 방법론 • 개발 단계마다 위험 분석을 수행하고 해당 위험을 관리하는 접근 방식을 채택함

> **TIP** CBD 방법론의 특징
>
> 모듈화, 재사용, 독립성, 인터페이스

02 객체지향 프로그래밍

1. 클래스

(1) 객체지향(Object-Oriented)

1) 객체지향 프로그래밍(OOP; Object-Oriented Programming)
① 프로그래밍 패러다임의 하나로, 프로그램을 객체들의 집합으로 구성하는 방법론에 따라 객체들 간의 상호작용과 데이터 표현을 중심으로 하는 개발하는 방식
② 코드의 재사용성, 유지 보수 용이성, 개발 생산성 등의 장점을 제공함
③ 객체 간의 관계를 모델링하여 현실 세계의 개념을 프로그램에 반영할 수 있으며, 대규모 프로젝트에서 효과적인 개발을 위한 구조화된 접근 방법을 제공함
④ 복잡한 구조를 단계적·계층적으로 표현하며, 멀티미디어 데이터 및 병렬 처리를 지원함
⑤ 현실 세계를 모형화하므로 사용자와 개발자 간 원활한 정보 공유와 소통의 편의성을 도움

2) 객체지향 프로그래밍의 주요 개념

구분	개념 설명
클래스 (Class)	• 객체의 설계도이며, 객체를 생성하는 데 사용됨 • 객체의 속성(데이터)과 동작(메서드)을 정의함 예 "사람" 클래스는 "이름"과 "나이" 속성을 가지고 있을 수 있으며, "걷기"나 "먹기"와 같은 동작을 정의할 수 있음
객체 (Object)	• 객체는 클래스의 인스턴스에 해당함 • 클래스를 통해 생성된 구체적인 개체로, 속성과 동작을 가짐 예 "사람" 클래스로부터 "홍길동"이라는 객체를 생성하면, "홍길동" 객체는 클래스에서 정의된 속성과 동작을 가짐
변수 (Variable)	• 클래스 변수: 클래스 전체에서 공유되는 변수로, 'static' 키워드로 선언됨 • 인스턴스 변수: 객체마다 고유한 값을 가지는 변수로, 객체가 생성될 때마다 메모리에 할당됨
메서드 (Method)	• 클래스에 정의된 동작이나 기능을 나타냄 • 클래스의 객체에 의해 호출되어 실행됨 • 객체의 상태를 변경하거나, 특정한 동작을 수행하는 역할을 함
접근 제어자 (Access modifier)	• 클래스, 메서드, 변수 등의 접근 가능성을 제어하는 역할을 함 • 주요 접근 제어자로는 public, private, protected, default가 있으며, 각각 다른 범위에서의 접근을 허용·제한함
캡슐화 (Encapsulation)	• 데이터와 해당 데이터를 처리하는 메서드를 하나로 묶는 개념 • 객체는 자신의 데이터에 직접 접근하지 않고, 공개된 메서드를 통해 데이터를 조작하도록 제한됨 • 데이터의 무결성을 보호하고 외부로부터의 접근을 제한할 수 있음
상속 (Inheritance)	• 클래스들 간에 계층적인 관계를 형성하는 개념 • 상위 클래스(부모 클래스 또는 슈퍼 클래스)의 속성과 동작을 하위 클래스(자식 클래스 또는 서브 클래스)가 상속받아 사용 가능 • 코드의 재사용성이 높아지고, 클래스 간의 계층적인 구조를 표현할 수 있음
다형성 (Polymorphism)	• 같은 이름의 메서드가 다른 클래스에서 다르게 동작하는 능력을 의미함 • 다형성을 통해 프로그램은 동일한 인터페이스를 사용하면서 여러 개체 유형을 처리할 수 있음 예 "동물" 클래스에 "소리를 내다"라는 메서드가 있을 때, "개" 클래스와 "고양이" 클래스에서 이 메서드를 각각 오버라이딩하여 다른 소리를 내도록 처리할 수 있음
오버라이딩 (Overriding)	• 상위 클래스에서 정의된 메서드를 하위 클래스에서 재정의하는 것을 의미함 • 상위 클래스의 메서드와 동일한 시그니처(이름, 매개변수, 반환 타입)를 가진 메서드를 하위 클래스에서 재정의하여 다른 동작을 구현할 수 있음
추상화 (Abstraction)	• 복잡한 시스템이나 개체를 단순화하여 중요한 특징에 집중하는 것을 의미함 • 클래스를 정의함으로써 객체의 속성과 동작을 추상화할 수 있음 • 추상화는 프로그램을 더 간결하고 이해하기 쉽게 만들어줌
인터페이스 (Interface)	• 객체가 외부와 상호작용하기 위한 규약을 정의하는 역할을 함 • 인터페이스는 추상 메서드로 이루어져 있으며, 클래스에서 해당 인터페이스를 구현함으로써 메서드의 구체적인 동작을 정의할 수 있음 • 인터페이스를 사용하면 다형성을 구현하고, 코드의 재사용성과 유연성을 높일 수 있음

(2) 객체(Object)

1) 객체(Object)

① 데이터와 그 데이터를 조작하는 메서드들을 함께 묶어놓은 소프트웨어 개체로, 실제 세계의 사물, 개념을 프로그램 안에서 모델링하고 구현하는 단위로 생각할 수 있음
② 객체는 클래스의 인스턴스로 생성됨
  - 클래스는 객체의 설계도이며, 객체는 클래스의 구체적인 실체(Instance)
  - 클래스는 객체가 가져야 하는 속성(데이터)과 동작(메서드)을 정의
  - 객체는 클래스의 템플릿을 바탕으로 생성되며, 각각의 객체는 클래스에서 정의된 속성을 가지고 있음
③ 객체는 상태와 동작을 가지고 있음
  - 상태는 객체의 속성을 나타내며, 데이터로 표현됨
  - 예를 들어 자동차 객체의 상태는 속도, 색상, 모델 등의 속성으로 표현될 수 있음 → 동작은 객체가 수행할 수 있는 작업이며, 메서드를 통해 구현됨 → 자동차 객체의 동작으로는 가속, 감속, 정지 등이 있을 수 있음
④ 객체는 다른 객체와 상호작용할 수 있음
  - 객체는 메시지를 주고받으며, 다른 객체에게 요청을 보내고 응답을 받을 수 있음
  - 객체 간의 협력이 이루어지며 복잡한 시스템을 모델링하고 프로그래밍할 수 있음

2) 객체의 특성

구분	특성 설명
상태(State)	• 객체는 데이터를 저장하고 유지하는 상태를 가지고 있음 • 상태는 객체의 속성(property)으로 표현되며, 객체의 상태는 시간에 따라 변경될 수 있음 예 자동차 객체의 속성으로는 속도, 색상, 모델 등이 있을 수 있음
행위(Behavior)	• 객체는 데이터를 조작하고 처리하는 행위를 수행할 수 있음 • 행위는 객체의 메서드(method)에 의해 정의되며, 객체의 상태를 변경하거나 특정한 동작을 수행함 예 자동차 객체의 메서드로는 가속, 감속, 정지 등이 있을 수 있음
식별자(Identity)	• 각각의 객체는 고유한 식별자를 가지고 있으며, 이를 통해 프로그램 내에서 객체를 구별하고 참조할 수 있음 • 식별자는 객체의 메모리 주소로 표현될 수도 있음
상호작용(Interation)	• 객체는 다른 객체와 상호작용할 수 있음 • 객체는 메시지를 주고받으며, 다른 객체에게 요청을 보내고 응답을 받을 수 있음 • 객체 간의 협력이 이루어지며, 복잡한 시스템을 모델링하고 프로그래밍할 수 있음
캡슐화(Encapsulation)	• 객체는 데이터와 그 데이터를 조작하는 메서드를 하나로 묶어 캡슐화된 형태로 관리됨 • 객체 내부의 상세 구현을 외부로부터 숨기고, 외부에 공개된 인터페이스를 통해 상호작용할 수 있음

(3) 클래스(Class)

1) 클래스(Class)

① 공통된 속성과 연산(동작, 행위, 메서드)을 갖는 객체의 집합으로, 객체의 일반적인 타입(Type)을 의미함
② 클래스는 객체를 생성하기 위한 틀(Template)로서 동일한 속성과 동작을 가진 여러 개의 객체를 생성할 수 있고, 클래스의 인스턴스화를 통해 실제로 동작하는 객체가 생성됨
③ 클래스는 상속을 통해 확장될 수 있음
  - 상위 클래스(부모 클래스 또는 슈퍼 클래스)의 속성과 동작을 하위 클래스(자식 클래스 또는 서브 클래스)가 상속받아 사용할 수 있음
  - 상속을 통해 클래스 간의 계층 구조를 형성하고, 코드의 재사용성과 확장성을 높일 수 있음

2) 인스턴스(Instance)

① 클래스(Class)의 구체적인 실체
② 클래스는 객체의 설계도이며, 인스턴스는 해당 클래스를 기반으로 생성된 실제 객체를 의미
③ 클래스는 여러 개의 인스턴스를 생성할 수 있으며, 각 인스턴스는 독립적인 상태와 동작을 가지게 됨

3) 인스턴스화(Instantiation)

① 클래스를 기반으로 하여 실제로 객체를 생성하는 과정을 의미
② 클래스의 인스턴스는 클래스의 생성자(Constructor)를 호출하여 생성됨
③ 생성자는 인스턴스 초기화를 위해 사용되며, 새로운 인스턴스를 할당하고 초기 상태를 설정함

2. 변수와 메서드

(1) 변수

1) 정의

① 데이터 값(Value)을 저장하고 참조하기 위해 사용되는 메모리 공간에 대한 이름을 의미하며 프로그램에서 데이터를 저장하고 처리하는 데 사용됨
② 변수는 이름(Identifier)을 가지며, 해당 이름을 통해 값을 읽고 쓸 수 있음

2) 목적

① 저장할 데이터의 크기를 가늠하여 필요한 공간을 확보하는데, 최근 사용되는 프로그램 언어에서는 메모리 공간의 크기를 계산하는 용도보다 타입을 구분하는 용도로 주로 쓰임
② 데이터의 임시적인 저장소로서 사용되며 프로그램의 실행 중에 값이 변경될 수 있음
③ 변수 선언과 동시에 초기 값을 할당할 수도 있음

3) 자료형

① 객체지향 프로그래밍 언어에서는 클래스 타입을 자료형으로 사용할 수 있음
② 기본자료형(Primitive data type): 프로그래밍 언어에서 기본으로 제공하는 정수(int), 실수(float), 문자(char) 등 변수에 직접 값을 저장하는 자료형
③ 참조자료형(Reference data type): 참조하는 객체의 주소를 문자열(string), 배열(int[ ]) 등으로 저장하여 사용하는 자료형

(2) 변수 선언 방법

① 변수의 선언은 변수를 생성하고 사용하기 위해 필요한 과정으로, 변수를 선언함으로써 컴파일러 또는 인터프리터에게 해당 변수의 이름과 데이터 유형(data type)을 알려줌
② 변수의 이름은 의미를 가지고 있어야 하며, 변수의 용도를 잘 나타내도록 작명함
  - 변수 이름은 대소문자를 구분하며, 일반적으로 소문자로 시작
  - 여러 단어로 이루어진 경우에는 단어 사이를 밑줄(_) 또는 카멜 표기법(camelCase)으로 구분함
③ 변수는 선언된 유효 범위(Scope) 내에서 사용할 수 있으며, 유효 범위를 벗어나면 해당 변수는 더 이상 사용할 수 없음
④ 일반적으로 사용되는 변수의 데이터값 유형: 정수형, 실수형, 문자형, 문자열형, 불린형 등
⑤ 변수의 선언은 변수 이름과 유형을 지정하는 것
  예) int age = 25;는 "age"라는 이름의 정수형 변수를 선언하고 초기 값으로 25를 할당함을 의미
⑥ 변수 유형
  - 멤버 변수, 인스턴스 변수: 클래스와 객체의 상태를 유지
  - 매개 변수, 지역 변수: 메서드 내에서 임시적으로 값을 전달하거나 연산에 사용
  - 클래스 변수: 클래스 수준에서의 데이터 공유를 위해 사용
  - 각 변수 유형은 범위와 생명 주기가 다르므로, 적절하게 활용하여 프로그램을 작성해야 함

구분	특성 설명
멤버 변수 (Member variable)	• 클래스 내에 선언된 변수로, 해당 클래스의 모든 메서드에서 접근 가능함 • 멤버 변수는 클래스의 상태를 나타내며, 객체의 인스턴스마다 고유한 값을 가짐
인스턴스 변수 (Instance variable)	• 클래스의 인스턴스(객체)가 생성될 때 각 인스턴스에 속하는 변수 • 각 인스턴스는 독립적인 인스턴스 변수를 가지며, 객체의 상태를 나타냄 • 인스턴스 변수는 해당 클래스의 모든 메서드에서 사용할 수 있으며, 객체마다 고유한 값을 가짐
매개 변수 (Parameter)	• 메서드에 전달되는 값을 받기 위해 사용되는 변수 • 매개 변수는 메서드 선언에서 정의되며, 메서드 호출 시에 전달된 인수 값에 따라 초기화됨 • 매개 변수는 메서드 내에서만 사용할 수 있음
지역 변수 (Local variable)	• 메서드, 생성자 또는 블록 내에 선언된 변수로, 해당 블록 내에서만 사용 가능 • 변수가 선언된 블록이 실행될 때 생성되며, 블록이 종료되면 소멸됨 • 지역 변수는 명시적으로 초기화되어야 함
클래스 변수 (Class variable)	• 클래스에 속하며, 해당 클래스의 모든 인스턴스가 공유하는 변수 • static 키워드로 선언되며, 프로그램이 실행되는 동안 유지되는 값임 • 클래스 변수는 클래스 이름으로 직접 접근할 수 있으며, 객체의 생성과는 무관하게 사용될 수 있음

(3) 변수 접근 제어

① 접근 제어(Access control)
- 객체 지향 프로그래밍에서 클래스의 멤버(변수 또는 메서드)에 대한 접근 권한을 관리하는 메커니즘
- 접근 제어를 통해 클래스 외부에서 클래스의 멤버에 접근하는 것을 제한하거나 허용함으로써 캡슐화와 정보 은닉을 실현함

② 접근 제어는 다음과 같은 3가지 주요한 접근 수준으로 구성됨

구분	수준 설명
공개 접근 수준 (Public access level)	• public 키워드로 표시됨 • 해당 클래스의 모든 외부 요소에서 접근이 가능 • 즉 어떤 클래스에서도 public 멤버에 접근할 수 있음
제한 접근 수준 (Protected access level)	• protected 키워드로 표시됨 • 해당 클래스의 하위 클래스에서 접근이 가능하며, 같은 패키지에 속한 다른 클래스에서도 접근이 가능함 • 하위 클래스가 아닌 다른 패키지의 클래스에서는 접근할 수 없음
비공개 접근 수준 (Private access level)	• private 키워드로 표시됨 • 해당 클래스 내에서만 접근이 가능하며, 클래스 외부에서는 접근할 수 없음 • 즉 private 멤버는 해당 클래스 내부에서만 사용되며 외부에는 감추어져 있음
기본 접근 제어 (Default access control)	• 제어 수준을 명시적으로 지정하지 않았을 때 적용되는 접근 제어 수준 • 기본 접근 제어는 패키지 수준에서 작동하며, 같은 패키지 내에서는 접근이 가능함

(4) 메서드

① 클래스 내에서 특정한 동작이나 행위를 정의한 일종의 코드 블록으로, 클래스의 주요 구성요소 중 하나임
② 메서드는 클래스의 멤버로 정의되며, 객체의 상태를 조작하거나 특정한 작업을 수행하는 기능을 가지고 있음
③ 메서드 시그니처(Method signature)
- 메서드의 이름과 매개변수 목록으로 구성됨
- 시그니처는 메서드를 고유하게 식별하는 역할을 함

④ 매개변수(Parameter)
- 메서드에 전달되는 값을 받기 위해 사용되는 변수
- 매개변수는 메서드 시그니처에서 정의되며, 메서드 호출 시에 전달된 값으로 초기화됨

⑤ 반환값(Return value)
- 메서드가 수행한 작업의 결과를 호출자에게 반환하는 데 사용되는 값
- 메서드는 return 키워드를 사용하여 반환값을 지정하며, 반환값의 유형은 메서드 시그니처에 명시됨

⑥ 메서드 본문(Method body)
- 메서드가 실제로 수행하는 코드 블록
- 메서드 본문은 중괄호({})로 감싸진 부분으로, 메서드가 수행할 동작을 구현하는 영역

⑦ 접근 제어(Access control)
- 메서드로의 접근을 제어하기 위한 접근 수준을 지정할 수 있음
- public, private, protected 등의 키워드를 사용하여 메서드의 외부 접근을 제한함

⑧ 메서드는 클래스 내부에서 호출되며, 해당 클래스의 멤버 변수와 다른 메서드를 참조할 수 있음
⑨ 메서드는 인자를 전달받고 반환값을 반환하여 호출자와 상호작용함
⑩ 메서드의 이름은 해당 기능을 명확하게 표현하고, 메서드의 본문은 원하는 동작을 구현하는 데 쓰임

3. 접근 제어자

(1) 접근 제어자 개요

① 접근 제어자(Access Modifier)는 클래스, 변수, 메서드 등의 멤버에 대한 접근 권한을 제어하는 키워드로서, 외부로부터의 멤버에 대한 접근 범위를 지정함
② Java 제공 접근 제어자 4가지: public, private, protected, default(package-private)
③ 접근 제어는 속성과 오퍼레이션에 동일하게 적용됨

(2) 접근 제어자 특징

접근 범위 지정	• 접근 제어자를 사용하여 멤버의 외부로부터의 접근 범위를 명시적으로 지정할 수 있음 • 클래스 내부의 데이터와 동작을 캡슐화하고 외부에 노출되는 멤버를 제어할 수 있게 지원함
정보 은닉 (Encapsulation)	• 접근 제어자를 통해 클래스의 내부 데이터를 숨기고 외부로부터의 접근을 제한함으로써 정보를 은닉함 • 클래스의 내부 구현 세부사항은 외부에 노출되지 않으며, 외부에서는 공개된 인터페이스를 통해서만 클래스와 상호작용할 수 있음
보안과 안정성	• 적절한 접근 제어자를 사용하여 멤버의 접근을 제한함으로써 보안과 안정성을 강화할 수 있음 • 중요한 데이터와 기능을 외부로부터 보호함으로써 불필요한 데이터 수정이나 부적절한 사용을 방지함
유연성과 유지 보수성	• 접근 제어자를 적절하게 사용하면 코드의 유연성과 유지 보수성을 향상시킬 수 있음 • 클래스의 내부 구현 세부사항을 숨기고 외부와의 인터페이스를 명확하게 정의함으로써 코드 변경이 다른 부분에 영향을 미치지 않도록 할 수 있음
객체 간 상호작용 제어	• 접근 제어자를 사용하여 객체 간 상호작용 조절이 가능함 • 다른 클래스의 멤버에 접근할 수 있는 권한을 부여하거나 제한함으로써 객체 간의 상호작용을 안정적으로 제어할 수 있음

(3) 제어자 유형별 접근 허용 범위

접근 제어자		Public	Protected	Private	Default (package)
표현법		+	#	−	~
클래스 내부		○	○	○	○
동일 패키지	하위클래스 (상속관계)	○	○	X	○
	상속받지 않는 클래스	○	○	X	○
다른 패키지	하위클래스 (상속관계)	○	○	X	X
	상속받지 않는 클래스	○	X	X	X

4. 캡슐화(Encapsulation)

(1) 캡슐화 개념

1) 캡슐화

① 데이터와 해당 데이터를 다루는 동작(함수)을 하나의 단위로 묶는 것을 의미
② 캡슐화는 정보 은닉(Information hiding)을 통해 객체의 내부 상태를 보호하고 외부로부터의 접근을 제어함

2) 데이터와 동작의 캡슐화

① 관련된 데이터와 그 데이터를 다루는 동작을 하나의 단위로 묶어 캡슐화함
② 객체의 내부 구현을 외부로부터 감추고, 객체와 상호작용하는 인터페이스를 제공함으로써 객체의 동작을 추상화함

3) 정보 은닉

① 객체 내부의 상태 데이터는 외부에 직접 노출되지 않고, 캡슐화된 메서드를 통해서만 접근을 허락함
② 외부에서 객체의 상태를 임의로 변경할 수 없도록 하여 객체의 일관성과 무결성을 보호함

4) 인터페이스 제공

① 객체의 외부와의 상호작용은 캡슐화된 메서드를 통해서만 이루어짐
② 외부에서는 객체의 내부 구현 세부사항에 대해 알 필요 없이, 단순히 제공된 인터페이스를 사용하여 객체와 상호작용함

5) 코드 유지 보수성
    ① 캡슐화는 객체의 내부 구현을 변경하더라도 외부 코드에 영향을 최소화함
    ② 객체의 내부 구현 변경은 캡슐화된 메서드와 인터페이스에 영향을 미치지 않고 이루어질 수 있음
    ③ 코드 재사용성과 유지 보수 편의성을 향상시키고, 변경에 따른 부작용을 최소화함

(2) 캡슐화와 정보은닉(Information hiding)
    ① 캡슐화(Encapsulation)와 정보 은닉(Information hiding)은 특히 밀접한 관련이 있는 개념으로, 정보 은닉은 캡슐화를 통해 구현되며 두 개념은 객체 지향 프로그래밍에서 데이터와 동작을 캡슐화하는 목적을 공유함
    ② 정보 은닉은 객체의 내부 상태를 외부에 감추고, 외부로부터의 직접적인 접근을 제한함으로써 객체의 무결성과 안정성을 보호함: 이를 위해 객체 내부의 상태 데이터는 캡슐화된 메서드를 통해서만 접근 가능하도록 제어됨
    ③ 캡슐화는 객체의 내부 데이터와 동작을 하나의 단위로 묶는 개념이며, 이를 통해 정보 은닉이 실현됨
        • 객체의 내부 상태를 외부로부터 숨기고 캡슐화된 메서드를 별도 제공 인터페이스를 통해서만 접근하도록 함으로써 객체의 무결성을 보호함
        • 객체의 내부 구현 변경에 따른 외부 코드의 영향을 최소화하며, 유지 보수성과 재사용성을 높임
    ④ 캡슐화된 객체의 인터페이스는 일반적으로 공개된(public) 메서드로 구성되는데 이 메서드들은 객체 외부에서 호출되어 객체의 특정 동작을 수행하고, 필요한 데이터에 접근할 수 있는 방법을 제공함

5. 상속(Inheritance)

(1) 상속의 개념
    ① 기존의 클래스를 확장하고 재사용하여 새로운 클래스를 생성하는 메커니즘을 제공함
    ② 상속을 통해 부모 클래스의 특성과 동작을 자식 클래스가 물려받아 사용할 수 있으며 코드의 재사용성, 확장성, 유지 보수성을 향상시킴
    ③ 자식 클래스는 부모 클래스의 멤버 변수와 메서드를 상속받아 부모 클래스와 동일한 특성과 동작을 가지는, 부모 클래스가 확장(extends)된 한 유형이라 할 수 있음
    ④ 자식 클래스는 부모 클래스의 멤버를 재정의하거나 추가적인 멤버를 가질 수 있음

(2) 상속의 특징

코드 재사용성	• 상속을 통해 부모 클래스의 기능과 동작을 자식 클래스에서 재사용할 수 있음 • 이미 구현된 부모 클래스의 코드를 다시 작성할 필요 없이, 상속을 통해 새로운 클래스를 정의할 수 있음
확장성	• 자식 클래스는 부모 클래스의 특성과 동작을 확장할 수 있음 • 새로운 동작을 추가하거나 기존 동작을 재정의하여 부모 클래스의 기능을 확장시킬 수 있음

유지 보수성	• 부모 클래스의 수정이 필요할 때, 해당 클래스만 수정하면 상속 받은 모든 자식 클래스들도 수정 효과를 얻음 • 코드의 유지 보수성을 향상시키고 중복 코드를 줄여줌
다형성 (Polymorphism)	• 상속을 통해 자식 클래스는 부모 클래스의 타입으로 취급될 수 있음 • 여러 객체들을 동일한 타입으로 다룰 수 있고, 다형성을 통해 유연하고 확장 가능한 코드를 작성할 수 있음
다중 상속 (Multiple inheritance)	• 하나의 클래스가 두 개 이상의 부모 클래스로부터 특성과 동작을 상속받는 개념 • 여러 클래스 간의 관계를 표현하고 코드 재사용성을 극대화할 수 있는 장점으로 이어짐 • 클래스 간 상속 계층이 복잡해지면 코드에 대한 이해와 유지보수가 어려워질 수 있음 • 현대적인 객체 지향 프로그래밍 언어에서는 다중 상속을 지원하지 않거나 제한적으로 지원하는 경향이 있음

> **TIP** Diamond problem
> • 서로 다른 부모 클래스에서 상속된 동일한 메서드나 속성을 가지고 있을 때, 하위 클래스가 어떤 부모 클래스의 멤버를 호출해야 하는지 애매한 상황에 처할 수 있음
> • 다중 상속을 허용하는 c++의 경우 다이아몬드 문제 해결을 위해 가상 상속(Virtual inheritance) 개념을 제공함
> • 클래스 간 다중 상속을 허용하지 않는 Java의 경우 인터페이스를 통해 다중 상속과 유사한 기능을 제공함

(3) 객체 재사용성(Reusability)

① 클래스 간의 상속관계를 '클래스 계층구조(Class hierarchy)'라 함
② 계층구조에서 위에 있는 클래스(물려주는 클래스)를 상위 클래스(Super class) 또는 부모 클래스(Parent class)라 함
③ 계층구조에서 밑에 있는 클래스(상속 받는 클래스)를 하위 클래스(Sub class) 또는 자식 클래스(Child class)라 함
④ 코드 재사용
   • 이미 작성된 객체를 다른 프로그램에서 재사용할 수 있음
   • 객체는 독립적으로 구현되어 있으며, 필요한 기능을 제공하는 모듈처럼 사용됨
⑤ 모듈화
   • 객체는 모듈화된 단위로 사용될 수 있음
   • 객체는 특정 기능을 수행하며, 외부에 필요한 인터페이스를 제공함
⑥ 상속과 다형성
   • 객체 지향 프로그래밍의 상속과 다형성 개념은 객체의 재사용성을 강화시킴
   • 상속을 통해 이미 작성된 클래스를 확장하고 재사용할 수 있으며, 다형성을 통해 객체를 일관된 인터페이스로 다룰 수 있음
⑦ 라이브러리와 프레임워크
   • 다양한 라이브러리와 프레임워크는 재사용 가능한 객체를 제공함
   • 개발 과정을 단축하고 코드의 품질을 향상시킬 수 있음

6. 오버라이딩(Overriding)

(1) 다형성(Polymorphism)

① 한 가지 타입 또는 인터페이스를 여러 가지 방식으로 동작하게 함을 의미함
② 즉 동일한 메서드 이름을 가진 다른 클래스의 객체들이 각자의 고유한 방식(특성)으로 동작할 수 있는 능력을 제공함
③ 다형성은 상속과 인터페이스 개념과 밀접한 관련이 있으며, 부모 클래스나 인터페이스의 타입으로 선언된 객체는 자식 클래스의 객체로 대체될 수 있음
④ 메서드 오버라이딩
  • 다형성은 메서드 오버라이딩(Overriding)을 통해 구현됨
  • 부모 클래스에서 정의된 메서드를 자식 클래스에서 재정의하여 동작을 변경하거나 확장할 수 있음
⑤ 동적 바인딩
  • 다형성은 동적 바인딩(Dynamic binding)을 통해 실현됨
  • 프로그램 실행 중에 객체의 실제 타입에 따라 해당 메서드가 실행됨
⑥ 객체 간의 교환성
  • 다형성은 객체 간의 상호 교환성을 제공함
  • 부모 클래스나 인터페이스의 타입으로 선언된 객체는 그 하위 클래스의 객체로 대체될 수 있으며, 이를 통해 유연한 객체 지향 설계가 가능함

(2) 오버로딩과 오버라이딩

① 오버로딩(Overloading), 오버라이딩(Overriding)은 객체 지향 프로그래밍에서 다형성을 구현하는 두 가지 중요한 개념임
② 오버로딩: 같은 이름의 메서드를 매개변수의 타입, 개수, 순서 등을 다르게 하여 여러 개의 메서드로 정의하는 것
③ 오버라이딩: 부모 클래스의 메서드를 자식 클래스에서 동일한 이름과 시그니처로 재정의하는 것을 의미함
④ 오버로딩과 오버라이딩 비교

구분	오버로딩(Overloading)	오버라이딩(Overriding)
특징	• 메서드 이름은 동일하나, 매개변수의 타입, 개수, 순서 등을 달리하여 여러 기능을 정의할 수 있음 • 상속과 무관 • 하나의 클래스 안에 선언되는 여러 메서드 사이의 관계 정의	• 부모 클래스의 메서드를 자식 클래스에서 동일한 이름과 시그니처로 재정의하여 동작을 변경하거나 확장함 • 상속과 관련 있음 • 두 클래스 내에 선언된 메서드의 관계 정의
메서드	메서드 이름 같음	메서드 이름 같음
매개변수	데이터 타입, 개수 또는 순서를 다르게 정의	매개변수 리스트, 리턴 타입 동일
Modifier	제한 없음	같거나 더 넓을 수 있음

7. 추상클래스와 인터페이스

(1) 추상클래스(Abstract class)

① 다른 구체 클래스(Concrete class)에 필요한 공통된 속성과 동작을 상속해주기 위한 목적으로 만든 추상화된 개념의 클래스
② 직접적으로 객체 인스턴스를 생성할 수 없으며, 다른 클래스들이 이를 상속받아 구체화한 후 인스턴스 생성과 구체적인 동작을 구현할 수 있게 됨
③ 실체화될 수 없는 클래스로 한 개 이상의 추상 메서드를 포함함: 추상 메서드는 메서드의 시그니처만을 정의하고, 구체적인 구현은 하위 클래스에서 수행함
④ 추상 클래스는 "abstract" 키워드를 클래스 선언 앞에 붙여 선언함
  - 추상 클래스는 일반적인 멤버 변수, 멤버 메서드, 생성자를 가질 수 있으며, 추상 메서드를 포함할 수 있음
  - 하위 클래스에서는 추상 클래스의 추상 메서드를 모두 구현해야 함

(2) 인터페이스(Interface)

① 객체 지향 프로그래밍에서 클래스 간의 계약(Contract)으로 사용되는 개념
  - 클래스가 구현해야 하는 메서드들의 목록을 정의하며, 클래스들 간의 공통된 동작을 보장하기 위해 사용됨
  - 인터페이스는 다중 상속을 지원하며, 클래스들이 인터페이스를 구현하여 동작을 정의함
② 클래스는 하나 이상의 인터페이스를 구현할 수 있으며, 인터페이스를 구현하는 클래스는 인터페이스에 선언된 모든 메서드를 구현해야 함
③ "interface" 키워드를 사용하여 선언: 일반적으로 대문자로 시작하는 명사를 사용하여 이름을 정하고, 중괄호({})로 감싸서 인터페이스의 내용을 정의함
④ 인터페이스 내부에는 메서드 선언만을 포함함: 메서드 선언은 반환 타입, 메서드 이름, 매개변수 등으로 구성됨
⑤ 인터페이스의 메서드는 기본적으로 "public" 접근 제어자를, 암묵적으로 "abstract" 키워드를 가지므로, 별도로 명시하지 않아도 됨
⑥ 클래스의 인터페이스 구현은 "implements" 키워드 명시를 통해 이루어짐
  - 클래스는 인터페이스의 모든 메서드를 구현해야 하며, 구현하지 않은 메서드가 있다면 컴파일 오류가 발생함
  - 클래스는 여러 개의 인터페이스를 동시에 구현할 수 있으며, 구현하는 인터페이스는 쉼표로 구분하여 나열함

> **TIP** 객체 지향 프로그래밍 주요 개념
> 클래스, 객체, 변수, 메서드, 접근 제어자, 캡슐화, 상속, 다형성, 오버라이딩, 추상화, 인터페이스

03 이벤트 처리

1. UI 컴포넌트(패키지)

(1) 사용자 인터페이스(UI; User Interface)

1) 개념
   ① 사용자와 컴퓨터 또는 기기 사이의 상호작용을 위한 시스템
   ② 사용자 인터페이스는 사용자가 시스템을 조작하고, 시스템이 사용자에게 정보를 제공하는 매개체 역할을 함

2) 중요성
   ① 사용자 인터페이스는 사용자 경험(UX)에 직접적인 영향을 미침
   ② 직관적이고 효율적인 UI를 구현함으로써 사용자의 만족도와 생산성을 향상시킬 수 있음

(2) UI 기능

입력(Input)	• 사용자의 명령이나 데이터를 시스템으로 전달하는 기능 • 키보드, 마우스, 터치 스크린 등이 입력 장치로 사용될 수 있음
출력(Output)	• 시스템이 사용자에게 정보, 결과, 상태 등을 전달하는 기능 • 화면, 스피커, LED 등이 출력 장치로 사용될 수 있음
탐색(Navigation)	사용자가 시스템 내에서 이동하고 작업을 수행하는 데 필요한 메뉴, 버튼, 링크 등의 구성 요소를 제공하는 기능
상태 표시(Status indication)	• 시스템의 상태를 사용자에게 시각적 또는 청각적으로 표시하는 기능 • 예를 들어 배터리 수준, 인터넷 연결 상태 등을 표시할 수 있음
에러 처리(Error handling)	사용자가 잘못된 입력을 하거나 예외상황이 발생했을 때, 적절한 메시지를 표시하고 대응할 수 있는 기능
반응성(Responsiveness)	• 사용자의 명령에 신속하고 적절한 반응을 보여주는 기능 • 이를 통해 사용자는 시스템이 자신의 명령을 이해하고 처리하는 것을 느낄 수 있음

(3) UI 설계 기본 원칙

직관성	• 사용자가 쉽게 이해하고 조작할 수 있어야 함 • 학습이나 추가적인 설명 없이도 인터페이스를 자연스럽게 사용할 수 있는 직관성을 사용자에게 제공해야 함
일관성	• UI 요소들은 일관된 디자인, 배치, 동작을 가져야 함 • 일관성 있는 UI는 사용자가 다른 화면 또는 기능 간에 쉽게 전환하고 이해할 수 있도록 지원함
가시성	• 명확하고 분명하게 정보를 제공해야 함 • 사용자로 하여금 현재 상태, 작업 진행 상황, 가능한 선택지 등을 시각적으로 알 수 있도록 해야 함

구분	내용
효율성	• 사용자의 작업을 효율적으로 수행할 수 있도록 도와야 함 • 사용자가 원하는 작업 수행을 통해 목표를 빠르게 달성할 수 있게 지원해야 함
유연성	• 다양한 사용자 요구와 선호도에 대응할 수 있어야 함 • 사용자가 인터페이스를 개인화하거나 설정을 조정할 수 있는 기능을 제공해야 함
피드백	• 사용자의 입력이나 작업에 대한 적절한 피드백을 제공해야 함 • 사용자는 자신의 행동에 대한 결과를 이해하고 인터페이스가 응답하고 반응하는 것을 느낄 수 있어야 함
오류 처리	• 사용자가 실수를 했을 때 적절한 오류 메시지를 표시하고 대응 방법을 안내해야 함 • 이를 통해 사용자가 오류를 이해하고 복구할 수 있는 지원을 받을 수 있어야 함
접근성	• 다양하고 많은 사용자 계층이 접근할 수 있도록 해야 함 • 장애가 있는 사용자, 고령자, 시각·청각 장애를 가진 사용자 등 모든 사용자가 인터페이스를 사용할 수 있도록 고려해야 함

> **TIP** 공간정보 UI의 최신 설계 추세
> - 벡터타일(Vector Tile): 벡터형 개체 데이터 자체를 타일 단위로 전송, 클라이언트 장비에서 스타일링 및 렌더링, 실시간 심볼 변경 및 필터링 가능, 다국어 레이블 지원
> - WebGL/WebGPU 기반 렌더링: GPU 가속 기반의 2D/3D 그래픽스 API(브라우저 지원), 더 낮은 레벨의 GPU 접근과 향상된 성능 제공 가능한 차세대 표준
> - 3D Tiles 및 포인트 클라우드: 시각화 기술 반영
> - 모바일 및 저사양 환경 대응: LOD(Level of Detail), 클러스터링, 오프라인 캐시 등

(4) UI 인터페이스 종류

구분	유형 설명
CLI (Commad Line Interface)	• 명령줄 인터페이스로, 사용자가 텍스트 기반 명령어를 입력하여 시스템과 상호작용하는 방식 • 사용자는 명령어를 직접 입력하여 원하는 작업을 수행하며, 명령어와 인수의 조합으로 명령을 실행 • 주로 개발자나 기술적인 지식을 가진 사용자들에게 인기가 있으며, 자동화된 작업, 스크립트 실행, 서버 관리 등에 많이 사용됨
GUI (Graphic User Interface)	• 사용자가 그래픽 요소를 사용하여 시스템과 상호작용하는 방식 • 사용자는 마우스, 키보드, 터치 스크린 등을 통해 버튼, 창, 메뉴 등의 시각적인 구성 요소를 조작하여 작업을 수행함 • 직관적이고 시각적으로 풍부한 환경을 제공하며, 사용자가 그래픽 요소를 시각적으로 인식하고 쉽게 작업을 수행할 수 있도록 지원함 • 대부분의 데스크톱 애플리케이션, 모바일 앱, 웹 애플리케이션 등에서 GUI가 사용됨
NUI (Natural User Interface)	• 사용자의 몸짓, 터치, 음성, 시선 등과 같은 자연스러운 입력 방식을 활용하여 상호작용을 구현함 • 기존의 키보드, 마우스와 같은 장치 대신, 자신의 몸이나 동작을 활용하여 시스템과 소통할 수 있음 • 터치 스크린의 제스처 인식, 동작 인식 기술, 가상현실 장비 등이 NUI의 일부로 활용될 수 있음 • 사용자에게 직관적이고 자연스러운 인터페이스 경험을 제공하며, 장애가 있는 사용자들에게도 접근성을 향상시킬 수 있음
VUI (Voice User Interface)	• 음성 인식 기술을 활용하여 사용자와 시스템 간의 상호작용을 가능하게 하는 인터페이스 방식 • 음성 명령이나 질문을 통해 시스템과 대화하고 작업을 수행할 수 있음 • 음성 인식 기술은 사용자의 음성을 텍스트로 변환하여 이해하고, 이에 기반하여 적절한 응답을 제공함 • 스마트 스피커, 음성 비서, 음성 검색 엔진 등 다양한 응용 분야에서 사용됨

(5) UI 디자인의 중요성

1) 사용자 경험 향상
① UI 디자인은 사용자가 제품 또는 서비스와 상호작용하는 방식을 개선하고 사용자 경험을 향상시킴
② 직관적이고 쉽게 이해할 수 있는 인터페이스를 제공함으로써 사용자가 원하는 작업을 빠르고 효율적으로 수행할 수 있게 지원함

2) 사용성 향상
① UI 디자인은 제품 또는 서비스의 사용성 개선에 중요한 역할을 함
② 사용자가 목표를 달성하기 위해 필요한 단계와 기능을 명확하게 구성함으로써 필요한 기능을 쉽게 찾고 이해할 수 있도록 함

3) 브랜드 가치 향상
① 잘 디자인된 UI는 제품 또는 서비스의 브랜드 가치를 높일 수 있음
② 사용자는 시각적으로 매력적이고 전문적인 UI를 통해 신뢰와 전문성을 느낄 수 있으며, 이는 제품 또는 서비스의 평판과 이미지 향상에 기여함

4) 사용자 유지 및 충성도 향상
① 좋은 UI 디자인은 사용자의 유지 및 충성도를 높일 수 있음
② 사용자가 쾌적하고 편리한 경험을 제공받으면 제품이나 서비스를 계속해서 사용하고, 긍정적인 경험을 다른 사람과 공유하게 됨

5) 오류 및 문제 예방
① UI 디자인은 사용자가 오류를 범하거나 문제를 경험하는 것을 예방할 수 있음
② 명확하고 직관적인 UI는 사용자의 실수를 최소화하고, 오류 메시지나 안내를 통해 문제를 해결할 수 있도록 도와줌

2. 레이아웃

(1) 레이아웃 설계

1) 레이아웃의 설계
① 레이아웃 디자인은 사용자 인터페이스의 구성 요소를 적절한 위치와 크기로 배치하여 사용자가 직관적으로 인터페이스를 이해하고 조작할 수 있도록 함
② UI 요소들 사이의 관계, 계층 구조, 시각적인 흐름 등을 고려하여 레이아웃을 설계함

2) 레이아웃 설계 시 고려사항

구성 요소	설명
사용자 경험(UX)	주 사용 계층 User의 경험에 중점을 두고, 편의성을 고려하여 레이아웃을 디자인해야 함
반응형 레이아웃	• 화면의 크기와 해상도에 따라 레이아웃이 동적으로 조정되어야 함 • 다양한 디바이스와 화면 크기에 대응할 수 있는 반응형 레이아웃을 고려해야 함
시각적 조화와 일관성	• 메인 페이지와 서브 페이지 간의 일관성 확보 • 적절한 색상, 폰트, 아이콘 등을 사용하여 일관성 있는 디자인을 유지해야 함
정보 구조와 가독성	• 중요한 내용은 강조하고, 계층적인 구조로 정보를 제공하여 사용자가 쉽게 탐색하고 이해할 수 있도록 해야 함 • 관련된 콘텐츠의 그룹을 명확히 함 • 그리드는 큰 콘텐츠로부터 작은 콘텐츠 순으로 구성함 • 세부적인 그리드는 시선의 이동을 고려하여 자연스럽게 이동할 수 있도록 구성함

3) 웹페이지 구성 시 레이아웃 설계 요소

구성 요소	설명
헤더 (Header)	• 헤더는 웹 페이지 상단에 위치하며, 주로 웹 사이트의 로고, 제목, 검색 기능, 로그인 영역 등을 포함 • 사용자에게 웹 페이지의 식별과 내용을 파악할 수 있는 정보를 제공 • 일반적으로 고정된 위치를 가지며, 다른 페이지로의 이동을 위한 링크를 포함할 수도 있음
내비게이션 (Navigation)	• 웹 사이트의 주요 링크 또는 메뉴를 포함하는 부분 • 일반적으로 상단이나 사이드바에 위치하며, 사용자가 사이트 내에서 원하는 콘텐츠로 쉽게 이동할 수 있도록 안내하는 역할을 담당 • 메뉴, 하위 메뉴, 드롭다운 메뉴 등의 형태로 제공됨
콘텐츠 (Contents)	• 콘텐츠는 웹 페이지의 주요 내용을 담고 있는 부분으로, 사용자에게 제공하고자 하는 정보, 이미지, 동영상 등이 표출됨 • 웹 페이지의 목적과 내용에 따라 다양한 형식과 레이아웃으로 디자인될 수 있음 • 콘텐츠 영역은 일반적으로 헤더와 내비게이션 아래에 위치함
푸터 (Footer)	• 푸터는 웹 페이지의 하단에 위치하며 추가 정보, 저작권 정보, 연락처, 사이트 맵 등을 포함함 • 일반적으로 사이트의 전체적인 정보와 참조를 제공 • 사용자가 웹 페이지를 스크롤할 때 항상 하단에 유지되는 고정된 위치를 가질 수도 있음

4) 레이아웃 설계의 중요성

레이아웃 디자인은 사용자 인터페이스의 가시성, 사용성, 일관성을 향상시키는 데 중요한 역할을 하므로 사용자의 행동 패턴, 요구사항, 콘텐츠의 특성 등을 고려하여 레이아웃을 설계하는 것이 효과적임

(2) UI 설계도구

1) 정의

① 프로그래머가 사용자 요구사항에 맞게 화면 구조나 배치 등 UI를 설계하고 제작하는 과정에서 사용되

는 도구
② 디자이너가 시각적 요소, 레이아웃, 상호작용 등을 조작하고 시각화할 수 있게 하여 효과적인 UI 디자인 구축에 도움을 줌
③ 프로그램 개발 완성 시점의 화면 구성, 수행 방식 등을 미리 검토하여 사용자와 개발자 상호간의 요구사항 충족 수준에 대한 합의점 도출 용도로 유용하게 쓰임

2) 대표 종류

UI 설계도구	설명
와이어프레임 (Wireframe)	• UI 디자인 초기 단계에서 사용되며, 웹 페이지나 애플리케이션의 구조와 레이아웃을 설계하는 데 도움을 줌 • Axure RP, Balsamiq, Sketch 등의 도구는 와이어프레임을 생성하고 인터랙션을 시뮬레이션하는 기능을 제공함 • 간단한 선과 박스를 사용하여 화면의 구조와 콘텐츠의 배치를 나타내어 시각화함
모의구축 (Mockup)	• UI 디자인의 초기 단계에서 사용되며, 실제 디자인 요소의 외관과 배치를 시각적으로 보여주는 도구 • 디자인 요소의 위치, 크기, 색상, 폰트 등을 단순하게 표현하여 디자인 컨셉을 시각화함 • Adobe XD, Sketch, Figma, InVision, Axure RP, Balsamiq 등의 도구를 사용하여 모의 구축을 생성함 • 모의 구축은 프로토타입과는 달리 상호작용이나 동작을 시뮬레이션하지 않고, 단순히 디자인의 외관을 보여줌
스토리보드 (Story board)	• UI 디자인의 시각적인 흐름과 상호작용을 설명하는 데 사용되는 도구 • 여러 장면을 일련의 그림이나 스케치로 표현하여 사용자의 경험과 화면 간의 전환을 보여줌 • 주로 와이어프레임 도구나 그래픽 툴을 사용하여 스토리보드를 작성함 • UI 요소의 배치와 상호작용, 화면 간의 이동 등을 시각적으로 표현하여 디자이너와 개발자 간의 의사소통을 원활하게 함
프로토타입 (Prototype)	• 와이어프레임을 바탕으로 실제 동작과 사용자 경험을 시뮬레이션하는 기능을 제공함 • Adobe XD, Figma, InVision 등의 도구를 통해 상호작용 가능한 프로토타입을 생성하고 공유함 • 사용자의 클릭, 스크롤 등의 동작에 대한 피드백을 제공하며, 디자인 결함을 식별하고 수정할 수 있음
유스케이스 (Use case)	• 사용자가 시스템 또는 애플리케이션을 어떻게 사용할지를 설명하는 도구 • 주로 텍스트로 작성되며, 사용자의 목표와 시스템과의 상호작용을 시나리오로 기술함 • 시스템이 제공해야 할 기능과 사용자의 요구에 대한 이해를 돕고, 사용자 중심의 디자인을 지원함 • UI 디자인에서 유스케이스는 사용자의 요구를 파악하고, 그에 따른 화면 구성과 기능을 정의하는 데 도움을 줌
그래픽 편집 도구	• Adobe Photoshop, Adobe Illustrator, Sketch 등의 그래픽 편집 도구는 UI 디자인 전반에서 주로 사용됨 • 이미지, 아이콘, 로고 등의 그래픽 요소를 디자인하고 편집하는 데 유용함 • 시각적인 디자인 요소를 조작하고, 레이어를 관리하며, 색상, 폰트 등을 설정할 수 있음
색상 선택 도구	• 색상은 UI 디자인에서 중요한 요소로 작용하며 적절한 색상 선택은 사용자 경험과 브랜딩에 영향을 미침 • Adobe Color, Coolors, Color Hunt 등의 도구는 색상 팔레트를 생성하고 관리하는 데 도움을 줌 • 색상 조합, 그라데이션, 대비 등을 고려하여 적절한 색상을 선택함
협업 도구	• 협업 도구는 디자인 팀 간의 협업과 의사소통을 지원하는 데 사용됨 • Figma, InVision, Zeplin 등의 도구는 디자인 파일의 공유, 주석 기능, 버전 관리 등을 제공하여 효율적인 협업을 지원함

3. 이벤트 처리(Event handling)

(1) 이벤트(Event) 정의

① 프로그램 개발 과정에서 발생하는 사건 또는 알림을 의미
② 사용자의 입력, 시스템 상태 변경, 외부기기와의 상호작용 등 다양한 상황에서 발생할 수 있음
③ 프로그램은 이러한 이벤트를 감지하고, 해당 이벤트에 대한 적절한 응답을 처리하는 것이 중요함
④ GUI(Graphic User Interface) 환경에서의 이벤트는 버튼을 클릭하거나 임의 키 동작 시에 프로그램을 실행하게 함으로써 컴퓨터와 사용자 간 상호작용을 일으키는 것을 의미함

(2) 이벤트 처리(Event handling)

① 이벤트 처리의 일반적인 과정

이벤트 처리 단계	단계별 처리 행위
이벤트 정의	• 프로그램에서 처리할 이벤트를 정의 • 이벤트는 특정한 이름 또는 식별자를 가지며, 해당 이벤트가 발생했을 때 수행할 동작을 결정함 예 사용자가 버튼을 클릭하는 이벤트, 키보드 입력 이벤트
이벤트 감지	• 이벤트를 감지하기(Event listener)를 프로그램에 등록 • 이벤트 감지기는 특정 이벤트를 모니터링하고, 이벤트가 발생했을 때 적절한 동작을 실행하기 위한 콜백 함수 또는 이벤트 핸들러를 포함함
이벤트 처리	• 이벤트가 감지되면, 등록된 이벤트 핸들러가 실행됨 • 이벤트 핸들러는 해당 이벤트에 대한 처리 로직을 포함하고 있으며, 프로그램이 적절한 응답을 수행할 수 있도록 함 • 이벤트 처리는 사용자 인터페이스 업데이트, 데이터 처리, 상태 변경 등 다양한 작업을 수행함
이벤트 전파	• 이벤트는 종종 이벤트 전파(Event propagation) 과정을 통해 상위 요소로 전달될 수 있음 • 이벤트 전파는 이벤트가 발생한 요소에서 상위 요소로 이벤트를 전달하면서 부모 요소나 더 상위의 요소에서도 해당 이벤트를 처리할 수 있도록 함

② 이벤트 처리는 다양한 프로그래밍 언어와 프레임워크에서 지원되며, 각 언어 또는 프레임워크마다 다른 방식으로 구현될 수 있음
   예 웹 개발에서는 JavaScript의 'addEventListener' 함수를 사용하여 이벤트 리스너를 등록하고, 이벤트 핸들러 함수를 정의하여 이벤트를 처리함

(3) 이벤트 주도 프로그래밍(Event driven programming) 방식

① 프로그램의 동작을 이벤트에 의해 결정하는 프로그래밍 방법론으로서, 이벤트가 발생할 때 적절한 응답을 수행하는 방식으로 동작함
② 이벤트 주도 프로그래밍에서는 프로그램의 제어 흐름이 이벤트에 의해 결정됨
   • 이벤트는 사용자의 입력, 센서에서의 신호, 외부 시스템과의 상호작용 등 다양한 상황에서 발생함
   • 프로그램은 이러한 이벤트를 감지하고, 해당 이벤트에 대한 적절한 처리를 수행함

③ 이벤트 주도 프로그래밍에서는 이벤트의 발생 순서가 중요함: 다른 이벤트에 의존하는 이벤트는 순서에 따라 발생해야 하며, 필요한 조건을 충족하지 않는 경우 이벤트 처리를 지연시킬 수도 있음
④ 이벤트 주도 프로그래밍은 비동기적인 환경에서 특히 유용하며, 사용자 인터페이스, 네트워크 통신, 센서 데이터 처리 등 다양한 분야에서 적용됨
⑤ 이벤트 주도 프로그래밍을 적절히 활용하면 프로그램의 응답성과 확장성을 향상시킬 수 있음
⑥ 윈도우 환경에서 프로그램을 구현하는 경우, 웹 브라우저에서 처리하는 주요 이벤트로는 윈도우 이벤트, 마우스 이벤트, 클립보드 이벤트, 폼 이벤트 등을 들 수 있음

(4) 이벤트 핸들러(Event handler)

① 이벤트가 발생했을 때 실행되는 함수로서, 해당 이벤트에 대한 처리 로직을 담고 있음
② 이벤트 핸들러는 이벤트가 발생한 후에 실행되어야 할 코드를 정의하고, 프로그램이 이벤트에 적절히 대응할 수 있도록 함
③ 이벤트 핸들러는 일반적으로 이벤트 리스너(Event listener)를 통해 등록됨
  • 이벤트 리스너는 특정 이벤트를 감지하고, 이벤트가 발생했을 때 실행될 콜백 함수를 등록하는 역할을 함
  • 이벤트 리스너는 이벤트와 연결된 요소나 객체에 등록되어 이벤트를 모니터링하고, 이벤트가 발생하면 등록된 이벤트 핸들러를 호출함
④ 이벤트 핸들러의 수행 역할

수행 역할	역할 설명
이벤트 처리	이벤트 핸들러는 이벤트가 발생했을 때 실행되어야 할 처리 로직을 포함함 예 버튼 클릭 이벤트 핸들러는 버튼이 클릭되었을 때 실행되는 코드를 정의함
프로그램 제어	• 이벤트 핸들러는 프로그램의 흐름을 제어하는 역할을 함 • 이벤트가 발생하면 핸들러가 실행되며, 프로그램은 해당 이벤트에 적절히 대응하여 원하는 동작을 수행함
상태 업데이트	이벤트 핸들러는 이벤트에 따라 프로그램의 상태를 업데이트할 수 있음 예 사용자가 입력한 데이터를 처리하는 이벤트 핸들러는 입력 값을 저장하거나 처리 결과를 업데이트 할 수 있음
에러 처리	• 이벤트 핸들러는 이벤트 처리 중 발생한 에러를 적절히 처리할 수 있음 • 예외 처리나 오류 핸들링 코드를 이벤트 핸들러에 포함하여 프로그램의 안정성을 향상시킬 수 있음

(5) 트리거 이벤트(Trigger event)

① 특정 조건 또는 상황이 발생했을 때 촉발되는 이벤트를 의미하며 다른 이벤트나 동작을 시작시키는 역할을 함
② 주로 프로그램이나 시스템의 상태 변화, 사용자의 입력, 외부 시스템과의 상호작용 등 다양한 상황에서 발생할 수 있음

③ 특정 조건이 충족되면 트리거 이벤트가 발생하고, 이를 감지하는 이벤트 리스너나 핸들러가 해당 이벤트에 대한 처리를 수행함
　　예 버튼 클릭(사용자가 버튼을 클릭할 경우), 타이머 만료(설정한 시간이 경과할 경우), 데이터 변경(데이터의 값이 변경될 경우) 이벤트가 촉발되었을 때 이를 감지하는 이벤트 핸들러가 사전에 정의된 작업을 수행함

(6) 이벤트 객체(Event object)

① 이벤트가 발생했을 때 생성되는 객체로서 이벤트에 대한 정보와 관련된 속성과 메서드를 제공함
② 이벤트 객체는 이벤트 핸들러 함수에 전달되어 해당 이벤트에 대한 추가적인 처리를 수행하는 데 사용됨
③ 이벤트 객체는 이벤트가 발생한 요소 또는 컴포넌트와 관련된 정보를 제공하며, 이벤트의 세부 내용에 따라 다양한 속성을 가질 수 있음
④ 이벤트 객체의 일반적인 속성

이벤트 객체	객체 설명
type	이벤트의 유형을 나타내는 문자열 예 "click", "keydown", "submit" 등
target	• 이벤트가 발생한 요소나 객체를 가리키는 참조값 • 이 속성을 사용하여 이벤트가 발생한 대상 요소를 식별하고, 해당 요소에 대한 조작이나 처리를 수행함
currentTarget	• 이벤트 핸들러가 현재 실행 중인 요소나 객체를 가리키는 참조값 • 이벤트 버블링이나 캡처링과 관련하여 현재 처리 중인 요소를 식별하는 데 사용됨
eventPhase	• 이벤트 처리 단계를 표시하는 숫자값 • 주로 캡처링 단계(CAPTURING_PHASE), 대상 요소 단계(AT_TARGET), 버블링 단계(BUBBLING_PHASE)를 구분하기 위해 사용됨
기타	기타 이벤트 유형에 따라 추가적인 속성이 존재할 수 있음 예 마우스 이벤트에서는 clientX, clientY와 같은 속성을 통해 마우스 좌표를 구함

⑤ 이벤트 객체는 이벤트 핸들러 함수의 첫 번째 매개변수로 전달되며, 핸들러 함수 내에서 해당 객체의 속성을 참조하여 이벤트에 대한 추가적인 처리를 수행할 수 있음
　　예 이벤트의 유형에 따라 다른 동작을 수행하거나, 이벤트가 발생한 요소의 속성을 변경하는 등의 작업 수행이 가능함

> **TIP 이벤트 처리 성능 최적화**
> - 이벤트 위임(Event Delegation): 상위 요소에서 하위 요소 이벤트 처리
> - Throttle/Debounce
>   - Throttle: 지정 주기마다 이벤트 실행(마우스 이동 시 성능 확보)
>   - Debounce: 이벤트 연속 발생이 멈춘 뒤 실행(윈도우 리사이즈 시)
> - 지도UI 예: 줌/패닝 시 실시간 렌더링 대신 일정 간격 업데이트

4. 프로그램 오류 및 예외 처리

(1) 예외 처리

① 예외(Exception): 프로그램 실행 중 발생하는 예기치 않은 상황 또는 정상적인 실행을 방해하는 조건이나 상태의 발생
② 예외 처리(Exception handling): 예외 발생에 대비하여 프로그래머가 적절한 처리를 통해 상황을 처리하거나 정상적인 상태로 돌아갈 수 있는 복구 루틴을 수행하는 것
③ 일반적으로 예외 처리는 예외 발생 → 예외 처리기 설정 → 예외 처리 과정으로 이루어지며, 대부분의 프로그래밍 언어에서는 예외 처리를 위한 문법과 메커니즘을 제공함
④ 마우스 클릭, 키 입력, 네트워크 오류, 파일 처리 오류와 같은 비동기적 에러들에 대해서는 예외 처리 문법이나 메커니즘을 통해 처리할 수 없음
⑤ 콜백 함수(Callback)나 Promise 객체, async/await 문법을 통해 처리하거나 인터럽트 작업(Interrupt task)을 통해 비동기 상황을 종료시킴
⑥ 예외가 발생했을 때의 일반적인 처리 루틴은 프로그램을 종료시키거나 로그를 남기는 것
⑦ 필요시 상위 호출자(Caller)에게 예외를 전파하여 재처리를 요청함
  - 열린 파일 닫기, 데이터베이스 연결, 네트워크 연결 등 할당된 자원을 해제함
  - 무정지 시스템(예 서버, 데몬 등)의 경우, 예외 발생에 따른 중지에 대비하여 적절한 회복 프로그램을 실행시켜 시스템을 정상화함

(2) Java 예외 처리 방법

① Java는 예외를 객체로 취급하며, 예외와 관련된 클래스를 Java Lang 패키지를 통해 제공
② Java에서는 try-catch 블록문을 이용하여 예외 처리함
  - 예외가 발생할 수 있는 코드를 try 블록에 포함시키고, 예외를 처리하는 코드를 catch 블록에 작성함
  - 기본 형식

```
try {
    // 예외가 발생할 수 있는 코드
} catch (예외 클래스명 예외 객체명) {
    // 예외를 처리하는 코드
}
```

③ try 블록 내의 코드가 실행되던 중 예외가 발생하면 해당 예외 클래스와 일치하는 catch 블록으로 제어가 이동하여 예외 처리 코드를 실행함
④ catch 블록에서 선언한 변수는 해당 catch 블록에서만 유효함
⑤ try-catch 블록 문 안에 또 다른 try-catch 문을 포함시킬 수 있으며, try-catch 블록 문 안에서는 실행 코드가 한 줄이라도 중괄호({ })를 생략하면 안 됨

⑥ 예외 객체 및 발생 원인

예외 객체	발생 원인
ClassNotFound	클래스를 찾을 수 없는 경우
InterruptedIO	입출력 처리가 중단된 경우
NoSearchMethod	메서드를 찾지 못한 경우
FileNotFound	파일을 찾지 못한 경우
Arithmetic	0으로 나누는 등 산술연산에 대한 예외가 발생한 경우
IllegalArgument	잘못된 인자를 전달한 경우
NumberFormat	숫자 형식으로 변환할 수 없는 문자열을 숫자로 변환한 경우
ArrayIndexOutOfBounds	배열의 범위를 벗어난 접근을 시도한 경우
NegativeArraySize	0보다 작은 값으로 배열의 크기를 지정한 경우
NullPointer	null 값을 가지고 있는 객체나 변수를 호출한 경우

(3) C/C++ 예외 처리 방법

① C/C++에서는 예외 처리를 위한 try-catch 블록과 같은 내장된 메커니즘을 제공하고 있지 않으므로, 예외 처리가 필요할 때는 오류 코드, 조건문 등을 사용하여 수동으로 처리해야 함
② 예외 처리를 위한 몇 가지 일반적인 패턴
  • 반환 값을 사용하거나 예외상황에 대한 조건문을 사용함
  • 외부 라이브러리를 활용하여 예외를 처리하는 기능을 추가할 수도 있음

반환 값을 사용	• 함수가 예외적인 상황에서 특정 값을 반환하도록 설계함 • 호출하는 쪽에서 반환 값을 확인하여 예외 상황을 처리함 • 주로 오류 코드를 반환하는 방식으로 처리
예외상황 조건문 사용	• 예외상황이 발생할 때 조건문을 사용하여 처리함 • 주로 if 문을 이용하여 조건을 확인하고 처리하는 방식
프로그램 중단	• 예외상황이 발생하면 프로그램을 중단시키는 방법도 있음 • 주로 assert 문을 사용하여 예외상황을 감지하고 프로그램을 중단시킴
예외를 위한 사용자 정의 구조체	• 예외 정보를 저장하기 위해 사용자 정의 구조체를 정의할 수 있음 • 이 구조체에 예외 유형, 오류 메시지 등의 필드를 포함시켜 처리함
setjmp()와 longjmp() 함수	• C에서는 setjmp()와 longjmp() 함수를 사용하여 예외 처리를 구현할 수 있음 • setjmp()는 현재 실행 상태를 저장하고, longjmp()는 저장된 상태로 프로그램의 실행을 돌려주는 기능을 수행함
예외 전파	• 함수 내에서 예외가 발생하면 해당 예외를 호출자에게 전파할 수 있음 • 호출자는 이 예외를 처리하거나 더 상위 호출자에게 전파함 • 이 패턴은 함수 호출 스택을 따라 예외를 전파하는 방식

(4) 주요 프로그래밍 언어별 예외 처리 현대적 권장 방식

언어	레거시 방식	현대적 권장 방식	장점
C	setjmp/longjmp, 에러 코드 반환	명시적 에러 코드 + 안전한 메모리 관리 라이브러리	단순·호환성
C++	new/delete, try-catch	RAII + 스마트 포인터 + 표준 컨테이너	누수 방지, 유지보수 용이
Java	try-catch-finally	try-with-resources	자원 해제 자동화
Python	try-finally	with문(Context Manager)	코드 간결, 안전성

> **TIP** UI/UX의 의미와 중요성
>
> UI의 기본 원칙(직관성, 일관성, 가시성, 효율성, 유연성, 피드백, 오류처리, 접근성)을 준수하는 사용자 인터페이스는 사용자 경험(UX)에 직접적인 영향을 미치므로 만족도와 생산성 향상에 중요한 의미를 가진다.

CHAPTER 01 | 공간정보 UI 프로그래밍

01 ★☆☆
C언어의 실수 자료형으로 옳지 <u>않은</u> 것은?

① long double
② float
③ boolean
④ double

해설
C언어의 실수 자료형에는 float, double, long double 3가지가 있다. boolean은 Java의 논리 자료형이다.

정답 ③

02 ★★☆
다음 〈보기〉의 Java 프로그램의 결과로 옳은 것은?

| 보기 |
```
int i = 5;
if(i = 5) System.out.println("result is true");
```

① 화면에 5가 출력될 것이다.
② 화면에 "result is true"가 출력될 것이다.
③ 컴파일은 잘 되고 실행 오류가 발생할 것이다.
④ 컴파일이 되지 않을 것이다.

해설
대입 연산자 '='는 왼쪽의 피연산자에 오른쪽의 피연산자를 대입하게 되므로 컴파일되지 않을 것이다.

정답 ④

03 ★★☆
프로그램 언어의 문장구조 중 성격이 <u>다른</u> 하나는?

① if(조건문) 실행문;
② do(실행문) while(조건문)
③ while(조건문) 실행문;
④ for(변수;조건;증감연산) 실행문;

해설
②·③·④번은 프로그램을 원하는 횟수나 조건 만족 시점까지 반복적으로 수행하는 반복 명령문이다. if(조건문)는 Java 선택구조를 위한 조건문이다.

정답 ①

04 ★★★
다음 〈보기〉의 코드를 실행시킬 경우 x, y, z변수가 갖게 되는 값은?

| 보기 |
```
int x = 2;
int y = 0;
int z = 0;
y = x++;
z = --x;

System.out.println(x + "," + y "," + z);
```

① 1, 1, 0
② 1, 2, 1
③ 2, 1, 0
④ 2, 2, 2

해설
- y = x++;의 경우 후치 증가연산식이므로 x의 값 2를 y에 저장한 후 x의 값을 1증가시킨다(x=3, y=2, z=0).
- z = --x;의 경우 전치 감소연산식이므로 x의 값을 1 감소시킨 후 감소된 값 2를 z에 저장한다(x=2, y=2, z=2).

정답 ④

05 ★★☆

다음 중 Java 연산처리에서 우선순위가 가장 낮은 연산자는?

① --
② %
③ *=
④ >>

해설
대입 연산자(=, *=, /=, %=, +=, -=)는 우선순위가 가장 낮다.

정답 ③

06 ★★☆

Java의 동적 메모리에 대한 설명으로 옳지 않은 것은?

① 프로그램이 실행될 때 런타임에 필요한 만큼의 메모리를 할당하고, 사용이 끝나면 메모리를 해제하여 다른 용도로 재사용할 수 있도록 한다.
② 동적 메모리 할당은 주로 힙(Heap) 영역에서 이루어진다.
③ 동적 메모리 할당은 "new" 연산자를 사용하여 메모리를 할당하고, "delete" 연산자를 사용하여 할당된 메모리를 해제한다.
④ 다중 스레드 환경에서는 동적 메모리를 할당할 수 없다.

해설
다중 스레드 환경에서도 동적 메모리 할당이 가능하다. 주의해야 할 점은 메모리 누수가 없도록 동기화를 고려하여 메모리를 할당해야 한다는 것이다.

정답 ④

07 ★☆☆

Java에서 Heap에 남아 있으나 변수가 가지고 있던 참조값을 잃거나, 변수 자체가 없어짐으로서 더 이상 사용되지 않는 객체를 제거해주는 모듈은?

① Memory collector
② Heap collector
③ Garbage collector
④ Variable collector

해설
실제 사용되지 않으면서 가용 공간 리스트에 반환되지 않는 메모리 공간(Garbage)을 강제로 해제하여 사용할 수 있는 메모리로 만드는 관리 모듈을 Garbage collector라고 한다.

정답 ③

08 ★★★

다음 중 스택(Stack)의 응용 분야로 거리가 먼 것은?

① 수식계산 및 수식 표기법
② 운영체계의 작업 스케줄링
③ 서브루틴 호출
④ 인터럽트 처리

해설
운영체계의 작업 스케줄링에는 큐(Queue)가 사용된다.

정답 ②

09 ★☆☆
CBD 방법론에 대한 설명으로 옳지 않은 것은?

① 새로운 기능 추가가 간단하여 확장성이 보장된다.
② 컴포넌트의 재사용성으로 개발 시간과 노력을 절감할 수 있다.
③ 복잡한 문제를 분할하여 코드 생성을 쉽게 지원한다.
④ 유지보수 비용을 최소화하는 데 유리하다.

해설
③번은 구조적 방법론에 관한 설명이다.

정답 ③

10 ★☆☆
CBD 방법론의 개발 절차(단계)로 옳은 것은?

① 준비 – 전개 – 분석 – 설계 – 테스트 – 구현 – 인도
② 준비 – 인도 – 전개 – 분석 – 설계 – 구현 – 테스트
③ 준비 – 전개 – 분석 – 설계 – 구현 – 테스트 – 인도
④ 준비 – 분석 – 설계 – 구현 – 테스트 – 전개 – 인도

정답 ④

11 ★☆☆
객체지향 기법에서 같은 클래스에 속한 각각의 객체를 의미하는 것은?

① Message
② Instance
③ Method
④ Module

해설
객체는 클래스의 인스턴스로 생성된다. 클래스는 객체의 설계도이며, 객체는 클래스의 구체적인 실체(instance)이다.

정답 ②

12 ★★☆
〈보기〉에서 설명하는 변수 유형에 해당하는 것은?

보기
- 메서드에 인자로 전달되는 값을 받기 위한 변수이다.
- 메서드 내에서는 지역변수처럼 사용된다.

① 매개 변수
② 멤버 변수
③ 클래스 변수
④ 인스턴스 변수

정답 ①

13 ★☆☆
사용자 인터페이스(User interface)에 관한 설명으로 옳지 않은 것은?

① 사용자 인터페이스는 사용자가 시스템을 조작하고, 시스템이 사용자에게 정보를 제공하는 매개체 역할을 한다.
② 일반적으로 입력, 출력, 탐색, 상태표시, 에러처리 등의 UI기능을 갖는다.
③ UI 설계 시 직관성, 일관성, 가시성, 효율성 등을 고려해야 한다.
④ 사용자 인터페이스는 사용자 경험(UX)과 독립적이어서 직접적인 영향을 미치지 않는다.

해설
사용자 인터페이스는 사용자 경험(UX)과 연관되며 직접적인 영향을 미치는 중요한 요소이다.

정답 ④

14 ★☆☆

다음 〈보기〉 설명은 사용자 인터페이스(UI)의 기본 원칙 중 어느 것에 해당하는가?

| 보기 |

다양한 사용자 요구와 선호도에 대응할 수 있어야 한다. 사용자가 인터페이스를 개인화하거나 설정을 조정할 수 있는 기능을 제공해야 한다.

① 직관성
② 유연성
③ 가시성
④ 일관성

해설

UI의 기본 원칙
〈보기〉는 유연성에 대한 설명이다. 다른 원칙으로는 추가적인 설명 없이도 자연스럽게 사용할 수 있는 UI를 제공해야 한다(직관성), 명확하고 분명하게 현재의 상태에 대한 정보를 제공해야 한다(가시성), 인터페이스 요소들의 배치, 디자인, 동작 등이 일관되어야 한다(일관성)는 원칙이 있다.

정답 ②

15 ★★☆

UI 인터페이스 종류 중 하나인 GUI(Graphic User Interface)에 대한 설명으로 옳지 않은 것은?

① 사용자가 그래픽 요소를 사용하여 시스템과 상호작용하는 방식
② 마우스, 키보드, 터치스크린 등을 통해 버튼, 창, 메뉴 등의 시각적인 구성요소를 조작하여 작업을 수행
③ 사용자의 음성이나 시선 등을 인식하여 컴퓨터와 상호작용할 수 있도록 함
④ 직관적이고 시각적인 그래픽 요소를 통해 사용자가 인식하기 쉽도록 지원함

해설

③번은 NUI(Natural User Interface)에 대한 설명이다.

정답 ③

CHAPTER 02 | 공간정보 DB 프로그래밍

대표유형

공간정보 처리에 적합한 DBMS에 대한 설명으로 맞지 않는 것은?

① 공간 데이터를 저장, 조회, 분석, 시각화하는 기능을 제공한다.
② 다차원의 복합 지오메트리 유형은 지원하지 않는다.
③ PostGIS, MySQL Spatial 등이 이에 해당한다.
④ 공간적인 조회와 검색 성능 향상을 위한 공간 인덱스를 사용한다.

해설
다차원의 복합 지오메트리 유형도 지원한다.

정답 ②

01 공간 데이터베이스 환경 구축

1. DBMS 특징 및 구성

(1) 데이터 저장소 개념

① 소프트웨어 개발 과정에서 다루어야 할 데이터들을 논리적 구조로 조직화하거나 물리적인 공간에 저장하는 것을 의미함
② 데이터 저장소는 논리 데이터 저장소와 물리 데이터 저장소로 구분됨
③ 데이터는 일반적으로 테이블, 레코드, 필드 등의 형태로 구성되며, 데이터베이스 관리시스템(DBMS)은 이러한 데이터를 적절하게 저장 관리함

논리적 데이터 저장	• DBMS에서 데이터를 사용자나 애플리케이션의 관점에서 표현하는 방식 • 데이터의 구조, 관계, 제약조건 등을 정의함 • 데이터베이스 스키마로 표현되며 테이블, 관계, 인덱스 등의 개체와 속성들 간의 관계를 정의함
물리적 데이터 저장	논리 데이터 저장소에 저장된 데이터와 구조들을 소프트웨어가 운용될 환경의 물리적 특성을 고려하여 디스크, 메모리 등 하드웨어적인 장치에 저장하고 배치, 인덱싱, 압축 등과 같은 세부적인 작업을 처리함

(2) 데이터베이스

1) 정의
① 체계적으로 구성된 데이터의 집합으로, 효율적인 데이터 관리를 위해 사용됨
② 여러 개체(Entity)와 그들 간의 관계(Relationship)로 구성되며, 사용자의 요구에 따라 데이터를 저장·검색·갱신할 수 있는 기능을 제공함
③ 중복성 감소, 일관성 유지, 안전성 보장 등의 이점이 있음

2) 데이터베이스 분류

구분	특징
관계형 데이터베이스 (RDB)	• 테이블 형태로 데이터를 구성하고, 관계 대수나 SQL(Structured Query Language)을 사용하여 데이터를 처리하는 가장 일반적인 형태의 데이터베이스 • MySQL, Oracle, PostgreSQL 등이 대표적
객체형 데이터베이스 (OODB)	• 객체지향 프로그래밍의 개념을 데이터베이스에 적용한 형태로 객체의 상속, 다형성, 캡슐화 등을 지원함 • 자바, C++ 등의 객체지향 언어와 연동하여 사용될 수 있음
NoSQL 데이터베이스	• 비관계형 데이터베이스로, 대량의 분산 데이터를 처리하고 확장성을 갖는 것을 목표로 함 • 데이터를 테이블 형태 대신 키-값, 문서, 그래프 등의 데이터로 저장함 • MongoDB, Cassandra, Redis 등이 있음
DataWare House	• 기업, 조직에서 다양한 소스로부터 데이터를 수집·통합하여 분석에 활용하는 데이터 저장소 • 의사 결정 지원을 위한 OLAP(온라인 분석 처리)을 지원함

3) 데이터베이스 특징

항목	설명
데이터 중복 최소화	• 중복 데이터를 피하고 데이터의 일관성을 유지함 • 데이터의 효율적 관리와 일관된 정보 제공이 가능해짐
데이터 독립성	• 논리적 독립성과 물리적 독립성을 제공 • 데이터의 구조, 저장 방식이 변경되더라도 응용 프로그램에 영향을 주지 않고 데이터를 조작할 수 있음을 의미함
데이터 보안	데이터의 안전성을 보장하기 위해 접근 제어, 암호화 등의 보안 기능을 제공함
데이터 일관성	• 트랜잭션(Transaction) 개념을 지원하여 데이터의 일관성을 유지함 • 여러 개의 연산이 한 번에 실행되거나 전체가 실행되지 않는 경우에도 일관성을 유지할 수 있음
데이터 무결성	• 정의된 규칙에 따라 데이터의 무결성을 유지함 • 데이터의 유효성과 일관성을 보장하고, 잘못된 데이터의 삽입이나 수정을 방지함

> **TIP** ORM(Object-Relational Mapping)
>
> 객체-관계 매핑(ORM; Object-Relational Mapping)은 객체 지향 프로그래밍 언어와 관계형 데이터베이스 간의 데이터를 변환하는 기술이다. ORM은 데이터베이스 테이블을 객체로 나타내고, 객체 간의 관계를 데이터베이스의 관계로 매핑하여 프로그래머가 객체를 사용하여 데이터베이스에 접근하고 조작할 수 있게 한다. 이를 통해 객체 지향 언어를 사용하여 데이터베이스를 다룰 때 발생하는 복잡성을 줄일 수 있으며, 개발자가 객체에 집중하여 더욱 효율적으로 코드를 작성할 수 있도록 도와준다.
> 예) Java의 Hibernate, Python의 Django 또는 SQLAlchemy, Ruby의 ActiveRecord 등

(3) 데이터베이스 관리 시스템(DBMS)

1) DBMS(Database Management System)

데이터를 저장·관리·처리하며, 이를 위한 다양한 기능과 환경 설정을 제공함

구분	내용
데이터 저장·관리	• 데이터를 저장하고 조회, 수정, 삭제 등의 데이터 관리 작업을 수행하기 위해 데이터 구조를 정의하고, 데이터를 저장하기 위한 데이터베이스를 생성함 • 다양한 인덱싱 방식을 제공하여 데이터 검색 속도를 향상시키며, 데이터 백업 및 복원 등의 데이터 관리 작업도 수행함
데이터 보안	• 데이터베이스에 접근하는 사용자의 권한 관리를 통해 데이터 접근 권한을 제한하고, 암호화 및 로깅 등의 보안 기능을 제공함 • 데이터베이스의 완전성을 유지하기 위해 트랜잭션 처리 기능도 제공함
성능 향상	• 인덱싱, 쿼리 최적화, 버퍼 관리 등의 기능을 제공함 • 다중 프로세싱, 분산 처리 등의 기술을 사용하여 성능을 향상시킴
환경 설정	• 메모리 관리, 쿼리 로깅, 네트워크 설정 등 다양한 설정 기능을 제공함 • DBMS는 다양한 운영체제에서 동작하며, 해당 운영체제에 맞는 설정을 지원함

2) 공간정보 처리에 적합한 DBMS

DBMS	버전	주요 공간정보 처리 기능	비고
PostgreSQL + PostGIS	17 + 3.5	OGC 표준 지원, 3D/4D 공간 연산, 벡터타일(MVT) 출력, Cloud-Optimized GeoTIFF(COG) 처리	오픈소스
MySQL	9.0	GIS 함수 개선, 공간 인덱스 향상(Spatial Index 최적화)	오픈소스
Oracle Spatial	23c	3D 도시모델, LiDAR 지원, 시공간 분석 기능 강화	상용
SQL Server	2024	Geometry/Geography 통합API, JSON 기반 공간데이터 지원	상용

> **TIP** 공간정보 DBMS 유사점
>
> • 공간 데이터를 저장, 조회, 분석, 시각화하는 기능을 제공한다.
> • 점, 선, 면 등 기본 지오메트리 유형과 다차원 복합 지오메트리 유형을 지원한다.
> • 공간적인 조회와 검색 성능을 향상을 위한 공간 인덱스를 사용한다.
> • 다양한 공간 연산(거리/면적 계산, 교차/포함 여부, 버퍼링, 변환 등)을 수행한다.
> • 표준 지리 데이터 형식인 Well-Known Text(WKT)와 Well-Known Binary(WKB)를 지원한다.

(4) 스키마(Schema)

1) 정의

① 데이터베이스의 구조와 구성 요소들을 정의하고 표현하는 방법
② 일반적으로 스키마는 데이터베이스 내에서 테이블, 뷰, 인덱스, 제약 조건 등과 같은 개체(Entity)들의 집합과 그들 간의 관계를 정의함
③ 데이터베이스에 저장되는 데이터의 종류와 형식, 데이터의 구성, 데이터의 일관성을 유지하기 위한 제약 조건을 스키마에서 정의함
④ 데이터베이스 시스템에서 다중 사용자 환경에 사용되며, 각 사용자는 자신의 스키마 내에서 데이터를 조작하고 관리할 수 있음

2) 유형

구분	특징
개념적 스키마 (Conceptual schema)	• 데이터베이스의 전체적인 뷰와 구조를 정의함 • 데이터베이스 내의 모든 데이터, 개체 간의 관계, 속성, 제약 조건 등을 포함 • 비즈니스 요구사항을 반영하고 사용자와 데이터베이스 관리자 간의 의사소통을 원활하게 도와줌 • 데이터베이스 설계의 핵심 요소로서, 데이터베이스의 전체 구조와 데이터베이스 객체들 간의 관계를 명확하게 정의함
논리적 스키마 (Logical schema)	• 데이터베이스에서 사용되는 데이터의 논리적인 구조를 정의함 • 데이터베이스의 테이블, 관계, 속성, 제약 조건 등을 포함함 • 사용자와 데이터베이스 관리자가 데이터의 구조와 의미를 이해하고 데이터베이스 객체들 간의 관계를 정의할 수 있도록 도와줌
물리적 스키마 (Pysical schema)	• 데이터베이스에서 실제로 저장되는 데이터의 물리적인 구조를 정의함 • 데이터베이스 내의 테이블, 인덱스, 레코드의 저장 방식, 데이터 파일의 배치 등과 같은 물리적인 세부사항을 포함함 • 물리적 스키마는 데이터베이스 시스템의 성능, 보안, 백업 및 복원 등과 관련된 중요한 결정 사항과 직결됨

2. DBMS별 환경변수 설정

(1) 개념적 DBMS 아키텍쳐

1) DBMS

① DBMS 서버는 클라이언트(Client), 인스턴스(Instance), 데이터베이스 저장소(Database store)로 구성되며 인스턴스는 다시 메모리와 프로세스 부문으로 나뉨
② 그 밖에 데이터베이스의 기동과 종료를 위한 DBMS 환경 정의 매개변수 파일과 파일 목록(데이터 파일, 로그 파일)을 기록한 제어 파일이 있음

2) 구성

클라이언트 (Client)	• DBMS에 접근하여 데이터베이스와 상호작용하는 역할을 함 • 사용자 또는 응용 프로그램이 클라이언트로 동작하여 데이터베이스에 질의를 하거나 데이터를 조작할 수 있음 • 클라이언트는 사용자 인터페이스(UI)를 통해 데이터베이스에 접속하고 사용자의 요청을 전달하는 역할을 수행함
인스턴스 (Instance)	• DBMS의 실행 환경을 나타냄 • 각각의 인스턴스는 독립적으로 데이터베이스를 실행하고 관리함 • 여러 개의 인스턴스는 동일한 DBMS 시스템에서 병렬로 동작할 수 있으며, 각각의 인스턴스는 고유한 메모리 공간과 프로세스, 스레드 등의 리소스를 할당받아 독립적으로 작동함 • 데이터베이스의 접근 권한, 세션 관리, 쿼리 처리 등을 담당함
데이터베이스 저장소 (Database store)	• 디스크나 파일 시스템 등의 물리적인 매체를 통해 데이터를 저장하고 관리하는 곳 • 데이터베이스의 구조를 포함하며 테이블, 인덱스, 뷰, 프로시저 등의 객체들을 저장하고 있음

(2) 시스템 카탈로그(System catalog)

1) 시스템 카탈로그

① 데이터베이스 시스템 내에서 데이터베이스 자체와 관련된 정보를 저장하는 특별한 데이터베이스
② 데이터베이스의 구조, 객체(테이블, 뷰, 인덱스 등)의 정의, 사용자 권한 등의 정보가 포함됨
③ 정보는 메타데이터의 형태로 저장되며, 데이터베이스의 구조와 동작을 제어하는 데 필요한 정보를 제공함
④ 시스템 카탈로그를 통해 데이터베이스 객체의 생성, 수정, 삭제 등의 작업이 가능해지며, 데이터베이스의 일관성과 무결성을 유지하는 데 도움이 됨

2) 메타데이터(Metadata)

① 데이터에 대한 정보를 나타내는 데이터
② 데이터의 구조, 정의, 특성, 관계 등을 기술하며 데이터베이스 시스템에서 중요한 역할을 수행함
③ 메타데이터는 시스템 카탈로그에 저장되어 있으며 데이터베이스의 객체, 테이블, 열, 인덱스, 제약 조건 등에 대한 정보를 포함함
④ 정보를 활용하여 데이터의 유효성 검사, 쿼리 최적화, 보안 관리 등을 수행할 수 있음

3) 시스템 카탈로그의 특징

기능	설명
메타데이터 저장	• 시스템 카탈로그는 데이터베이스의 메타데이터를 저장함 • 데이터베이스의 구조, 객체 정의, 관계, 제약 조건 등의 정보를 포함함
데이터베이스 객체 관리	테이블, 뷰, 인덱스, 제약 조건 등의 객체는 시스템 카탈로그에 저장되어 있어 이를 통해 객체의 생성, 수정, 삭제 등의 작업이 가능해짐

데이터 일관성 유지	데이터베이스의 객체 정의와 관계, 제약 조건 등은 시스템 카탈로그를 통해 관리되며, 이를 통해 데이터의 일관성과 무결성을 보장함
데이터베이스 보안 관리	사용자 권한과 접근 제어 정보는 시스템 카탈로그에 저장되며, 데이터베이스의 보안 정책과 규칙을 정의하는 데 사용됨

> **TIP 카탈로그 저장 메타데이터 정보**
>
> DB객체 정보(테이블, 인덱스, 뷰 등), 사용자 정보(아이디, 패스워드, 접근권한 등), 테이블 무결성 제약조건 정보(기본키, 외래키, Null값 허용 여부 등), 절차형 SQL 문(함수, 프로시저, 트리거 등)

(3) 데이터베이스 설계

1) 정의
① 데이터베이스 시스템을 구축하는 과정에서 데이터의 구조와 관계를 정의하는 작업
② 데이터베이스 디자인은 데이터의 효율적인 저장과 검색을 위해 데이터의 구조를 설계하고, 데이터 간의 관계를 정의하여 데이터베이스의 유용성과 일관성을 보장함

2) 설계 시 고려사항

구분	설명
무결성 (Integrity)	• 데이터베이스 내의 데이터가 정확하고 일관성이 있는 상태를 유지하는 것 • 개체 무결성, 참조 무결성, 도메인 무결성, 무결성 제약조건 요소를 고려해야 함
일관성 (Consistency)	데이터베이스 내의 데이터가 일관된 상태를 유지할 수 있도록 데이터 간의 관계와 의존성을 정의하고, 일관성 있는 업데이트 및 트랜잭션 처리를 수행해야 함
성능 (Performance)	• 데이터의 효율적인 저장과 검색을 위해 성능을 고려해야 함 • 인덱스, 파티셔닝, 쿼리 최적화 등의 기술을 활용하여 데이터베이스의 처리 속도와 응답 시간을 개선할 수 있음
보안 (Security)	적절한 접근 제어, 사용자 권한 관리, 데이터 암호화 등의 보안 기능을 고려하여 데이터베이스의 안전성을 유지해야 함
확장성 (Scalability)	데이터의 증가나 요구사항의 변화에 대응할 수 있는 구조와 기술을 선택하여 데이터베이스의 확장성을 보장해야 함

3) 설계 절차

단계	작업 내용
요구사항 분석	• 사용자의 요구사항을 분석하고 기능과 비즈니스 규칙을 이해함 • 어떤 데이터가 필요한지, 어떤 관계를 가져야 하는지 등을 파악함
개념적 설계	• 개념적 설계 단계에서는 요구사항을 바탕으로 데이터베이스의 개념적 모델을 구축함 • 개체-관계(Entity-Relationship) 모델 등의 개념적 모델링 기법을 사용하여 데이터 간의 관계와 특성을 정의함

논리적 설계	• 개념적 모델을 데이터베이스 관리 시스템에 맞는 논리적 구조로 변환함 • 테이블, 열, 관계 등을 정의하여 데이터의 저장과 접근 방법을 설계함
물리적 설계	• 논리적 구조를 실제 데이터베이스 시스템에 맞게 변환함 • 데이터의 저장 방법, 인덱싱, 파티셔닝 등을 결정하여 성능과 확장성을 고려함
구현과 테스트	• 데이터베이스의 스키마를 파일로 생성함 • 목표 DBMS의 DDL(데이터 정의어)로 데이터베이스를 생성, 트랜잭션을 작성 • 테스트를 통해 데이터베이스의 정확성과 성능을 확인하고 문제를 수정함

> **TIP** 공간정보 처리에 적합한 DBMS
>
> PostGIS(PostgreSQL), Oracle Spatial, MS SQL Server Spatial, MySQL Spatial
> SQLite, MongoDB, H2GIS, GeoMesa, Teradata Spatial 등

> **TIP** PostGIS 벡터타일 출력 예시
>
> ```
> SELECT ST_AsMVT(tile, 'layer_name', 4096, 'geom')
> FROM (
>     SELECT id, name, ST_AsMVTGeom(geom, tile_bbox) AS geom
>     FROM my_table, tile_bbox
>     WHERE geom && tile_bbox
> ) AS tile;
> ```
>
> • ST_AsMVT: 벡터타일(Binary) 생성
> • ST_AsMVTGeom: 타일 좌표계에 맞게 기하 변환
> • tile_bbox: 요청된 타일 경계 범위

02 공간 데이터베이스 생성

1. 공간 데이터베이스 구성

(1) 공간 데이터 모델 개념

1) 공간 데이터 모델(Spatial data model)
① 위치 정보를 포함하는 데이터를 표현하고 처리하기 위한 모델
② 이 모델은 공간적인 특성과 관계를 표현하여 지리적인 분석과 조회를 가능하게 함
③ 특정 구현에 대한 모델이 아닌 추상적 정보 모델인 공간 스키마로 정의함

2) OGC(Open Geospatial Consortium)의 모델
① 널리 사용되는 공간 데이터 모델 중 하나
② OGC의 모델은 크게 2가지 주요 구성 요소로 구성됨

기하 객체 (Geometric objects)	• 기하 객체는 공간적인 특성을 가진 객체를 나타냄 • 이러한 객체는 점(Point), 선(Line), 다각형(Polygon) 등과 같은 기하학적인 형태를 가지며, 지리적인 위치(공간 좌표계)를 표현함 • 기초 클래스이면서 추상 클래스임
공간 관계 (Spatial relationships)	• 공간 관계는 기하 객체들 간의 상호작용과 관계를 정의함 • 예를 들어 2개의 다각형이 서로 교차하는지, 하나의 점이 다각형 내에 위치하는지 등의 관계를 확인할 수 있음 • 이를 통해 지리적인 분석이나 쿼리를 수행할 수 있음

(2) 공간 데이터베이스

1) 공간 데이터베이스(Spatial database)

① 공간 정보를 저장·관리·분석하는 데에 특화된 데이터베이스
② 기존의 관계형 데이터베이스에 공간 데이터를 처리하기 위한 추가 기능과 구조를 제공함
③ 공간 데이터베이스는 공간 데이터 모델을 기반으로 하여 위치 정보를 효율적으로 저장하고 검색할 수 있음

2) 구성요소

단계	작업 내용
공간 데이터 모델	• 실세계를 기하 객체의 형태와 공간 관계로 표현하기 위해 제공하는 특별한 데이터 타입을 의미함 • 일반적으로 점(Point), 선(Line), 다각형(Polygon) 등의 기하 객체 타입이 있으며, 이러한 타입은 공간 데이터의 속성과 공간 관계를 표현함
공간 인덱스	• 공간 데이터의 경계나 교차점 등을 기반으로 데이터를 분할하고 색인화하여 빠른 검색을 가능하게 함 • 대표적인 공간 인덱스로는 R-트리(R-Tree)가 있음
공간 분석함수	• 공간 데이터에 대한 다양한 분석과 처리를 위한 함수와 연산을 제공함 • 거리 계산, 영역 분석, 교차점 판별, 버퍼 분석, 공간 연산 등의 함수가 있음
공간 데이터 전용 쿼리	• 공간 데이터의 속성, 관계, 위치 등을 기반으로 공간적 질의를 지원함 • SQL 기반의 공간 쿼리 언어인 Spatial SQL이 일반적으로 사용됨
공간 참조시스템	• 실세계 공간에 위치한 데이터를 수학적인 벡터 공간의 좌표로 변환하거나 역으로 좌표값을 통해 실세계 위치와 연관시키는 기능 • 좌표체계를 통해 정의된 영역에서 사물의 상대적 위치를 정의

(3) 관계형 데이터베이스

1) 관계형 데이터베이스(Relational database)

① 데이터를 테이블 형태로 구성하고, 테이블 간의 관계를 통해 데이터를 조직화하는 데이터베이스
② 데이터를 구조화하여 효율적으로 저장·검색·관리할 수 있는 방식으로 설계된 데이터베이스

2) 관계형 데이터베이스의 주요 개념: 테이블(Table), 행(Row), 열(Column), 관계(Relation)

테이블	• 데이터를 저장하는 기본 단위로, 행(Row)과 열(Column)의 형태로 구성됨 • 각 테이블은 고유한 이름을 가지며, 특정 주제나 개체를 나타내는 데이터를 포함함
행	• 테이블에서 개별 데이터 레코드를 나타내는 단위로, 특정 개체 또는 사건에 대한 정보를 포함함 • 각 행은 고유한 식별자(Primary Key)를 가지며, 테이블의 다른 행들과의 관계를 표현함
열	테이블에서 특정 데이터의 속성을 나타내는 단위로, 각 열에 정의된 특정 데이터의 유형에 따른 값을 가짐
관계	• 관계형 데이터베이스에서는 테이블 간의 관계를 통해 데이터를 연결함 • 관계는 기본 테이블의 행과 다른 테이블의 행을 연결하여 데이터를 조인하고, 상호작용하게 함

3) 릴레이션(관계)의 구조

구성 요소	요소별 설명
속성 (Attribue)	• 속성은 관계에서 각각의 열(Column)을 의미함 • 데이터의 특정 유형을 나타내며, 관계에서는 속성의 이름으로 식별됨 예 학생 관계에서는 "학번", "이름", "성적" 등이 속성이 될 수 있음
도메인 (Domain)	• 속성이 가질 수 있는 값의 범위를 정의하는 개념 • 속성의 데이터 값은 도메인에 의해 제약됨 예 "성적" 속성의 도메인은 0부터 100까지의 정수일 수 있음
튜플 (Tuple)	• 튜플은 관계에서 각각의 행(Row)을 의미함 • 튜플은 데이터 레코드를 나타내며, 각 속성에 해당하는 값들의 집합으로 구성됨 예 학생 관계에서는 각각의 학생 정보가 튜플로 표현될 수 있음
키 (Key)	• 키는 튜플을 고유하게 식별하는 역할을 함 • 한 개 이상의 속성으로 구성되며, 튜플의 중복을 방지하고 튜플 간의 관계를 정의함 • 일반적으로 관계에서는 주 키(Primary Key)를 사용하여 튜플을 식별함

4) 릴레이션(관계)의 특징

특징	설명
튜플의 유일성	• 관계에서 각각의 튜플은 고유한 값을 가져야 함 • 즉 테이블 내에서 중복된 튜플이 존재하지 않아야 하며 이는 관계형 데이터베이스에서 데이터의 일관성 유지와 중복 제거에 중요함
속성의 원자성	• 관계의 각 속성은 더 이상 분해할 수 없는 원자값(Atomic value)을 가져야 함 • 즉 속성은 더 이상 나눌 수 없는 가장 작은 단위의 데이터를 의미함
속성의 무순차성	• 관계의 속성들은 순서에 의존하지 않음 • 즉 테이블 내에서 속성들의 순서를 변경하더라도 데이터의 의미에는 영향을 주지 않음 • 데이터의 유연성과 확장성, 조회의 간편성 확보에 중요함
도메인 종속성	• 관계의 각 속성은 도메인(Domain)에 속하는 값을 가져야 함 • 도메인은 속성이 가질 수 있는 값의 범위를 정의하는 개념임
관계의 스키마	• 관계의 스키마(Schema)는 관계의 구조와 속성들의 정의를 나타냄 • 테이블의 이름, 각 속성의 이름과 도메인, 속성 간의 관계 등을 포함함

(4) 키(Key)

1) 키(Key)의 개념

① 관계형 데이터베이스에서 튜플을 고유하게 식별하거나 릴레이션 간의 연관 관계를 설정하는 데 사용되는 속성(Attribute) 또는 속성들의 집합을 의미함
② 데이터베이스에서 데이터의 무결성(Integrity)과 일관성을 유지하기 위해 중요한 역할을 함

2) 키의 종류

특징	설명
주 키 (Primary Key)	• 테이블에서 각각의 튜플을 고유하게 식별하는 역할을 함 • 주 키는 테이블에서 반드시 하나만 존재해야 하며, 각 튜플은 주 키 값을 가져야 함
후보 키 (Candidate Key)	• 테이블에서 고유성을 만족하는 속성 또는 속성들의 집합 • 즉 후보 키는 주 키가 될 수 있는 속성들을 말함 • 후보 키가 주 키로 선택되기 위해서는 고유성(Uniqueness), 최소성(Minimality) 및 식별성(Identifiability) 조건을 만족해야 함
대체 키 (Alternate Key)	• 후보 키 중에서 주 키로 선택되지 않은 나머지 후보 키들을 의미함 • 테이블에서 여러 개의 후보 키가 존재할 때, 주 키로 선택되지 않은 후보 키들은 대체 키로 사용될 수 있음
외래 키 (Foreign Key)	• 다른 테이블의 주 키를 참조하는 속성임 • 외래 키를 통해 테이블 간의 관계를 설정하고, 참조 무결성(Referential Integrity)을 유지할 수 있음 • 외래 키는 관계형 데이터베이스에서 관계를 맺고 있는 테이블들 사이의 일관성을 유지하는 데 중요한 역할을 함
슈퍼키 (Super Key)	• 튜플을 고유하게 식별하는 데 사용되는 속성 또는 속성들의 집합을 말함 • 슈퍼 키는 테이블 내의 모든 튜플을 유일하게 식별할 수 있는 키로, 중복된 튜플을 제거하는 데 사용됨 • 슈퍼 키는 최소성(Minimality)의 요구사항을 만족하지 않음

(5) 널 값(Null value)의 처리

1) 널 값(Null value)

① 관계형 데이터베이스에서 속성(Attribute)이나 튜플(Tuple)의 값이 알 수 없거나 존재하지 않음을 나타내는 특별한 값임
② 널 값을 가진 속성은 해당 데이터가 존재하지 않는다는 의미이며, 이러한 널 값의 처리는 데이터베이스 설계와 관리에서 중요한 문제 중 하나임

2) 널 값의 처리 방안

구분	처리 방안 설명
기본값 (Default value) 할당	• 속성에 널 값이 들어올 경우, 해당 속성에 기본값을 할당하여 대체함 • 기본값은 해당 속성에 기대되는 일반적인 값으로 설정함

널 값 허용	• 일부 속성은 널 값을 허용하도록 설정할 수 있음 • 이 경우 널 값이 허용되므로 해당 속성이 빈 값이 됨
제약 조건 설정	널 값을 제한하기 위해 제약 조건을 설정할 수 있음 예 특정 속성은 널 값을 허용하지 않도록 제약 조건을 설정하여 데이터의 무결성을 보장함
널 값 검사	• 데이터베이스 쿼리에서 널 값을 검사하여 적절한 처리를 수행함 • 널 값이 포함된 튜플은 조건문에서 특별하게 처리할 수 있음

2. 데이터베이스 용량 정의

(1) 데이터베이스 용량 설계

1) 데이터베이스 용량 설계(Database capacity design)
① 데이터베이스 시스템에서 필요한 용량을 적절하게 계획하고 확보하는 과정
② 데이터베이스의 용량 설계는 데이터의 양과 성장 예측, 하드웨어 및 저장장치의 제한, 성능 요구사항 등을 고려하여 데이터베이스 시스템의 용량을 적절하게 조절하는 것을 목표로 함

2) 데이터베이스 용량 설계 시 고려사항
데이터의 용량과 성장 예측, 하드웨어 및 저장장치의 제한요소, 성능 요구사항, 백업 및 복구, 운영 및 관리 비용 요소를 고려하여야 함

(2) 데이터베이스 용량 설계 목적

리소스 최적화	적절한 용량을 설정하고 데이터의 성장을 예측하여 필요한 디스크 공간, 메모리, 프로세서 등의 자원을 효율적으로 관리함
성능 개선	• 충분한 디스크 공간을 보장하여 데이터의 저장과 검색 작업을 원활하게 처리할 수 있음 • 메모리, 프로세서 등의 자원도 적절히 할당하여 응답 시간을 최적화함
확장성 확보	• 데이터의 성장을 예측하고 그에 맞는 용량을 확보하여 시스템의 확장이 용이하도록 계획할 수 있음 • 데이터베이스 시스템이 더 많은 데이터 및 사용자를 처리할 수 있게 됨
안정성 및 가용성 보장	• 충분한 디스크 공간을 확보하여 데이터의 백업과 복구를 원활하게 수행할 수 있음 • 용량 부족으로 인한 장애 발생 가능성을 줄임
비용 최소화	• 정확한 용량 예측과 최적화된 리소스 사용은 자원의 효율적인 활용을 가능하게 함 • 불필요한 자원 낭비를 방지하여 운영 비용을 절감함

(3) 데이터베이스 용량 분석 절차

데이터 수집	현재 데이터베이스의 용량, 트랜잭션 수, 데이터의 성장률, 사용자 수 등과 같은 데이터에 대한 정보를 수집함
용량 예측	수집한 데이터를 기반으로 데이터의 성장률, 예상되는 트랜잭션 수 증가, 신규 프로젝트 등을 고려하여 미래의 용량을 예측함

리소스 요구사항 계산	예상되는 용량에 따라 필요한 리소스 요구사항, 즉 디스크 공간, 메모리, 프로세서 등의 리소스를 예측하고 계산함
현재 리소스 평가	현재 사용 중인 디스크 공간, 메모리 사용량, CPU 사용량 등을 평가하여 현재 시스템의 리소스 상태를 파악함
병목 현상 식별	현재 시스템에서 성능 저하의 원인이 되는 리소스 부족, 트랜잭션 처리 지연 등을 파악함
용량 계획	필요한 리소스를 확보하고 용량 증설, 하드웨어 업그레이드 등을 고려하여 용량 계획을 수립함
모니터링 및 조정	용량 계획 이후에도 데이터베이스 시스템을 모니터링하고 리소스 부족이나 성능 저하와 같은 문제를 식별하여 조치함

(4) 데이터 접근성 향상을 위한 설계 방법

데이터 정규화	• 데이터베이스 설계 시 데이터 정규화 원칙을 준수하는 것이 중요함 • 데이터를 적절하게 분리하여 중복을 제거하고 일관성을 유지함으로써 데이터 접근성을 향상시킬 수 있음
인덱싱	• 데이터베이스 테이블에 인덱스를 생성하여 데이터 검색 속도를 향상시킴 • 인덱스는 데이터를 빠르게 찾을 수 있는 구조를 제공하여 데이터 접근성을 개선함
적절한 테이블 분할	대량의 데이터를 처리하는 경우, 테이블을 적절히 분할하여 관련 데이터를 물리적으로 가까운 위치에 저장함으로써 데이터 접근성을 향상시킬 수 있음
캐싱과 버퍼링	• 캐시: 빈번하게 사용되는 데이터를 메모리에 저장하여 빠른 액세스를 제공함 • 버퍼: 데이터를 일시적으로 저장하여 입출력 작업을 최적화함
보안 및 권한 관리	• 데이터 접근성을 향상시키기 위해서는 데이터의 보안과 권한 관리가 중요함 • 적절한 액세스 제어를 통해 인가된 사용자만이 데이터에 접근할 수 있도록 보장함
최적화된 쿼리 작성	• 데이터베이스 쿼리를 최적화하여 실행 속도를 개선함 • 쿼리의 성능을 향상시키기 위해 인덱스를 활용하고 조인 연산을 최적화하는 등의 작업을 수행함
분산 데이터베이스	• 데이터 접근성을 향상시키기 위해 분산 데이터베이스를 고려할 수 있음 • 데이터를 여러 노드에 분산하여 데이터의 처리량과 가용성을 높임

3. 데이터베이스 계정 정의

(1) 데이터베이스 사용자

① 데이터베이스 시스템에 접근할 권한을 가진 개인이나 그룹, 애플리케이션을 의미함
② 데이터베이스 사용자는 데이터베이스에 저장된 데이터를 조회·수정·삭제 및 삽입할 수 있으며, 데이터베이스 객체와 관련된 작업을 수행할 수 있음
③ 데이터베이스 사용자는 사용자 식별자, 사용자 권한, 계정 관리, 접근 제어, 사용자 그룹 등의 특징을 가지고 있음
④ DBA, 응용 프로그래머, 일반 사용자로 구분됨

(2) DBA(DataBase Administrator)

① DBA(DB 관리자): 데이터베이스 관리자로써 데이터베이스 시스템의 설계, 구축, 운영, 유지보수 등 다양한 역할을 수행하는 전문가
② DBA의 역할

역할	역할 설명
DB 설계	• DBA는 데이터베이스의 구조와 스키마를 설계함 • 데이터베이스의 테이블, 관계, 인덱스, 제약 조건 등을 정의하여 데이터의 구조와 관계를 최적화함
DB 구축	• 데이터베이스 관리 시스템(DBMS)을 설치하고 구성함 • 데이터베이스 서버와 클라이언트 간의 연결 및 네트워크 설정을 관리함
DB 운영	데이터베이스의 성능을 관찰하고 최적화하기 위해 시스템 리소스 사용률, 쿼리 실행 계획, 인덱스 성능 등을 모니터링하고 조정함
백업 및 복구	• 백업 및 복구 전략을 수립하고 관리함 • 데이터의 안정성을 위해 주기적인 백업 작업을 수행하고 장애 발생 시 데이터의 복구를 담당함
보안 관리	데이터베이스에 접근하는 사용자의 권한을 관리하고 보안 정책을 수립하여 데이터의 무단 액세스와 보안 위협으로부터 보호함
성능 최적화	성능을 최적화하기 위해 인덱스, 쿼리 튜닝, 하드웨어 업그레이드 등의 작업을 수행함
유지보수	데이터베이스 시스템의 버전 업그레이드, 패치 적용, 데이터 정리 등을 수행하여 데이터베이스의 정상적인 운영을 유지함

(3) 응용 프로그래머

① 일반 호스트 언어로 프로그램을 작성할 때 데이터 조작어(DML)를 삽입하여 일반 사용자가 응용프로그램을 사용하는 데 필요한 인터페이스를 개발하고, 관련 기능의 제공 목적으로 DB에 접근하는 개발자
② C, COBOL, PASCAL 등의 호스트 언어와 DBMS에서 지원하는 데이터 조작어에 능숙한 프로그래밍 전문가
③ 데이터베이스에 접근하여 데이터 조회, 삽입, 수정, 삭제 등의 검색과 조작, 관리 기능을 프로그래밍함

(4) 일반 사용자

① 데이터베이스 시스템에 접근하여 데이터를 조회하고 활용하는 역할을 수행하는 사용자
② 데이터 조회, 분석, 활용, 요청, 입력, 보고서 작성 등의 작업을 통해 원하는 결과를 얻음

(5) DCL(Data Control Language)

1) 개념

① DCL은 데이터베이스 제어 언어(Database Control Language)의 약자로, 데이터베이스의 접근 권한과 보안을 관리하는 역할을 수행함
② 주로 데이터베이스 관리자(DBA)나 권한을 가진 사용자가 사용하며, 데이터베이스 객체에 대한 접근

권한을 부여하거나 제한하는 작업을 수행함
③ DCL의 주요 명령어로는 GRANT, REVOKE, DENY 등이 있음

2) 주요 명령어

① GRANT

> GRANT 사용권한 TO 사용자명(ID)
> 예 GRANT SELECT, INSERT ON employees TO user1;
> "employees"라는 테이블에 대해 "user1" 사용자에게 SELECT와 INSERT 권한을 부여

② REVOKE

> REVOKE 사용권한 FROM 사용자명(ID)
> 예 REVOKE SELECT ON employees FROM user1;
> "employees"라는 테이블에 대해 "user1" 사용자에게 SELECT 권한을 제거

③ DENY

> DENY 사용권한 TO 사용자명(ID)
> 예 DENY INSERT ON customers TO user2;
> "customers" 테이블에 대해 "user2" 사용자의 INSERT 권한을 거부

TIP 사용권한의 종류

ALL, SELECT, INSERT, DELETE, UPDATE, ALTER

(6) CML(Commit Manipulation Language)

데이터베이스에서 트랜잭션의 커밋(Commit)과 롤백(Rollback)을 제어하기 위해 사용되는 언어

CML	조작어 설명
COMMIT	• 트랜잭션이 성공적으로 완료되었을 때, COMMIT 명령어를 사용하여 변경사항을 영구적으로 저장함 • COMMIT 명령을 실행하지 않아도 DML 문이 성공적으로 완료되면 자동으로 커밋이 수행되고, DML이 실패하면 자동으로 롤백되도록 하는 AUTO-COMMIT 설정 가능
ROLLBACK	예외상황이 발생했거나 트랜잭션이 실패했을 때, ROLLBACK 명령어를 사용하여 변경사항을 취소하고 데이터베이스를 이전 상태로 복원할 수 있음

TIP 최근 클라우드 기반의 공간DB 운용

- AWS, Azure, GCP 등 클라우드 환경에서 PostGIS, MySQL, Oracle Spatial을 직접 설치하거나 '관리형 서비스(RDS, Cloud SQL, Autonomous DB)' 방식으로 운용이 가능하다.
- 클라우드 환경의 DB 운용 시 보안 설정이 중요하여 방안 마련에 유의해야 한다.
- Cloud-Optimized GeoTIFF(COG)와 Zarr 포맷 등 클라우드 네이티브 공간데이터 포맷 사용이 확대되는 추세이다.

03 공간 데이터베이스 오브젝트 생성

1. 공간 데이터베이스 객체 구성

(1) 데이터베이스 객체(Database object)

1) 정의
   ① 데이터베이스에서 데이터를 저장·관리 및 조작하기 위해 사용되는 구성 요소
   ② 테이블, 뷰, 인덱스, 프로시저, 함수 등의 형태로 존재할 수 있음
   ③ 객체는 스키마(Schema)라는 그릇 안에서 만들어지며 SQL 명령의 DDL(Data Definition Language)을 이용하여 정의함

2) 종류

객체	객체 설명
TABLE	데이터를 구조화하여 행과 열의 형태로 저장하고 있는 객체
VIEW	하나 이상의 테이블로부터 유도된 가상의 테이블로, 특정 사용자 또는 사용자 그룹에게 데이터의 일부 또는 특정 형태로 제공하기 위해 사용되는 객체
INDEX	테이블의 특정 열(칼럼)에 대한 검색 속도를 향상시키기 위해 사용되는 객체
PROCEDURE	데이터베이스에서 일련의 연산 작업을 실행하되 값을 반환하지 않는 객체
FUNCTION	특정 연산 작업을 실행하고 그 결과값을 반환하는 객체
SEQUENCE	일련번호를 채번할 때 사용되는 객체
SYNONYM	데이터베이스 객체에 대한 별칭을 부여한 객체

(2) 인덱스

1) 정의
   ① 데이터의 검색 속도를 향상시키기 위해 사용되는 객체
   ② 데이터베이스 테이블의 특정 열(칼럼)에 대한 정렬된 데이터 구조로, 효율적인 데이터 검색을 가능하게 함

2) 특징

검색 속도 향상	• 인덱스는 테이블의 특정 열에 대한 값들을 정렬하여 데이터의 검색 속도를 향상시킴 • 인덱스를 사용하면 데이터베이스는 전체 테이블을 순차적으로 검색하지 않고 원하는 데이터를 빠르게 찾을 수 있음
데이터의 정렬 및 유지	• 인덱스는 해당 열의 값을 정렬하여 저장하므로, 특정 열을 기준으로 데이터의 정렬된 순서를 유지함 • 정렬된 데이터를 조회하거나 범위 검색을 수행할 때 효율적으로 처리할 수 있음
유일성 제약	인덱스는 유일성을 갖는 열에 대해서 중복된 값을 허용하지 않기 때문에 데이터의 일관성과 무결성을 유지할 수 있음

추가적인 디스크 공간 사용	• 인덱스는 데이터의 별도의 구조로 저장되므로 일정한 디스크 공간을 추가적으로 사용함 • 인덱스를 생성하면 테이블의 크기는 증가하게 되지만, 데이터 검색 속도의 향상을 위해 이러한 공간 비용을 감수할 수 있음
업데이트 작업의 성능 저하	• 인덱스는 데이터의 추가, 수정, 삭제 작업 시에도 관리 및 업데이트가 필요함 • 인덱스의 수가 많거나 업데이트 작업이 빈번하게 발생하는 경우, 인덱스의 유지 및 업데이트 작업으로 인해 성능이 저하될 수 있기 때문에 인덱스의 생성은 데이터의 조회 작업이 많을 때 가장 효과적임

(3) 뷰(View)

1) 정의

① 데이터베이스에서 **가상의 테이블**로서, 하나 이상의 테이블로부터 유도된 결과 집합을 나타내는 객체
② 뷰는 데이터의 일부를 선택하거나 특정 조건에 따라 가공하여 제공하기 위해 사용됨

2) 특징

가상의 테이블	• 뷰는 실제 데이터를 포함하지 않는, 데이터베이스 내의 하나 이상의 테이블로부터 유도된 가상의 테이블 • 따라서 뷰는 테이블처럼 데이터를 저장하지 않고, 뷰를 구성하는 기존 테이블의 데이터에 대한 참조 정보만을 가짐
데이터 가공 및 필터링	• 뷰는 특정 사용자 또는 사용자 그룹에게 데이터의 일부 또는 특정한 형태로 제공하기 위해 사용됨 • 뷰를 통해 데이터를 필터링하거나 가공하여 필요한 정보에 집중할 수 있음 • 뷰는 데이터의 일부만 표시하거나 여러 개의 테이블을 조인하여 데이터를 통합하는 등의 작업을 수행할 수 있음
데이터 보안 및 접근 제어	• 뷰는 데이터베이스 사용자에 대한 접근 제어 및 보안을 강화하는 데 사용됨 • 뷰를 통해 사용자는 필요한 데이터만 볼 수 있으며, 민감한 데이터에 대한 접근이나 노출을 제한할 수 있게 됨
데이터의 간소화된 접근	• 뷰는 복잡한 질의를 간소화하여 사용자가 데이터에 더 쉽게 접근할 수 있도록 도와줌 • 뷰를 사용하면 데이터베이스 내의 여러 테이블을 하나의 가상 테이블로 간주할 수 있으며, 사용자는 뷰를 통해 단순한 질의를 수행하여 필요한 데이터를 추출할 수 있음
데이터의 일관성 유지	• 뷰는 기존 테이블의 데이터에 대한 가상의 조각이므로, 뷰를 통해 수행된 작업은 원본 테이블에 영향을 주지 않음 • 따라서 뷰를 사용하여 데이터를 조회하거나 가공하더라도 원본 테이블의 데이터 일관성을 유지할 수 있음

> **TIP 인덱스와 뷰 요약**
> • 인덱스: 검색 속도 향상을 위한 객체로서 테이블의 특정 열에 대한 정렬 구조를 가짐
> • 뷰: DB 내에서 하나 이상의 테이블로부터 유도된 결과의 집합 객체인 가상의 테이블

2. 공간 데이터베이스 객체 정의

(1) DDL(Data Define Language, 데이터 정의어)

1) DDL(Data Definition Language)
① 데이터베이스 구조를 정의하고 조작하는 데 사용되는 언어와 명령어의 집합
② 데이터베이스 객체(테이블, 뷰, 인덱스 등)를 생성·수정·삭제하는 작업을 수행하는 역할

2) 명령어 기능

명령어	기능 설명
CREATE	스키마, 도메인, 테이블, 뷰, 인덱스 등의 객체를 생성
ALTER	테이블 구조의 변경, 인덱스의 추가 또는 제거, 제약 조건의 수정 등을 수행
DROP	스키마, 도메인, 테이블, 뷰, 인덱스, 제약조건 등의 객체를 삭제

(2) CREATE TABLE
① 새로운 테이블을 생성하는 명령어로 테이블의 구조와 속성을 정의함
② SQL 문 기본 구조

```
CREATE TABLE 테이블명 (
    칼럼1 데이터_유형 및_제약조건,
    칼럼2 데이터_유형 및_제약조건,
    ...
);
```

예시

```
CREATE TABLE 학생 (
학번 INT PRIMARY KEY,
이름 VARCHAR(50) NOT NULL,
성별 CHAR(1),
생년월일 DATE,
학과 VARCHAR(50)
);
```

예시 설명
- 학번, 이름, 성별, 생년월일, 학과라는 열(속성)로 구성된 "학생"이라는 테이블을 생성함
- 각각의 열에 대한 데이터 유형과 제약 조건을 정의함

(3) CREATE VIEW
① 데이터베이스에서 하나 이상의 테이블로부터 유도된 가상의 테이블, 뷰(View)를 생성하는 명령어

② SQL 문 기본 구조

```
CREATE VIEW 뷰명 AS
SELECT 열1, 열2, …
FROM 테이블명
WHERE 조건;
```

예시

```
CREATE VIEW 학생_정보 AS
SELECT 이름, 학과
FROM 학생;
);
```

예시 설명

학생 테이블로부터 이름과 학과만을 선택하여 "학생_정보"라는 뷰를 생성

(4) CREATE INDEX

① 데이터베이스에서 인덱스(Index)를 생성하는 명령어
② SQL 문 기본 구조

```
CREATE INDEX 인덱스명
ON 테이블명 (열1, 열2, …);
```

예시

```
CREATE INDEX 학번_인덱스
ON 학생 (학번 ASC);
```

예시 설명

"학생" 테이블에서 "학번" 열에 대한 오름차순(ASC) 인덱스를 생성
* 내림차순(DESC)

3. 공간 데이터베이스 객체 편집(생성, 수정, 삭제)

(1) DML(데이터 조작어)

1) DML(Data Manipulation Language)

① 데이터베이스에서 데이터를 조작하는 데 사용되는 언어와 명령어의 집합
② 데이터의 삽입, 갱신, 삭제, 검색 등을 수행하여 데이터베이스의 내용을 변경하는 역할을 담당함

2) 종류

명령어	기능 설명	
SELECT	특정 테이블 또는 뷰에서 원하는 열(칼럼)과 행(로우)을 선택하여 조회	SELECT 열1, 열2, ... FROM 테이블명 WHERE 조건;
INSERT	삽입할 데이터의 값을 지정하여 해당 데이터를 특정 테이블에 추가	INSERT INTO 테이블명 (열1, 열2, ...) VALUES (값1, 값2, ...);
UPDATE	특정 테이블에서 특정 조건을 만족하는 행을 선택하여 해당 행의 열 값을 변경	UPDATE 테이블명 SET 열1 = 값1, 열2 = 값2, ... WHERE 조건;
DELETE	특정 테이블에서 특정 조건을 만족하는 행을 선택하여 해당 행을 삭제	DELETE FROM 테이블명 WHERE 조건;

(2) 트랜잭션(Transaction)

① 데이터베이스에서 수행되는 작업의 단위로서, 여러 개의 쿼리나 명령어를 하나의 논리적인 작업으로 묶어서 처리하는 것을 의미함
② 특징

원자성 (Atomicity)	• 하나의 트랜잭션은 모든 작업이 완전히 수행되거나 아무것도 수행되지 않은 상태로 유지되어야 함 • 만약 트랜잭션 중간에 오류가 발생하거나 중단되면, 이전에 수행된 작업들은 모두 롤백되어 원래의 상태로 복구됨
일관성 (Consistency)	• 트랜잭션이 실행되기 전과 실행된 후의 데이터베이스 상태는 일관성을 유지해야 함 • 트랜잭션은 정의된 제약 조건을 준수하며, 데이터베이스의 무결성을 보장해야 함
독립성 (Isolation)	• 동시에 여러 트랜잭션이 실행될 때, 각각의 트랜잭션은 다른 트랜잭션에 영향을 주지 않고 독립적으로 실행되어야 함 • 트랜잭션은 다른 트랜잭션의 연산을 감지하지 않고, 자신의 작업만을 수행함
지속성 (Durability)	• 트랜잭션이 성공적으로 완료되면, 그 결과는 영구적으로 반영되어야 함 • 즉 시스템 장애나 중단이 발생해도, 트랜잭션의 결과는 복구 가능하도록 영구적으로 저장되어야 함

> **TIP** DDL과 DML 명령어 정리
> • DDL(Data Definition Language): Create, Alter, Drop
> • DML(Data Manipulation Language): Select, Insert, Update, Delete

04 SQL 작성

1. 공간 데이터 조회 SQL 명령문 작성

(1) SQL 개념

1) SQL(Structured Query Language)

관계형 데이터베이스에서 데이터를 관리하고 조작하기 위해 사용되는 언어

2) 쿼리(Query)

① 데이터베이스에서 데이터를 검색·조작하는 명령어
② SELECT, INSERT, UPDATE, DELETE 등의 쿼리를 사용하여 데이터를 조회·추가·수정·삭제할 수 있음

3) 제약 조건(Constraints)

① 데이터베이스에서 데이터의 무결성을 보장하기 위해 설정되는 규칙
② 주요한 제약 조건: PRIMARY KEY, FOREIGN KEY, NOT NULL, UNIQUE, CHECK 등

(2) SQL 일반형식

```
SELECT [PREDICATE] 속성명 [AS 별칭], ...
FROM 테이블명
WHERE 조건
GROUP BY 속성명1, 속성명2, ...
HAVING 조건
ORDER BY 속성명 [ASC / DESC]
```

1) SELECT 절

구분	설명
PREDICATE (조건절)	• 불러올 튜플 수를 제한 • ALL: 모든 튜플을 검색함, 생략할 때의 기본값 • DISTINCT: 중복된 튜플이 있으면 그 중 첫 번째만 검색함
속성명	• 검색하여 불러올 속성 또는 속성을 이용한 수식 • 모든 속성을 지정할 때는 '*' 기술 • 복수의 테이블을 대상으로 검색할 경우, '테이블명.속성명'으로 표현 • AS: 속성 및 연산에 별칭을 붙일 때 사용

2) FROM 절

데이터를 조회할 테이블이나 뷰를 지정하는 역할을 하며, SELECT 문과 함께 사용됨

3) WHERE 절

데이터를 필터링하기 위한 조건을 지정하는 역할을 하며, SELECT, UPDATE, DELETE 문과 함께 사용됨

필터링 조건	기능 설명
비교 연산자	=, 〈, 〉, 〈=, 〉=
논리 연산자	AND, OR, NOT
LIKE 연산자	• 문자열 패턴 매칭을 수행하기 위해 사용되는 연산자 • 패턴은 문자열 내에 사용되는 와일드카드 문자인 '%'와 '_', '#'을 이용하여 지정할 수 있음 • %는 0개 이상의 임의의 문자열을 나타냄 • _는 문자 하나를 대표함 • #은 숫자 하나를 대표함

4) ORDER BY 절

① 데이터의 정렬 순서를 지정하는 역할을 하며 SELECT 문과 함께 사용됨
② ASC: 오름차순(Ascending)을 의미하며, 기본적으로 오름차순으로 정렬됨
③ DESC: 내림차순(Descending)을 의미하며, 열의 값이 큰 순서부터 작은 순서로 정렬됨

(3) 공간데이터 조회

1) PostGIS 공간데이터 Query

예제 1

건물의 공간 정보를 저장하는 지오메트리 "geom"열을 가지는 "buildings"라는 테이블이 있다. 임의의 주어진 다각형과 교차하는 건물을 조회하고자 하는 경우

```
SELECT *
FROM buildings
WHERE ST_Intersects(geom, ST_GeomFromText('POLYGON((0 0, 0 10, 10 10, 10 0, 0 0))', 4326));
```

예제 설명

- 이 예에서는 ST_GeomFromText 함수를 사용하여 다각형 도형을 만들고 ST_Intersects 함수를 사용하여 각 건물이 다각형과 교차하는지 확인함
- WHERE 절은 폴리곤과 교차하는 건물만 포함하도록 결과를 필터링함

예제 2

PostGIS 데이터베이스에 buildings 및 parks라는 두 개의 테이블이 있다고 가정한다. buildings 테이블에는 건물을 나타내는 다각형이 포함되고 parks 테이블에는 공원을 나타내는 다각형이 포함된다. 공원 내에 있는 모든 건물과 각 건물과 공원 경계 사이의 거리, 각 공원의 면적을 검색하고자 하는 경우

```
SELECT
    b.building_name,
    p.park_name,
    ST_Contains(p.park_boundary, b.building_geom) AS within_park,
    ST_Distance(p.park_boundary, b.building_geom) AS distance_to_boundary,
    ST_Area(p.park_geom) AS park_area
FROM
    buildings b,
    parks p
WHERE
    ST_Contains(p.park_geom, b.building_geom)
```

[예제 설명]
- 이 쿼리에서는 building_name 및 park_name 열을 선택함
- 건물 및 공원 테이블, 또한 ST_Contains 함수를 사용하여 각 건물이 공원 내에 있는지 여부를 결정하고 그 결과를 부울 값(true 또는 false〈 /코드〉)
- 또한 ST_Distance 함수를 사용하여 각 건물과 공원 경계 사이의 거리를 계산하고 ST_Area 함수를 사용하여 각 공원의 면적을 계산함
- 마지막으로 WHERE 절을 사용하여 공원 내에 위치한 건물만 반환되도록 결과를 필터링함

2) MySQL Spatial 공간데이터 Query

예제 1

점의 공간 정보를 저장하는 Point 유형의 "geom" 열이 있는 "points"라는 테이블이 있고 특정 점에서 지정된 반경 내의 모든 점을 찾고자 하는 경우

```
SELECT *
FROM points
WHERE ST_Distance_Sphere(geom, ST_Point(-73.9857, 40.7484)) < 1000;
```

[예제 설명]
- 이 예에서는 ST_Point 함수를 사용하여 포인트 지오메트리를 생성하고 ST_Distance_Sphere 함수를 사용하여 각 포인트와 주어진 포인트 사이의 거리를 계산함
- WHERE 절은 주어진 지점에서 반경 1,000m 이내의 지점만 포함하도록 결과를 필터링함

> **예제 2**
>
> 각 도시의 지오메트리를 포함하는 공간 열 "geom"이 있는 "cities"라는 테이블이 있다고 가정한다. 또한 각 국가의 지오메트리를 포함하는 공간 열 "geom"이 있는 "countries"라는 테이블이 있다. 대한민국 내에 위치한 모든 도시와 수도인 서울 사이의 거리를 찾고자 하는 경우
>
> ```
> SELECT *
> FROM cities
> WHERE ST_Contains((SELECT geom FROM countries WHERE name = 'Korea'), geom);
>
> SELECT name, ST_Distance(geom, (SELECT geom FROM cities WHERE name = 'Seoul')) AS distance
> FROM cities;
> ```
>
> [예제 설명]
> - 먼저 ST_Contains() 함수를 사용하여 대한민국 내에 위치한 모든 도시를 찾음
> - 다음으로 ST_Distance() 각 도시와 수도 서울 사이의 거리를 계산함

2. 공간 데이터 분석 SQL 명령문 작성

(1) 그룹 함수

1) 그룹 함수(Group function)

① SQL에서 사용되는 함수로, 여러 행을 하나의 그룹으로 묶어서 그룹 단위로 계산 또는 집계하는 역할을 함
② 그룹 함수를 사용하여 데이터의 합계(SUM), 평균(AVG), 최대값(MAX), 최소값(MIN), 행의 수(COUNT) 등을 계산할 수 있음
③ 일반적으로 그룹 함수는 SELECT 문과 함께 사용되며, GROUP BY 절과 함께 사용될 때 가장 흔히 사용됨

2) GROUP BY 절

특정 열을 기준으로 데이터를 그룹화하는 역할을 하며, 그룹 함수는 이러한 그룹화된 데이터를 기반으로 계산을 수행함

3) HAVING 절

GROUP BY 절과 함께 사용되며, 그룹화된 결과에 대한 필터링 조건을 정의할 때 사용됨

> **예시**
>
> SELECT 부서, COUNT(*) AS 직원수, AVG(연봉) AS 평균연봉
> FROM 직원
> GROUP BY 부서;
>
> **예시 설명**
>
> "직원" 테이블을 "부서" 열을 기준으로 그룹화하고, COUNT 함수를 사용하여 각 부서별 직원 수를 계산하고, AVG 함수를 사용하여 각 부서별 평균 연봉을 계산

> **예시**
>
> SELECT 부서, AVG(연봉) AS 평균연봉
> FROM 직원
> GROUP BY 부서
> HAVING COUNT(*) >= 5;
>
> **예시 설명**
>
> - "직원" 테이블을 "부서" 열을 기준으로 그룹화하고, COUNT 함수를 사용하여 각 부서별 직원 수를 계산하고, HAVING 절을 이용하여 직원 수가 5명 이상인 부서만을 조회함
> - 이후 AVG 함수를 사용하여 해당 부서의 평균 연봉을 계산

(2) 부속(하위) 질의문

① 질의문 내에 또 하나의 질의문을 가지는 형태로, 일반적으로 2개 이상의 테이블을 이용해야 하는 경우에 사용됨
② 처음에 나오는 질의문을 메인(상위) 질의문이라 하고, 두 번째로 나오는 질의문을 부속(하위) 질의문이라 함
③ 메인 질의문과 부속 질의문은 '=', 'IN' 등으로 연결됨

> **예시**
>
> SELECT 이름, 연봉
> FROM 고객
> WHERE 연봉 > (SELECT AVG(연봉) FROM 고객);
>
> **예시 설명**
>
> "고객" 테이블을 조회하고, WHERE 절 내에서 AVG 함수를 사용하여 고객 테이블의 연봉의 평균을 계산한 후, 부속 질의를 통해 평균 연봉보다 높은 연봉을 받는 고객만을 조회함

(3) 집합 연산

① 집합 연산(Set arithmetic)
- SQL에서 사용되는 연산 중 하나로, 집합을 대상으로 하는 연산을 의미함
- 2개 이상의 집합을 조합하여 새로운 집합을 생성하거나 집합 간의 관계를 비교하는 데 사용됨
- 주요 집합 연산: 합집합, 교집합, 차집합 등

② 합집합(UNION): 2개의 집합을 합하여 중복을 제거한 결과 집합을 반환함
③ 교집합(INTERSECT): 2개의 집합에 공통으로 속하는 요소들로 구성된 새로운 집합을 반환함
④ 차집합(EXCEPT 또는 MINUS): 첫 번째 집합에서 두 번째 집합에 속하지 않는 요소들로 구성된 새로운 집합을 반환함
⑤ 두 SELECT 문의 컬럼 개수와 데이터 유형은 일치해야 함
⑥ 검색 결과의 헤더는 앞쪽 SELECT 문에 의해 결정됨
⑦ ORDER BY 절을 사용할 때는 문장의 제일 마지막에 사용해야 함

예시

SELECT 학생명
FROM 학생
INTERSECT
SELECT 학생명
FROM 성적;

예시 설명

"학생" 테이블과 "성적" 테이블 간의 공통된 학생명을 조회하기 위해 교집합 연산자 INTERSECT를 사용

(4) JOIN

① 2개의 릴레이션에 연관된 튜플들을 결합하여 하나의 새로운 릴레이션을 반환함
② INNER JOIN, OUTER JOIN으로 대분됨

내부 조인 (Inner Join)	• 두 테이블 간의 교집합에 해당하는 데이터만을 가져옴 • 즉 조인 조건을 만족하는 데이터만 결과에 포함됨
외부 조인 (Outer Join)	• 한 테이블의 모든 데이터를 가져오면서, 다른 테이블과 일치하는 데이터가 있는 경우에는 해당 데이터를 가져옴 • 일치하는 데이터가 없는 경우에는 NULL로 채워짐

③ 외부 조인은 왼쪽 외부 조인(LEFT OUTER JOIN), 오른쪽 외부 조인(RIGHT OUTER JOIN), 전체 외부 조인(FULL OUTER JOIN)으로 나뉨
④ 자체 조인(Self Join)
- 동일한 테이블을 자기 자신과 조인하는 경우
- 동일한 열을 기준으로 다른 행을 비교하거나 필요한 정보를 추출할 수 있음

⑤ SQL 기본 구조

```
SELECT 열1, 열2, ...
FROM 테이블1
JOIN 테이블2 ON 조인조건;
```

예시

```
SELECT 주문.주문번호, 고객.이름, 주문.주문일자
FROM 주문
JOIN 고객 ON 주문.고객ID = 고객.ID;
```

[예시 설명]
- "주문" 테이블과 "고객" 테이블을 조인하여 주문 정보와 해당 주문을 한 고객의 이름을 함께 조회하고 있음
- ON 절에서는 "주문" 테이블의 "고객ID" 열과 "고객" 테이블의 "ID" 열을 기준으로 조인을 수행함

(5) 공간데이터 분석

1) ST_Intersects

두 도형이 교차하는 경우 true 값을 반환함

㉠ 도시의 특정 공원과 교차하는 모든 건물을 찾아 건물명 목록값을 반환함

```
SELECT building_name
FROM buildings
WHERE ST_Intersects(building_geom, (SELECT park_geom FROM parks WHERE park_name=
'Central Park'));
```

2) ST_Buffer

임의 지점 지오메트리를 중심으로 주위에 버퍼를 생성함

㉠ 특정 관심 지점 주변에 500미터 버퍼를 생성함

```
SELECT ST_Buffer(poi_geom, 500) AS poi_buffer
FROM points_of_interest
WHERE poi_name='Seoul Tower';
```

3) ST_Distance

이 문은 두 도형 사이의 거리를 계산함

㉠ 두 공항 간의 거리를 계산하여 결과값을 반환함

```
SELECT ST_Distance(a1.airport_geom, a2.airport_geom) AS distance
FROM airports a1, airports a2
WHERE a1.airport_name='ICN' AND a2.airport_name='JFK';
```

4) ST_Area

이 명령문은 도형의 면적을 계산함

예) 도시의 모든 공원 면적을 계산하여 결과값을 반환함

```
SELECT park_name, ST_Area(park_geom) AS area
FROM parks;
```

5) ST_Within

이 명령문은 한 도형이 다른 도형 내에 완전히 포함된 경우 true를 반환함

예) 특정 도시 내에 완전히 포함된 모든 이웃을 찾아 목록값을 반환함

```
SELECT neighborhood_name
FROM neighborhoods
WHERE ST_Within(neighborhood_geom, (SELECT city_geom FROM cities WHERE city_name='Seoul'));
```

6) ST_DWithin

두 공간 개체가 서로 지정된 거리 내에 있으면 true값을 반환함

```
SELECT *
FROM table1
WHERE ST_DWithin(geometry1, geometry2, 100);
```

7) ST_Union

일련의 도형에서 단일 도형을 생성함

```
SELECT ST_Union(geometry)
FROM table1;
```

8) ST_Centroid

공간 객체의 중심점 좌표값을 반환함

```
SELECT ST_Centroid(geometry)
FROM table1;
```

9) ST_Envelope

공간 객체의 다각형 외곽(경계) 영역값을 산출

- 다각형 테이블을 생성
  CREATE TABLE polygons (id serial primary key, geom geometry(Polygon, 4326));

- 몇 가지 다각형을 삽입
  INSERT INTO polygons (geom) VALUES
  (ST_GeomFromText('POLYGON((0 0, 0 1, 1 1, 1 0, 0 0))')),
  (ST_GeomFromText('POLYGON((-1 -1, -1 -2, -2 -2, -2 -1, -1 -1))'));

- 다각형의 외곽 영역을 구함
  SELECT id, ST_AsText(ST_Envelope(geom)) as envelope
  FROM polygons;

TIP 공간데이터 분석 SQL 명령문 정리

ST_Intersects	두 도형이 교차하는 경우 true 값을 반환
ST_Buffer	임의 지점 지오메트리를 중심으로 주위에 버퍼를 생성
ST_Distance	두 도형 사이의 거리를 계산
ST_Area	임의 도형의 면적을 계산
ST_Within	한 도형이 다른 도형 내에 완전히 포함된 경우 true를 반환
ST_DWithin	두 공간 개체가 서로 지정된 거리 내에 있으면 true값을 반환
ST_Union	일련의 도형에서 단일 도형을 생성
ST_Centroid	공간 객체의 중심점 좌표값을 산출하여 반환
ST_Envelope	공간 객체의 다각형 외곽(경계) 영역값을 산출

TIP 최신 공간질의 기능

PostGIS 3.5와 Oracle Spatial 23c에서는 다음과 같은 신규·개선 함수를 제공

함수	설명	예시
ST_3DIntersects	3D 객체 간 교차 여부 판단	건물 모델 충돌 감지
ST_3DDistance	3D 거리 계산	항공 경로·지하터널 거리 분석
ST_Subdivide	대용량 피처를 작은 단위로 분할	대규모 폴리곤 성능 개선
ST_AsMVT	벡터타일 출력	웹 지도 서비스

CHAPTER 02 | 공간정보 DB 프로그래밍

01 ★☆☆

데이터베이스의 특징에 관한 설명으로 거리가 먼 것은?

① 데이터 중복 최소화
② 데이터 독립성
③ 데이터 트랜잭션
④ 데이터 무결성

[해설]
데이터 트랜잭션은 데이터베이스의 상태를 변화시키기 위해 수행하는 하나의 논리적 기능이나 작업을 의미한다. 데이터베이스의 특징으로는 중복 최소화, 독립성, 무결성, 보안 등을 들 수 있다.

[정답] ③

02 ★☆☆

데이터베이스 관리 시스템(DBMS)의 필수 기능에 해당하지 않는 것은?

① 정의 기능
② 운영 기능
③ 조작 기능
④ 제어 기능

[해설]
DBMS의 필수 기능
정의 기능, 조작 기능, 제어 기능

[정답] ②

03 ★☆☆

공간정보 처리에 적합한 DBMS에 대한 설명으로 옳지 않은 것은?

① 공간 데이터를 저장·조회·분석·시각화하는 기능을 제공한다.
② 다차원의 복합 지오메트리 유형은 지원하지 않는다.
③ PostGIS, MySQL Spatial 등이 이에 해당한다.
④ 공간적인 조회와 검색 성능 향상을 위한 공간 인덱스를 사용한다.

[해설]
다차원의 복합 지오메트리 유형도 지원한다.

[정답] ②

04 ★★☆

논리적 스키마(Logical schema)에 대한 설명으로 적합하지 않은 것은?

① 데이터베이스의 전체적인 뷰와 구조를 정의하는 것이다.
② 데이터의 논리적인 구조를 정의하는 것이다.
③ 데이터베이스의 테이블, 관계, 속성, 제약 조건 등을 포함한다.
④ 데이터베이스 객체들 간의 관계 정의를 지원한다.

[해설]
①번은 개념적 스키마(Conceptual schema)에 대한 설명이다.

[정답] ①

05 ★★★

시스템 카탈로그(System catalog)의 특징과 거리가 먼 것은?

① 데이터베이스의 메타데이터를 저장한다.
② 테이블, 뷰, 인덱스 제약 조건 등의 객체 정보를 저장한다.
③ 데이터베이스의 객체 정의와 관계, 제약 조건 등을 관리한다.
④ 데이터베이스 사용자의 로그 기록을 분석한다.

해설
시스템 카탈로그의 특징은 메타데이터 저장, 데이터베이스 객체 관리, 데이터 일관성 유지, 권한과 접근제어 관리 등이다.

정답 ④

06 ★★☆

데이터베이스 설계 시 고려해야 하는 무결성(Integrity)에 관한 설명으로 옳은 것은?

① 데이터베이스 내의 데이터가 정확하고 일관성 있는 상태를 유지하는 것
② 데이터베이스 내의 데이터 간 관계와 의존성을 정의하고 일관적인 트랜잭션을 처리하는 것
③ 데이터의 효율적 저장과 검색 성능을 최적화하는 것
④ 데이터의 증가나 요구사항 변화에 대응할 수 있는 구조와 기술을 선택하는 것

해설
②번은 일관성(Consistency), ③번은 성능(Performance), ④번은 확장성(Scalability)에 대한 설명이다.

정답 ①

07 ★★★

관계형 데이터베이스에 대한 설명으로 옳지 않은 것은?

① 데이터를 테이블 형태로 구성하고, 테이블 간의 관계를 통해 데이터를 조직화한다.
② 주요 구성 요소는 테이블(table), 행(row), 열(column), 관계(relation)이다.
③ 각 행(row)은 고유한 식별자(Foreign Key)를 가지며 테이블의 다른 행들과의 관계를 표현한다.
④ 릴레이션의 구조에서 각각의 행(row)을 튜플(tuple)이라 한다.

해설
각 행의 고유한 식별자는 Primary Key이다.

정답 ③

08 ★☆☆

다음 〈보기〉는 공간 데이터베이스를 구성하는 요소 중 어느 것에 대한 설명인가?

보기

경계나 교차점 기반 데이터 분할, 색인화, 빠른 검색, R-Tree

① 공간 데이터 모델
② 공간 분석 함수
③ Spatial query
④ 공간 인덱스

정답 ④

09 ★★★

DCL(Data Control Language) 개념에 대한 설명으로 옳지 <u>않은</u> 것은?

① 데이터베이스의 접근 권한과 보안을 관리하는 역할을 수행한다.
② 데이터베이스에 접근하여 데이터를 조회·삽입·수정·삭제할 수 있다.
③ 주로 DBA에게 사용 권한이 주어진다.
④ DCL의 주요 명령어로는 GRANT, REVOKE, DENY 등이 있다.

[해설]
- DCL은 데이터베이스의 접근 권한과 보안을 관리하기 위해 주로 데이터베이스 관리자(DBA)나 권한을 가진 사용자가 사용하는 명령어이다. 데이터베이스 객체에 대한 접근 권한을 부여하거나 제한하는 작업을 수행한다.
- 데이터베이스에 접근하여 데이터를 조회·삽입·수정·삭제하는 검색과 조작 관리 기능은 응용프로그래머가 담당하는 작업이다.

[정답] ②

10 ★★☆

데이터베이스 객체의 종류 중 다음 〈보기〉 설명에 해당하는 것은?

| 보기 |
| 하나 이상의 테이블로부터 유도된 가상의 테이블로, 특정 사용자 또는 사용자 그룹에게 데이터의 일부 또는 특정한 형태로 제공하기 위해 사용되는 객체 |

① Table
② Index
③ Procedure
④ View

[정답] ④

11 ★★☆

인덱스(Index)에 대한 설명으로 적절하지 <u>않은</u> 것은?

① 데이터의 추가, 삭제 등 갱신 작업이 빈번할수록 인덱스 사용 효과가 커진다.
② 인덱스는 유일성을 갖는 열에 대해서 중복된 값을 허용하지 않는다.
③ 테이블의 특정 열에 대한 값들을 정렬하여 데이터 검색 속도를 향상시킨다.
④ 인덱스는 데이터와 별도 구조로 저장되므로 디스크 공간을 추가적으로 사용한다.

[해설]
데이터의 추가, 삭제 등 갱신 작업이 빈번할수록 인덱스 사용 효과가 떨어진다. 데이터의 잦은 변경에 따른 인덱스의 업데이트 등 유지 노력이 추가로 필요하고, 그만큼 작업 성능이 저하될 수 있다.

[정답] ①

12 ★★★

다음 중 DML(Data Manipulation Language)의 명령어 모음으로 알맞은 것은?

① Create, Update, Alter, Delete
② Select, Alter, Insert, Drop
③ Select, Insert, Update, Delete
④ Create, Insert, Alter, Delete

[정답] ③

13 ★★★

다음 〈보기〉 MySQL 문장의 해석으로 옳지 않은 것은?

| 보기 |

```
SELECT *
FROM points
WHERE ST_Distance_Sphere(geom, ST_Point
(-73.9857, 40.7484)) < 1000;
```

① 임의의 점으로부터 지정된 반경 내의 다른 점들을 찾는 공간 연산 조회문이다.
② "points" 열을 갖는 "geom" 테이블로부터 공간적 조회를 수행한다.
③ ST_Point 함수를 이용하여 해당 좌표점을 갖는 포인트 지오매트리를 생성한다.
④ ST_Distance_Sphere 함수를 사용하여 각 포인트와 주어진 포인트 사이의 거리를 계산한다.

| 해설 |

"geom" 열을 갖는 "points" 테이블로부터 공간적 조회를 수행하는 것이다.

| 정답 | ②

14 ★★★

다음 〈보기〉 PostGIS 공간데이터 Query문의 실행 결과로 얻을 수 있는 결과물은?

| 보기 |

```
SELECT *
FROM buildings
WHERE ST_Intersects(geom, ST_GeomFrom
Text('POLYGON((0 0, 0 10, 10 10, 10 0, 0 0))',
4326));
```

① 4326 속성을 갖는 다각형
② 좌표값(0 0, 0 10, 10 10, 10 0, 0 0)을 갖는 다각형
③ geom 필드에 값이 들어 있는 건물
④ 주어진 다각형과 교차하는 건물

| 해설 |

건물의 공간 정보를 저장하는 지오메트리 "geom"열을 가지는 "buildings"라는 테이블이 있다. ST_GeomFromText 함수를 사용하여 다각형 도형을 만들고, ST_Intersects 함수를 사용하여 각 건물이 다각형과 교차하는지 확인한다. WHERE 절은 폴리곤과 교차하는 건물만 포함하도록 결과를 필터링하여 반환한다.

| 정답 | ④

15 ★★☆

다음 〈보기〉 설명은 공간 데이터 분석 SQL 명령문 중 어느 것에 관한 것인가?

| 보기 |

두 공간 객체가 서로 지정된 거리 내에 위치하면 'true'값을 반환함

① ST_Union
② ST_DWithin
③ ST_Within
④ ST_Distance

| 해설 |

- ST_Union: 일련의 도형에서 단일 도형을 생성함
- ST_Within: 한 도형이 다른 도형 내에 완전히 포함될 경우 true 값을 반환함
- ST_Distance: 두 도형 사이의 거리를 계산함

| 정답 | ②

CHAPTER 03 | 웹기반 공간정보서비스 프로그래밍

대표유형

OGC에서 지정한 웹 GIS 서비스 중에서 지리정보에 대한 다양한 처리 서비스를 웹에서 정의하고 접근할 수 있도록 하는 인터페이스는?

① WCS(Web Coverage Service)
② WFS(Web Feature Service)
③ WMS(Web Map Service)
④ WPS(Web Processing Service)

해설

OGC에서 지정한 웹 GIS 서비스 중에서 WPS(Web Processing Service)는 지리정보에 대한 다양한 처리 서비스(Geo-Processing Service)를 웹에서 정의하고 접근할 수 있게 하기 위한 인터페이스이다.

정답 ④

01 웹 프로그래밍 개요

1. 웹 개발환경

(1) 웹 환경의 이해

① 웹 환경: 서버(Server)와 클라이언트(Client)가 http(Hyper Text Transfer Protocol)를 통해 Request와 Response를 사용하여 자료를 주고받으며 정보를 교환

| Frontend | 사용자가 직접 웹브라우저를 통해 정보를 조회하는 영역 |
| Backend | 사용자의 정보 요청에 대응하여 내부 서버에서 데이터를 전달 |

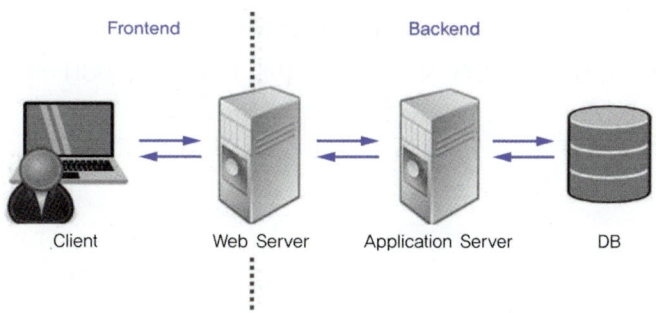

② 티어(Tier): 열 또는 계층을 의미

2-Tier	• 가장 대표적인 클라이언트/서버 구조 • 웹서버에서 바로 데이터베이스로 접근
3-Tier	• 중간에 서버(웹서버, WAS 서버)를 통하여 데이터베이스에 접근 • 일반적인 웹환경
4-Tier	공간정보 서비스의 경우 맵 서버가 별도로 구성되어 4-Tier도 가능

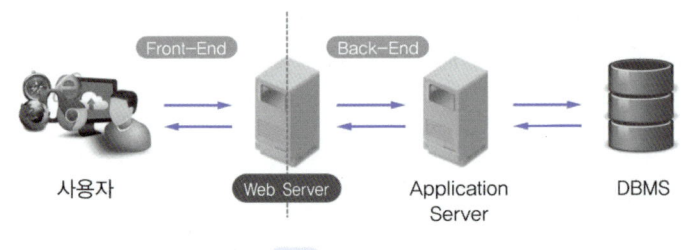

그림 3-Tier 구조

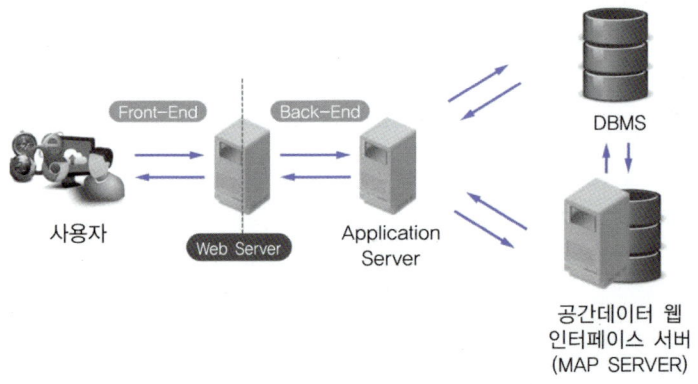

그림 4-Tier 구조

(2) 웹 환경의 구성

1) 서버(Server)

① 서비스를 제공하는 컴퓨터
② 서버 주소: URL(IP와 Port) 예 196.168.xx.xx:8088
③ 서버 종류: 웹서버, 데이터베이스 서버, DNS 서버, FTP 서버, SSH 서버 등

2) 클라이언트

① 네트워크를 통해 다른 서버 시스템상의 컴퓨터에 원격 서비스로 접속할 수 있는 응용 프로그램이나 서비스
② 기능: 웹브라우저에 URL을 입력하여 그 URL에 해당하는 웹서버로 웹페이지에 대한 요청을 전달
③ 종류: 에지, 크롬, 파이어폭스 등

3) 소통 방법

HTTP	• HyperText Transfer Protocol의 약자 • WWW상에서 정보를 주고받을 수 있는 프로토콜(일종의 약속)
Request	• 서버로 요청하는 명령어 • Get: 정보를 가져옴 • Post: 정보를 수정 및 입력
Response	서버로부터 응답 예 HTML, 자바스크립트, CSS, Image 등

4) Frontend

① 사용자에게 시각적으로 보이는 부분
② 해당 작업을 위해 HTML, CSS, 자바스크립트 등을 주로 사용

HTML (HyperText Markup Language)	웹페이지를 구성하기 위한 언어이며, 웹브라우저에서 동작하는 언어
CSS (Cascading Style Sheets)	문서를 표시하는 방법을 지정하는 언어
자바스크립트	웹페이지에서 복잡한 기능을 구현할 수 있게 하는 스크립팅(Scripting) 언어 또는 프로그래밍 언어

5) Backend

① 사용자에게 드러나지 않는 영역이며, 통신/요청에 대해 DB, Interface 등을 통해 시스템에 접근
② 의미 있는 정보를 전달하는 부분

웹서버	사용자의 요청을 받아 정적인 콘텐츠(HTML, image 등)를 전송해 주는 프로그램 예 Apache, IIS(Internet Information Services), nginx, GWS(Google Web Server) 등
웹 애플리케이션 서버(WAS)	DB 조회나 다양한 로직 처리를 요구하는 동적인 콘텐츠를 제공하기 위한 프로그램 예 Tomcat, JBoss, Jeus, Web Sphere 등
데이터베이스	정보를 저장하는 장소 예 MS-SQL, Oracle, MySQL, PostgreSQL, MongoDB 등
스크립트 엔진	웹서버에서 사용자의 요청을 분석하여 처리하는 프로그램 예 PHP, JSP, ASP 등
웹 프레임워크	웹 개발을 편리하게 할 수 있도록 지원하고 생산성을 높일 수 있는 도구 예 Django, Ruby on Rails, ASP.NET 등

(3) 웹 개발환경의 종류

Stand Alone 개발 환경	웹서버, DBMS 개발도구를 하나의 컴퓨터에 설치하여 개발하는 환경
Server/Client 개발 환경	웹서버, DBMS가 별도의 서버로 구성하고, 개발도구는 개발자 컴퓨터에 설치하여 서버와 네트워크가 연결된 상태에서 개발하는 환경

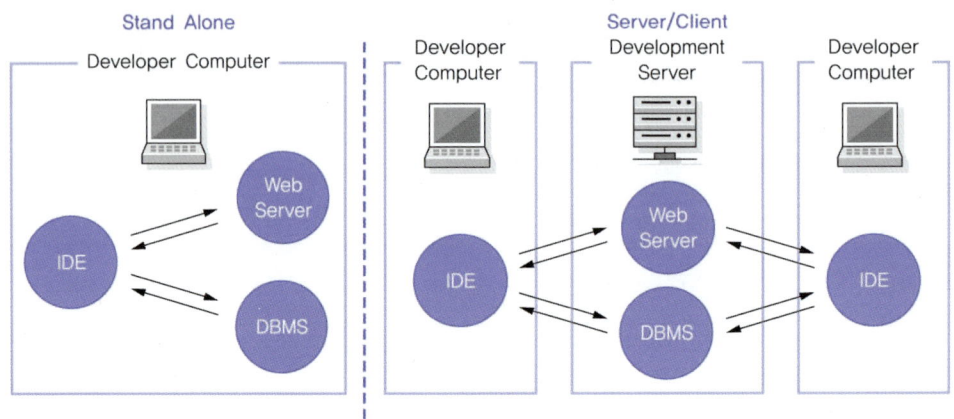

(4) 웹 프레임워크(Web framework)

① 웹페이지나 웹서비스를 개발하는 과정에서 템플릿, 데이터베이스 연동 등 기본적으로 필요한 기능을 재사용할 수 있는 클래스 형태로 제공하는 것
② 스프링 프레임워크(Spring framework): 자바 플랫폼을 위한 오픈소스 애플리케이션 프레임워크로, 동적인 웹사이트를 개발하기 위한 여러 가지 서비스를 제공
③ 전자정부 표준 프레임워크: 공공사업에 적용되는 개발 프레임워크의 표준 정립으로 응용 SW 표준화, 품질 및 재사용성 향상을 목표로 스프링 프레임워크를 기반으로 개발됨

> **TIP 스프링 프레임워크와 전자정부 표준 프레임워크의 차이점**
> - 전자정부 표준 프레임워크는 스프링 프레임워크를 기반으로 만들어졌기 때문에 많은 부분이 유사하다.
> - 전자정부 프레임워크를 사용하려면 DAO(Data Access Object) 단에서 전자정부 프레임워크에서 제공하는 DAO를 확장하여 구현해야 하며, 이를 사용하지 않을 경우 전자정부 프레임워크의 범주를 벗어난다.

2. 웹 개발도구

(1) 웹 개발도구의 정의

① 개발자가 개발을 위하여 엔진, 프레임워크 등의 개발 환경을 통합하여 개발도구에서 제공하는 함수, 라이브러리 등을 이용하여 개발 언어를 통해 프로그램 제작을 수월하게 해주는 도구
② 웹 개발을 위해서는 코드를 컴파일하기 위한 컴파일러, 코드 편집기를 비롯해 통합된 개발 환경을 제공하는 IDE(Integrated Development Environment) 프로그램, 웹 프로그램의 실행과 서비스 운영을 위한 서블릿 컨테이너(Servlet Container) 등이 필요

구분	개발도구	버전	설명
컴파일러	JDK(Java Development Kit)	11.0.1x	자바(Java) 코드를 컴파일하고 실행하기 위한 개발 킷
통합개발환경(IDE)	STS(Spring Tool Suite)	3.9.18	이클립스(Eclipse) 기반의 스프링 애플리케이션 개발을 위한 통합개발환경(IDE) 프로그램
서블릿 컨테이너	Apache Tomcat	9.0	웹 프로그램의 실행과 서비스 운영 지원

(2) 컴파일러 JDK

① 컴파일러(Compiler): 인간이 사용하는 고레벨 언어를 기계가 이해할 수 있는 저레벨 언어로 해석해주는 프로그램
② JDK(Java Development Kit): 자바 애플리케이션 구축을 위한 핵심 플랫폼 구성요소로 자바 컴파일러가 핵심
③ 자바(Java)언어의 경우 개발자가 작성하는 고레벨 언어로 작성된 소스파일(*.java)을 컴파일하여 바이트 코드(*.class)로 변환
④ 바이트 코드로 작성된 파일(*.class)은 기계(JVM)가 읽어들여 실행

(3) 통합개발환경(IDE)

① 프로그램 개발과 관련된 모든 작업을 하나의 프로그램 안에서 처리하는 환경을 제공하는 소프트웨어
② 컴파일러, 텍스트 편집기, 디버거 등을 하나로 묶어 대화형 인터페이스를 제공
③ 대표적인 통합개발환경으로는 이클립스(Eclipse)와 비주얼 스튜디오(Visual studio)가 있음

이클립스 (Eclipse)	• 자바(java)를 포함한 다양한 언어를 지원하는 통합개발 환경 • C/C++ 개발자용, 자바 개발자용, 웹 개발자용 등 다양한 배포판이 존재
비주얼 스튜디오 (Visual studio)	다양한 언어로 프로그래밍할 수 있는 마이크로소프트의 통합개발환경

(4) 서블릿 컨테이너

① 서블릿(Servlet): 웹 서버의 성능을 향상하기 위해 사용되는 자바 클래스의 일종으로, 클라이언트의 요청에 맞추어 동적인 결과를 만들어주는 기술
② 서블릿 컨테이너(Servlet container): 서블릿을 담고 관리해주는 컨테이너
③ 서블릿 컨테이너의 기능
  - 서블릿 생명주기 관리
  - 통신 지원
  - 멀티쓰레드 지원 및 관리
  - 선언적인 보안 관리

> **TIP 아파치 톰캣**
> - 아파치 소프트웨어 재단에서 개발한 서블릿 컨테이너만 있는 웹 애플리케이션 서버
> - 웹 서버와 연동하여 실행할 수 있는 자바 환경을 제공하여 자바 서버 페이지와 자바 서블릿이 실행할 수 있는 환경을 제공

02 웹페이지 디자인 레이아웃

1. HTML 태그 및 속성

(1) 웹디자인 레이아웃

1) 목적

한 페이지에서 콘텐츠가 배치되는 방식으로 전달하려는 내용이 사용자에게 확실히 전달될 수 있도록 주요 요소를 어디에 배치할 것인지를 표현

2) 웹페이지 레이아웃 설계 시 고려사항

① 명확한 콘텐츠 그룹화
② 사이트 목적에 따라 비중 있는 요소를 우선적으로 배치
③ 그리드는 큰 콘텐츠에서 작은 콘텐츠 중심으로 구성
④ 세부적인 그리드는 시선의 이동을 고려하여 자연스럽게 이동할 수 있도록 구성
⑤ 메인 페이지와 일관성 있는 서브 페이지 레이아웃 구성

3) 웹페이지 레이아웃 구성 요소

구분	설명
헤더 영역	웹페이지를 나타내는 로고 또는 소개 글이 위치
메뉴(네비게이션) 영역	웹페이지에서 다른 웹페이지로 이동하는 메뉴로 구성
콘텐츠 영역	웹페이지의 내용으로 구성
푸터 영역	웹페이지와 관련된 정보로 구성

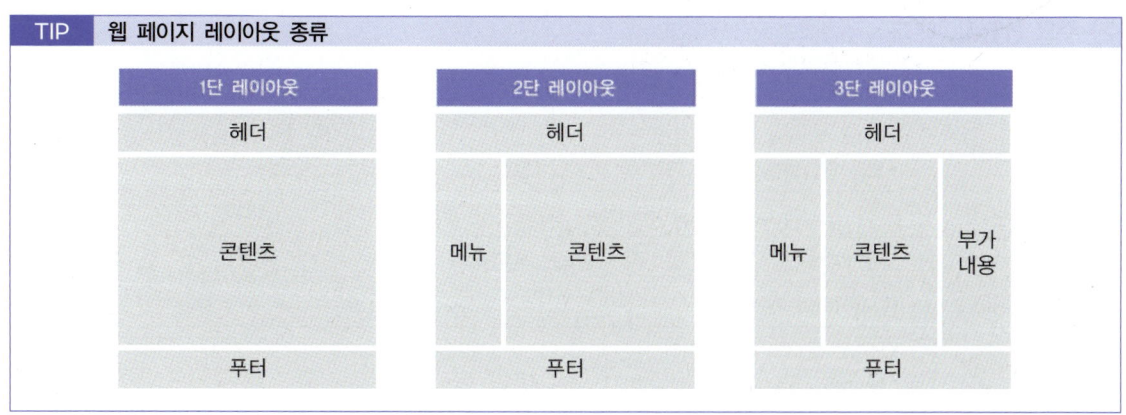

(2) HTML(Hyper Text Markup Language)

1) 정의
① HTML: 웹페이지와 그 내용을 구조화하기 위해 사용되는 마크업 언어
② 요소(Element): HTML에서 시작과 종료 태그로 나타내는 모든 명령어를 의미하며, 하나의 HTML 문서는 요소의 집합
③ 태그(Tag): "〈"와 "〉"로 묶인 명령어로 시작 태그와 종료 태그를 한 쌍으로 사용하고, 종료 태그에는 "/"를 사용 예 〈p〉Hello World〈/p〉
④ 속성(Attribute): 시작부터 종료 태그 안에서 사용하는 구체화된 명령어로, 속성과 변수 사이에는 "=" 부호를 사용하여 연결 예 〈img src="https://localhost/image/image.jpg"〉
⑤ 변수(Arguments): 속성과 관련된 값 예 align = "top"

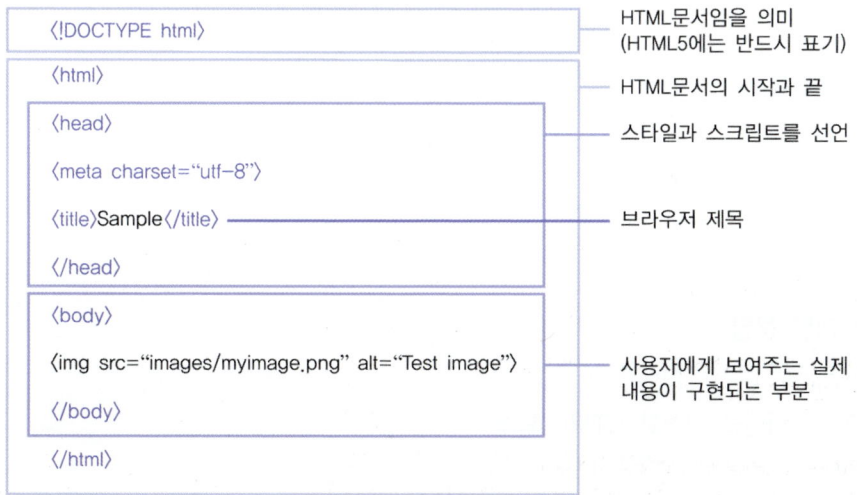

2) 주요 HTML 태그

주요 태그	설명
⟨html⟩	• HTML 문서의 최상위 요소 • 모든 태그들을 감싸는 가장 큰 단위의 태그
⟨head⟩	HTML 문서에 대한 메타데이터, style, script 선언 부분
⟨body⟩	사용자에게 실제 내용(콘텐츠)이 구현되는 영역
⟨title⟩	웹 페이지의 제목
⟨meta⟩	• HTML 문서의 메타데이터 • 문자형, 기기, 설명, 소셜 이미지, 핵심 키워드 등
⟨div⟩	특정 영역이나 구획을 구분
⟨a⟩	• anchor를 뜻하는 태그로, 하이퍼링크로 다른 링크나 HTML로 이동 • 웹의 핵심
⟨script⟩	• 스크립트 프로그래밍 영역 • 주로 자바스크립트를 사용
⟨link⟩	CSS 문서 등의 외부 소스를 연결
⟨img⟩	이미지를 담는 태그
⟨p⟩	문단을 뜻하며, 일반적인 텍스트를 넣을 때 사용
⟨h1⟩~⟨h6⟩	• 문서 내에 있는 제목을 넣는 태그 • h1이 가장 크고 h6이 가장 작음
⟨br⟩	줄 바꾸기 태그
⟨input⟩	입력 필드로 웹에서 사용자로부터 정보를 입력받을 때 사용
⟨form⟩	input을 담는 태그로, 입력받은 데이터를 저장하거나 출력

2. CSS 태그 및 속성

(1) CSS의 정의

① CSS(Cascading Style Sheets)란 웹페이지를 꾸미기 위해 작성하는 코드
② HTML 문서에 있는 요소들에 선택적으로 스타일을 적용

(2) CSS의 기본 문법

① 선택자(Selector)와 선언부(Declation)로 구성
② 선택자: 스타일을 지정할 HTML 요소
③ 선언부
  • 속성명과 값을 포함
  • 콜론(:)으로 구분되며 각 선언은 세미콜론(;)으로 정의

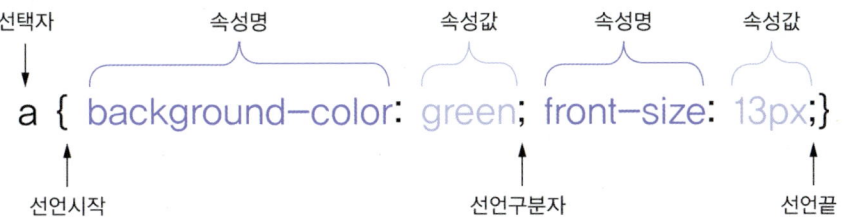

(3) CSS 선택자

1) 공용 선택자(Universal selector)

① HTML 요소를 선택자로 하여 스타일 적용
② HTML 요소 모두에 스타일이 적용

```
* {
   속성이름: 값; 속성이름: 값; 속성이름: 값;
}
```

2) 태그 선택자(Type selector)

지정된 태그에 대하여 스타일이 적용

```
tag {
   속성이름: 값; 속성이름: 값; 속성이름: 값;
}
```

3) 클래스 선택자(Class selector)

특정 HTML 요소를 그룹화하여 스타일 지정

```
.클래스명 {
      속성이름: 값; 속성이름: 값; 속성이름: 값;
    }
```

4) 아이디 선택자(ID selector)

특정 ID를 부여하여 스타일 지정

```
#id명 {
     속성이름: 값; 속성이름: 값; 속성이름: 값;
   }
```

(4) CSS 적용 방법

내부 스타일 시트	• HTML 파일에 스타일을 기술하는 방법으로, 〈head〉〈/head〉 태그 사이에 〈style〉〈/style〉 태그 부분에 작성 • HTML과 CSS가 한 파일에 있으므로 작업하기 쉽고 간편하지만, CSS를 재활용할 수 없으므로 외부 스타일 시트의 사용을 권장
외부 스타일 시트	• CSS를 작성하는 가장 기본적인 방법으로, 별도의 파일에 CSS 문서를 작성하고 해당 CSS를 HTML 문서에서 호출하여 사용하는 형식 • 〈link rel="***" href="***.css"〉 형식으로 호출 • 동일한 서버 내에 구성하거나, URL을 통해 다른 서버의 CSS를 불러오는 것도 가능
인라인 스타일 시트	• HTML 태그에 필요한 디자인 속성을 직접 작성하는 형식 • 필요한 디자인을 바로 적용할 수 있다는 장점이 있으나, 일관된 디자인을 적용하기에는 어려움이 있음 • 예를 들어 〈div style="Color: Blue"〉〈/div〉 식으로 표현

3. 화면/폼 구성

(1) 레이아웃 구성

1) 레이아웃(Layout)

특정 공간에 여러 구성 요소를 효과적으로 배치하는 작업

2) HTML 레이아웃 작성방법

① div 요소를 이용한 레이아웃
② HTML5 레이아웃
③ table 요소를 이용한 레이아웃: 현재는 거의 사용하지 않음

3) div 요소를 이용한 레이아웃

① div 태그의 속성으로 정의
② 기본적으로 header, nav, section, footer로 구성

div 태그	설명
〈div id="header"〉	기본적으로 웹 페이지 로고나 메인 메뉴가 표현되는 레이아웃
〈div id="nav"〉	서브 메뉴를 표시하는 레이아웃
〈div id="section"〉	페이지의 내용을 표시하는 레이아웃
〈div id="footer"〉	저작권 글이나 기타 메뉴가 표현되는 레이아웃

③ div 요소의 HTML 표현 예시

```
<div id="header"><h2>Header 영역</h2></div>
<div id="nav"><h2>Nav 영역</h2></div>
<div id="section"><p>Section 영역</p></div>
<div id="footer"><h2>Footer 영역</h2></div>
```

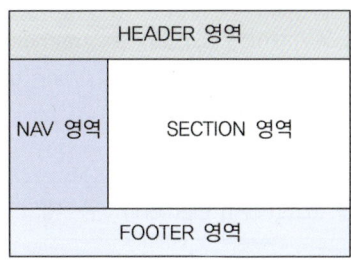

4) HTML5 요소를 이용한 레이아웃

① HTML5의 웹 레이아웃 의미(Sematic) 요소

의미 요소	설명
⟨header⟩	HTML 문서나 섹션(section) 부분에 대한 헤더(header) 정의
⟨nav⟩	HTML 문서의 탐색 링크 정의
⟨section⟩	HTML 문서에서 섹션(section) 부분 정의
⟨article⟩	HTML 문서에서 독립적인 하나의 글(article) 부분 정의
⟨footer⟩	HTML 문서의 하단 부분 정의

② HTML5 표현 예시

```
<header><h2>Header 영역</h2></header>
<nav><h2>Nav 영역</h2></nav>
<section><p>Section 영역</p></section>
<footer><h2>Footer 영역</h2></footer>
```

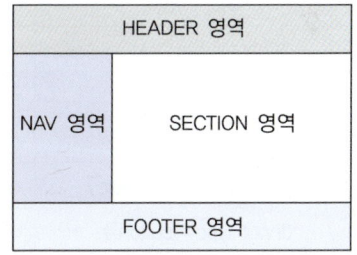

(2) 폼(Form)

① 웹 페이지 내에서 사용자의 입력을 받기 위한 구성요소
② HTML 태그 ⟨form⟩⟨/form⟩

Form 속성	설명
action	폼을 전송할 서버 주소(URL)나 스크립트 파일 지정
name	폼을 식별하기 위한 이름 지정
accept-charset	폼 전송에 사용할 문자 인코딩 지정
target	action에서 지정한 스크립트 파일을 새로운 창에서 출력
method	폼을 서버에 전송할 http 메소드 설정(GET 또는 POST)

```
<body>
    <form action="##" name="info" method="get">
        이름 : <input type="text" name="name"/><br><br>
    </form>
</body>
```

이름: ☐

③ 폼 요소(Form element): 폼 태그 사이에 폼을 구성하기 위한 다양한 구성 요소

태그	설명
⟨input⟩	입력 영역으로, type을 통해 다양한 형태 가능
⟨select⟩	드롭다운 목록이 있는 콤보박스
⟨textarea⟩	여러 줄의 텍스트 입력 창
⟨button⟩	버튼
⟨datalist⟩	옵션 목록을 지정할 수 있는 텍스트 창
⟨output⟩	스크립트 수행 결과

④ Input 태그
- 폼 태그에 입력할 수 있는 영역을 설정
- Type을 지정하여 다양한 형태 설정

주요 Type	설명
⟨input type="text"⟩	텍스트 박스
⟨input type="password"⟩	입력 내용이 가려지는 텍스트
⟨input type="radio"⟩	선택 버튼(하나만 선택 가능)
⟨input type="checkbox"⟩	체크 박스(복수 선택 가능)
⟨input type="button"⟩	버튼
⟨input type="color"⟩	색상 선택
⟨input type="date"⟩	날짜 선택

(3) 웹 GIS 시스템 레이아웃 예시

① 시스템 레이아웃 설계: 메뉴, 목록, 지도 영역 등 검색과 결과를 바로 확인할 수 있도록 구분하여 설계

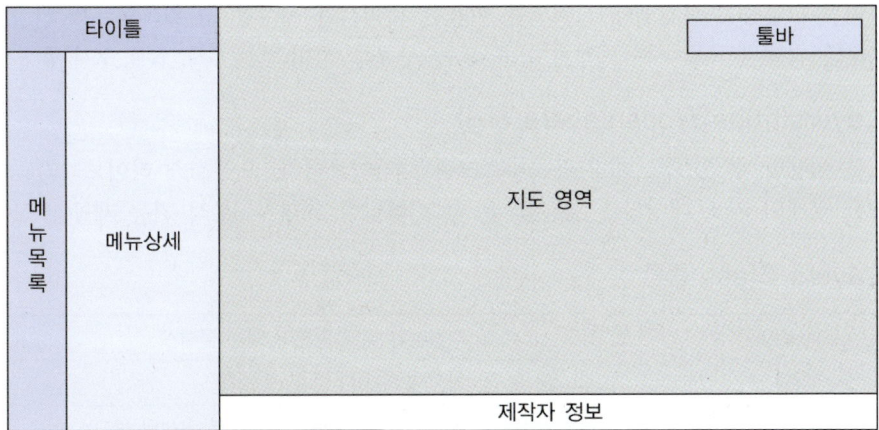

② 구현 목표 화면 설계: 검색 기능, 검색 조회 기능, 지도 화면 등 구현 목표 화면 설계
③ 통합 편집 프로그램인 STS를 이용하여 웹 프로젝트를 생성

> **TIP** 개발도구를 이용하여 지도 페이지의 레이아웃을 구성할 때 수정할 파일 위치
> home.jsp 수정: 프로젝트명 → src → main → webaapp → WEB-INF → views

03 심볼 및 공간 객체 생성

1. 지도 검색

(1) Open API(Open Application Programming Interface)

1) 특징

① 서비스, 정보, 데이터 등 언제 어디서나 누구나 쉽게 이용할 수 있도록 개방된 API
② 통신망의 구조 및 기술에 독립적으로 새로운 응용 서비스를 쉽게 개발
③ 데이터를 제어하는 간단하고 직관적인 인터페이스를 제공하여 사용자의 참여를 유도

2) Open API의 장점

① 서비스 개발 시간 단축
② 서비스 개인화 가능
③ 복잡한 프로그래밍 없이 API만 조합하여 원하는 프로그램 제작
④ 오픈 API를 조합하여 새로운 서비스 개발이 가능

(2) 지도 Open API

1) 특징
① 웹사이트와 응용 프로그램에서 지도를 이용한 서비스를 제작할 수 있도록 다양한 기능 제공
② 대부분의 국내외 포털 사이트에서 유료 또는 무료로 서비스 예 G사, N사, K사 등

2) OpenLayers(https://openlayers.org)
① 지도를 이용할 수 있도록 개발된 자바스크립트 라이브러리, 오픈소스 라이브러리
② 다양한 형태의 지도 데이터를 사용할 수 있고 다양한 그리기, 분석 기능 제공

3) OpenLayers Class 종류

Map	웹 지도 서비스를 제공하기 위해 기본이 되는 클래스
View	지도의 해상도 및 회전 같은 비주얼 관리 클래스
Layers	Layer를 생성하고 조작하는 프로퍼티 및 함수로 구성된 클래스
Control	맵 객체를 컨트롤하기 위한 클래스
Interactions	컨트롤과 연결되어 발행하는 이벤트 클래스
Sources and Formats	데이터 소스 및 포맷을 관리하기 위한 클래스
Projections	좌표 체계를 관리하기 위한 클래스
Observable objects	이벤트 리스너 클래스
Other components	기타 클래스

> **TIP** OpenStreetMap(https://www.openstreetmap.org)
> • 무료로 사용할 수 있는 지도 데이터 제공 서비스로, 사용자 참여로 제작된다.
> • 전 세계를 대상으로 다양한 테마의 지도를 제공하며 제약 없이 무료로 사용 가능하다.

(3) OGC(Open Geospatial Consortium) 표준

1) 특징
① 1994년에 기원한 국제 표준화 기구
② 지리공간 콘텐츠와 서비스, 센서 웹, 사물 인터넷, GIS 데이터 처리, 데이터 공유를 위한 개방형 표준의 개발 및 구현을 장려

2) OGC에서 지정한 대표적인 웹 GIS 서비스

WCS (Web Coverage Service)	• 웹을 통해 래스터 형식의 GIS 데이터를 제공하기 위한 인터페이스 • 위성영상, DEM 등을 서비스
WFS (Web Feature Service)	• 웹을 통해 벡터 형식으로 GIS 데이터를 제공하기 위한 인터페이스 • 데이터 서버에 저장된 벡터 레이어를 불러오거나 관리
WMS (Web Map Service)	• GIS 데이터에 접근하기 위한 인터페이스 • 웹을 통해 지도 이미지(형식)로 서비스 • 벡터 및 래스터 데이터를 시각화(Visualization)하는 서비스
WPS (Web Processing Service)	지리정보에 대한 다양한 처리 서비스(Geo-Processing Service)를 웹에서 정의하고 접근할 수 있게 하기 위한 인터페이스

2. 지도 객체 생성

(1) OpenLayers 프로그래밍

1) Map 생성

① 지도의 기본이 되는 ol.Map 객체 생성
② Layers: 지도에 표시될 각종 레이어 리스트 설정
③ Target: 지도를 생성할 html document id
④ View: 지도의 위치, 줌 레벨 등 설정

2) 레이어 추가

① 배경 지도 레이어, WMS 레이어, WFS 레이어, 타일 레이어 등 각종 레이어를 ol.Map에 추가
② ol.Map 객체 생성 시 옵션으로 추가 가능
③ ol.Map 객체 생성 이후 map.addLayer(layer) 함수로 추가도 가능
④ 여러 레이어를 추가하고 visible을 설정하여 시각화 여부를 표현

3) 뷰 설정

① 화면에 지도의 위치를 설정
② ol.Map 객체 생성 시 옵션으로 설정 가능
③ map.getView()로 ol.Map 객체를 가져와 위치 설정

(2) 지도 생성 프로그래밍 사례

① 2장의 레이아웃(home.jsp) 파일에서 OpenLayers CSS, JS CDN 주소를 추가
  • home.jsp 화일에서 <head></head> 사이에 추가
  • <script> </script> 사이에 OpenLayers CSS, JS CDN 주소를 스크립트로 추가

② OpenLayers를 지도 영역에서 사용하기 위해 지도 스크립트 추가
- home.jsp 화일에서 〈body〉〈/body〉 사이에 추가
- 〈script〉〈/script〉 사이에 스크립트 내용 추가
③ 웹 페이지에서 OpenStreetMap이 나타나는지 확인

(3) 지도 화면에 마커 추가

① Feature 생성
- 지도 객체에 새로운 Feature 생성
- FeatureType: Point(점), LineString(선), Polygon(다각형)

② Vector Source와 Vector Layer 생성
- Vector Source: Feature들을 담는 장소
- Vector Layer: 위의 소스들을 모두 모은 보관함
- Feature → Source → Layer 순으로 생성

③ 레이어를 Map에 추가

3. 레이어 제어

(1) 레이어 콘트롤

① 지도 영역 내의 지도를 확대·축소·이동과 같은 조작 행위를 위해 사용되는 객체
② OpenLayers의 경우 약 40개의 콘트롤을 지원

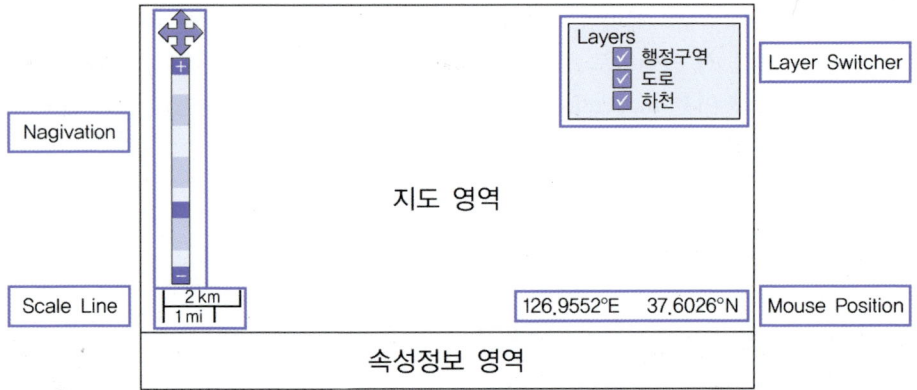

(2) 주요 레이어 콘트롤

LayerSwitcher	레이어 목록을 나열하고 레이어별 ON/OFF를 설정하는 콘트롤
PanZoomBar	지도를 이동·확대할 수 있는 기능을 가진 콘트롤
MousePosition	지도 영역 위에 마우스 포인터 위치를 실세계 좌표로 변환하여 지도영역 하단에 표시
Navigation	지도를 마우스를 이용하여 상하좌우로 이동하고 마우스 휠을 확대·축소
ScaleLine	지도 화면에 축척 표시

04 지도 표현 서비스 구현

1. 공간 데이터 웹 인터페이스 서버

(1) Geoserver

① 다양한 공간 데이터를 인터넷 GIS 인터페이스로 공급하는 서버 프로그램
② 공간 데이터를 공유하고 편집할 수 있는 자바로 개발된 오픈소스 GIS 소프트웨어 서버
③ Geoserver의 기능

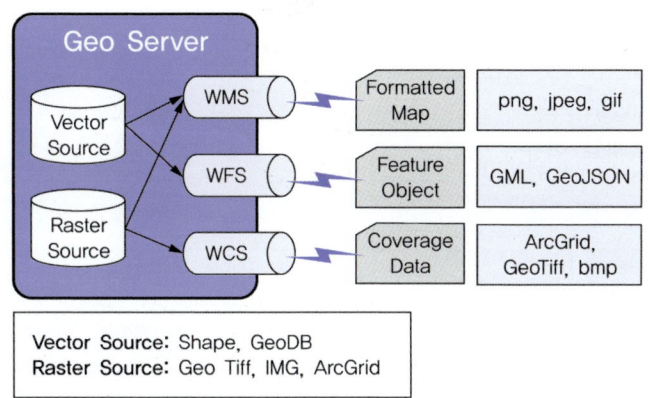

(2) Web Map Service

① OGC가 정의한 지도 이미지 인터페이스 표준
② 지도 요청, 카타로그 조회, 속성조회 가능
③ Http로 요청하고 이미지로 받음
④ 필수: GetCapabilities, GetMap
⑤ 옵션: GetFeatureInfo, DescribeLayer, GetLegendGraphic

(3) Web Feature Service

① OGC가 정의한 지리적 피처(Feature) 인터페이스 표준
② Feature = Geometry + Attiribute
③ 피처 요청, 카타로그 조회, 속성조회 가능
④ Http로 요청하고 XML, GeoJSON 등으로 받음
⑤ 필수: GetCapabilities, DescribeFeatureType, GetFeature

(4) Web Coverage Service

① OGC가 정의한 커버리지 인터페이스 표준
② Coverage = 좌표가 있는 Raster Data
③ 커버리지 요청, 카타로그 조회 가능
④ Http로 요청하고 래스터 파일로 받음
⑤ 필수: GetCapabilities, DescribeCoverage, GetCoverage

(5) Geoserver의 특징

① 사용이 편리한 UI 제공: WEB 기반의 Admin 페이지
② OS에 구애받지 않음: Java 기반, WEB 인터페이스 기반
③ 다양한 캐시 지원: 서버 캐시(GWC), Cache-Control
④ 다양한 좌표계로 실시간 변환 가능
⑤ Data processing도 가능
⑥ 거의 모든 GIS 자료 이용 가능

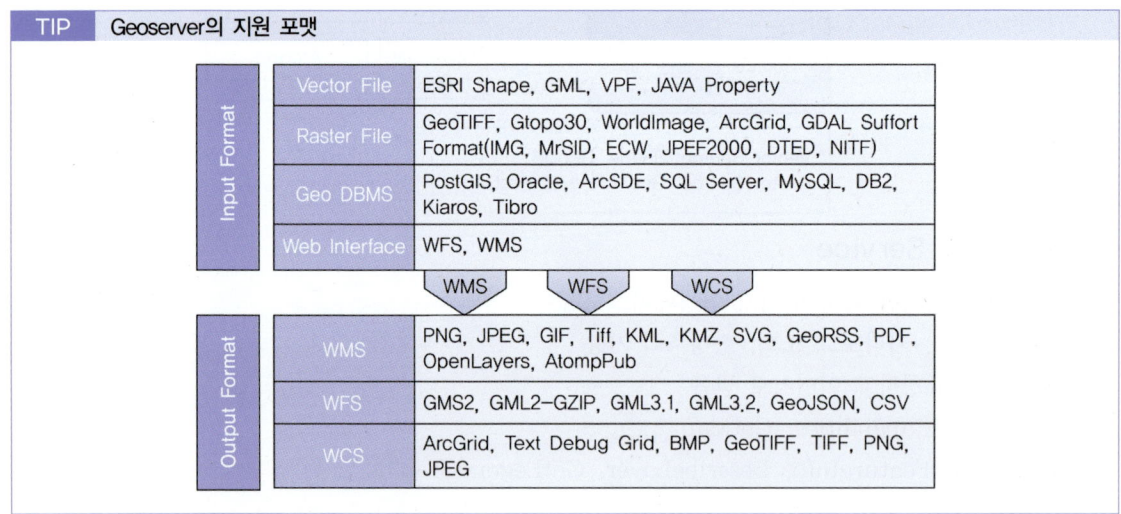

TIP	Geoserver의 지원 포맷	
Input Format	Vector File	ESRI Shape, GML, VPF, JAVA Property
	Raster File	GeoTIFF, Gtopo30, WorldImage, ArcGrid, GDAL Suffort Format(IMG, MrSID, ECW, JPEF2000, DTED, NITF)
	Geo DBMS	PostGIS, Oracle, ArcSDE, SQL Server, MySQL, DB2, Kiaros, Tibro
	Web Interface	WFS, WMS
Output Format	WMS	PNG, JPEG, GIF, Tiff, KML, KMZ, SVG, GeoRSS, PDF, OpenLayers, AtompPub
	WFS	GMS2, GML2-GZIP, GML3.1, GML3.2, GeoJSON, CSV
	WCS	ArcGrid, Text Debug Grid, BMP, GeoTIFF, TIFF, PNG, JPEG

2. Java-JSP/Servlet

(1) 서블릿(Servlet) 개요
① 자바로 만들어진 프로그램을 서버에서 실행하기 위해 개발
② 웹 서비스 개발에 특화되어 정적인 웹에 동적인 정보를 제공
③ 서블릿 실행을 위해서는 웹 애플리케이션 방식으로 패키징하는 과정이 필요
④ 서블릿 클래스 구현
- 서블릿 컨테이너에 해당 클래스가 알려야 하고 어떤 URL 접근에 실행해야 하는지 등록하는 과정이 필요
- 웹 애플리케이션 배포 서술자인 web.xml에 등록하거나 자바 어노테이션 이용

(2) JSP(Java Server Pages) 개요
① 서블렛의 화면처리 어려움을 해결하기 위해 HTML과 데이터 조화
② HTML 코드를 직접 사용
③ 서블릿 컨테이너에 의해 관리되는 내장객체들의 라이프사이클을 이용한 페이지 간 속성관리
④ 커스텀 태그 기술을 이용한 코드의 태그화

(3) JSP 파일의 구성요소

1) 지시어(Standard directives)
① JSP 파일의 속성을 기술하는 것
② JSP 컨테이너에서 해당 페이지를 어떻게 처리하는지 전달 예 page, include, taglib

```
<%@ page attribute="value" %>
```

2) 액션(Standard actions)
자바 빈즈 객체와의 연동이나 페이지 간 연동 태그 파일 작성에 필요한 기능 제공

3) 템플릿 데이터
JSP의 화면 구성요소로 전반적인 구조는 HTML 문서 구조를 따름

4) 스크립트 요소

HTML과 자바 코드를 섞어서 쓸 수 있음

태그	설명
<%! %>	• 선언(Declaration) 태그 • 멤버변수나 메서드 선언은 기본적으로 불가능
<%= %>	• 표현(Expression) 태그 • 웹 브라우저를 통해 클라이언트에 전달된 자바 표현식
<% %>	• 스크립트릿(Sscriptlet) 태그 • 모든 자바코드 사용 가능

5) 커스텀 태그(Custom tag)

① 사용자 정의 태그   ② taglib 지시어로 정의

6) 표현언어(EL; Expression Language)

현재 페이지의 자바 객체나 application, session, regest, page와 같은 내장객체에 저장된 자바객체에 쉽게 접근

(4) JSP와 Servlet 비교

JSP (Java Server Page)	• 웹 페이지를 동적으로 생성하기 위한 서버 프로그램 • HTML 소스에 Java 소스가 추가되는 형식 • Servlet보다 간편하고 화면 처리에 적합
Servlet	• 웹 페이지를 동적으로 생성하기 위한 서버 프로그램 • Java 소스에 HTML 소스가 추가되는 형식 • 복잡하고 어렵지만 데이터 처리에 적합

3. 지도표출 자바스크립트 라이브러리

(1) 지도표출 라이브러리

① 지도를 표현할 수 있는 Javascript 라이브러리
② 대표적 지도 라이브러리: Leaflet, Mapbox GL, OpenLayers

지도 라이브러리	특징
Leaflet	• 반응형 지도를 위한 오픈소스 라이브러리 • 설명이 간단하고 커뮤니티가 활발하여 적용이 쉬움
Mapbox GL	• Mapbox에서 제작한 라이브러리로 v2부터 유료화 • Leaflet보다 발전한 라이브러리로 데이터 시각화 기능이 많음
OpenLayers	• GIS 기술에 익숙한 사용자에게 적합 • 지도표시와 지리데이터 시각화·분석 기능 제공

(2) Leaflet

① BDS-2 라이센스(자유로운 사용과 배포 가능) 라이브러리(https://leafletjs.com)
② 사용하기 쉽고 가벼운 라이브러리
③ 다수의 플러그인과 많은 예시와 커뮤니티 존재
④ 고급 기능이 필요하지 않은 간단한 2D 지도 구현에 적합

(3) Mapbox GL

① Mapbox에서 제작한 라이브러리(https://mapbox.com)
② OpenLayers와 Leaflet에서 제공하지 못하는 3D 지도 렌더링 기능을 제공
③ v2부터 유료화

(4) OpenLayers

① BSD-2 라이센스(자유로운 사용과 배포 가능) 라이브러리(https://openlayers.org)
② Leaflet 기본 기능에 분석 기능이 추가
③ 지도 투영법을 사용하여 더 정확한 데이터 사용 가능
④ 주로 복잡한 GIS 응용 프로그램 개발에 사용
⑤ Leaflet 코어에서 GeoJSON 형식만 지원하는 것과 달리 다양한 GIS 형식 지원

CHAPTER 03 | 웹기반 공간정보서비스 프로그래밍

01 ★★☆
다음 중 웹 환경에서 사용자에게 드러나지 않는 영역이 아닌 것은?

① 웹 서버
② WAS
③ HTML
④ DB

해설
웹 환경에서 사용자에게 드러나지 않는 영역을 Backend라 하며, 여기에는 웹서버, WAS, DB, 스크립트 엔진 등이 해당된다. HTML은 Frontend에 해당된다.

정답 ③

02 ★★★
웹 페이지나 웹 서비스를 개발하는 과정에서 템플릿, 데이터베이스 연동 등 기본적으로 필요한 기능을 재사용할 수 있는 클래스 형태로 제공하는 것은?

① 웹 서버
② 웹 프레임워크
③ 통합 개발 환경
④ 스크립트 엔진

해설
웹 페이지나 웹 서비스를 개발하는 과정에서 템플릿, 데이터베이스 연동 등 기본적으로 필요한 기능을 재사용할 수 있는 클래스 형태로 제공하는 것을 웹 프레임워크(Web framework)라고 한다.

정답 ②

03 ★★☆
다음 중 웹 서비스를 개발하기 위한 개발도구에 해당하지 않는 것은?

① 웹브라우저
② 컴파일러
③ 통합 개발 환경
④ 서블렛 콘테이너

해설
웹 개발을 위해서는 코드를 컴파일하기 위한 컴파일러, 코드 편집기를 비롯해 통합된 개발 환경을 제공하는 IDE(Integrated Development Environment) 프로그램, 웹 프로그램의 실행과 서비스 운영을 위한 서블릿 컨테이너(Servlet container) 등이 필요하다. 웹브라우저는 클라이언트 응용프로그램에 해당된다.

정답 ①

04 ★☆☆
다음 HTML 태그 중 사용자에게 보여주는 실제 내용이 구현되는 부분을 선언하는 것은?

① ⟨head⟩
② ⟨body⟩
③ ⟨title⟩
④ ⟨div⟩

해설
HTML 문서를 시작과 끝을 알리는 태그는 ⟨html⟩이며, ⟨head⟩는 스타일과 스크립트를 선언하는 태그이다. ⟨body⟩는 사용자에게 보여주는 실제 내용이 구현되는 부분을 선언하는 태그이다.

정답 ②

05 ★★☆

다음 중 별도의 파일로 CSS 문서를 작성하고, 해당 파일을 HTML 문서로 호출할 때 사용되는 HTML 태그는?

① ⟨a⟩
② ⟨div⟩
③ ⟨link⟩
④ ⟨style⟩

해설

별도의 파일로 CSS 문서를 작성하고 해당 파일을 HTML 문서로 호출할 때 사용되는 HTML 태그는 ⟨link⟩이다. ⟨style⟩은 CSS가 내부에 함께 존재할 때 이용된다.

정답 ③

06 ★☆☆

다음 중 HTML 레이아웃을 작성하기 위하여 화면을 분할하는 HTML 태그는?

① ⟨p⟩
② ⟨div⟩
③ ⟨form⟩
④ ⟨head⟩

해설

레이아웃(Layout)이란 특정 공간에 여러 구성 요소를 효과적으로 배치하는 작업이다. HTML 레이아웃을 작성하기 위해서는 ⟨div⟩ 요소를 이용한 방법과 HTML5의 레이아웃 태그, 그리고 table 요소를 이용한 레이아웃 등으로 구분된다.

정답 ②

07 ★★☆

다음 OGC에서 지정한 웹 GIS 서비스 중에서, 웹을 통해 벡터 형식으로 GIS 데이터를 제공하기 위한 인터페이스는?

① WCS
② WPS
③ WFS
④ WMS

해설

WFS(Web Feature Service)
웹을 통해 벡터 형식으로 GIS 데이터를 제공하기 위한 인터페이스이다. 데이터 서버에 저장된 벡터 레이어를 불러오거나 관리한다.

정답 ③

08 ★☆☆

웹 GIS를 위해 무료로 사용할 수 있는 지도 데이터 제공 서비스로, 사용자 참여로 전세계를 대상으로 다양한 테마의 지도를 제공하는 공간정보 서비스는?

① Google Map
② V World
③ Geoserver
④ Open Street Map

해설

OpenStreetMap은 무료로 사용할 수 있는 지도 데이터 제공 서비스로 사용자 참여로 제작된다. 전 세계를 대상으로 다양한 테마의 지도를 제공한다.

정답 ④

09 ★☆☆

공간 데이터를 공유하고 편집할 수 있는 자바로 개발된 오픈소스 GIS 소프트웨어 서버는?

① Post GIS
② Open Layers
③ Geoserver
④ Quantum GIS

해설

Geoserver
다양한 공간 데이터를 인터넷 GIS 인터페이스로 공급하는 서버 프로그램이다. 공간 데이터를 공유하고 편집할 수 있는 자바로 개발된 오픈소스 GIS 소프트웨어 서버이다.

정답 ③

10 ★★☆

다음 중 지도를 표현할 수 있는 자바스크립트 라이브러리에 해당하지 <u>않는</u> 것은?

① Leaflet
② Fine Report
③ Mapbox GL
④ Open Layers

해설

지도를 표현할 수 있는 Javascript 라이브러리로는 Leaflet, Mapbox GL, Open Layers 등이 있다. Fine Report는 데이터 시각화 도구이다.

정답 ②

11 ★★☆

웹 환경에서 데이터베이스 조회나 다양한 로직 처리를 요구하는 동적인 콘텐츠를 제공하기 위한 프로그램은?

① 서버(Server)
② 클라이언트(Cliet)
③ 웹 서버(Web Server)
④ 웹 애플리케이션 서버(Web Application Server)

해설

웹 애플리케이션 서버(WAS)
DB 조회나 다양한 로직 처리를 요구하는 동적인 콘텐츠를 제공하기 위한 프로그램이다. Tomcat, JBoss, Jeus, Web Sphere 등이 있다.

정답 ④

12 ★☆☆

다음 〈보기〉는 CSS를 HTML 파일에 적용하는 방법의 한 사례이다. ㉠, ㉡에 해당하는 태그가 올바르게 짝지어진 것은?

┌ 보기 ┐
〈head〉
　(㉠)
　　div { color: Blue; }
　(㉡)
〈/head〉

① ㉠ 〈style〉, ㉡ 〈/style〉
② ㉠ 〈div〉, ㉡ 〈/div〉
③ ㉠ 〈link〉, ㉡ 〈/link〉
④ ㉠ 〈title〉, ㉡ 〈/title〉

해설

내부 스타일 시트에 CSS를 적용하기 위해서는 HTML 파일에 〈head〉〈/head〉 태그 사이의 〈style〉〈/style〉 태그 부분에 CSS 내용을 작성한다.

정답 ①

13 ★★☆

웹 GIS 서비스 시스템을 구현할 때 통합 편집 프로그램인 STS를 이용하여 웹 프로젝트를 생성한 후, 지도 페이지의 레이아웃을 구성하기 위해 수정되는 파일의 이름은?

① index.html
② home.jsp
③ home.html
④ index.jsp

[해설]
지도 페이지의 레이아웃을 구성하기 위해서는 개발도구(STS)의 프로젝트명 → src → main → webaapp → WEB-INF → views 에 위치한 home.jsp을 수정한다.

[정답] ②

14 ★★☆

OGC에서 지정한 웹 GIS 서비스 중에서 벡터 및 래스터 데이터를 시각화(Visualization)하는 서비스는?

① WCS(Web Coverage Service)
② WFS(Web Feature Service)
③ WMS(Web Map Service)
④ WPS(Web Processing Service)

[해설]
OGC에서 지정한 웹 GIS 서비스 중에서 WMS(Web Map Service)는 GIS 데이터에 접근하기 위한 인터페이스로, 웹을 통해 지도 이미지(형식)로 서비스한다. 또한 벡터 및 래스터 데이터를 시각화(Visualization)하는 서비스이기도 하다.

[정답] ③

15 ★★☆

다음 중 웹 페이지를 동적으로 생성하기 위한 서버 프로그램으로, HTML 소스에 Java 소스가 추가되는 형식의 프로그램은?

① Servlet
② JSP(Java Server Page)
③ JDK(Java Development Kit)
④ Javascript

[해설]
JSP(Java Server Pages)
서블렛의 화면처리 어려움을 해결하기 위해 HTML과 데이터 조화하는 형식의 서버 프로그램으로 웹 페이지를 동적으로 생성하기 위한 서버 프로그램이다. JSP는 HTML 소스에 Java 소스가 추가되는 형식으로 Servlet보다 간편하고 화면 처리에 적합하다.

[정답] ②

CHAPTER 04 | 모바일 공간정보서비스 프로그래밍

대표유형

스마트폰 단말기 등을 이용하여 무선 환경에서 언제 어디서나 공간과 관련된 자료를 수집·저장·분석·출력할 수 있는 컴퓨터 응용 시스템은?

① 데스크탑 GIS
② 웹 GIS
③ 인터넷 GIS
④ 모바일 GIS

해설

무선 환경(Wireless)과 이동성 환경(Mobility)에서 스마트폰 단말기 등을 이용하여 언제 어디서나 공간과 관련된 자료를 수집·저장·분석·출력할 수 있는 컴퓨터 응용 시스템을 모바일 GIS라고 한다.

정답 ④

01 모바일 프로그래밍 개요

1. 모바일 개발환경

(1) 모바일 기기

① 들고 다닐 수 있는 크기의 컴퓨터(입출력과 처리 및 저장 지원)
② 입출력을 위해 터치스크린을 지원하며 외부 연결을 위해 통신(이동통신, Wifi, 블루투스, NFC 등) 지원
예 모바일폰(스마트폰), 태블릿, 랩톱, 스마트워치, 스마트 스피커 등

(2) 모바일 GIS

1) 모바일 GIS

① 무선 환경(Wireless)과 이동성 환경(Mobility)에서 스마트폰 단말기 등을 이용하여 언제 어디서나 공간과 관련된 자료를 수집·저장·분석·출력할 수 있는 컴퓨터 응용 시스템
② 기존의 GIS 기능을 무선 환경에 적용하여 활용하는 기술로 야외 조사, 지도 제작, 시설물 관리 등에 활용

2) 모바일 GIS 서비스

① 무선에서 위치, GIS 기능, 공간 정보가 상호 관계성을 가지면서 이동성, 적시성 등에 필요한 업무에 적용하는 서비스
② 서버 하드웨어, 모바일 플랫폼, 무선 네트워크, 위치 결정을 위한 GPS, 모바일 콘텐츠 등으로 구성

3) 모바일 플랫폼

① 모바일 단말기에서 공간정보 처리 결과를 화면에 표시하고 사용자의 요청에 따라 다양한 정보를 분석
② 모바일 GIS 기능을 구현하기 위해 GIS 데이터의 탑재가 가능하거나 네트워크를 통해 전송받을 수 있어야 하며, GPS 및 카메라와 같은 센서와도 연동

4) 위치 측위 센서

① 모바일 플랫폼은 이동할 수 있다는 특성이 있으므로 '어디에 위치하고 있는가'에 대한 정보는 모바일 디바이스의 주요 기능 중 하나
② 모바일 디바이스에 내장된 GPS 칩을 이용하여 다양한 위치 정보 서비스를 제공
③ 모바일 GIS를 위한 기술을 표현하려면 단말기의 위치를 측정하는 기술이 필요

(3) 모바일 서비스 프로그래밍 언어

종류	OS	특징
Java	Andrioid	가장 많이 사용되는 객체지향 언어 중 하나로 웹 개발에서는 가장 많이 사용됨
KOTLIN	Andrioid	• 기존의 자바의 문제점 및 라이센스 문제를 해결하기 위해 개발된 언어로 자바문법을 지원함 • 구글의 안드로이드 공식 언어
ReactNative	Hybrid	페이스북이 개발한 오픈소스 모바일 애플리케이션 프레임워크이며 안드로이드 앱과 iOS앱을 개발할 수 있는 하이브리드 언어
Flutter	Htbrid	구글이 개발한 오픈소스 모바일 애플리케이션 개발 프레임워크이며 안드로이드 앱과 iOS 앱을 개발할 수 있는 하이브리드 언어
Swift	iOS	• iOS에서 초기 애플리케이션 개발 과정에 사용한 언어인 Objective-C를 대체하는 언어 • iOS 앱 개발 목적으로 제작된 언어이지만 현재는 맥OS, 윈도, 리눅스 등에서도 활용

(4) 모바일 개발 도구

① 코딩, 디버깅, 컴파일, 배포 등 모바일 프로그램 개발과 관련된 전반적인 작업을 지원
② 개발 언어로 운영체제가 안드로이드일 경우에는 코틀린(Kotlin), iOS일 경우에는 스위프트(Swift) 이용
③ 안드로이드용 앱 개발의 경우 컴파일러는 JDK, 통합개발환경(IDE)으로 안드로이드 스튜디오(Android Studio) 사용

④ 소프트웨어 개발 키트(SDK; Software Development Kit)
- 응용 프로그램의 개발을 지원해주는 개발 도구의 집합
- 안드로이드용의 경우 자바를 포함한 SDK, iOS용의 경우 Swift가 포함된 SDK가 있음

⑤ 통합개발환경 구축을 위해서는 운영체제와 버전을 확인해야 함

> **TIP** AVD(Android Virtual Device)
> 안드로이드 기기의 에뮬레이터(Emulator)로, 실제 안드로이드 폰이나 태블릿, Wear OS, Android TV, Automotive OS 기기의 특성을 가상으로 정의하고 컴퓨터 시뮬레이션을 통해 기능을 테스트한다. 안드로이드 스튜디오에서 제공하고 있다.

(5) 데이터베이스 관리 시스템(DBMS)

① 데이터베이스
- 컴퓨터에 저장되는 구조화된 정보 또는 데이터의 조직화된 구조
- DBMS에 의해 관리되어 요청한 데이터를 제공

② ODBC(Open Database Connectivity)를 통해 표준화된 일관성 있는 DB접근 가능

③ JDBC(Java Data Connectivity): 자바 기반의 데이터베이스 접속을 지원하는 자바 API 제공

④ 모바일 DBMS
- 모바일 기반의 응용 프로그램에 포함되어 사용되는 비교적 가벼운 데이터베이스
- 안드로이드는 SQLite database, iOS에서는 SQLite Database, Core Data, Realm Database 등이 사용

(6) 공간정보 DB 오픈 API

① 공공 데이터: 공공기관에서 사회적·경제적 가치가 높은 데이터를 개방(http://data.go.kr)

② 브이월드(V-world)
- 공간정보산업진흥원에서 제공하는 국가 소유 공간정보 통합 서비스
- 공간정보 서비스와 관련된 글로벌 기업(구글)이나 국내 기업(네이버, 카카오 등)에서 자체적으로 지도 서비스를 API로 접근할 수 있도록 배포

③ RSS(Really Simple Syndication, Rich Site Summary) 데이터
- 업데이트가 자주 일어나는 웹사이트에서 업데이트된 정보를 쉽게 구독자들에게 제공하기 위해 XML을 기초로 만들어진 데이터 형식
- RSS 서비스를 이용하면 정보가 업데이트될 때마다 빠르고 편리하게 확인 가능

2. 모바일 운영체제

(1) 운영체제의 정의
① 하드웨어를 직접적으로 제어하여 사용자가 응용 소프트웨어로 하드웨어를 사용 및 제어하는 기능
② 운영체제는 응용 프로그램을 지원하기 때문에 모바일 운영체제의 선택에 따라 응용 소프트웨어의 개발 환경이 달라짐
③ 대표적인 모바일 운영체제로 구글의 안드로이드(Andrioid), 애플의 iOS가 있음

(2) 안드로이드 OS
① 스마트폰, 테블렛 PC와 같은 터치스크린 모바일 장치용으로 디자인된 운영체제
② 수정된 리눅스 커널 버전을 비롯한 오픈소스 소프트웨어에 기반을 둔 모바일 운영체제
③ 응용 프로그램 작성을 위한 프로그래밍 언어는 자바와 코틀린이며, 컴파일된 바이트코드를 구동할 수 있는 런타임 라이브러리 제공
④ 소프트웨어 개발 키트(SDK)를 통해 응용 프로그램 개발에 필요한 각종 도구와 API 제공

(3) iOS
① 아이폰, 아이패드 등 애플사의 모바일 운영체제로 macOS를 기반으로 제작됨
② Core OS 계층, Core Services 계층, 미디어(Media) 계층, 코코아 터치 계층으로 구성
③ 응용 프로그램 작성을 위한 프로그래밍 언어는 C, C++, Objective C, 스위프트이며, 오픈소스 소프트웨어 구성요소가 포함된 클로즈드 구조를 가짐
④ iOS SDK를 통해 응용 프로그램을 개발하며, 앱스토어를 통해 유통 가능

(4) 웹(Web)과 앱(App)의 구분

1) 데스크탑 컴퓨터에서의 구분
① 웹: WWW(World Wide Web)을 일컫는 용어로 웹페이지를 인터넷으로 공유하기 위해 웹브라우저를 사용
② 앱: 응용 프로그램인 애플리케이션(Application)으로 컴퓨터 소프트웨어 혹은 프로그램

2) 웹과 앱의 구분
① 모바일 기반의 공간정보 서비스 프로그래밍에서 개발 환경 구성의 1차적인 요인
② 웹 기반: 모바일 기기와 운영체제를 고려할 필요 없이 WWW 표준화에 따라 웹서비스 제작
③ 앱 기반: 특정 운영체제가 지원하는 API를 활용해야 하므로 모바일 기기와 운영체제를 고려해야 함

3) 모바일 웹(Mobile web)
① 데스크탑 컴퓨터의 웹브라우저와 내용이 동일하지만, 모바일 화면 크기를 고려해야 함
② 반응형 웹: 데스크탑 컴퓨터용 큰 화면의 웹페이지를 모바일 기기의 작은 화면으로 자동으로 조정
③ 적응형 웹: 모바일 기기의 화면 크기에 맞춰 별도의 웹페이지 제작

4) 모바일 앱(Mobile app) 또는 네이티브 앱(Native app)
① 모바일 기기에서 실행하는 응용프로그램으로 네이티브(Native) 앱이라고도 함
② 운영체제의 지원을 받아 하드웨어 장치에 접근
③ 플레이스토어나 앱스토어에서 다운받아 설치

5) 웹 앱(Web app)
① 모바일 웹과 유사하지만 구동 방식은 앱처럼 보임
② 웹 페이지를 모바일 앱으로 보여주는 방식

6) 하이브리드 앱(Hybrid app)
① 웹 앱과 모바일 앱의 기능이 결합된 것
② 콘텐츠 영역(웹 문서)은 웹 앱으로 개발하고, 최종 배포 시에는 필요한 패키징만 모아서 모바일 운영체제로 처리한 앱
③ 사용자가 웹 페이지를 보면서 모바일 기기의 GPS 등과 같은 센서에 접근함

TIP 모바일 기기의 4가지 앱 비교

구분	특징	장점	단점
모바일 웹	모바일 화면의 크기에 맞게 구성	모바일 플랫폼에 독립적	모바일의 각종 센서 등의 장치에 접근이 제한
웹 앱	모바일 웹과 유사하나, 구동 방식은 앱을 모방	모바일 플랫폼에 독립적	모바일의 각종 센서 등의 장치에 접근이 제한
하이브리드 앱	웹 앱과 네이티브 앱을 결합	네이티브 앱보다 개발 및 유지보수가 쉽고 모바일 웹보다 빠른 속도	• 네이티브 앱보다 제한적 기능 • 느린 속도와 심사 과정
네이티브 앱	모바일 기기에 최적화된 언어로 개발된 앱	• 높은 성능과 빠른 속도 • 모바일의 각종 센서 등의 장치에 직접적으로 접근 가능	모바일 플랫폼별 개발 및 유지보수, 심사과정이 있음

02 모바일 공간정보 서비스 구현

1. 모바일 UI 구현

(1) 모바일 페이지 디자인 원칙

1) 멀티미디어 요소 활용

① 멀티미디어 요소(이미지, 동영상 등)를 신속하게 로딩하며, 페이지의 복잡도 최소화
② 로딩 속도와 관련하여 이미지의 크기, 용량, 전송 방식 등을 충분히 고려해야 함
③ 개별 미디어의 표현 방식은 일관성을 유지하여 사용자에게 일관된 콘셉트를 제공해야 함

2) 폰트(서체)의 사용

① 시스템(안드로이드 또는 iOS)이 제공하는 기본 폰트를 사용해야 하며, 가독성을 우선적으로 고려
② 정보의 분류체계, 중요도, 목적 등을 차별화시켜 적용
③ 볼드체(Bold)와 이탤릭체(Italic)는 반드시 필요한 경우에만 사용하고 링크(Link)와 혼동될 수 있는 밑줄은 가능한 한 사용을 피함
④ 동일한 페이지에서는 폰트 스타일과 크기는 3종류 이내로 한정하여 가독성과 시각적 통일성을 유지

3) 배색(Background color)

① 한 페이지 내에 표현할 수 있는 최대 색상은 5가지로 한정
② 색상은 시스템의 고유 아이덴티티(Identity)가 적용될 수 있어야 함
③ 시스템의 특성이 반영된 컬러(CI)를 적극적으로 적용

4) 아이콘(Icon)

① 아이콘은 텍스트와 결합하여 제시하며, 동일한 모양의 아이콘에 중복된 기능을 부여하지 않음
② 아이콘을 페이지별로 상이한 위치에 배치하면 사용자가 아이콘의 직관적 이해에 방해가 됨

(2) 디자인 구성요소

타이틀(Title)	현재 화면(페이지)의 제목 영역으로 화면 상단에 위치
메뉴	• 원하는 화면으로 쉽게 이동할 수 있도록 제공하는 콘텐츠 그룹 • 그리드(Grid) 형식: 비슷한 레벨의 콘텐츠 여러 개를 아이콘화하여 배치 • 리스트(List) 형식: 각 메뉴마다 하위 콘텐츠를 대표하는 레이블이나 아이콘 제공 • 바(Bar) 형식: 텍스트 형식의 메뉴 표현으로, 메뉴명을 가로로 배치 • 아코디언(Accordion) 형식: 텍스트 형식의 메뉴로, 메뉴 목록을 접고 펼치는 방식 • 위치 내역(Location history): 사용자의 현재 위치와 이전 경로를 함께 표현
탭(Tab)	복수 개의 메뉴를 선택할 때 사용하는 컴포넌트
버튼(Button)	액션이나 내비게이션을 위해 사용하는 컴포넌트

스크롤바 (Scroll bar)	콘텐츠의 내용이 현재 화면보다 더 길거나 넓은 경우 현재 위치를 표현
체크박스 (Check box)	여러 개의 메뉴 중 복수 선택이 가능할 때 사용
라디오 버튼 (Radio button)	여러 개의 메뉴 중에서 하나의 메뉴만 선택 가능할 때 사용
입력 폼 (Input form)	• 화면 내 키보드를 이용하여 정보를 입력 • 모바일에서는 자제
진행 바 (Progressive bar)	작업의 진행을 나타내는 바 형태의 컴포넌트
드롭다운/피커 (Dropdown/Picker)	2가지 모두 선택 가능한 여러 항목 중 하나를 선택할 때 사용
팝업(Popup) 창	• 현재의 페이지 외의 독립된 추가적인 창을 띄우는 것 • 불필요한 사용은 자제

(3) 안드로이드 뷰 그룹(레이아웃)

① LinearLayout: 내부 뷰들을 가로 방향 또는 세로 방향 등 선형으로 배치하는 레이아웃
② RelativeLayout: 뷰들 간 상대적인 위치에 따라 배치하는 레이아웃
③ ConstraintLayout: 내부 뷰들의 크기와 위치를 다른 요소들과 제약을 설정하여 배치
④ FrameLayout: 내부 뷰들을 중첩하여 배치할 때 사용하는 레이아웃
⑤ TableLayout: 내부 뷰들을 행과 열이 있는 테이블 형태로 배치하는 레이아웃
⑥ GridLayout: 내부 뷰들을 격자 형태로 배치하는 레이아웃

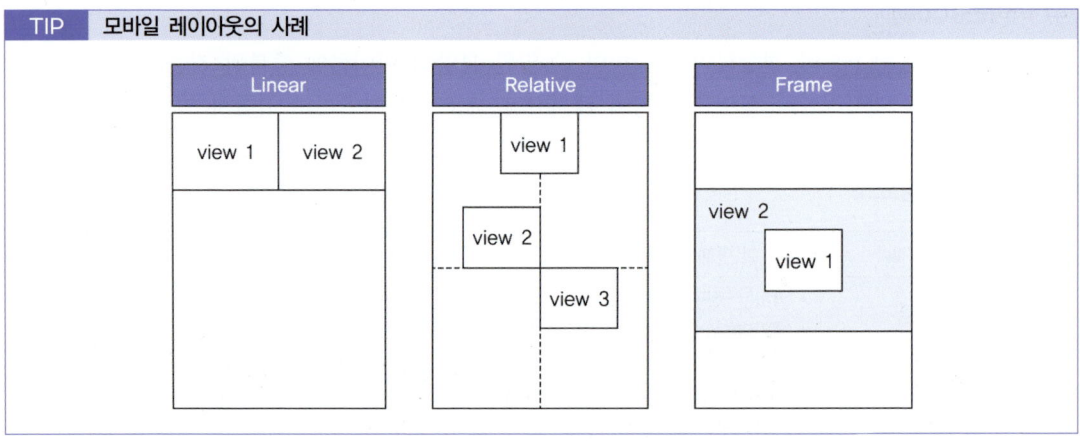

TIP 모바일 레이아웃의 사례

⑦ 안드로이드 뷰

TextView	• 텍스트를 표시하는 view • 가장 기본적인 view로 text(문구), textSize(크기), textStyle(스타일), textColor(색상) 등의 속성이 있음	
ImageView	• 이미지를 보여주는 view로 텍스트와 함께 가장 많이 사용되는 view • 배경색만 사용하는 것도 가능 • background(배경색), src(이미지주소) 등의 속성이 있음	
ScrollView	• 크기를 넘기면 드래그하여 볼 수 있는 view • horizontal(수평), vertical(수직) 등의 속성이 있음	
EditText	• 텍스트를 입력받을 수 있는 view • gravity(위치), inputType(형태), hint(입력 전 안내) 등의 속성이 있음	
Button	• 클릭하여 입력값을 주는 view • text(문구), backgroundTint(버튼색) 등의 속성이 있음	
ImageButton	• 버튼에 이미지를 담을 수 있어 디자인된 버튼을 생성할 때 사용 • background(배경색), scaleType(이미지 크기) 등의 속성이 있음	

(4) 모바일 디자인 설계

① 정보구조 설계
- 사용자가 원하는 정보를 불편 없이 사용할 수 있도록 뼈대를 만드는 작업
- 전체 구성을 파악할 수 있는 메뉴 트리와 메뉴 계층 간의 구조, 파일명, 간략한 기능들을 정리한 정보구조 기능 정의서를 함께 작성

② 플로차트(Flow chart): 정보구조 설계에 표시하기 어려운 구체적인 연결을 표현

③ 와이어프레임(Wire-Frame): 기획자나 디자이너의 아이디어를 화면 안에 대략적으로 간결하게 구성한 화면 디자인

④ 프로토타입(Prototype): 모바일 기반의 서비스 개발에서 실제 원하는 방식으로 서비스가 작동하고 구현되는지를 테스트하는 단계

2. 모바일 기능 구현

(1) 모바일 플랫폼별 구조적 차이

안드로이드와 iOS는 구조도 다르고 UI 구성요소의 명칭도 달라 사용하는 방법도 다름

안드로이드	최상위 수준 뷰(View)	앱 시작화면 레이아웃으로 앱이 시작하면 사용자가 보는 첫 화면
	카테고리 뷰	카테고리 뷰를 통해 데이터를 보고 조작할 수 있는 상태 편집 뷰로 이동
	세부 편집 뷰	사용자가 데이터를 보거나 사용하고 직접 정의할 수 있는 공간
iOS	바(Bar)	사용자가 현재 어느 화면에 있는지 콘텍스트 정보를 표시
	뷰(View)	앱에 특화된 콘텐츠를 보여줌
	컨트롤(control)	액션을 수행하거나 정보를 표시

(2) 모바일 기능별 구현 방식

1) 네이티브 앱(Native app)

① 가장 기본적인 구현 방식으로 앱스토어(플레이스토어)에서 다운받아 실행
② 프로그래밍 언어를 이용하여 SDK에서 제작
③ 안드로이드는 Java나 Kotlin으로, iOS는 Swift나 Obective-C로 개발
④ 장단점

장점	운영체제별로 최적화하여 개발하므로 모바일기기의 센서 기능을 활용하며 퍼포먼스가 좋음
단점	• 운영 및 유지보수를 위한 시간, 인력, 비용이 많이 발생함 • 배포 과정이 어려움

2) 모바일 웹(Mobile web)

① PC 웹페이지를 모바일에 맞게 줄인 형태
② 웹이기 때문에 HTML, CSS, JavaScript 등으로 개발
③ 장단점

장점	개발 및 유지보수가 간편하며 모든 OS 기기에서 접근 가능
단점	카메라, GPS 등 모바일 기기의 내장기능을 활용하지 못하며 고성능 개발도 어려움

3) 웹 앱(Web app)

① 모바일 웹처럼 브라우저를 통해 접근하지만 UI/UX를 앱처럼 만들어 네이티브 앱과 유사한 화면 전환 효과
② 모바일 웹 개발 방식과 동일하게 HTML, CSS, JavaScript 등을 사용
③ 장단점

장점	모바일 웹의 장점과 같이 개발 및 유지보수가 간편하고 모든 OS에서 접근 가능
단점	모바일 기기의 다양한 기능을 활용할 수 없고, 공통으로 제공하는 기능만 활용 가능

4) 하이브리드 앱(Hybrid app)

① 네이티브 앱 형태를 가지지만 그 안에 웹 뷰를 띄울 수 있도록 개발
② 기본 기능은 HTML 웹 문서로 구현하고 모바일 운영체계로 패키징
③ 장단점

장점	네이티브 앱으로 구현된 부분은 모바일 기기의 내장 기능을 활용하여 구현되며, 웹 뷰로 구성된 부분은 바로 업데이트가 가능하므로 기존 네이티브 앱의 단점을 상쇄
단점	네이티브 앱보다는 기능이 제한되고 성능, 속도 또한 제한됨

(3) 모바일 웹 구현

1) 반응형 웹

① 사용 기기들의 화면 크기에 따라 가로 폭이나 배치를 변경
② 가변 그리드(Fluid grid): 화면의 크기와 상관없이 픽셀 대신 비율(%)로 제작
③ 플렉시블 박스(Flexible box): 가변적인 박스로 설계
④ 뷰포트: 화면에 보이는 영역을 제어

```
<meta name="viewport" content="width=device-width, initial-scale=1.0">
```

⑤ 미디어 질의
- 화면 크기와 환경을 감지하여 웹페이지를 변경
- CSS 파일에 직접 작성

```
@media (min-width: 320px ) { }
@media (min-width: 768px ) { }
@media all and (min-width:768px) and (max-width:1024px) { }
```

- `<link>` 태그에 media 속성을 설정

```
<link rel="stylesheet" media="all and (min-width:1024px)" href="pc.css" >
<link rel="stylesheet" media="all and (min-width:320px) and (max-width:1024px)" href="mobile.css" >
```

2) 적응형 앱

① 특정 뷰포트의 크기에 맞게 설계된 웹페이지를 각각 만들어서 웹서비스를 제공
② HTTP GET 요청의 user-agent 헤더 정보를 이용하여 웹페이지를 요청하는 기기를 감지하여 특정 기기의 해당 뷰포트에 최적화된 페이지로 리디렉션(Redirection)

(4) 웹 앱 구현

① 다양한 웹 개발 언어를 사용할 수 있으나, 모바일 기기의 하드웨어에 접근할 수 없어 센서나 카메라 기능을 활용할 수 없음
② 브라우저에서 사용할 수 있는 API만 사용할 수 있고, 모바일 기기 자체 운영체제에서 제공하는 API를 사용할 수 없음

(5) 하이브리드 앱 구현

① 네이티브 앱과 웹 앱의 혼용으로 콘텐츠 영역은 HTML 기반의 웹 앱으로 개발하고, 패키징 처리만 모바일 플랫폼별로 진행

② 모바일 API를 사용할 수 있어서 모바일 기기의 하드웨어에 제공하지만 네이티브 앱만큼 다양한 기능은 제공하지 못함
③ 안드로이드 웹 뷰 구현 순서: AndroidManifest.xml 권한 설정 → activity_map.xml 코드 변경 → 지도검색서비스 서버 구동(STS) → MapActivity.java 웹 뷰 코드 추가

(6) 네이티브 앱 구현
① 소프트웨어 개발 키트(SDK)를 이용하여 모바일 플랫폼별로 앱 개발
② 모바일 디바이스에서 제공하는 다양한 기능의 센서를 활용

3. 센서 동작 구현

(1) 모바일 기기의 센서
① 대부분의 모바일 기기에는 움직임, 방향 및 다양한 환경 조건을 측정하는 센서가 내장됨
② 3가지 종류의 센서: 동작 감지 센서, 위치 센서, 환경 센서
③ 센서 프레임워크: 사용 가능한 센서에 접근하고 원시 센서 데이터를 취득
- 기기에서 사용할 수 있는 센서 확인
- 최대 범위, 제조업체, 전원 요구사항, 해상도 등 개별 센서의 기능 확인
- 원시 센서 데이터 획득 및 센서 데이터를 획득하는 최저 속도 정의
- 센서 변경사항을 모니터링하는 센서 이벤트 리스너 등록 및 취소

(2) 동작 감지 센서
① 기기의 동작을 모니터링할 수 있는 센서
② 종류

중력 센서	• 중력의 방향과 강도를 나타내는 3D 벡터 제공 • 기기의 상대적 방향 확인
선형 가속 센서	• 각 기기축을 따라서 중력을 제외한 가속을 나타내는 3D 벡터 제공 • 동작 탐지
회전 벡터 센서	• 기기의 방향을 각과 축의 조합으로 표현 • 어느 한 축을 중심으로 회전 각도 표현
중요한 동작 센서	• 중요한 동작이 탐지될 때마다 이벤트를 트리거한 다음 자동으로 비활성 • 중요한 동작이란 사용자의 위치 변경으로 이어질 수 있는 동작을 의미 예 걷기, 자전거 타기, 자동차 타기 등
보행 계수기 센서	• 마지막 부팅 이후로 사용자가 걸은 걸음 수 제공 • 보행 탐지기보다 지연은 크지만 더욱 정확
보행 탐지기 센서	• 사용자가 걸음을 걸을 때마다 이벤트를 트리거 • 지연은 2초 이내

가속도계 사용	중력을 포함하여 기기에 적용되는 가속을 측정
자이로스코프 사용	기기의 x, y, z 축을 중심으로 회전속도를 측정

(3) 위치 센서

① 기기의 물리적 위치를 확인할 수 있는 2가지 센서(지자기장 센서와 가속도계) 제공
② 종류

게임 회전 벡터 선세	• 지자기장을 사용하지 않고 가속도계만으로 회전각 제공 • Y축이 북쪽이 아닌 기준점을 중심으로 회전각 제공
지자기 회전 벡터 센서	• 가속도계를 사용하지 않고 지자기장만을 사용하여 회전각 제공 • 정확도는 낮지만 전력 사용량을 절감
기기 방향계산 센서	가속도계와 지자기장 센서에서 얻을 데이터를 이용하여 지구의 기준계(자북극)에 대한 상대적인 기기의 위치를 제공
지자기장 센서	지구 자기장의 변화를 모니터링
보정되지 않은 자기계	지자기장 센서와 유사하지만 자기장에 강철 보정이 적용되지 않음
근접 센서	객체가 기기에서 얼마나 멀리 떨어져 있는지 확인(통화 시 사람의 머리가 기기에서 얼마나 떨어져 있는지 확인)

(4) 환경 센서

① 다양한 환경 속성(상대 습도, 조도, 기압, 온도 등)을 모니터링할 수 있는 센서
② 종류

조도·기압·온도 센서	• 기기 주변의 밝기, 압력, 온도를 측정 • 별도의 보정이나 필터링 과정 없이 데이터 사용
습도 센서	• 원시 상대 습도 데이터 취득 • 온도 센서가 같이 있는 경우 이슬점과 절대 습도 계산 가능

> **TIP** 안드로이드 기기의 위치정보 획득 방법
>
> - 안드로이드에서는 사용자의 GPS, NETWORK 등을 통해 위치정보를 획득하고 API를 통해 사용할 수 있음
> - 위치 정보 권한의 종류
>   - android.permission.ACCESS_COARSE_LOCATION: WiFi 또는 모바일 데이터(또는 둘 다)를 사용하여 기기의 위치를 획득하며, 정확도는 도시 블록 1개 정도의 오차 수준
>   - android.permission.ACCESS_FINE_LOCATION: GPS 위성, WiFi, 모바일 데이터 등 이용 가능한 위치 제공자를 사용하여 최대한 정확하게 위치를 결정
>   - android.permission.ACCESS_BACKGROUND_LOCATION: Android 10(API 수준 29) 이상에서 백그라운드 상태에서 위치정보 액세스 시 필요
> - 위치정보 사용 구현 순서: AndroidManifest.xml 권한 설정 → MapActivity.java 위치정보 코드 설정 → 앱 빌드 및 AVD 테스트 → 실제 디바이스 설치 및 테스트

4. 앱 패키징

(1) 앱 패키징의 정의

1) 넓은 의미
① 기업 또는 사용자가 필요한 소프트웨어를 쉽게 가져오기 위한 프로세스
② 기업에서 사용하는 소프트웨어의 유형별·부분별 파일 패키지를 만드는 작업이 포함
③ 앱 패키징을 통해 최신의 소프트웨어를 쉽고 빠르게 접근할 수 있음

2) 좁은 의미
모바일 웹을 앱으로 포장하는 과정

(2) 모바일 앱 패키징
① 모바일 웹 사이트를 네이티브 앱으로 패키징하여 하이브리드 앱으로 스토어에 출시
② 네이티브 앱을 작성할 때 웹뷰(WebView), 웹 콘텐츠를 표시하기 위해 임베딩된 웹 브라우저를 사용
③ 네이티브 코드로 웹 사이트의 모든 UI를 구현하지 않고도 쉽게 웹 사이트와 동일한 UI로 모바일 앱을 제공

(3) 크로스 플랫폼(Cross-platform)
① 한 가지의 언어로 개발되어 여러 종류의 모바일 운영체제에서 동작 가능한 응용 프로그램
② 모바일 운영체제(안드로이드, iOS)에서 모두 이해할 수 있는 코드로 앱을 작성하므로 네이티브 앱보다 제작이 쉽고 비용이 적다는 장점이 있음
③ 크로스 플랫폼 프레임워크로 Flutter, React Native, Cordova(PhoneGap), Capacitor 등이 있으며, Flutter는 Dart언어, 다른 프레임워크는 JavaScript 언어로 개발

03 모바일 서비스 테스트

1. 테스트 시나리오

(1) 테스트 시나리오의 개념

1) 정의
① 테스트 수행을 위한 여러 테스트 케이스의 집합
② 테스트 케이스의 동작 순서를 기술한 문서이며 테스트를 위한 절차를 명세한 문서

2) 필요성

테스트 수행 절차를 미리 정함으로써 설계 단계에서 중요시되던 요구사항, 대안 흐름과 같은 테스트 항목을 빠짐없이 테스트

(2) 테스트 시나리오 작성 시 유의점

① 테스트 시나리오 분리 작성: 테스트 항목을 하나의 시나리오에 모두 작성하지 않고 시스템별·모듈별·항목별 테스트 시나리오를 분리하여 작성할 것
② 고객의 요구사항, 설계 문서 등을 토대로 테스트 시나리오를 작성할 것
③ 각 테스트 항목은 식별자 번호, 순서 번호, 테스트 데이터, 테스트 케이스, 예상 결과, 확인 등의 항목을 포함하여 작성할 것

(3) 모바일 서비스 테스트

① 다양한 모바일 장치, 운영 체제 및 네트워크 환경에서 애플리케이션의 기능, 성능, 유용성 및 보안을 평가하는 프로세스
② 고품질의 버그 없는 사용자 경험을 보장하고 앱이 미리 정의된 목표 및 요구사항을 충족하는지 확인

(4) 모바일 앱 테스트 기법

기능 테스트	• 앱의 기능이 의도한 대로 작동하는지 확인 • 응용 프로그램의 모든 측면을 다루는 테스트
성능 시험	다양한 조건에서 앱의 응답성, 안정성 및 리소스 사용량을 측정
사용성 테스트	앱의 사용자 인터페이스, 탐색 및 전반적인 사용자 경험을 평가
호환성 테스트	시장에 나와 있는 수많은 모바일 장치 및 운영 체제와의 호환성 테스트
보안 테스트	잠재적인 취약성과 데이터 유출을 식별하여 앱이 업계 표준을 준수하고 사용자의 민감한 정보를 보호하는지 확인
현지화 테스트	앱이 전 세계 사용자를 대상으로 할 때 적절한 번역 및 지역 설정이 되어있는지 검수

(5) 모바일 테스트 시나리오

1) 정의

① 테스트 항목을 사전에 계획하여 시나리오 형태로 만든 것으로 서비스를 정확하게 테스트하기 위해 작성
② 일반적으로 테이블 형식을 이용하여 테이블 좌측에는 서비스에서 발생 가능한 모든 시나리오를 나열하고, 우측에는 최적화하려는 환경을 기록

2) 모바일 테스트 시나리오의 사례

Communication	앱을 사용하는 도중 통화나 메시지 수신 시 처리과정 등
Orientation	수직 모드와 수평 모드의 작동 여부, 스크린 회전의 영향 등
Platform	두 개의 주요 플랫폼인 안드로이드와 iOS 관련 체크
Network	테스트 대상 앱이 Wi-Fi, 3G, 4G 등 다양한 네트워크에서 동작하는지 여부
Gesture	더블터치, 줌인, 줌아웃, 핀치 등의 모든 가능한 제스처를 확인
Notification	오프라인이나 온라인 모드에서 알림이 동작하는지 여부 등

2. 테스트 수행조건

(1) 테스트 환경 구축

1) 테스트 환경 구축의 정의

개발된 응용 소프트웨어가 실제 운영 시스템에서 정상적으로 작동하는지 테스트할 수 있도록 하기 위하여 실제 운영 시스템과 동일 또는 유사한 사양의 하드웨어, 소프트웨어, 네트워크 등의 시설을 구축하는 활동

2) 테스트 환경 구축의 유형

하드웨어 기반	서버 장비(WAS 서버, DBMS 서버), 클라이언트 장비(노트북 또는 PC), 네트워크(내부 LAN 또는 공용 인터넷 라인) 장비 등의 장비를 설치하는 작업
소프트웨어 기반	구축된 하드웨어 환경에 테스트할 응용 소프트웨어를 설치하고 필요한 데이터를 구축
가상 시스템 기반	가상 머신(Virtual Machine) 기반의 서버 또는 클라우드 환경을 이용하여 테스트 환경을 구축하고, 네트워크는 VLAN과 같은 기법을 이용하여 논리적 분할 환경 구축

(2) 테스트 데이터

① 테스트 데이터: 컴퓨터의 동작이나 시스템의 적합성을 시험하기 위해 특별히 개발된 데이터 집합으로서, 프로그램의 기능을 하나씩 순번에 따라 확실하게 테스트할 수 있도록 조건을 갖춘 데이터
② 테스트 데이터의 필요성
  - 테스트의 효율적인 운용
  - 데이터의 기밀 유지
  - 신뢰 및 예측 가능한 테스트 목적
③ 테스트 데이터의 유형: 선행된 연산에 의해 얻어진 실제 데이터와 인위적으로 만들어진 가상의 데이터로 구분
④ 테스트 데이터 준비
  - 실제 데이터: 연산에 의하거나 실제 데이터를 복제하여 준비
  - 가상의 데이터: 스크립트를 통해서 생성

(3) 테스트 조건의 개념

1) 테스트 시작 조건

① 테스트 계획의 수립, 사용자 요구사항에 대한 테스트 명세의 작성, 투입 조직 및 참여 인력의 역할과 책임의 정의, 테스트 일정의 확정, 테스트 환경의 구축 등이 완료되었을 때 테스트를 시작하도록 조건 정의 가능
② 단계별 또는 회차별 테스트 수행을 위해 모든 조건을 만족하지 않아도 테스트를 시작할 수 있음

2) 테스트 종료 조건

정상적인 테스트를 모두 수행한 경우, 차기 일정의 도래로 테스트 일정이 만료되었을 경우, 테스트에 소요되는 비용을 모두 소진한 경우 등 업무 기능의 중요도에 따라 조건을 달리 정할 수 있음

3) 테스트 성공과 실패의 판단 기준

① 기능 및 비기능 테스트 시나리오에 기술된 예상 결과를 만족하면 성공으로, 아니면 실패로 판단할 수 있음
② 동일한 데이터 또는 이벤트를 중복하여 테스트하여도 여전히 이전 테스트와 같은 결과가 나올 때 성공으로 판단할 수도 있음

(4) 개발 단계에 따른 테스트 구분

단위 테스트	코딩 직후 소프트웨어 설계의 최소 단위인 모듈이나 컴포넌트에 초점을 맞춘 테스트
통합 테스트	단위 테스트가 완료된 모듈들을 결합하여 하나의 시스템으로 완성시키는 과정에서의 테스트
시스템 테스트	개발된 소프트웨어가 해당 시스템에서 완벽하게 수행되는가를 점검하는 테스트
인수 테스트	개발한 소프트웨어가 사용자의 요구사항을 충족하는가에 중점을 두는 테스트

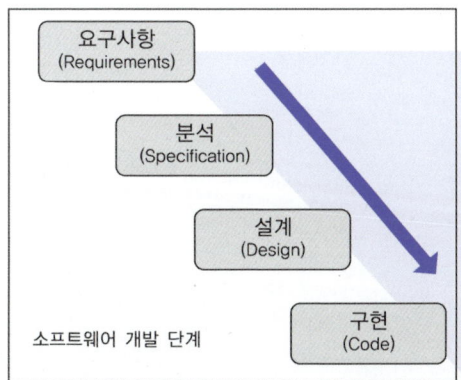
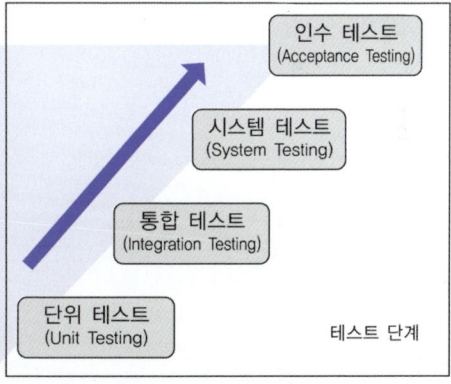

(5) 테스트 기법에 따른 테스트 구분

화이트박스 테스트	모듈의 원시 코드를 오픈시킨 상태에서 원시 코드의 논리적인 모든 경로를 테스트하여 테스트 케이스를 설계 예 기초 경로 검사, 제어 구조 검사 등
블랙박스 테스트	소프트웨어가 수행할 특정 기능을 알기 위해서 각 기능이 완전히 작동되는 것을 입증하는 테스트 (기능 테스트) 예 동치 분할 검사, 경계값 분석, 원인-효과 그래프 검사, 오류 예측 검사, 비교 검사 등

> **TIP** 안드로이드 기기의 기능 테스트 사례
>
> - 스마트폰 개발자 모드 활성화: 안드로이드 폰의 빌드번호를 연속으로 터치하여 개발자 모드를 활성화
> - 안드로이드 스튜디오 연결: USB를 통하여 안드로이드 폰과 PC를 연결
> - 안드로이드 스튜디오의 대상 디바이스를 실제 기기를 선택하고 빌드
> - 앱 기능 테스트 수행: AVD를 통해 확인했던 앱 메인화면, GPS 활성 여부, 위치정보 허용 여부, 실제 위치기준 검색 여부 등이 잘 작동하는지 확인

CHAPTER 04 | 모바일 공간정보서비스 프로그래밍

01 ★☆☆

다음 중 모바일 GIS 구현을 위해 필요한 구성요소로 적절하지 않은 것은?

① 모바일 플랫폼
② 데스크탑
③ 무선 네트워크
④ 위치측위 센서

해설

모바일 GIS 서비스
무선에서 위치, GIS 기능, 공간 정보가 상호 관계성을 가지면서 이동성, 적시성 등에 필요한 업무에 적용하는 서비스이다. 서버 하드웨어, 모바일 플랫폼, 무선 네트워크, 위치 결정을 위한 GPS, 모바일 콘텐츠 등으로 구성된다.

정답 ②

02 ★★☆

다음 중 모바일 GIS를 포함한 응용 프로그램의 개발을 지원해주는 개발 도구의 집합을 뜻하는 것은?

① CSS
② API
③ SDK
④ ODBC

해설

응용 프로그램의 개발을 지원해주는 개발 도구의 집합을 소프트웨어 개발 키트(SDK; Software Development Kit)라고 한다. 안드로이드용의 경우 자바를 포함한 SDK가, iOS용의 경우 Swift가 포함된 SDK가 있다.

정답 ③

03 ★★☆

다음 모바일 운영체제에 가장 적절한 개발 언어를 〈보기〉에서 모두 골라 올바르게 짝지은 것은?

보기

ㄱ. Java   ㄴ. Kotlin
ㄷ. Swift   ㄹ. Python

① Android: ㄱ, ㄴ
② Android: ㄱ, ㄷ
③ iOS: ㄴ, ㄹ
④ iOS: ㄷ, ㄹ

해설

안드로이드 OS의 경우 개발 언어는 자바와 코틀린이며, iOS의 경우 개발 언어는 C, C++, Objective C, 스위프트 등이 있다.

정답 ①

04 ★★☆

다음 〈보기〉는 모바일 서비스가 구동되는 방식을 설명한 것이다. ㉠, ㉡에 해당하는 용어가 올바르게 짝지어진 것은?

보기

모바일 웹은 웹브라우저와 내용이 동일하지만 화면의 크기를 모바일 기기의 작은 화면으로 자동 조정되는 (㉠)을 적용할 수 있다. 반면 모바일 앱은 모바일 기기에서 실행하는 응용 프로그램으로 (㉡)라고도 한다.

① ㉠ 반응형 웹, ㉡ 네이티브 앱
② ㉠ 반응형 웹, ㉡ 하이브리드 앱
③ ㉠ 적응형 웹, ㉡ 네이티브 앱
④ ㉠ 적응형 웹, ㉡ 하이브리드 앱

해설

모바일 웹(Mobile web)은 데스크탑 컴퓨터의 웹브라우저와 내용이 동일하지만, 모바일 화면 크기를 고려해야 한다. 데스크탑 컴퓨터용 큰 화면의 웹페이지를 모바일 기기의 작은 화면으로 자동으로 조정하는 반응형 웹과 모바일 기기의 화면 크기에 맞춰 별도의 웹페이지를 제작하는 적응형 웹 기술이 적용된다. 모바일 앱(Mobile app)은 모바일 기기에서 실행하는 응용 프로그램으로, 네이티브(Native) 앱이라고도 한다.

정답 ①

05 ★★☆

모바일 서비스 구동 방식 중 콘텐츠 영역은 웹 앱으로 개발하고, 최종 배포 시에는 필요한 패키징만 모아서 모바일 운영체제로 처리함으로써 사용자가 웹 페이지를 보면서 모바일 기기의 GPS 등과 같은 센서에 접근할 수 있는 방식은?

① 모바일 웹
② 모바일 앱
③ 웹 앱
④ 하이브리드 앱

해설

하이브리드 앱(Hybrid app)은 웹 앱과 모바일 앱의 기능이 결합한 것이다. 콘텐츠 영역(웹 문서)은 웹 앱으로 개발하고 최종 배포 시에는 필요한 패키징만 모아서 모바일 운영체제로 처리하여 사용자가 웹 페이지를 보면서 모바일 기기의 GPS 등과 같은 센서에 접근할 수 있다.

정답 ④

06 ★★★

모바일 공간정보 서비스의 구현을 위한 디자인 구성 요소 중 메뉴 목록을 접고 펼치는 식으로 구현되는 텍스트 메뉴 형식은?

① 바 형식
② 그리드 형식
③ 아코디언 형식
④ 리스트 형식

해설

모바일 공간정보 서비스 구현을 위한 디자인 구성 요소 중 메뉴는 원하는 화면으로 쉽게 이동할 수 있도록 제공하는 콘텐츠 그룹이다. 아코디언(Accordion) 형식은 텍스트 형식의 메뉴로, 메뉴 목록을 접고 펼치는 방식이다.

정답 ③

07 ★★★

모바일 디자인 설계 과정에서 기획자나 디자이너의 아이디어를 화면 안에 대략적으로 간결하게 구성한 화면 디자인을 뜻하는 용어는?

① 레이아웃(Lay out)
② 플로차트(Flow chart)
③ 와이어프레임(Wire-Frame)
④ 프로토타입(Prototype)

해설

모바일 디자인 설계에서 와이어프레임(Wire-Frame)이란 기획자나 디자이너의 아이디어를 화면 안에 대략적으로 간결하게 구성한 화면 디자인을 뜻한다.

정답 ③

08 ★★★

다음 중 모바일 웹(Mobile web)이나 웹 앱(Web app)을 개발하기 위한 언어로 적절하지 <u>않은</u> 것은?

① CSS
② HTML
③ Javascript
④ Swift

해설

모바일 웹(Mobile web)은 PC 웹페이지를 모바일에 맞게 줄인 형태로, 웹이기 때문에 HTML, CSS, JavaScript 등으로 개발된다. 웹 앱(Web app)의 경우도 웹 개발 방식과 동일하게 HTML, CSS, JavaScript 등을 사용한다.

정답 ④

09 ★★☆

다음 중 모바일 기기에 내장되어 측정하는 센서에 해당하지 <u>않는</u> 것은?

① 위치 센서
② 멀티 스펙트럴 센서
③ 환경 센서
④ 동작 감지 센서

해설

대부분의 모바일 기기에는 움직임, 방향 및 다양한 환경 조건을 측정하는 센서가 내장되어 있으며, 동작 감지 센서, 위치 센서, 환경 센서 등 3가지 센서가 있다. 멀티 스펙트럴 센서는 위성영상 센서에 해당된다.

정답 ②

10 ★★☆

모바일 서비스의 테스트를 개발 단계에 따라 순서대로 나열한 것은?

① 단위 테스트 → 인수 테스트 → 통합 테스트 → 시스템 테스트
② 단위 테스트 → 통합 테스트 → 시스템 테스트 → 인수 테스트
③ 시스템 테스트 → 통합 테스트 → 단위 테스트 → 인수 테스트
④ 시스템 테스트 → 인수 테스트 → 통합 테스트 → 단위 테스트

해설

모바일 서비스 테스트를 개발 단계에 따라 구분하면 단위 테스트(코딩 직후 소프트웨어 설계의 최소 단위인 모듈이나 컴포넌트에 초점을 맞춘 테스트) → 통합 테스트(단위 테스트가 완료된 모듈들을 결합하여 하나의 시스템으로 완성시키는 과정에서의 테스트) → 시스템 테스트(개발된 소프트웨어가 해당 시스템에서 완벽하게 수행되는가를 점검하는 테스트) → 인수 테스트(개발한 소프트웨어가 사용자의 요구사항을 충족하는가에 중점을 두는 테스트) 순서다.

정답 ②

11 ★☆☆

다음 중 모바일 서비스 구현을 위한 프로그래밍 언어로 적절하지 <u>않은</u> 것은?

① FLUTTER
② KOTLIN
③ SWIFT
④ COBOL

해설

모바일 서비스 구현을 위한 프로그래밍 언어로는 안드로이드에서는 Java와 KOTLIN, iOS에서는 Objective-C와 SWIFT, 하이브리드에서는 REACTNATIVE와 FLUTTER 등이 있다. COBOL은 사무처리를 위한 프로그래밍 언어이다.

정답 ④

12 ★☆☆

다음 중 모바일 서비스를 위한 하이브리드 앱의 장점으로 적절하지 않은 것은?

① 네이티브 앱보다 개발 및 유지보수가 쉽다.
② 모바일 플랫폼에 독립적이다.
③ 각종 센서 등의 장치에 접근이 가능하다.
④ 모바일 웹보다 처리 속도가 빠르다.

[해설]
하이브리드 앱(Hybrid app)은 웹 앱과 모바일 앱의 기능이 결합하여 콘텐츠 영역(웹 문서)은 웹 앱으로 개발하고, 최종 배포 시에는 필요한 패키징만 모아서 모바일 운영체제로 처리한 앱이다. 사용자가 웹 페이지를 보면서 모바일 기기의 GPS 등과 같은 센서에 접근할 수 있고, 네이티브 앱보다 개발 및 유지보수가 쉬우며 모바일 웹보다 빠른 속도를 가진다. 모바일 플랫폼에 독립적인 방식은 모바일 웹과 웹 앱이다.

[정답] ②

13 ★★★

다음 〈보기〉는 안드로이드 기기에서 하이브리드 앱을 구현하기 위한 웹 뷰 구현 순서이다. ㉠, ㉡에 해당하는 태그가 올바르게 짝지어진 것은?

┤ 보기 ├
AndroidManifest.xml 권한 설정 → (㉠) 코드 변경 → 지도검색서비스 서버 구동 → (㉡) 웹 뷰 코드 추가

① ㉠ activity_map.xml, ㉡ ActivityMap.java
② ㉠ home.jsp, ㉡ ActivityMap.java
③ ㉠ activity_map.xml, ㉡ MapActivity.java
④ ㉠ home.jsp, ㉡ MapActivity.java

[해설]
하이브리드 앱을 구현하기 위한 안드로이드 웹 뷰 구현 순서는 "AndroidManifest.xml 권한 설정 → activity_map.xml 코드 변경 → 지도검색서비스 서버 구동(STS) → MapActivity.java 웹 뷰 코드 추가"이다.

[정답] ③

14 ★★★

다음 중 안드로이드 기기에서 GPS, WiFi, 모바일 데이터 등 이용 가능한 위치 제공자를 이용하여 위치를 결정하기 위한 위치 정보 권한은?

① android.permission.ACCESS_LOCATION
② android.permission.ACCESS_COARSE_LOCATION
③ android.permission.ACCESS_FINE_LOCATION
④ android.permission.ACCESS_BACKGROUND_LOCATION

[해설]
위치 정보 권한 중 android.permission.ACCESS_FINE_LOCATION은 GPS 위성, WiFi 및 모바일 데이터 등 이용 가능한 위치 제공자를 사용하여 최대한 정확하게 위치를 결정한다.

[정답] ③

15 ★★☆

다음 중 모바일 웹을 네이티브 앱으로 포장하여 하이브리드 앱으로 만드는 과정을 뜻하는 것은?

① 앱 패키징
② 크로스 플랫폼
③ 반응형 웹
④ 소프트웨어 개발 키트

[해설]
모바일 웹 사이트를 네이티브 앱으로 패키징하여 하이브리드 앱으로 스토어에 출시하는 것을 앱 패키징이라고 한다.

[정답] ①

Industrial Engineer Spatial Information Fusion

PART 03
공간정보 융합콘텐츠 개발

CHAPTER 01 공간정보 융합콘텐츠 제작

CHAPTER 02 공간정보 융합콘텐츠 시각화

CHAPTET 03 공간데이터 3차원 모델링

필기편

PART 01	공간정보 분석
PART 02	공간정보서비스 프로그래밍
PART 03	공간정보 융합콘텐츠 개발
PART 04	필기편 모의고사

CHAPTER 01 | 공간정보 융합콘텐츠 제작

> **대표유형**
>
> 다음 측정 수준(Scale) 중 가장 정밀한 것은?
>
> ① 명목척도
> ② 순위(서열)척도
> ③ 등간척도
> ④ 비율척도
>
> **해설**
> 척도별 측정 수준의 정밀성은 명목척도 < 순위척도 < 등간척도 < 비율척도 순으로 높아진다.
>
> **정답** ④

01 지도 디자인

1. 지도 부호와 색상

(1) 지도의 개념

① 특정 지리적 영역에 존재하는 대상물을 일정한 표현방식으로 축소하여 평면에 묘사한 것으로, 지도를 통해 실세계의 다양한 장소를 이해하고 상호간의 위치에 대해 파악할 수 있음
② 유형·무형의 지리적 사상(事像)에 대한 정보를 표현하는 수단

구분	설명
대상물	• 지도로 표현되는 유형·무형의 지리적 사상(事像) • 자연적 요소: 지형, 강과 호수, 해안선, 바다, 산림 등 • 인공적 요소: 건물, 도로, 교량, 터널, 광장, 공원 등 • 무형적 요소: 행정구역, 지적 필지, 도시계획 구획선 등 • 기타: 특수한 용도의 정보(지하시설물 등), 지명, POI 등
일정한 표현 방식	• 지도에 대상물을 추상화하여 묘사하는 규칙 • 각종 지형지물, 인공지물 등을 표현하는 부호와 기호 • 지도의 축척에 따라 담을 수 있는 대상물의 범위와 표현 방식이 달라짐

축소	• 지도상의 거리와 실제 세계의 거리 간의 관계를 나타냄 • 일반적으로 분수로 표현되며, 표시 형식은 "1:척도값"으로 표기함
평면 묘사	• 지구라는 곡면에 위치한 대상물을 지도라는 평면에 펼쳐서 표현함 • 지구를 평면에 펼치는 다양한 기법을 투영법이라 함 • 곡률을 가지는 지구를 평면에 펼치면서 완벽한 정확성을 유지하기 어려우며, 면적과 형태, 거리상의 왜곡이 발생함 • 평면 표현은 지도 제작에서 필수적인 과정이며, 왜곡 현상을 최소화하기 위해 다양한 투영법이 사용됨

(2) 지도 제작 시 유의사항

1) 정확성
① 지도는 신뢰할 수 있는 정보를 제공해야 함
② 제작 시에는 최신 및 정확한 데이터를 사용하고, 실제 지리적 특징을 정확하게 표현해야 함
③ 데이터의 출처와 신뢰성을 확인하고, 오차를 최소화하기 위해 신중하게 작업해야 함

2) 축척
① 지도의 축척은 명확하게 표기되어야 함
② 축척은 지도상의 거리와 실제 세계의 거리 간의 관계를 나타내므로, 사용자가 거리를 정확히 이해할 수 있도록 해야 함

3) 투영법
투영법에 따라 최소화되는 왜곡이 상이하므로, 지도의 제작 목적이나 용도에 적합한 투영법을 선택해야 함

4) 간결성
① 지도는 간결하고 명확해야 함
② 너무 복잡하거나 과도한 정보를 포함하면 사용자가 정보를 파악하기 어려움
③ 필요한 정보를 효과적으로 전달하기 위해 간결한 디자인과 적절한 심볼 및 레이블을 사용해야 함

5) 일관성
동일한 표현 방식과 규칙을 적용하여 지도의 일관성을 유지하고, 사용자의 혼동을 최소화해야 함

6) 대중성
① 지도는 다양한 사용자들을 위해 알기 쉽고 이해하기 쉬워야 함
② 다양한 배경 지식을 가진 사람들도 지도를 이해할 수 있도록 단순하고 명확한 표현을 사용해야 함

7) 법적 요구사항
① 지도 제작 시 국가 또는 해당 영역에서 요구하는 법적 요구사항(표준, 규정, 심사 등)을 준수해야 함
② 개인정보 보호, 지리적 표현의 정확성 등과 같은 법적 요구사항도 고려해야 함

(3) 지도의 구성요소

구성 요소	설명
제목	• 지도가 어떤 지역이나 특정 주제를 다루는지를 나타냄 • 제목은 일반적으로 맨 위나 중앙에 위치하며, 사용자에게 지도의 내용을 간략하게 알려줌
축척	• 축척은 숫자 또는 막대 형태의 Scale bar 형태로 표시함 • 지도상의 길이와 실제 거리 간의 관계를 보여줌 • 일반적으로 지도의 한 측면에 표기하며, 축척의 단위와 해당 단위에 대한 표시가 포함됨
기호와 범례	• 범례는 지도에 사용된 색상, 심볼, 선의 의미를 설명하는 데 사용됨 • 범례는 주로 지도의 측면이나 하단에 배치하며, 색상이나 심볼에 대한 설명과 함께 표시됨
방위	• 동서남북의 방향을 나타내는 것 • 방위 표시가 없을 경우, 지도 위쪽을 북쪽으로 간주
주석과 레이블	• 주석과 레이블은 지도상의 특정 위치, 도시, 표식 등을 설명하는 텍스트임 • 주로 지도상에 작은 글꼴로 표시되며, 사용자가 특정 지점을 파악하고 정보를 이해하는 데 도움을 줌
인덱스 맵	해당 지도에서 표출되는 지리적 영역의 위치를 행정구역이나 도엽 인덱스 등으로 표시함
자료 출처	• 지도 제작에 사용된 자료의 출처와 시기를 표시함 • 지형도의 경우 항공사진 촬영 시기와 현장 조사 기간이 표시되어 있음
제작자, 제작시기	• 지도 관련 문의를 받을 수 있는 제작자를 표시함 • 제작 시기는 자료의 취득 시기와 다를 수 있으므로, 혼동을 피하기 위해 일반적으로 표기함

(4) 기호

1) 개념

① 지도 심볼은 지도상에서 특정한 개체, 특징 또는 정보를 나타내는 그래픽 요소
② 심볼은 간결하고 명확한 형태로 표현되며, 지도의 내용을 이해하고 해석하는 데 도움을 줌

2) 지도 부호(Map Symbol) 유형

유형	설명
점형	• 점 심볼은 지도상의 특정 위치나 개체를 나타냄 • 도시, 마을, 관광 명소, 주요 랜드마크 등이 점 심볼로 표현될 수 있음 • 점의 크기, 색상, 모양 등은 해당 위치의 중요성이나 특성을 나타낼 수 있음
선형	• 선 심볼은 지도상에서 도로, 강, 철도 등의 선형적인 특징을 나타냄 • 도로 심볼은 도로의 유형과 너비를 나타내는 데 사용될 수 있으며, 강이나 하천은 강의 폭과 흐름 방향을 나타내는 데 사용됨
면형	• 면 심볼은 지도상에서 영역을 나타냄 • 행정구역, 호수, 공원 등이 면 심볼로 표현될 수 있음 • 면의 색상, 질감, 패턴은 해당 영역의 특성을 나타내는 데 사용됨
기호형	• 기호 심볼은 특정한 의미를 가진 그래픽 요소로, 지도에서 특정 정보를 나타내는 데 사용됨 • 예를 들어 날씨 지도에서는 구름, 해수면 온도 등의 기호 심볼이 사용될 수 있음

3) 기호 표현 요소

요소		설명
도형적 요소	크기 (Size)	• 심볼의 상대적인 중요성이나 양적인 특성을 나타내는 데 사용됨 • 크기가 큰 심볼은 해당 요소가 중요하거나 더 많은 양을 나타내는 것을 의미함 • 예를 들어 도시의 인구를 나타내는 심볼에서 인구가 많을수록 심볼의 크기가 커질 수 있음
	모양 (Shape)	• 심볼이 나타내는 요소의 특성이나 유형을 나타내는 데 사용됨 • 각각의 심볼 모양은 특정한 의미를 가지고 있을 수 있으며, 이를 통해 사용자는 정보를 쉽게 파악할 수 있음 • 예를 들어 별 모양의 심볼은 여행지를 나타낼 수 있고, 도로 심볼은 도로 유형을 나타냄
컬러적 요소	색상 (Hue)	• 심볼이 나타내는 특성이나 분류를 나타내는 데 사용됨 • 색의 차이를 통해 대상의 속성을 직관적으로 나타내는 명목척도의 표현에 적합함 • 색상은 주요한 특성을 강조하는 데에도 사용됨 예 검정색(인공지물 표현), 파랑색(수체 표현), 빨강색(강조 또는 위험지역), 갈색(고지대), 녹색(저지대, 산림) • 지하시설물도의 경우 상수도관 청색, 하수도관 보라색, 가스관 황색, 통신선로 녹색, 전력선 적색, 송유관 갈색, 난방관 주황색으로 표시
	명도 (Value)	• 빛의 반사율에 따라 색의 밝고 어두움이 달라지는 정도를 일컫는 것으로, 사람은 약 200단계 정도의 명도를 구분할 수 있음 • 밝은 색이 높은 수치를, 어두운 색이 낮은 수치를 표현하는 경우와 같이 서열척도의 데이터를 나타내는 데 적합한 그래픽 변수
	채도 (Chrome)	• 색의 선명도(순도) 또는 회색을 띠고 있는 정도를 말하는 것으로, 같은 색상 중에서 가장 순수한 색(순색)이 가장 채도가 높은 색이 됨 • 사람은 약 20~30단계 정도의 채도를 구별할 수 있음 • 채도는 독자적인 그래픽 변수로 쓰이기보다 명도나 색상과 결합하여 계급 간의 대조성을 강화시켜주는 용도로 많이 쓰임
질감과 방향성 요소	조직 (Texture)	• 소재가 지니는 표면의 시각적 구조이자 재질감을 의미함 • 동일 무늬가 반복하여 나타나는 빈도(Pattern)로서 표현됨 • 패턴의 직조감 밀도(거칠거나 미세하거나)를 이용하여 서열화할 수 있기 때문에 서열척도의 데이터를 표현하는 데 적합함 • 천연색이 아닌 흑백지도에서 색상이나 채도로 구분하기 어려운 면형 기호의 경우, 이 그래픽 변수를 활용하면 등급 간의 시각적 차이를 효과적으로 전달할 수 있음 • 관습적으로 많이 쓰이는 조직 기호는 그 자체로 대상물의 속성을 상징함으로서 명목척도 데이터를 표현하는 데 적합함
	배열 (Arrangement)	• 무늬의 반복적 패턴을 평면적으로 어떻게 위치시키느냐 하는 것으로, 임의성과 규칙성의 정도를 이용하여 데이터의 차이를 표현하는 그래픽 변수 • 배열의 규칙적인 정도를 서열화하여 급 간의 순위를 나타내기에는 배열상의 시각적 변별력이 떨어지므로 제한적 사용이 요구됨
	방향 (Orientation)	• 패턴의 방향은 무늬를 사방 또는 팔방의 위치로 각도를 달리하여 배치함으로써 데이터의 차이를 표현하는 그래픽 변수 • 배열과 마찬가지로 서열척도의 표현에 제한적이며 명목척도의 표현에 적용 가능함
	초점 (Focus)	기호를 어느 정도 명확하고 상세하게 나타낼 것인가의 정도를 이용하여 데이터의 차이를 표현하는 그래픽 변수

> **TIP** 기호(지도 부호) 표현 요소 정리
>
> 도형적 요소(크기, 모양), 컬러적 요소(색상, 명도, 채도), 질감과 방향성 요소(조직, 배열, 방향, 초점)

2. 지도 디자인 샘플

(1) 지도 제작

1) 지도 제작 과정

구성 요소	설명
지도 기획	지도 형태로 시각화할 특정 지역이나 주제에 대한 콘텐츠를 정함
데이터 수집	• 지형, 도로, 강, 건물, 행정구역 등과 같은 지리적인 요소들을 포함한 원시자료를 수집함 • 지도 내용에 포함시킬 데이터는 현장조사, 위성영상, 항공사진, 공공 데이터베이스, 통계 자료 등 다양한 출처로부터 획득 가능함
데이터 처리	• 수집한 데이터를 처리하여 지도로 표현할 수 있는 형태로 가공함 • 데이터를 필요한 형식으로 변환하고, 속성 정보를 부여하며, 지리 정보를 적절한 형태로 표현할 수 있도록 처리하는 단계
지도 디자인	• 가공된 데이터를 기반으로 실제 지도를 디자인함 • 지도의 스타일, 색상, 심볼 등을 결정하고 배치하는 단계 • 지도의 목적과 대상 사용자에 맞춰서 디자인되며, 사용자가 쉽게 읽고 이해할 수 있도록 고려함
지도 제작	• 디자인된 지도를 제작하는 단계로, 디자인된 지도를 디지털 형식이나 인쇄물로 제작함 • 디지털 지도는 컴퓨터나 모바일 기기에서 보여질 수 있으며, 인쇄물은 실제로 인쇄되어 사용자에게 배포 활용됨
업데이트 및 유지보수	• 지도는 시간에 따라 변화할 수 있으므로, 필요한 경우 지속적으로 업데이트 및 유지보수되어야 함 • 새로운 정보가 추가되거나 변경되는 경우, 지도는 적시에 업데이트되어 최신 정보를 제공할 수 있어야 함

> **TIP** 최신 공간정보 융합콘텐츠 제작 동향
>
> IoT 센서 등 다중 데이터 소스와 MMS/드론 영상 등 스트리밍 데이터를 실시간으로 결합하는 서비스 활용 사례가 증가하고 있다.

2) 지도 제작 일반화 유형

구성 요소	설명
선택 (Selection)	대상 데이터 중에서 필요한 정보를 선별하는 과정
분류화 (Classification)	• 대상 데이터를 특정 기준에 따라 유사하거나 동일한 그룹으로 나누는 과정 • 이 과정을 통해 데이터를 구조화하고 이해하기 쉽게 만듦
단순화 (Simplication)	복잡한 지리 데이터를 단순하고 간결한 형태로 변환하는 과정

구분	설명
기호화 (Symbolization)	한정된 지면의 크기와 가독성을 고려하여 대상 데이터를 특정한 기호를 통해 추상적으로 표현

(2) 지도 분류

1) 기능에 따른 분류

구분	설명
일반도 (General reference map)	• 공간적 현상의 위치를 표현하고 있는 지도로서 특정 목적에 치우치지 않고 대중적으로 널리 사용하는 지도 • 국토지리정보원에서 제작하는 국가기본도(지형도), 미국지질조사국에서 제작하는 지형도 등이 해당함 • 지리적 현상들의 공간적 위치 관계를 참조하는 용도로 주로 쓰임 • 지형도(Digital map) 외에 항공사진 영상지도와 같은 Raster map도 같은 역할을 하는 일반도 범주에 포함될 수 있음
주제도 (Thematic map)	• 특정한 주제와 내용(콘텐츠)을 표현하는 지도 • 일반적으로 특정 지리적 현상의 속성(변수)에 대한 공간적 형태나 분포 패턴을 나타냄 • 속성의 표현 방식에 따라 단계구분도, 도형표현도, 등치선도, 점묘도, 유선도 등으로 구분할 수 있음 • 담고 있는 내용(콘텐츠)에 따라 지적도, 도시계획도, 교통망도, 생태지도, 자원지도, 기후도, 관광안내도, 문화지도 등으로 구분할 수 있음

2) 축척에 따른 분류

구분	설명
대축척 지도	1:5,000 이상의 축척으로 제작된 지도
중축척 지도	대축척과 소축척 사이의 축척을 가진 지도
소축척 지도	1:100,000 미만의 축척으로 제작된 지도

3) 제작 기법에 따른 분류

구분	설명
실측 지도	• 실제 현장에 대한 측량 작업을 실시하고 그 결과 값을 바탕으로 대상물의 위치와 속성을 정밀하게 제작한 지도 • 대표적인 사례: 항공사진 측량을 바탕으로 제작한 1:1,000 및 1:5,000 지형도
편집도	• 실측 지도를 바탕으로 재작성한 지도로서 편찬도라고도 함 • 1:25만 지세도, 1:12,000 교통도, 1:100만 행정구역도 등 다른 출처에서 얻은 데이터를 조합·편집하여 가공 제작한 지도
사진 지도	지도와 영상(항공사진 또는 위성 영상)을 합성하여 제작한 지도
집성 지도	• 여러 장의 사진을 합쳐 제작한 지도 • 인터넷 포털지도에서 제공하는 영상지도 등이 대표적 사례
수치 지도	• 기존 종이지도를 대체하는 디지털 지도 • 최근 제작되는 대부분의 지도는 "digital" 형태로 제작됨

(3) 주제도 샘플

단계구분도 (Choropleth map)	• 지리적인 영역의 특정 통계적 데이터를 색상 또는 패턴 등으로 표현하는 지도 • 지리적인 영역(예 국경, 행정구역, 지역적 구획 등)의 특정 변수 값을 단계적으로 구분하여 상이한 색상이나 패턴으로 시각화함
도형표현도 (Symbol map)	• 지리적인 영역에 위치한 포인트 데이터를 특정한 심볼로 표현하여 시각적으로 나타내는 지도 • 포인트 데이터의 위치, 속성 또는 분포를 시각적으로 파악할 수 있도록 도와줌 • 포인트는 실재 지리적 현상의 위치점을 대변할 수도 있고, 특정 공간적 범위의 중심점과 같은 개념적 점일 수도 있음 • 표현되는 기호는 동그라미, 아이콘 등 다양한 도형으로 선택될 수 있음
등치선도 (Isarithmic map)	• 지리적 현상의 연속적인 변수에서 동일한 값을 갖는 지점을 연결하여 만든 일련의 등치선(Isoline)을 통해 변수의 변화를 시각화하는 지도 • 지형의 높이, 온도, 기압, 인구밀도 등 공간적으로 변화하는 변수를 시각적으로 파악할 수 있도록 도움 • 등치선의 간격이나 밀도, 선의 굵기나 선분 유형을 통해 변화하는 패턴에 대한 정보를 추가로 제공할 수 있음
점묘도 (Dot map)	• 지리적 현상이 가장 잘 발생하는 또는 상징되는 곳에 점(dot)을 위치시킴으로써 생성되는 지도 • 점의 크기나 색상을 통해 지리적 변수의 데이터 값을 시각적으로 표현할 수 있음 • 시각적으로 복잡한 데이터를 간단명료하게 표현할 수 있는 장점이 있음 • 지도의 특정 영역에 점들이 집중되어 있으면 해당 지역에서 어떤 지리적 현상이 강조되고 있음을 알 수 있음

> **TIP** 그 밖의 주제도
>
> 왜상통계지도(Cartogram), 유선도(Flow map), 히트맵(Heat map) 등

02 주제도 작성

1. 주제도 작성 단계

(1) 주제 설정

정보를 전달 받을 대상자와 용도, 주제와 정보수집 방안에 대해 정하고 구상함

주제 결정	• 주제도 지도를 작성하기 위해 어떤 주제를 다룰 것인지 결정함 • 예를 들어 인구, 경제, 환경 등 특정한 주제를 선택 • 주제는 지도에서 나타내고자 하는 정보와 관련이 있어야 하며, 사용자의 관심과 필요에 부합해야 함
목적 명확화	• 지도를 작성하는 목적을 명확히 정의함 • 지도를 통해 어떤 메시지를 전달하고자 하는지, 사용자에게 어떤 정보를 제공하고자 하는지를 명확히 이해해야 함 • 예를 들어 인구 주제의 지도에서는 인구 분포를 보여주거나 지역별 인구 밀도를 비교하는 등의 목적을 설정할 수 있음

대상 그룹 결정	• 정보를 전달하고자 하는 대상 그룹 사용자의 요구와 관심사에 맞춰 지도를 제작해야 함 • 예를 들어 인구 관련 주제도의 경우, 인구 통계에 관심이 있는 연구자, 정책 결정자, 일반 대중 등에게 제공하려면 해당 그룹의 요구에 맞는 정보와 시각화 방법을 고려해야 함
정보 수집 방법 결정	• 공식 통계, 조사, 센서 데이터, 위성 이미지 등 다양한 데이터 소스와 수집 방법을 고려하여 적절한 정보 수집 방법을 결정함 • 데이터의 정확성과 신뢰성을 고려하여 원천 자료를 선택해야 함

(2) 데이터 수집

① 해당 주제에 관련된 데이터를 수집함
② 예를 들어 인구 분포를 나타내는 주제도를 작성한다면 인구 통계 데이터를 수집해야 함
③ 데이터는 신뢰할 수 있는 출처에서 수집해야 하며, 정확성과 일관성을 보장해야 함

데이터 소스 선정	• 필요한 데이터를 제공하는 신뢰할 수 있는 데이터 소스를 선정함 • 공식 통계, 정부 기관, 조사 보고서, 학계 연구 등 다양한 소스를 고려하여 데이터를 수집함 • 데이터의 정확성과 신뢰성을 고려하여 데이터 소스를 선택해야 함
데이터 수집 방법 결정	• 선택한 데이터 소스에 따라 데이터를 수집하는 방법을 결정함 • 데이터 수집 방법은 다양할 수 있으며 현장 조사, 센서 측정, 지리 정보 시스템(GIS) 분석, 웹 스크래핑, 공개자료 다운로드 등의 방법을 활용할 수 있음 • 데이터 수집 방법을 결정할 때는 효율성과 데이터 품질을 고려해야 함
데이터 정제	• 수집한 데이터를 정제하여 사용 가능한 형태로 가공함 • 이 과정에서 불필요한 데이터나 오류가 있는 데이터를 제거하고, 누락된 데이터를 보완함 • 데이터 정제 작업은 데이터의 일관성과 신뢰성을 보장하기 위해 중요한 단계
데이터 포맷 변환	• 필요에 따라 데이터의 형식을 변환하여 사용 가능한 형태로 만듦 • 데이터 포맷 변환은 다른 소프트웨어나 도구에서 사용하기 적합한 형태로 데이터를 조정하는 작업을 의미 • 예를 들어 주제도를 작성하기 위해 데이터를 GIS 소프트웨어에서 사용할 수 있는 형태로 변환할 수 있음

(3) 데이터 처리

① 수집한 데이터를 처리하여 사용 가능한 형태로 가공
② 데이터 정제, 분석, 형식 변환 등의 작업을 수행하여 주제도 작성에 필요한 형태로 데이터를 준비함

데이터 정제	• 수집한 데이터에서 오류, 누락, 이상치 등을 확인하고 이를 수정 또는 제거하여 데이터의 일관성과 신뢰성을 확보 • 데이터 정제 작업은 데이터의 품질 향상에 중요한 역할을 함
데이터 변환	• 수집한 데이터를 분석 및 시각화에 적합한 형태로 변환 • 데이터의 형식, 단위, 척도 등을 조정하여 데이터를 표준화하고 비교 가능하게 만듦 • 예를 들어 인구 데이터의 경우, 절대 수치 대신 백분율 또는 밀도 등으로 변환할 수 있음
데이터 통합	• 여러 데이터 소스로부터 수집한 데이터를 통합하여 하나의 데이터 세트로 만듦 • 데이터의 형식, 구조, 변수 등을 일치시키고 필요한 경우 공통 변수를 기준으로 데이터를 결합함 • 데이터 통합을 통해 다양한 정보를 종합적으로 분석할 수 있음

데이터 집계	• 데이터를 특정 기준에 따라 그룹화하고 집계함 • 집계는 데이터를 요약하고 패턴이나 추이를 파악하는 데 도움을 줌 • 예를 들어 지역별 인구 데이터를 연도별로 집계하여 시간 경과에 따른 변화를 확인할 수 있음
데이터 분석	• 통계적이거나 공간적인 분석 기법을 사용하여 데이터를 분석함 • 데이터의 관계, 상관관계, 분포 등을 조사하여 직관적 메시지를 도출하고 주제에 관련된 패턴이나 트렌드를 발견함 • 데이터 분석을 통해 주제도에 반영할 중요한 정보를 추출할 수 있음

(4) 분류(Classification)

① 데이터를 분석하여 특정 기준에 따라 분류함
② 예를 들어 인구 분포를 표현하는 주제도에서는 인구 수를 일정 구간으로 나누어 분류할 수 있음
③ 이 과정을 통해 다른 색상 또는 심볼을 사용하여 분류된 데이터를 표현함

분류 기준 설정	• 데이터를 분류하기 위한 기준을 설정함 • 분류 기준은 분석 목적과 데이터의 특성에 따라 다양하게 정의될 수 있음 • 예를 들어 지리적인 위치, 특정 변수의 범주, 시간적인 요소 등을 분류 기준으로 사용할 수 있음
분류 기법 선택	• 데이터를 분류하는 데 사용할 기법을 선택함 • 다양한 분류 기법이 존재하며, 주어진 데이터의 특성과 분류 목적에 따라 적합한 기법을 선택함
데이터 특징 추출	• 분류에 필요한 특징을 추출함 • 데이터의 특징은 분류 기준에 따라 달라질 수 있으며, 중요한 변수를 선택하거나 새로운 변수를 생성하여 데이터를 표현함 • 특징 추출은 분류 모델의 성능을 향상시킴
데이터 분류	• 분류 모델을 사용하여 새로운 데이터를 분류함 • 분류 모델은 입력 데이터의 특징을 분석하여 해당 데이터를 사전에 정의한 분류 기준에 따라 그룹으로 분류함 • 분류 결과는 분류된 그룹 또는 범주로 표현됨
분류 결과 평가	• 정확도, 정밀도, 재현율 등의 평가 지표를 사용하여 분류 모델의 성능을 측정함 • 필요에 따라 분류 결과를 시각화하여 분석 결과를 이해하기 쉽게 표현할 수 있음

(5) 기호화(Symbolization)

① 분류된 데이터를 표현하기 위해 적절한 기호를 선택함
② 기호는 데이터의 특성과 목적에 맞게 선택되어야 하며 크기, 색상, 모양 등의 요소를 고려하여 지도에 적용함

심볼 선택	• 데이터를 나타내는 데에 사용할 심볼을 선택함 • 심볼은 데이터의 특성과 분석 목적에 따라 다양하게 선택될 수 있음 • 지도상에 표현할 객체의 종류에 따라 포인트, 선, 면 등의 심볼을 선택함
크기 기반 심볼화	• 데이터의 크기 또는 중요도를 나타내기 위해 심볼의 크기를 활용함 • 심볼의 크기를 조절하거나 원의 지름, 막대의 길이 등을 활용하여 데이터의 상대적인 차이를 시각적으로 표현함

색상 기반 심볼화	• 데이터의 구분, 분포, 경향성 등을 시각적으로 표현하기 위해 심볼의 색상을 활용함 • 연속적인 값을 나타내는 경우에는 색상의 그라데이션을 활용하고, 범주형 데이터의 경우에는 각 범주에 다른 색상을 부여함
형태 기반 심볼화	• 데이터의 특성이나 분류를 나타내기 위해 심볼의 형태를 활용함 • 예를 들어 원, 삼각형, 사각형 등의 다양한 형태의 심볼을 사용하여 데이터의 분류, 종류, 특성 등을 나타냄
그래디언트 심볼화	• 연속적인 데이터를 표현하기 위해 그래디언트(Gradient) 심볼을 활용함 • 데이터의 범위를 정의하고, 범위에 따라 색상, 크기, 밀도 등을 변화시킴으로써 데이터의 변화를 시각적으로 표현함 • 데이터의 변화를 부드럽게 시각화하는 데에 유용함
레이어 및 그룹화	• 여러 개의 심볼을 사용하여 데이터를 표현할 때, 심볼을 레이어로 구성하고 그룹화하여 가독성을 높일 수 있음 • 레이어는 데이터의 계층 구조를 나타내며, 각 레이어의 심볼은 서로 다른 측면을 시각화하여 전체 데이터를 표현함

(6) 지도 디자인

① 주제도의 디자인 요소를 결정함
② 지도를 사용자에게 명확하고 의미 있는 형태로 전달하기 위해 배경색, 제목, 범례, 축척 등을 구상함

지도의 목적 파악	• 지도가 전달하고자 하는 메시지와 사용자에게 제공하고자 하는 정보를 명확하게 정의함 • 예를 들어 지리적인 특성을 강조하거나 데이터의 분포를 시각적으로 표현하는 등의 목적을 고려해야 함
시각적 계획	• 적절한 컬러 스키마, 폰트, 아이콘, 심볼 등을 선택하여 일관성 있고 시각적으로 흥미로운 지도를 디자인함 • 주제와 분석 목적에 따라 시각적 디자인 요소들을 선택·조합하여 사용자의 직관성과 이해의 편의성을 높임
레이아웃 설계	• 지도 구성 요소들의 배치와 크기, 간격 등을 결정함 • 지도 제목, 범례, 축척 막대, 주석 등의 요소들을 적절하게 배치하여 지도의 가독성과 사용자 경험을 배려함
색상 선택	• 색상은 데이터의 구분, 강도, 경향성 등을 시각적으로 전달하는 데 중요한 역할을 함 • 주제와 분석 목적에 맞는 색상을 선택하고 색의 조화와 대비를 고려하여 지도를 시각적으로 풍부하게 표현함
폰트 선택	• 폰트의 크기, 스타일, 가독성 등을 고려하여 제목, 레이블, 주석 등에 적절한 폰트를 선택함 • 폰트의 일관성과 가독성은 지도의 사용자 경험에 크게 영향을 미침
일관성 유지	• 일관된 색상, 폰트, 스타일 등을 사용하여 지도의 요소들이 조화롭게 어우러지도록 함 • 동일한 스타일과 템플릿을 사용하여 여러 개의 주제도를 디자인하는 경우에도 일관성을 유지하는 것이 좋음

(7) 제작

디자인 요소와 기호화된 데이터를 조합하여 지도를 작성하고, 필요에 따라 인쇄하거나 디지털 형태로 제작함

지도 제작	• 지도 제작은 Cartography 단계의 핵심 작업으로 이전 단계에서 수집·분석·디자인한 데이터를 기반으로 실제 지도를 제작함 • 지도의 크기, 비율, 배경 등을 고려하여 데이터를 위치시키고 필요한 요소들을 추가함
지도 투영법	• 지구의 3차원 표면을 2차원 지도로 변환하는 다양한 투영법이 있으며, 장단점과 주 사용 목적에 따라 선택적으로 적용됨 • 이 과정을 통해 데이터의 왜곡을 최소화하고 정확한 지리적 정보를 제공함
지도 편집	지도의 가독성과 정확성을 높이기 위해 지리적 특징, 경계선, 레이블, 심볼 등 지도 표현 요소들을 조정하고 수정·보완함
도구 및 소프트웨어 사용	지도의 그리기와 편집을 위해 지도 그리기 도구, 벡터 그래픽 소프트웨어, GIS 소프트웨어 등을 사용함
측정과 검토	• 지도 제작 완성 후 지도의 정확성과 일관성을 확인하기 위해 측정을 수행하고, 오류나 누락된 정보를 찾아 수정함 • 사용자의 피드백을 수렴하여 개선 작업을 수행함

2. 데이터 분류

(1) 데이터 분류의 개념

① 수집한 원래의 데이터를 결합하여 여러 개의 계급(Class)이나 집단(Group)으로 모아 분류하고, 개별 계급별로 고유한 지도 기호를 통해 표현함

② 일반적으로 많이 쓰이는 분류법으로 등간격 분류법, 등개수 분류법, 평균-표준편차 분류법, 최대 분류법, 자연 분류법, 최적 분류법 등이 있음

(2) 데이터 분류 방법

1) 등간격 분류법(Equal interval classification)

① 등구간(Equal step) 분류법이라고도 하며 개별 계급은 데이터 범위를 표현하는 수치선 상의 같은 구간(급간)을 가짐

② 데이터의 범위를 동일한 간격으로 나누어 분류하는 방법으로, 데이터의 최솟값과 최댓값을 알고 있을 때 일정한 간격을 설정하여 데이터를 그 간격에 따라 분류함

③ 데이터가 균등하게 분포되어 있는 경우에 적합한 방법

  예 인구 밀도를 동일 간격 분류로 표현하면, 일정한 범위의 인구 밀도를 가진 지역들이 동일한 색상 또는 심볼로 표시됨

④ 계급의 구간이 수치선을 따라 데이터가 어떻게 분포하고 있는지에 대한 정보를 줄 수 없다는 단점이 존재함

2) 등개수 분류법(Equal number classification)

① 데이터를 순서대로 정렬한 후 데이터의 개수가 동일하도록 계급을 나누고 관측값을 배치하여 분류하는 방법
② 데이터의 분포가 불균등한 경우에 유용함
   예) 소득 수준을 동일 개수 분류로 표현하면, 동일한 개수의 인구가 속한 소득 범주들이 동일한 색상 또는 심볼로 표시됨
③ 분위수 분류(Quantile Classification)
   • 데이터를 일정한 백분위로 분류하는 등개수 분류법 중의 하나
   • 데이터를 분류하기 전에 데이터를 정렬한 후, 원하는 개수의 분위수(예) 4개의 분위수는 25%, 50%, 75%의 분위수)를 설정함
   • 그런 다음, 설정한 분위수에 해당하는 값들을 기준으로 데이터를 분류함
④ 분위수 분류는 데이터의 분포에 따라 각 분류 구간의 크기가 다르게 형성됨
   • 데이터가 밀집된 구간은 좁은 범위로 분류되고, 데이터가 희소한 구간은 넓은 범위로 분류됨
   • 분위수 분류 방법을 사용하면 데이터의 불균등한 분포를 고려하여 분류할 수 있음

3) 평균-표준편차 분류법(Mean-standard deviation classification)

① 다양한 데이터 분류법 중에서 수치선을 따라 데이터가 어떻게 분포하는지를 고려할 수 있는 방법으로, 평균에 표준편차를 반복적으로 가감하여 계급을 설정함
② 평균은 데이터의 중심 경향성을 나타내는 값이며, 표준편차는 데이터의 분산 정도를 나타내는 값임
③ 평균-표준편차 분류는 데이터를 평균으로부터의 표준편차의 배수를 기준으로 분류함
   예) 어떤 지역의 인구 밀도를 평균-표준편차 분류로 표현한다면, 평균 인구 밀도 주위에 있는 지역들을 중간 범주로 분류하고, 평균 인구 밀도에서 표준편차의 배수만큼 떨어진 지역들을 고밀도 또는 저밀도로 분류할 수 있음
④ 데이터의 상대적인 밀도를 나타내고, 극단적으로 높거나 낮은 이상값을 식별하는 데 유용한 방법
⑤ 평균-표준편차 분류는 데이터의 분포를 고려하여 구간을 설정하므로 데이터의 분포가 정규분포에 가까운 경우에 유용하고, 비대칭적인 분포를 가지거나 이상치가 많은 데이터를 분류하는 경우에는 적합하지 않음

4) 최대 분류법(Maximum break classification)

① 데이터를 최댓값과 비교하여 분류하는 방법으로, 데이터의 분포에서 극단값을 중심으로 한 뚜렷한 차이점을 나타내고자 할 때 사용됨
② 원 데이터를 낮은 값에서부터 높은 값의 순서로 정렬하고, 인접한 값과의 차를 계산하여 차가 가장 큰 경우를 기준으로 계급을 나눔
③ 데이터의 분포에서 극단값이나 이상치를 중요하게 고려하고자 할 때는 유용하지만, 데이터가 균일하게 분포되어 있는 경우에는 구간 간의 차이가 미미할 수 있으므로 다른 분류 방법을 고려해야 함

5) 자연분류법(Natural break classification)

① 데이터의 분포를 고려하여 최적의 분류 기준을 찾아 분류하는 방법
② 데이터 간의 차이와 분포를 고려하여 구간을 형성하므로, 각 분류 구간이 가능한 한 비슷한 크기를 가지도록 함
③ 동일한 계급 내의 데이터 값의 차이를 최소화하고, 서로 다른 계급 사이의 차이를 최대화하는 것을 지향함
④ 자연 균등 분류는 데이터를 분류하기 전에 최적의 분류 기준을 찾기 위해 일련의 계산을 수행함
⑤ 일반적으로는 제곱근, 최소 분산 등의 통계적 기법을 사용하여 구간 간의 차이가 최소화되는 분류 기준을 찾음

6) 최적 분류법(Optimal classification)

① 최대 분류법과 자연 분류법이 가지는 단점을 보완하기 위해 고안된 방법으로, 데이터 분류의 오차값(Classification error)을 최소화하여 동일한 계급에 비슷한 데이터 값을 위치시키는 분류법
② 일반적으로 이용되는 분류의 오차값은 계급 중앙값을 기준으로 계산된 편차의 절대값(ADCM; Absolute Deviation about Class Median)
③ ADCM을 구하는 기법으로는 컴퓨터 연산을 기반으로 하는 Jenks-Caspall 알고리즘, Fisher-Jenks 알고리즘 등이 대표적임
④ 최적 분류법의 확실한 장점은 수치선을 따른 관측값의 위치를 바탕으로 유사한 값들을 동일한 계급으로 그룹화하는 데 강점을 가진다는 점임
⑤ 이 방법에 대한 개념을 이해하기 쉽지 않으며, 범례에 수치상의 간극이 존재한다는 단점이 있음

> **TIP** 데이터 분류 방법 정리
> - 등간격 분류법(Equal interval classification)
> - 등개수 분류법(Equal number classification)
> - 평균-표준편차 분류법(Mean-standard deviation classification)
> - 최대 분류법(Maximum break classification)
> - 자연분류법(Natural break classification)
> - 최적 분류법(Optimal classification)

(3) 데이터 분류법의 선택 기준

1) 데이터의 특성

① 데이터의 특성을 고려하여 적합한 분류 방법을 선택함
② 데이터가 연속적인 값으로 구성되어 있는지, 범주형 데이터인지, 공간 데이터인지 등을 고려함
　예 연속적인 값으로 이루어진 데이터에는 등간격 분류(Equal interval classification)가 적합하고, 범주형 데이터에는 자연 균등 분류(Natural break classification)가 적합함

2) 목적과 해석

① 데이터의 분포를 잘 반영하고, 분류 결과를 명확하게 해석할 수 있는 방법을 선택함
② 어떤 특성을 강조하고자 하는지, 어떤 분류 결과가 의미 있는지를 고려함

3) 데이터 분포와 이상치

① 데이터의 분포와 이상치의 존재 여부에 따라 적합한 분류 방법이 달라질 수 있음
② 데이터가 정규분포에 가까운 경우 평균-표준편차 분류(Mean-Standard deviation classification)가 적합하고, 비대칭적인 분포를 가진 경우 자연 균등 분류(Natural break classification)가 더 적합함

4) 데이터 크기와 분포

① 데이터의 크기와 분포에 따라 적합한 분류 방법이 달라질 수 있음
② 데이터의 크기가 작거나 데이터가 균일하게 분포되어 있을 경우 동일 간격 분류(Equal interval classification)나 동일 개수 분류(Equal number classification)가 적합함

5) 사용자의 선호도

① 사용자의 선호도와 편의성도 고려해야 함
② 각 분류 방법은 결과의 시각적인 표현이 다를 수 있으며, 사용자가 원하는 방식의 분류 결과를 고려함

구분	등간격 분류법	등개수 분류법	평균-표준편차 분류법	최대 분류법	자연 분류법	최적 분류법
데이터 분포 고려	C	C	B	B	A	A
개념 이해 용이성	A	A	A	A	B	B
계산 용이성	A	A	A	A	A	A
범례 이행 용이성	A	C	B	C	C	C
계급 범례와 데이터 범위 일치성	C	A	C	A	A	A
계급 개수 선택 지원성	C	C	C	C	B	A

A: 매우 좋음, B: 좋음, C: 나쁨

3. 기호화

(1) 지리적 현상의 공간적 차원

1) 개념

① 지리적 현상을 바라보는 한 가지 방법으로 현상의 규모 또는 공간적 차원(Spatial dimension)을 고려할 수 있음
② 점형, 선형, 면형, 2.5차원, 3차원 등의 5가지 현상으로 분류 가능

2) 공간적 차원 유형 5가지

유형	설명
점형 현상	실세계의 한 지점 또는 위치를 나타내는 개체 또는 현상 예 도시, 관광 명소, 랜드마크, 발전소, 댐 등
선형 현상	경계선 또는 경로 표현이 의미있는 개체 또는 현상 예 도로, 하천, 전선, 등산로 등
면형 현상	너비나 폭, 영역을 차지하는 개체 또는 현상 예 행정구역, 호수, 공원 등
2.5차원 현상	평면 지도에서 개체 또는 현상의 높이 정보를 추가하여 표현하는 것 예 층수를 기준으로 만든 LOD1~2 수준의 건물 모델
3차원 현상	실세계와 같은 입체적 공간을 갖는 개체 또는 현상 예 LOD3~4 수준의 건물 모델, 3차원 그리드, 지형기복, 풍동, 해류 흐름 등

(2) 지리적 현상 모델화

1) 개념
① 연속체로서의 지리적 현상을 바라보는 또 다른 접근법
② 이산적-연속적 현상과 급변적-완변적 현상으로 구분할 수 있음

2) 이산적 현상(Discrete phenomena) 대 연속적 현상(Continuous phenomena)

구분	설명
이산적 현상	• 구체적인 개별 개체 또는 단일 요소로 표현되는 현상 • 이 현상은 고유한 위치를 가지며, 다른 개체와 구별될 수 있음 예 도시, 호수, 나무 등은 이산형 현상 • 고유한 개별 식별자를 가지고 있으며, 다른 개체와 구별될 수 있음 • 이산형 현상은 공간적으로 불연속적으로 존재함 • 개체 간에 간격이 존재하며, 중간에 다른 개체가 없는 경우가 일반적

연속적 현상	• 공간적인 연속성을 가지며, 지리적으로 완만하게 변화하는 현상
	• 이 현상은 어떤 위치에서든지 변화를 가지며, 다른 개체와 명확한 경계가 없음
	  예 지형의 고도, 강의 흐름, 기온 분포 등은 연속형 현상
	• 공간적으로 부드럽게 변화하며, 한 위치에서 다른 위치로 이동할 때 연속적인 변화를 보임
	• 연속형 현상은 어떤 위치든지 가능한 값의 범위가 존재함
	  예 지형의 고도는 어떤 위치에서든지 어떤 값이든 가질 수 있음

3) 급변적 현상(Abrupt phenomena) 대 완변적 현상(Smooth phenomena)

구분	설명
급변적 현상	• 갑작스러운 현상은 예기치 않게 발생하며, 급격한 변화와 불규칙성을 가지는 현상을 의미 • 이러한 현상은 단기간 내에 발생하고, 공간적으로 제한된 지역에서 발생 예 자연재해(지진, 홍수 등)나 사회적 불안정성으로 인한 집단 폭동 등이 갑작스러운 현상에 해당함 • 급격한 변화: 갑작스러운 현상은 빠르게 변화하며, 예측하기 어렵거나 불규칙한 패턴을 보임 • 지역화: 이러한 현상은 특정 지역 또는 지리적 범위에서 발생하며, 다른 지역에는 영향을 미치지 않을 수 있음
완변적 현상	• 부드러운 현상은 지속적이고 연속적인 변화를 보이며, 예측 가능하고 일정한 패턴을 가지는 현상을 의미함 • 이러한 현상은 장기간에 걸쳐 발생하며, 넓은 지역에 영향을 미칠 수 있음 예 기후 변화, 인구 증가, 경제 성장 등이 부드러운 현상에 해당함 • 연속적인 변화: 부드러운 현상은 점진적이고 일정한 패턴을 따르며, 지속적인 변화를 보임 • 넓은 영향: 이러한 현상은 넓은 지역 또는 지리적 범위에 영향을 미치며, 여러 지역이 동시에 영향을 받을 수 있음

(3) 측정 수준(Scale)

1) 명목척도(Nominal scale)

① 내재하는 개체의 특성으로 대상이나 현상을 분류하는 가장 기초적인 수준의 측정으로, 'Yes or No'와 같은 이원분류적 방식으로 구분됨
② 명시적 성격이 강하며 포괄적이고 상호배타적인 집단의 분류 및 측정에 주로 이용됨
③ 국내=0, 해외=1과 같이 측정된 수치는 대상의 크기나 양이 아닌 명시적 분류를 위한 척도임

2) 순위척도(Ordinal scale, 서열척도라고도 함)

① 측정 대상 또는 현상 간의 내재하는 특성의 차이점을 명시함은 물론 그 속성의 상대적인 크고 작음과 많고 적음, 높고 낮음의 순위를 값으로 나타낸 것
② 측정 대상 간 해당 속성의 크기나 양을 정량적으로 비교하기 어려우나 상대적 우열의 비교가 가능한 변수를 측정할 때 주로 이용됨

3) 등간척도(Interval scale)

① 속성이나 현상들의 순위를 나타낼 수 있을 뿐만 아니라 속성 간의 크기나 양적인 차이를 정량적으로 측정하여 나타내는 것
② 이때 순위 사이의 간격은 동일하며, 대상들의 속성을 보다 정확한 수치로 표시할 수 있음
③ 등간척도에서는 측정치의 크기가 전혀 없는 절대적 영점(Absolute zero)이 존재하지 않으며 편의상 임의적인 영점이 이것을 대신함

4) 비율척도(Ratio scale)

① 가장 포괄적인 정보를 제공하는 최상위 수준의 척도
② 등간척도에 비해 절대적 영점을 갖고 있다는 점이 다르며, 따라서 가감승제의 모든 연산이 가능함
③ 비율척도로 측정될 수 있는 자료는 해발고도, 강수량, 연령, 소득, 주행거리 등 상당히 많음
④ 보다 정밀한 통계적 분석 기법에 활용됨

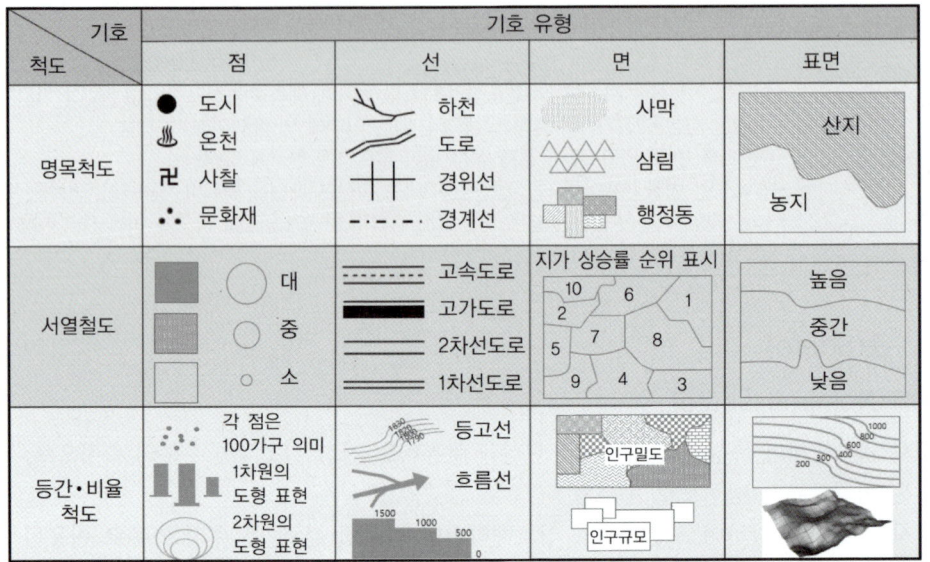

(4) 시각 변수

1) 시각 변수(Visual variables)

① 지리적 데이터를 시각적으로 나타내는 데 사용되는 개념
② 지리적 데이터는 공간적인 특성을 가지고 있으며, 이러한 특성을 시각적으로 전달하기 위해 다양한 시각 변수를 활용함
③ 시각 변수는 다양한 시각적 속성을 가지고 있으며, 데이터의 특성과 목적에 맞게 위치, 크기, 색상, 형태, 질감 등의 구성요소를 적용하여 데이터(변수) 값을 시각적으로 표출함

2) 정량적 현상을 위한 시각 변수

① 양적 현상이므로 서열척도, 등간척도, 비율척도를 위한 시각 변수에 해당함
② 간격(Spacing), 크기(Size), 조감 고도(Perspective height), 색상(Hue), 명도(Value), 채도(Chroma) 등의 요소를 이용하여 표현함

3) 정성적 현상을 위한 시각 변수

① 질적 현상이므로 명목척도의 데이터를 위한 시각 변수에 해당함
② 방향(Orientation)과 형태(Shape), 크기(Size), 배열(Arrangement), 색상(Hue), 명도(Value), 채도(Chroma) 구성요소를 통해 표출함

TIP 시각 변수 사용 시 고려사항

고려사항	설명
데이터 유형	• 이산적-연속적 현상인지 정량적-정성적 현상인지 지리적 데이터의 본질에 맞는 변수를 선택해야 함 • 변수의 측정에 따른 척도 유형(명목·서열·등간·비율)에 적합한 시각적 요소를 이용해야 함
데이터 범위	• 데이터 값의 범위에 따라 시각 변수의 범위를 조정해야 함 • 값의 분포가 넓은 경우 크기나 색상 등을 적절히 조절하여 표현해야 함
시각적 일관성	• 다른 시각 변수들과의 일관성을 유지해야 함 • 동일한 종류의 데이터를 표현할 때 일관된 시각 변수를 사용하여 일관성 있는 시각화를 제공해야 함
시각적 강조	• 중요한 데이터를 강조하기 위해 시각 변수를 활용할 수 있음 • 크기, 색상, 밝기 등을 활용하여 중요한 정보를 시각적으로 강조함
사용자 수준	• 데이터를 시각화할 대상 사용자층의 이해도와 기술 수준을 고려해야 함 • 사용자가 데이터를 쉽게 이해하고 해석할 수 있도록 적절한 시각 변수를 선택함
직관성 향상	통상적인 기하학적 기호 외에도 그림 기호(Pictographic symbol), 타이포그래피(Typography), 통계적 chart 등 데이터 속성 표현에 적합한 다양한 그래픽 요소를 적용하여 사용자의 직관적 인식을 높일 수 있음

4. 3D 융합 콘텐츠 제작

(1) 워크플로우 변화

① 기존: 데이터 수집 → 전처리 → 가공 → 시각화
② 최근: 데이터 수집 → 실시간 처리 → 클라우드 연계 → 다중 플랫폼 배포의 순환형 구조로 바뀌고 있음

(2) 3D 융합콘텐츠 제작 도구

CesiumJS + 3D Tiles	대규모 도시모델 스트리밍, 시공간 분석 가능
Unreal Engine / Unity	몰입형(Immersive) VR/AR 제작
Potree	웹 기반 LiDAR 포인트클라우드 시각화

(3) AI기반 콘텐츠 자동화

① 이미지 분할(Segmentation) 기반 객체 추출 → GIS 속성 자동 매핑
② 딥러닝 기반 결함 검출·변경 탐지 → 건물 상태 모니터링

(4) 웹·모바일 시각화 기술

1) WebGL / WebGPU

① GPU 가속을 활용해 수십만 개 객체 렌더링 가능
② WebGPU 지원 확대로 포인트클라우드·3D 모델의 실시간 인터랙션 성능 향상

2) 벡터타일 활용

```javascript
map.addSource('buildings', {
  type: 'vector',
  url: 'mapbox://examples.buildings'
});
map.addLayer({
  'id': 'building-layer',
  'type': 'fill-extrusion',
  'source': 'buildings',
  'source-layer': 'building',
  'paint': {
    'fill-extrusion-color': '#aaa',
    'fill-extrusion-height': ['get', 'height']
  }
```

CHAPTER 01 | 공간정보 융합콘텐츠 제작

01 ★★☆

지도 제작 시 유의사항에 대한 설명으로 옳지 <u>않은</u> 것은?

① 지도 제작 시 출처가 분명하고 품질을 신뢰할 수 있는 데이터를 사용한다.
② 지도의 제작 목적이나 용도에 적합한 투영법을 선택한다.
③ 필요한 정보를 효과적으로 전달하기 위해 가능한 복잡하고 많은 정보를 포함시킨다.
④ 동일한 표현 방식과 규칙을 적용하여 사용자의 혼동을 최소화한다.

해설
지도는 간결하고 명확해야 한다. 너무 복잡하거나 과도한 정보를 포함하면 사용자가 정보를 파악하기 어렵다. 필요한 정보를 효과적으로 전달하기 위해 간결한 디자인과 적절한 심볼 및 레이블을 사용해야 한다.

정답 ③

02 ★☆☆

지도의 구성요소 중 다음 〈보기〉 설명에 해당하는 것은?

> **보기**
> 지도상의 특정 위치, 도시, 표식 등을 설명하는 텍스트

① 주석과 레이블
② 기호와 범례
③ 인덱스 맵
④ 축척과 방위

정답 ①

03 ★★☆

지도 부호(Symbol)의 유형에 대한 설명으로 옳지 <u>않은</u> 것은?

① 도시, 관광지, 랜드마크 등 지도상의 특정 위치를 점하는 개체는 점형(Point type) 기호로 표현하기에 적합하다.
② 도로나 하천의 경우 항상 면형(Polygon type) 기호로 표현하는 것이 적합하다.
③ 행정구역, 호수, 공원 등 영역을 가지는 개체는 면형(Polygon type)으로 표현하기에 적합하다.
④ 특정한 의미를 갖는 개체에 대해 그 의미를 상징하는 그래픽을 기호로 만들어 표현할 수 있다.

해설
도로나 하천 등의 개체는 경계나 중심선의 선형적인 특징을 표현할 때에는 선형 기호를, 폭이나 너비 등 차지하는 영역의 특징을 표현할 때에는 면형 기호로 표현한다.

정답 ②

04 ★★★

다음 기호 표현의 요소 중 같은 범주의 것으로 분류하기 <u>어려운</u> 것은?

① 조직
② 배열
③ 방향
④ 모양

해설
①·②·③번은 질감과 방향성 요소이고, ④번은 도형적 요소에 관한 것이다.

정답 ④

05 ★★☆

지도 제작의 일반화 유형(단계)과 거리가 먼 것은?

① Generalization
② Classification
③ Simplication
④ Symbolization

[해설]
지도 제작의 일반화는 Selection – Classification – Simplication – Symbolization 과정을 거친다.

[정답] ①

06 ★☆☆

다음 <보기> 설명에 맞는 주제도 유형은?

| 보기 |
| 지형의 높이나 온도, 기압, 인구밀도 등 공간적으로 변화하는 변수를 시각적으로 표현하는 데 적합한 지도 |

① 도형표현도
② 단계구분도
③ 등치선도
④ 점묘도

[해설]
지리적 현상의 연속적인 변수에서 동일한 값을 갖는 지점을 연결하여 만든 일련의 등치선(Isoline)을 통해 변수의 변화를 시각화하는 데 적합한 지도이다.

[정답] ③

07 ★★☆

주제도 제작 시 분류(Classification) 단계에서 해야 할 작업으로 맞지 않는 것은?

① 수집한 데이터를 시각화에 적합한 형태로 변환한다.
② 데이터 분류를 위한 기준을 설정한다.
③ 데이터 분류에 필요한 특징을 추출한다.
④ 분류 결과를 시각화하고 평가한다.

[해설]
①번은 데이터 처리 단계에서 진행하는 작업에 해당한다.

[정답] ①

08 ★★☆

다음 <보기> 설명은 주제도 작성의 어느 단계에 해당하는가?

| 보기 |
| 지도의 목적 파악, 시각적 계획, 레이아웃 설계, 일관성 유지 |

① 데이터 처리
② 분류(Classification)
③ 기호화(Symbolization)
④ 지도 디자인

[정답] ④

09 ★★★

주제도 제작 시 기호화(Symbolization) 단계에서 진행되는 작업에 대한 설명으로 옳지 <u>않은</u> 것은?

① 데이터의 특성과 목적에 맞게 선택되어야 하며, 크기, 색상, 모양 등의 요소를 고려하여 지도에 적용한다.
② 연속적인 데이터를 표현하기 위해 심볼의 형태(원, 삼각형, 사각형 등)를 활용할 수 있다.
③ 데이터의 크기 또는 중요도를 나타내기 위해 심볼의 크기를 활용하기도 한다.
④ 다양한 색상을 사용하여 데이터의 구분, 분포, 경향성 등을 시각적으로 표현할 수 있다.

[해설]
연속적인 데이터 표현에는 그래디언트(Gradient) 심볼을 적용한다. 형태 기반의 심볼은 데이터의 특성 분류를 나타내기에 적합하다.

[정답] ②

10 ★★★

데이터 분류 기법 중 등간격 분류법(Equal interval classification)에 관한 설명으로 옳지 <u>않은</u> 것은?

① 개별 계급은 데이터 범위를 표현하는 수치선상의 같은 급간을 가진다.
② 데이터의 최솟값과 최댓값을 알고 있을 때, 일정한 간격을 설정하여 분류한다.
③ 데이터가 균등하지 않게 분포하고 있을 때 적합한 분류 기법이다.
④ 계급의 구간이 수치선상의 데이터 분포 정보를 제공하지 못한다는 단점이 있다.

[해설]
등간격 분류법은 데이터가 균등하게 분포하고 있을 때 적합한 분류 기법이다.

[정답] ③

11 ★★☆

다음 〈보기〉 설명에 해당하는 데이터 분류법으로 옳은 것은?

| 보기 |
- 데이터의 분포를 고려하여 최적의 분류 기준을 찾아 분류하는 방법이다.
- 이 방법은 데이터 간의 차이와 분포를 고려하여 구간을 형성하므로, 각 분류 구간이 가능한 한 비슷한 크기를 가지도록 한다.
- 즉 동일한 계급 내의 데이터 값의 차이를 최소화하고, 서로 다른 계급 사이의 차이를 최대화하는 것을 지향한다.

① 최적분류법(Optimal classification)
② 자연분류법(Natural break classification)
③ 최대분류법(Maximum break classification)
④ 등개수분류법(Equal number classification)

[정답] ②

12 ★☆☆

다음 측정 수준(Scale) 중 가장 정밀한 것은?

① 명목척도
② 순위(서열)척도
③ 등간척도
④ 비율척도

[해설]
척도별 측정 수준의 정밀성은 명목척도 < 순위척도 < 등간척도 < 비율척도 순이다.

[정답] ④

13 ★★★

다음 〈보기〉 설명문의 빈칸에 들어갈 내용으로 가장 적합하지 않은 것은?

> **보기**
> 정량적 현상의 경우 서열척도, 등간척도, 비율척도를 위한 시각 변수에 해당한다. 간격, ( ), 조감고도, ( ), ( ), ( ) 등의 요소를 이용하여 표현한다.

① 배열 ② 크기
③ 색상 ④ 명도

해설
①번은 정성적 현상을 위한 시각 변수의 하나이다.

정답 ①

14 ★★☆

다음 지리적 데이터 시각화 변수 중 다른 범주에 속하는 것은?

① 방향(Orientation)
② 형태(Shape)
③ 간격(Spacing)
④ 배열(Arrangement)

해설
③번 간격은 정량적 현상을 위한 시각 변수이고, 나머지는 정성적 현상을 위한 시각 변수에 해당한다.

정답 ③

15 ★★★

지리적 데이터에 대한 시각 변수 사용 시 고려사항으로 적합하지 않은 것은?

① 이산적-연속적 현상인지, 정량적-정성적 현상인지에 따라 지리적 데이터의 본질에 맞는 변수를 선택해야 한다.
② 동일한 종류의 데이터일지라도 시각적 효과를 극대화하기 위해 다양한 시각 변수를 적용한다.
③ 사용자층의 이해도와 기술 수준을 고려하여 데이터를 시각화한다.
④ 크기, 밝기, 색상 등을 활용하여 중요한 정보를 시각적으로 강조할 수 있다.

해설
다른 시각 변수들과의 일관성 유지를 위해, 동일한 종류의 데이터를 표현할 때 일관된 시각 변수를 사용하는 것이 원칙이다.

정답 ②

CHAPTER 02 | 공간정보 융합콘텐츠 시각화

> **대표유형**
>
> 지도 제작(Map making) 과정의 순서로 올바른 것은?
>
> ① Selection → Classification → Simplication → Symbolization
> ② Selection → Simplication → Classification → Symbolization
> ③ Simplication → Classification → Selection → Symbolization
> ④ Simplication → Classification → Symbolization → Selection
>
> **해설**
> 목적에 맞는 지도 제작 과정에서 수집된 자료는 선택(표출될 대상에 대한 선별 결정) → 분류화 → 단순화 → 기호화 단계를 거쳐 하나의 주제도로 탄생한다.
>
> **정답** ①

01 매시업

1. 공간-비공간자료 융합콘텐츠 구상

(1) 데이터 시각화의 개념

1) 데이터 시각화

① '데이터 시각화'는 흩어져 있는 방대한 데이터나 나열된 텍스트, 숫자 등에서 직관적으로 파악할 수 없는 사실이나 데이터를 도표·차트·인포그래픽·지도 등의 시각적 매체를 통해 빠르고 효과적으로 전달하는 변환 작업과 그 작업에 적용되는 기법을 일컬음
② 정보의 홍수 속에서 통찰력(Insight)을 원하는 다양한 비즈니스 분야에서 효율적인 수단으로 활용됨
③ 기존의 일률적 통계표나 단순한 그래프에 비해 숨겨진 사실과 힌트를 사람들에게 더 빠르고 명확하게 전달할 수 있을 뿐만 아니라, 정보를 전달받는 사람들의 흥미를 유발하고 데이터를 더 오래 기억하게 하는 데 효과적

2) 정보 시각화

① '데이터 시각화'가 가공되지 않은 데이터를 통계적 처리와 알고리즘을 통해 시각화하는 것이라면, '정보 시각화'는 의미 있는 데이터를 선별하여 쓰임새에 맞게 시각화하는 것을 의미함
② 거기에 명확한 주제와 스토리텔링, 디자인을 더한 것이 최근 효과적 정보 소통 도구로 각광 받는 '인포그래픽(Infographic)'임

3) 인포그래픽

① 지도를 바탕으로 메시지를 전달하는 인포그래픽도 있으나 데이터 또는 정보를 공간정보와 연결하여 볼 때, 공간정보 분야의 인포그래픽은 바로 '지도(Map)'라 간주할 수 있음
② 다양한 형태의 전통적 지도와 최신 디지털 맵을 포함하여 모든 지도에는 전달하고자 하는 주제와 스토리와 디자인이 들어 있음
③ 특히 명확한 주제와 메시지를 효과적으로 전달하는 '주제도(Thematic map)'는 비공간 데이터와 공간 데이터를 융합하여 표출할 수 있는 뛰어난 시각화 기법이자 그 자체로 완성된 산출물에 해당함

4) 지도제작

① 지도제작(Map making)은 표현하고자 하는 주제와 관련된 자료를 수집·분석·지도 설계·지도 디자인·편집을 통해 최종 제작하는 일련의 기술적 과정을 포괄함
② 목적에 맞는 지도 제작 과정에서 수집된 자료는 선택(Selection: 표출될 대상에 대한 선별 결정) → 분류화(Classification: 동일하거나 유사한 대상을 그룹으로 묶어서 표현) → 단순화(Simplication: 분류화 과정을 거쳐 선정된 형상들 중에서 불필요한 부분을 제거하고 정제함) → 기호화(Symbolization: 한정적 지면의 크기와 가독성을 고려해 대상물을 기호를 통해 추상적으로 표현함) 단계를 거쳐 하나의 주제도로 탄생함
③ 비공간정보를 공간정보(일반도 또는 주제도)와 연계·융합시켜 시각적으로 표출하는 '공간정보 융복합 콘텐츠'의 제작은 일종의 주제도를 만드는 과정과 일맥상통함

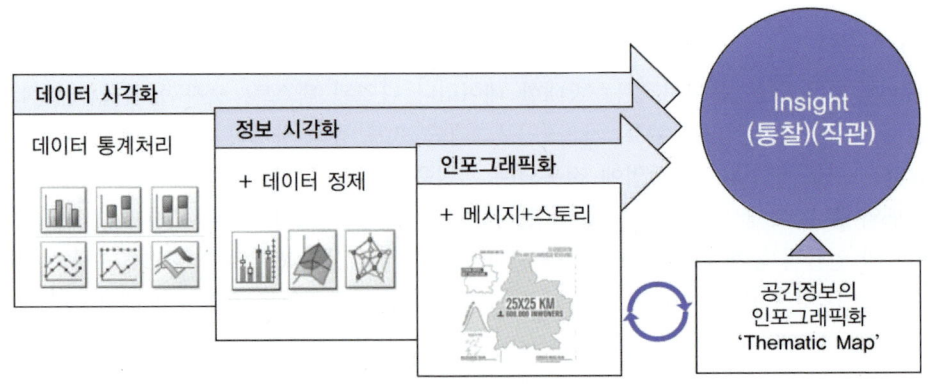

그림 공간정보 분야의 인포그래픽으로서의 '주제도' 개념

(2) 주제 도출

① "누구에게 전하는 어떤 메시지인가?"라는 목적에 맞는 적합한 표출 주제를 도출하고, 정보 수요자의 요구사항에 부응하는지 검토함
② 인문·사회·경제·문화적 현상을 나타내는 다양한 비공간 정보를 지표상의 공간정보에 결합시켜 상호 연관성이나 구조적 패턴 등을 분석함
③ 지도와 같은 전통적 도구를 통해 시각적으로 표출함에 있어 '어떠한 목적으로 누구에게 전달하는 주제(메시지)를 도출하는 것인가'를 먼저 파악함
④ 그 목적(용도)과 최종 정보 수요자에 따라 지도 콘텐츠의 디자인이나 전달하는 방법이 달라질 수 있기 때문에 자신의 콘텐츠 기획의도에 적합한 전달 방법을 고려함

용도	설명
의사결정지원	의료기관 입지 선정, 교통수요 분석, 도시 침수예방책 수립과 같은 공공부문 정책 결정에 필요한 합리적 객관적 근거자료 제공
홍보/마케팅	전달하고자 하는 주제(메시지)를 간결하고 직관적으로 전달하는 홍보 수단
비지니스	상권분석, g-CRM 등 민간부문의 비즈니스의 효율성을 높이는 도구
학문 연구	지표상에서 일어나는 비가시적 인문·사회 현상을 공간상에 투영함으로써 현상 간의 인과관계, 분포 패턴, 추세 등을 연구하는 학문적 목적

⑤ 지도 콘텐츠 전달 방법

용도	설명
인쇄물	종이지도, 지도첩, 포스터, 간행물 등의 매체로 제작하여 배포
이미지 파일	최종 분석 성과물을 다양한 형태의 이미지 파일로 저장하여 유통하거나 웹페이지에 게재
웹 서비스 (정적 지도)	브라우저를 통해 인터넷으로 접근 조회할 수 있는 Web Map 서비스로 정보를 제공
웹 서비스 (동적 지도)	사용자가 변수를 조정함으로써 바뀌는 지도 콘텐츠의 내용을 바로바로 확인할 수 있는 인터렉티브 방식의 Dynamic Map Service 페이지를 통해 게시

(3) 공간적 범위와 바탕지도 축척

① 목적하는 주제와 관련하여 데이터를 시각화할 대상 지역의 공간적 범위와 바탕지도(또는 배경지도)로 쓰일 공간정보의 축척에 대해 고려해야 함
② 데이터 시각화의 공간적 범위와 지도 축척

구분	시각화 대상 범위	지도 축척
글로벌	전 세계, 유라시아, 동아시아	1:500만 ~ 1:3,000만
광역별	대한민국 전역, 광역시 및 시도	1:20만 ~ 1:100만
권역별	시군구 내 읍면동, 국립공원 관리구역	1:5만 ~ 1:10만
단위지역별	통계 조사구, 산업단지 등	1:5,000 ~ 1:10,000

(4) 원시자료 획득 방안 검토

① 분석 및 주제 표출에 필요한 공간 및 비공간 데이터 항목이 무엇인지 조사하여 목록으로 작성하고, 각 항목별로 원시자료의 출처와 형태, 획득방안을 검토함
② 원시 데이터의 수집
  - 올바른 분석과 시각화를 위해 반드시 거쳐야 하는, 시간과 공이 가장 많이 들어가는 과정
  - 시각화 주제와 관련된 비공간 데이터의 형태를 파악하고, 공간정보와의 연결 관계를 사전에 충분히 검토함
③ 분석에 필요한 비공간 데이터의 항목에 대한 목록을 작성하고 각 항목별로 수집 방법을 파악하여 정리함
④ 비공간 데이터의 통상적인 획득 경로는 다음과 같이 다양하며, 각자의 상황에 맞춰 적합하고 용이한 방법을 선택함

구분	원시자료 수집 방법 설명
직접 생산	현장조사, 통계자료 입력 등 원시자료를 기반으로 필요한 데이터를 직접 제작
인터넷 검색	인터넷 검색 도구를 활용하여 관련 원시자료 수집
공개정보 활용	공공기관에 정보공개 청구하여 획득
온라인 다운로드	개방형 Data API를 통해 원시자료를 다운로드
웹 크롤링	웹스크래이핑(Web scraping, Web crawling) 도구를 통해 자동으로 수집
기보유 데이터 활용	자체 구축 데이터베이스나 정보저장소(KMS)를 이용하여 습득

⑤ 목록에 정리된 비공간 데이터의 항목별로 표본(Sample)을 수집하여 메타데이터를 분석하고 다음 사항을 검토함

구분	검토사항
충실도 및 신뢰성	데이터는 필요한 정보를 포함하고 있는지, 비어 있는 값들은 없는지, 제공자는 신뢰할 만한 기관인지를 확인함
가공 및 변환 가용성	디지털 형태의 원시자료일 경우 데이터의 파일 형식은 무엇이며 변환 및 가공 처리하는 데 문제는 없는지 확인함
데이터 시계열성	수집 데이터의 시간적 범위를 고려하여 가용한 최신 자료를 기준으로 동일 시기로 한정할 것인지, 시기가 다른 자료를 복합적으로 사용할 것인지, 추세 확인을 위해 과거의 데이터부터 일정 시기별로 수집하여 사용할 것인지를 검토함
보안 및 저작권	공간데이터의 경우 국가에서 정한 보안 관련 규정(대상물, 지역, 공간해상도 등) 저촉 여부를 검토하고, 비공간 데이터를 활용하는 데 제약은 없는지 저작권 사항을 확인함

(5) 비공간자료 검토

① 주제 표출에 필요한 공간 및 비공간 데이터 항목을 도출하고 시각화하여 최종 사용자에게 전달할 기술적 방안을 구체화함
② 비공간 데이터를 연계하여 표출하는 데 필요한 공간 데이터 항목을 목록으로 작성하고, 각 항목별 자료 수집방안을 파악하여 정리함

자료 수집 방법	설명
직접 제작	스캐닝, 디지타이징, 현지측량, 텍스트 입력(Key-In) 등의 방법으로 공간정보 및 속성정보를 직접 제작
파생 제작	지오코딩 등을 통해 비공간 데이터로부터 공간정보를 파생 제작
공개정보 활용	개방형 Data API를 통해 공간정보를 다운로드
콘텐츠 구매	상품으로 판매되는 공간정보 D/B를 구매

③ 비공간 데이터를 공간정보에 융합하여 지도 형태로 시각화하는 다양한 방법 중 자신의 상황에 가장 적합하고 용이한 방법을 선택함

TIP 지도 시각화 유형

지도 시각화 유형	설명
스케치 지도	• 스케치 방식으로 컴퓨터 없이 수작업으로 지도 콘텐츠를 제작함 • 원본을 복사한 종이 지도나 스캐닝한 이미지 파일 형태로 유통함
그래픽 디자인 지도	• 컴퓨터 그래픽 디자인 편집도구를 이용하여 지도 콘텐츠를 제작함 • 결과물을 종이로 인쇄하거나 이미지 파일 형태로 유통함
GIS S/W 제작 지도	• GIS S/W 등 공간정보 전문도구를 활용하여 지도 콘텐츠를 제작함 • 종이도면으로 인쇄하거나 화면캡처한 이미지 파일, shape file과 같은 호환 가능한 GIS data로 유통함
인터넷 웹페이지 게시 지도	• WebMap OpenAPI 기반의 매시업 서비스를 활용하여 지도 콘텐츠를 제작함 • 개방형 API에서 제공하는 스크립트 라이브러리와 Map서비스, GML·XML형식의 추가 표현 공간정보 소스, 데이터시각화 전문사이트에서 제공하는 차트 표현 라이브러리를 이용하여 웹페이지에 게시함
기타 제작 방식 지도	• 통계 또는 BI(Business Intelligence)와 같은 비 공간정보 영역의 도구를 활용하여 지도를 제작함 • 화면캡처 이미지나 해당 소프트웨어의 저장 포맷 파일, 웹페이지 게시 형태로 유통함
실시간 데이터 스트리밍 지도	• 실시간으로 변화하는 현실의 데이터를 지도 위에 시각화한 형태로 콘텐츠를 제작함 • 현장 IoT 센서 수집 데이터, 관측 자료, 교통 상황 등 다양한 소스를 통해 수집된 데이터를 공간정보와 결합시켜 지도 형태로 표출함

(6) 데이터 시각화 방안 구체화

① 공간정보 기반으로 비공간 데이터를 가공·분석·결합시켜 지도를 제작하는 목적과 전달 메시지, 주제 도출에 필요한 공간 및 비공간 데이터 항목, 개략적인 시각화 방안을 기술함

② 비공간정보 영역의 지도 기반 시각화 방법(전문적 상용 GIS S/W 제외)

범주	도구명	특징 설명
공공데이터 포털	통계지리정보서비스 (대화형 통계지도)	인구, 주택, 사업체 등 센서스 자료와 행정구역 단위별 공표 통계(KOSIS)를 인터렉티브 방식으로 지도화
	스마트서울 포털 열린데이터 광장	경제, 안전, 일자리, 서울의 일상을 주제로 개방된 데이터셋을 불러와 차트, 지도, 히트맵, 산점도 행렬 등 다양한 시각화 유형으로 표출
지오매핑	QGIS	비공간 자료(excel, CSV file)를 지오코딩 후 지도로 표출할 수 있는 Stand-alone 설치용 무료 프로그램
	X-Ray Map	비공간 자료(excel, CSV file)를 지오코딩 후 지도로 표출할 수 있는 온라인 무료 프로그램
	openheatmap	비공간 자료(excel, CSV file)를 지도화
	Openlayers	웹브라우저에서 지도 데이터를 표출해주는 Map Control 도구 구현 자바스크립트 라이브러리 제공
	Kartograph	웹브라우저에서 SVG와 같은 벡터 데이터를 표출해주는 자바스크립트 라이브러리 제공
	Google maps platform	• Google이 제공하는 클라우드 기반의 지도 서비스로 개발자들은 Google maps API를 사용하여 웹 및 모바일 애플리케이션에 지도 기능을 통합 가능 • 지리적 데이터 시각화, 장소 검색, 경로 계산 등 다양한 기능 제공
	Mapbox	• Mapbox Studio를 사용하여 지도 스타일을 디자인하고, Mapbox API를 통해 지도 기능을 애플리케이션에 통합 • 개발자들이 고유한 시각적인 지도 경험을 만들 수 있는 다양한 도구와 서비스를 제공
데이터 시각화	D3.js	HTML 및 SVG를 사용할 수 있는 자바스크립트 라이브러리를 제공
	Modest maps	자바스크립트 기반의 오픈소스로 인터렉티브 지도 표현 가능
	Leaflet.js	자바스크립트 기반의 오픈소스로 인터렉티브 지도 표현 가능
	구글 퓨전테이블	비공간 자료(excel, CSV file)를 지오코딩 후 지도로 표출할 수 있는 온라인 무료 프로그램
	InstantAtlas	통계 등 비공간 자료를 이용한 지도 기반의 데이터 시각화 및 프레젠테이션 상용 도구
	Carto	클라우드 기반의 지도 분석 및 시각화 플랫폼
통계 S/W	R	• AT&T에서 개발한 S언어의 오픈소스 버전 • ggplot2, ggmap 모듈을 이용하여 통계값을 차트나 지도로 표현 가능
	Tableau	• 대시보드를 통해 인터렉티브 웹차트나 지도 작성 가능 • 타블로 데스크톱(유료), 타블로 퍼블릭(무료, 작업결과물 저장 기능 없음)
	엑셀	• Power view(2차원 통계지도), Power map(3차원 통계지도) • MS office 2013버전부터 제공되는 기능
인포그래픽	http://chartsbin.com	지도 기반의 인포그래픽 제작
	http://www.freepik.com	지도 기반의 인포그래픽 제작용 벡터 data 유무상 제공

③ 단순히 비공간 정보의 위치와 분포를 지도상에 표현하는 용도보다는 문자, 도표 형태의 비공간 정보만으로 볼 수 없었던 통찰력(Insight)을 공간정보와 결합시켜 현상의 연관성, 패턴, 추세, 구조 등을 시각화하는 과정을 통해 얻고자 하는 목적이 더 큼

④ 인터넷 검색을 통해 지도를 기반으로 한 다양한 데이터 시각화 사례를 참고하면 주제와 목적에 맞는 지도 디자인을 구상하는 데 도움이 됨

> **TIP** 최신 공간정보 시각화 기술 동향 소개
>
> - WebGPU 기반 3D 시각화: WebGPU는 WebGL의 차세대 그래픽API로, GPU 자원을 효율적으로 활용하여 대규모 3D 데이터(수억 개 포인트, 수십만 폴리곤)를 실시간으로 렌더링
> - 벡터타일(Vector Tile)·3D Tiles 결합: 3D 도시모델(LOD별)과 벡터타일 기반 속성 데이터를 동일 지도 엔진에서 병합, 경량화된 데이터를 전송, 클라이언트 스타일 변경
> - 실시간 데이터 스트리밍 시각화: 재난·교통 관제·스마트시티 운영 분야에서는 센싱 및 모니터링 데이터를 실시간 스트리밍하여 시각화
> - AI 기반 시각화 자동화: 항공촬영 영상에서 건물/차량 등 객체 탐지 후 지도에 표시
> - 클라우드 네이티브 시각화: Cloud-Optimized GeoTIFF(COG), Zarr, Parquet 등 클라우드 저장 최적화 포맷 직접 스트리밍

2. 지오코딩

(1) 개념

1) 지오코딩

① 주소(예 서울특별시 중구 태평로1가 31)를 지리 좌표(예 위도 37.5640907 및 경도 -126.9979403)로 변환하는 프로세스이며, 이 프로세스를 사용하여 마커를 지도에 넣거나 지도에 배치할 수 있음

② 지번 및 도로명 주소 외에도 '서울특별시청'과 같은 주요 지점 명칭(POI)으로도 지리적 좌표값을 검색할 수 있음

2) 역(易)지오코딩

지오코딩과 반대로 경위도 등의 지리 좌표를 사람이 인식할 수 있는 주소 정보로 변환하는 프로세스

예 Google Maps Geocoding API의 Reverse Geocoding 서비스를 이용하면 지정된 장소의 위치(좌표값)에 해당하는 주소를 찾을 수 있음

(2) 지오코딩이 가능한 공간정보 소스

구분	자리수	설명
법정동 코드	10자리	• 법정동은 대부분 1914년 시행된 행정구역 통폐합 이후 거의 변동 없이 유지됨 • 주민 신분 증명이나 재산권 관련 공부상 기재되는 주소 • 시/도(2) + 시/군/구(3) + 읍/면/동(3) + 리(2) 예 부산특별시(26) + 기장군(710) + 일광면(310) + 청광리(29)

행정동 코드	10자리	• 행정동은 행정 운영의 편의를 위해 법정동을 기반으로 분할 또는 통합하여 설정한 행정구역 단위 • 행정동마다 동사무소가 설치되어 있어 행정기관코드로 쓰임 • 시/도(2) + 시/군/구(3) + 읍/면/동(3) + 리(2) 예 경기도(41) + 화성시(590) + 동탄동(585) + (00)
연속지적도 PNU 코드	19자리	• 토지대장 전산화 과정에서 생성된 지적도(법정동 기반) 개별 필지에 대한 고유번호 코드 • 시/도(2) + 시/군/구(3) + 읍/면/동(3) + 리(2) + 필지구분(1) + 본번(4) + 부번(4) • 필지구분: 토지대장 1, 임야대장 2 • 본번: 번지 앞부분, 35번지인 경우 0035 • 부번: 번지 뒷부분, 35-121번지인 경우 0121
통계청 행정구역코드	7자리	• 통계 작성 목적으로 제공하는 행정구역 분류 코드 • 행정동을 기준으로 행정구역 경계 폴리곤 데이터를 제공하고 있음 • 시/도(2) + 시/군/구(3) + 읍/면/동(2)

(3) 지오코딩 도구

1) GIS 소프트웨어 제공 지오코딩 기능

GIS S/W	지오코딩 프로세스
QGIS	• QGIS를 열고 새 프로젝트를 생성함 • "Layer" 메뉴에서 "Add Layer"를 선택하고 데이터 소스를 선택함 • 지오코딩하려는 주소 또는 장소 정보가 있는 CSV 파일 또는 스프레드시트 형식으로 주소 데이터를 포함하는 레이어를 추가함 • QGIS에 사용 가능한 다양한 지오코딩 플러그인을 설치하고 활성화함 예 'RuGeocoder', 'MMQGIS', 'Nominatim' 등 • 지오코딩 플러그인을 활성화한 후, 주소 필드를 지정하고 검색할 소스를 선택함 • 새로운 필드에 지오코딩 결과가 저장됨 • 지오코딩된 지점들을 시각화하고 분석할 수 있음
MapInfo	• Mapinfo Pro v9.5 이상 버전용 플러그인 도구(MAddress.zip)를 다운로드 받아 설치 후 지오코딩에 활용 • Mapinfo 열기 → 주소 데이터 레이어 추가 → Geocode 옵션 선택 → Geocode 실행 환경 설정 → 지오코딩 실행 → 결과 확인 및 포인트 레이어 저장
ArcGIS	• ArcGIS 서버 및 ArcGIS Online에서 지오코딩 서비스를 제공함 • 전 세계 100여 개국의 주소, 도시, 랜드마크, 기업명 등의 데이터와 위치 정보를 조회하여 x, y 좌표값을 포함하는 지오코딩 참조 D/B를 구축함 • ArcMap 또는 ArcGIS Pro에서 지도코딩 도구 열기 → 주소 데이터 레이어 추가 → 지오코딩 서비스 선택 → 주소 필드 설정 → 지오코딩 실행 → 결과 확인 및 포인트 레이어 저장

2) 오픈API 제공 지오코딩 포털 서비스

지오코딩 포털 서비스	지오코딩 API 설명
공간정보 오픈플랫폼	• V-World Geocoder API • 지번주소(행정동명 + 지번) 또는 도로명주소(도로명 + 건물번호) 항목을 포함한 URL을 전송 • EPSG:4326 타입의 좌표값을 XML이나 JSON 포맷으로 반환해 제공해 줌

구글 맵	• Google Maps Geocoding API • 주소에서 좌표로 변환(Forward geocoding), 좌표에서 주소로 변환(Reverse geocoding)하는 기능을 제공함 • 사용자가 주소나 장소 이름을 입력하면 관련된 주소나 장소 목록을 자동으로 제안해주는 자동 완성 기능도 함께 제공함 • JSON과 XML 형식을 지원하며, 개발자는 자신의 응용 프로그램에 가장 적합한 형식을 선택할 수 있음
네이버 지도	• 네이버 지도API V3에서 네이버 클라우드 플랫폼용, 공공기관용, 금융기관용 서브 모듈로 제공함 • 주소를 위/경도 좌표계, UTM-K 좌표계, 자체 좌표계, TM128 좌표계 값으로 반환함
다음 지도	• Kakao Maps API • Services.Geocoder 라이브러리 내 addressSearch, coord2Adress, coord2RegionCode 등의 메소드를 이용하여 주소를 좌표로, 좌표를 주소로 검색하여 결과값을 반환함

3) 데이터 시각화 프로그램 제공 기능

데이터 시각화 도구	지오코딩 기능 설명
Google fusion tables (Google sheets)	• 구글이 제공하는 웹 기반의 스프레드시트 겸 데이터 시각화 도구로서 별도의 프로그램 설치 없이 구글 아이디 로그인만으로 사용이 가능함 • 지번주소 열(칼럼)을 포함하고 있는 엑셀 파일을 업로드한 후 제공하는 지오코딩 인터페이스를 통해 해당 위치에 마커로 표시되는 지도를 표출할 수 있음 • 2019년 구글 퓨전 테이블 서비스 폐지 이후, Google data studio 및 Google sheets와 같은 다른 Google 서비스를 활용하여 데이터 관리와 시각화를 수행할 수 있음
X-Ray map	• 민간 GIS분석 전문 회사인 biz-gis.com에서 제작해 제공하는 웹 기반의 GIS 응용프로그램으로서 공개용 버전은 무료로 사용이 가능함 • 지번 주소를 빠른 속도로 지오코딩 처리해주는 도구를 포함하고 있으며, 1회당 10,000건까지 처리할 수 있음 • CSV 포맷의 파일을 불러오거나 지오코딩 도구에 지번 주소를 직접 입력한 상태에서 도구를 실행하면, 지리적 x, y좌표값으로 변환하여 테이블과 지도 화면상에 마커로 보여줌 • 입력한 지번주소 항목과 지오코딩된 x, y좌표값 열(칼럼)은 TM·카텍·경위도 좌표계를 택일한 후 CSV파일로 내보내기 가능함 • 다양한 국내 데이터베이스를 내장하고 있으며 간단한 공간분석과 시각화 기능도 제공함
Tableau	• 강력한 데이터 시각화 도구로, 스프레드시트 데이터를 지도상에 시각화할 수 있는 기능을 제공함 • 사용자는 Tableau에서 데이터를 불러오고 지도 차트를 생성하여 데이터를 위치 데이터로 시각화할 수 있음
Microsoft power BI	• 비즈니스 분석 및 시각화 도구로, 스프레드시트 데이터를 지도에 표시하는 기능을 지원함 • Power BI에서는 지도 시각화를 위한 맵 차트를 사용하여 데이터를 지리적으로 표현할 수 있음
Leaflet	• 오픈소스 JavaScript 라이브러리로, 웹 기반 지도 애플리케이션을 만들고 스프레드시트 데이터를 지도에 표시하는 데 사용됨 • 사용자 정의 마커, 팝업 및 도형을 추가할 수 있어 유연함
Mapbox	• 사용자 지정 지도 및 GIS 응용 기능을 표현하는 데 사용되는 플랫폼으로, 스프레드시트 데이터를 Mapbox 지도에 시각화할 수 있음 • Mapbox에서는 지도 스타일링 및 인터랙션을 원활히 제어할 수 있음

4) 지오코딩 전용 유틸리티 및 서비스 제품

지오코딩 전용 도구	제품 특징 설명
GeoCoder-Xr (GEOSERVER-WEB)	• 민간 GIS솔루션 전문회사인 ㈜지오서비스에서 제작 • 개인이나 기관, 연구소에서 용도 및 횟수 제한없이 사용할 수 있는 주소 좌표 변환 도구 • CSV 포맷의 주소를 다양한 좌표계의 shape file로 변환하여 반환해 줌 • 2022년 8월 이후 웹에서 동일한 기능을 제공하는 GEOSERVER-WEB으로 서비스 전환 • WGS84 타원체 경위도 좌표계(EPSG:4326), GRS80 타원체 UTM-K좌표계(EPSG:5179), Bessel 타원체 TM 중부원점(EPSG:5174), 구글 및 브이월드 좌표계(EPSG:3857) 지원 중
XGA	• eXtensivle Geo-coding & Address Cleansing 제품 • 민간 GIS솔루션 전문회사인 오픈메이트에서 제작한 주소 처리 엔진 • 입력되는 주소 텍스트를 보유하고 있는 Rule 기반 데이터를 통해 정제하거나, 구주소와 새주소 간 변환 정제하는 등의 사전처리 후 좌표값을 검색·반환하여 매칭율을 높임

TIP 그 밖의 지오코딩 도구

기타 도구	지오코딩 기능 설명
Microsoft UWP (Universal Windows Platform)	• Microsoft UWP(Universal Windows Platform)는 윈도우즈 앱 개발을 위한 플랫폼 • Visual Studio 프로젝트 생성 → UWP Map Control 추가 → 지오코딩 서비스 선택 → API 키 생성 → 지오코딩 요청 구성 → 지오코딩 결과 처리 • Bing Maps Geocoding API의 문서와 UWP 앱 개발 가이드를 통해 구현에 필요한 상세 정보와 코드 예제를 제공함
Nominatim	• 오픈 스트리트맵 프로젝트의 일부로 제공되는 오픈소스 지오코딩 서비스 • RESTful API를 통해 주소를 좌표로 변환하고 좌표를 주소로 변환할 수 있음
OpenCage Geocoder	• 오픈소스 지오코딩 서비스로, 다양한 프로그래밍 언어 및 플랫폼에서 사용 가능 • 간단한 RESTful API를 통해 주소를 좌표로 변환하고 좌표를 주소로 변환할 수 있음
Here location services	• Here Technologies에서 제공하는 Location services는 위치 관련 서비스를 제공하며, 지오코딩도 포함됨 • RESTful API를 사용하여 주소 및 위치 정보를 처리할 수 있음

TIP 지오코딩 유사 개념: Address parsing(주소해석)

주소 문자열을 개별 구성 요소로 분리하여 구조화하는 프로세스다. 예를 들어 "서울특별시 강남구 테헤란로123 501호"라는 주소를, "시/도(서울특별시) – 구/군(강남구) – 도로명(테헤란로) – 건물번호(123) – 상세주소(5층)"과 같이 분해한다. 대표적 도구로 Libpostal, Google Maps Geocoding API, OpenCage Geocoder, Postcoder 등이 있다.

(4) 지오코딩 절차

1) 비공간 데이터 획득

융합콘텐츠 시각화 기획 단계에서 1차 조사하였던 기초 정보를 참고로 분석·집계하여 시각적으로 표출하고자 하는 비공간 데이터 셋을 다양한 경로를 통해 수집함

비공간 데이터 수집 방법	설명
인터넷 개방형 데이터 활용	• 공공데이터 포털 등 공공기관에서 웹사이트를 통해 제공하고 있는 개방형 데이터를 다운로드 • 다운로드 후 파일을 열어서 주소 정보 열을 포함하고 있는지 확인함 • 작성기관, 작성시기 등 메타데이터를 함께 확인함
원시자료 기반 직접 작성 보강	필요한 콘텐츠를 포함하고 있는 데이터 파일이 없을 경우, 인터넷 서핑·현장 방문 등 정보를 직접 조사하거나 수집한 후 스프레드시트 또는 Text Editor를 이용하여 열과 행을 갖는 데이터 파일로 작성함
파일 포맷 변환	지오코딩 도구에 따라 원하는 입력 파일이 지정되어 있는 경우가 있으므로, 필요시 스프레드시트 프로그램을 이용하여 파일 포맷을 변환함
좌표체계 확인	• 공공기관에서 웹사이트를 통해 제공하는 데이터 파일 중에는 이미 지오코딩 처리를 완료하여 지리적 좌표값 x, y 열을 포함하고 있는 경우도 있음 • 경위도 값인지 다른 지리좌표계상의 데이터인지 파악함

2) 비공간 데이터 정제

① 획득한 원천자료를 그대로 사용하기 어려울 경우 주소 필드의 텍스트를 표준화하여 형식을 일관되게 정리함
② 중복된 레코드 제거, 누락된 레코드 처리, 특수문자 및 공백 값 처리, 오타 등 오류 데이터를 수정함
③ 최종 데이터의 형식 및 유효성을 검사하여 정제 작업을 마무리함

정제 절차	설명
데이터 조직화	• 무정형 데이터(일반적 Text형)에서 의미 있는 정보만을 추출 • 데이터베이스 관리도구나 스프레드시트 프로그램을 이용하여 행과 열의 형식(row and column form)으로 구조화함
데이터 변환	• 수집한 다양한 형태의 텍스트 데이터의 파일을 가용한 데이터베이스 S/W나 스프레드시트 프로그램을 이용하여 읽어들인 후 원하는 포맷으로 저장함 • 수집된 자료가 텍스트 기반의 native PDF 포맷일 경우 다양한 파일변환 도구(예 COMETDOCS, ZAMZAR, PDF to Excel Converter, Tabula, Acrobat Pro 등)를 이용하여 스프레드시트 파일 형식으로 변환시켜 저장함
데이터 오류 수정	• 수집한 원시 데이터에는 여러 가지 오류가 들어 있을 수 있으므로 정제 작업을 통해 걸러내거나 바로잡아야 함 • 대표적인 오류: 잘못 표기된 글자나 숫자, 아무것도 입력되지 않은 빈칸(Cell), 중복된 데이터, 범위를 벗어나는 비상식적 특이값 등 • 특히 지오코딩에 중요한 필드(행정구역명, 주소, 건물명 등)의 데이터에 오류가 내포되어 있다면 통계분석 과정에서 잘못된 결과가 나오거나 지도 기반의 데이터 시각화로 제대로 표출되지 않음 • 공공기관에서 공개하여 내려 받은 파일의 경우에도 데이터 오류 여부를 체크할 필요가 있음 • 스프레드시트(예 MS사의 엑셀, 오픈오피스 Calc, 리브오피스 Calc, 구글 스프레드시트 등)와 데이터 정제 전문도구(예 Open Refine, Data Wrangler 등), 데이터베이스관리 프로그램(예 MySQL, dBase 등), 텍스트 편집기 등을 이용하여 오류를 수정함

대표적 정제 작업	• 글자나 숫자의 오기 수정하기 • 빈 셀(null) 처리: 원래 공백이었는지의 여부 확인, null값 처리 규칙 정하기 • 동일 개체에 대한 일관성 없는 표기 단일화하기 • 문자나 숫자 뒤에 숨어 있는 공백문자(white space) 청소하기 • 문자열 등을 분리하여 다른 열(Column)로 옮겨 만들기 • 원시 데이터 문자열에서 필요한 문자열만 추출하여 활용하기

3) 주소 정보 기반 지리적 좌표값 도출

가용한 지오코딩 도구나 서비스 중 적합한 것을 선택하고, 정제된 비공간 데이터를 입력하여 지오코딩 과정을 실행함

범주	지오코딩 기능 제공 S/W 및 서비스
GIS S/W 제공	QGIS, ArcGIS, ArcGIS Online, MapInfo, GeoServer, PostGIS, Manifold GIS, Global Mapper, GRASS GIS, GeoDa, SAGA GIS 등
포털 지도 OpenAPI	오픈플랫폼(V-World), 카카오맵, 네이버지도, 구글맵 등
데이터 시각화 도구	Google Fusion Tables, Google sheets, X-Ray Map, Tableau, Microsoft Power BI, Leaflet, Mapbox 등
지오코딩 전용 도구	Geocoder-XR, GEOSERVER-WEB, XGA 등

4) 지오코딩 후처리

① 지오코딩을 통해 생성된 새로운 Point layer를 저장하거나 비공간 데이터의 주소 외 필드를 부가적 정보로 연계하여 속성 테이블로 생성함
② 속성 정보를 기반으로 통계적 기법을 적용하여 다양한 주제도(예 도형표현도, 핫스팟 지도 등)로 가시화하거나 결과물을 유통함

지오코딩 후처리	작업 내용 설명
주소-좌표변환 매칭 결과 확인	지오코딩 과정을 통해 생성된 지리적 좌표값 x, y 열의 데이터를 확인하고, 정제되지 않은 행(레코드)에 대해서는 원천자료의 주소 정보를 재확인하여 개별 지오코딩하거나 삭제 처리함
생성된 공간정보와 속성 확인	• 별도의 Point feature type 레이어(예 Shape file)로 생성된 벡터데이터가 있을 경우, 속성 테이블(예 dbf file)의 열과 데이터를 확인함 • 후속 시각화 과정에서 필요한 비공간 정보는 Key Item이 되는 열(예 명칭, ID번호 등)을 이용하여 테이블을 결합시키거나 스프레드시트에서 편집 작업을 진행함
속성 필드 편집	• 단순한 열의 추가 외에 재분류 또는 검색과 같은 데이터 분석 작업을 통해 속성을 편집할 수 있음 • 스프레드시트 외에도 방대한 자료를 정교하게 분석할 수 있는 MS 오피스 패키지의 ACCESS, 무료 오픈소스인 MySQL과 같은 관계형 데이터베이스관리 프로그램을 도구로 사용하면 유용함 • 구글 스프레드시트에서 제공하는 다양한 쿼리(Query: 특정 데이터를 찾는 조건식) 기능을 이용하여 데이터를 분석할 수도 있음 • 특정 열을 기준으로 다른 열의 데이터 집계하기(예 합산하기, 평균내기, 비율 구하기 등), 오름차순 또는 내림차순으로 정렬하여 순위 도출하기, 특정범주의 데이터를 기준으로 그룹핑하여 연산하기(예 합산, 총개수, 평균값, 최댓값, 최솟값 구하기) 등

5) 기타

① 통상 지오코딩은 100% 매칭에 이르기 어려우므로 프로세싱 전 데이터 정제 및 지오코딩 후 보완 손질이 필요함
② 지오코딩 시 결과 값으로 반환해 주는 지리적 좌표값 x, y 데이터가 어떤 좌표체계를 기반으로 생성된 것인지는 다른 공간정보 레이어와 매시업하거나 지도로 시각화할 경우 필요한 중요한 정보이므로 확인해야 함

(5) 리버스 지오코딩(Reverse geocoding)

① 지오코딩과 반대로 경위도 등 x, y 좌표값을 사람이 인식할 수 있는 주소 체계의 정보로 변환하는 프로세스를 의미
② 위치 기반 서비스와 연동하여 해당 위치 주변의 다양한 POI 정보를 조회하여 제공함
③ 네이버·다음·구글·Bing과 같은 대부분의 포털 지도, ArcGIS Online, Mapbox, OpenCage, Nominatim, HERE 등에서 리버스 지오코딩 서비스를 제공하고 있음

3. 비공간·공간 데이터 매시업

(1) GeoWeb 플랫폼 서비스

1) 개념

① '플랫폼으로서의 웹'이라는 web 2.0 기술을 구현한 인프라로서 개방형 지도 API와 WMS·WFS·WMTS·WPS 등의 공간정보 웹서비스를 제공하는 기반환경을 의미
② 다양한 공간-공간정보, 공간-비공간 정보간 매시업을 활성화시키는 촉매제 역할을 함

2) 개방형 지도 API

① 자체 구축한 웹기반의 플랫폼 환경에 구축한 공간정보 관련 자원과 기능을 개방하여 두고, 승인 받은 외부 사용자들이 접속하여 이용할 수 있도록 공개 프로그래밍 인터페이스 제공 서비스
② 국내에서는 민간부문(예 Daum 지도, Naver 지도 등)과 공공부문(예 브이월드, 통계지도 등)이, 국외에서는 구글 맵, Bing 맵, Mapbox, OpenStreetMap 서비스가 대표적임

플랫폼	제공 지오웹 서비스 설명
Daum 지도	• 윈도우즈 기반 PC용 웹사이트와 Android 및 iOS 기반 모바일용 App 개발에 필요한 지도 서비스를 제공하고 있음 • API 키를 발급 받은 후 간단히 HTML 형식의 코딩을 통해 지도를 도시할 수 있고, 추가로 준비된 Javascript API 라이브러리를 호출하여 몇 가지의 특화된 기능(마커 클러스터링, 장소 검색, 지오코딩 등)을 수행할 수 있음 • 지도 API를 이용하여 특정 위치를 표시한 후, Daum 지도에서 크게 보거나 길찾기, 로드뷰 등의 기능으로 연결할 수 있는 '지도 URL' 서비스도 제공함

Naver 지도	• 'Naver Maps JavaScript API v3'라는 전용 웹사이트(https://navermaps.githu b.io/maps.js.ncp/)를 통해 윈도우즈 기반 PC용 웹사이트와 Android 및 iOS 기반 모바일용 App 개발에 필요한 지도 서비스를 제공하고 있음 • 일반지도·지형지도·위성지도 등 지도 유형을 선택할 수 있고, 지적편집도·교통상황·CCTV·360도 파노라마(거리뷰, 항공뷰, 수중뷰)·실내지도 등의 다양한 데이터 레이어 표출이 가능함 • 지오코딩 및 역지오코딩 API, 정적 지도(Static map) 표현 API 기능, 지도상 그리기 편집도구, 시각화(DotMap, HeatMap 등) 기능도 제공함
브이월드 (오픈플랫폼)	• 2차원 배경지도·영상지도·하이브리드지도·Gray지도·Midnight지도 및 3차원 지도 표출 API와 용도지역도·산림정보도·지적도·지하수정보도 등 총 168종에 달하는 공간정보 레이어에 대한 WMS·WFS API를 제공함 • 지도 검색 API와 정적 지도 API 등의 서비스도 제공함 • 데이터 API는 국가 공공기관에서 개방하여 제공하는 다양한 공간정보를, 2차원지도의 경우 총 146건의 레이어별 feature 주요 속성정보를 XML 또는 JSON 형식의 데이터로, 3차원 지도의 경우 총 17종의 레이어를 binary나 image, xdo format으로 서비스하고 있음 • 3D 모바일 API는 웹 및 PC상에서만 가능했던 브이월드 3차원 지도 도시 기능을 모바일 기기에서도 동일한 품질로 구현하기 위한 Android 및 iOS용 인터페이스를 제공함
SGIS (통계지도)	• 통계청이 보유하고 있는 인구·가구·주택·사업체 등의 센서스 데이터와 관련 통계 주제도에 대한 지도API와 Data API, 모바일 기기용 SDK를 제공함 • 지도API에서는 기본적인 지도 생성 및 화면 컨트롤, 마커 생성 도형 그리기 기능을 제공함
SGIS (통계지도)	• Data API에서는 좌표변환, 각종 통계(사업체, 인구, 가구, 주택 등), 연관어 및 행정구역별 통계정보 검색, 각종 행정구역별 생활업종 정보 조회, 지오코딩 및 행정구역경계 표출, 주거지 분석, 사업체 전개도(건물 층별 정보) 조회 기능의 API를 서비스함 • 모바일 기기용으로는 Android와 iOS별로 각각 지도표출 기본 기능, 마커 및 도형 오버레이 기능, 지도 이벤트 처리 기능 API를 제공함
스마트서울맵	• 기존 민간 포털지도를 바탕으로 일부 OpenAPI 기능을 제공하던 함께서울지도(http://gis.seoul.go.kr)를 오픈소스 S/W기반 환경으로 재구축하면서 '서울형 지도태깅 공유마당'과 '서울지도 홈페이지'를 통합하여 만든 서울시 지도정보 플랫폼(map.seoul.go.kr) • 다국어지도, 다국어POI, 주소/좌표변환, 지오태깅 활용서비스, 다국어 테마서비스용 OpenAPI 제공 중 • 테마별 도시생활지도(복지, 문화, 경제, 교통, 주택, 환경, 안전 등), 참여 및 소통용 시민 말씀지도 서비스 추가로 오픈·운영 중 • 서울 열린데이터광장(data.seoul.go.kr)에서 제공 중인 OpenAPI Map(2024년 현재 126종) 콘텐츠도 호출하여 다른 공간정보와 매시업할 수 있음

3) 공간정보 웹서비스

① GeoWeb 서비스에서 공간정보 OpenAPI 서비스 외에도 다양한 공간정보 웹서비스가 제공되고 있음
② 대표적인 것이 국제표준으로 통용되고 있는 WMS(Web Map Service), WFS(Web Feature Service), WMTS(Web Map Tile Service), WPS(Web Processing Service) 서비스
③ OGC(Open Geospatial Consortium)에서 제정한 서비스 표준으로 ISO/TC211에서 국제 표준으로 채택됨

OGC 표준	설명
WMS (Web Map Service)	• 서로 다른 GeoWeb server가 보유하고 있는 공간정보 간의 상호운용성을 확보하기 위해 제정된 이미지(래스터)형 지도 서비스의 인터페이스에 관한 표준 • 클라이언트가 요청한 Dynamic map(동적 지도)을 생성하는 데 필요한 메타데이터의 획득(GetCapabilities)과 이를 기반으로 특정 조건의 지도 호출(GetMap), 호출된 지도상에 표현되는 임의 Feature에 대한 정보 조회(GetFeatureinfo) 연산자를 기술하고 있음 • 서버는 클라이언트가 요청한 지도를 래스터 형태의 이미지로 생성하여 반환함
WFS (Web Feature Service)	• 서로 다른 GeoWeb server가 보유하고 있는 공간정보 간의 상호운용성을 확보하기 위해, Geographic Feature(벡터형 데이터)의 조작 및 처리에 관한 인터페이스 표준을 기술함 • 클라이언트가 HTTP로 요청한 공간정보 또는 속성정보 기반의 임의 Feature 정보 조회, 새로운 Feature 개체의 편집(생성, 삭제, 갱신 등) 등의 데이터 조작 요구를 Web Feature 서버가 처리한 후 그 결과를 반환해 줌 • 서버가 반환하는 지리 정보는 벡터 형식으로 제공되며 geometry(점, 선, 면)와 속성데이터를 포함함
WMTS (Web Map Tile Service)	• 피라미드 구조의 계층적 타일링을 통해 사전 렌더링 처리되어 있는 이미지(래스터)형 지도를 인터넷상에서 호출할 수 있는 표준 프로토콜로서 2010년도에 기술스펙이 개발됨 • WMS와 달리 고정된 스케일과 스타일을 가지고 있는 타일을 전송함으로써 더 신속하게 지도를 표출할 수 있음
WPS (Web Processing Service)	• 웹 프로세싱 서비스는 폴리곤 중첩과 같은 공간정보 처리·조작·분석 프로세스를 웹상으로 호출하고 받는 인터페이스에 대해 정의해 놓은 표준 • 클라이언트가 요청한 공간 데이터 분석 프로세스 작업을 서버에서 수행한 후, 처리된 결과 값을 클라이언트에 반환하여 응답함

(2) OpenLayers 활용 공간정보 매시업 코딩

① 다중의 Map API를 융합하는 과정에서 지도 범위·중심점·축척(LOD 레벨)·화면 확대/축소·마커 표시 등과 같은 기본적인 지도 control 기능을 모두 HTML 코드로 연결하여 코딩하는 작업은 번거롭고 개발 경험이 없는 초보자에게는 어려움

② 번거로움과 코딩의 어려움을 해결하는 방법 중 하나가 OpenLayers와 같은 전문 지도 콘트롤 도구들의 집합소를 이용하는 것

③ OpenLayers
- 웹브라우저상에서 지도 데이터를 표출해 주는 공개된 JavaScript 라이브러리로서 OGC에서 정의한 표준 서비스를 따르고 있음
- GeoRSS, GML, KML, GeoJSON은 물론 Google map, V-World map 등과 같은 OGC 표준(예 WMS, WFS, WMTS 등)을 준수하는 다양한 공간정보를 웹 기반의 클라이언트 환경에서 융합하여 시각화할 수 있도록 지원함

> **TIP 개발자를 위한 통합개발환경(IDE)**
>
> 개발이 가능한 사용자라면 '이클립스'와 같은 범용적인 통합개발환경(IDE; Integrated Development Environment)을 이용해 코딩하는 것이 더 효율적이다. 이클립스는 무료로 제공되는 개발 도구(http://www.eclipse.org 다운로드)로서 편리하고 다양한 개발 지원 기능을 제공한다.

(3) 매시업 대상 다종의 공간정보 좌표체계 확인

① 지구상의 위치를 2차원의 지도상에 나타내는 방법은 경도와 위도로 표시하는 '지리좌표체계'와 3차원의 지구를 2차원의 평면에 투영하여 나타내는 '투영좌표체계'로 대별됨
② 대축척 지도 제작에 가장 많이 활용되는 투영법은 횡축메르카토르 도법(TM)으로, 거리나 면적 계산에 유리함
③ 우리나라의 국가기본도는 동부·중부·서부·동해 4개의 투영원점을 두는 횡축메르카토르 도법을 사용하고 있음
④ 각기 다른 기관에서 제공되는 출처가 다양한 공간정보를 매시업하기 위해서는 raw data 제작 시 적용된 좌표계를 확인하고 하나로 맞춰주어야 함
⑤ 국내외에서 유통되는 공간정보의 메타데이터 내에 좌표체계에 관한 속성정보를 표시할 때 EPSG(European Petroleum Survey Group)에서 정의한 코드값을 사용하는 경우가 많음
⑥ 국내에서 제작 유통되는 공간정보의 좌표계 종류와 그에 해당하는 EPSG 코드값을 정리해 놓은 조견표를 숙지해야 함
⑦ 하나의 좌표계에서 다른 좌표계로의 변환 시 타원체 변환 계수(예 proj4 인자)에 대한 정보를 추가로 알고 있어야 함

TIP 좌표계 종류에 따른 EPSG 코드

구분	좌표계 종류	EPSG코드
전 지구 좌표계	WGS 84 경위도(GPS 위성에서 사용)	EPSG:4326, EPSG:4166(Korean 1995)
	구글맵, 빙맵, 야후맵, 오픈스트리트맵, 오픈플랫폼(브이월드), Mapbox 등	EPSG:900913(통칭), EPSG:3857(공식)
	Bessel 1841 경위도	EPSG:4004, EPSG:4162(Korean 1985)
	GRS 80 경위도	EPSG:4019, EPSG:4737(Korean 2000)
투영좌표계	• UTM 52N(WGS 84) • UTM 51N(WGS 84)	• EPSG:32652 • EPSG:32651
보정 안 된 예전 지리원 표준	• 동부원점(Bessel) • 중부원점(Bessel) • 서부원점(Bessel)	• EPSG:2096 • EPSG:2097 • EPSG:2098
예전 지리원 표준	• 보정된 동부원점(Bessel) • 보정된 중부원점(Bessel) • 보정된 서부원점(Bessel) • 보정된 제주원점(Bessel) • 보정된 동해(울릉)원점(Bessel)	• EPSG:5176 • EPSG:5174 • EPSG:5173 • EPSG:5175 • EPSG:5177
KATEC 계열	• UTM-K(Bessel), 새주소 지도 • UTM-K(GRS80), 네이버 지도	• EPSG:5178 • EPSG:5179

타원체 바꾼 지리원 표준	• 동부원점(GRS80) • 중부원점(GRS80) • 서부원점(GRS80) • 제주원점(GRS80) • 동해(울릉)원점(GRS80)	• EPSG:5183 • EPSG:5181 • EPSG:5180 • EPSG:5182 • EPSG:5184
현재 국토지리정보원 표준	• 동부원점(GRS80) • 중부원점(GRS80) • 서부원점(GRS80) • 동해(울릉)원점(GRS80)	• EPSG:5187 • EPSG:5186 • EPSG:5185 • EPSG:5188

4. 융합콘텐츠 시각화

(1) 주제도 형식

1) 개념

① 특정 주제에 대한 공간적 구조와 현황, 분포 패턴, 상호연관성 등을 표출하는 목적으로 제작된 지도
② 주제의 선정에는 한계가 없으며 그 특성에 따라 지질도, 토지이용도, 관광지도, 도시계획도, 인구통계지도 등으로 구분될 수 있음
③ 주제도는 일반도를 기본도(Base map: 바탕도)로 하여 특정 목적의 정보를 공간적으로 표출하는 경우가 대부분임
④ 비공간정보를 공간정보와 연계·융합시켜 시각적으로 표출하는 '공간정보 융합 콘텐츠'의 제작은 일종의 주제도를 만드는 과정과 일맥상통함

2) 종류

단계구분도(Choropleth map), 도형표현도(Symbol map), 등치선도(Isarithmic map), 점묘도(Dot map), 왜상통계지도(Cartogram), 히트맵(Heat map) 등

(2) 인포그래픽 형식

1) 개념

① 가공되지 않은 데이터를 통계적 처리와 알고리즘을 통해 시각화하는 '데이터 시각화' 과정에서, 주제의 명확성 부각과 선별된 정보의 쓰임새에 집중하여 스토리텔링과 디자인을 더한 그래픽
② 특히 지리적 현상과 연관된 주제의 경우, 직관적 시각화 효과를 증대시키는 도구로 다양한 형태의 지도와 융합시킨 그래픽 디자인을 채택함

2) 최신 기술 동향

대화형 지도 인포그래픽, 실시간 데이터 시각화, AI 및 머신러닝 활용, 3D 및 VR지도 인포그래픽, 다중 데이터 소스 융합, 모바일 및 소셜 미디어 최적화 등

(3) 모션 인포그래픽 형식

1) 개념
① 모션 인포그래픽은 인포그래픽과 모션 그래픽의 합성어
② 그래픽에 움직임을 주어서 영상으로 만들고 이것에 시간성과 공간성, 소리를 결합하여 다양하고 효과적으로 정보를 전달하는 방식을 의미
③ 스토리로 구상된 정보는 흥미롭고 친근감 있게 정보 전달을 할 수 있고, 시각적으로 강조할 수 있을 뿐 아니라 움직임을 더하여 메시지를 부연 설명함

2) 타임라인 유형
① 타임라인 형식은 진행 과정, 변화 과정 등 단계별 정보나 시간, 연도, 시대 흐름 등 시간(연대)정보를 표현하기에 적합함
② 타임라인 형식은 시간에 따른 수치 변화가 있어야 하며, 시계열적인 비교의 의미를 가져야 함
③ 모션 인포그래픽 타임라인 형식은 시간 흐름별 데이터 변화를 모션 인포그래픽으로 보여주는 방식으로, 시간 흐름에 맞춰 오브젝트가 변화하는 특징을 가짐

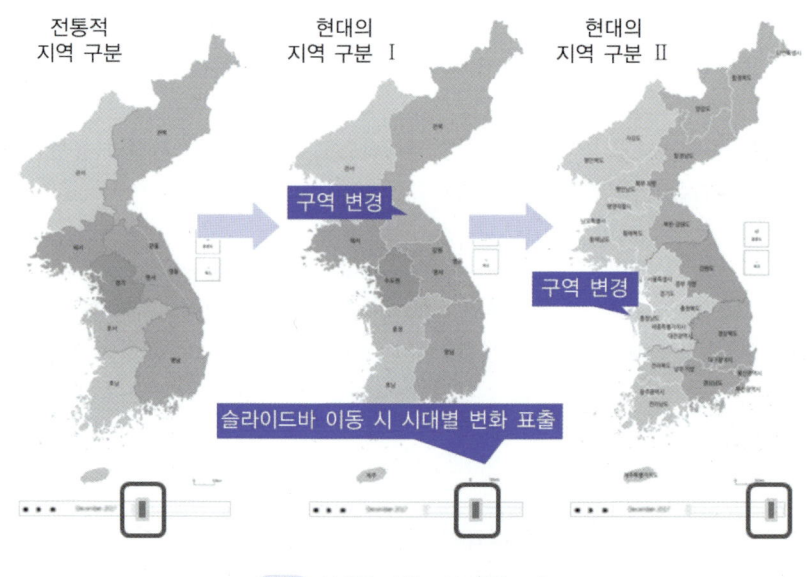

그림 **시대별 지역 구분 변화 표출**

3) 대시보드 형식
모션 인포그래픽 대시보드 형식은 다양한 정보를 애니메이션을 이용해 한 번에 또는 연속적으로 등장시켜 한 화면에 배치하는 방식

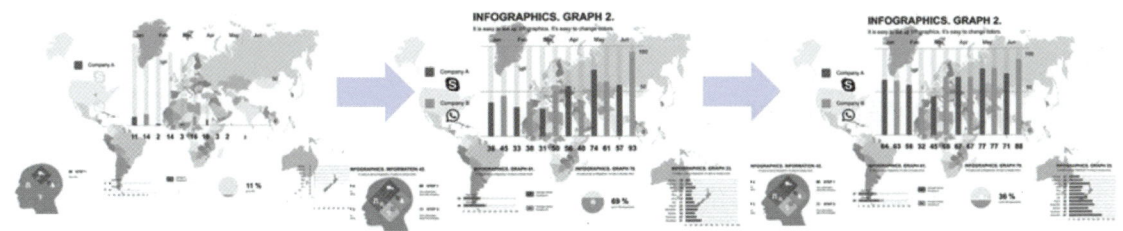

그림 모션 인포그래픽 대시보드 예시

4) 위치/통계/주제도 유형

위치정보 표출 또는 지리적 영역과 관련된 정보를 파이 차트, 막대 그래프 및 기타 데이터의 시각적 표현을 포함하는 모션 인포그래픽으로 구성함

5) 노선 이동 유형

지리적 현상의 흐름이나 경로를 사용자의 조작 없이 노선을 따라 선이 이동하는 애니메이션이나 시각적인 흐름에 맞춰 이동하는 애니메이션을 통해 정보를 제공함

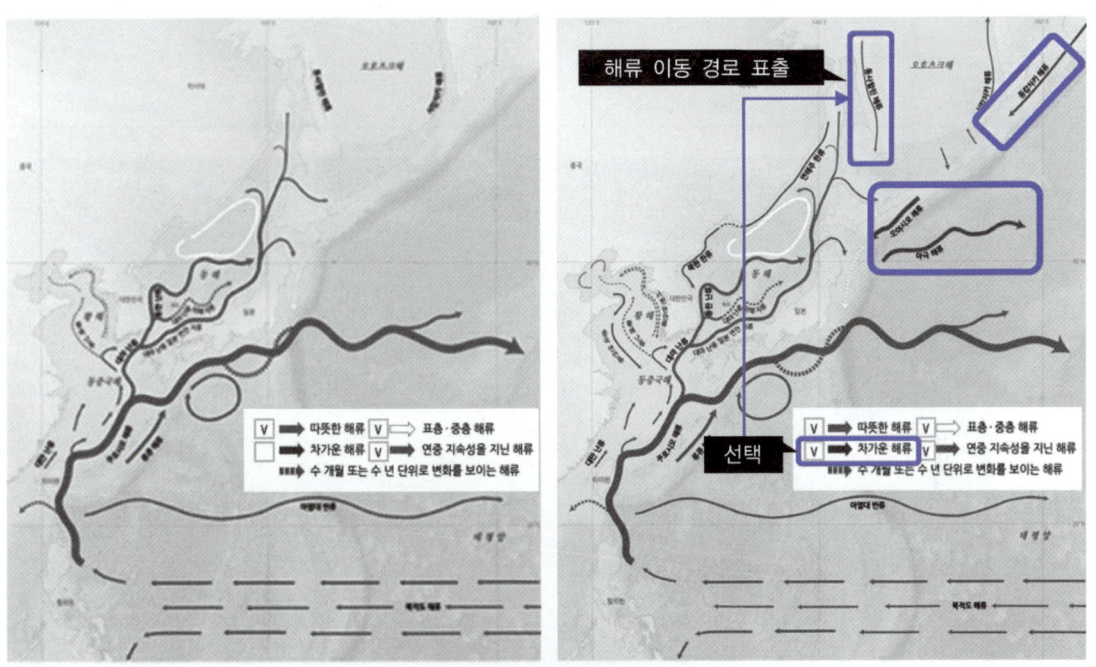

그림 특정 해류를 선택하면 해당 해류의 이동 경로를 표출

(4) 지도 기반의 3차원적 시각화

1) 개념

비공간 속성정보를 지도와 같은 공간정보상에 3차원적(입체적)으로 표현하는 기법이나 방안은 2차원적 데이터 시각화에 비해 다양하게 개발되어 있지 못하나, 최근 빠른 속도로 관련 솔루션(예 BI 도구)들이 개발되고 있어 가까운 미래에는 보편적인 정보 전달 수단이 될 것으로 전망됨

2) 3차원적 데이터 시각화 방안

구분	표현 방식	예시
Case I	2차원 지도상에 3차원 도형 표시	2차원 도형표현도 위에 입체적 기호(예 원기둥, 육면체 등) 표현
Case II	3차원 지도상에 2차원 도형 표시	브이월드 3차원 지도 위에 마크 심볼 표현
Case III	3차원 지도상에 3차원 도형 표시	• 엑셀 Power Map • 3D GIS 엔진 (예 XDWorld, IntraMap 3D, CMWorld 3D, ArcGIS 등) • 데이터 시각화 도구 (예 d3.js)
Case IV	3차원 또는 가상 입체 지도상에 디자인된 도형 표시	입체 주제도 인포그래픽

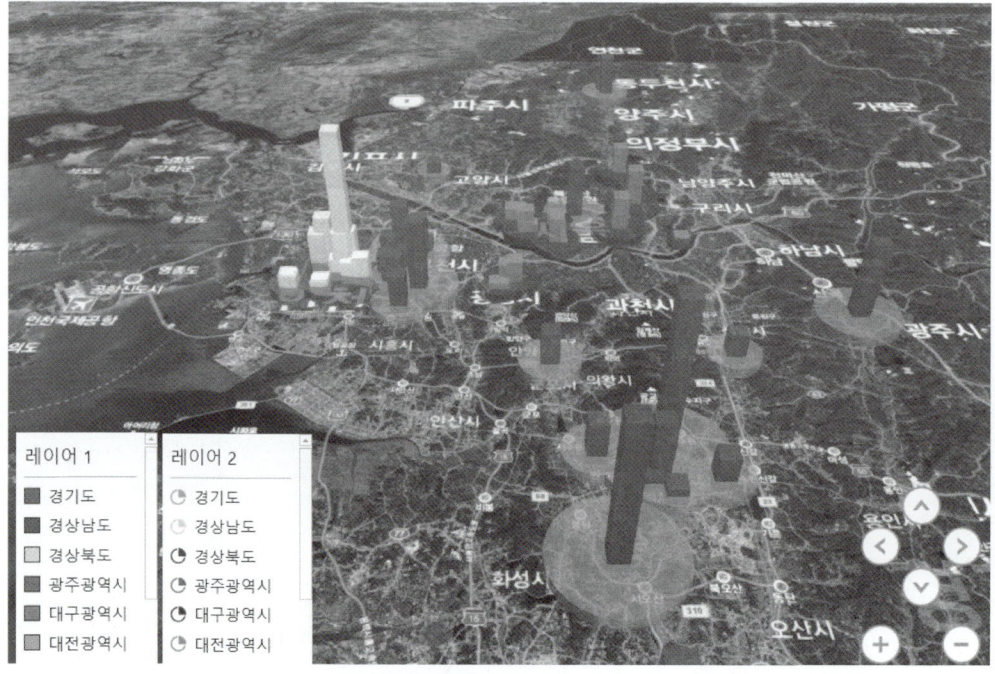

그림 엑셀 파워맵을 이용하여 제작한 3차원 지도 기반의 데이터 시각화 산출물(위성영상지도 바탕)

그림 Cesium 기반 웹페이지상에 3차원 실감형 매쉬와 2차원 수치지형도 벡터 레이어를 융합 시각화

> **TIP** 3차원 모델링 기술 최신 동향 소개
> - 생성형 AI를 활용한 3차원 모델링: 생성형 AI(Generative AI)는 기존의 3D 모델링 방식과 달리, 데이터 기반 학습과 프롬프트(명령어) 기반 생성을 통해 모델링 과정을 자동화하는 기술이다.
> - 실시간 3차원 스트리밍 기술: 객체에 대한 3D 모델을 사전 다운로드 없이 즉시 시각화하는 기술로, 클라우드 렌더링과 경량 데이터 포맷이 핵심이다.
> - BIM·GIS 융합 모델링: BIM(Building Information Modeling)과 GIS의 융합을 통해 건축물 내부 구조와 설계 정보를 건물 객체와 연결시켜 Digital Twin 서비스에 활용한다. BIM의 IFC 데이터를 CityGML로 변환하여 도시모델을 생성한다.

02 2차원 시각화

1. 평면지도 콘텐츠 디자인 기획

(1) 지리통계학 개념

① 통계학: 수치 자료를 수집(Collecting), 정리(Organizing), 기술(Describing), 분석(Analyzing)하고 그 결과를 해석(Interpreting)하는 규칙과 프로세스를 연구하며, 현상의 불확실성 속에서 논리적 근거를 이용하여 타당한 결론을 도출, 의사결정의 합리성을 돕는 것을 지향함

② 지리학
- 지표 공간상에서 일어나는 각종 자연적 현상과 인문적 활동을 기술하고 그 차이가 나타나는 방식과 상관관계, 구조와 패턴에 대해 설명하고 예측함
- 시간에 따른 공간적 변이의 추세를 파악하는 데에도 많은 관심을 가짐

③ 통계학의 다양한 기법은 지리학에서 공간 패턴을 분석하는 과정에서 계량적 분석도구를 제공함으로써, 실세계를 실증적·구조적으로 접근하여 파악할 수 있도록 도움

④ 지도 기반의 데이터 시각화는 이러한 통계적·지리적 영역과 학제적 개념의 대표적 산출물이라 할 수 있음

⑤ 지리적 자료의 정리를 위한 기본적 통계 처리 개념

구분	설명
자료 분포 단순화하기	• 자료 집단의 특성을 요약해주는 대푯값과 대푯값을 기준으로 다른 값들이 분산되어 있는 정도를 산출하는 방법으로 단순화함 • 명목척도 자료의 단순화: 자료의 분포에서 도수가 가장 빈번하게 나타나는 대표값인 최빈값(Mode)과 최빈값이 전체 자료의 분포 상황을 얼마나 잘 나타내는지를 보여주는 변동비(Variation ratio)를 이용함 • 서열척도의 단순화: 수집된 자료 분포의 가장 가운데 위치한 변량 값에 대한 중위수(Median)와 사분위수 또는 백분위수(%)를 이용함 • 등간척도 및 비율척도 자료의 단순화: 대부분의 자연적·인문적 지리 현상 자료는 등간척도나 비율척도로 측정되는데, 이 자료를 요약할 경우 산술평균(Arithmetic means)과 표준편차를 이용함
공간적 연관성 분석	• 복수의 지리적 현상을 나타내는 자료들 간의 분포를 비교하였을 때 어떠한 공간적 연관성을 가지고 있는지를 위치상의 일치도와 변수들 간의 공변이(Covaraiance)를 측정함으로써 알아내는 통계기법들을 뜻함 • 명목척도의 일치도의 측정: 격자망 등을 이용하여 두 지리적 현상이 중첩하는 면적을 계산하는 지역 일치도계수(Coefficient of areal corresponce)를 이용해 산출함 • 서열척도의 공간적 연관성 측정: 격자망 등을 이용하여 두 지리적 현상의 개별 값을 각각 서열화하고, 이 변수들 간의 순위적 차이를 계산한 후 상관정도를 계량화하는 순위상관계수(Rank correlation)를 이용함 • 등간척도 및 비율척도의 공간적 연관성 측정: 두 지리적 현상 간의 원 자료값을 그대로 이용하여 그린 산포도, 두 변수 간의 피어슨 상관계수 분석, 두 변수(독립변수와 종속변수) 간의 산포도에 수렴하는 회귀선을 찾는 회귀분석(Regression analysis), 회귀방정식에 의거 추정된 예측치와 관측치 간의 차이를 나타내는 잔차도(Residual maps) 등을 이용함

TIP 데이터의 척도별 특징

구분	분류	서열대소	가감	승제	최빈값	중앙값	평균값
명목척도	○	×	×	×	○	×	×
서열척도	○	○	×	×	○	○	×
등간척도	○	○	○	○	○	○	○
비율척도	○	○	○	○	○	○	○

(2) 단계구분도(Choropleth map) 제작 시 고려사항

1) 단계구분도
① 지역 간의 분포 차이를 구별되는 색상이나 상이한 패턴으로 표현하는 '면적 기호화 지도'의 대표적인 예시
② 지도 기반의 2차원 또는 3차원적 데이터 시각화에서 가장 많이 쓰이는 기법
③ 19세기 초부터 개발되어 온 단계구분도 기법은 주로 행정구역을 단위지역으로 삼는 경우가 많아 '행정구역 구분도(Enumeration mapping)'라고도 불림

2) 단계구분도 기법에 내재된 기본적인 전제
① 단위지역을 대표하는 수치가 그 구역 내에서 균질하게 분포하는 현상으로 봄
② 따라서 주어진 단위지역 내의 어떠한 지리적 인문적 현상의 분포가 상당한 변이를 내포하고 있을 경우, 변화하는 그 현상을 단계구분도를 통해 전달하는 데에는 한계가 있음

3) 단계구분도를 제작하는 과정에서 중요한 기본 요소
단위지역의 크기와 모양, 계급(등급)의 수, 계급구간(급간)의 분류 기준 및 방법 등

요소	설명
단위지역의 선택 (크기와 모양, 개수)	• 단위지역의 크기는 그 자체로 지역적 변이의 일반화 수준을 결정짓는 요소로서, 시각적으로 표출하고자 하는 주제의 정보전달 효과 차원에서 원천자료의 지역별 대푯값을 그대로 쓸 것인지 상위의 카테고리로 병합하여 사용할 것인지에 영향을 미침 • 즉 수집된 자료의 공간적 변이가 잘 나타나는 단위지역(예) 행정동별로 할 것인가, 자치구별로 할 것인가)을 선택하는 것이 정보 전달에 중요함 • 단위지역은 유사한 모양을 갖는 것이 불규칙한 경우보다 바람직하고, 개수는 많을수록 지리적 분포 변이를 잘 나타낼 수 있는 반면, 복잡성의 증가로 변별력이 떨어질 수 있으므로 적절한 균형점을 찾아야 함
계급(등급)의 수	• 계급의 수, 즉 단계를 몇 개로 구분하여 표출하느냐에 따라 단계구분도를 통해 나타내게 될 정보의 상세 수준이 결정됨 • 계급의 수는 정보의 상세함과 변별력 간의 Trade-off 관계에 있으므로 절충점이 필요한데, 통상 5개에서 8개 사이에서 결정됨 • 흑백의 단계구분도에서는 6개 이하의 계급으로 구분하는 것이 바람직하고, 색채 단계구분도에서는 그보다 약간 늘려 사용할 수 있음
계급구간(급간) 분류 기준	• 단계구분도를 이용한 데이터의 시각적 표출에서 계급의 수보다 더 중요한 것이 계급구간(=급간)을 결정하는 것 • 급간을 정하는 분류 기준에 따라 완전히 다른 패턴의 지도가 만들어질 수 있기 때문 • 계급구간을 분류하는 기본적인 원리는 급간 내 동질성은 최대화하고, 급간 간 이질성은 최대화하는 것 • 외인적 분류법, 임의적 분류법, 개성 기술적 분류법(자연적 구분, 단계적 구분, 상관관계적 구분, 사분법, 포섭된 평균 계급 구간법 등), 연속적 분류법(정규비율법, 표준편차법, 등간격법, 산술급수적 누진법, 기하급수적 누진법 등), 최적 분류법 등의 다양한 기법이 개발되어 있음

(3) 왜상통계지도(Cartogram) 제작 시 고려사항

① 단계구분도가 단위지역별로 나타나는 지리적 현상의 양적 크기를 단위지역(예 행정구역 경계)의 실제 면적에 그대로 표현하는 것과 달리 왜상통계지도는 지리적 현상의 양적 크기에 비례하여 단위지역의 면적을 과장하거나 축소하여 표현하는 특수한 주제도
② 왜상통계지도는 분포 패턴의 변이성을 직관적으로 잘 나타내는 장점이 있으나 행정구역과 같은 단위 지역의 왜곡으로 실제 위치에 대한 인식률이 저하되는 단점을 가짐
③ 단위 행정구역을 그대로 유지(인접)한 상태로 왜곡하느냐, 구역 간 간격을 주느냐에 따라 '연속적 왜상 통계지도'와 '비연속적 왜상통계지도'로 구분 가능

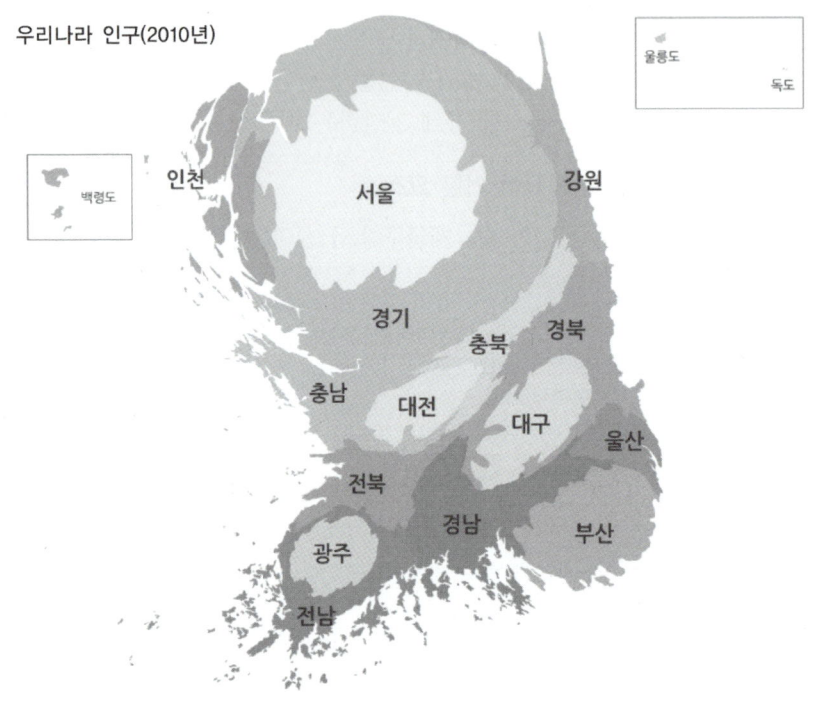

그림 왜상통계지도 예시: 인구 통계 기준으로 행정구역 크기 왜곡

(4) 도형표현도 제작 시 고려사항

1) 도형표현도의 제작

특정 지점 또는 구역에 걸쳐 나타나는 지리적 현상의 양적 크기를 다양한 도형의 크기를 통해 표현하는 도형표현도의 제작에 있어 고려해야 할 중요 요소는 도형의 크기를 정하는 척도와 정보 전달에 적합한 차트를 선택하는 것

2) 도형 크기의 척도화

가장 많이 사용되는 2차원 원(Circle)에 국한하여 도형의 크기를 정하는 방법은 다음과 같음

도형 크기 척도화 방법	설명
비례적 척도법 (제곱근 방식)	• 실제 크기에 비례하여 원의 크기(반경을 기준으로 함)를 정함 • 즉 A지점의 자료 크기가 B지점 자료 크기의 4배일 경우, 지도상에서도 A지점 원의 반경은 B지점 원의 반경의 2배가 됨
심리적 척도법	• 사람이 시각적으로 인지할 때 기하학적 기호의 크기가 커질수록 과소 추정하여 받아들이는 경향이 있음 • 특히 입체적인 도형의 경우 그 경향이 더 두드러지며, 이를 보완하기 위해 제곱근 방식에 가중치를 적용하여 원이 커질수록 그에 비례하여 반경을 더 크게 보정함
범위-등급 척도법	8~10개의 등급별로 변별하기 용이한 원의 크기를 연속적으로 제시하여 표준삼아 사용함

3) 차트(Chart) 도형 활용

① 2가지 이상의 현상 또는 변수 간의 정보를 전달하고자 할 때 차트를 도형 삼아 표현할 수 있음
② 차트의 종류와 유형별 표현 특징

차트 종류	예시	특징
Line chart		시간의 흐름에 따른 데이터 양의 증가, 감소와 같은 추세를 효과적으로 전달
Bar chart		2가지 또는 그 이상의 데이터 양을 비교하여 보여주는 데 적합
Pie chart		전체에서 각각의 요소가 차지하는 데이터의 비율을 표시해 비중에 따른 순위를 한눈에 보여주는 데 적합
Bubble chart		데이터의 양을 버블의 크기를 통해 직관적으로 보여주는 데 적합
Radar chart		방사상 형태의 평면 차트로, 3가지 이상의 변수를 가지는 다변량 데이터 표현에 적합
Scatter plot chart		x축과 y축에 해당 데이터의 위치를 산점시킴으로서 변수 간의 상관관계를 직관적으로 전달

Polar area chart		파이 차트와 유사하나 섹터별 반지름의 크기에 변화를 주어 데이터 변량을 추가로 표현함
Pictogram chart		• 데이터의 질과 양을 해당 속성을 상징적으로 잘 표현하는 픽토그램의 숫자나 크기를 통해 시각적으로 전달 • 양적 속성은 픽토그램의 크기로(예 유출입 인구의 규모), 방향성과 같은 질적 속성은 화살표의 방위로 표현(예 바람의 풍속과 풍향, 해류의 유속과 방향)

(5) 점묘도(Dot map) 제작 시 고려사항

1) 점묘도의 제작

이산적 지리적 현상을 해당 위치, 지점에 점의 크기나 숫자로 속성을 표현하는 점묘도 제작에 있어 고려해야 할 중요 요소는 단위 점의 개수와 크기, 점의 배치

2) 단위 점의 개수와 크기(직경) 정하기

① 가장 작은 양을 가지는 지역(구역)의 점이 최소 2~3개 배치되어야 함
② 가장 많은 양을 가지는 지역(구역)의 점들이 서로 인접하여 연합하기 직전 단계의 크기로 결정함
③ 한 점이 나타내는 값은 불특정 자연수보다 연상하기 쉬운 단위(예 5, 10, 100, 500 등)로 지정함
④ 점의 조밀함이 지도의 축척과 조화를 이루도록 단위 점의 수치와 크기를 설정함

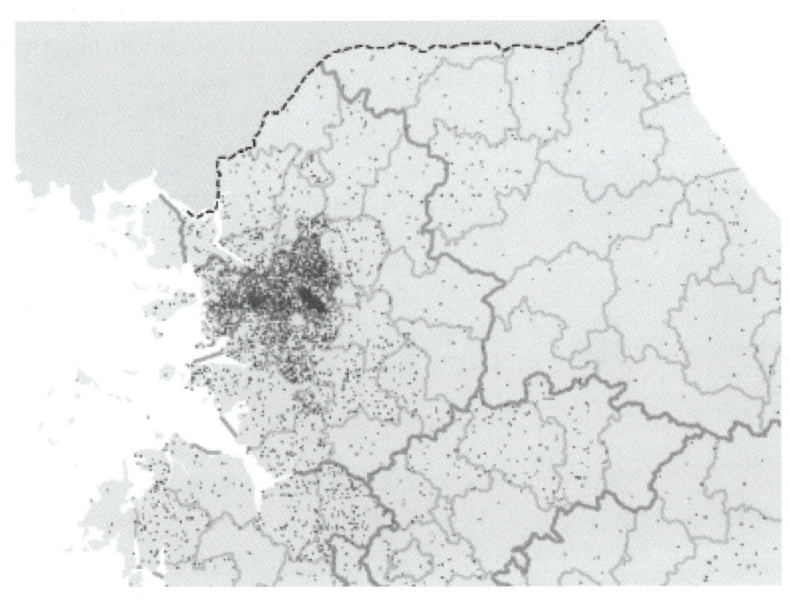

그림 점묘도 예시: 패스트푸드점 분포

3) 단위 점의 배치
    ① 일반적으로 해당 지역(구역)의 무게중심점을 이용함
    ② 균질한 현상이 아니면 기하학적 배열은 피함
    ③ 경계선이 영향을 미치지 않도록 배치함

2. 2차원 주제도 표출

(1) 웹기반의 인터렉티브 방식 주제도 제작: 통계지리정보서비스(SGIS) 활용

1) 사용법 익히기
    ① 통계지리정보서비스(sgis.kostat.go.kr)에 접속하여 상단 메뉴에서 '대화형통계지도' 서비스를 선택함
    ② 튜토리얼 버튼을 클릭하여 입문 사용자를 위한 사용법 안내 페이지를 띄움
    ③ 튜토리얼 창의 안내에 따라 손가락 표시 아이콘을 마우스로 클릭하여 통계지도를 만드는 일반적인 순서를 따라하며 사용법을 숙지함
    ④ 그 밖에 팝업창으로 안내되는 숨어 있는 주요 기능에 대한 사용법을 익힘: 다중뷰 기능(최대 3개까지 동시 조회 가능), 다중뷰 모드에서 지도 겹쳐보기, 선택한 단위지역보다 2레벨 하위 경계 지도 보기, 통계 표출지역 다중 선택 기능, 바탕지도 변경 기능, 다중뷰 시계열 조회 기능, 해당 위치에서 제공되는 공공데이터 조회 기능, 로컬저장소의 내 데이터 업로드 기능, 시각화한 통계지도 즐겨찾기 및 공유하기, 보고서 작성 및 인쇄 기능, 통계값 표출 On/Off 기능, 결함조건 검색 기능

2) 단계구분도 제작하기
    ① 대화형 통계지도 메뉴에서 지도로 표출할 지표항목 조회 및 선택(다음 중 택일): 총조사 주요지표 항목, 인구주택총조사 항목, 농림어업총조사 항목, 전국사업체조사 등
    ② 세부적 통계 내역에 대한 검색 조건(예 성별, 연령 등)을 지정하고 검색 결과 데이터를 생성
    ③ 지도 화면에서 마우스 줌인·줌아웃을 통해 통계를 표출할 단위지역(시도–시군구–읍면동 등 행정구역 계층별 단위가 자동으로 화면상에 표시됨)을 선정
    ④ 검색 결과 생성된 항목을 마우스로 끌어 지도화면의 행정구역 경계 내에 집어넣음
    ⑤ 기본 7레벨의 등급별 기본 색상 기준으로 단계구분도 표출됨
    ⑥ 데이터 시각화 범례 창에서 시각화 변수 설정 가능
        • 색상 변경
        • 시각화 타입(색상이 아닌 버블·Heat·점묘 유형) 변경
        • 단계(급간)의 개수와 분류기법 변경 적용 등

3) 도형표현도 제작하기
    전 과정 '단계구분도 제작하기'와 동일하되 '시각화 타입 변경하기'에서 버블(가장 대표적인 도형) 메뉴를 선택하여 주제도를 표출함

4) 히트맵(Heat map) 제작하기

전 과정 '단계구분도 제작하기'와 동일하되 '시각화 타입 변경하기'에서 Heat 메뉴를 선택한 후, 선택된 통계항목이 시각적으로 부각될 수 있도록 반지름과 흐림도(투명도)를 조절하여 주제도를 완성함

5) 복합주제도(단계구분도 + 도형표현도) 제작하기

① 다중뷰 모드 전환
- 전술한 단계구분도 제작과정을 따라 임의 선택한 통계항목의 주제도를 작성한 후, 우측 상단 툴바의 '+' 아이콘(지도 추가하여 비교하기) 버튼을 클릭함
- 기존 지도화면과 동일한 내용의 지도화면이 표시됨

② 추가 지도화면에 도형표현도 제작: 추가된 지도화면에서 전술한 도형표현도 제작과정을 따라 임의 선택한 통계항목을 버블 타입으로 시각화함

③ 지도 겹쳐보기
- 우측 상단 툴바의 '겹사각형' 아이콘(지도 겹쳐보기) 버튼을 클릭하여 화면상의 2개의 지도, 단계(색상)구분도와 도형(버블)표현도를 중첩시킴
- 새로운 웹브라우저 창에 두 지도가 중첩된 복합주제도가 표출됨

(2) GIS S/W 기반 주제도 제작: QGIS 활용

1) 데이터 수집

특정 주제에 대한 공간 정보와 비공간 정보를 수집함

> 예 인구 통계 데이터와 지리적 경계 데이터 수집 가능 → 인구 통계 데이터는 비공간 정보, 지리적 경계 데이터는 공간 정보

2) 데이터 불러오기

① QGIS를 열고 데이터를 불러옴
② "Layer" 메뉴에서 "Add Layer"를 선택하여 비공간 정보와 공간 정보를 각각 불러올 수 있음
③ 비공간 정보는 테이블 형식의 데이터로 불러오고, 공간 정보는 지리적 경계를 나타내는 형식으로 불러옴

3) 데이터 결합

① 비공간 정보와 공간 정보를 결합함
② 결합을 위해 "Vector" 메뉴의 "Data Management Tools" 섹션에서 "Join attributes by location" 도구를 선택함
③ "Join attributes by location" 도구를 사용하여 지리적 경계와 비공간 데이터를 공간적으로 연결 가능

4) 주제도 디자인

① 결합된 데이터를 기반으로 주제도를 디자인함
② "Layer Properties" 창을 열고 "Symbology" 탭에서 적절한 시각 변수를 선택함

예 인구 통계 데이터를 색상 또는 크기로 표현 등
③ 주제도 디자인을 통해 특정 지리적 영역의 속성을 시각적으로 표현 가능

5) 레이아웃 작성

① 주제도의 레이아웃을 작성함
② "Project" 메뉴에서 "New Print Layout"을 선택하여 새로운 레이아웃을 생성함
③ 맵 요소, 범례, 제목 등을 추가하여 맵을 꾸밀 수 있음
④ 레이아웃을 편집하여 맵을 인쇄용이나 디지털 형식으로 저장할 수 있음

6) 분석 및 시각화

① QGIS에서 제공하는 다양한 분석 도구와 시각화 기능을 활용함
② 생성한 주제도를 분석하고, 추가적인 시각화를 수행하여 데이터의 공간적 패턴이나 위치적 상관관계를 탐색함
   예 공간 패턴 분석이나 히트맵 생성 등의 작업 수행

범주	구분	설명
분석	통계분석	• 생성한 주제도의 특정 지리적 영역의 속성을 분석하는 다양한 통계 도구를 제공함 • 속성 데이터의 평균, 중간값, 표준편차, 최댓값, 최솟값, 분산 등을 계산하여 지리적 영역 간의 차이를 확인할 수 있음
분석	공간분석	지리적 영역의 접근성, 군집성, 거리 등을 분석하여 지리적 패턴이나 상호작용을 파악할 수 있음 예 버퍼 분석(Buffer), 인접 객체 분석(Spatial join), 최근린 객체 탐색(Nearest neighbor), 공간 패턴 분석(Spatial statistics) 등
시각화	시각적 변수 선택	주제도를 시각화하기 위해 적절한 시각 변수를 선택함 예 색상, 도형의 크기, 투명도, 라벨링, 그림자 효과, 그래디언트, 테두리 색상·두께·스타일 조정 등
시각화	분류 방법 선택	시각적 변수를 나타내기 위해 데이터를 분류하는 방법을 선택 예 등간격 분류(Equal interval), 등분위수 분류(Equal quantiles), 최댓값 분류(Natural breaks), 표준편차 분류(Standard deviation), 사용자 정의 분류 등
시각화	범례 생성	시각적 변수의 범위와 의미를 알려주기 위해 범례를 생성함 예 스타일(색상, 라인스타일, 심볼, 아이콘 등) 선택, 범례 항목 설정, 배치(방향, 정렬, 간격 등) 설정, 제목 및 설명 기입, 범례 크기 조절 등
시각화	추가 시각화 옵션	그라데이션 및 분류, 3차원적 시각화, 애니메이션, Symbolizer, 투명도 조절, 스타일 편집(그림자 효과 등), 라벨링 및 주석 기능 제공

그림 SGIS의 대화형통계지도 서비스로 작성한 단계구분 + 도형표현 복합주제도 사례
(단계구분도: 서울시 읍면동 단위의 0~5세 연령 인구수, 도형표현도: 서울시 읍면동 단위의 보육원 업체 수)

(3) 시각화 산출물 게시

① 지도 기반의 데이터 시각화 산출물을 제작한 후 해당 콘텐츠를 다른 사람에게 전달하거나 알리는 방법은 다양하며, 실제 상황에 따라 적합한 방법을 택일 또는 복수 선택함
② 게시 방법
- 웹기반의 인터렉티브 동적 지도 제작 사이트에서 제공하는 정보 공유하기 기능을 활용하여 해당 URL을 SNS에 게재하여 공유함
- QGIS와 같은 GIS S/W에서 소스 데이터와 통계적 표현을 설정한 환경 변수, 작성된 주제도를 포함하는 프로젝트 파일로 저장·공유함
- 화면상의 주제도를 캡처하여 이미지 파일로 저장·공유함: 지도화면 그대로 프린터로 출력하거나 보고서(예 PDF 파일) 형태로 저장 또는 인쇄함

- OpenAPI 서비스 등을 이용하여 코딩한 스크립트 파일로 전달함
- 웹사이트에 동적 지도 페이지로 구현하여 인터넷상에서 공유함
- 이미지 편집 전문 도구를 이용하여 저장된 주제도 이미지를 바탕으로 추가적인 시각화 작업을 보강한 콘텐츠(예 인포그래픽) 형태로 유통함

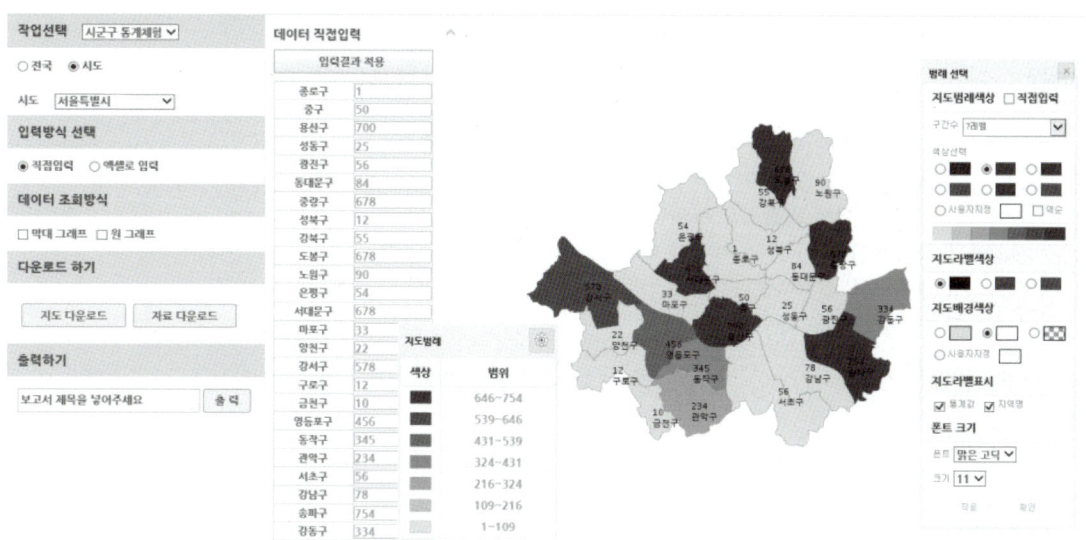

그림 SGIS의 '통계지도 체험' 서비스 메뉴에서 데이터 직접입력 방식으로 제작한 시군구 레벨의 단계구분도 예시: PNG 이미지 포맷으로의 다운로드 및 인쇄 출력 가능

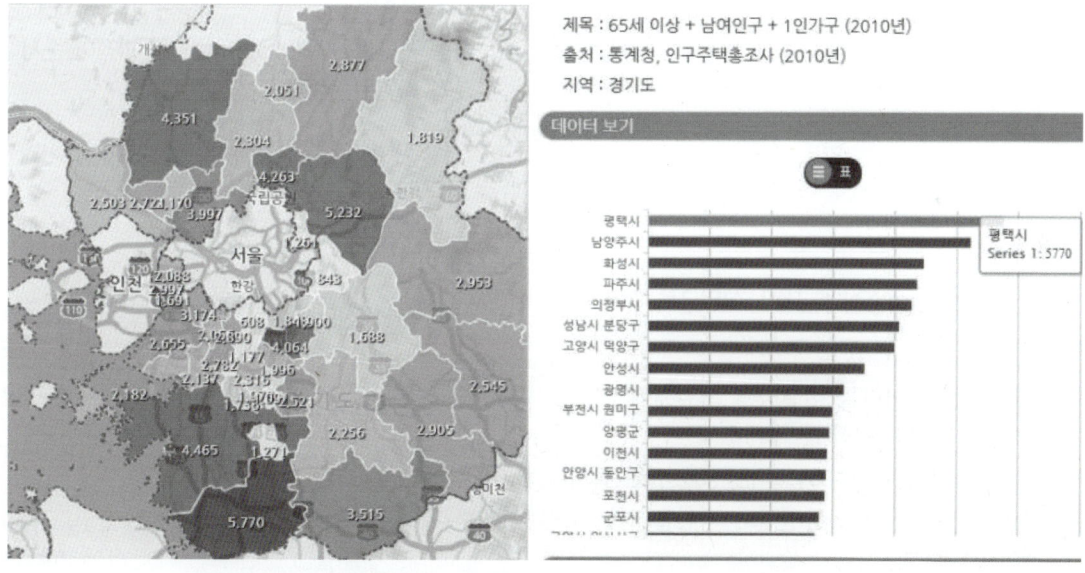

그림 SGIS의 '대화형통계지도' 서비스의 보고서 작성 메뉴를 이용한 최종 시각화 산출물

CHAPTER 02 | 공간정보 융합콘텐츠 시각화

01 ★☆☆
다음 〈보기〉 빈칸 안에 들어갈 내용으로 적합하지 않은 것은?

> **보기**
> '데이터 시각화'는 흩어져 있는 방대한 데이터나 나열된 텍스트, 숫자 등에서 직관적으로 파악할 수 없는 사실이나 데이터를 (   ) 등의 다양한 매체를 통해 빠르고 효과적으로 전달하는 변환 작업과 그 작업에 적용되는 기법을 일컫는다.

① 도표
② 인포그래픽
③ 음성 신호
④ 지도

해설
음성 신호는 시각적 매체에 해당하지 않는다.

정답 ③

02 ★★☆
인포그래픽(Infographic)에 대한 설명으로 거리가 먼 것은?

① 의미 있는 데이터를 선별하여 쓰임새에 맞게 시각화한 '정보 시각화'를 토대로 한다.
② 정보시각화에 주제와 스토리텔링을 입힌 것이다.
③ 정보의 홍수 속에서 통찰력과 직관을 얻는 효율적인 수단이다.
④ 지도를 바탕으로 디자인하기 어려워 잘 쓰이지 않는다.

해설
공간적 현상과 관련된 주제를 전달함에 있어 지도를 바탕으로 메시지를 시각화하고 스토리를 디자인으로 구성하는 인포그래픽은 뛰어난 시각화 기법의 하나로 널리 쓰이고 있다.

정답 ④

03 ★★☆
다음 중 지도 제작(Map making) 과정이 순서대로 올바르게 나열된 것은?

① Selection → Classification → Simplication → Symbolization
② Selection → Simplication → Classification → Symbolization
③ Simplication → Classification → Selection → Symbolization
④ Simplication → Classification → Symbolization → Selection

해설
목적에 맞는 지도 제작 과정에서 수집된 자료는 선택(표출될 대상에 대한 선별 결정) → 분류화 → 단순화 → 기호화 단계를 거쳐 하나의 주제도로 탄생한다.

정답 ①

04 ★★☆

다음 〈보기〉는 지도 콘텐츠를 전달하는 방법 중 어떤 방법에 대한 설명인가?

| 보기 |
| 사용자가 변수를 조정함으로써 바뀌는 지도 콘텐츠의 내용을 바로바로 확인할 수 있는 인터렉티브 방식 |

① Static Map Service
② Dynamic Map Service
③ WMTS
④ GeoPDF

해설

〈보기〉는 사용자 클라이언트와 서버 간 상호작용을 통해 공간정보의 시각화 표출 결과가 동적으로 바뀌는 Dynamic Map Service에 관한 설명이다.

정답 ②

05 ★★☆

원시자료 획득 방안에 대한 검토 내용으로 알맞지 않은 것은?

① 주제 표출에 필요한 공간 및 비공간 데이터 항목에 대해 조사하고 목록으로 작성한다.
② 조사 항목별로 원시자료의 출처와 형태, 획득 방안을 검토한다.
③ 시각화 주제와 관련된 비공간 데이터의 형태를 파악하고, 공간정보와의 연결 관계를 사전에 충분히 검토한다.
④ 원시자료의 수집은 분석과 시각화 유형에 따라 생략할 수도 있다.

해설

원시 데이터의 수집은 올바른 분석과 시각화를 위해 반드시 거쳐야 하는, 시간과 공이 가장 많이 들어가는 과정이다. 생략해서는 안 된다.

정답 ④

06 ★★★

원시자료 수집 과정에서 비공간 데이터 항목에 대한 표본을 수집한 후 분석하는 메타데이터에 해당하지 않는 것은?

① 인터넷 검색 도구
② 충실도 및 신뢰성
③ 데이터 시계열성
④ 보안 및 저작권

해설

수집한 비공간 원시자료 표본에 대해 데이터의 신뢰성, 가공 및 변환 가용성, 시계열성, 저작권 등의 메타데이터에 대해 검토할 필요가 있다.

정답 ①

07 ★☆☆

다음 비공간정보의 지도기반 시각화 방법 중 성격상 다른 범주에 속하는 것은?

① QGIS
② Openlayers
③ R
④ Google Maps

해설

QGIS, Openlayers, Google Maps 등은 지오매핑 범주에 해당하고, R은 통계 S/W 범주에 해당한다.

정답 ③

08 ★☆☆

다음 〈보기〉는 무엇에 대한 설명인가?

| 보기 |
경위도 등의 지리 좌표를 사람이 인식할 수 있는 주소 정보로 변환하는 프로세스

① Geocoding
② Reverse geocoding
③ Address parsing
④ Georeferencing

해설
지오코딩은 주소정보를 지리 좌표로 변환하는 프로세스이고, 주소해석(Address parsing)은 주소를 개별 구성 요소로 분해하는 프로세스이다. 지오레퍼런싱은 지도 또는 이미지상의 위치를 지구 좌표체계와 연결시키는 프로세스이다.

정답 ②

09 ★★☆

다음 〈보기〉의 지오코딩 작업 절차에서 빈칸에 들어갈 내용으로 가장 알맞은 것은?

| 보기 |
비공간 데이터 획득 → ( ) → 주소 정보 기반 지리적 좌표값 도출 → 지오코딩 후처리

① 좌표체계 확인
② 기초자료 분석 및 집계
③ 비공간 데이터 정제
④ 포인트 레이어 생성

해설
획득한 원천자료를 그대로 사용하기 어려울 경우 주소 필드의 텍스트를 표준화하여 형식을 일관되게 정리하거나 중복된 레코드 제거, 특수문자 및 공백 값 처리, 오타 등 오류 데이터를 수정하는 정제 작업을 거쳐야 한다.

정답 ③

10 ★★☆

GeoWeb 플랫폼 서비스에 관한 설명으로 가장 거리가 먼 것은?

① '플랫폼으로서의 웹'이라는 web 2.0 기술을 구현한 인프라적 성격을 가진다.
② 개방형 지도 API와 WMS·WFS·WMTS·WPS 등의 공간정보 웹서비스를 제공하는 기반환경이다.
③ 국내에서는 민간부문(포털 지도 등)과 공공부문(브이월드, 통계지도 등), 국외에서는 구글 맵, Bing 맵 서비스가 대표적이다.
④ 기본적인 지도 콘트롤 기능을 모아둔 도구들의 집합소이다.

해설
다중의 Map API를 융합하는 과정에서 지도 범위·중심점·축척(LOD 레벨)·화면 확대/축소·마커 표시 등과 같은 기본적인 지도 control 기능을 모두 HTML 코드로 연결하여 코딩하는 작업은 번거롭고 개발 경험이 없는 초보자에게는 어렵다. 이러한 번거로움과 코딩의 어려움을 해결하는 방법 중 하나가 OpenLayers와 같은 전문 지도 콘트롤 도구들의 집합소를 이용하는 것이다.

정답 ④

11 ★★☆

공간정보 기반의 융합콘텐츠 시각화의 가장 대표적인 방안인 주제도(Thematic map)에 관한 설명으로 거리가 먼 것은?

① 시각화 효과의 직관성을 증대시키기 위해 다양한 그래픽 디자인을 채택하여 적용한다.
② 특정 주제에 대한 공간적 구조와 현황, 분포 패턴, 상호연관성 등을 표출하는 목적으로 제작된 지도이다.
③ 비공간정보를 공간정보와 연계·융합시켜 시각적으로 표출할 수 있다.
④ 단계구분도(Choropleth map), 도형표현도(Symbol map), 등치선도(Isarithmic map), 점묘도(Dot map), 왜상통계지도(Cartogram), 히트맵(Heat map) 등이 이에 해당한다.

[해설]
직관적 시각화 효과를 증대시키는 도구로 그래픽 디자인을 적용하는 시각화 기법은 인포그래픽에 관한 것이다.

[정답] ①

12 ★★☆

모션 인포그래픽에 대한 설명으로 옳지 않은 것은?

① 인포그래픽과 모션 그래픽의 합성어로, 그래픽에 움직임을 주어서 메시지를 전달하는 방식의 하나이다.
② 모션 인포그래픽은 일반 인포그래픽에 비해 지도를 활용하는 데 제약이 많아 적용하기 힘들다.
③ 시간의 흐름에 따라 콘텐츠가 변화하는 내용을 애니메이션으로 전달하는 타임라인 유형의 모션 그래픽도 활용된다.
④ 대시보드 형식으로 다양한 애니메이션 정보를 한 화면에 배치하여 등장시키는 기법도 있다.

[해설]
모션 결합 여부와 상관없이 인포그래픽 제작 시의 지도 활용은 공간정보와 관련된 메시지를 직관적이고 시각적으로 전달하는 데 매우 효과적이다.

[정답] ②

13 ★★★

지리적 자료를 정리하는 기본적 통계 기법에 관한 설명으로 옳지 않은 것은?

① 복수의 지리적 현상을 나타내는 자료들 간의 분포를 비교하였을 때 어떠한 공간적 연관성을 가지고 있는지를 위치상의 일치도와 변수들 간의 공변이(Covaraiance)를 측정하여 공간적 연관성을 알아낸다.
② 격자망 등을 이용해서 두 지리적 현상이 중첩하는 면적을 계산하는 지역일치도계수(Coefficient of areal corresponce)를 이용하여 명목척도의 일치도를 측정한다.
③ 수집된 자료 분포의 가장 가운데 위치한 변량 값에 대한 중위수(Median)와 사분위수 또는 백분위수(%)를 이용하여 명목척도 자료를 단순화한다.
④ 대부분의 자연적·인문적 지리 현상 자료는 등간척도나 비율척도로 측정되는데, 이들 자료를 요약할 경우에는 산술평균(Arithmetic means)과 표준편차를 주로 이용한다.

[해설]
③번은 서열척도 자료 단순화 기법에 대한 설명이다.

[정답] ③

14 ★☆☆

다음 〈보기〉 설명과 관련된 주제도로 알맞은 것은?

| 보기 |

면적 기호화 지도, Enumeration mapping, 급간, 등간격법

① 단계구분도
② 도형표현도
③ 점묘도
④ Heat map

[해설]
〈보기〉 설명은 지역 간의 분포 차이를 구별되는 색상이나 상이한 패턴으로 표현하는 단계구분도와 관련된 키워드이다.

[정답] ①

15 ★★★

〈보기〉는 QGIS에서 속성 정보를 이용하여 버퍼링 분석 결과를 지도로 만드는 작업 과정에 대해 열거한 것이다. 다음 중 주제도 제작 과정을 순서대로 올바르게 나열한 것은?

| 보기 |

ㄱ. Layer 메뉴에서 Add Layer 선택하여 공간 및 비공간 정보 불러오기
ㄴ. Layer Properties 창에서 Symbology 탭을 클릭하여 시각 변수 선택하기
ㄷ. Vector 메뉴에서 GeoProcessing Tools – Buffer 옵션 선택하기
ㄹ. Vector 메뉴에서 Data Management Tools – Join attributes by location 옵션 선택하기
ㅁ. Project 메뉴에서 New Print Layout 선택하여 레이아웃 생성하기

① ㄱ → ㄴ → ㄷ → ㄹ → ㅁ
② ㄱ → ㄷ → ㄹ → ㄴ → ㅁ
③ ㄱ → ㄹ → ㄴ → ㅁ → ㄷ
④ ㄱ → ㅁ → ㄷ → ㄹ → ㄴ

[정답] ③

CHAPTER 03 | 공간데이터 3차원 모델링

> **대표유형**
>
> 3차원 데이터의 유형에 대한 설명으로 거리가 먼 것은?
>
> ① 포인트 클라우드 형식은 3D 공간에서 수많은 점(Point)들로 표현된다.
> ② 3D 모델은 정점(Vertex)과 면(Face)으로 구성되며, 텍스쳐 데이터를 포함할 수 있다.
> ③ 높이나 깊이에 관한 속성을 갖는 점형·선형·면형 벡터 데이터도 해당된다.
> ④ 볼륨 데이터는 3D 그리드 형식이며, 각 그리드 셀은 값(Scalar Value)을 가지고 있다.
>
> **해설**
> 점형(Point feature)·선형(Line feature)·면형(Polygon feature) 벡터 데이터는 높이값을 갖는 속성 여부와 상관없이 기본적으로 2차원 데이터이다.
>
>   정답 ③

01 3차원 콘텐츠 기획

1. 3차원 공간데이터 모델링 기법

(1) 측량 및 수집

① 3D 공간정보 모델링의 첫 단계는 현실 세계의 공간 데이터를 다양한 스마트 기기로 측량하고, 위치 정보를 디지털 형태로 획득하는 것
② 지상 및 항공 레이저 스캐너, 드론 장착 경사카메라, SLAM 등의 최신 측량 장비 등을 사용하여 지형, 건물, 도시 구조물, 하천, 연안 등의 공간적인 대상 객체에 대해 3차원 데이터를 측정·수집함

(2) 포인트 클라우드 생성

① 수집한 데이터는 포인트 클라우드(Point Cloud)로 변환됨
② 포인트 클라우드는 x, y, z 공간 좌표값을 갖는 많은 점의 집합으로 구성되며, 현실 세계의 표면과 개체들을 3D 공간에 대응시키기 위한 데이터 저장 체계로 사용됨

(3) 표면 모델링

① 포인트 클라우드를 기반으로 3D 표면 모델을 생성함
② 표면 모델링은 클라우드의 점들을 평활화하고, 다각형 메쉬(Mesh)로 변환하여 지형, 건물 등의 표면을 표현함
③ 표면 모델은 디지털 트윈에서 공간적인 구조를 나타내는 중요한 요소

(4) 객체 모델링

① 표면 모델 외에도, 디지털 트윈에서는 활용 서비스의 필요에 따라 개별적인 객체의 모델을 제작함
② 예를 들어 건물, 차량, 사람 등의 개체들은 3D 모델로 구축되며 위치, 크기, 형상 등을 포함함
③ 객체 모델링을 위해 CAD 도구나 3D 모델링 소프트웨어를 사용하여 객체의 속성과 형태를 정의함

(5) 공간 데이터 연결

① 3D 모델링된 표면과 객체들은 3D-Tile과 같은 공간 데이터베이스에 저장되며, 이 과정을 통해 특정 위치에서의 3D 공간 정보와 속성 정보를 효율적으로 검색·조회함
② 포인트 클라우드 데이터 취득 시 함께 촬영한 광학카메라 영상을 표면과 객체의 메쉬에 적용하여 실감나는 3차원적 디지털 트윈으로 시각화 가능

> **TIP** 포인트 클라우드(Point cloud, 점군 데이터)의 특징
>
> 포인트 클라우드는 LiDAR(Light Detection and Ranging), RGB-D 센서 등으로 수집되는 구름 형태의 점군 데이터를 의미한다. 이 센서들은 물체에 빛, 신호를 보내서 돌아오는 시간을 기록하여 각 빛, 신호당 거리 정보를 계산하고 하나의 포인트를 생성한다. 포인트 클라우드 데이터의 각 점들은 개별적으로 존재하며 다른 점과는 관계가 없다. 포인트 클라우드 점은 좌표(x, y, z)와 색상, 강도(Intensity) 정도의 정보만으로 간단하게 구성된다.
> 간단한 정보 구성에도 불구하고 데이터가 매우 크며, 상대적으로 긴 처리 시간을 필요로 한다. 스캔 밀도와 대상의 크기에 따라 수천만 개에서 수억, 수십억 개의 점이 생성될 수 있다. 최근 원시 데이터의 밀도와 정확성이 급격히 향상되고 3D 그래픽스·비전과 AI 기술의 발전으로 데이터 처리 속도가 향상되어 다양한 산업 분야에서 여러 방식으로 활용되고 있다.

2. 좌표계와 뷰포트(Viewport)

(1) 3차원 좌표계

1) Universal Transverse Mercator 좌표계(UTM)

① 가장 널리 사용되는 3D 좌표계 중 하나
② 지구를 60개의 직사각형 구역으로 분할하고 각 구역에서 X축과 Y축으로 2D 좌표를 지정하며, 높이 정보를 포함한 3D 좌표를 제공하기 위해 트랜스벌 메르카토르 투영을 사용함
③ 지구의 곡률을 고려하여 거리와 방향을 정확하게 나타낼 수 있어 지리정보시스템(GIS) 분야에서 널리 사용됨

2) 지리 좌표계(Latitude-Longitude)

① 지구 표면의 장소를 나타내기 위해 사용되는 좌표계
② 위도와 경도를 사용하여 위치를 지정하며 수평면에서는 위도를, 수직면에서는 경도를 나타냄
③ 지구 전체를 대상으로 하므로 국제적인 위치 표현에 주로 사용됨

3) 직교 좌표계

① 공간을 X, Y, Z 축으로 표현하는 3차원 좌표계
② 각 축은 수직이고, 상대적인 위치를 나타내기 위해 3개의 좌표값을 사용함
③ 3D 모델링, 공간 분석, 건축 및 시설 관리 등 다양한 분야에서 사용되며, 객체의 크기, 거리, 방향 등을 정확하게 나타낼 수 있음

4) 3차원 그리드 시스템

① 3차원 공간을 정렬된 격자 형태로 나타내는 방법
② X, Y, Z 3개의 축을 기반으로 공간을 분할하고, 각 격자 셀에 해당하는 위치에 데이터를 배치하여 3차원적 공간을 시각화하는 시스템

구분	특징
지형 모델링	• 지형 정보를 3차원 그리드로 나타내어 지형의 고도, 경사도, 높이 등을 시각화 • 지형의 형태와 특징을 파악하고, 지형 분석이나 도시계획 등에 활용할 수 있음
건물 및 도시 모델링	• 3차원 그리드 시스템을 사용하여 건물이나 도시의 공간정보를 표현함 • 각 격자 셀에 건물의 높이, 형태, 위치 등을 배치하여 건물의 3D 형상을 시각화하거나 도시의 공간 구성을 분석할 수 있음
시각화 및 시뮬레이션	• 3차원 그리드 시스템은 시각화 및 시뮬레이션 작업에 유용함 • 예를 들어 자동차 교통 시뮬레이션, 날씨 시뮬레이션, 자원 분포 시각화 등에서 3차원 그리드 시스템을 활용하여 현실적인 시뮬레이션 환경을 구축함 • 3차원 그리드 시스템은 공간 데이터를 규칙적이고 구조화된 형태로 표현함으로써 시각화와 분석에 효과적

(2) Viewport

1) Viewport의 개념

① 3D 공간을 화면상에 표현하기 위한 영역이며, 사용자가 3D 데이터를 볼 수 있는 창을 의미
② 카메라의 시점, 시야각, 줌 레벨 등을 기반으로 3D 공간을 투영하여 2D 화면에 출력함
③ 사용자는 3D 공간을 다양한 각도와 크기로 관찰하고 탐색할 수 있음

2) 주요 기능과 특징

구분	특징
시점 설정	• Viewport에서 사용자는 시점을 설정할 수 있음 • 시점은 관찰자의 위치와 방향을 나타내며, 3D 공간을 어떤 각도에서 볼 것인지를 결정함 • 시점 설정을 통해 사용자는 3D 공간을 다양한 각도와 방향에서 관찰함
시야각 설정	• 시야각은 사용자가 관찰할 수 있는 시야의 범위를 의미함 • Viewport에서는 시야각을 조정하여 넓은 범위의 공간을 한 번에 볼 수도 있고, 좁은 범위의 공간에 초점을 맞출 수 있음 • 시야각 설정을 통해 사용자는 관심 있는 부분을 집중적으로 관찰함
Zoom 기능	• Viewport에서는 줌 기능을 제공하여 확대 또는 축소할 수 있음 • 사용자는 필요에 따라 3D 공간을 자세히 살피거나 전체적인 구조를 파악하는 등 3D 공간을 탐색함
상호작용 기능	• Viewport에서는 사용자와의 상호작용을 지원하는 기능도 포함함 • 3D 객체를 선택하거나 이동시키는 등의 조작으로 3D 공간을 탐색하여 필요한 정보를 추출하거나 분석할 수 있음

(3) 3D 시각화

① Viewport를 통해 3D 데이터를 시각화할 때, 사용자는 다양한 시각화 기법을 활용함
② 선형 구성 요소(선, 면), 색상, 조명, 그림자 등을 조정하여 3D 객체의 형태, 거리, 깊이, 입체감 등을 표현할 수 있음
③ 투명도, 텍스처 매핑, 애니메이션 등을 적용하여 보다 생동감 있는 3D 시각화를 구현할 수도 있음

> **TIP 텍스처 매핑(Texture mapping)**
> 3차원 모델을 만드는 컴퓨터 그래픽 작업 시 모델의 표면에 이미지나 패턴을 입히는 과정을 의미한다. 이 과정을 통해 모델의 현실감을 보강하고 이미지 자체의 직관적 정보를 전달한다. 주로 사용되는 기법으로는 UV 매핑, 폴리곤 페인팅, 프로시져럴 텍스처링 등이 있다.

02 3차원 지오매핑

1. 3차원 데이터
(1) 3차원 데이터 유형

포인트 클라우드 (Point Cloud)	• 포인트 클라우드 형식은 3D 공간에서 수많은 점(Point)들로 표현됨 • 각 점은 고유한 좌표(X, Y, Z)를 가지며, 추가적인 속성 데이터(예 색상, 반사율 등)를 포함할 수도 있음 • 포인트 클라우드는 레이저 스캐닝, 드론 사진 등의 3D 스캔 데이터를 통해 생성 가능함
3D Model	• 3D 모델 형식은 실제 물체나 구조물의 3D 형태 표현에 사용됨 • 대표적으로 다각형 메시(Polygon Mesh) 형식인 glTF(GL Transmission Format), STL, OBJ, Collada 등이 사용됨 • 3D 모델은 정점(Vertex)과 면(Face)으로 구성되며, 추가적인 속성 데이터(예 텍스처, 재질, 애니메이션 등)를 포함할 수 있음
체적(Volume) data	• 볼륨 데이터는 3D 공간에서의 밀도, 온도, 압력 등과 같은 특성을 그리드 형태로 표현함 • 볼륨 데이터는 유체 역학 시뮬레이션, 의료 영상, 지질 모델링 등의 분야에서 사용됨 • 볼륨 데이터는 3D 그리드 형식이며, 각 그리드 셀은 값(Scalar value)을 가지고 있음
지형(Terrain) data	• 지형 데이터는 지구의 지형 형태 표현에 사용됨 • 일반적으로는 고도(높이) 정보로 구성되며, 그리드 형태의 래스터(Raster) 데이터 또는 삼각망(TIN; Triangulated Irregular Network) 형식으로 표현됨

(2) 3D 모델링 LOD

1) 개념
   ① Level of Detail(세밀도)의 약자로, 3D 모델링에서 사용되는 개념
   ② 3D 모델링 작업 시 소요되는 비용과 시각적 품질 사이에서 3차원 데이터가 사용되는 목적, 용도에 따라 모델을 구성하는 폴리곤(mesh)의 세부 수준을 조절하여 성능·품질·비용 사이의 균형을 유지함

2) 활용
   ① LOD는 주로 실시간 3D 그래픽스, 게임 개발, 가상현실, 시뮬레이션 등에서 활용되어 왔으며, 사용자의 시야에 따라 모델의 세부 수준을 동적으로 조절하여 최적의 성능과 시각적 품질을 제공하는 것이 목표
   ② 최근에는 스마트시티 구현을 위한 디지털트윈(Digital Twin)의 공간정보 객체 모델링의 기준으로 적용되고 있음

3) 3차원 국토공간정보구축 작업규정 기준 LOD(건물데이터 세밀도 및 가시화 제작 기준)

수준	제작 예시	제작 기준
LOD 1		• 블록 형태 • 지붕면은 단색 텍스처 • 수직적 돌출부 및 함몰부 미제작 • 단색, 색깔 또는 가상 영상 텍스처
LOD 2		• 블록 또는 연합블록 형태 • 지붕면은 색깔 또는 정사영상 텍스처 • 수직적 돌출부 및 함몰부 미제작 • 가상 영상 또는 실사 영상 텍스처
LOD 3		• 연합블록 형태 • 지붕구조(경사면) 제작 • 수직적 돌출부 및 함몰부 제작 • 가상 영상 또는 실사 영상 텍스처
LOD 4		• 3차원 실사모델 • 지붕구조(경사면) 제작 • 수직적·수평적 돌출부 및 함몰부 제작 • 실사 영상 텍스처

4) CityGML(Ver. 2.0) 규정 기준 LOD

수준	모델 예시	설명
LOD 0		• 가장 낮은 세부 수준을 의미함 • 건물은 2D 도형으로 표현되며, 높이 정보나 세부 구조는 포함되지 않음 • 건물의 위치와 윤곽을 나타내는 데 사용됨
LOD 1		• 건물의 외부 형태를 3D 다각형 메시로 표현함 • 건물의 외부 벽면과 지붕이 포함되며, 내부는 공백으로 처리됨 • 건물의 기본적인 형태와 외관을 표현하는 데 사용됨
LOD 2		• 건물의 내부 요소(예 층, 벽면, 문, 창 등)가 추가됨 • 건물의 내부와 외부를 포괄적으로 표현하는 데 사용됨
LOD 3		• 건물의 내부 공간과 외부 요소를 더욱 정밀하게 표현함 • 예를 들어 각 층의 고도 정보와 내부 공간의 분할이 포함될 수 있음

LOD 4		• 가장 높은 세부 수준을 가지며, 건물의 외부와 내부를 최대한 정밀하게 표현함 • 세밀한 구조와 건물의 실제 세부사항을 표현하기 위해 사용됨

(3) 3차원 국토공간정보 표준 데이터 셋

대분류	중분류	세분류
3차원 교통데이터	도로	단위도로면(차도면, 인도면)
		도로교차면
	철도	단위철도면
	교통시설물	교량(교량, 입체교차부)
		터널(터널, 지하차도)
		도로교통시설물(육교)
3차원 건물데이터	주거용 건물	일반주택
		공동주택
	주거외 건물	공공기관
		산업시설
		문화/교육시설
		의료/복지시설
		서비스시설
		기타시설
3차원 수자원데이터	전문수자원	하천부속물(댐, 보)
		호안
		제방
		하천면
3차원 지형데이터	-	-

(4) 3DF-GML

① 3차원 국토공간정보는 3DF-GML 포맷으로의 제작을 원칙으로 하며, City-GML 형식과 상호교환이 가능하도록 규정하고 있음
② 발주처의 데이터 활용계획에 따라 Shape, 3DS 및 JPEG 형식 등으로 제작 가능
③ Open Geospatial Consortium(OGC)에서 개발된 3DF-GML은 3차원 디지털 도시 및 지형 정보를 교환하기 위한 표준화된 데이터 형식으로, "3D CityGML"이라고도 불림

④ 3DF-GML은 다양한 국내 3차원 응용분야에서 공통적으로 요구하는 기본항목(Entity), 속성(Attribute), 관계(Relation)들을 정의하고 있음

분류	표현 항목
지형지물	교통, 건물, 수자원, 지형
기하	• 2차원 및 3차원 객체(선형, 평면 보간 사용) • 혼합집합, 동종집합, 혼합복합, 동종복합
위상	단방향 위상(XLink)
세밀도	Level 1, Level 2, Level 3, Level 4
면의 외형	단색, 색깔, 가상영상, 실사영상 텍스처
지형	불규칙삼각망(TIN), 격자 커버리지(GRID)
좌표계	구형좌표계, 타원좌표계, 직교좌표계

> **TIP   BIM 개념 및 LOD**
> - BIM: 건설 프로세스를 관리하기 위한 Building Information Modeling(건물 정보 모델링)의 약자이다. 건축, 공학 및 건설 분야에서 사용되는 디지털화된 작업 방법이자 건축물 및 시설물을 설계, 건설, 유지보수하는 데 필요한 정보를 모델링하여 통합하는 프로세스를 의미한다.
> - LOD: Level of Development(개발 수준)을 나타내며, BIM 모델의 세부 수준을 지칭한다. LOD는 건물 정보 모델의 정확성과 상세함을 나타내는 데 사용되며 LOD 100부터 500까지의 단계가 있다.

(5) 최신 3차원 모델링 기술 동향

1) 3차원 데이터 포맷과 표준의 변화

구분	기존 포맷	최근 추가 확장 포맷	특징
시각화	glTF, OBJ	glTF 2.1, USD/USDZ	경량화, AR/VR 호환성 강화
대규모 도시모델	CityGML 2.0	CityGML 3.0	시공간 모델링, BIM 연계 강화
타일링	3D Tiles 1.0	3D Tiles Next	LOD·속성 관리 고도화
포인트클라우드	LAS/LAZ	EPT, COPC	웹 스트리밍 최적화

2) 생성형 AI와 3D 모델링의 결합

① 생성형 AI(Generative AI)는 기존의 3D 모델링 방식과 달리, 데이터 기반 학습과 프롬프트(명령어) 기반 생성을 통해 모델링 과정을 자동화하는 기술임
② 불완전 데이터를 복원하거나 필요한 객체를 생성함
③ 이전 데이터와 비교하여 변경된 건물이나 지형지물을 자동으로 검출하는 데 쓰임

3) 실시간 3D 스트리밍 기술

① 3D 모델을 사전 다운로드 없이 즉시 시각화하는 기술
② 클라우드 렌더링(Cloud rendering)과 저해상도에서 고해상도로 순차 로딩하는 Progressive loading, 3D Tiles와 같은 경량 데이터 포맷이 핵심임

4) BIM · GIS 융합의 확산

① BIM(Building Information Modeling)과 GIS의 융합을 통해 건축물 내부 구조와 설계 정보를 건물 객체와 연결시켜 도시 규모의 Digital Twin 서비스에 활용
② BIM의 IFC 데이터를 CityGML로 변환하여 도시모델을 생성

2. 3차원 공간분석

(1) 3차원 가상 플라이트 및 투어

① 3D 공간에서의 가상 플라이트 또는 투어를 통해 데이터를 탐색하고 분석하는 기법
② 사용자는 가상으로 3D 공간을 이동하며, 관심 있는 지역을 자유롭게 탐색하고 데이터를 분석함
③ 이 방법을 통해 공간적인 관계를 시각화하고, 데이터의 공간 분포와 패턴을 파악할 수 있음

(2) 3차원 공간 쿼리 및 연산

① 3D 공간 데이터에서 원하는 정보를 추출하기 위해 공간 쿼리를 사용하는 기법
② 특정 지역의 3D 모델에서 특정 높이 범위 내에 있는 건물을 찾거나, 지형 데이터에서 특정 경사도를 갖는 지역을 식별하는 등의 작업에 활용됨
③ 이 방법을 통해 원하는 조건에 따라 3D 데이터를 검색하고 분석할 수 있음
④ 체적 분석을 통한 절토량 및 성토량 계산, DEM을 이용한 하천 유역 분수계(Watershed) 분석, 지형 Relief를 이용한 음영기복도 시각화 등에 활용

(3) 시선분석(Line-of-sight analysis)

① 한 지점에서 다른 지점으로의 시야가 가려지는 정도를 분석하는 공간 분석 기법
② 특정 위치에서 관찰자가 다른 장소로 시선을 돌렸을 때, 중간에 걸치는 장애물로 인해 관찰에 영향을 받는지 여부를 판단하는 작업을 의미함

가시권 분석	군사 분야에서는 전술적인 시야 분석에 활용되어 적의 위치에 대한 시각적 정보를 제공하거나, 자동차 운전 시 도로에서의 시야 제한을 고려하여 안전성을 평가하는 데에도 사용됨
경관 분석	도시 계획에서는 건물의 높이와 위치 정보를 바탕으로 특정 지역에서 시야가 얼마나 개방되어 있는지를 평가하고, 경관 관리에 활용할 수 있음
전파 음영지역 분석	기지국 안테나로부터 송출되는 전파가 주변 지형 및 인공지물에 따라 영향을 받는 지역을 분석하는 데 사용될 수 있음

(4) 일조권 분석

① 건물의 위치, 높이, 주변 지형 등의 3D 공간정보를 활용하여 햇빛의 도달 여부와 햇빛의 양을 분석하여 햇빛 권리를 평가함
② 도시 계획에서는 새로운 건물을 설계할 때 주변 건물, 지형에 의해 가려진 영역에서 어느 정도의 햇빛이 도달하는지를 평가하여 주거환경의 햇빛 품질을 고려할 수 있음
③ 태양광 발전 설치 위치를 결정할 때도 햇빛의 도달 여부와 일조량을 고려하여 적합한 입지를 계획할 수 있음

(5) 유체 흐름 시뮬레이션(Fluid flow simulation)

① 3D 공간정보를 기반으로 한 유체 흐름 시뮬레이션은 유체(공기 또는 물)의 움직임과 상호작용을 모사하는 기술
② 이 시뮬레이션은 유체 역학을 기반으로 하여 유체의 속도, 압력, 온도 등을 예측하고 시각화함
③ 공기 역학, 해양 역학, 수리 역학 등 다양한 분야에서 사용되며 미세먼지의 확산 예측, 도심지 건물 간 풍동 시뮬레이션 등에 활용 가능함

구분	내용
수위 해석 (Hydrological analysis)	• 3D 공간정보를 사용하여 수체(강, 호수 등)의 수위를 분석하는 기술 • 지형 데이터와 수문 데이터를 조합하여 수위 변화, 수문의 효과, 침식 등을 분석하고 시각화함 • 수자원 관리, 홍수 예측 및 통제, 수리공학 설계 등에 활용됨
날씨 모델링 (Weather modeling)	• 3D 공간정보를 활용하여 대기 현상을 모델링하는 기술 • 대기의 온도, 습도, 풍속, 기압 등을 고려하여 날씨 상황을 시뮬레이션하고 예측하는 모델링 • 기상 예측, 대기 오염 모니터링, 항공 및 해양 예보 등에 사용됨
수리 모델링 (Hydraulic modeling)	• 3D 공간정보를 활용하여 수리 시스템(하천, 배수시설 등)을 모델링하는 기술 • 유체의 흐름, 압력, 고도 등을 분석하여 수리 시스템의 성능을 평가하고 최적화하는 모델링 • 홍수 관리, 배수 설계, 지하수 이용 계획 등에 사용됨
해양 흐름 모델링 (Ocean current modeling)	• 3D 공간정보를 활용하여 해양의 흐름과 상호작용을 모델링하는 기술 • 해양 유동, 파고, 염분 분포 등을 예측하여 해양 생태계, 해양 에너지 개발, 해양 운송 등에 관련된 분야에서 사용됨

3. 3차원 지오매핑(Geo-Mapping) 소프트웨어

(1) Geo-Platform

구분	특징
Google Earth	• 구글 어스는 전 세계의 3D 지도 및 위성 이미지를 제공하는 서비스 • 사용자는 지구의 다양한 지역을 3D로 탐색하고 건물, 지형 등을 시각적으로 확인할 수 있음
Mapbox	• Mapbox는 웹 기반의 지도 플랫폼으로, 3D 지도 작성 및 시각화를 제공함 • 사용자는 Mapbox Studio를 사용하여 사용자 정의 3D 지도를 작성하고 웹 애플리케이션에 통합할 수 있음

구분	특징
OpenStreetMap 3D	• OpenStreetMap은 사용자가 참여하여 생성하는 오픈 데이터 지도 • OpenStreetMap 3D는 3D 공간 정보를 시각화하고 탐색할 수 있는 오픈소스 플러그인 및 서비스를 제공함
Cesium	• Cesium은 웹 기반의 3D 지리 시각화 플랫폼으로, 지구의 표면을 3D 메쉬 형태로 시각화할 수 있음 • Cesium은 WebGL을 기반으로 하며 고해상도 위성 이미지, 지형 데이터, 건물 모델 등을 효과적으로 표현할 수 있음 • 다양한 기능과 API를 제공하여 사용자 정의된 3D 시각화를 구현할 수 있음

(2) GIS S/W

구분	특징
QGIS	• 오픈소스 기반의 GIS 소프트웨어로 3D 지도 작성 기능을 제공함 • 사용자는 3D 공간 데이터를 로딩하여 시각화하고, 공간 분석을 수행할 수 있음
ArcGIS 3D Analyst	• 상용 소프트웨어로, 다양한 3D 공간 분석 및 시각화 기능을 제공함 • 사용자는 3D 지리 데이터를 분석하고 높이, 경사도, 시야 등의 속성을 시각화할 수 있음
Global Mapper	• 상용 소프트웨어로, 벡터 및 래스터 편집, 3D 공간데이터 처리 및 시각화 기능을 제공함 • 사용자는 2D 데이터를 3D 모델로 변환하여 지형 분석, 경사도 분석, 면적 계산 등을 3차원 환경에서 수행할 수 있음

(3) 엔지니어링 S/W

구분	특징
AutoDesk 3ds Max	• 3ds Max는 전문적인 3D 모델링, 애니메이션, 시각화 소프트웨어로, 3D 메쉬 데이터를 다양한 형태로 시각화할 수 있음 • 고급 렌더링 기능과 다양한 효과를 제공하여 고품질의 3D 시각화를 구현함
SketchUp	• 간단하고 직관적인 사용 인터페이스를 가진 3D 모델링 S/W • 3D 메쉬 데이터를 생성하고 편집한 후, 위치 정보를 추가하여 실제 위치에 매핑할 수 있음 • 사용자가 쉽게 3D 모델을 만들고 시각화할 수 있는 도구와 기능을 제공함
MicroStation	• CAD 및 GIS 작업에 사용되는 S/W • 3D 모델링 및 시뮬레이션을 지원하여 사용자가 다양한 분야에서 3D 공간정보를 시각화할 수 있음
CityEngine	• 도시 모델링 및 시뮬레이션에 사용되는 S/W • 실제 도시의 3D 모델링을 자동화하고 건물, 도로, 식물 등의 속성을 시각화할 수 있음

(4) 게임 플랫폼 외 기타

구분	특징
Unity	• 게임 개발 및 가상현실(VR), 증강현실(AR) 등의 애플리케이션 개발에 사용되는 플랫폼 • 3D 모델링 및 시뮬레이션 기능을 제공하여 사용자가 인터랙티브한 3D 환경을 만들고 탐색할 수 있음
Unreal	• 주로 비디오 게임 개발에서 출발하여 최근에는 영화 제작, 시뮬레이션, 가상현실(VR), 증강현실(AR) 등 다양한 분야에서도 활용되고 있는 3D 게임 개발 엔진

Unreal		• 3D 모델과 텍스처를 이용하여 현실적인 환경을 구현하고, 다양한 조명 및 효과를 적용하여 사실적인 시각화를 가능하게 함
Blender		• 무료 오픈소스 3D 컴퓨터 그래픽스 소프트웨어로, 3D 메쉬 데이터를 생성하고 시각화하는 데 사용됨 • 다양한 모델링, 애니메이션, 렌더링 기능을 제공하며, 3D 메쉬를 구성하고 텍스처를 적용하여 고품질의 시각화를 구현함 • Python 스크립팅을 지원하여 자동화된 작업이나 사용자 정의 기능을 추가할 수 있음

(5) LiDAR 점군 데이터(Point Cloud) 처리 S/W

기능 구분	S/W	특징
데이터 처리	LAStools	• 대용량 LAS/LAZ 데이터 변환, 압축, 필터링, 병합, 분류 • 경량 및 고속 처리
	PDAL	• 오픈소스 포인트 클라우드 처리 라이브러리, 다양한 포맷 지원 • CLI·API 지원
	CloudCompare	• 포인트 클라우드 편집, 필터링, 정합, 거리 계산 • 오픈소스
	TerraScan	• 항공·지상 라이다 포인트 클라우드 필터링, 분류(Classification), 정합(Registration), DEM/DTM 생성 • MicroStation 기반
시각화 분석	Potree	• 웹 기반 대규모 포인트 클라우드 렌더링, 경량화 스트리밍 • WebGL 기반
	CesiumJS	• 3D Tiles 기반 지구 규모 데이터 시각화, 실시간 데이터 연계 • 웹브라우저 호환
	ArcGIS Pro 3D Analyst	• GIS 분석·시각화 통합, 지형 분석, 3D 분석 • 상용 GIS S/W
	QGIS+PCL Plugin	• 오픈소스 GIS 기반 포인트 클라우드 시각화·분석 • 확장성 우수
모델 생성	Bentley ContextCapture	• 사진·라이다 기반 정밀 3D 메쉬 모델 생성 • 대규모 프로젝트 가능
	Autodesk Recap	• 스캔 데이터 처리·정합 후 CAD/BIM 변환 • AutoCAD·Revit 연계
	Agisoft Metashape	• 포토그래메트리 기반 3D 모델 제작, 텍스처 생성 • 정확도 높음
	Blender+Add-on	• 오픈소스 3D 모델링, 커스텀 스크립트 확장 • AI·게임·시각화 연계

> **TIP** 드론 Pix4Dmapper
>
> 픽스포디맵퍼(Pix4Dmapper)는 2차원으로 촬영된 영상이나 사진(*.jpg, *.tif)으로부터 3차원의 모델을 변환 추출하는 데 유용한 소프트웨어이다. 특히 드론과 같은 UAV를 통해 손쉽게 획득한 중복 촬영 이미지를 처리하여 고밀도 포인트 클라우드, 고해상도의 영상 텍스쳐, DSM, 정사영상 등을 생성할 수 있다.

03 3차원 주제도 표출

1. 이미지 타일링

(1) 3차원 데이터 타일링 절차

1) 데이터 분할
① 3D 데이터를 작은 타일로 분할함
② 타일은 일정한 크기 또는 지리적 영역에 따라 분할될 수 있음
③ 이 단계에서는 데이터를 타일 단위로 쪼개어 관리할 수 있도록 준비함

2) 데이터 구조 설계
① 타일마다 필요한 데이터 구조를 설계함
② 이 과정은 각 타일에 포함될 지오메트리, 텍스처, 특성 정보 등을 정의하는 것을 의미함
③ 각 타일의 데이터 구조는 시각화와 관련된 정보를 포함해야 함

3) 데이터 저장
① 타일마다 해당하는 데이터를 저장함
② 데이터는 로컬 파일 시스템, 데이터베이스 등의 저장 매체에 저장할 수 있음
③ 각 타일은 고유한 식별자를 갖게 되며, 필요에 따라 인덱스를 생성하여 타일을 효율적으로 검색할 수 있도록 함

4) 타일 피라미드 구성
① 타일을 계층적으로 구성하여 피라미드 형태로 관리함
② 이 과정은 다양한 세부 수준의 타일을 구성하여 멀티-레벨 로딩 및 시각화를 지원하는 것을 의미함
③ 작은 규모의 타일은 상세한 정보를 담고 있으며, 큰 규모의 타일은 전반적인 형태를 표현함

5) 타일 관리 및 로딩
① 필요에 따라 타일을 로딩하고 관리함
② 사용자의 시야에 따라 필요한 타일을 동적으로 로딩하여 시각화하고, 로딩되지 않은 타일은 비동기적으로 로딩하여 효율적인 데이터 관리를 실현함

(2) 3D-Tile
① 대규모 3D 공간 데이터를 효과적으로 저장·전송 및 시각화하기 위한 형식
  • 공간 데이터를 타일 형태로 구성하여 다양한 레벨의 세부 정보를 관리하고 로딩하는 기능을 제공함
  • 3D-Tile은 Cesium 프로젝트에서 개발된 형식으로 널리 사용되고 있음

② 다양한 공간 데이터 유형에 적용될 수 있음
- 대표적으로 지형 데이터, 건물 데이터, 포인트 클라우드 데이터, 3D 모델 데이터 등을 포함함
- 각 데이터 유형에 맞는 타일 구조와 데이터 형식을 지정하여 3D-Tile 형식으로 변환할 수 있음

③ 데이터를 타일로 분할하여 저장함
- 각 타일은 지리적 영역 또는 공간적인 영역에 따라 정의됨
- 타일은 다시 하위 레벨의 타일로 구성될 수 있으며, 이것은 다양한 세부 수준의 데이터 표현을 가능하게 함
- 작은 규모의 타일은 상세한 정보를 포함하고 있으며, 큰 규모의 타일은 전반적인 형태를 나타냄

④ 공간 데이터를 효율적으로 저장·전송할 수 있도록 최적화되어 있음
- 각 타일은 필요한 최소한의 데이터만 포함하여 저장됨
- 이 과정을 통해 데이터 크기를 최소화하고 로딩 및 시각화 속도를 향상시킴
- 또한 멀티-레벨 로딩을 지원하여 필요한 세부 수준의 타일을 동적으로 로딩하여 효율적인 데이터 관리를 실현함

⑤ 다양한 플랫폼과 소프트웨어에서 지원됨
- CesiumJS를 비롯한 Cesium 기반 애플리케이션에서는 3D-Tile을 활용하여 대규모 3D 데이터를 시각화할 수 있음
- 또한 다른 3D 공간 데이터 플랫폼이나 소프트웨어에서도 3D-Tile을 지원하며, 이것을 통해 표준화된 형식으로 3D 데이터를 공유하고 활용할 수 있음

(3) 3차원 데이터 변환도구 GDAL

1) 개념

GDAL(Geospatial Data Abstraction Library)은 지리 정보 데이터를 읽고 쓰고 변환하는 데 사용되는 오픈소스 라이브러리로서, 다양한 포맷의 래스터 및 벡터 GIS 데이터에 접근하여 변환 처리하는 데 유용한 도구임

2) 사용 순서

① GDAL 설치
- 먼저 GDAL을 사용하기 위해 GDAL 라이브러리를 설치해야 함
- GDAL은 오픈소스로 제공되며, GDAL 공식 웹사이트에서 다운로드하여 설치할 수 있음

② 데이터 형식 확인
- 변환할 3D 공간정보 데이터의 형식을 확인함
- GDAL은 다양한 형식의 데이터를 지원하며, 변환하려는 데이터의 형식에 따라 GDAL이 지원하는 형식인지 확인해야 함

③ GDAL 명령어 사용
- GDAL은 명령행 도구로 사용되며, 변환 작업을 위해 GDAL 명령어를 사용함
- 명령어는 변환하려는 데이터 형식과 변환 대상 형식에 따라 다양한 옵션을 포함할 수 있음

④ 데이터 변환
- GDAL 명령어를 사용하여 데이터를 변환함
- 예를 들어 다음과 같은 명령어를 사용하여 데이터를 변환할 수 있음

```
gdal_translate -of [목적 형식] [입력 파일] [출력 파일]
```

- 여기서 [목적 형식]은 변환하고자 하는 대상 데이터 형식을 나타내며, [입력 파일]은 변환할 원본 데이터 파일 경로를, [출력 파일]은 변환된 데이터의 저장 경로와 파일명을 나타냄

⑤ 데이터 검증
- 변환된 데이터의 정확성을 검증함
- 변환 후에는 변환된 데이터를 확인하여 필요한지 여부를 판단하고, 추가적인 조정이나 보정 작업을 수행할 수 있음

2. 3차원 가시화 기술

(1) 국내 3차원 지도서비스 플랫폼

① 브이월드(공간정보오픈플랫폼)
② 서울시 S-Map
③ 하늘지도(SkyMaps)
④ 네이버, 다음 포털지도 3D
⑤ 국토지리정보원 3D 공간정보(DEM)
⑥ 지자체별(대구, 충남 등) 3차원 지도서비스

(2) 국외 3차원 지도서비스 플랫폼

Google Earth Pro	• 전 세계의 지리적 데이터를 3D로 시각화하여 제공하는 서비스 • 사용자는 Google Earth를 통해 지구의 표면을 3D로 탐색하고 건물, 지형, 해양 등의 공간정보를 확인할 수 있음 • 사용자들은 Google Earth에서 자체적으로 3D 공간정보를 생성하고 공유할 수도 있음
ArcGIS Online	• ESRI사의 웹 기반 GIS 플랫폼으로, 3D 공간정보를 생성·관리·공유하는 데에 사용됨 • 사용자는 ArcGIS Online을 통해 지도, 증강현실, 3D 시뮬레이션 등 다양한 방식으로 3D 공간정보를 시각화할 수 있음 • 사용자들이 자체적으로 3D 공간정보를 작성하고 분석할 수 있는 기능을 제공함
Sketchfab	• 3D 모델의 온라인 공유 및 시각화 플랫폼으로, 전 세계의 다양한 3D 모델을 탐색하고 공유할 수 있음 • 다양한 형식의 3D 모델을 지원하며, 사용자들은 자체적으로 3D 공간정보를 업로드하여 시각화할 수 있음 • 3D 모델에 대한 주석, 태그 등을 추가하여 상세한 정보를 제공함

OpenStreetMap (OSM)	• 전 세계적인 커뮤니티의 참여로 구축되는 오픈소스 지도 플랫폼 • 사용자들이 직접 공간정보를 기여하고 편집할 수 있는 특징을 가지고 있으며, 3D 공간정보도 포함함 • OSM에서는 건물, 도로, 지형 등을 3D로 시각화하여 제공하고 있음
NASA WorldWind	• NASA에서 개발한 3D 가상 지구 소프트웨어 개발 키트 • 이 플랫폼은 지구의 표면을 3D로 시각화하여 제공하며, 전 세계의 다양한 공간정보를 포함함 • 사용자는 NASA WorldWind를 통해 지구의 표면을 탐색하고, 지리적 데이터를 시각화하며, 공간정보를 분석할 수 있음

(3) 3차원 가시화 기술

1) 3차원 지도 기반 데이터 시각화 방안

구분	표현 방식	예시
유형 1	2차원 지도상에 입체적 도형 표시	2차원 도형표현도 위에 입체적 기호(예 원기둥, 육면체 등) 표출
유형 2	3차원 지도상에 평면적 도형 표시	V-World 3차원 지도 위에 마크 심볼 표출
유형 3	3차원 지도상에 입체적 도형 표시	3D GIS 엔진(예 XDWorld, IntraMap 3D, CMWorld 3D, ArcGIS 등) 위에 3차원 모델 객체 표출
유형 4	3차원 또는 가상 입체 지도상에 디자인된 도형 표시	입체 주제도 인포그래픽
유형5	실시간 스트리밍 데이터 3차원 지도상에 즉각적 시각화	IoT 센서 수집 데이터, 교통 흐름, 기상 정보 등을 디지털 트윈 플랫폼 지도상에 표출

2) 3차원 데이터 시각화 기술

구분	기술 설명
3D Modeling	• 실제 건물, 지형, 도로 등의 지리적 객체를 정확하게 모델링하여 3D 공간으로 시각화하는 과정을 의미 • 3D 모델링을 위해 LIDAR 데이터, 사진 촬영, 건물 설계 소프트웨어 등을 활용하여 현실 세계의 객체를 3D 모델로 재현함
Texturing	• 3D 모델에 표면의 색상, 질감, 이미지 등의 텍스처를 입히는 과정 • 텍스처링은 건물, 지형, 도로 등의 3D 모델에 현실적인 외관을 부여하여 생생한 시각적 효과를 강화함
Animation	• 시간에 따라 변화하는 3D 지리 데이터를 시각화하는 기법 • 시간 경과에 따른 변화, 움직임을 시각적으로 나타냄 • 지형 기복의 변화, 건물의 건설 과정, 도로의 교통 혼잡도 변화 등을 애니메이션으로 표현 가능
투명도 & 투시법	• 3D 지도 데이터 시각화에서는 투명도와 투시법을 활용하여 객체들을 겹쳐서 표현하고 공간의 깊이를 시각화함 • 이 과정을 통해 사용자는 다양한 레이어의 정보를 동시에 볼 수 있으며, 공간의 구조와 관계를 더욱 명확하게 이해할 수 있음
Interaction	• 마우스 클릭, 확대/축소, 회전 등의 인터랙션을 통해 3D 지도를 탐색하고 원하는 정보를 조회할 수 있음 • 사용자 경험을 향상시키고, 지도 탐색과 분석을 더욱 유연하게 할 수 있는 기능을 제공함

3) 3차원 공간정보 데이터 압축 기술

① 3D 공간정보를 효율적으로 저장하고 전송하기 위한 기술
② 3D 지도 데이터는 대용량이며 복잡한 구조를 가지고 있어 압축이 필요함
③ 압축 기술을 사용하여 데이터 크기를 줄이고 저장 공간을 절약하며, 데이터 전송 시간을 단축할 수 있음
④ 3D 지도 데이터의 압축 기술의 예시

구분	기술 설명
기하 압축	• 3D 지도 데이터의 기하학적 정보를 효과적으로 압축하는 기술 • 공간 데이터의 형상, 위치, 크기 등을 수학적인 방식으로 표현하고 압축하는 방법을 사용함 • 정점 데이터를 대표하는 데 필요한 정보만을 저장하고, 중복되거나 불필요한 정보를 제거하여 데이터 크기를 줄임 예 정점 단순화: 3D 모델에서 중복되거나 불필요한 정점을 제거하여 데이터 크기를 줄이는 방법
텍스처 압축	• 3D 지도 데이터에 적용되는 이미지 텍스처를 효과적으로 압축하는 기술 • 3D 모델의 표면에 부여되는 이미지로, 복잡한 텍스처는 데이터 크기를 크게 증가시킴 • 이미지 압축 알고리즘을 통해 텍스처 데이터의 크기를 줄이고 압축률을 높임 예 DXT 압축: 텍스처를 블록 단위로 분할하고, 각 블록에 대해 색상 정보와 압축 방식을 적용
계층적 압축	• 3D 지도 데이터를 여러 계층으로 나누어 압축하는 기술 • 데이터의 중요성에 따라 계층을 나누고, 상위 계층에서는 전체적인 형태와 대략적인 정보를 저장하고, 하위 계층에서는 세부적인 정보를 저장함 • 이 기술을 통해 필요한 정보만을 로드하고 불필요한 데이터의 로딩을 최소화하여 효율적인 압축을 실현함 예 Octree 압축: 3D 공간을 8개의 동일한 크기의 부분으로 분할하는 계층 구조를 사용하여 데이터를 표현하는 기법 예 3D Tile: 계층적인 데이터 구조를 활용하여 3D 공간 정보를 저장하고 전송하기 위한 형식 중 하나로, 계층적인 데이터 압축 기술 중 하나로 간주할 수 있음
포인트 클라우드 압축	• 포인트 클라우드는 3D 지도 데이터에서 점으로 표현된 객체들의 집합을 의미하며, 대용량의 데이터를 포함하므로 압축이 필요함 • 포인트 클라우드 압축 기술은 점의 밀도에 따라 데이터를 샘플링하거나, 불필요한 점을 제거하여 데이터 크기를 줄이고 압축률을 향상시킴 예 Octree 압축 예 Raster 압축: 포인트 클라우드 데이터를 그리드 형태로 나타내는데, 각 그리드 셀은 해당 영역에 속한 포인트들의 집합을 나타냄

> **TIP** 국내 전문업체 개발 3차원 GIS 엔진 또는 플랫폼
>
> XDWorld 제품군(이지스), mago3D(가이아쓰리디), CmWorld 3D(씨엠월드), PLUG 제품군(플럭시티), X3D(지오맥스소프트), GeoTerra(지노시스템), IntraMap 3D(한국공간정보통신) 등

04 3차원 주제도 웹 게시

1. 웹 그래픽 라이브러리(GL)

(1) 개념
① 웹 그래픽스 라이브러리(Web Graphics Library)는 웹 브라우저에서 하드웨어 가속 2D 및 3D 그래픽을 구현하기 위한 표준 기술
② 웹 페이지에서 고성능 그래픽을 표현하고 웹 기반 애플리케이션에서 현실적인 시각적 효과를 제공하는 데 사용됨
③ 가장 널리 알려진 웹 그래픽스 라이브러리는 WebGL(Web Graphics Library)
  - WebGL은 JavaScript API로, 웹 브라우저에서 하드웨어 가속 2D 및 3D 그래픽을 구현할 수 있도록 지원함
  - WebGL은 OpenGL ES 2.0를 기반으로 하며, 웹 브라우저의 GPU를 활용하여 3D 그래픽을 렌더링함
④ 웹 그래픽스 라이브러리를 사용하면 웹 페이지에서 다양한 시각적 요소를 구현할 수 있음
  - 2D 그래픽, 3D 모델, 애니메이션, 음영효과, 조명, 텍스처링 등 다양한 그래픽 요소를 생성·조작 가능
  - 상호작용 기능, 물리 시뮬레이션, 카메라 제어 등을 구현하여 사용자가 웹 페이지에서 3D 그래픽을 탐색하고 상호작용할 수 있도록 지원함
⑤ 웹 그래픽스 라이브러리를 통해 개발자는 웹 애플리케이션에서 풍부한 시각적 경험(UX)을 구현할 수 있으며 게임, 시뮬레이션, 데이터 시각화, 가상 현실(VR), 증강 현실(AR) 등 다양한 분야에서 활용 가능함

(2) WebGL을 사용한 3D 지도 웹 게시 과정

1) 데이터 준비
① 3D 지도 데이터를 가져오고, 필요한 형식으로 변환하고, 추가 정보(텍스처, 높이 맵 등)를 포함시킴
② 일반적으로 3D 모델링 소프트웨어나 GIS 도구를 사용하여 데이터를 준비함

2) WebGL 프레임워크 선택
① WebGL을 구현하기 위한 프레임워크나 라이브러리를 선택함
② 예를 들어 Three.js, Babylon.js, Cesium.js 등의 WebGL 프레임워크를 활용할 수 있음

3) 3D 모델링
선택한 WebGL 프레임워크를 사용하여 3D 지도를 구성하는 데 필요한 요소, 즉 3D 모델, 지형, 텍스처, 애니메이션 등을 만듦

4) 웹 페이지 통합
   ① 웹 페이지에 WebGL 콘텐츠를 통합하기 위해 HTML, CSS 및 JavaScript를 사용함
   ② WebGL 콘텐츠를 표시할 캔버스 요소를 만들고, WebGL 초기화 및 렌더링에 필요한 스크립트를 포함시킴

5) 그래픽 렌더링
   ① WebGL을 사용하여 3D 지도를 렌더링하고 시각적인 요소를 구현함
   ② 조명, 그림자, 쉐이딩, 텍스처링 등 다양한 그래픽 기법을 사용하여 3D 지도를 시각적으로 표현하는 것을 포함함

6) 사용자 상호작용
   ① WebGL을 통해 사용자와의 상호작용을 구현함
   ② 사용자 인터페이스 요소를 추가하고 카메라 제어, 마우스 및 터치 이벤트 처리 등을 구현하여 사용자가 3D 지도를 탐색하고 상호작용할 수 있도록 함

7) 성능 최적화
   ① 대용량의 3D 지도 데이터를 웹에서 효율적으로 로딩하고 처리하기 위해 성능 최적화 기법을 적용함
   ② LOD(Level of Detail) 기법, 지리적 클러스터링, 데이터 스트리밍 등을 활용하여 데이터를 효율적으로 로딩하고 적합한 렌더링 수준을 구현함

8) 크로스 브라우징 및 호환성
   ① 다양한 웹 브라우저와 장치에서 웹지도가 잘 작동하도록 크로스 브라우징 및 호환성을 고려함
   ② WebGL이 지원되는 브라우저와 버전을 확인하고, 필요한 폴리필을 사용하여 호환성을 보장함

9) 웹 호스팅
   ① 3D 지도를 웹 서버에 호스팅하고, 사용자가 웹 페이지에서 액세스할 수 있도록 게시함
   ② 웹 서버 구성, 파일 압축 및 캐싱 등의 최적화를 고려하여 사용자에게 최적의 성능을 제공함

10) 테스팅 및 디버깅
   ① 웹지도를 다양한 환경에서 테스트하고, 필요한 경우 디버깅을 수행함
   ② 다양한 장치와 브라우저에서의 테스트를 통해 사용자 경험을 향상시키고 잠재적인 문제를 해결함

(3) HTML5, WebGL

1) 개념

HTML5와 WebGL은 웹 기술 스택에서 상호 보완적인 역할을 하는 요소

2) 비교

HTML5	• 웹 페이지를 구성하고 표현하는 데 사용되는 표준 마크업 언어 • 웹 콘텐츠의 구조를 정의하고 텍스트, 이미지, 비디오, 오디오 등 다양한 미디어를 통합하여 웹 페이지를 생성함 • 웹 애플리케이션을 개발하기 위한 API와 기능을 제공함 • 웹 페이지의 구조와 콘텐츠를 정의하는 마크업 언어로서 기본적인 웹 구성 요소를 제공함 • 웹 페이지의 구조와 콘텐츠를 정의
WebGL	• JavaScript API로, 웹 브라우저에서 하드웨어 가속 2D 및 3D 그래픽을 구현할 수 있도록 지원함 • HTML5의 일부로 개발되었으며, HTML5 캔버스 요소를 사용하여 웹 브라우저에서 2D 및 3D 그래픽을 렌더링함 • OpenGL ES 2.0를 기반으로 하며, 웹 브라우저의 GPU를 활용하여 고성능 그래픽을 구현함 • HTML5의 일부로 웹 브라우저에서 하드웨어 가속 2D 및 3D 그래픽을 구현할 수 있는 기술 • 그래픽 렌더링 및 시각화를 위해 사용됨

3) 활용

① HTML5와 WebGL은 함께 사용되어 웹 페이지에서 고성능의 그래픽을 구현할 수 있음
② HTML5의 다양한 요소와 API를 활용하여 웹 페이지의 구조를 정의하고, WebGL을 사용하여 그래픽을 렌더링하고 시각화함
③ HTML5는 콘텐츠의 구조와 레이아웃을 처리하고, WebGL은 그래픽 요소를 구현하여 웹 페이지에서 풍부한 시각적 경험을 제공함

2. 웹 지도 플랫폼 게시

(1) 절차

1) 데이터 준비

① 3D 주제도를 게시하기 위해 필요한 데이터를 준비하며, 여기에는 공간 데이터와 주제 데이터가 포함됨
② 공간 데이터는 지형, 건물, 도로 등의 3D 지리 정보이고, 주제 데이터는 특정 속성이나 속성 값에 따른 추가 정보
③ 필요한 데이터를 수집하고 가공하여 웹에서 사용할 수 있는 형식으로 변환함

2) 웹 지도 플랫폼 선택

① 3D 주제도를 게시하기 위해 적합한 웹 지도 플랫폼을 선택함
② 대표적인 웹 지도 플랫폼으로는 Cesium, Three.js, Babylon.js 등이 있음
③ 각 플랫폼은 고유한 기능과 API를 제공하여 3D 지리 데이터를 웹 환경에서 시각화하고 사용자와 상호작용할 수 있게 지원함

3) 데이터 시각화

① 선택한 웹 지도 플랫폼상에서 3D 모델링, 텍스처 입히기, 색상 매핑 등 다양한 시각화 기법을 활용하여 공간 데이터와 주제 정보를 웹에서 표현함
② 데이터의 속성에 따라 적절한 시각화 방법을 선택하여 지도에 표시하는 것이 요점

4) 상호작용 및 사용자 인터페이스

① 웹 지도 플랫폼을 통해 사용자가 3D 주제도를 탐색하고 상호작용할 수 있도록 인터페이스를 구성함
② 지도를 확대·축소하거나 회전시키는 등의 조작을 통해 사용자가 3D 지도를 탐색할 수 있도록 함
③ 정보 창, 도구 패널 등을 통해 사용자에게 필요한 추가 정보를 제공함

5) 게시 및 배포

① 3D 주제도를 웹에 게시하고 배포하는 단계
② 웹 지도 플랫폼은 지도를 웹 서버에 호스팅하고, 필요한 데이터와 자원을 서버에 저장하여 접근 가능하게 함
③ 사용자는 웹 브라우저를 통해 해당 지도를 열어서 사용할 수 있음

(2) 3D 주제도 웹 게시 방법지도 플랫폼

1) 오픈소스 기반

구분	설명
Cesium	• 웹 기반의 고품질 3D 지리 공간 시각화를 위한 오픈소스 JavaScript 라이브러리 • WebGL을 기반으로 동작하며, 다양한 지리 데이터를 웹에서 시각화하고 상호작용할 수 있도록 지원함 • 고해상도의 지구 모델과 주제 데이터를 통해 현실적인 3D 지리 환경을 구현함 • 실시간 빛과 그림자, 대기효과, 지형 변형 등의 기능을 제공하여 생생한 시각적 표현을 구현할 수 있음 • 다양한 지리 데이터 형식을 지원하며 위성 이미지, 레이더 데이터, 포인트 클라우드 등을 포함한 다양한 유형의 공간 데이터를 효과적으로 표현할 수 있음 • 센서 데이터, 시뮬레이션 데이터와 같은 실시간 데이터를 통합하여 동적인 시각화를 구현할 수 있음 • 사용자 인터페이스와 상호작용 기능을 제공하여 사용자가 지도를 확대·축소하거나 회전, 기울기 조정 등의 조작을 통해 3D 지도를 탐색할 수 있도록 지원함 • 측정 도구, 경로 탐색, 시간 축 및 애니메이션 등의 기능을 지원하여 다양한 사용자 요구에 대응할 수 있음

구분	설명
Three.js Babylon.js 등	• 웹 브라우저에서 3D 그래픽을 만들기 위한 오픈소스 JavaScript 라이브러리 • WebGL을 기반으로 동작하며, WebGL을 사용하여 웹에서 하드웨어 가속 3D 그래픽을 구현할 수 있음 • 애니메이션, 카메라 컨트롤, 물리 시뮬레이션 등의 기능을 지원하여 사용자가 3D 환경을 상호작용하고 탐색할 수 있게 함 • 3D 모델링 소프트웨어에서 생성된 3D 모델을 가져와 웹에서 렌더링할 수 있는 기능도 제공함
X3DOM	• 웹에서 3D 그래픽을 구현하기 위한 오픈소스 프레임워크로, XML 형식의 3D 개체를 웹 페이지에 통합하여 표현하는 기술 • 이 기술을 통해 사용자는 HTML 문서 내에서 3D 객체를 삽입하고 상호작용할 수 있음 • WebGL을 기반으로 동작하며, HTML과 XML을 사용하여 3D 객체를 정의하고 표현함 • 사용자는 X3D 포맷, COLLADA 형식과 같은 표준화된 3D 데이터 형식을 사용하여 3D 모델을 웹 페이지에 통합할 수 있음 • 사용자가 3D 객체의 속성을 설정하고 조작할 수 있는 API를 제공함 • 사용자는 자바스크립트를 사용하여 3D 객체의 동작을 제어하고 상호작용 기능을 구현할 수 있음 • 다양한 렌더링 및 조명 기법, 애니메이션 기능 등을 제공하여 다양한 시각적 효과를 구현할 수 있음

2) 웹 지도 플랫폼 기반

구분	설명
V-World	• 다양한 국가공간정보를 바탕으로 2차원 및 3차원 지도 가시화 서비스를 제공하는 오픈플랫폼 • 2D지도API, WebGL 3D지도API, 플러그인 3D지도API, 2D모바일API, 3D모바일, 지도검색API, 데이터 API 등 다양한 가시화 및 검색 조회 기능을 OpenAPI를 통해 서비스하고 있음 • 참여지도 및 커뮤니티매핑을 통해 사용자가 직접 콘텐츠 제작에 동참할 수 있는 UCC 서비스도 제공하고 있음
Google Maps	• WebGL을 기반으로 동작하여 웹 브라우저에서 하드웨어 가속 3D 그래픽을 구현할 수 있음 • 사용자는 Google Maps JavaScript API를 사용하여 웹 페이지에 3D 지도를 통합할 수 있으며, 사용자 인터페이스 및 상호작용 기능을 제공할 수 있음 • 3D 건물 모델, 3D 지형, 3D 로드맵 등 다양한 3D 지리 데이터를 표현할 수 있는 플랫폼 • Street View와 같은 추가 기능을 활용하여 3D 환경을 더욱 풍부하게 만듦
Mapbox	• Mapbox Studio를 사용하여 3D 맵 스타일을 생성하고 맞춤 설정할 수 있으며, 3D 지도 데이터를 웹에 게시할 수 있음 • 맵 데이터의 텍스처, 표시되는 객체의 3D 형상 등을 조정하고 스타일링할 수 있는 다양한 기능을 제공함 • 사용자는 Mapbox GL JS를 사용하여 웹에서 3D 지도를 표시하고 상호작용할 수 있음 • WebGL을 기반으로 동작하여 웹 브라우저에서 하드웨어 가속 3D 그래픽을 구현할 수 있음 • 사용자가 자신의 애플리케이션에 3D 지도를 통합할 수 있는 API 기능을 제공함

3) 게임 엔진 기반

구분	설명
UnReal	• HTML5 플랫폼을 통해 웹에서 실행 가능한 형식으로 게임을 빌드함 • 웹에 게시된 언리얼 3D 맵 데이터는 웹 브라우저에서 실행 가능 • 언리얼 엔진은 HTML5 WebGL 기술을 사용하여 웹 브라우저에서 3D 그래픽을 구현함 • 사용자는 웹 페이지에서 언리얼 웹 링크를 통해 3D 맵 데이터를 시각화하고 탐색할 수 있음 • 언리얼 엔진은 높은 시각적 품질과 다양한 기능을 제공하여 웹에 3D 맵 데이터를 게시하는 데 적합한 도구임
Unity	• 3D 맵 데이터를 가져오고, 필요한 포맷으로 변환하고, 텍스처, 높이 맵 등 추가 정보를 포함시킴 • 3D 맵 데이터와 관련된 모델, 텍스처, 소리 등을 프로젝트에 추가함 • Unity의 에디터를 사용하여 맵을 디자인하고, 3D 모델과 텍스처를 배치하고, 조명과 그림자를 설정하며, 필요한 기능(카메라 컨트롤, 충돌 감지 등)을 구현함 • 웹 플랫폼에 맞게 프로젝트를 빌드함 • 빌드된 Unity 프로젝트를 웹 서버에 업로드하고, 웹 페이지에서 실행 가능하도록 게시함 • 웹 페이지에는 Unity 웹 플레이어 플러그인 또는 Unity WebGL을 지원하는 웹 브라우저를 사용하여 Unity 프로젝트를 로드하도록 설정함

4) GIS S/W 패키지 기반

구분	설명
ArcGIS Online	• 클라우드 기반 GIS 플랫폼으로 3D 데이터를 웹에 게시하고 공유할 수 있으며, Web Map과 Web Scene을 생성하여 다양한 3D 지리 데이터를 효과적으로 시각화할 수 있음 • 3D 분석 기능과 상호작용 도구를 제공하여 사용자가 3D 환경에서 데이터를 탐색하고 분석할 수 있도록 지원함
QGIS Cloud	• 오픈소스 GIS 소프트웨어인 QGIS와 클라우드 기술을 결합한 플랫폼으로, 3D 지리 데이터를 웹에 게시하고 공유할 수 있으며 다양한 3D 포맷을 지원함 • 사용자는 QGIS를 사용하여 3D 데이터를 준비하고 QGIS Cloud를 통해 웹에 게시할 수 있음
GeoServer	• 오픈소스 서버 기반 GIS 소프트웨어로서 3D 데이터를 웹에 게시하고 서비스할 수 있으며, 다양한 공간 데이터 형식을 지원함 • OGC 표준에 기반하여 웹 맵 서비스 및 웹 피처 서비스를 제공하며, 3D 시각화 기능을 활용하여 3D 데이터를 웹에서 표현할 수 있음
MapServer	• 오픈소스 웹 맵 서버 소프트웨어로, 3D 데이터를 웹에 게시하고 서비스할 수 있음 • OGC 표준을 준수하며, 다양한 데이터 형식과 공간 데이터베이스를 지원함 • 사용자는 MapServer를 설정하여 3D 데이터를 웹에서 효과적으로 시각화하고 탐색할 수 있음

> **TIP** '구독경제'로의 SAAS 성장세
>
> SaaS는 "Software as a Service"의 약자로, 소프트웨어를 서비스 형태로 제공하는 비즈니스 모델을 말한다. 이 모델은 소프트웨어 라이선스를 개별적으로 판매하는 대신, 인터넷을 통해 구독자에게 소프트웨어를 제공하고 구독료를 부과한다. 사용자들은 소프트웨어 설치 및 관리상의 편의성을, 기업은 예측 가능한 매출과 수익을 기대할 수 있어 상호 혜택을 누릴 수 있다. 제품(컨텐츠) 구독형, 박스 구독형, 서비스 구독형, 데이터 구독형(DaaS) 등의 비즈니스 유형으로 서비스·운영되고 있다.

CHAPTER 03 | 공간데이터 3차원 모델링

01 ★★☆

다음 〈보기〉 설명문의 빈칸에 들어갈 내용으로 옳은 것은?

| 보기 |

( )는 3D 공간을 화면상에 표현하기 위한 영역이며, 사용자가 3D 데이터를 볼 수 있는 창 역할을 한다. 카메라의 시점, 시야각, 줌 레벨 등을 기반으로 3D 공간을 투영하여 2D 화면에 출력한다.

① 3D Grid system
② 3차원 좌표계
③ Viewport
④ 3차원 객체화

정답 ③

02 ★★☆

3차원 데이터의 유형에 대한 설명으로 거리가 먼 것은?

① 포인트 클라우드 형식은 3D 공간에서 수많은 점(Point)들로 표현된다.
② 3D 모델은 정점(Vertex)과 면(Face)으로 구성되며, 텍스쳐 데이터를 포함할 수 있다.
③ 볼륨 데이터는 3D 그리드 형식이며, 각 그리드 셀은 값(Scalar value)을 가지고 있다.
④ 높이나 깊이에 관한 속성을 갖는 점형·선형·면형 벡터 데이터도 해당된다.

정답 ④

03 ★★☆

3차원 모델링 시 세밀도(LOD)에 관한 설명으로 옳지 않은 것은?

① 3차원 국토공간정보구축 작업 규정의 LOD 기준은 OGC의 CityGML 규정을 준수한다.
② 3차원 데이터가 사용되는 목적과 용도에 따라 모델을 구성하는 폴리곤(mesh)의 세부 수준을 조절한다.
③ 사용자의 시야에 따라 모델의 세부 수준을 동적으로 조절하여 최적의 성능과 시각적 품질을 제공하는 것이 목표이다.
④ LOD는 주로 실시간 3D 그래픽스, 게임 개발, 가상 현실, 시뮬레이션 등에서 활용되어 왔다.

해설
우리나라 3차원 국토공간정보구축 작업 규정의 LOD 기준은 OGC의 CityGML 규정과는 다르다.

정답 ①

04 ★★★

CityGML(버전 2.0 기준)에서 규정하는 건물 객체의 LOD에 대한 설명으로 옳지 않은 것은?

① 건물을 표현하는 정밀도 수준에 따라 0부터 4까지 5개의 레벨로 정의되어 있다.
② LOD 1은 건물의 외부 형태를 3차원의 다각형 mesh로 표현한다.
③ LOD 2는 LOD 1 수준의 건물에 층, 벽면, 창, 문 등이 추가로 표현된다.
④ LOD 3과 LOD 4 수준의 가장 큰 차이는 건물 층별 높이 정보의 포함 여부이다.

해설
LOD 3 수준에도 건물 층별 높이 정보가 포함되어 있으며, LOD 4 수준과의 차이는 표현의 정밀함과 세밀도에 있다.

정답 ④

05 ★☆☆

3차원 국토공간정보 표준 데이터셋에 포함되어 있지 않은 것은?

① 3차원 교통 데이터
② 3차원 지하시설물 데이터
③ 3차원 건물 데이터
④ 3차원 수자원 데이터

정답 ②

06 ★★★

3DF-GML에 대한 설명으로 적합하지 않은 것은?

① 3차원 디지털 도시 및 지형 정보를 교환하기 위한 표준화된 데이터 형식으로, "3D CityGML"이라고도 불린다.
② 3차원 국토공간정보는 3DF-GML 포맷으로의 제작을 원칙으로 하며, City-GML 형식과 상호 교환이 가능하도록 규정하고 있다.
③ 3차원 국토공간정보로 표현하는 지형지물에는 건물, 교통, 수자원, 지형, 지하시설물이 포함되어 있다.
④ 3DF-GML은 다양한 국내 3차원 응용분야에서 공통적으로 요구하는 기본항목(Entity), 속성(Attribute), 관계(Relation)들을 정의하고 있다.

해설
3차원 국토공간정보 표준 데이터셋에 지하시설물은 포함되어 있지 않다.

정답 ③

07 ★★☆

다음 3차원 공간분석 기능 중에서 성격이 다른 하나는?

① 하천 유역 분수계(Watershed) 분석
② 가시권 분석
③ 시야 개방성 경관 분석
④ 전파 음영지역 분석

해설
②·③·④번은 Line-of-sight 분석의 내용이다. 하천 유역 분수계 분석은 DEM을 이용한 지형기복 변곡점을 찾는 기법이다.

정답 ①

08 ★★☆

다음 〈보기〉에서 설명하는 3차원 분석은 무엇에 관한 것인가?

> **보기**
> 군사 분야에서는 전술적인 시야 분석에 활용되어 적의 위치에 대한 시각적 정보를 제공하거나, 자동차 운전 시 도로에서의 시야 제한을 고려하여 안전성을 평가하는 데에도 사용된다.

① 3D Spatial query
② Fluid flow simulation
③ 3D Virtual flight
④ Line-of-sight analysis

해설
시선분석(Line-of-sight analysis)
한 지점에서 다른 지점으로의 시야가 가려지는 정도를 분석하는 공간 분석 기법이다. 특정 위치에서 관찰자가 다른 장소로 시선을 돌렸을 때, 중간에 걸치는 장애물로 인해 관찰에 영향을 받는 지역이 어디인지를 판단한다.

정답 ④

09 ★★★

3차원 지오매핑 소프트웨어의 하나인 Cesium에 관한 다음 〈보기〉 설명문의 ㉠~㉢에 해당하는 내용이 올바르게 짝지어진 것은?

> **보기**
> - Cesium은 웹 기반의 3D 지리 시각화 플랫폼으로, 지구의 표면을 (㉠) 형태로 시각화할 수 있다.
> - Cesium은 (㉡)을 기반으로 하며, 고해상도 위성 이미지, 지형 데이터, 건물 모델 등을 효과적으로 표현할 수 있다. 또한 다양한 기능과 (㉢)를 제공하여 사용자 정의된 3D 시각화를 구현할 수 있다.

① ㉠ 3D Tile, ㉡ 오픈소스, ㉢ SDK
② ㉠ DSM, ㉡ Java, ㉢ API
③ ㉠ 3D Mesh, ㉡ WebGL, ㉢ API
④ ㉠ 3DS, ㉡ HTML5, ㉢ SDK

정답 ③

10 ★☆☆

다음 3차원 지오매핑 소프트웨어 중에서 다른 범주에 속하는 것은?

① QGIS
② Unity
③ ArcGIS 3D Analyst
④ Global Mapper

해설
②번은 게임 개발에 사용되는 플랫폼이고, 나머지는 GIS S/W 범주에 해당한다.

정답 ②

11 ★★☆

3차원 데이터의 타일링 절차가 순서대로 올바르게 나열된 것은?

① 데이터 저장 → 구조 설계 → 데이터 분할 → 타일 피라미드 구성 → 타일 로딩
② 데이터 저장 → 데이터 분할 → 구조 설계 → 타일 로딩 → 타일 피라미드 구성
③ 데이터 분할 → 데이터 저장 → 구조 설계 → 타일 로딩 → 타일 피라미드 구성
④ 데이터 분할 → 구조 설계 → 데이터 저장 → 타일 피라미드 구성 → 타일 로딩

정답 ④

12 ★★☆

3D-Tile에 대한 설명으로 맞지 않는 것은?

① 대규모 3D 공간 데이터를 효과적으로 저장·전송 및 시각화하기 위한 형식이다.
② 3D-Tile은 다양한 공간 데이터 유형에 적용될 수 있다.
③ Cesium 기반 애플리케이션에서만 지원되는 데이터 포맷이다.
④ 멀티-레벨 로딩을 지원하여 필요한 세부 수준의 타일을 동적으로 로딩할 수 있다.

해설
3D-Tile은 Cesium 외에 다양한 플랫폼과 소프트웨어에서 지원된다.

정답 ③

13 ★☆☆

다음 중 3차원 데이터 시각화 기술과 거리가 먼 것은?

① Texturing
② GDAL
③ Animation
④ 투시법

해설
GDAL(Geospatial Data Abstraction Library)은 다양한 공간 데이터 형식 간의 변환 및 처리를 지원하는 도구이다.

정답 ②

14 ★★☆

다음 〈보기〉 설명문의 특징에 해당하는 3차원 공간정보 데이터 압축 기술은?

| 보기 |
3D 모델에서 중복되거나 불필요한 정점을 제거하여 데이터 크기를 줄이는 방법

① 기하 압축
② 텍스처 압축
③ 계층적 압축
④ 포인트 클라우드 압축

정답 ①

15 ★★★

웹 그래픽 라이브러리(Web Graphics Library)에 대한 설명으로 옳지 않은 것은?

① 웹 브라우저에서 하드웨어 가속 2D 및 3D 그래픽을 구현하기 위한 표준 기술이다.
② 가장 널리 알려진 웹 그래픽스 라이브러리는 WebGL(Web Graphics Library)이다.
③ 웹 페이지에서 2D 그래픽, 3D 모델, 애니메이션, 음영효과, 조명, 텍스처링 등과 같은 다양한 그래픽 요소를 생성하고 조작할 수 있다.
④ WebGL은 모든 웹 브라우저에서 동일하게 작동하는 일종의 그래픽 디자인 도구이다.

해설
WebGL은 일부 브라우저나 장치에서 지원되지 않거나 제한적으로 지원된다. 웹 어플리케이션을 제작하는 도구이긴 하지만, 전문적인 그래픽 디자인에는 사용되지 않는다.

정답 ④

Industrial Engineer Spatial Information Fusion

PART 04
필기편 모의고사

제1회 실전 모의고사

제2회 실전 모의고사

제3회 실전 모의고사

필기편

PART 01	공간정보 분석
PART 02	공간정보서비스 프로그래밍
PART 03	공간정보 융합콘텐츠 개발
PART 04	필기편 모의고사

CHAPTER 01 | 제1회 실전 모의고사

01 공간정보 분석

01
공간정보시스템의 구성 요소가 <u>아닌</u> 것은?

① 하드웨어
② 데이터베이스
③ 인적자원
④ 기본 정책

해설
공간정보시스템
공간정보를 효과적으로 수집·저장·가공·분석·표현할 수 있도록 유기적으로 연결된 컴퓨터 하드웨어, 소프트웨어, 데이터베이스 및 인적 자원의 결합체

02
속성데이터의 특성으로 옳지 <u>않은</u> 것은?

① CSV 형식으로 데이터를 수집할 수 있다.
② 간단한 숫자나 문자로 구성된 경우 관리시스템이 없이도 속성자료 관리를 할 수 있다.
③ 속성 각 항목의 값이 허용되는 범위 내에 존재하는지를 검증하는 과정이 필요하다.
④ 사진, 동영상 등 용량이 크고 자료구조가 복잡한 멀티미디어 자료는 처리하기가 어렵다.

해설
속성데이터의 특징
- CSV 형식으로 수집할 수 있으며 파일 시스템으로 쉽게 관리가 된다.
- 간단한 숫자나 문자로 구성된 속성자료의 경우 데이터베이스 관리시스템 없이도 속성자료 관리를 할 수 있다.
- 속성 각 항목의 값이 허용되는 범위 내에 존재하는지를 검증하는 과정이 필요하며, 이는 입력단계에서부터 자동화하여 진행하는 것이 필요하다.
- 최근 자료 관리와 분석 성능이 높아지고 있어 사진, 동영상 등 용량이 크고 자료구조가 복잡한 멀티미디어 자료도 충분히 다룰 수 있다.

03
공간적 관계 분석에서 특정 레이어가 다른 레이어에 포함되는지 여부를 분석하는 것과 관련이 있는 기법은?

① Intersect
② Contain
③ Within
④ Cross

해설
- Intersect: 2개의 레이어 간 교차 여부 분석
- Contain: 특정 레이어가 다른 레이어를 포함하는지 여부 분석
- Within: 특정 레이어가 다른 레이어에 포함되는지 여부 분석
- Cross: 특정 레이어가 다른 레이어를 관통하고 있는지 여부 분석

정답 01 ④ 02 ④ 03 ③

04
벡터 변환에 따른 벡터 데이터의 유의사항에 해당하지 않는 것은?

① 래스터 자료의 공간해상도에 따라 결과의 품질이 달라진다.
② 계단 모양의 선들은 지그재그로 나타날 수 있다.
③ 문자나 숫자, 기호 등의 불필요한 요소가 벡터 데이터로 변환될 수 있다.
④ 변환과정을 통해 원자료보다 정확도가 높아질 수 있다.

[해설]
벡터 변환에 따른 벡터 데이터의 유의사항
- 래스터 자료의 공간해상도와 스캐닝 조건, 벡터화 소프트웨어에 따라 결과의 품질이 달라질 수 있다.
- 공간 객체들이 연결되지 못하거나, 연결되지 말아야 할 것들이 연결될 수 있다.
- 계단식의 선이 지그재그로 나타날 수 있다.
- 문자나 숫자, 심볼 등의 불필요한 요소가 벡터 데이터로 변환될 수 있다.
- 변환 과정에서 정보의 손실이 발생하여 원자료보다 정확도가 낮아질 수 있다.

05
래스터 자료에서 벡터 자료로 변환이 필요한 경우가 아닌 것은?

① 스캐닝한 자료
② 항공사진
③ 기존의 종이지도
④ 좌표값이 취득된 라이다 자료

[해설]
좌표값이 취득된 라이다 자료는 벡터 자료에 해당한다.

06
래스터 데이터 변환 방법 중 두 개 이상의 폴리곤 자료가 하나의 화소에 동시에 걸쳐 있을 때 50% 이상 차지하고 있는 폴리곤의 클래스 값으로 화소값을 결정하는 방법은?

① 존재/부존재 방법
② 화소 중심점 방법
③ 지배적 유형 방법
④ 발생 비율 방법

[해설]
지배적 유형(Dominant type) 방법
두 개 클래스 이상의 폴리곤 자료가 하나의 화소에 동시에 걸쳐 있을 때, 50% 이상 차지하고 있는 폴리곤의 클래스값으로 화소값을 결정하는 방법이다.

07
다음 중 공간해상도 2미터 이상의 중·저 해상도의 영상을 대상으로 지상 기준점의 위치로 적절하지 않은 것은?

① 다차선 도로의 교차점
② 하천 합류점
③ 학교운동장 중앙
④ 교량 중앙

[해설]
지상 기준점의 위치는 모양과 크기의 변화가 없는 지형지물을 선정하며, 중·저 해상도에서는 다차선 도로의 교차점, 학교운동장 중앙, 교량 중앙, 댐의 좌우 코너, 산복 도로 등이 적절하다.

정답 04 ④ 05 ④ 06 ③ 07 ②

08

다음 중 영상 품질의 평가 요소에 해당하지 않는 것은?

① MTF
② NDVI
③ SNR
④ Location Accuracy

[해설]
영상 품질의 평가 요소에는 MTF(Modulation Transfer Function), SNR(Signal to Noise Ratio), Location Accuracy 등이 있다. NDVI는 정규화 식생 지수를 뜻한다.

09

다음 중 파장대에 따른 식생의 분광 특성에 대한 진술로 잘못된 것은?

① 청색 밴드에서는 반사되지 않고 거의 흡수된다.
② 녹색 밴드에서는 반사량이 많다.
③ 적색 밴드에서는 녹색 밴드보다 반사량이 적다.
④ 적외선 밴드에서는 강하게 반사된다.

[해설]
식생은 녹색 밴드에서 반사량이 많다가 적색 밴드에서 줄어든 후, 적외선 밴드에서 강하게 반사된다. 청색 밴드에서 전자기파가 흡수되는 물질은 물이다.

10

특정 속성 변수에 대해 같은 값을 가지는 레이어상의 모든 도형을 단일 도형으로 변화시켜 새로운 자료로 만드는 것은?

① 디졸브(Dissolve)
② 병합(Merge)
③ 재부호화(Recoding)
④ 분할(Tile)

[해설]
Dissolve는 특정 속성변수에 대해 같은 값을 가지는 레이어상의 모든 도형을 단일 도형으로 변화시켜 새로운 자료로 만드는 것이다.

11

벡터 레이어의 중첩 분석으로 얻을 수 있는 정보의 예시가 아닌 것은?

① 행정구역별 학교 개수 및 속성 파악
② 소비자가 어떤 상권에 포함되는지에 대한 상권 분석
③ 지하시설물의 행적구역별 정보 관리
④ 닫혀져 있지 않은 행정구역 폴리곤의 수정 및 편집

[해설]
중첩 분석은 2개의 레이어로 분석하는 것이므로 폴리곤의 수정 및 편집은 해당하지 않는다.

12

두 레이어 간 중첩되지 않는 부분만을 결과 레이어로 산출하며, 두 레이어의 속성은 모두 산출 레이어에 포함되는 중첩 분석 기능은?

① 자르기(Clip)
② 동일성(Identity)
③ 대칭차이(Symmetric difference)
④ 교차(Intersect)

해설

형상학적 차이(Symmetrical difference)
두 레이어 간 중첩되지 않는 부분만을 결과 레이어로 산출하며, 두 레이어의 속성은 모두 산출 레이어에 포함된다.

13

다음 중 저해상도 다중분광 영상을 주성분 분석으로 분해한 후, 첫 번째 주성분을 고해상도 흑백 영상으로 대체하는 영상 융합 기법은?

① IHS 변환
② Affine 변환
③ PCA 변환
④ 웨이블렛 변환

해설

저해상도 다중분광 영상을 주성분 분석으로 분해한 후, 첫 번째 주성분을 고해상도 흑백 영상으로 대체하는 영상 융합 기법을 PCA 변환이라고 한다.

14

다음 중 감독분류 과정에서 각 분류계급마다 분류과정에 필요한 통계 정보를 추출하기 위해 연구자가 선정하는 전형적인 사례지역을 가리키는 용어는?

① 훈련 지역
② 지상 기준점
③ 지상 참조점
④ 토지 피복

해설

감독분류 과정에서 각 분류계급마다 분류과정에 필요한 통계 정보를 추출하기 위해 연구자가 선정하는 전형적인 사례지역을 훈련 지역이라고 한다.

15

다음 중 SAR, LiDAR 영상과 같이 센서에서 전자기파 에너지를 방출하고, 지상 물체로부터 반사되어 오는 전자기파를 취득하는 원격탐사 기법은?

① 수동형 원격탐사
② 능동형 원격탐사
③ 다중분광 원격탐사
④ 고해상도 원격탐사

해설

SAR, LiDAR 영상과 같이 센서에서 전자기파 에너지를 방출하고, 지상 물체로부터 반사되어 오는 전자기파를 취득하는 원격탐사 기법을 능동형 원격탐사라고 한다.

정답 12 ③ 13 ③ 14 ① 15 ②

16

항공레이저(LiDAR) 측량에 관한 설명으로 옳지 않은 것은?

① 기상 및 지역 여건에 크게 상관없이 악천후와 무관하게 지형을 관측할 수 있다.
② 레이저 펄스를 이용하여 거리를 측량하며, 지표면에 반사되는 수직거리를 측정하는 방법이다.
③ 항공사진측량에 비해 작업속도가 느리며 비용이 많이 든다.
④ 능선이나 계곡 및 지형의 경사가 심한 지역에서는 정밀도가 저하된다는 단점이 있다

[해설]
라이다는 날씨에 상관없이 거의 모든 지상 대상물의 관측이 가능하고, 특히 산림지대의 투과율이 높다는 장점이 있다. 항공사진측량에 비해 작업속도가 신속하며 경제적이다.

17

래스터 데이터 파일 포맷에 해당하지 않는 것은?

① JPEG
② IMG
③ GeoTIFF
④ Shape file

[해설]
Shape file은 위상관계를 내장한 벡터 저장 체계이다.

18

공간데이터베이스관리시스템(DBMS)에 대한 설명으로 옳지 않은 것은?

① 파일 시스템의 문제점인 데이터의 중복성과 종속성 등의 문제를 최소화하기 위해 등장했다.
② 데이터베이스의 내용을 정의·조작·제어할 수 있게 함으로써 관리 운영하는 소프트웨어 시스템을 말한다.
③ 데이터베이스에 레코드 형태로 저장되는 정보를 체계적으로 삽입·삭제·갱신·검색하게 하는 것은 개발자만이 가능하다.
④ 사용자와 데이터베이스 간의 중계 역할도 수행한다.

[해설]
데이터베이스관리시스템(DBMS; Data Base Management System)
파일 시스템의 문제점인 데이터의 중복성과 종속성 등의 문제를 최소화하기 위해 등장했다. 사용자와 데이터베이스 간의 중계 역할도 수행하고, 데이터베이스의 내용을 정의·조작·제어할 수 있게 함으로써 관리 운영하는 소프트웨어 시스템을 말한다. 데이터베이스의 자료를 사용자가 이용할 수 있도록 요구에 따라 검색·갱신·삽입·삭제 등을 지원한다.

19

다음 중 반정형 형태의 공간 빅데이터에 해당하지 않는 것은?

① KML
② GML
③ GeoTiff
④ GeoJSON

[해설]
반정형 공간 빅데이터에 해당되는 데이터는 위치정보가 포함된 XML/JSON 파일(GML, KML, GeoJSON) 등이 있다.

20

공간 빅데이터의 시각화 기법 중에서 하나 이상의 변수에 대하여 변수 사이의 차이와 유사성을 표현하는 비교 시각화 기법에 해당하지 않는 것은?

① 버블차트
② 스타 차트
③ 평행좌표계
④ 히트맵

해설
하나 이상의 변수에 대하여 변수 사이의 차이와 유사성을 표현하는 비교 시각화에는 히트맵, 체르노프 페이스, 평행좌표계, 다차원척도법 등이 있다. 버블차트는 관계 시각화 기법에 해당한다.

02 공간정보서비스 프로그래밍

21

다음 〈보기〉의 Java 프로그램의 결과로 옳은 것은?

| 보기 |
```
int i = 33;
if(i = 33) System.out.println("result is true");
```

① 컴파일이 되지 않을 것이다.
② 화면에 33이 출력될 것이다.
③ 화면에 "result is true"가 출력될 것이다.
④ 컴파일은 잘 되나 실행 오류가 발생할 것이다.

해설
대입 연산자 '='는 왼쪽의 피연산자에 오른쪽의 피연산자를 대입하게 되므로 컴파일되지 않는다.

22

프로그램 언어의 문장구조 중 성격이 다른 하나는?

① if(조건문) 실행문;
② do(실행문) while(조건문)
③ while(조건문) 실행문;
④ for(변수;조건;증감연산) 실행문;

해설
②·③·④번은 프로그램을 원하는 횟수나 조건 만족 시점까지 반복적으로 수행하는 반복 명령문이다. if(조건문)는 Java 선택구조를 위한 조건문이다.

23

Java의 동적 메모리에 대한 설명으로 옳지 않은 것은?

① 프로그램이 실행될 때 런타임에 필요한 만큼의 메모리를 할당하고, 사용이 끝나면 메모리를 해제하여 다른 용도로 재사용할 수 있도록 한다.
② 동적 메모리 할당은 "new" 연산자를 사용하여 메모리를 할당하고, "delete" 연산자를 사용하여 할당된 메모리를 해제한다.
③ 다중 스레드 환경에서는 동적 메모리를 할당할 수 없다.
④ 동적 메모리 할당은 주로 힙(heap) 영역에서 이루어진다.

해설
다중 스레드 환경에서도 동적 메모리 할당이 가능하다. 주의해야 할 점은 메모리 누수가 없도록 동기화를 고려하여 메모리를 할당해야 한다는 것이다.

정답 20 ① 21 ① 22 ① 23 ③

24
스택(Stack)의 응용 분야로 거리가 먼 것은?

① 수식 계산 및 수식 표기법
② 운영체계의 작업 스케줄링
③ 서브루틴 호출
④ 인터럽트 처리

[해설]
운영체계의 작업 스케줄링에는 큐(Queue)가 사용된다.

25
CBD 방법론에 대한 설명으로 옳지 않은 것은?

① 새로운 기능 추가가 간단하여 확장성이 보장된다.
② 컴포넌트의 재사용성으로 개발 시간과 노력을 절감할 수 있다.
③ 복잡한 문제를 분할하여 코드 생성을 쉽게 지원한다.
④ 유지보수 비용을 최소화하는 데 유리하다.

[해설]
③번은 구조적 방법론에 관한 설명이다.

26
데이터베이스관리시스템(DBMS)의 필수 기능에 해당하지 않는 것은?

① 정의 기능
② 제어 기능
③ 조작 기능
④ 운영 기능

[해설]
DBMS의 필수 기능은 정의 기능, 조작 기능, 제어 기능이다.

27
다음 중 물리적 스키마(Pysical schema)에 대한 설명으로 옳은 것은?

① 데이터베이스 객체들 간의 관계 정의를 지원한다.
② 데이터의 논리적인 구조를 정의하는 것이다.
③ 데이터베이스의 테이블, 관계, 속성, 제약 조건 등을 포함한다.
④ 데이터베이스 내의 테이블, 인덱스, 레코드의 저장방식과 같은 세부사항을 포함한다.

[해설]
①·②·③번은 논리적 스키마(Logical schema)에 대한 설명이다.

28
데이터베이스 설계 시 고려해야 하는 무결성(Integrity)에 관한 설명으로 옳은 것은?

① 데이터베이스 내의 데이터가 정확하고 일관성 있는 상태를 유지하는 것
② 데이터베이스 내의 데이터 간 관계와 의존성을 정의하고 일관적인 트랜잭션을 처리하는 것
③ 데이터의 효율적 저장과 검색 성능을 최적화하는 것
④ 데이터의 증가나 요구사항 변화에 대응할 수 있는 구조와 기술을 선택하는 것

[해설]
②번은 일관성(Consistency), ③번은 성능(Performance), ④번은 확장성(Scalability)에 대한 설명이다.

29
다음 〈보기〉 설명문의 ㉠, ㉡에 알맞은 관계형 데이터베이스의 키(Key)가 올바르게 짝지어진 것은?

| 보기 |
다른 테이블의 (㉠) Key를 참조하는 속성을 가지는 (㉡) Key를 통해 테이블 간의 관계를 설정하고, 참조 무결성(Referential Integrity)을 유지할 수 있다.

① ㉠ Super, ㉡ Foreign
② ㉠ Foreign, ㉡ Alternate
③ ㉠ Primary, ㉡ Foreign
④ ㉠ Candidate, ㉡ Super

30
다음 〈보기〉 MySQL 문장의 해석으로 옳지 않은 것은?

| 보기 |
SELECT *
FROM points
WHERE ST_Distance_Sphere(geom, ST_Point(-73.9857, 40.7484)) < 1000;

① 임의의 점으로부터 지정된 반경 내의 다른 점들을 찾는 공간 연산 조회문이다.
② "points" 열을 갖는 "geom" 테이블로부터 공간적 조회를 수행한다.
③ ST_Point 함수를 이용하여 해당 좌표점을 갖는 포인트 지오메트리를 생성한다.
④ ST_Distance_Sphere 함수를 사용하여 각 포인트와 주어진 포인트 사이의 거리를 계산한다.

> [해설]
> ②번의 경우 "geom" 열을 갖는 "points" 테이블로부터 공간적 조회를 수행하는 것이다.

31
다음 중 웹 환경에서 사용자에게 시각적으로 보이는 부분인 Frontend에 해당하지 않는 것은?

① HTML
② Javascript
③ CSS
④ MySQL

> [해설]
> Frontend란 사용자에게 시각적으로 보이는 부분이며, 해당 작업을 위해 HTML, CSS, 자바스크립트 등이 주로 사용된다. MySQL은 DB 인터페이스로 Backend에 해당한다.

32
다음 중 웹 서비스를 개발하기 위해 코드 편집기를 포함한 통합개발환경에 해당하는 것은?

① JDK
② STS
③ IIS
④ Apache Tomcat

> [해설]
> 코드 편집기를 비롯해 통합된 개발 환경을 제공하는 IDE(Integrated Development Environment) 프로그램에 해당하는 것으로 STS(Spring Tool Suite)가 있다.

정답 29 ③ 30 ② 31 ④ 32 ②

33

다음 중 CSS의 기본 문법으로 적합하지 <u>않은</u> 것은?

① 선택자는 스타일을 지정할 HTML 요소이다.
② 선언부는 중괄호({ })로 시작과 끝을 표현한다.
③ 속성명과 속성값은 콜론(:)으로 구분한다.
④ 각 선언은 쉼표(,)로 구분하여 정의한다.

해설
CSS의 기본 문법
선택자(Selector)와 선언부(Declation)으로 구성된다. 선택자는 스타일을 지정할 HTML 요소이고, 선언부는 속성명과 값을 포함하며 콜론(:)으로 구분된다. 각 선언은 세미콜론(;)으로 정의된다.

34

다음 중 다른 링크나 HTML로 이동하기 위한 하이퍼링크를 표현하는 HTML 태그는?

① ⟨a⟩ ② ⟨div⟩
③ ⟨link⟩ ④ ⟨img⟩

해설
다른 링크나 HTML로 이동하기 위한 하이퍼링크를 표현하는 HTML 태그는 anchor를 뜻하는 ⟨a⟩이다. ⟨link⟩는 외부 CSS 문서를 연결하는 태그이다.

35

다음 중 지도를 표현할 수 있는 자바스크립트 라이브러리에 해당하는 것은?

① GeoServer
② JSP(Java Server Page)
③ Fine Report
④ Open Layers

해설
지도를 표현할 수 있는 Javascript 라이브러리로는 Leaflet, Mapbox GL, Open Layers 등이 있다.

36

모바일 서비스 구동 방식 중 모바일 기기의 GPS, 카메라 등의 센서에 접근할 수 <u>없는</u> 것은?

① 모바일 웹
② 모바일 앱
③ 네이티브 앱
④ 하이브리드 앱

해설
모바일 기기의 GPS 등과 같은 센서에 접근할 수 있는 서비스 구동 방식은 모바일 앱(네이티브 앱)과 하이브리드 앱이다. 모바일 웹과 웹 앱은 모바일 기기의 센서에 접근할 수 없다.

37

다음 중 모바일 공간정보 서비스 프로그래밍을 위한 모바일 앱 개발을 위한 프로그래밍 언어로 적합하지 <u>않은</u> 것은?

① Java
② Kotlin
③ Python
④ Swift

해설
모바일 앱 개발을 위한 프로그래밍 언어
안드로이드 OS의 경우 개발 언어는 자바, 코틀린이다. iOS의 경우 개발 언어는 C, C++, Objective C, 스위프트 등이 있다.

38

다음 중 모바일 기기에서 위치 정보를 획득할 때 이용되는 정보가 <u>아닌</u> 것은?

① GPS
② Wifi
③ 동작 감지
④ 모바일 데이터

[해설]

모바일 기기에서 위치 정보를 획득하기 위해서는 Wifi, 모바일 데이터, GPS 등의 정보를 이용한다.

39

모바일 디자인 설계 과정에서 모바일 기반의 서비스가 실제 원하는 방식으로 작동되고, 구현되는지를 테스트하는 것은?

① 레이아웃(Lay Out)
② 플로차트(Flow Chart)
③ 와이어프레임(Wire-Frame)
④ 프로토타입(Prototype)

[해설]

모바일 디자인 설계 과정에서 프로토타입(Prototype)이란 모바일 기반의 서비스가 실제 원하는 방식으로 서비스가 작동되고, 구현되는지를 테스트하는 단계이다.

40

한 가지의 언어로 개발되어 여러 종류의 모바일 운영체제에서 동작 가능한 응용프로그램을 뜻하는 용어는?

① 앱 패키징
② 크로스 플랫폼
③ 반응형 웹
④ 소프트웨어 개발 키트

[해설]

한 가지의 언어로 개발되어 여러 종류의 모바일 운영체제에서 동작 가능한 응용프로그램을 크로스 플랫폼이라고 한다.

03 공간정보 융합콘텐츠 개발

41

지도 제작 시 유의사항에 대한 설명으로 가장 거리가 <u>먼</u> 것은?

① 지도 제작 시 출처가 분명하고 품질을 신뢰할 수 있는 데이터를 사용한다.
② 지도의 제작 목적이나 용도에 적합한 투영법을 선택한다.
③ 필요한 정보를 효과적으로 전달하기 위해 간결하고 명확한 정보를 포함시킨다.
④ 사용자 계층별 수요에 부응하기 위해 다채로운 표현 방식과 규칙을 적용한다.

[해설]

동일한 표현 방식과 규칙을 적용하여 사용자의 혼동을 최소화하도록 한다.

[정답] 38 ③ 39 ④ 40 ② 41 ④

42

지도 부호(Symbol)의 유형에 대한 설명으로 옳지 <u>않은</u> 것은?

① 도시, 관광지, 랜드마크 등 지도상의 특정 위치를 점하는 개체는 점형(Point type) 기호로 표현하기에 적합하다.
② 행정구역, 호수, 공원 등 영역을 가지는 개체는 면형(Polygon type)으로 표현하기에 적합하다.
③ 도로나 하천과 같이 실폭을 가지는 개체는 반드시 선형(Line type) 기호로 표현하는 것이 적합하다.
④ 특정한 의미를 갖는 개체에 대해 그 의미를 상징하는 그래픽을 기호로 만들어 표현할 수 있다.

[해설]
도로, 하천 등의 개체는 경계나 중심선의 선형적인 특징을 표현할 때에는 선형 기호, 폭이나 너비 등 차지하는 영역의 특징을 표현할 때에는 면형 기호로 표현한다.

43

지도 제작의 일반화 유형(단계)과 거리가 <u>먼</u> 것은?

① Symbolization
② Simplication
③ Classification
④ Generalization

[해설]
지도 제작의 일반화(Generalization)는 Selection – Classification – Simplication – Symbolization 과정을 거친다.

44

주제도 제작 시 분류(Classification) 단계에서 해야 할 작업으로 옳지 <u>않은</u> 것은?

① 수집한 데이터를 특정 기준에 맞게 집계하거나 통계적으로 분석한다.
② 데이터 분류를 위한 기준을 설정한다.
③ 데이터 분류에 필요한 특징을 추출한다.
④ 분류 결과를 시각화하고 평가한다.

[해설]
①번은 데이터 처리 단계에서 진행하는 작업에 해당한다.

45

주제도 제작 시 기호화(Symbolization) 단계에서 진행되는 작업에 대한 설명으로 옳지 <u>않은</u> 것은?

① 데이터의 특성과 목적에 맞게 선택되어야 하며 크기, 색상, 모양 등의 요소를 고려하여 지도에 적용한다.
② 적절한 컬러 스키마, 폰트, 아이콘, 심볼 등을 선택하여 일관성 있는 지도를 디자인한다.
③ 데이터의 크기 또는 중요도를 나타내기 위해 심볼의 크기를 활용하기도 한다.
④ 다양한 색상을 사용하여 데이터의 구분, 분포, 경향성 등을 시각적으로 표현할 수 있다.

[해설]
②번은 지도 디자인 단계에서 실행해야 하는 작업이다.

46

다음 〈보기〉 설명에 해당하는 데이터 분류법으로 옳은 것은?

> **보기**
>
> 데이터의 분포를 고려하여 최적의 분류 기준을 찾아 분류하는 방법이다. 이 방법은 데이터 간의 차이와 분포를 고려하여 구간을 형성하므로, 각 분류 구간이 가능한 한 비슷한 크기를 가지도록 한다. 즉 동일한 계급 내의 데이터 값의 차이를 최소화하고, 서로 다른 계급 사이의 차이를 최대화하는 것을 지향한다.

① 등간격분류법(Equal interval classification)
② 자연분류법(Natural break classification)
③ 최대분류법(Maximum break classification)
④ 등개수분류법(Equal number classification)

47

다음 〈보기〉 설명문의 빈칸에 들어갈 내용으로 적합하지 않은 것은?

> **보기**
>
> 정량적 현상의 경우 서열척도, 등간척도, 비율척도를 위한 시각 변수에 해당한다. 간격, 조감 고도, (　) 등의 요소를 이용하여 표현한다.

① 색상
② 크기
③ 배열
④ 명도

해설
③번은 정성적 현상을 위한 시각 변수의 하나이다.

48

지리적 데이터에 대한 시각 변수 사용 시 고려사항으로 적합하지 않은 것은?

① 이산적-연속적 현상인지, 정량적-정성적 현상인지에 따라 지리적 데이터의 본질에 맞는 변수를 선택해야 한다.
② 동일한 종류의 데이터일지라도 시각적 효과를 극대화하기 위해 다양한 시각 변수를 적용한다.
③ 사용자층의 이해도와 기술 수준을 고려하여 데이터를 시각화한다.
④ 크기, 밝기, 색상 등을 활용하여 중요한 정보를 시각적으로 강조할 수 있다.

해설
다른 시각 변수들과의 일관성 유지를 위해, 동일한 종류의 데이터를 표현할 때 일관된 시각 변수를 사용하는 것이 원칙이다.

49

다음 〈보기〉 설명에 가장 알맞은 개념은?

> **보기**
>
> 흩어져 있는 방대한 데이터나 나열된 텍스트와 숫자 등에서 직관적으로 파악할 수 없는 사실이나 데이터를 도표, 지도, 인포그래픽 등의 다양한 매체를 통해 빠르고 효과적으로 전달하는 변환 작업과 그 작업에 적용되는 기법

① 주제도 디자인
② 데이터 분류
③ 데이터 시각화
④ 공간정보 융합

정답 46 ② 47 ③ 48 ② 49 ③

50

다음 〈보기〉 지도 제작(Map making) 과정의 빈칸에 들어갈 작업 단계로 적합한 것은?

| 보기 |
| 자료선별(Selection) → 분류화(Classification) → ( ) → 기호화(Symbolization) |

① 단순화(Simplication)
② 정제(Cleansing)
③ 세분화(Segmentation)
④ 디자인(Map Design)

해설
목적에 맞는 지도 제작 과정에서 수집된 자료는 선택(표출될 대상에 대한 선별 결정) → 분류화 → 단순화 → 기호화 단계를 거쳐 하나의 주제도로 탄생한다.

51

원시자료 획득 방안에 대한 검토 내용으로 옳지 않은 것은?

① 주제 표출에 필요한 공간 및 비공간 데이터 항목에 대해 조사하고 목록으로 작성한다.
② 조사 항목별로 원시자료의 출처와 형태, 획득 방안을 검토한다.
③ 원시자료의 수집은 분석과 시각화 유형에 따라 생략할 수도 있다.
④ 시각화 주제와 관련된 비공간 데이터의 형태를 파악하고, 공간정보와의 연결 관계를 사전에 충분히 검토한다.

해설
원시 데이터의 수집은 올바른 분석과 시각화를 위해 반드시 거쳐야 하는, 시간과 공이 가장 많이 들어가는 과정이다.

52

다음 비공간정보의 지도기반 시각화 방법 중 성격상 다른 범주에 속하는 것은?

① R
② Openlayers
③ Mapbox
④ Google Maps

해설
Openlayers, Mapbox, Google Maps 등은 지오매핑 범주에 해당하고, R은 통계 S/W 범주에 속한다고 볼 수 있다.

53

다음 〈보기〉의 지오코딩 작업 절차 중 빈칸에 들어갈 절차가 가장 적합한 것은?

| 보기 |
| 비공간 데이터 획득 → ( ) → 주소 정보 기반 지리적 좌표값 도출 → 지오코딩 후처리 |

① 좌표체계 확인
② 기초자료 분석 및 집계
③ 비공간 데이터 정제
④ 포인트 레이어 생성

해설
획득한 원천자료를 그대로 사용하기 어려울 경우 주소 필드의 텍스트를 표준화하여 형식을 일관되게 정리하거나 중복된 레코드 제거, 특수문자 및 공백 값 처리, 오타 등 오류 데이터를 수정하는 정제 작업을 거쳐야 한다.

정답 50 ① 51 ③ 52 ① 53 ③

54
GeoWeb 플랫폼 서비스에 관한 설명으로 가장 거리가 먼 것은?

① 기본적인 지도 콘트롤 기능을 모아둔 도구들의 집합소이다.
② '플랫폼으로서의 웹'이라는 web 2.0 기술을 구현한 인프라적 성격을 가진다.
③ 개방형 지도 API와 WMS·WFS·WMTS·WPS 등의 공간정보 웹서비스를 제공하는 기반환경이다.
④ 국내에서는 민간부문(포털 지도 등)과 공공부문(브이월드, 통계지도 등), 국외에서는 구글 맵, Bing 맵 서비스가 대표적이다.

해설
다중의 Map API를 융합하는 과정에서 지도 범위·중심점·축척(LOD 레벨)·화면 확대/축소·마커 표시 등과 같은 기본적인 지도 control 기능을 모두 HTML 코드로 연결하여 코딩하는 작업은 번거롭고 개발 경험이 없는 초보자에게는 어렵다. 이러한 번거로움과 코딩의 어려움을 해결하는 방법 중 하나가 OpenLayers와 같은 전문 지도 콘트롤 도구들의 집합소를 이용하는 것이다.

55
인포그래픽에 대한 설명으로 옳지 않은 것은?

① 가공되지 않은 데이터를 통계적 처리와 알고리즘을 통해 표출하는 '데이터 시각화'의 한 기법이다.
② 모션 인포그래픽에 비해 일반 인포그래픽은 지도를 활용하는 데 제약이 많아 적용하기 힘들다.
③ 데이터 시각화 과정에서 주제의 명확성 부각에 집중하여 스토리텔링과 디자인을 더한 그래픽이다.
④ 최근에는 대화형 지도 인포그래픽, 다중 데이터 소스 융합, AI 기술을 접목한 인포그래픽 제작 사례도 나타난다.

해설
모션 결합 여부와 상관없이 인포그래픽 제작 시 지도 활용은 공간정보와 관련된 메시지를 직관적이고, 시각적으로 전달하는 데 매우 효과적이기 때문에 빈번히 활용된다.

56
다음 〈보기〉 설명과 관련된 주제도로 알맞은 것은?

| 보기 |
| 면적 기호화 지도, Enumeration mapping, 급간, 등간격법 |

① 히트맵
② 도형표현도
③ 점묘도
④ 단계구분도

해설
〈보기〉는 지역 간의 분포 차이를 구별되는 색상이나 상이한 패턴으로 표현하는 단계구분도와 관련된 키워드이다.

57
다음 〈보기〉는 무엇에 대한 설명인가?

| 보기 |
| • 3D 공간을 화면상에 표현하기 위한 영역이며, 사용자가 3D 데이터를 볼 수 있는 창 역할을 한다.
• 카메라의 시점, 시야각, 줌 레벨 등을 기반으로 3D 공간을 투영하여 2D 화면에 출력한다. |

① 3D Grid system
② 3차원 좌표계
③ 뷰포트(Viewport)
④ 3차원 객체화

정답 54 ① 55 ② 56 ④ 57 ③

58

3차원 데이터의 유형에 대한 설명으로 거리가 먼 것은?

① 포인트 클라우드 형식은 3D 공간에서 수많은 점(Point)들로 표현된다.
② 높이나 깊이에 관한 속성을 갖는 점형·선형·면형 벡터 데이터도 해당된다.
③ 3D 모델은 정점(Vertex)과 면(Face)으로 구성되며, 텍스쳐 데이터를 포함할 수 있다.
④ 볼륨 데이터는 3D 그리드 형식이며, 각 그리드 셀은 값(Scalar Value)을 가지고 있다.

[해설]
②번은 2차원 형태의 공간정보와 속성정보에 대한 설명이다.

59

CityGML(버전 2.0 기준)에서 규정하는 건물 객체의 LOD에 대한 설명으로 옳지 않은 것은?

① LOD 2는 LOD 1 수준의 건물에 층, 벽면, 창, 문 등이 추가로 표현된다.
② 건물을 표현하는 정밀도 수준에 따라 0부터 4까지 5개의 레벨로 정의되어 있다.
③ LOD 3과 LOD 4 수준의 가장 큰 차이는 건물 층별 정보의 포함 여부이다.
④ LOD 1은 건물의 외부 형태를 3차원의 다각형 mesh로 표현한다.

[해설]
LOD 3 수준에도 건물 층별 높이 정보가 포함되어 있다. LOD 4 수준과의 차이는 표현의 정밀함과 세밀도에 있다.

60

다음 〈보기〉에서 설명하는 3차원 분석은 무엇에 관한 것인가?

| 보기 |

군사 분야에서는 전술적인 시야 분석에 활용되어 적의 위치에 대한 시각적 정보를 제공하거나, 자동차 운전 시 도로에서의 시야 제한을 고려하여 안전성을 평가하는 데에도 사용된다.

① 3D Spation query
② Fluid flow simulation
③ Line-of-sight analysis
④ 3D Virtual flight

[해설]
시선분석(Line-of-sight analysis)
한 지점에서 다른 지점으로의 시야가 가려지는 정도를 분석하는 공간 분석 기법이다. 이 기법은 특정 위치에서 관찰자가 다른 장소로 시선을 돌렸을 때, 중간에 걸치는 장애물로 인해 관찰에 영향을 받는 지역이 어디인지를 판단한다.

CHAPTER 02 | 제2회 실전 모의고사

01 공간정보 분석

01
GIS를 구성하는 소프트웨어의 핵심 기능과 관련이 없는 것은?

① 데이터 저장
② 데이터 쿼리
③ 데이터 분석
④ 데이터 변환

[해설]
GIS를 구성하는 소프트웨어의 핵심 기능
데이터 수집(Capture), 데이터 저장(Store), 데이터 쿼리(Query), 데이터 분석(Analyze), 데이터 디스플레이(Display), 출력(Output)

02
다음 중 공간정보융합기술과 관련이 없는 것은?

① 인공지능 기술을 활용하여 공간정보를 분석
② 공간정보와 빅데이터를 융합하여 정확한 데이터 분석
③ 가상현실 기술을 활용하여 공간정보를 시각화
④ 블록체인 기술을 활용하여 다양한 센서를 통해 수집된 정보를 공간정보와 결합

[해설]
공간정보융합기술의 종류
- 인공지능(AI)과의 융합: 인공지능 기술을 활용하여 공간정보를 분석하고 처리하는 기술을 개발하여, 보다 빠르고 정확한 분석과 예측을 가능하게 함
- 빅데이터 분석과의 융합: 공간정보와 빅데이터를 융합하여 보다 정확한 데이터 분석과 예측을 가능하게 함
- 사물인터넷(IoT)과의 융합: IoT 기술을 활용하여 다양한 센서를 통해 수집된 정보를 공간정보와 결합하여, 보다 정확한 분석과 예측을 가능하게 함
- 가상현실(VR)과의 융합: 가상현실 기술을 활용하여 공간정보를 시각화하고 체험할 수 있는 가상공간을 제공함
- 블록체인(Blockchain)과의 융합: 블록체인 기술을 활용하여 공간정보의 보안성과 무결성을 보장하며, 데이터의 공유와 교류를 원활하게 함

03
공간정보의 레이어에 대한 설명으로 옳지 않은 것은?

① 지구상의 모든 객체는 레이어 형태로 관리된다.
② 도형정보를 레이어로 구분할 경우 필요에 따라 레이어를 보이게 하거나 숨길 수 있다.
③ 동일 공간에 대한 여러 개의 레이어는 동일한 하나의 파일로 저장되어 관리되어야 한다.
④ 모든 객체에 대한 레이어들은 필요에 따라 사용하고자 하는 레이어만 선택하여 추출하여 관리할 수 있다.

정답 01 ④ 02 ④

[해설]
① GIS에서 레이어는 지구상에 존재하는 모든 객체를 한 면에 다 그려 넣는 것은 불가능하므로, 객체의 종류별로 구분하여 레이어라는 이름으로 하나의 파일 단위로 입력한 후 필요에 따라 사용하려는 레이어만 선택하여 관리하는 것을 말한다.
② 실세계에 있는 여러 종류의 객체를 각각 레이어로 구분한 후, 필요하면 보이게 하고 필요하지 않은 레이어는 숨겨둠으로써 사용자의 필요에 따라 다양한 용도로 사용할 수 있다.
③ 동일 공간의 여러 개의 레이어는 여러 개의 파일로 각각 관리될 수 있다.
④ 여러 개의 레이어가 복합적으로 존재할 경우 필요한 레이어만 추출하여 이용할 수 있다.

04

래스터 데이터와 벡터 데이터 간 변환할 필요성에 해당하지 않는 것은?

① 래스터 자료와 벡터 자료를 결합하여 사용하는 추세
② 중첩분석 시 벡터 자료를 래스터 자료로 변환하여 수행
③ 스캐닝된 지도, 영상 등에서 벡터 자료를 변환·추출하여 분석 활용
④ 수치표고모델(DEM)을 활용하여 네트워크분석을 수행

[해설]
래스터-벡터 자료 변환 필요성
- 벡터 자료와 래스터 자료의 결합: 최근 공간정보의 활용은 3차원 수치표고모델(DEM), 디지털 항공사진, 위성영상 등 래스터 자료와 행정구역, 도로망, 수계망 등 다양한 벡터 자료를 결합하여 사용하는 추세
- 중첩분석(공간분석) 수행 시 데이터 모델의 변환
- 스캐닝된 지도, 영상 등의 래스터 자료로부터 벡터 자료를 변환·추출하여 분석에 활용

05

공간 위치보정 방법 변환(Transformation) 중에서 동일한 좌표체계에서 데이터의 좌표단위를 변경할 때 사용하며, 적어도 2개 이상의 변위 링크 생성이 필요한 것은?

① 유사(Sililarity) 변환
② 아핀(Affine) 변환
③ 투영(Projective) 변환
④ 러버시트(Rubber sheet) 변환

[해설]
시밀러리티(Similarity)
이 방법은 '정사 변환' 또는 '2차원 선형 변환'이라고 부르며, 주로 유사한 두 좌표 체계 간의 데이터를 조정하는 데 사용된다. 예를 들어 동일한 좌표 체계에서 데이터의 좌표 단위를 변경할 때 사용할 수 있다. 이 방법으로 피처들을 이동, 회전, 확대/축소할 수 있으며, 여기에는 적어도 2개 이상의 변위 링크가 생성되어야 한다.

06

면 레이어의 지오메트리 규칙에 해당하지 않는 것은?

① 반드시 닫혀 있어야 한다.
② 스스로 꼬여 있지 않아야 한다.
③ 포인트 없이 다른 면과 닿아 있지 않아야 한다.
④ 면 안에 다른 면이 존재한다면 또 다른 면으로 정의되어야 한다.

[해설]
면 레이어가 유효한 지오메트리를 가지고 있는지 확인하는 규칙은 다음과 같다.
- 폴리곤은 반드시 닫혀 있어야 한다.
- 폴리곤 안에 다른 링이 존재한다면 그것은 구멍으로 정의되어 있어야 한다.
- 폴리곤은 스스로 꼬여 있지 않아야 한다.
- 폴리곤은 포인트 없이 다른 링과 닿아 있지 않아야 한다.

07

기하 보정의 과정에서 좌표로 계산된 주변의 16개의 화소값을 이용하여 보간하는 영상 재배열 방법은?

① 최근린 내삽법
② 공일차 내삽법
③ 입방 회선법
④ 등각 사상 변환

[해설]
영상 재배열의 보간 방법에는 최근린 내삽법, 공일차 내삽법, 입방 회선법 등이 있다. 좌표로 계산된 주변의 16개의 화소값을 이용하여 보간하는 영상 재배열 방법을 입방 회선법이라고 한다.

08

다음 중 센서가 감지할 수 있는 전자기 스펙트럼의 특정 파장 간격과 수를 나타내는 해상도는?

① 공간 해상도
② 분광 해상도
③ 방사 해상도
④ 시간 해상도

[해설]
센서가 감지할 수 있는 전자기 스펙트럼의 특정 파장 간격과 수를 나타내는 해상도를 분광 해상도라고 한다.

09

다음 중 기하 오차의 발생 원인에 해당하지 않는 것은?

① 위성의 자세에 의한 오차
② 지구 곡률에 의한 오차
③ 지구 자전에 의한 오차
④ 지형 기복에 의한 오차

[해설]
기하 오차의 발생 원인으로는 위성의 자세에 의한 오차, 지구 곡률에 의한 오차, 지구 자전에 의한 오차, 관측기기 오차에 의한 오차 등이 있다. 지형 기복에 의한 오차는 방사 오차에 해당된다.

10

벡터 레이어의 중첩 시 차원의 변화에 대해 제시된 것 중 옳지 않은 것은?

① 점과 선의 중첩: 점
② 선과 선의 중첩: 선
③ 선과 면의 중첩: 점, 선
④ 면과 면의 중첩: 점, 선, 면

[해설]
벡터 레이어의 중첩 형태
- 점과 점: 점
- 점과 선: 점
- 선과 선: 점, 선
- 점과 면: 점
- 선과 면: 점, 선
- 면과 면: 점, 선, 면

정답 07 ③ 08 ② 09 ④ 10 ②

11

다중 레이어의 중첩 분석에 대한 설명으로 옳지 않은 것은?

① 지도대수(Map Algebra) 기능을 이용해 지도 간에 사칙연산과 더불어 복잡한 수학적 계산을 수행할 수 있다.
② 논리적 연산에 의한 중첩을 수행함으로써 조건에 충족한지 여부를 판단하여 결과를 나타낼 수 있다.
③ 다양한 주제의 레이어를 사용하여 필요한 정보를 추출할 수 있다.
④ 도형정보의 오류를 수정하고 위상 정보를 갱신할 수 있다.

[해설]
도형정보의 오류를 수정하고 위상 정보를 갱신할 수 있는 것은 중첩분석의 내용이 아니다.

12

우리나라 수치지도 중 도형정보만 포함되어 있고 문자나 기호로 속성정보를 대체하고 있으며, 배경 영상을 포함하고 있는 것은?

① 수치지형도 v1.0
② 수치지형도 v2.0
③ 연속수치지형도
④ 온맵(On-Map)

[해설]
온맵(On-Map)
도엽별로 제공되는 지도이며 도형정보만 포함되어 있다. 문자와 기호로 속성정보를 대체하며 배경영상도 포함하고 있다. 점, 선, 면을 모두 이용하여 지형지물을 묘사하며, 영상을 포함하여 하이브리드 지도 방식으로 표현한다. PDF 파일로 제공된다.

13

다음 〈보기〉는 영상 융합 기법을 설명한 글이다. 빈칸에 공통으로 들어갈 용어로 옳은 것은?

| 보기 |
영상 융합이란 공간 해상도는 높지만 (   )가 낮은 영상과 공간 해상도는 낮지만 (   )가 높은 영상을 병합하여 높은 공간 해상도와 높은 (   )를 가지는 영상을 생성하는 것이다.

① 공간 해상도
② 분광 해상도
③ 방사 해상도
④ 시간 해상도

[해설]
영상 융합
공간 해상도는 높지만 분광 해상도가 낮은 영상과 공간 해상도는 낮지만 분광 해상도가 높은 영상을 병합하여 높은 공간 해상도와 높은 분광 해상도를 가지는 영상을 생성하는 것이다.

14

다음 중 미국 지질조사국(USGS)의 토지이용/토지피복 분류체계에서 대분류 항목에 해당하지 않는 것은?

① 초지
② 수역
③ 논
④ 습지

[해설]
미국 USGS의 토지이용/토지피복 분류체계에서 대분류는 도시 및 시가지, 농업지, 방목지, 산림지, 수계, 습지, 나대지, 툰드라, 만년설 및 만년빙 등 9가지이다. 논은 중분류에 해당한다.

정답: 11 ④ 12 ④ 13 ② 14 ③

15

다음 중 항공 레이저 측량을 위한 측량 장비에 해당하지 않는 것은?

① 레이저 스캐너
② GPS
③ 카메라
④ IMU

[해설]
항공 레이저 측량 장비
레이저 스캐너, GPS, IMU(Inertial Measurement Unit)로 구성된다.

16

공간데이터 입력 과정에 대한 설명으로 옳지 않은 것은?

① GPS나 원격탐사를 통하여 취득한 데이터를 입력한다.
② 기존의 지도 등을 디지털화함으로써 공간 데이터를 입력하기도 한다.
③ 아날로그 지도는 스캐닝하거나 디지타이징 등의 과정을 거쳐 디지털화 되고 컴퓨터를 통하여 분석할 수 있는 공간 데이터로 활용된다.
④ 항공사진을 이용하여 수치도화기를 통해 취득된 표고값은 공간데이터에 해당하지 않는다.

[해설]
항공사진을 이용한 방법
항공사진을 스캐닝하여 수치도화기를 이용하여 자동으로 수치지형 데이터를 추출하는 방법이 있다. 항공사진 측량은 도화장비를 이용하여 수치지형 데이터가 직접 입력되기 때문에 많은 비용 절감과 더불어 시간이 단축되고, 높은 정확도를 유지할 수 있다는 장점을 갖고 있어 많이 활용되고 있다.

17

공간 데이터의 검증 내용에 해당하지 않는 것은?

① 속성 데이터의 오류
② 비용 오류
③ 위치 오류
④ 위상 오류

[해설]
공간자료 검증 내용
① 속성 데이터의 오류: 조사 데이터에 명칭을 작성하는 속성 데이터에 오타가 있는 경우, 데이터가 빈 레코드로 처리된 경우, 면적의 단위가 각 조사자의 파일에 따라 다르게 작성된 경우
③ 위치 오류: 공간 데이터에서 위치 또는 좌표 정보는 가장 핵심이다. 위치정보가 정확해야 이후에 이루어지는 중첩이나 근접성 분석 등의 공간분석 결과를 신뢰할 수 있다.
④ 위상 오류: 위상(Topology)이란 인접성, 포함성, 연결성 등 공간 객체의 속성에 대한 수학적인 특성이다. 위상 관계를 통하여 공간 데이터의 오류를 발견하고 편집·수정할 수 있다.

18

다음 중 벡터 데이터의 종류에 해당하지 않는 것은?

① Geodatabase
② Shapefile
③ CAD file
④ Grid

[해설]
래스터 데이터 포맷
GIS에서 사용하는 래스터 파일 포맷은 매우 다양하지만 일반적으로 GeoTIFF, BMP, SID, JPEG, ERDAS 등과 같은 이미지와 그리드 등이 사용된다.

정답 15 ③ 16 ④ 17 ② 18 ④

19

다음 중 공간 빅데이터의 분산처리를 위하여 대규모 데이터 집합을 쪼개어 처리하는 프로그래밍 모델을 뜻하는 것은?

① Hadoop
② Map Reduce
③ Crawing
④ NLP

[해설]
공간 빅데이터의 분산처리를 위하여 대규모 데이터 집합을 쪼개어 처리하는 프로그래밍 모델을 Map Reduce라고 한다.

20

다음 중 텍스트에 내재한 사람들의 주관적 태도나 감성을 분석하는 기법은?

① 회귀 분석
② 최근린 분석
③ 핫스팟 분석
④ 감성 분석

[해설]
비정형 데이터인 텍스트에 내재한 사람들의 주관적 태도나 감성을 분석하는 기법을 감성 분석이라고 한다.

---

02 공간정보서비스 프로그래밍

21

Java에서 정수 자료형으로 옳지 않은 것은?

① float
② byte
③ short
④ int

[해설]
Java에서 사용하는 정수 자료형에는 byte, short, int, long이 있다. float은 Java에서 사용하는 실수 자료형이다.

22

다음 〈보기〉의 코드를 실행시킬 경우 x, y, z변수가 갖게 되는 값은?

| 보기 |

```
int x = 1;
int y = 0;
int z = 0;
y = x++;
z = --x;

System.out.println(x + "," + y "," + z);
```

① 1, 1, 2
② 1, 2, 1
③ 2, 1, 1
④ 1, 1, 1

[해설]
- y = x++;의 경우 후치 증가연산식이므로 x의 값 1을 y에 저장한 후 x의 값을 1 증가시킨다(x=2, y=1, z=0).
- z = --x;의 경우 전치 감소연산식이므로 x의 값을 1 감소시킨 후 감소된 값 1을 z에 저장한다(x=1, y=1, z=1).

---

19 ② 20 ④ 21 ① 22 ④ [정답]

23

Java의 메모리 영역 Heap에서, 참조값을 잃은 변수이거나 변수 자체가 없어짐으로써 더 이상 사용되지 않는 객체를 제거해 주는 모듈은?

① Memory Collector
② Heap Collector
③ Garbage Collector
④ Variable Collector

> 해설
> 실제 사용되지 않으면서 가용 공간 리스트에 반환되지 않는 메모리 공간(Garbage)을 강제로 해제하여, 사용할 수 있는 메모리로 만드는 관리 모듈을 Garbage Collector라고 한다.

24

다음 〈보기〉 설명에 해당하는 자료 구조로 알맞은 것은?

> 보기
> 가장 나중에 삽입된 자료가 가장 먼저 삭제되는 후입선출(LIFO; Last In First Out) 방식으로 자료를 처리하는 방식

① 큐
② 그래프
③ 트리
④ 스택

> 해설
> 스택(Stack)이 후입선출(LIFO) 방식에 해당한다.

25

다음 중 CBD 방법론의 개발 절차(단계)로 옳은 것은?

① 준비 – 분석 – 설계 – 구현 – 테스트 – 전개 – 인도
② 준비 – 인도 – 전개 – 분석 – 설계 – 구현 – 테스트
③ 준비 – 전개 – 분석 – 설계 – 구현 – 테스트 – 인도
④ 준비 – 전개 – 분석 – 설계 – 테스트 – 구현 – 인도

26

데이터베이스의 특징에 관한 설명으로 거리가 먼 것은?

① 데이터 중복 최소화
② 데이터 트랜잭션
③ 데이터 독립성
④ 데이터 무결성

> 해설
> 데이터베이스의 특징으로는 중복 최소화, 독립성, 무결성, 보안 등을 들 수 있다. 데이터 트랜잭션은 데이터베이스의 상태를 변화시키기 위해 수행하는 하나의 논리적 기능이나 작업을 의미한다.

정답 23 ③ 24 ④ 25 ① 26 ②

27

시스템 카탈로그의 메타 데이터에 저장되는 정보가 <u>아닌</u> 것은?

① 데이터베이스 테이블 및 인덱스
② 데이터 정의어(DDL)
③ 사용자 아이디 및 패스워드
④ 테이블 무결성 제약조건

[해설]

카탈로그 저장 메타데이터에는 DB객체 정보(테이블, 인덱스, 뷰 등), 사용자 정보(아이디, 패스워드, 접근권한 등), 테이블 무결성 제약조건 정보(기본키, 외래키, Null값 허용 여부 등), 절차형 SQL문(함수, 프로시저, 트리거 등) 등이 저장된다. 데이터 정의어(DDL; Data Definition Language)는 테이블이나 관계의 구조를 생성하는 Create, Alter, Drop 등의 명령어이다.

28

관계형 데이터베이스에 대한 설명으로 옳지 <u>않은</u> 것은?

① 데이터를 테이블 형태로 구성하고, 테이블 간의 관계를 통해 데이터를 조직화한다.
② 주요 구성 요소는 테이블(Table), 행(Row), 열(Column), 관계(Relation)이다.
③ 각 행(Row)은 고유한 식별자(Foreign Key)를 가지며 테이블의 다른 행들과의 관계를 표현한다.
④ 릴레이션의 구조에서 각각의 행(Row)을 튜플(Tuple)이라 한다.

[해설]

각 행의 고유한 식별자는 Primary Key이다.

29

다음 〈보기〉는 공간 데이터베이스를 구성하는 요소 중 어느 것에 대한 설명인가?

| 보기 |

경계나 교차점 기반 데이터 분할, 색인화, 빠른 검색, R-Tree

① 공간 데이터 모델
② 공간 분석 함수
③ Spatial query
④ 공간 인덱스

30

다음 〈보기〉의 PostGIS 공간데이터 Query 문의 실행 결과로 얻을 수 있는 결과물은?

| 보기 |

SELECT *
FROM buildings
WHERE ST_Intersects(geom, ST_GeomFromText('POLYGON((0 0, 0 10, 10 10, 10 0, 0 0))', 4326));

① 4326 속성을 갖는 다각형
② 좌표값(0 0, 0 10, 10 10, 10 0, 0 0)을 갖는 다각형
③ 주어진 다각형과 교차하는 건물
④ geom 필드에 값이 들어 있는 건물

[해설]

건물의 공간 정보를 저장하는 지오메트리 "geom"열을 가지는 "buildings"라는 테이블이 있다. ST_GeomFromText 함수를 사용하여 다각형 도형을 만들고, ST_Intersects 함수를 사용하여 각 건물이 다각형과 교차하는지 확인한다. WHERE 절은 폴리곤과 교차하는 건물만 포함하도록 결과를 필터링하여 반환한다.

31

다음 중 3-Tier 구조에서 중간에 위치하여 서버와 데이터베이스를 연결하는 미들웨어는?

① Web server
② Application server
③ Database server
④ Servlet

[해설]
3-Tier 구조에서 중간에 위치하여 서버와 데이터베이스를 연결하는 미들웨어를 Application Server라고 한다.

32

다음 HTML 태그 중 〈head〉〈/head〉 영역에 들어갈 수 있는 태그가 아닌 것은?

① 〈a〉
② 〈script〉
③ 〈style〉
④ 〈title〉

[해설]
HTML 문서 중에서 〈head〉〈/head〉 영역에는 HTML 문서에 대한 메타데이터로 title과 meta 등 웹 페이지 설명 태그와 style, script 등의 선언 태그가 들어간다.

33

다음 〈보기〉는 CSS를 HTML 파일에 적용하는 방법의 한 사례이다. 빈칸에 해당하는 태그로 가장 적절한 것은?

┤ 보기 ├
```
<head>
    <title>Sample</title>
    <(  ) rel="stylesheet" href="css/style.css">
</head>
```

① 〈style〉
② 〈div〉
③ 〈link〉
④ 〈title〉

[해설]
별도의 파일에 CSS 문서를 작성하고 해당 CSS를 HTML 문서에서 호출할 때 사용되는 HTML 태그는 〈link〉이다.

34

다음 중 지도를 표현하기 위한 자바스크립트 라이브러리로, 분석 기능이 없이 간단한 2D 지도의 구현에 적합한 것은?

① Leaflet
② Fine Report
③ Mapbox GL
④ Open Layers

[해설]
지도를 표현할 수 있는 Javascript 라이브러리로는 Leaflet, Mapbox GL, Open Layers 등이 있다. 이 중 Leaflet은 사용하기 쉽고 가벼운 라이브러리로, 고급 기능이 필요하지 않은 간단한 2D 지도의 구현에 적합하다.

[정답] 31 ② 32 ① 33 ③ 34 ①

35

다음 중 웹 페이지 내에서 사용자의 입력을 받기 위해 사용되는 HTML 태그는?

① 〈title〉
② 〈div〉
③ 〈link〉
④ 〈form〉

해설

웹 페이지 내에서 사용자의 입력을 받기 위해 사용되는 HTML 태그는 〈form〉이다. 폼 요소에는 input, select, textarea, button, datalist, output 등이 있다.

36

다음 중 데스크탑 컴퓨터의 웹 페이지를 모바일에 맞추어 공간정보 서비스를 제공하는 모바일 서비스 구현 방식은?

① 모바일 웹
② 모바일 앱
③ 네이티브 앱
④ 하이브리드 앱

해설

데스크탑의 웹 페이지를 모바일에 맞추어 공간정보 서비스를 제공하는 모바일 서비스 구현 방식을 모바일 웹이라고 한다.

37

다음 중 모바일 운영체제에 적합한 프로그래밍 언어가 바르게 연결되지 <u>않은</u> 것은?

① Android: Java
② Android: Python
③ iOS: Objective C
④ iOS: Swift

해설

모바일 운영체제에 적합한 프로그래밍 언어는 안드로이드 OS의 경우 개발 언어는 자바와 코틀린이며, iOS의 경우 개발 언어는 C, C++, Objective C, 스위프트 등이 있다.

38

모바일 공간정보 서비스의 구현을 위한 디자인 구성 요소 중 비슷한 레벨의 콘텐츠 여러 개를 아이콘화하여 배치하는 방식은?

① 바 형식
② 그리드 형식
③ 아코디언 형식
④ 리스트 형식

해설

모바일 공간정보 서비스 구현을 위한 디자인 구성 요소 중 그리드 형식은 비슷한 레벨의 콘텐츠 여러 개를 아이콘화하여 배치하는 방식이다.

정답 35 ④ 36 ① 37 ② 38 ②

39

다음 중 모바일 서비스를 위한 모바일 웹의 장점으로 적절하지 않은 것은?

① 개발 및 유지보수가 쉽다.
② 모바일 플랫폼에 독립적이다.
③ 각종 센서 등의 장치에 접근이 가능하다.
④ 별도의 배포과정이 필요하지 않다.

해설
모바일 서비스를 위한 모바일 웹은 개발 및 유지보수가 간편하고, 모든 OS에서 접근할 수 있으며, 별도의 배포과정이 필요하지 않다는 장점이 있으나 각종 센서 등에 접근하지 못하다는 단점이 있다.

40

다음 〈보기〉는 앱 패키징에 대한 설명이다. ㉠, ㉡에 들어갈 용어로 가장 적절한 것은?

| 보기 |
앱 패키징이란 넓은 의미로 기업 또는 사용자가 필요한 소프트웨어를 쉽게 가져오기 위한 프로세스이며, 좁은 의미로는 (㉠)을 네이티브 앱으로 패키징하여 (㉡)으로 출시하는 것이다.

① ㉠ 웹 앱, ㉡ 모바일 앱
② ㉠ 웹 앱, ㉡ 하이브리드 앱
③ ㉠ 모바일 웹, ㉡ 모바일 앱
④ ㉠ 모바일 웹, ㉡ 하이브리드 앱

해설
앱 패키징이란 넓은 의미로 기업 또는 사용자가 필요한 소프트웨어를 쉽게 가져오기 위한 프로세스이며, 좁은 의미로는 모바일 웹을 네이티브 앱으로 패키징하여 하이브리드 앱으로 출시하는 것이다.

03 공간정보 융합콘텐츠 개발

41

지도 구성요소 중 다음 〈보기〉 설명에 해당하는 것은?

| 보기 |
지도상의 특정 위치, 도시, 표식 등을 설명하는 텍스트

① 기호와 범례
② 주석과 레이블
③ 인덱스 맵
④ 축척과 방위

42

다음 기호 표현의 요소 중 '질감과 방향성 요소'에 해당하지 않는 것은?

① 모양
② 조직
③ 배열
④ 방향

해설
①번은 도형적 요소에 관한 것이다.

정답 39 ③ 40 ④ 41 ② 42 ①

43
다음 〈보기〉 설명에 맞는 주제도 유형은?

| 보기 |
지리적인 영역을 대표하는 지점(또는 지역)의 데이터를 특정한 심볼로 표현하여 시각적으로 나타내는 지도

① 단계구분도
② 도형표현도
③ 등치선도
④ 점묘도

[해설]
실재 지리적 현상의 위치점이나 공간적 범위의 중심점에 대해, 다양한 도형으로 시각화함으로써 속성의 특질이나 공간적 패턴의 변이를 표출한다.

44
다음 〈보기〉 설명에 해당하는 데이터 분류 기법은?

| 보기 |
데이터를 순서대로 정렬한 후 데이터의 개수가 동일하도록 계급을 나누고 관측값을 배치하여 분류하는 방법으로, 데이터의 분포가 불균등한 경우에 유용하다.

① 등간격 분류법(Equal interval classification)
② 최대 분류법(Maximum break classification)
③ 등개수 분류법(Equal number classification)
④ 최적 분류법(Optimal classification)

45
척도별 측정 수준(Scale)의 정밀성을 낮음에서 높음 순으로 바르게 나열한 것은?

① 순위척도 < 명목척도 < 등간척도 < 비율척도
② 명목척도 < 등간척도 < 순위척도 < 비율척도
③ 명목척도 < 순위척도 < 비율척도 < 등간척도
④ 명목척도 < 순위척도 < 등간척도 < 비율척도

[해설]
척도별 측정 수준의 정밀성은 명목척도 < 순위척도 < 등간척도 < 비율척도 순이다.

46
다음 지리적 데이터 시각화 변수 중 다른 범주에 속하는 것은?

① 방향(Orientation)
② 형태(Shape)
③ 배열(Arrangement)
④ 간격(Spacing)

[해설]
④번 간격은 정량적 현상을 위한 시각 변수이다. 나머지는 정성적 현상을 위한 시각 변수에 해당한다.

43 ② 44 ③ 45 ④ 46 ④

47

인포그래픽(Infographic)에 대한 설명으로 거리가 먼 것은?

① 의미 있는 데이터를 선별하여 쓰임새에 맞게 시각화한 '정보 시각화'를 토대로 한다.
② 정보시각화에 주제와 스토리텔링을 입힌 것이다.
③ 정보의 홍수 속에서 통찰력과 직관을 얻는 효율적인 수단이다.
④ 지도를 바탕으로 디자인하기 어려워 잘 쓰이지 않는다.

해설
공간적 현상과 관련된 주제를 전달함에 있어 지도를 바탕으로 메시지를 시각화하고, 스토리를 디자인으로 구성하는 인포그래픽은 뛰어난 시각화 기법의 하나로 널리 쓰이고 있다.

48

다음 〈보기〉는 지도 콘텐츠를 전달하는 방법 중 어떤 방법에 대한 설명인가?

| 보기 |
사용자가 변수를 조정함으로써 바뀌는 지도 콘텐츠의 내용을 바로바로 확인할 수 있는 Interactive 방식

① Static Map Service
② Dynamic Map Service
③ WMTS
④ GeoPDF

해설
〈보기〉는 사용자 클라이언트와 서버 간 상호작용을 통해 공간정보의 시각화 표출 결과가 동적으로 바뀌는 Dynamic Map Service에 관한 설명이다.

49

원시자료 수집 과정에서 비공간 데이터 항목에 대한 표본을 수집한 후 분석하는 메타데이터에 해당하지 않는 것은?

① 가공 및 변환 가용성
② 충실도 및 신뢰성
③ 데이터 시계열성
④ 인터넷 검색 도구

해설
수집한 비공간 원시자료 표본에 대해 데이터의 신뢰성, 가공 및 변환 가용성, 시계열성, 저작권 등의 메타데이터에 대해 검토할 필요가 있다.

50

다음 〈보기〉는 무엇에 대한 설명인가?

| 보기 |
경위도 등의 지리 좌표를 사람이 인식할 수 있는 주소 정보로 변환하는 프로세스

① Geocoding
② Reverse geocoding
③ Address parsing
④ Georeferencing

해설
지오코딩은 주소 정보를 지리 좌표로 변환하는 프로세스이고, 주소해석(Address parsing)은 주소를 개별 구성 요소로 분해하는 프로세스이다. 지오레퍼런싱은 지도 또는 이미지상의 위치를 지구 좌표체계와 연결시키는 프로세스이다.

정답 47 ④ 48 ② 49 ④ 50 ②

51

지오코딩이 가능한 대표적 원천자료인 연속지적도 PNU 코드에 대한 설명으로 옳지 않은 것은?

① 토지대장 전산화 과정에서 생성된 19자리 필지별 고유코드이다.
② 10자리 행정동 코드를 기반으로 한다.
③ 토지와 임야에 대한 필지 구분이 있다.
④ 번지는 4자리수 본번과 4자리수 부번으로 구성된다.

[해설]
PNU코드는 법정동을 기반으로 한다.

52

공간정보 기반의 융합콘텐츠 시각화의 가장 대표적인 방안인 주제도(Thematic map)에 관한 설명으로 거리가 먼 것은?

① 특정 주제에 대한 공간적 구조와 현황, 분포 패턴, 상호연관성 등을 표출하는 목적으로 제작된 지도이다.
② 비공간정보를 공간정보와 연계·융합시켜 시각적으로 표출할 수 있다.
③ 도형표현도(Symbol map), 등치선도(Isarithmic map), 왜상통계지도(Cartogram), 히트맵(Heat map) 등의 표현 방법이 있다.
④ 시각화 효과의 직관성을 증대시키기 위해 다양한 그래픽 디자인을 채택하여 적용한다.

[해설]
직관적 시각화 효과를 증대시키는 도구로 그래픽 디자인을 적용하는 시각화 기법은 인포그래픽에 관한 것이다.

53

지리적 자료를 정리하는 기본적 통계 기법에 관한 설명으로 옳지 않은 것은?

① 복수의 지리적 현상을 나타내는 자료들 간의 분포를 비교하였을 때 어떠한 공간적 연관성을 가지고 있는지를 위치상의 일치도와 변수들 간의 공변이(Covaraiance)를 측정하여 공간적 연관성을 알아낸다.
② 격자망 등을 이용하여 두 지리적 현상이 중첩하는 면적을 계산하는 지역일치도계수(Coefficient of areal corresponce)를 이용하여 명목척도의 일치도를 측정한다.
③ 수집된 자료 분포의 가장 가운데 위치한 변량 값에 대한 중위수(Median)와 사분위수 또는 백분위수(%)를 이용하여 명목척도 자료를 단순화한다.
④ 대부분의 자연적·인문적 지리 현상 자료는 등간척도나 비율척도로 측정되는데, 이들 자료를 요약할 경우에는 산술평균(Arithmetic means)과 표준편차를 주로 이용한다.

[해설]
③번은 서열척도 자료 단순화 기법에 대한 설명이다.

54

다음 〈보기〉는 QGIS에서 속성 정보를 이용하여 버퍼링 분석 결과를 지도로 만드는 작업 과정에 대해 열거한 것이다. 주제도 제작 과정이 순서대로 올바르게 나열된 것은?

┤ 보기 ├

ㄱ. Layer 메뉴에서 Add Layer를 선택하여 공간 및 비공간 정보 불러오기
ㄴ. Layer Properties 창에서 Symbology 탭을 클릭하여 시각 변수 선택하기
ㄷ. Vector 메뉴에서 GeoProcessing Tools – Buffer 옵션 선택하기
ㄹ. Vector 메뉴에서 Data Management Tools – Join attributes by location 옵션 선택하기
ㅁ. Project 메뉴에서 New Print Layout 선택하여 레이아웃 생성하기

① ㄱ → ㄴ → ㄷ → ㄹ → ㅁ
② ㄱ → ㄷ → ㄹ → ㄴ → ㅁ
③ ㄱ → ㄹ → ㄴ → ㅁ → ㄷ
④ ㄱ → ㅁ → ㄷ → ㄹ → ㄴ

55

뷰포트(Viewport)에 대한 주요 기능 설명으로 옳지 않은 것은?

① 3차원 공간을 격자 형태로 나타낼 수 있다.
② 사용자 시점을 설정할 수 있다.
③ 사용자 시야각 설정을 통해 관심 있는 부분을 집중적으로 관찰할 수 있다.
④ 줌 기능을 통해 필요한 부분을 확대해 살펴 볼 수 있다.

[해설]
①번은 3차원 그리드 시스템에 관한 설명이다.

56

3차원 모델링 시 세밀도(LOD)에 관한 설명으로 옳지 않은 것은?

① 3차원 국토공간정보구축 작업 규정의 LOD 기준은 OGC의 CityGML 규정을 준수한다.
② 3차원 데이터가 사용되는 목적과 용도에 따라 모델을 구성하는 폴리곤(mesh)의 세부 수준을 조절한다.
③ 사용자의 시야에 따라 모델의 세부 수준을 동적으로 조절하여 최적의 성능과 시각적 품질을 제공하는 것이 목표이다.
④ LOD는 주로 실시간 3D 그래픽스, 게임 개발, 가상 현실, 시뮬레이션 등에서 활용되어 왔다.

[해설]
우리나라 3차원 국토공간정보구축 작업 규정의 LOD 기준은 OGC의 CityGML 규정과 다르다.

57

다음 3차원 공간분석 기능 중에서 성격이 다른 하나는?

① 하천 유역 분수계(Watershed) 분석
② 가시권 분석
③ 시야 개방성 경관 분석
④ 전파 음영지역 분석

[해설]
②・③・④번은 Line-of-sight 분석의 내용이고, 하천 유역 분수계 분석은 DEM을 이용한 지형기복 변곡점을 찾는 기법이다.

58

3차원 지오매핑 소프트웨어의 하나인 Cesium에 관한 다음 〈보기〉 설명문의 ㉠~㉢에 들어갈 내용이 순서대로 올바르게 나열된 것은?

| 보기 |

Cesium은 웹 기반의 3D 지리 시각화 플랫폼으로, 지구의 표면을 (㉠) 형태로 시각화할 수 있다. Cesium은 (㉡)을 기반으로 하며 고해상도 위성 이미지, 지형 데이터, 건물 모델 등을 효과적으로 표현할 수 있다. 또한 다양한 기능과 (㉢)를 제공하여 사용자 정의된 3D 시각화를 구현할 수 있다.

① ㉠ 3D Tile, ㉡ 오픈소스, ㉢ SDK
② ㉠ DSM, ㉡ Java, ㉢ API
③ ㉠ 3DS, ㉡ HTML5, ㉢ SDK
④ ㉠ 3D Mesh, ㉡ WebGL, ㉢ API

59

다음 중 3차원 데이터의 타일링 작업 절차를 올바르게 나열한 것은?

① 데이터 저장 → 구조 설계 → 데이터 분할 → 타일 피라미드 구성 → 타일 로딩
② 데이터 저장 → 데이터 분할 → 구조 설계 → 타일 로딩 → 타일 피라미드 구성
③ 데이터 분할 → 데이터 저장 → 구조 설계 → 타일 로딩 → 타일 피라미드 구성
④ 데이터 분할 → 구조 설계 → 데이터 저장 → 타일 피라미드 구성 → 타일 로딩

60

3차원 데이터 시각화 기술과 거리가 먼 것은?

① Texturing
② GDAL
③ Animation
④ 투시법

[해설]

GDAL(Geospatial Data Abstraction Library)은 다양한 공간 데이터 형식 간의 변환 및 처리를 지원하는 도구이다.

CHAPTER 03 | 제3회 실전 모의고사

01 공간정보 분석

01

속성정보에 대한 설명으로 옳지 <u>않은</u> 것은?

① 대상물의 인문·사회적 특성과 연계되어 있는 정보
② 공시지가, 토지대장, 인구수 등을 포함함
③ 벡터와 래스터로 구별할 수 있음
④ 표, 텍스트, Excel 등의 자료 형태로 제공됨

[해설]

속성정보	· 형상의 자연·인문·사회·행정·경제·환경적 특성과 연계하여 제공할 수 있는 정보 · 공시지가, 토지대장, 인구의 수 등을 포함함 · 표, Excel, 문자 형태로 제공됨
도형정보	· 형상 또는 대상물의 위치에 관한 데이터를 기반으로 지도 또는 그림으로 표현되는 경우가 많음 · 지표·지하·지상의 토지 및 구조물의 위치·높이·형상 등으로 지형, 도로, 건물, 지적, 행정 경계 등을 포함

02

현실세계에 존재하는 사물, 시스템, 환경 등을 가상공간에 동일하게 묘사하고, 실제와 동일한 3차원 모델을 만들어 현실 세계와 가상의 디지털 세계를 데이터를 기반으로 연결하는 기술은?

① 디지털 트윈   ② 인공지능
③ 증강 현실   ④ 공간 빅데이터

[해설]

디지털 트윈(Digital twin)

가상공간에 실물과 똑같은 물체(쌍둥이)를 만들어 다양한 모의시험(시뮬레이션)을 통해 검증해 보는 기술을 말한다. 디지털 트윈 기술을 활용하면 가상세계에서 장비, 시스템 등의 상태를 모니터링하고 유지·보수 시점을 파악해 개선할 수 있다. 가동 중 발생할 수 있는 다양한 상황을 예측해 안전을 검증하거나 돌발 사고를 예방해 사고 위험을 줄일 수도 있다.

03

특정 공간적 현상이 발생하는 지점의 정보를 기반으로 발생 밀도를 분석하여 어느 지점에서 공간적 현상이 발생할 가능성이 어느 정도인지 파악하기 위한 분석기법은?

① 패턴분석
② 핫스팟분석
③ 군집분석
④ 지리가중회귀분석

[해설]

점 분포 패턴 분석으로는 밀도 기반 분석, 거리 기반 분석 등이 있다.

정답 01 ③ 02 ① 03 ①

04

다음 중 GPS에서 기준으로 사용하는 타원체는?

① WGS84
② UTM
③ GRS80
④ Bessel

해설
GPS는 미 국방성이 채택한 WGS84타원체를 적용하고 있다.

05

벡터 타입 변환 단계 중 스캐닝된 래스터 자료에 존재하는 여러 종류의 잡음(Noise)을 제거하고, 이어지지 않은 선을 연속적으로 이어주는 처리 과정은?

① 필터링 단계
② 세선화 단계
③ 벡터화 단계
④ 후처리 단계

해설
전처리 단계
- 필터링 단계(Filtering)
- 스캐닝된 래스터 자료에 존재하는 여러 종류의 잡음(Noise)을 제거
- 이어지지 않은 선을 연속적으로 이어주는 처리 과정

06

공간 위치보정 방법 변환(Transformation) 중에서 동일한 좌표체계에서 데이터의 좌표단위를 변경할 때 사용하며, 적어도 2개 이상의 변위 링크 생성이 필요한 것은?

① 유사(Sililarity) 변환
② 아핀(Affine) 변환
③ 투영(Projective) 변환
④ 에지 스냅(Edge snap) 변환

해설
시밀러리티(Similarity)
이 방법은 '정사 변환' 또는 '2차원 선형 변환'이라고 부르며, 주로 유사한 두 좌표 체계 간의 데이터를 조정하는 데 사용된다. 예를 들어 동일한 좌표 체계에서 데이터의 좌표 단위를 변경할 때 사용할 수 있다. 이 방법으로 피처들을 이동, 회전, 확대/축소할 수 있으며, 여기에는 적어도 2개 이상의 변위 링크가 생성되어야 한다.

07

다음 중 영상의 잡음을 제거하기 위한 선형 필터에 해당하지 않는 것은?

① 적응형 필터
② 가우시안 필터
③ 중간값 필터
④ 저역 통과 필터

해설
원본 영상에서 특정 위치의 화소와 그 주변 화소에 함수를 적용하여 밝기값을 조정함으로써 잡음을 제거하는 기법을 필터링이라 하며, 결과 영상을 계산하기 위해 선형 함수를 사용하는 것을 선형 필터라고 한다. 저역 통과 필터, 가우시안 필터, 적응형 필터 등이 있으며, 중간값 필터는 비선형 필터에 해당된다.

08

영상의 기하 보정을 위해 지상 기준점을 선택할 때, 영상에서 지상 기준점을 설정한 후 수치 지형도 등의 데이터를 이용하여 해당 좌표를 취득하는 방법은?

① 직접 측량 방식
② 사진 측량 방식
③ 영상 대 영상 방식
④ 영상 대 벡터 방식

해설

영상에서 지상 기준점을 설정한 후, 수치 지형도 등 벡터 데이터를 이용하여 해당 좌표를 취득하는 것을 영상 대 벡터(Image to Vector) 방식이라고 한다.

09

다음 중 정규 식생 지수(NDVI)에 대한 설명으로 바르지 않은 것은?

① 식생의 분광특성을 이용하여 식생의 활력도를 나타내는 지수
② 녹색 밴드와 적색 밴드의 반사도 차이를 구하고, 이를 두 밴드의 합으로 정규화한 지수
③ 수식으로는 (NIR − RED) / (NIR + RED)로 표현
④ −1.0부터 +1.0의 범위를 가지며, 값이 클수록 녹색 식물의 생체량과 활력도가 높음

해설

정규 식생 지수(NDVI)

식생의 분광특성을 이용하여 식생의 활력도를 나타내는 지수로, 적외선 밴드와 적생 밴드의 반사도 차이를 두 밴드의 합으로 정규화한 지수이다. −1.0부터 +1.0의 범위를 가지며 값이 클수록 녹색 식물의 생체량과 활력도가 높다.

10

DEM과 TIN의 비교에 대한 설명으로 적절하지 않은 것은?

① 불규칙한 적응적 표본추출 방식은 TIN, 규칙적인 계층적 표본추출 방식은 DEM 생성에 적합하다.
② DEM은 래스터 데이터 구조, TIN은 벡터 데이터 구조를 기반으로 한다.
③ TIN은 중첩 같은 공간분석 기능을 보다 쉽게 수행할 수 있다.
④ DEM은 TIN에 비해 사용되는 자료의 양이 상대적으로 많다.

해설

DEM의 의미

- 수치 표고 모델(DEM)은 규칙적인 간격으로 표본 지점이 추출된 격자 형태의 데이터 모델이다. DEM에서는 데이터의 구조가 그리드를 기반으로 하기 때문에 데이터를 처리하고 다양한 분석을 수행하는 것이 용이하다.
- 그러나 규칙적인 간격의 표본지점 배열로 복잡한 지형을 표현하는 데에는 부적합하다. DEM의 단점은 표면을 표현하는 데 있어서 동일한 밀도의 동일한 크기의 격자를 사용하기 때문에 복잡한 지형의 특성을 반영하기에는 한계가 있고, 단순한 지형을 표현하는 데에도 많은 데이터 용량을 갖는다는 한계가 있다.

11

우리나라 3차원 국토 공간정보에서 사용하고 있는 데이터 형식은?

① Shape
② PDF
③ 3DF-GML
④ JPG

해설

3차원 공간정보의 데이터 형식인 3DF-GML(3 Dimension Feature Geographic Markup Language)으로 제작하는 것을 원칙으로 한다.

정답 08 ④ 09 ② 10 ③ 11 ③

12

수치지형도에 대한 설명으로 옳지 않은 것은?

① 각종 공간정보를 취득하여 전산시스템에서 처리할 수 있는 형태로 제작하거나 변화하는 일련의 과정을 수치지형도 작성이라고 한다.
② 기 구축 공간정보에서 얻어진 자료를 이용하여 도화 데이터 또는 지도입력 데이터를 수정·보완하는 작업을 수치도화 작업이라고 한다.
③ 데이터 간의 지리적 상관 관계를 파악하기 위해 지형 지물을 기하학적 형태로 구성하는 작업을 정위치 편집이라고 한다.
④ 수치지형도는 공간정보를 일정한 축척에 따라 기호나 문자, 속성 등으로 표시하여 정보시스템에서 분석·입력·편집·출력할 수 있도록 제작된 것으로, 정사영상지도는 제외한다.

[해설]
"수치지형도"란 측량 결과에 따라 지표면상의 위치와 지형 및 지명 등 여러 공간정보를 일정한 축척에 따라 기호나 문자, 속성 등으로 표시하여 정보시스템에서 분석·편집 및 입력·출력할 수 있도록 제작된 것(정사영상지도는 제외한다)을 말한다.

13

다음 중 RGB 기반 색채 모형의 저해상도 분광 영상을 명도-채도-색상의 색채 모형으로 변환한 후 명도 요소를 고해상도 흑백영상과 교체하여 영상을 융합하는 기법은?

① IHS 변환
② Affine 변환
③ PCA 변환
④ 웨이블렛 변환

[해설]
RGB 색채 모형의 저해상도 분광 영상을 명도-채도-색상의 색채 모형으로 변환한 후 명도 요소를 고해상도 흑백영상과 교체하여 영상을 융합하는 기법을 IHS 변환이라고 한다.

14

다음 중 영상의 감독 분류에 해당되는 분류 알고리듬으로 적절하지 않은 것은?

① 평행육면체 분류
② 최소거리 분류
③ 최대우도 분류
④ ISODATA 분류

[해설]
영상의 감독 분류에 해당되는 분류 알고리듬에는 평행육면체 분류, 최소거리 분류, 최대우도 분류 등이 있다. ISODATA 분류는 무감독 분류에 해당된다.

15

다음 중 레이더 영상의 장점으로 적절하지 않은 것은?

① 구름, 안개 등을 투과하는 성질이 있어 기상 조건의 영향을 받지 않음
② 고도로 밀집된 짧은 파장의 전자기파를 이용하여 정밀한 DTM 추출 가능
③ 지표면으로 전자기파를 방출하여 영상을 취득하므로 낮과 밤 모두 관측이 가능
④ 바다, 호수 등 수체의 표면 작용을 분석할 수 있어 해양 연구에 주로 활용

[해설]
레이더 영상은 지표면으로 마이크로파를 방출하여 영상을 취득하는 능동형 원격탐사로, 낮과 밤 모두 관측이 가능하다. 기상 조건의 영향을 받지 않으며 수체의 표면 작용 분석에 이용된다. 레이더 간섭기법(Interferometry)으로 DEM을 추출할 수는 있으나, 고도로 밀집된 짧은 파장의 전자기파를 이용하여 정밀한 DTM을 추출하는 것은 LiDAR 영상이다.

16

요구사항 명세와 관련한 설명으로 옳지 <u>않은</u> 것은?

① 개발 자원을 요구사항에 할당하기 전 요구사항 명세서가 정확하고 완전하게 작성되었는지를 검토하는 활동이다.
② 설계 과정에서 잘못된 부분이 확인될 경우 그 내용을 요구사항 정의서에서 추적 가능하다.
③ 분석된 요구사항을 바탕으로 모델을 작성하고 문서화하는 것을 의미한다.
④ 요구사항을 문서화할 때는 기능 요구사항은 빠짐없이 완전하고 명확하게 기술해야 하며, 비기능 요구사항은 필요한 것만 명확하게 기술한다.

해설

요구사항 명세(Requirement specification)
- 분석된 요구사항을 바탕으로 모델을 작성하고 문서화하는 것을 의미한다.
- 요구사항을 문서화할 때는 기능 요구사항은 빠짐없이 완전하고 명확하게 기술해야 하며, 비기능 요구사항은 필요한 것만 명확하게 기술한다.

17

데이터 검증 방법 중 데이터 전환 과정에서 작성하는 추출, 전환, 적재 단계에 하는 정합성 검증에 해당하는 것은?

① 로그 검증
② 기본항목 검증
③ 응용프로그램 검증
④ 응용데이터 검증

해설

데이터 검증 방법

로그 검증	데이터 전환 과정에서 작성하는 추출, 전환, 적재 로그 검증
기본 항목 검증	로그 검증 외에 별도로 요청된 검증 항목에 대해 검증
응용 프로그램 검증	응용 프로그램을 통한 데이터 전환의 정합성 검증
응용 데이터 검증	사전에 정의된 업무 규칙을 기준으로 데이터 전환의 정합성 검증
값 검증	숫자 항목의 합계 검증, 코드 데이터의 범위 검증, 속성 변경에 따른 값 검증

18

래스터 데이터의 자료 구조에 대한 설명으로 옳지 <u>않은</u> 것은?

① 래스터 셀은 일반적으로 정수 또는 실수 형태의 숫자를 가진다.
② 셀의 정수 데이터는 범주형 데이터의 연속 값을 표현하기 위해 사용되고, 실수 데이터는 정량적 데이터를 표현할 때 주로 사용된다.
③ 래스터 셀의 크기는 실세계 이미지를 얼마나 상세하게 묘사할 것인지에 따라 결정된다.
④ 셀 크기가 작을수록 실세계에 대한 묘사는 좀 더 상세해지고 파일 자체의 크기도 작아진다.

해설

래스터 레이어의 모든 셀은 특정 지점에서 지도로 표현되는 현상을 나타내는 명목, 서열, 등간/비율 척도의 값 등을 가진다. 래스터 셀은 일반적으로 정수 또는 실수 형태의 숫자를 가진다. 정수 데이터는 범주형 데이터를 표현할 때 주로 사용되고, 실수 데이터는 정량적 데이터의 연속 값을 표현하기 위해 사용된다. 실수를 저장하는 래스터 데이터는 저장, 검색, 분석 등을 위해 좀 더 많은 공간과 계산력을 요구하게 된다.
래스터 셀의 크기는 실세계 이미지를 얼마나 상세하게 묘사할 것인지에 따라 결정된다. 셀의 크기가 작을수록 이미지의 스케일이 커지며, 셀의 크기가 클수록 이미지의 스케일이 작아진다.

19

다음 빅데이터 분석법 중에서 많은 데이터 속에 숨겨진 유용한 패턴을 추출해서 분류, 군집, 연관, 이상 탐지 분석 등을 수행하는 기법은?

① 통계 분석
② 예측 분석
③ 데이터마이닝
④ 최적화 분석

[해설]
빅데이터 분석법 중에서 많은 데이터 속에 숨겨진 유용한 패턴을 추출해서 분류, 군집, 연관, 이상 탐지 분석 등을 수행하는 기법을 데이터마이닝이라고 한다.

20

다음 공간 빅데이터의 시각화 기법 중에서 장소나 지역에 따른 데이터의 분포를 표현하는 공간 시각화에 해당하는 것은?

① 버블차트
② 단계구분도
③ 히스토그램
④ 히트맵

[해설]
공간 빅데이터의 시각화 기법 중 공간 시각화는 장소나 지역에 따른 데이터의 분포를 표현하며 실제 지도나 지도 모양의 다이어그램을 배경으로 데이터의 위치를 시각화하는 것으로, 단계구분도와 카르토그램이 여기에 해당된다.

02 공간정보서비스 프로그래밍

21

C언어의 실수 자료형으로 옳지 않은 것은?

① float
② boolean
③ double
④ long double

[해설]
C언어의 실수 자료형에는 float, double, long double의 3가지가 있다. boolean은 Java의 논리 자료형이다.

22

다음 중 Java 연산처리에서 우선 순위가 가장 낮은 연산자는?

① --
② *=
③ %
④ >>

[해설]
대입 연산자(=, *=, /=, %=, +=, -=)는 우선 순위가 가장 낮다.

23

Java의 동적 메모리에 대한 〈보기〉 설명문의 ㉠~㉣에 들어갈 내용이 순서대로 바르게 나열된 것은?

┤ 보기 ├

프로그램이 실행될 때 (㉠)에 필요한 만큼의 메모리를 주로 (㉡) 영역에 할당한다. (㉢) 연산자를 사용하여 할당하고, (㉣) 연산자를 사용하여 해제한다. 다중 스레드 환경에서의 동적 메모리 할당은 (㉤)하다.

① ㉠ 스레드, ㉡ head, ㉢ set, ㉣ reset, ㉤ 가능
② ㉠ 프로그램, ㉡ heap, ㉢ reserve, ㉣ delete, ㉤ 불가능
③ ㉠ 런타임, ㉡ heap, ㉢ new, ㉣ delete, ㉤ 가능
④ ㉠ 모듈, ㉡ head, ㉢ make, ㉣ reset, ㉤ 불가능

24

다음 〈보기〉 설명에 해당하는 자료 구조로 알맞은 것은?

┤ 보기 ├

가장 나중에 삽입된 자료가 가장 먼저 삭제되는 후입선출(LIFO; Last In First Out) 방식으로 자료를 처리하는 방식

① 스택
② 큐
③ 트리
④ 그래프

[해설]
스택(Stack)이 후입선출(LIFO) 방식에 해당한다.

25

객체지향 기법에서 같은 클래스에 속한 각각의 객체를 의미하는 것은?

① Message
② Method
③ Instance
④ Module

[해설]
객체는 클래스의 인스턴스로 생성된다. 클래스는 객체의 설계도이며, 객체는 클래스의 구체적인 실체(Instance)이다.

26

공간정보 처리에 적합한 DBMS에 대한 설명으로 옳지 않은 것은?

① 공간 데이터를 저장·조회·분석·시각화하는 기능을 제공한다.
② PostGIS, MySQL Spatial 등이 이에 해당한다.
③ 다차원의 복합 지오메트리 유형은 지원하지 않는다.
④ 공간적인 조회와 검색 성능 향상을 위한 공간 인덱스를 사용한다.

[해설]
다차원의 복합 지오메트리 유형도 지원한다.

정답 23 ③ 24 ① 25 ③ 26 ③

27

시스템 카탈로그의 메타 데이터에 저장되는 정보가 <u>아닌</u> 것은?

① 데이터베이스 테이블 및 인덱스
② 데이터 정의어(DDL)
③ 사용자 아이디 및 패스워드
④ 테이블 무결성 제약조건

해설

카탈로그 저장 메타데이터에는 DB객체 정보(테이블, 인덱스, 뷰 등), 사용자 정보(아이디, 패스워드, 접근권한 등), 테이블 무결성 제약조건 정보(기본키, 외래키, Null값 허용 여부 등), 절차형 SQL 문(함수, 프로시저, 트리거 등) 등이 저장된다. 데이터 정의어(DDL; Data Definition Language)는 테이블이나 관계의 구조를 생성하는 Create, Alter, Drop 등의 명령어이다.

28

DCL(Data Control Language)의 개념에 대한 설명으로 옳지 <u>않은</u> 것은?

① 데이터베이스에 접근하여 데이터를 조회·삽입·수정·삭제할 수 있다.
② 주로 DBA에게 사용 권한이 주어진다.
③ 데이터베이스의 접근 권한과 보안을 관리하는 역할을 수행한다.
④ DCL의 주요 명령어로는 GRANT, REVOKE, DENY 등이 있다.

해설

DCL은 데이터베이스의 접근 권한과 보안을 관리하기 위해 주로 데이터베이스 관리자(DBA)나 권한을 가진 사용자가 사용하는 명령어로서, 데이터베이스 객체에 대한 접근 권한을 부여하거나 제한하는 작업을 수행한다. 데이터베이스에 접근하여 데이터를 조회·삽입·수정·삭제하는 검색과 조작 관리 기능은 응용프로그래머가 담당하는 작업이다.

29

데이터베이스 객체의 종류 중 다음 〈보기〉 설명에 해당하는 것은?

| 보기 |

하나 이상의 테이블로부터 유도된 가상의 테이블로, 특정 사용자 또는 사용자 그룹에게 데이터의 일부 또는 특정한 형태로 제공하기 위해 사용되는 객체

① Table
② Index
③ View
④ Procedure

30

인덱스(Index)에 대한 설명으로 적절하지 <u>않은</u> 것은?

① 인덱스는 데이터와 별도 구조로 저장되므로 디스크 공간을 추가적으로 사용한다.
② 인덱스는 유일성을 갖는 열에 대해서 중복된 값을 허용하지 않는다.
③ 테이블의 특정 열에 대한 값들을 정렬하여 데이터 검색 속도를 향상시킨다.
④ 데이터의 추가, 삭제 등 갱신 작업이 빈번할수록 인덱스 사용 효과가 커진다.

해설

데이터의 추가, 삭제 등 갱신 작업이 빈번할수록 인덱스 사용 효과가 떨어진다. 데이터의 잦은 변경에 따른 인덱스의 업데이트 등 유지 노력이 추가로 필요하고 그만큼 작업 성능이 저하될 수 있다.

31

웹 환경에서 공간정보 서비스를 제공할 때 기존의 3-Tier 구조에 별도로 추가되어 4-Tier 구조로도 이용할 수 있는 것은?

① DB 서버
② 애플리케이션 서버
③ 웹 서버
④ 맵 서버

[해설]
웹 환경에서는 주로 3-Tier 구조가 이용되나, 공간정보 서비스의 경우 맵 서버가 별도로 구성되어 4-Tier도 가능하다.

32

다음 HTML 태그의 표현에 대한 설명으로 적절하지 않은 것은?

① 태그는 "〈"와 "〉"로 묶어 표현한다.
② 시작 태그와 종료 태그를 한 쌍으로 사용한다.
③ 종료 태그에는 "\"를 사용한다.
④ 속성과 변수 사이는 "="부호로 연결한다.

[해설]
HTML(Hyper Text Markup Language) 태그(Tag)는 "〈"와 "〉"로 묶인 명령어로 시작 태그와 종료 태그를 한 쌍으로 사용한다. 종료 태그에는 "/"를 사용하며, 속성과 변수 사이에는 "=" 부호를 사용하여 연결한다.

33

다음 HTML 태그의 Form 속성 중에서 폼을 전송할 주소(URL)나 스크립트 파일을 지정하는 것은?

① action
② name
③ target
④ method

[해설]
HTML 태그의 Form 속성 중 폼을 전송할 서버 주소(URL)나 스크립트 파일을 지정하는 속성은 action이다.

34

다음 중 Geoserver에서 제공하는 서비스와 데이터 소스와의 연결이 적절하지 않은 것은?

① WMS – 벡터 데이터
② WMS – 래스터 데이터
③ WFS – 벡터 데이터
④ WFS – 래스터 데이터

[해설]
Geoserver에서 제공하는 서비스 중 WMS는 벡터와 래스터 데이터를 모두 제공할 수 있으며, WFS는 벡터 데이터만 제공이 가능하다.

정답 31 ④ 32 ③ 33 ① 34 ④

35

지도를 표현할 수 있는 자바스크립트 라이브러리 중 자유로운 사용과 배포가 가능하며, 다양한 GIS 데이터 형식을 지원하여 복잡한 GIS 응용 프로그램 개발에 사용되는 것은?

① Leaflet
② Open Layers
③ Mapbox GL
④ Fine Report

해설

지도를 표현할 수 있는 Javascript 라이브러리로는 Leaflet, Mapbox GL, Open Layers 등이 있다. Open Layers는 자유로운 사용과 배포가 가능하며, 다양한 GIS 데이터 형식을 지원하여 복잡한 GIS 응용 프로그램 개발에 사용된다.

36

다음 모바일 서비스 프로그래밍 언어 중에서 안드로이드와 iOS 앱을 모두 개발할 수 있는 하이브리드 언어에 해당하는 것은?

① Java
② Kotlin
③ Flutter
④ Swift

해설

모바일 서비스 프로그래밍 언어 중에서 안드로이드 앱과 IOS 앱을 개발할 수 있는 하이브리드 언어는 ReactNative와 Flutter가 있다.

37

다음 모바일 서비스의 네이티브 앱(Native App)에 대한 설명으로 적절하지 않은 것은?

① 앱스토어(플레이스토어)에서 다운받아 실행하는 방식이다.
② 개발 및 유지보수가 간편하고 모든 모바일 기기에서 작동한다.
③ 카메라, GPS 등 모바일 기기의 센서 기능을 활용할 수 있다.
④ 프로그래밍 언어를 이용하여 SDK에서 제작한다.

해설

네이티브 앱(Native App)이란 가장 기본적인 구현 방식으로 앱스토어(플레이스토어)에서 다운받아 실행하며 프로그래밍 언어를 이용하여 SDK에서 제작한다. 모바일기기의 센서 기능을 활용하며 퍼포먼스가 좋으나, 운영과 유지보수가 어려우며 모바일 기기의 OS에 따라 별도의 프로그래밍이 필요하다.

38

안드로이드의 레이아웃 중에서 내부 뷰들을 중첩하여 배치할 때 사용하는 것은?

① LinearLayout
② RelativeLayout
③ ConstraintLayout
④ FrameLayout

해설

안드로이드 레이아웃 뷰 그룹 중에서 내부 뷰들을 중첩하여 배치할 때 사용하는 레이아웃은 FrameLayout이다.

정답 35 ② 36 ③ 37 ② 38 ④

39
다음 중 안드로이드 모바일 기기에서 웹 뷰를 구현하기 위해 권한을 설정하는 부분은?

① Viewport
② AndroidManifest
③ MapActivity
④ AVD

[해설]
안드로이드 모바일 기기에서 웹 뷰를 구현하기 위해서는 먼저 AndroidManifest 권한을 설정하여야 한다.

40
모바일 서비스를 정확하게 테스트하기 위해 테스트 케이스의 동작 순서와 테스트 절차를 명세한 문서는?

① 테스트 명세서
② 테스트 시나리오
③ 테스트 데이터
④ 테스트 케이스

[해설]
테스트 수행을 위한 여러 테스트 케이스의 집합으로서, 테스트 케이스의 동작 순서를 기술한 문서이며 테스트를 위한 절차를 명세한 문서를 테스트 시나리오라고 한다.

03 공간정보 융합콘텐츠 개발

41
기호 표현의 요소 중 '도형적 요소'에 해당하는 것은?

① 모양
② 조직
③ 배열
④ 방향

[해설]
②·③·④번은 질감과 방향성 요소에 관한 것이다.

42
지도 제작의 일반화 과정에 대한 〈보기〉 빈칸에 들어갈 내용으로 옳은 것은?

| 보기 |
지도 제작의 일반화는 (   ) – Classification – Simplication – Symbolization 과정을 거친다.

① Generalization
② Survey
③ Digitiging
④ Selection

[해설]
지도 제작의 일반화(Generalization)는 Selection – Classification – Simplication – Symbolization 과정을 거친다.

[정답] 39 ② 40 ② 41 ① 42 ④

43

다음 설명은 주제도 작성의 어느 단계에 해당하는가?

| 보기 |
| 지도의 목적 파악, 시각적 계획, 레이아웃 설계, 일관성 유지 |

① 데이터 처리
② 분류(Classification)
③ 기호화(Symbolization)
④ 지도 디자인

44

주제도 제작 시 디자인 단계에서 진행되는 작업에 대한 설명으로 옳은 것은?

① 데이터의 특성과 목적에 맞게 선택되어야 하며 크기, 색상, 모양 등의 요소를 고려하여 지도에 적용한다.
② 데이터의 크기 또는 중요도를 나타내기 위해 심볼의 크기를 활용하기도 한다.
③ 적절한 컬러 스키마, 폰트, 아이콘, 심볼 등을 선택하여 지도의 일관성을 유지한다.
④ 다양한 색상을 사용하여 데이터의 구분, 분포, 경향성 등을 시각적으로 표현할 수 있다.

[해설]
①·②·④번은 지도 기호화(Symbolization) 단계에서 실행해야 하는 작업이다.

45

데이터 분류법 중 자연분류법(Natural break classification)에 대한 다음 〈보기〉 설명의 빈칸에 들어갈 내용이 순서대로 올바르게 나열된 것은?

| 보기 |
- 데이터의 ( )를 고려하여 최적의 분류 기준을 찾아 분류하는 방법이다.
- 이 방법은 데이터 간의 차이와 분포를 고려하여 구간을 형성하므로, 각 분류 구간이 가능한 한 ( ) 크기를 가지도록 한다.
- 즉 동일 계급 내의 데이터 값 차이를 ( )하고, 서로 다른 계급 사이의 차이를 ( )하는 것을 지향한다.

① 도수 – 상이한 – 최소화 – 최대화
② 분포 – 비슷한 – 최소화 – 최대화
③ 편차 – 상이한 – 최대화 – 최소화
④ 급간의 수 – 비슷한 – 최대화 – 최소화

46

척도별 측정 수준(Scale)의 정밀성을 높음에서 낮음 순으로 바르게 나열한 것은?

① 비율척도 > 순위척도 > 등간척도 > 명목척도
② 등간척도 > 비율척도 > 명목척도 > 순위척도
③ 순위척도 > 등간척도 > 비율척도 > 명목척도
④ 비율척도 > 등간척도 > 순위척도 > 명목척도

[해설]
척도별 측정 수준의 정밀성은 비율척도 > 등간척도 > 순위척도 > 명목척도 순이다.

정답 43 ④ 44 ③ 45 ② 46 ④

47

다음 〈보기〉 설명문의 빈칸에 들어갈 내용으로 적합하지 않은 것은?

| 보기 |
| 정량적 현상의 경우 ( ), ( ), ( )를 위한 시각 변수에 해당한다.

① 서열(순위)척도
② 등간척도
③ 명목척도
④ 비율척도

해설
③번은 정성적 현상을 위한 시각 변수의 하나이다.

48

다음 〈보기〉 설명의 빈칸에 들어갈 개념으로 가장 알맞은 것은?

| 보기 |
| ( )은/는 흩어져 있는 방대한 데이터나 나열된 텍스트와 숫자 등에서 직관적으로 파악할 수 없는 사실이나 데이터를 도표, 지도, 인포그래픽 등의 다양한 매체를 통해 빠르고 효과적으로 전달하는 변환 작업과 그 작업에 적용되는 기법을 뜻한다.

① 주제도 디자인
② 데이터 시각화
③ 빅데이터 분석
④ 데이터 분류

49

다음 〈보기〉의 지도 제작(Map making) 과정의 빈칸에 들어갈 작업 단계로 적합한 것은?

| 보기 |
| 자료선별(Selection) → ( ) → 단순화(Simplication) → 기호화(Symbolization)

① 분류화(Classification)
② 정제(Cleansing)
③ 시각화(Visualization)
④ 분석(Analysis)

해설
목적에 맞는 지도 제작 과정에서 수집된 자료는 선택(표출될 대상에 대한 선별 결정) → 분류화 → 단순화 → 기호화 단계를 거쳐 하나의 주제도로 탄생한다.

50

지도 콘텐츠를 전달하는 방법의 하나로서 'Dynamic Map Service'의 특징과 거리가 먼 것은?

① 사용자 지도 조작
② 사용자와 서버 간 양방향 소통
③ 실시간 시각화 표출
④ 타일링 이미지 호출 지도 렌더링

해설
①·②·③번은 사용자 클라이언트와 서버 간 상호작용을 통해 공간정보의 시각화 표출 결과가 동적으로 바뀌는 Dynamic Map Service에 관한 설명이다. ④번은 Static Map Service의 전형적인 특징이다.

정답 47 ③ 48 ② 49 ① 50 ④

51
다음 〈보기〉는 무엇에 대한 설명인가?

| 보기 |
주소를 개별 구성 요소로 분해하는 프로세스

① Geocoding
② Reverse geocoding
③ Address parsing
④ Georeferencing

[해설]
지오코딩은 주소정보를 지리 좌표로 변환하는 프로세스이고, 리버스 지오코딩은 경위도 등의 지리 좌표를 사람이 인식할 수 있는 주소 정보로 변환하는 프로세스이다. 지오레퍼런싱은 지도 또는 이미지상의 위치를 지구 좌표체계와 연결시키는 프로세스이다.

52
지오코딩 단계에서 비공간 데이터 정제 과정의 작업으로 알맞지 않은 것은?

① 주소 정보 기반 지리적 좌표값 추출
② 중복된 레코드 제거
③ 특수문자 및 공백 값 처리
④ 오타 등 오류 데이터 수정

[해설]
획득한 원천자료를 그대로 사용하기 어려울 경우 주소 필드의 텍스트를 표준화하여 형식을 일관되게 정리하거나 중복된 레코드 제거, 특수문자 및 공백 값 처리, 오타 등 오류 데이터를 수정하는 정제 작업을 거쳐야 한다.

53
다음 〈보기〉 설명과 관련된 주제도로 알맞은 것은?

| 보기 |
면적/크기 기호화 지도, 통계적 시각화, 변량 비례

① 단계구분도
② 도형표현도
③ 점묘도
④ 왜상통계지도

[해설]
일반 지도를 특정 통계치를 바탕으로 면적이나 크기, 거리 등을 왜곡하여 재구성한 지도를 왜상통계지도(Cartogram map) 또는 변량비례도라고 한다. 시각적 강조 효과를 통해 전달하고자 하는 주제를 직관적으로 표출할 수 있는 장점을 가진다.

54
뷰포트(Viewport)에 관한 설명으로 옳지 않은 것은?

① 2차원 공간을 투영하여 3차원 화면에 출력한다.
② 사용자 시점을 설정할 수 있다.
③ 사용자 시야각 설정을 통해 관심 있는 부분을 집중적으로 관찰할 수 있다.
④ 사용자가 3차원 데이터를 볼 수 있는 창 역할을 한다.

[해설]
① 3차원 공간을 투영하여 2차원 화면에 출력한다.

51 ③ 52 ① 53 ④ 54 ①

55

3차원 데이터 모델링 시 기하정보와 텍스처에 대한 표현 한계를 무엇이라 하는가?

① CityGML ② 정확도
③ 압축률 ④ 세밀도(LOD)

56

3차원 국토공간정보 표준 데이터셋에 포함되어 있지 않은 것은?

① 3차원 교통 데이터
② 3차원 지하구조물 데이터
③ 3차원 건물 데이터
④ 3차원 수자원 데이터

57

3차원 국토공간정보 구축 작업 규정에서, 디지털 도시 및 지형 정보를 교환하기 위해 표준화한 데이터 형식은?

① City-GML
② 3D-Tile
③ 3DF-GML
④ glTF

해설
3차원 국토공간정보는 3DF-GML 포맷으로의 제작을 원칙으로 하며, City-GML 형식과 상호교환이 가능하도록 규정하고 있다. 발주처의 데이터 활용계획에 따라 Shape, 3DS 및 JPEG 형식 등으로 제작할 수 있다.

58

다음 〈보기〉 설명에 가장 적합한 3차원 공간분석은?

| 보기 |
| DEM, 지형 기복 변곡점, 유출구(Outlet), 침수지역 시뮬레이션 |

① 전파 음영지역 분석
② 가시권 분석
③ 시야 개방성 경관 분석
④ 유역 분수계(Watershed) 분석

해설
①·②·③번은 한 지점에서 다른 지점으로의 시야가 가려지는 정도를 분석하는 시선분석(Line-of-sight analysis) 기법의 종류이다.

59

다음 3차원 지오매핑 소프트웨어 중에서 다른 범주에 속하는 것은?

① QGIS
② ArcGIS 3D Analyst
③ UNREAL
④ Global Mapper

해설
③번은 게임 개발에 사용되는 플랫폼이고, 나머지는 GIS S/W 범주에 해당한다.

60

3D-Tile에 대한 설명으로 옳지 않은 것은?

① Cesium 기반 애플리케이션에서만 지원되는 고유 데이터 포맷이다.
② 멀티-레벨 로딩을 지원하여 필요한 세부 수준의 타일을 동적으로 로딩할 수 있다.
③ 대규모 3D 공간 데이터를 효과적으로 저장, 전송 및 시각화하기 위한 형식이다.
④ 3D-Tile은 다양한 공간 데이터 유형에 적용될 수 있다.

해설
3D-Tile은 Cesium 외에 다양한 플랫폼과 소프트웨어에서 지원된다.

memo

Industrial Engineer Spatial Information Fusion

PART 05
공간정보융합서비스 및 콘텐츠 개발 실무

CHAPTET 01 공간정보 분석

CHAPTET 02 공간정보서비스 프로그래밍

CHAPTET 03 공간정보 융합콘텐츠 개발

실기편

PART 05 공간정보융합서비스 및 콘텐츠 개발 실무

CHAPTER 01 | 공간정보 분석

01 공간정보 기초

Q. GIS에서 실세계를 표현하는 방법으로 지구상에 존재하는 모든 객체를 한 면에 다 그려 넣는 것은 불가능하므로, 객체의 종류별로 구분하여 하나의 파일 단위로 입력한 후 필요에 따라 사용하려는 파일을 선택할 수 있도록 하는 공간 데이터 형태를 무엇이라고 하나?

참고 20쪽

Q. 우리나라 지형도 및 수치지도 제작에 사용되는 좌표계로 측량 지역에 대해 적당한 한 점을 좌표의 원점으로 정하고, 그 평면상에서 원점을 지나는 자오선을 X축, 동서 방향을 Y축이라 하고, 각 지점의 위치는 거리와 방향을 이용한 x, y로 표시하는 좌표계를 무엇이라고 하나?

참고 27쪽

Q. 하나의 좌표계에서 다른 좌표계로의 변환을 의미하는 좌표 변환 방법 3가지를 쓰시오.

참고 30쪽

02 공간정보 처리·가공

Q. 주어진 설명에 맞는 답을 골라 선으로 연결하시오.

참고 54쪽, 55쪽

라인의 끝점이 다른 라인에 연결되지 않은 상태로 튀어 나와 있거나 미치지 못한 것을 찾아주는 규칙	• •	Must not have pseudos
포인트 레이어가 다른 레이어의 라인 위 또는 폴리곤의 외곽선 위에 존재해야만 하는 규칙	• •	Must not have dangles
폴리곤 레이어는 적어도 하나 이상의 포인트 지오메트리를 포함하고 있어야 하는 규칙	• •	Must be covered by
라인 레이어의 끝점이 적어도 두 개 이상의 다른 레이어의 끝점과 연결되어 있어야만 하는 규칙	• •	Must contains

Q. 도면을 벡터 형태로 변환하고자 하는 단계를 순서대로 나열하고, 빈칸에 들어갈 단계에 대해 설명하시오.

전처리 단계 - (　　　) - 벡터화 단계 - 후처리 단계

참고 42쪽

Q. 래스터 데이터로 변환 시 화소 값의 결정 방식 4가지를 쓰시오.

참고 44쪽

Q. 공간위치 보정 방법 중 변환(Transformation) 방식 3가지를 쓰시오.

참고 47쪽

Q. 공간위치 보정 작업 후 보정 결과를 검토할 때 기준 보정점과 변환된 보정점의 위치 사이를 측정하여 변환이 얼마나 잘 이루어졌는지를 나타내는 데 사용되는 오차 값은?

참고 49쪽

Q. 위상의 중요한 목적은 하나 또는 그 이상의 레이어 간의 공간 관계를 정의하기 위함이며, 이러한 위상관계의 결합을 통해 실세계를 좀 더 정확하게 모델링할 수 있게 한다. 이렇게 만든 데이터를 관리하고, 데이터의 공간적 품질을 확보하기 위한 필수 요소가 바로 위상이다. 여기에 사용되는 주된 공간 관계는 무엇이 있는지 3가지를 쓰시오.

참고 53쪽

Q. 위상관계 편집 시 설정하는 톨러런스(Tolerance)에 대해 설명하시오.

참고 56쪽

03 공간 영상 처리

Q. 원격탐사 영상에 나타난 식생의 분광특성을 이용하여 적외선 밴드와 적색 밴드의 반사도 차이를 구하고, 이를 두 밴드의 합으로 정규화한 지수는?

참고 86쪽

Q. 다음은 원격탐사 영상의 기하 보정 절차를 나타낸 것이다. 빈칸 안에 들어갈 내용을 〈보기〉에서 골라 순서대로 나열하시오.

(보정 방법 결정) → (　　) → (　　) → (　　)

보기

㉠ 영상 재배열　　㉡ 좌표 보정식 결정　　㉢ 타당성 검증

참고 73쪽

Q. 원격탐사 영상의 특성을 나타내는 4가지 해상도를 나열하시오.

참고 85쪽

04 공간정보 분석

Q. 중첩(Overlay) 분석 기법 중 3가지를 선택하여 서술하시오.

참고 100쪽

Q. 특정 속성변수에 대해 같은 값을 가지는 레이어상의 모든 도형을 단일 도형으로 변화시켜 새로운 자료로 만드는 것으로, 예를 들어 시군구로 되어 있는 행정구역을 시도로 통합하여 나타낼 때 사용하는 공간분석 기법을 무엇이라고 하나?

참고 93쪽

Q. 점과 면의 벡터 레이어를 중첩함으로써 얻을 수 있는 정보의 사례 2가지를 쓰시오.

참고 99쪽

Q. 다중 레이어 중첩 분석 기능 중 Intersect와 Union의 차이를 예를 들어 설명하시오.

참고 101쪽, 102쪽

Q. 래스터 데이터를 이용하여 덧셈, 뺄셈, 곱셈, 나눗셈 등 다양한 수학 연산자를 사용해 새로운 셀값을 계산하는 방법을 무엇이라고 하는가?

참고 103쪽

Q. 근접성 분석은 객체나 사상 간의 공간적 위치관계를 알고자 하는 것이다. 이 중 인접성(Adjacency) 분석과 연결성(Connectivity) 분석에 대해 설명하시오.

참고 108쪽

05 공간 영상 분석

Q. 능동형 원격탐사의 하나로, 상대적으로 짧은 파장의 레이저를 송신하고 반사되어 돌아오는 레이저의 크기를 측정하는 기법으로 정밀한 거리 관측에 많이 사용되는 것은?

참고 155쪽

Q. 다음은 영상의 감독분류 단계를 나타낸 것이다. (   ) 안에 포함될 내용을 〈보기〉의 ㉠~㉢에서 골라 넣으시오.

(1) 훈련 단계: (   )
(2) 분류 단계: (   )
(3) 산출 단계: (   )

┤보기├
㉠ 미분류 화소들을 분광 패턴에 의해 가장 유사한 군집으로 각각 분류
㉡ 클래스별 훈련 지역의 확인을 통하여 화소의 대표 분광 반사값을 결정
㉢ 화소별 분류 후 전체 영상 지도 획득

참고 149쪽

Q. 영상의 무감독 분류에서 사용되는 대표적인 분류 알고리듬 2가지를 나열하시오.

참고 148쪽

06 공간정보 자료수집

Q. 공간 데이터 검증 단계에서 원천 데이터를 추출·전환하여 DB적재 시점에 검증하는 대표적인 방법은 무엇이 있는가?

참고 164쪽

Q. 공간 데이터 취득방법 중 기상 및 지역 여건에 크게 상관없이 항공기에 GPS수신기 및 레이저 펄스 송수신기와 관성항법장치(INS)를 동시에 탑재하여 악천후와 무관하게 지형을 관측하는 방법으로 지형의 기복을 측량하는 방법을 무엇이라고 하나?

참고 166쪽

Q. 벡터 데이터 포맷 중 캐드(CAD) 파일과 셰이프(Shaphe) 파일의 차이점에 대해 설명하시오.

참고 170쪽

Q. 다음 설명문의 빈칸 안에 들어갈 용어를 차례로 쓰시오.

> 위상적 오류는 여러 유형이 있으며, 벡터 객체 유형이 폴리곤인지 또는 폴리라인인지에 따라 서로 다른 그룹으로 묶을 수 있다. 폴리곤 객체의 위상적 오류는 닫히지 않은 폴리곤, 폴리곤 경계선(Border) 사이의 틈(Gap), 또는 폴리곤 경계선의 중첩 등을 포함한다. 폴리라인 객체의 공통적인 위상 오류 가운데 하나는 폴리라인 2개가 (또는 그 이상이) 어떤 포인트(노드)에서 완벽하게 접하지 않는 오류이다. 라인 사이에 틈이 존재하는 경우 이런 유형의 오류를 (   )이라고 하며, 라인이 접해야 할 다른 라인 너머에서 끝나는 경우 (   )이라고 한다. 두 폴리곤의 꼭짓점들이 폴리곤 경계선 상에서 일치하지 않는 경우 (   )이/가 생겨난다.

참고 173쪽

Q. DBMS(Data Base Management System)의 필수 기능 3가지를 쓰시오.

참고 175쪽

Q. 공간 데이터의 갱신이 필요한 이유에 대해 쓰시오.

참고 175쪽

07 공간 빅데이터 분석

Q. '광산에서 광물을 캐낸다'는 의미에서 유래된 개념으로, 다량의 데이터에 숨겨진 패턴과 관계 등을 파악하여 미래를 예측하는 기법을 뜻하는 것은?

참고 202쪽

Q. 다음은 공간 빅데이터의 형태에 따른 구분을 나타낸 것이다. 빈칸 안에 해당하는 내용을 차례대로 작성하시오.

> GIS 소프트웨어에서 사용되는 형식의 데이터와 같이 관계형 데이터베이스의 정해진 규칙에 맞게 구조화된 데이터를 ( )라 하며, XML이나 JSON과 같이 완전 구조화되지는 않지만 어느 정도의 구조를 가지고 있는 데이터를 ( )라 한다. 반면 SNS 데이터와 같이 사전 정의된 방식으로 구성되지 않았거나 사전 정의된 데이터 모델이 없는 데이터를 ( )라 한다.

참고 187쪽

Q. 공간 빅데이터의 특성을 표현하는 6가지 V를 나열하시오.

참고 185쪽

CHAPTER 02 | 공간정보서비스 프로그래밍

01 공간정보 UI 프로그래밍

Q. 변수 'i'가 20인지를 확인하고, 참이라면 "결과는 참입니다"를 출력하는 Java 프로그램을 빈칸을 채워서 완성하시오.

```
int i = 20;
if(        ) System.out.println("result is true");
```

참고 214쪽

Q. 다음 코드를 실행시킬 경우 x, y, z 변수가 갖게 되는 값을 차례대로 적으시오.

```
int x = 1;
int y = 0;
int z = 0;
y = x++;
z = --x;

System.out.println(x + "," + y "," + z);
```

참고 214쪽

Q. Java의 동적 메모리에 대한 다음 설명문의 빈칸에 들어갈 내용을 아래 〈보기〉에서 찾아 차례대로 나열하시오.

프로그램이 실행될 때 (　)에 필요한 만큼의 메모리를 주로 (　) 영역에 할당한다. (　) 연산자를 사용하여 할당하고, (　) 연산자를 사용하여 해제한다. 다중 스레드 환경에서의 동적 메모리 할당은 (　)하다.

| 보기 |
프로그램, 런타임, 스레드, 모듈, heap, reset, delete, make, new, 가능, 불가능

참고 220쪽, 248쪽

Q. CBD 방법론의 개발 절차(단계)를 다음 〈보기〉에서 골라 순서대로 나열하시오.

| 보기 |
전개, 인도, 준비, 구현, 테스트, 설계, 분석

참고 223쪽

02 공간정보 DB 프로그래밍

Q. 다음 MySQL 문장을 완성하여 주어진 임무를 수행할 수 있도록 빈칸을 채우시오.

[임무]
임의 지점으로부터 지정된 반경 내의 다른 점들을 찾아 공간 연산(거리 측정) 결과를 조회하고자 함

[순서]
"geom" 열을 갖는 "points" 테이블로부터 공간적 조회를 수행한다.
함수를 이용하여 해당 좌표점을 갖는 포인트 지오매트리를 생성한다.
함수를 사용하여 각 포인트와 주어진 포인트 사이의 거리를 계산한다.

_____ *
FROM _____
_____ ST_Distance_Sphere(geom, _____(93.1254, 40.7484)) < 2000;

참고 272쪽

Q. 다음 〈보기〉에서 얻고자 하는 결과값을 조회하는 PostGIS 공간데이터 Query문을, 빈칸을 채워서 완성하시오.

| 보기 |

건물의 공간정보를 저장하는 지오메트리 "geom"열을 가지는 "building"이라는 테이블이 있다.
주어진 좌표값을 사용하여 다각형 도형을 만들고, 공간 분석 함수를 사용하여 각 건물이 다각형과 교차하는지 확인한다.
다각형과 교차하는 건물만 조회하여 결과값을 반환한다.

```
SELECT *
FROM building
WHERE ST_Intersects(geom, _____('POLYGON((0 0, 0 10, 10 10, 10 0, 0 0))', 4326));
```

참고 271쪽, 276쪽

Q. "geometry"열을 가지는 "polygon"이라는 테이블에서 임의의 지점(좌표값 1.234, 5.678)과 교차하는 모든 다각형을 조회하고자 한다. 임무 수행이 가능하도록 다음 PostGIS 공간데이터 Query문의 빈칸을 채워 완성하시오.

```
SELECT *
FROM polygon
WHERE ST_Intersects(geometry, _____(1.234, 5.678))
```

참고 271쪽, 276쪽

CHAPTER 02 · 공간정보서비스 프로그래밍   485

03 웹기반 공간정보서비스 프로그래밍

Q. 웹 GIS 구성 환경에서 서버와 클라이언트 사이에 위치하여 3Tier 구조를 형성하며, DB 조회나 다양한 로직 처리를 요구하는 동적인 콘텐츠를 제공하기 위한 프로그램 서버는?

참고 285쪽

Q. 다음 HTML 문서에서 빈칸에 들어갈 태그를 〈보기〉의 ㉠~㉢에서 골라 넣으시오.

```
<html>
<head>
 <title> Web GIS </title>
  <style>
     div { color: Blue;}
(    )
(    )
<body>
   Web GIS
(    )
</html>
```

보기

㉠ </body>　㉡ </style>　㉢ </head>

참고 289쪽, 290쪽

Q. OGC(Open Geospatial Consortium)에서 지정한 대표적인 웹 GIS 서비스 4가지를 나열하시오.

참고 297쪽

04 모바일 공간정보서비스 프로그래밍

Q. 모바일 공간정보 서비스를 개발하기 위하여 코딩, 디버깅, 컴파일, 배포 등 모바일 개발과 관련된 전반적인 작업을 지원해주는 개발 도구의 집합을 뜻하는 것은?

참고 310쪽

Q. 다음은 안드로이드 웹 뷰의 구현 순서를 나타낸 것이다. 빈칸 안에 들어갈 내용을 〈보기〉 ㉠~㉢에서 골라 넣으시오.

( ) → ( ) → 지도검색서비스 서버 구동 → ( )

┤보기├
㉠ activity_map.xml 코드 변경
㉡ AndroidManifest.xml 권한 설정
㉢ MapActivity.java 웹 뷰 코드 추가

참고 318쪽

Q. 모바일 웹과 네이티브 앱, 하이브리드 앱의 장점과 단점을 서술하시오.

참고 312쪽

CHAPTER 03 | 공간정보 융합콘텐츠 개발

01 공간정보 융합콘텐츠 제작

Q. 다음 〈보기〉에서 지도 제작의 일반화(Generalization) 과정을 순서대로 나열하시오.

보기
Simplication, Classification, Symbolization, Selection

참고 336쪽

Q. 다음 설명에 맞는 주제도 유형을 〈보기〉에서 고르시오.

지리적인 영역을 대표하는 포인트 데이터를 특정한 심볼로 표현하여 시각적으로 나타내는 지도

보기
단계구분도, 등치선도, 도형표현도, 점묘도, Hot Spot Map, Cartogram, 유선도

참고 338쪽

Q. 다음 설명에 맞는 데이터 분류 기법을 〈보기〉에서 고르시오.

데이터를 순서대로 정렬한 후 데이터의 개수가 동일하도록 계급을 나누고 관측값을 배치하여 분류하는 방법으로, 데이터의 분포가 불균등한 경우에 유용함

| 보기 |
등간격 분류법, 최대 분류법, 최적 분류법, 등개수 분류법, 자연분류법

참고 343쪽

Q. 척도별 측정 수준(Scale) 4개를 〈보기〉에서 골라, 정밀성을 기준으로 낮음에서 높음 순으로 나열하시오.

| 보기 |
정량척도, 등간척도, 순위척도, 비율척도, 명목척도, 상대척도

참고 347쪽

Q. 다음 〈보기〉의 지리적 데이터 시각화 변수 중 다른 범주에 속하는 것 하나를 고르시오.

| 보기 |

방향(Orientation), 형태(Shape), 배열(Arrangement), 간격(Spacing)

참고 349쪽

02 공간정보 융합콘텐츠 시각화

Q. 다음 〈보기〉는 QGIS에서 속성 정보를 이용하여 버퍼링 분석 결과를 지도로 만드는 작업 과정에 대해 열거한 것이다. 주제도 제작이 가능하도록 빈칸을 작성하시오.

| 보기 |

① Layer 메뉴에서 (　　) 선택하여 공간 및 비공간 정보 불러오기
② Vector 메뉴에서 Data Management Tools – Join attributes by location 옵션 선택하기
③ Layer Properties 창에서 Symbology 탭을 클릭하여 시각 변수 선택하기
④ Project 메뉴에서 New Print Layout 선택하여 레이아웃 생성하기
⑤ Vector 메뉴에서 GeoProcessing Tools – (　　) 옵션 선택하기

참고 382쪽, 383쪽, 390쪽

Q. 다음 〈보기〉는 지도 콘텐츠를 전달하는 어떤 방법들에 대한 설명이다. 빈칸을 채워 완성하시오.

| 보기 |
(   ) Map Service는 사용자가 변수를 조정함으로써 바뀌는 지도 콘텐츠의 내용을 바로바로 확인할 수 있는 Interactive 방식이다. 타일링 이미지를 호출하는 지도 렌더링은 (   ) Map Service의 대표적인 방식이다.

참고 357쪽

Q. 지오코딩과 관련된 개념에 대해 설명한 다음 지문의 빈칸을 채우시오.

'Geocoding'은 주소정보를 지리 좌표로 변환하는 프로세스이고, '(   ) geocoding'은 경위도 등의 지리 좌표를 사람이 인식할 수 있는 주소 정보로 변환하는 프로세스이다. 'Address parsing'은 주소를 개별 구성 요소로 분해하는 프로세스이며, 'Georeferencing'은 지도 또는 이미지상의 위치를 지구 좌표체계와 연결시키는 프로세스이다.

참고 361쪽

03 공간데이터 3차원 모델링

Q. 3차원 데이터의 타일링 작업의 세부 절차를 다음 〈보기〉에서 골라 순서대로 나열하시오.

| 보기 |
데이터 저장, 데이터 분할, 구조 설계, 타일 로딩, 타일 피라미드 구성

참고 403쪽

Q. 다음 〈보기〉에서 설명하는 것은?

| 보기 |
3D 공간을 화면상에 표현하기 위한 영역이며, 사용자가 3D 데이터를 볼 수 있는 창 역할을 하는 것이다. 카메라의 시점, 시야각, 줌 레벨 등을 기반으로 3D 공간을 투영하여 2D 화면에 출력한다.

참고 393쪽

Q. 3차원 국토공간정보 구축 작업 규정에서, 디지털 도시 및 지형 정보를 교환하기 위해 표준화한 데이터 형식을 다음 〈보기〉에서 찾아 작성하고, 대분류상의 표준 데이터 셋 4개를 골라 쓰시오.

---- 보기 ----
3D Max, City-GML, 3D-Tile, 3DF-GML, gLTF

---- 보기 ----
시설물, 교통, 실내, 건물, 지형, 지반, 수자원, 토지이용

참고 112쪽, 397쪽

Q. 아래 지문의 특징에 맞는 3차원 공간정보 데이터 압축 기술의 이름을 〈보기〉에서 골라 쓰시오.

3D 모델에서 중복되거나 불필요한 정점을 제거하여 데이터 크기를 줄이는 방법

---- 보기 ----
계층적 압축, 기하 압축, 텍스처 압축, 포인트 클라우드 압축, LOD

참고 407쪽

참고문헌

- 교육부(2016). 원격탐사 영상처리 및 분석. 한국직업능력개발원
- 강영옥, 서동조, 주용진(2016). 『공간정보학실습』. (주)푸른길
- 이희연, 심재현(2011). 『GIS 지리정보학』. 법문사
- 김계현(2001). 『GIS개론』. 대영사
- 김계현(2004). 『공간분석』. 두양사
- 구자용, 김대영 외 공역(2011). 『지리정보시스템 입문』. 시그마프레스
- 구자용, 김대영 외 공역(2014). 『지리정보시스템』. 시그마프레스
- 김대영(2021). 『공간정보활용 기초실습』. 에듀컨텐츠휴피아
- 김대영(2022). 『공간정보활용 응용실습』. 에듀컨텐츠휴피아
- 국가지도집
- 국가지도집 청소년판